JN272992

木材加工
用語辞典

日本木材学会 機械加工研究会 編

Glossary of Wood and Wood Machining Terms

edited by
Research Group for Wood Machining,
Japan Wood Research Society

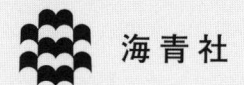

海青社

一般社団法人 日本木材学会 機械加工研究会
木材加工用語辞典編集委員会

編集委員および執筆者一覧(50音順)

編集委員長

奥村　正悟

編集委員

尾崎　士郎	濱本　和敏	村瀬　安英
小林　純	番匠谷　薫	村田　光司
服部　順昭	藤井　義久	横地　秀行

執　筆　者

伊神　裕司	森林総合研究所加工技術研究領域	服部　順昭	東京農工大学大学院農学研究院
池際　博行	和歌山大学教育学部	濱本　和敏	元 日本大学教授
大内　毅	福岡教育大学教育学部	番匠谷　薫	広島大学大学院教育学研究科
大谷　忠	東京学芸大学自然科学系	平田　晴路	岡山大学大学院教育学研究科
大林　宏也	東京農業大学地域環境科学部	福田　英昭	琉球大学教育学部
奥村　正悟	京都大学大学院農学研究科	藤井　義久	京都大学大学院農学研究科
尾崎　士郎	鳴門教育大学大学院自然・生活系教育部	藤本　清彦	森林総合研究所加工技術研究領域
加藤　幸一	放送大学群馬学習センター	藤原　裕子	京都大学大学院農学研究科
小林　純	東京農業大学地域環境科学部	松村　ゆかり	森林総合研究所加工技術研究領域
坂本　智	横浜国立大学教育人間科学部	宮野　則彦	日本大学生物資源科学部
信田　聡	東京大学大学院農学生命科学研究科	村瀬　安英	九州大学名誉教授
高野　勉	森林総合研究所木材特性研究領域	村田　光司	森林総合研究所加工技術研究領域
土屋　敦	兼房㈱研究開発部	横地　秀行	名古屋大学大学院生命農学研究科
永冨　一之	大阪教育大学教育学部	吉延　匡弘	島根大学大学院総合理工学研究科
西尾　悟	兼房㈱研究開発部		

はじめに

　木材の利用にとって，切削は必要不可欠な加工法である．そこで，この分野で使われている用語をできるだけ整理・統一し，教育・研究機関や企業における関係者の間の情報交換を円滑にしようとして「木材切削加工用語辞典」(文永堂出版)が1993年に出版された．これは1,000を超える用語を集めた本格的な用語集であったが，出版から10数年経過して残部が僅少になり，また内容の見直しが必要となった．そのような折，日本木材学会機械加工研究会で本書の出版計画が提起され，2006年8月に同学会理事会の承認を得て同研究会の正式な事業となった．編集委員会では，本書は切削加工に関係する用語とその定義を集めた「用語集」であることを基本としつつ，用語を理解するために必要な解説を付して学生や実務家が利用しやすいものとすることを編集の基本方針とした．さらに，当該分野に関連する木材・木質材料の基本的な用語，機械・建築・計測・生産・安全などの一般的な用語も積極的に収集することにし，最終的に4,700を超える用語を選定した．執筆はこの分野における練達および少壮気鋭の研究者・実務家に依頼した．なお，本書は膨大な項目にわたる執筆・編集作業を伴うため，それらの作業の大半はウェブサーバ上の編集サイトで行う方式を採用した．編集にあたっては各用語の解説などをできるだけ整理・統一するように努めたが，統一を欠いたり，矛盾したりするところが少なからず残っている．これらの点は後日改訂を期したい．

　本書の用語の選定は藤原裕子氏の作業に負うところが多く，その後の編集作業にも多大の貢献をいただいた．記して謝意を表する．また，学会として初めての試みであった編集サイトの構築を快諾していただいた日本木材学会広報・情報委員会太田正光委員長(当時)および同学会にも深く感謝する．さらに，本書は文永堂出版刊行の辞典を礎として執筆・編集したものであり，同辞典の解説文をそのまま踏襲した場合があることを付記しておく．

　最後に，本書の企画から出版まで大変お世話になった海青社の宮内　久氏と福井将人氏に心から感謝する．

　　2013年3月　　　　　　　　一般社団法人 日本木材学会 機械加工研究会
　　　　　　　　　　　　　　　　　木材加工用語辞典編集委員会
　　　　　　　　　　　　　　　　　　　　編集委員長　奥村 正悟

木材加工
用語辞典

| 目　　次 |

はじめに 1

凡例 5

あ	*a* 7	た	*ta* 141	ま	*ma* 226
い	*i* 14	ち	*chi* 154	み	*mi* 232
う	*u* 19	つ	*tsu* 160	む	*mu* 234
え	*e* 23	て	*te* 162	め	*me* 236
お	*o* 28	と	*to* 168	も	*mo* 239
か	*ka* 38	な	*na* 175	や	*ya* 245
き	*ki* 51	に	*ni* 178	ゆ	*yu* 247
く	*ku* 60	ぬ	*nu* 181	よ	*yo* 248
け	*ke* 64	ね	*ne* 182	ら	*ra* 251
こ	*ko* 71	の	*no* 185	り	*ri* 253
さ	*sa* 85	は	*ha* 187	る	*ru* 257
し	*shi* 92	ひ	*hi* 198	れ	*re* 258
す	*su* 117	ふ	*fu* 207	ろ	*ro* 261
せ	*se* 125	へ	*he* 217	わ	*wa* 264
そ	*so* 136	ほ	*ho* 221		

英語索引 267

数　字	 267	I	 288	R	 299
A	 267	J	 289	S	 302
B	 269	K	 289	T	 309
C	 272	L	 289	U	 312
D	 278	M	 291	V	 313
E	 280	N	 294	W	 314
F	 281	O	 295	X	 316
G	 284	P	 296	Y	 316
H	 285	Q	 299	Z	 316

関連規格，参考文献・出典 317

《関連規格》 317
　日本工業規格（JIS：Japanese Industrial Standards） 317
　日本農林規格（JAS：Japanese Agricultural Standard） 322
　ASTM（American Society for Testing and Materials） 322
　ANSI（American National Standards Institute） 322
　ISO（International Organization for Standardization） 322
　（財）日本住宅・木材技術センター関連規格 324
　超硬工具協会規格（CIS） 324

《参考文献・出典》 325

【凡　　例】

見出し語の選定
1. 木材の機械加工に関する用語の意味を明確にし，標準的な表記法を提示した．
2. 木材・木質材料，切削加工，工作機械，計測（加工および工作物）などの基本用語はできるだけ含めた．
3. 木材の機械加工に直接関係しない用語は，これまで機械加工関係の研究者が扱ってきた研究分野のものはできるだけ含めた．
4. 木材の機械加工によって製造される製品（建築部材など），機械加工が製品製造の主要部を占める製品（木質材料など）はできるだけ含めた．
5. 加工のみでなく，工場における生産・製造の管理に関する基本的な用語を積極的に含めた（最適化，安全，環境配慮など）．

見出し語の配列
1. 見出し語はすべて50音順に配列した．
2. 拗音「しゃ，しゅ，しょ」などの「ゃ，ゅ，ょ」，および促音の「っ」は一固有音として配列した．
3. 撥音「ん」は50音の最後においた．
4. 濁音および半濁音は，それの清音として扱った．
5. 長音符「ー」は，すぐ上のカタカナの母音（ア・イ・ウ・エ・オのいずれか）を繰り返すものと見なして，その位置に配列した．
6. アルファベットの読みは次によった．　A（エー）　B（ビー）　C（シー）　D（ディー）　E（イー）　F（エフ）　G（ジー）　H（エイチ）　I（アイ）　J（ジェイ）　K（ケイ）　L（エル）　M（エム）　N（エヌ）　O（オー）　P（ピー）　Q（キュー）　R（アール）　S（エス）　T（ティー）　U（ユー）　V（ブイ）　W（ダブリュ）　X（エックス）　Y（ワイ）　Z（ゼット）

見出し語の記載方法
1. 原則として，以下の書式に従って記載した．

    見出し語（*midashi-go*; entry）説明文．

    a) 見出し語はゴシック体で記した．
    b) 見出し語に続く（　）内にヘボン式のローマ字読みと，対応する英語を記した．
    c) 見出し語に英語起源のカタカナが含まれる場合，その部分はローマ字読みを示さず，「—」で示した．
    d) 見出し語がすべて英語起源のカタカナまたはアルファベット，数字で表される場合には，ローマ字読みを省略した．
    e) フライス，バイトなどの英語起源でないカタカナにはローマ字読みを記した．
    f) 対応する英語が無い場合は，その記載を省略した．
2. 見出し語に用いた記号とそれぞれの意味は以下の通り．
    [ ] 括弧内の部分を含めても意味は変わらない．
    【 】 用語の意味を限定する場合に使用．
    ( ) 直前の語の本来の表記を参考として示す．

解説文中にある記号の意味
- 同：同義語　　同じ意味をもつ用語を参照．
- 関：関連用語　見出しの意味を理解する上で参考になる用語を参照．
- 参：参考図　　他の用語に添付されていて，説明文の理解を助ける図を参照．

あ　a

アーク切断（——*setsudan*; arc cutting）電極間に存在するシールドガスが通電によりプラズマ状態になったアークの熱を利用して行う切断。

アーク溶接（——*yōsetsu*; arc welding）アークの熱を利用して行う溶接。

アーバ（milling head arbor, cutter arbor）工作機械の主軸に工具を取り付けるために用いる軸。このアーバにチャックを装着してエンドミルやドリルなどの先端工具を固定する場合が多い。関チャック，オーバアーム。

アーム（arm）工作機械を構成する部品の一種で，主軸頭の案内面をもった腕のような形をしている部分。関工作機械，主軸頭，案内面。

rms値，RMS値（——*chi*; root-mean-square value, RMS value）同実効値。

IEC（International Electrotechnical Commission）同国際電気標準会議。

相欠き（*ai-gaki, ai-kaki*; half lap）木材の継手，仕口の一種。二つの材の接合する部分を厚さの半分ずつ同じ形に切り取って重ね合わせること。

相欠きじゃくり（決り）鉋（*aigaki-jakuri-ganna*）同相じゃくり鉋。

I形鋼（*I-gata-kō*; I sections）断面形状がI形の形鋼。関形鋼。

I形直角定規（*I-gata-chokkaku-jōgi*; I-type precision square）長辺と短辺の断面がI形の直角定規。JISでは1級と2級の等級を定めており，1級は刃形直角定規と同等の精度を有する。関直角定規。

合釘（*aikugi*; double-pointed nail, dowel）両端を尖らせた釘で，板の接合に用いる。

相じゃくり（決り）（*aijakuri*; lapped edge joint, rabbeted edge joint, shiplap joint）板のはぎ合わせの一種。接合部の厚さの半分ずつを削り取って接合すること。相欠きと同じ意味で使われることもある。関相欠き。

相じゃくり（決り）鉋（*aijakuri-ganna*）相欠け接ぎの相欠き部分を決る鉋。鉋台の下端が段付きになっている。鉋台には鉋身と小刀状の脇針が1本ずつ取り付けられている。相欠きじゃくり鉋とも言う。

ISO（International Organization for Standardization）国際標準化機構を表す，万国共通で用いられる略語（頭字語）。同機構が定めた規格の略語としても使われる。ギリシャ語のisos（英語のequalの意）に由来する。同国際標準化機構。

ISO14001　企業活動，製品およびサービスの環境負荷の低減といった環境パフォーマンスの改善を継続的に実施するシステム（環境マネジメントシステム。EMS（Environmental Management System））を構築するために要求される一連の規格。組織の最高経営層が環境方針を立て，その実現のために計画（Plan）し，それを実施および運用（Do）し，その結果を点検および是正（Check）し，もし不都合があったならそれを見直し（Act），再度計画を立てるというシステム（PDCAサイクル）を構築し，このシステムを継続的に実施することで，環境負荷の低減や事故の未然防止を行う。この規格は，組織が規格に適合した環境マネジメントシステムを構築していることを自己適合宣言するため，または第三者認証（審査登録）取得のために用いられる。日本ではJIS Q 14001などとして規定されている。

ISO9001　組織が品質マネジメントシステム（QMS, Quality Management System）を確立し，文書化し，実施し，かつ維持すること，またその品質マネジメントシステムの有効性を継続的に改善するために要求される一連の規格。組織内におけるプロセス（工程）を明確にし，それらの相互関係を体系的に把握し，運営管理すること，いわゆるプロセスアプローチの採用が推奨されている。日本ではJIS Q 9000, Q 9001などとして規定されている。

アイゾット衝撃試験（——*shōgeki-shiken*; Izod impact test）JISに規定されているアイゾッ

ト衝撃試験片のアイゾット衝撃値を求めるために，アイゾット衝撃試験機で行う衝撃試験のこと．

アイドルロール（idle roll）ベルトサンダを構成するロールの種類で，研磨ベルトを支持したり走行角度を変えるためのロール．

Ｉビーム（I-beam）断面がＩ字型になっている梁．重量が軽い割りに断面二次モーメントが大きいので，軽くてたわみにくい．

アイボルト（eye bolt）丸棒の一端をリング状，他端をボルト状にし，箱などに取り付けて，吊り上げたり，引っ張ったり，ロープやフックを掛けやすくするために用いる．

隘路（airo; bottleneck）必要とされる能力が利用可能な能力を上回っている工程，設備，機能または部門．

アウトソーシング（outsourcing）企業の経営資源を中核業務に集中させて業務効率を高めるために，業務の一部を外部委託すること．

赤身（akami; heartwood）［同］心材．

アキシャルレーキ（axial rake angle）正面フライスの正面刃やエンドミルの底刃のすくい面の傾きを表す角で，主運動方向を含む主軸に平行な面において，基準面（通常，主運動方向に垂直な面）とすくい面がなす角．
γa：アキシャルレーキ
γr：外周すくい角

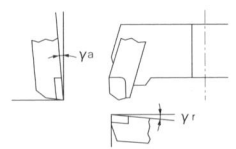

アクアジェット加工（—kakō; aqua jet machining）ウォータジェット加工のこと．［同］ウォータジェット加工．

アクティブゲージ（active gauge）ひずみを生じる部分に取り付けられたひずみゲージ．

アコースティック・エミッション（acoustic emission, AE）ある材料の内部の局部的音源の急速なエネルギー放出によって，非定常的な弾性波が発生する事象，または，そのようにして発生する非定常的な信号波をいう．

あご歯（ago-ba）鋸身の本身の終端鋸歯．

あさり（歯振）（asari; set, set of sawtooth）挽材の際に加工面（挽き面）と鋸身の摩擦を少なくするために鋸の歯先を広げたり，交互に曲げたりして鋸身に対して逃げを取ること，およびその逃げ．振分けあさりとばちあさりがある．［関］振分けあさり，ばちあさり，［参］歯形要素．

あさり角（asari-kaku）あさりに付ける諸角度の総称．［関］あさり，あさりの研ぎ角，あさりの逃げ角，あさりの開き角．

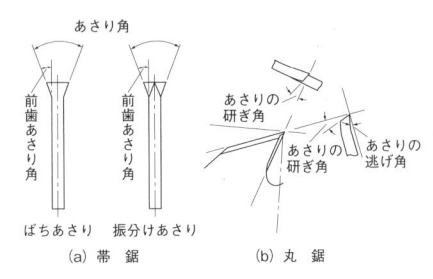

あさり角
前歯あさり角
あさりの研ぎ角
あさりの逃げ角
ばちあさり　振分けあさり
(a) 帯鋸　　　　(b) 丸鋸

あさり定規（asari-jōgi; saw set gage）あさりの出の揃いを検査するための定規．［関］あさりの出．
あさり定規
鋸身

あさり出し（asari-dashi; saw setting）鋸歯にあさりを付けること．鋸歯の先を広げたり，交互に曲げたりして鋸身に対して逃げを取るように鋸歯を塑性変形させること．［関］あさり．

あさり出し器（asaridashi-ki; saw setting device, saw setter）帯鋸や丸鋸のあさり出しに使用する器具．［関］スエージ，シェーパ，組あさり器，目打ち台，目打ちハンマ．

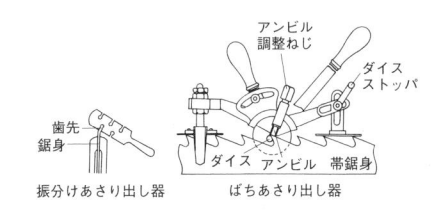

アンビル調整ねじ
ダイスストッパ
歯先
鋸身
ダイス　アンビル　帯鋸身
振分けあさり出し器　ばちあさり出し器

あさりの切先（asari-no-kissaki; tooth point）あさり出しによって鋸身面から突出した鋸歯の先端．［関］あさり，歯端．

あさりの出（asari-no-de; set, amount of set）鋸歯のあさりの切先が鋸身面から突出ている量．［関］あさり．

あさりの研ぎ角（asari-no-togi-kaku; bevel angle of set）側面切削を軽快にするために，振分

けあさりを付けた鋸歯の歯喉部や歯背部を歯の厚さ方向に斜めに研ぎ落としたときに生ずる角度。同目すり角【鋸歯の—】．関参あさり角．

あさりの逃げ角（*asari-no-nigekaku*; side clearance angle of set）あさり出しによって生じた鋸歯側面の歯喉側から見た傾斜角．関参あさり角．

あさりの開き角（*asari-no-hiraki-kaku*; opening angle of set）ばちあさりを付けた鋸歯を歯背側から見たときのあさりの広がりを示す角度．同開き角．関あさり角．

あさり幅（*asari-haba*; tooth width, kerf width）鋸歯のあさりの両切先の間隔．関あさり，挽道幅．参歯形要素．

足固め［貫］（*ashi-gatame [-nuki]*）床下の柱や束を連結し，建物の脚元を固める横木．ねがらみ貫ともいう．

足場丸太（*ashiba-maruta*）建築工事用の足場などに用いる目通り径12〜15 cm，長さ6 m以上の剥皮した丸太．

足場用材（*ashiba-yō-zai*）建築工事用の足場などに用いる足場板などの用材．

校木（*azeki*）校倉造の建物における組壁を構成する横積みの木材．

校倉（*azekura*）角材，丸太やみかん割材を水平に積み上げ，壁を構成する構法．壁同士の交差部では部材の端部を切り欠いて相互にかみ合わせる．

あぜ(畔)挽き鋸（*aze-biki-noko*）溝加工において溝の鋸挽きに用いる鋸．鋸身の刃渡りは短く弧状をしている．材の途中から挽くこともできる．

厚板（*atsu-ita*; plank）厚さの厚い板．製材品の材種区分の1種類．かつての製材のJASでは厚さ3 cm，幅12 cm以上の板と定義されていた．主に足場板，階段板あるいは棚板などとして用いられる．関板類．

圧合（*atsugō*）木材のはめあいの一種で，締まりばめのこと．関はめあい．

厚さ【そま角の—】（*atsusa*; thickness of hewn lumber）そま角の最小横断面の辺の欠の部分を補った方形の短辺．

厚さ精度（*atsusa-seido*; tolerance on thickness）加工された一つの工作物内における厚さの不ぞろいの精度．厚さの最大値と最小値の差で表す．

ASSAB スウェーデンの純良高速度鋼．

圧縮あて材（*asshuku-ate-zai*; compression wood）一般に針葉樹の枝あるいは傾斜・曲がりのある幹の下側（圧縮側）にできるあて材．一般に周囲の組織に比して細胞が密で濃色を呈する．解剖学的には，仮道管の横断面が丸味をもち，細胞壁にらせん状の裂目を有する極端に木化されていることが特徴である．関あて［材］．

圧縮強度（*asshuku-kyōdo*; compressive strength）木材が圧縮負荷を受けたときの強度．木材の繊維方向と平行に荷重が作用した場合の縦圧縮強度と繊維方向に垂直に荷重が作用した場合の横圧縮強度がある．

圧縮式粉砕機（*asshuku-shiki-funsai-ki*; compression type crusher (mill)）一端を支持した可動板を固定板に向けて前後揺動させることによって，可動板と固定板の間で被破砕物を圧縮破砕する機械．

圧縮試験（*asshuku-shiken*; compression test）横断面が正方形の直六面体の試験体を鋼製平板の間に挟んで圧縮荷重を加える木材試験法で，荷重方向と繊維方向が平行な縦圧縮試験と荷重方向と繊維方向が垂直な横圧縮試験がある．

圧縮剪断接着強さ（*asshuku-sendan-setchaku-tsuyosa*; compressive shear strength）圧縮荷重によって接着面に剪断応力を加え，接着接合部が破壊したときの強さ．関接着強さ．

圧縮破壊（*asshuku-hakai*; compressive failure）木材が圧縮負荷を受けたときに生ずる破壊．縦圧縮では細胞壁に皺曲（シワ）や座屈を生じて破壊するが，横圧縮では細胞内腔が潰れるため破壊点が明瞭でない場合がある．

圧縮ばね（*asshuku-bane*; compression spring）主として圧縮荷重を受けるばね．狭義には圧縮コイルばね．

圧接（*assetsu*; pressure welding）溶接部に大き

な機械的圧力や熱を加え，金属原子を融合させる溶接方法の総称。加圧溶接の略称。

厚突き（*atsuzuki*; thick slice, thick slicing）スライサやベニヤレースで切削された化粧用単板（突板）で，厚さが0.6〜0.7mm以上のものをいう。あるいは厚く突くこと。関薄突き。

圧締（*attei*; press, pressing）接着剤を塗布し，貼り合わせた工作物に圧力を加えて固定する操作。関圧締接着装置，圧締装置。

圧締接着装置（*attei-setchaku-sōchi*; press bonding machine）圧締接着を行なう装置の総称。均一に圧締接着ができるものが要求される。関圧締，圧締装置。

圧締装置（*attei-sōchi*; press machine）圧締を行なう装置の総称。各接着層等へ均一に圧締圧力を加えるとともに，その圧力を十分維持できる機能を有するものであり，かつ加熱圧締する場合であっては，各段の温度差が極めて少ないものであることが要求される。関圧締，圧締接着装置。

圧電素子（*atsuden-soshi*; piezoelectric element）圧電効果（ある種の結晶に，特定の方向に力を加えると応力に比例した電気分極が生じ，表面に正負の電荷が生じる現象）と逆圧電効果（電場をかけると電場に比例したひずみが生じる現象）を示す素子。素子としては，単結晶の水晶，ロッシェル塩，粉末を焼成して多結晶体としたチタン酸バリウム，ジルコン酸チタン酸鉛（PZT）などが用いられる。変位，ひずみ，応力，加速度などの力学量を電気信号に変換する変換器の構成要素として利用されることが多い。

圧電天秤法（*atsuden-tembin-hō*）捕集測定方法によって浮遊粉じん濃度を測定するときの濃度測定方法の一つ。粒子の付着による水晶振動子の振動数の低下から質量濃度を求める。関捕集測定方法。

厚のみ（鑿）（*atsu-nomi*）柱，鴨居，土台等の仕口加工用ののみ。追入れのみとむこうまちのみの中間ののみ。穂先が中薄のみよりも厚いのみ。穂が厚く，首も丈夫に作られている。関本叩き。

厚刃（*atsu-ba*; thick knife）鉋盤や面取り盤の角形鉋胴（角胴）に取り付けられる比較的厚い鉋刃。JISで定めるA形の平鉋刃に相当する。関薄刃。

厚丸のみ（鑿）（*atsu-maru-nomi*）丸のみの一種。刃裏は外丸形，甲表は鎬形または鎬の峯を少し平らにしたのみで，切れ刃は円弧状である。工作物の凹曲面や底の丸溝の荒彫りに用いる。外丸のみ，裏丸のみとも言う。

あて［材］（*ate [-zai]*; reaction wood）幹や枝を元来の正しい姿勢に保とうとするため，傾斜あるいは曲がった幹および枝の部分にできるやや特異な解剖学的性質を持つ木部。針葉樹の圧縮あて材と広葉樹の引張あて材がある。

当て定規（*ate-jōgi*; fence）材料を決められた形状に加工するとき，材料を押しあてて固定するのに使用する定規。研削盤の加工では，材料をこの定規にあてて固定し，研磨ベルトに材料を軽く押しつけて削る。

当て刃（*ate-ba*; chip breaker）同裏金。

穴あけ，孔あけ（*ana-ake*; drilling）先端に切れ刃を持つ細長い工具を回転させながら軸方向の送りを与えて工作物に丸穴をあける加工法。同錐もみ。

穴あけ工具（*anaake-kōgu*; drilling tool）工作物に丸穴をあける工具の総称。

穴あけ旋盤（*anaake-semban*; wood boring lathe）同木工穴あけ旋盤，関木工旋盤。

穴あけ深さ（*anaake-fukasa*; drilling depth）被削面から切込んだドリル先端までの深さ。

穴加工工具（*ana-kakō-kōgu*; boring tool）工作物に丸穴や角穴をあける工具の総称。

穴ぐりバイト（*ana-guri-baito*; boring tool）穴を旋削するのに使用するバイトの総称。一般に長い首の先端に曲がった刃部をもつ。

穴径【丸鋸の—】（*ana-kei*; hole diameter）機械の丸鋸軸に装着するための丸鋸の中心穴の直径。丸鋸軸の直径に対し穴径が大きすぎる場合は，中心穴にブッシュ（bush）を挿入し回転軸と丸鋸の中心を一致させる必要がある。軸穴径，中心穴径，内径ともいう。関丸鋸，丸鋸［主］軸，参超硬丸鋸。

穴挽き鋸（*ana-hiki-noko*）鋸身の背と鋸歯全体

が緩やかな曲線状になった片刃鋸。歯形は茨目。立木の伐採，丸太や角材の切断等の荒仕事に使用する。斜め挽きにも適する。ばら目鋸，鼻丸鋸，鼻曲がり鋸，鯖鋸とも言う。

穴深さ（*ana-fukasa*; hole depth）加工した穴のドリルの先端部で成形された，円錐部を除いた円筒部の深さ。

アナログ計器（—*keiki*; analog instrument）出力または表示が測定量または入力信号の連続関数である計器。

アナログ信号（—*shingō*; analog signal）連続的な量の大きさで表した信号。

アナログ制御（—*seigyo*; analog control）機械やシステムに対する操作量をアナログ演算処理によって決定する制御。関ディジタル制御。

あばた（*abata*; crater）プラスチック製品の表面に泡が噴火口のような形で残った外観上のきず。

油焼入れ（*abura-yakiire*; oil quenching）金属製品を所定の高温状態から油中で冷却する処理。関熱処理。

アプリケータ（applicator）塗布機器の総称。

アブレシブウォータジェット（abrasive water jet machining）砥粒を混入した圧力水をノズルから噴射させるジェット噴流によって工作物を除去する加工方法。関ウォータジェット加工。

アブレシブ摩耗（—*mamō*; abrasive wear, abrasion）硬さの異なる物体をこすり合わせると柔らかい方の表面に傷が付く。このように，より硬い面やこすれ面に介在する硬い粒子によって表面が削り取られるように進行する工具摩耗をいう。木材切削では，被削材である木材中に存在する無機物，とくにシリカや木質材料の接着剤などによって，切削工具が引っかき作用や切削作用を受けてすり減る摩耗をさす。関工具摩耗。

アプローチ角（—*kaku*; approach angle, lead angle, side cutting edge angle）基準面(Pr)上で測った，s-v面(Ps)とp-v面(Pp)とがなす角。横切れ刃角ともいう。（図中ψ）。

アボットの負荷曲線（—*no-fukakyokusen*; ma-

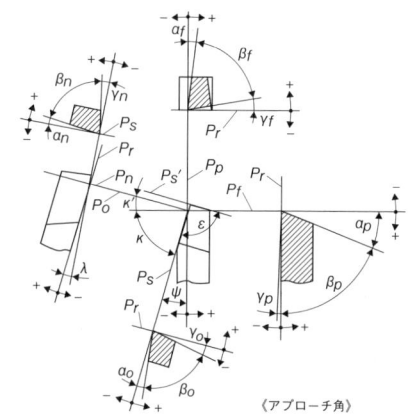

〈アプローチ角〉

terial ratio curve, Abbott Firestone curve）同負荷曲線。

雨戸（*ama-do*; rain shutter door）枠組みを骨格とし，その一方の面に板材を張った建具。

荒削り工具（*ara-kezuri-kōgu*; rough cut tool）荒削り工程で使用することを目的として作った工具。一般に，切込み深さや送り量が大きい場合の重切削に耐える形状および寸法とするが，切りくず処理を考慮した形状のものが多い。同重切削工具。

粗さ（*arasa*; roughness）表面の凹凸形状において，一般的には，表面がつるつるしているとかざらざらしているとかいう感覚の基になる量。うねりよりも短い波長成分の凹凸であるが，両者の境界は目的に応じて設定され，一律に定義できない。関うねり，断面曲線，粗さ曲線。

粗さ曲線（*arasa-kyokusen*; roughness profile）輪郭曲線方式による表面性状の評価において，断面曲線に高域フィルタを適用することにより長波長成分を遮断して得た輪郭曲線。より細かい凹凸（短波長成分）で構成される曲線である。関うねり曲線，断面曲線，輪郭曲線。

粗さパラメータ（*arasa*—; *R*-parameter）輪郭曲線方式による表面性状の評価において，粗さ曲線から計算されるパラメータ。パラメータ記号の最初にRを用いる。関粗さ曲線。

粗さモチーフ（*arasa*—; roughness motif）輪郭曲線方式による表面性状の評価において，断面曲線で定めた個々のモチーフを，断面曲線

の横方向に測定した長さと，縦方向に測定した2個の山頂から谷底までの深さが規定された条件に合致するように，断面曲線の全長にわたって結合したもの。このモチーフから，粗さモチーフの平均長さ(AR)，平均深さ(R)，最大深さ(Rx)が計算される。関モチーフ，うねりモチーフ．

荒仕工鉋(*arashiko-ganna*) 荒削り用の平鉋。厚い削り屑を排出して，ほぼ平滑な削り面を作る。関鬼荒仕工鉋，中仕工鉋，上仕工鉋．

荒しゃくり(決り)鉋(*ara-shakuri-ganna*) 鴨居や敷居など幅の広い溝の底を削るしゃくり鉋．

粗挽寸法(*arabiki-sumpō*; rough sawn size) 製材において，乾燥や仕上げ加工による寸法減少を考慮して歩増しした製材品(粗挽材)の寸法。関歩増し．

あられ組継ぎ(*arare-kumi-tsugi*; finger joint, box joint, comb joint) 組継ぎの一種で，断面が矩形のほぞによって組み合わされるもの。石畳組継ぎ，あられ組とも呼ばれる。コーナロッキングマシンで加工される。同石畳組継ぎ，関あり組継ぎ，組継ぎ，参組継ぎ．

アランダム(*alundum*) アメリカのノルトン社の商品名に由来する人造研削材の一種で，研磨布紙や研削砥石の研削材(人造砥粒)として使用される。現在はアルミナ質人造研削材をさす。同溶融アルミナ系砥粒，関研削材，砥粒．

ありかけじゃくり(蟻掛決り)鉋(*arikake-jakuri-ganna*) 関蟻決り鉋．

あり組継ぎ(*ari-kumi-tsugi*; dovetail joint) 組継ぎの一種で，ほぞの断面が台形(鳩尾形)にしたもの。天秤差しとも呼ばれる。ダブテールマシンで加工される。関あられ組継ぎ，組継ぎ，参組継ぎ．

あり(蟻)作里鉋(*ari-sakuri-ganna*) 同ありじゃくり鉋．

あり(蟻)桟鉋(*ari-san-ganna*) 同ありじゃくり鉋．

ありじゃくり(蟻決り)鉋(*ari-jakuri-ganna*) 蟻ほぞの蟻形部分を削るしゃくり鉋。凸型の部分を削る雄木用と凹型の部分を削る雌木用とがある。あり溝鉋，あり作里鉋，あり桟鉋とも言う。とくに，雌木用の蟻決り鉋を蟻掛決り鉋と言う．

アリスチャルマー型帯鋸盤(——*gata-obinoko-ban*; Allis Chalmers band saw) アメリカ製の帯鋸盤で大正初期頃から輸入され，我が国で製造される帯鋸盤の原型の一つ。上部鋸車支持部の形状から我が国ではO型と呼ばれる。関イエーツ型帯鋸盤，ラムソン型帯鋸盤，イーガン型帯鋸盤．

あり(蟻)取り盤(*aritoriban*; dovetail jointer) 立て主軸，傾斜主軸および送り装置からなり，カッタなどによって工作物のこば面に相互あり溝を加工する木工機械。同ありはぎ盤．

ありのみ(蟻鑿)(*ari-nomi*; dovetail chisel) 同しのぎのみ．

ありはぎ(蟻接ぎ，蟻矧ぎ)盤(*arihagiban*; dovetail jointer) 同あり取り盤．

あり(蟻)溝鉋(*arimizo-kanna*) 同ありじゃくり鉋．

あり(蟻)溝フライス(*arimizo-furaisu*; dovetail milling cutter) フライスの一種。軸に対して勾配角をもっているフライス。蟻溝(ありみぞ)など特殊な形の溝や歯車の歯を切るのに用いられる．

α-オレフィン系接着剤(*a*——*kei-setchaku-zai*) α-olefin resin adhesive 二重結合が末端にある不飽和脂肪族炭化水素化合物であるα-オレフィンポリマーを主成分とする接着剤。その一種であるα-オレフィン無水マレイン酸共重合樹脂接着剤を指すこともある。関α-オレフィン無水マレイン酸共重合樹脂接着剤．

α-オレフィン無水マレイン酸共重合樹脂接着剤(*a*——*musui*—*san-kyōjūgō-jushi-setchaku-zai*; α-olefin-maleic anhydride copolymer resin adhesive) α-オレフィンの一種であるイソブテン(イソブチレン)と無水マレイン酸を主成分とする共重合樹脂を必須成分とし，これへカルボキシ変性スチレン・ブタジエン・ゴム(SBR)ラテックス，金属酸化物あるいは金属水酸化物を配合した水系懸濁液を主剤とし，エポキシ樹脂を硬化剤(架橋剤)とした接着剤．

アルカリ溶液タイプの常温硬化型（常温接着用）と中性懸濁液タイプの加熱硬化型（加熱接着用）とがある。ハネムーン型の接着剤も使用されている。関α-オレフィン系接着剤，エポキシ樹脂系接着剤，常温硬化型接着剤，加熱硬化型接着剤，ハネムーン型接着剤．

アルミナ質研削材（——*shitsu-kensaku-zai*; alumina abrasives）アルミナを主成分とする人造研削材の総称。種類には，褐色アルミナ質，白色アルミナ質，淡紅色アルミナ質，解砕形アルミナ質，人造エメリーおよびアルミナジルコニアの各研削材がある。

アルミナジルコニア研削材（——*kensaku-zai*; fused alumina zirconia abrasives）アルミナ質人造研削材の一種で，アルミナにジルコニア質原料を加えて溶融し，混合して凝固させた塊を粉砕整粒したもの。主としてコランダム結晶とアルミナジルコニア共晶部分とから成り，全体としてねずみ色をしている。ジルコニア含有率の違いにより，記号AZ(25)とAZ(40)とがある。

合わせ鉋（*awase-ganna*）同二枚鉋。

合わせ刃（*awase-ba*）同二枚刃。

泡杢（*awa-moku*; blister figure）木材の板目面あるいはロータリー単板の切削面などに現れる細かな円い輪郭を持った泡のような模様を描く杢のこと。トチノキなどで現れるときがある。

アンカーボルト（anchor bolt）木造建築物において，コンクリートの基礎と土台を固定するためのボルト。

アンギュラコンタクト軸受（——*jikūke*; angular contact(rolling) bearing）軸受の中心軸に垂直平面に対して，転動体に伝えられる合力の方向がなす角度（接触角）が0°を超え，90°未満の軸受。接触角が45°以下のものはアンギュラコンタクトラジアル軸受，45°を超え，90°未満のものをスラストアンギュラコンタクト軸受と呼ぶ。ラジアル荷重と一方向のアキシアル荷重を支持することができ，接触角が大きくなるほどアキシアル荷重の支持能力が大きくなる。単列の軸受の場合は，通常2個の軸受を対向させ，両方向のアキシアル荷重を支持できるようにする。複列の軸受では，両方向のアキシアル荷重に加えてモーメント荷重に対する支持能力もある。関アンギュラ玉軸受．

アンギュラ玉軸受（——*tama-jikūke*; angular contact ball bearing）転動体として玉を用いたアンギュラコンタクトラジアル軸受。関アンギュラコンタクト軸受．

安全管理（*anzen-kanri*; safety management）生産現場において事故および災害が発生しないように，①建設物，設備，作業場所または作業方法の安全，②安全装置，保護具その他の危険防止施設の定期的点検および整備，③従業員への安全教育，④事故または災害の原因調査および対策の実施，⑤消防，避難，⑥安全関係重要事項の記録と保存についての計画を立て，実施する活動。

安全装置（*anzen-sōchi*; safety device）災害発生の原因となる現象が起こらないように制御する装置，またはこの現象から人体を守る装置。覆い，割刃，反発防止爪などがある。関反発，逆走，跳ね返り．

安全丸鋸（*anzen-marunoko*; safety saw blade）鋸歯の歯背の部分を歯端円の半径より僅かに小さい半径のままで延長して歯背に続く歯室を狭めた構造をもつ丸鋸。歯背の部分が送材時につかえて送材速さを制限することで一歯当たりの切込量を小さくし，重大事故を回避し得る。木工用のカッタにおいても同様の構造を有するものがある。関歯端円，歯室，歯背，切込量，カッタ．

暗騒音（*ansōon*; background noise）ある場所において特定の音を対象とする場合に，対象の音以外でその場に存在する音を言う。

安息角（*ansoku-kaku*; angle of repose）チップや木粉などの粉粒体を積み上げたときに，自然に崩れることなく安定を保つことができる最大の傾斜角。粒子の性質や大きさ・形状などによって異なる。

案内板（*annai-ban*; guide plate）切断や溝切りす

る材料上に接触し，切断厚さや溝切りの深さを規定するための各種電動丸鋸の部分。関電動丸鋸。

案内面（*annai-men*; guideway, slideway）工作機械テーブルなどの相対すべり運動を行う部分に幾何学的に正確な運動を与えるための基準面。関テーブル，クロスベッド，クロスレール，アーム，送り台。

アンビル（anvil）①金属製の台で，上に材料を載せて加工を行う。＝金床，金敷，ハンマー台。②木材をロータで破砕したときに高速飛散した木片を衝突させ，さらに細かく粉砕するための装置。

アンローダケージ（unloader cage）ローダアンローダで取り出される単板や板材などを貯留する設備。関ローダアンローダ。

い *i*

EMS（environmental management system）環境マネジメントのシステム。関環境マネジメントシステム。

イーガン型帯鋸盤（—*gata-obinoko-ban*; J. A. Fay and Egan band saw）明治末期から大正初期にかけて輸入されたアメリカ製の帯鋸盤。上部鋸車支持部の形状から我が国ではH型と呼ばれる。関アリスチャルマー型帯鋸盤，イエーツ型帯鋸盤，ラムソン型帯鋸盤。

EDXA（energy dispersive X-ray analysis）同エネルギー分散型X線分析。

イエーツ型帯鋸盤（—*gata-obinoko-ban*; Yates band saw）アメリカ製の帯鋸盤で明治末期から大正初期にかけて輸入され，我が国で製造される帯鋸盤の原型の一つである。上部鋸車支持部の形状から我が国ではS型と呼ばれる。関アリスチャルマー型帯鋸盤，ラムソン型帯鋸盤，イーガン型帯鋸盤。

生きこぶ(瘤)跡（*ikikobu-ato*; sound burl）生瘤は幹の瘤が材面に残されたもののこと。繊維方向が複雑なため，鉋加工の時など逆目になりやすく，加工しにくい。関板面の品質。

生節（*iki-bushi*; intergrown knot, live knot, sound knot）生き枝から生じた節で，樹幹の木部の組織と連続性を持つ節。成長輪もつながっており，抜け落ちることがない。堅節ともいわれる。

移行材（*ikō-zai*; intermediate wood）辺材のもっとも内側にあり，心材への移行部の材。スギなどではその部分が白く見えるので「白線帯」とも呼ばれている。一般に，生材含水率が辺材よりも低い。

イコーライジング（equalizing）乾燥が終末に近づいた時，各々の材の平均含水率はばらばらとなる。こうした不揃いの含水率を均一にするために乾燥末期の乾燥条件を多少高湿状態にして先行乾燥している材の乾燥進行を停止させ，乾燥の遅れている材が乾燥するのを待つ操作。同調湿処理，関コンディショニング。

石畳[組]継ぎ (*ishidatami [-kumi] -tsugi*; finger joint, box joint, comb joint) 組継ぎの一種で，断面が矩形のほぞによって組み合わされるもの．コーナロッキングマシンで加工される．あられ組継ぎとも呼ばれる．同あられ組継ぎ．関あり組継ぎ，組継ぎ．参組継ぎ．

位相差顕微鏡 (*isōsa-kembikyō*; phase contrast microscope) 物体の微小な位相差をコントラストに変換して観察できる光学式顕微鏡．ほぼ透明の細胞や微生物を無染色で観察できる．

位相補償フィルタ (*isō-hoshō—*; phase correct (profile) filter) 信号の周波数(波長)による位相遅れのないフィルタ．輪郭曲線方式による表面性状の評価では，輪郭曲線が波長に依存してひずむことを防ぐため，輪郭曲線フィルタとして位相補償フィルタを使用することが規定されている．

イソシアネート・ポリウレタン樹脂系接着剤 (*—jushikei-setchaku-zai*; isocyanate-polyurethane resin adhesive) 同ポリウレタン樹脂系接着剤．

板 (*ita*, board) 製品品の材種区分の1種類．かつての製材のJASでは板類のうち厚さが3cm未満で幅が12cm以上のものと定義されていた．主に天井板，羽目板，畳下地板，野地板等として用いられる．

板錐 (*ita-giri*) 穴をあける板状の錐．中心錐，羽根錐とも言う．

板子 (*ita-go*; flitch) おもに木目を生かした化粧用の薄板・単板を切削するためのフリッチ，すなわち盤．

板子取り (*itago-dori*) 板子を採材するための木取り方法．関製材木取り．

板取り (*ita-dori*) 丸太から板類を多く採材する木取り方法．だら挽きもしくは枠挽きで得られた太鼓材を小割りして板類を採材することが多い．参製材木取り．

板ばね (*ita-bane*; leaf spring) 板状の材料を用いたばねの総称．狭義には，ばね板を重ね合わせた重ね板ばねをさす．

板目[面] (*itame [-men]*; flat grain, flat sawn grain) 幹や枝を，髄を通らずにその同心円の接線方向に切った縦断面に生ずる，いく層かの成長層と放射組織の断面が作る面．実用上は，接線方向からの傾きが45°以内であれば板目とみなす．関柾目．

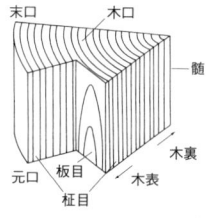

板目木取り (*itame-kidori*) 同板目挽き．

板目突き (*itame-tsuki*; flat (slash) grain cutting (cut, slicing, slice)) 板目面を切削面としてスライサ等で単板(突板)を切削すること．あるいは切削されたもの．関柾目突き．

板目取り (*itame-dori*) 同板目挽き．

板目挽き (*itame-biki*; plain sawing) 丸太から板目材を多く採材するための木取り方法．平割で曲がりの発生を避けたい場合や板目もく(杢)などを重要視する場合に使用される．同板目木取り，板目取り．関柾目挽き．

板面の品質 (*itamen-no-hinshitsu*; quality of surface of board) JAS(合板)では，普通合板，コンクリート型枠用合板，天然木化粧合板について，表面の品質あるいは裏面の品質として次のような事項(生き節，死に節，抜け節穴，入り皮，やにつぼ，腐れ，開口した割れ，欠け，はぎ目の透き，など)の基準が設けられている．関表面の品質【合板の—】，裏面の品質【合板の—】．

板類 (*ita-rui*; boards) 製材のJASにおける材種区分のひとつ．木口の短辺が75mm未満で，かつ，木口の長辺が木口の短辺の4倍以上のもの．関挽角類，挽割類．

板割 (*ita-wari*) 厚板の慣用名．関厚板．

一液型接着剤 (*ichieki-gata-setchaku-zai*; one-component adhesive, one-part adhesive) 他成分の添加なしに，それ自身が加熱または光や電子線の照射などによって硬化する接着剤．関接着剤，二液型接着剤．

1回転当たりの送り量 (*ichikaiten-atari-no-okuri-ryō*; feed per revolution) 主に回転切削で，工具が1回転する間の工作物あるいは工具の送りの距離．

位置決め (*ichi-gime*; positioning) 主軸，テーブ

ルなどを決められた位置に移動させること。数値制御による位置決めと，自動停止装置による位置決めなどがある。関位置決め精度。

位置決めおよび押出し用プッシャ（*ichikime-oyobi-oshidashi-yō*—; positioning pusher）挿入用プッシャで所定位置まで送られた工作物をホットプレスの熱板上の定位置まで押し進めて圧締した後，工作物をアンローダケージに移動させる装置。関挿入用プッシャ，ホットプレス，熱板，ローダケージ，アンローダケージ。

位置決め精度（*ichigime-seido*; positioning accuracy）位置決めによって実際に移動した位置が，設定した目標位置に対してどのくらい正確かを表す度合い。関位置決め，機械精度，位置精度。

1号平形砥石（*ichigō-hiragata-toishi*）研削砥石の一種。

＊矢印：使用面

一次壁（*ichiji-heki*; primary wall）形成層でつくられた細胞が分化・拡大している間に形成される細胞壁で，セルロースミクロフィブリルの配向が網目状になっており，等方性である。細胞壁の最外層の非常に薄い部分。関二次壁。

位置精度（*ichi-seido*; accuracy of position）工作機械の構成要素(機械部品)に対する他の構成要素の幾何学的な位置の正確さを表す度合い。関位置決め精度。

位置度（*ichi-do*; position）データムまたは他の形体に関連して定められた理論的に正確な位置からの点，直線形体または平面形体の狂いの大きさをいう。例えば，点の位置度は，理論的に正確な位置にある点を中心とし対象としている点を通る幾何学的円または幾何学的球の直径で表す。関データム。

位置標定（*ichi-hyōtei*; source location）AEデータを評価し，構造体上の音源の起点を決定する方法。ゾーン標定，計算標定，連続標定などがある。

位置偏差（*ichi-hensa*; location deviation）幾何偏差の一つで，理論的に正しい位置からの狂いの大きさを表す。位置度，同軸度，対称度な

どとして表される。

一方向潤滑（*ichihōkō-junkatsu*; once-through lubrication）潤滑剤を潤滑システムに戻さずに，周期的または連続的に摺動面に供給する潤滑方式。

一枚鉋（*ichimai-ganna*）鉋台に鉋身のみを仕込む鉋。裏金は仕込まれていない。二枚鉋が出現する以前に用いられていた鉋で，二枚鉋と比べて刃口距離が狭い。艶を出す目的で使用される。

1面仕上鉋盤（*ichimen-shiage-kanna-ban*; single surface fixed knife planer）テーブルに固定された鉋刃または鉋台，および送材装置からなり，工作物を自動送りし，工作物の1面を仕上削りする鉋盤。

1面釣合わせ（*ichimen-tsuriawase*; one-plane balancing）鉋胴，フライスなどの剛性ロータで，質量分布を調整して残留静不釣合いをある限度内に入れるようにする釣合わせ。関2面釣合わせ。

いちょう(銀杏／公孫樹)歯（*ichō-ba*; swage set）同ばちあさり。

1類【合板の—】（*ichirui*; Type I）JAS(合板)では，接着の程度によって，特類，1類，2類に分けられている。接着の程度は耐水性に関係し，1類はコンクリート型枠用合板および断続的に湿潤状態となる場所において使用することを主な目的としている。関特類【合板の—】，2類【合板の—】。

一丁取り（*itchōdori*）丸太から角材(正角もしくは正割)を一本採材する木取り方法。関正角木取り，製材木取り。

一対比較法（*ittsui-hikaku-hō*; method of paired comparisons）官能試験において，数個の試料が存在するとき，それらを2個ずつ組にして評価者に提示し，比較判断によって評価する試験方法。

一点透視投影（*itten-tōshi-tōei*; one-point perspective）対象物の一つの面が，投影面に平行なときの透視投影表現。関透視投影，

二点透視投影，三点透視投影．

遺伝的アルゴリズム（*identeki*—; genetic algorithm）遺伝，淘汰，突然変異などの生物の進化のメカニズムを参考にした，適応，最適化のための計算手法．

異等級構成集成材（*itōkyū-kōsei-shūseizai*; heterogeneous-grade glulam）構成するラミナの品質が同一でない構造用集成材であって，はり等高い曲げ性能を必要とする部分に用いられる場合に，曲げ応力を受ける方向が積層面に直角になるよう用いられるもの．関 同一等級構成集成材．

移動テーブル（*idō*—; traveling table）工作物を直接または取り付け具を用いて固定し，送り運動を与える台．関 送り運動．

移動テーブル横定規（*idō*—*yoko-jōgi*; traveling table fence）移動テーブルを用いて横挽きするときに使用する定規．関 移動テーブル，横挽き．

糸切り値（*itokiri-chi*; string cutting value）刃物の切れ味を示す指標の一つ．緊張させた糸のスパン中央に刃物を押し当てて切断するときの最大垂直荷重，または荷重点における糸の最大たわみで表され，これらの値が低いほど切れ味が良好と判断される．関 糸切り法．

糸切り法（*itokiri-hō*; string cutting method）刃先の鋭利さをテストする方法で，刃先が鋭利であれば糸を切るときに必要な力が小さいことを利用した方法．関 糸切り値．

糸鋸（*ito-noko*; fret saw, jig saw）厚さ，幅およびあさりが非常に小さい鋸身を弓型のフレームで緊張させた曲線挽きに使用される手鋸．糸鋸用の鋸身を「糸鋸」と呼ぶこともある．

糸鋸盤（*itonoko-ban*; jig saw, fret sawing machine）上下に緊張させた糸鋸を垂直に往復運動させて，工作物を挽き回しながら加工する機械．関 糸鋸．

イナートガスアーク溶接（—*yōsetsu*; inert gas shielded arc welding, argon arc welding）ArやHeなどの不活性ガス，またはこれに少量の活性ガスを加えたガス雰囲気中で行うアーク溶接．

イニシャル柔組織（—*jūsoshiki*; initial parenchyma）一成長期間の初めに，単独またはある幅の多少とも連続した層をなして生じる独立柔組織．関 独立柔組織，ターミナル柔組織．

犬釘（*inu-kugi*; track spike, rail spike）鉄道のレールを，枕木に打込んで止める専用の釘．

いばら(茨)目鋸（*ibarame-noko*）同 ばら(茨)目鋸．

異方性（*ihō-sei*; anisotropy）木材を構成する細胞の蓄積や配向に基づく方向（3方向）によって各種の性質が異なること．例えば，収縮率などでみることができる．

イメージスキャナ（image scanner）反射または透過原稿上の画像や文書を読み取り，ラスタデータ（格子状になった画素ごとのデータ）に変換する機器．原稿を原稿台に置き，読み取るための素子を移動させるフラットベッドスキャナ，原稿を透明な筒に巻きつけて回転させ，素子を回転軸方向に移動させるドラムスキャナ，素子を固定し，原稿を移動させるシートフェッドスキャナなどがある．

いも継ぎ（*imo-tsugi*; butt joint, edge joint, side-to-side frame joint, rubbed joint）こば面（板の側面など）や木口面を直角に削って接合する方法，またはその接合．つき合せ継ぎ，すり合せ継ぎ，いもはぎともいう．同 バットジョイント，関 継手，はぎ合せ，参 継手．

鋳物（*i-mono*; casting）溶融金属または合金を鋳型の中で凝固させた半製品．

鋳物木型（*imono-kigata*）鋳型をつくる際に用いる木製の型．

いもはぎ(接ぎ, 矧ぎ)（*imo-hagi*; plain edge joint）はぎ合せの一種で，表面に対して直角な面同士を接合する方法．平はぎともいう．関 参 はぎ合せ．

イヤディフェンダ（ear defender, hearing protector, ear protector）聴覚器を騒音から保護するために，外耳道内，耳介内もしくは耳を覆ってまたは頭の大部分を覆って取り付けられる装置．

イヤプロテクタ（ear protector, hearing protector, ear defender）イヤディフェンダに同じ．

(聴覚保護具, 防音保護具).

入り皮(*irikawa*; bark pocket) 樹幹外部の形成層を含む部分が外傷を受けて傷害組織が形成され, その中に樹皮が包み込まれたもの。とくに著しいものをさるばみという。

入子面取り鉋(*iriko-mentori-ganna*) 幅の広い複雑な剝形の面を削る面取り鉋。二枚の鉋身は横にずらせて鉋台に仕込まれている。

イルミナント(illuminant) 物体の色知覚に影響する波長域全体の相対分光分布が規定されている放射。測色用の光。CIEによって相対分光分布が規定されているものを標準イルミナント(標準の光)と呼び, 温度が約2,856Kの黒体放射を代表するイルミナントAと, 紫外放射を含む昼光を代表するイルミナントD_{65}がある。

色(*iro*; color, (perceived) color, (psychophysical) color) 有彩色成分と無彩色成分との組合せからなる視知覚の属性。この属性は, 有彩色名(黄, オレンジ, 赤, ピンク, 緑, 青, 紫など)もしくは無彩色名(白, 灰, 黒など)を, 明るい, 暗いなどで修飾したもの, またはこれらの色名の組合せで記述される。また, 三刺激値のように, 算出方法が規定された3個の数値による色刺激の表示の意味もある。同色彩。

色温度(*iro-ondo*; color temperature) ある物体が放射する光の状態を, その光と同じ波長の光を放射する黒体の温度で表わしたもの。単位には[K](ケルビン)を用いる。一般に, 暖色系の色温度は低く, 寒色系は高い。

色空間(*iro-kūkan*; color space) 色の幾何学的表示に用いる, 通常三次元の空間。

色刺激(*iro-shigeki*; color stimulus) 目に入って, 有彩または無彩の色感覚を生じさせる可視放射。

色収差(*iro-shūsa*; chromatic aberration) 光学系によって結像する場合, 光の波長によって, 像の位置および倍率が異なる収差。前者を軸上色収差, 後者を倍率色収差という。

色立体(*iro-rittai*; color solid) ある表色の体系において, 表面色が占有する色空間の領域。

インクライン(incline) 同インクライン式搬入装置。

インクライン式搬入装置(—*shiki-hannyū-sōchi*; incline, log haul) 貯木場から高床の工場内に丸太を搬入するための傾斜のついた搬入装置。傾斜したチェーンコンベヤ, もしくは傾斜した搬入路上のウインチの使用によって, 丸太を引き上げる。同インクライン, ログホール。

インサイジング(incising) 防腐処理の前加工として, 木材表面に適当な間隔で切り込みを入れる方法。防腐剤を材中に均一に, 深くまで浸透させることが目的である。

インシュレーションファイバーボード(insulation fiberboard) 繊維板の種類の一つ。湿式法によってフォーミングし, そのまま乾燥させた密度$0.35g/cm^3$未満の繊維板。用途によりタタミボード(主に畳床用), A級インシュレーションボード(主に断熱用), 製造過程または製造後にアスファルトなどで処理したシージングボード(主に外壁下地用, 密度$0.40g/cm^3$未満)の3種類がある。関繊維板。

インターナルファン式乾燥装置(—*shiki-kansō-sōchi*; internal-fan type kiln) 蒸気加熱式乾燥室のうち室内に循環用送風機のある内部送風式(IF型)乾燥装置。木材乾燥装置の代表型で木材工場で一番多く使われている。送風機は乾燥室上部あるいは側面に配置される。加熱方式は加熱管にゲージ圧$3kgf/cm^2$(143℃)程度の蒸気を通して加熱するもので, 送風機を室内に設け, 桟積み間を強制的に加熱空気が循環する。同内部送風機式乾燥装置。関外部送風機式乾燥装置。

インターロック(interlock) 特定の条件のもとで, 危険な機械機能の運転を防ぐことを目的とした機械装置, 電気装置またはその他の装置。保護装置(ガード以外の安全防護物)の一つ。例えば, 機械のカバーが閉じた状態でないと機械を運転できないようにした装置など。

インダストリアルエンジニアリング(industrial engineering) 同経営工学。

インチ材(—*zai*) 輸出用のインチ立てで製材した板。主として北海道産広葉樹。

インチねじ (——*neji*; inch thread) ねじのピッチを 25.4 mm (= 1 インチ) についての山数で表した三角ねじ。

インパクトドライバ (impact driver) ねじ締め用の電動工具の一種。電気や圧縮空気によってモータおよび内蔵ハンマを回転させると，ハンマは軸の回転方向に打撃（インパクト）を与える。この打撃により先端に取り付けられたソケットおよびドライバ工具などが回転し，ネジ締めできる。回転軸は常にインパクトを受けながら回転しているため，大きなトルクをかけることができる。ねじ締めに特化した電動工具で工具固定軸は六角形になっている。[関]電動工具，電気スクリュドライバ，ドリルドライバ。

インパルス応答 (——*ōtō*; impulse response) 計測器などで，入力信号が衝撃的に変化して元に戻ったときの出力信号の対応の様子。

インプロセス測定 (——*sokutei*; in-process measurement) 加工・組立などの作業中に，各種の量を測定すること。

インボリュート歯車 (——*haguruma*; involute cylindrical gear) 歯の断面において，歯面がインボリュート（円の伸開線）の一部となっている円筒歯車。ほとんどの歯車はこの種類。かみ合っている歯車の歯面で滑りがない。

印籠鉋 (*inrō-ganna*) 印籠を削る鉋で印籠面取り鉋とも言う。角印籠鉋と丸印籠鉋の二種がある。凸面を削る雄木用と凹面を削る雌木用が一組になっている。

印籠面取り鉋 (*inrō-mentori-ganna*) [同]印籠鉋。

う *u*

ウィーンの変位則 (——*no-hen'i-soku*; Wien's displacement law) 黒体から放出される放射が最大となる波長は，黒体の絶対温度に反比例するという法則。

$$\lambda_{\max} = \frac{0.002898}{T}$$

ここで，T: 黒体の絶対温度 [K], $\lambda_{\max}$: 分光放射発散度が最大となる波長 [m]。

ウィケット乾燥機 (——*kansōki*; wicket dryer) 機内を循環するウィケット（単板棚）の間に単板を差し入れ，乾燥する機械。[同]ウィケットドライヤ，[関]連続乾燥機，ローラ乾燥機。

ウィケットドライヤ (wicket dryer) [同]ウィケット乾燥機。

ウィットねじ (——*neji*; Whitworth thread) イギリスの Joseph Whitworth が考案した，ねじ山の角度が 55°のインチねじ。1968 年に JIS の規格から除外されたが，現在も一部業界で使われている。

ウイングカッタ (wing cutter) 面取り盤の立軸に取り付けて使用する小径のカッタで，刃部が翼状になっている。主に溝を掘るのに使用する。

ウインチ (winch) [同]巻揚げ式搬入装置。

上ガード (*ue*——; upper guard) 電動丸鋸の案内板の上に位置する鋸刃への固定および/または可動カバー接触防護装置。[関]電動丸鋸，案内板。

上かまち(框) (*ue-kamachi*; upper frame member) 枠組箱の側およびつまの内面上部の水平方向の枠組部材。[参]枠組箱。

ウェットサイロ (wet silo) [同]生材小片供給装置。

植刃工具 (*ue-ba-kōgu*; inserted tool) ブレードをボディに機械的に取り付けた工具。

植刃フライス (*ue-ba-furaisu*; inserted milling cutter) ブロックに切れ刃を締め付け治具で埋め込んだカッターブロック。鉋胴はこの一種。

植歯丸鋸（*ue-ba-marunoko*; inserted tooth circular saw blade）鋸歯の部分を鋸身にはめ込み式にしてある丸鋸。

ウェブ【ドリルの—】（web）溝底によって形成された部分。ランドを結合させるドリル中心部の背骨の部分。関ドリル。

ウェファボード（waferboard）長さ，厚さを規定して切削された正方形状の平たい削片，ウェファー（長さ40～80 mm，厚さ0.3～0.8 mm）をランダムに配置して接着剤を用いて熱圧成形したボード。関パーティクルボード。

ウェブ角【ドリルの—】（—*kaku*; web angle）ドリル先端の心厚部（web）で，二つの切れ刃の円錐状逃げ面が交わる角度。

ウェブ材（—*zai*）木質構造のフレーム形体の一つであるトラスにおいて，上下弦材（フランジなど）をつなぐ腹部の材。

上横鉋胴（*ue-yoko-kannadō*）テーブルの上側にある，水平方向に回転する鉋胴。

ウォータジェット加工（—*kakō*; water jet machining, hydraulic jet machining）圧力水をノズルから噴射させるジェット噴流によって工作物を除去する加工方法。同ウォータジェット加工。関超高圧水ジェット加工。

ウォータポケット（water pocket）初期含水率が相対的に周囲よりも高い部分のこと。特にベイツガ材は乾燥初期の含水率変動幅がやや大きく，材により多少乾燥の遅速があり，まれに部分的に含水率の高い部分（ウォーターポケット）が見られる。ハルニレ，ベイスギなどにも見られる。関水食材。

ウォーム（worm）ウォームホイールとかみ合う円筒形または鼓形の歯車。両者がかみ合ったものをウォームギア対という。参ウォームホイール。

ウォームホイール（worm wheel）ウォームの歯面と線接触できる歯面をもつ歯車。ウォームとかみ合ってウォームギア対を構成する。

ウォッシュボード（washboard）挽材面の欠点の一つ。鋸の振動により，挽材面に洗濯板状の凹凸が生じる現象。

後定規（*ushiro-jōgi*）面取り盤などで，工作物の送り出し側にある定規。

薄突き（*usu-zuki*; thin slicing）スライサやベニヤレースで切削された化粧用単板で，厚さが0.2～0.3 mm程度のもの。関厚突き。

薄のみ（鑿）（*usu-nomi*）仕上げのみの一種。穂は薄く，刃先角は小さい。ほぞ穴やほぞの側面仕上げなどに用いる。格子のみ，押突きのみともいう。関仕上げのみ。

臼歯（*usu-ba*; mill tooth, hooked rip tooth）歯の補強のために歯背線を折れ線状に2段にした歯形。歯喉角は一般に正。同KV歯，関鉤歯，歯形。

薄刃（*usu-ba*; jointer knife, thin knife）鉋盤や面取り盤の丸胴に取り付けられる比較的薄い鉋刃。JISで定めるB形の平鉋刃に相当する。関厚刃，当て刃，押え刃。

渦巻ばね（*uzumaki-bane*; spiral spring）平面内で渦巻形をしているばね。

薄丸のみ（鑿）（*usu-maru-nomi*）同壺のみ，坪のみ，内丸のみ。

内側振子式ガード付丸鋸（*uchigawa-furiko-shiki—tsuki-marunoko*; saw with inner pendulum guard）揺動する下ガードを上ガードの内側にもつ電動丸鋸。関上ガード，下ガード，電動丸鋸。

打込み錐（*uchikomi-giri*）叩いて打ち込み，大きな釘穴をあける錐。穂先の断面は円形で，穂の元身につばがある。つばを下から叩いて抜く。つば錐とも言う。関つばのみ。

打込みのみ（鑿）（*uchikomi-nomi*）関打抜きのみ。

内桟（*uchi-san*; interior cleat）包装用の木箱の内側に取り付けられる桟。

打貫（*uchinuki*）同打抜きのみ。

打抜（*uchinuki*）同打抜きのみ。

打抜きのみ（鑿）（*uchinuki-nomi*）通し穴の打抜きに使用し，一方から打ち抜く。打貫，打抜とも言う。穂の断面は長方形であり，穂先は格子状の筋が刻まれたものと，中央部分がV字形に切込まれたものがある。後者は打込み

のみとも言う。

内歯車（*uchi-haguruma*; internal gear）歯が円筒体や円錐体の内側に向いた歯車。

内丸鉋（*uchi-maru-ganna*）材面を凸曲面に削る鉋。

内丸反り台鉋（*uchi-maru-sori-daikanna*）鉋台の幅方向の中央部が内丸の反り台鉋。

内丸のみ【鑿】（*uchi-maru-nomi*）同壺のみ。

ウッドデッキ（wood deck）木製のデッキ。庭の一部または建物の前などに地面よりも高く設置された木製の床。

うなり（*unari*; beats）振動数がわずかに異なる二つの振動が重なったときに，合成振動の振幅が周期的に大きくなったり小さくなったりする現象をいう。振動数が f_1 の音と振動数が f_2 の音が重なったとき，1秒間に聞こえるうなりの回数 F_B は $F_B=|f_1-f_2|$ で与えられる。

うねり（*uneri*; waviness）表面の凹凸形状において，一般的には，粗さよりも長い波長成分の凹凸。粗さとうねりの境界は目的に応じて設定され，一律に定義できない。関粗さ，断面曲線，うねり曲線，カットオフ値【輪郭曲線フィルタの―】。

うねり曲線（*uneri-kyokusen*; waviness profile）輪郭曲線方式による表面性状の評価において，断面曲線に高域フィルタを適用して長波長成分を遮断し，低域フィルタを適用して短波長成分を遮断することによって得られる輪郭曲線。関粗さ曲線，断面曲線，輪郭曲線。

うねりパラメータ（*uneri―*; *W*-parameter）輪郭曲線方式による表面性状の評価において，うねり曲線から計算されるパラメータ。パラメータ記号の最初に *W* を用いる。

うねりモチーフ（*uneri―*; waviness motif）輪郭曲線方式による表面性状の評価において，包絡うねり曲線で定めた個々のモチーフを，断面曲線の横方向に測定した長さと，縦方向に測定した2個の山頂から谷底までの深さが規定された条件に合致するように，断面曲線の全長にわたって結合したもの。このモチーフから，うねりモチーフの平均長さ (AW)，

平均深さ (W)，最大深さ (Wx) が計算される。関モチーフ，粗さモチーフ，包絡うねり曲線。

埋樫用横溝鉋（*umegashi-yō-yoko-mizo-ganna*）敷居の溝の底に硬木を埋木する時に溝底側面に埋木用の細い溝を削るのに使用する鉋。

埋め木（*umeki*; wood plug, patch）単板の欠点部分を除去し，同一形状の健全な単板を埋めて補修することを埋木補修という。JAS（合板）では表面の品質あるいは裏面の品質の事項として基準が決められている。関板面の品質。

裏（*ura*）鉋刃の付け鋼側の面。裏の中央部は凹形にすき取られている。

裏板【合板の―】（*ura-ita*; back veneer）合板を構成する表面単板の一方。他方は表板となる。同裏単板，関表板【合板の―】。

裏押し（*ura-oshi*）鉋身，裏金，のみ，小刀の刃裏を作る（平面を出す）研ぎ。

裏金（*ura-gane*）二枚鉋の鉋台に鉋身と一緒に仕込む小型の工具。刃先は二段研ぎが行われている。裏金を効かせることで逆目を止める。

裏金後退量（*uragane-kōtairyō*）二枚鉋の刃先調整後の鉋身刃先から裏金刃先までの距離。裏金の引き込みとも言う。

裏金留（*uragane-dome*）裏金の刃先を鉋身の刃裏に密着させるために鉋台の甲穴内に取り付けられた金属製の丸棒。押え棒とも言う。

裏切れ（*ura-gire*）鉋身，のみ，小刀の刃裏の平面が無くなった状態。鉋身が裏切れを起こすと裏出しと裏押しを行って，刃裏の平面を出す。

裏座（*ura-za*）同押え金。

裏透き（*ura-suki*）鉋身，裏金，のみ，小刀の刃裏面の窪んだ部分。

裏出し（*ura-dashi*）裏切れを起こした鉋身の刃裏を叩いて出す作業。

裏単板（*ura-tampan*; back veneer）同裏板【合板の―】，関表面単板，表板【合板の―】。

裏刃（*ura-ba*）①同裏金。②丸胴に鉋刃を固定するための金物。参刃押さえ。

裏刃方式（*uraba-hōshiki*）単板を切削する場合，刃物の研削面（しのぎ面）をすくい面とする切

削方式。日本では，スライサにより薄いつき板を製造する場合にこの方法が多く採用される。関表刃方式。

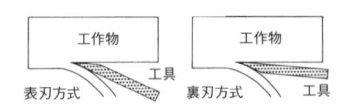

裏丸のみ（鑿）(*ura-maru-nomi*) 同厚丸のみ。

裏割れ (*ura-ware*; lathe check, knife check) 単板切削において，単板の刃物すくい面に接する側（単板裏面）から単坂内に侵入する割れ。同目割れ，関表割れ，裏割れ深さ。

裏割れ深さ (*uraware-fukasa*; depth of lathe check) 裏割れの先端から単板裏面までの垂直距離。関表割れ，裏割れ。

裏割れ率 (*uraware-ritsu*; rate of depth of lathe check) 裏割れ深さの単板厚さに対する百分率。関裏割れ。

ウレタン樹脂系接着剤 (——*jushikei-setchaku-zai*; polyurethane adhesive) 同ポリウレタン樹脂系接着剤。

上端 (*uwa-ba*) 鉋身を仕込む側の鉋台の上面。台木の木裏面を上端とする。同甲面，甲。

上向き削り (*uwa-muki-kezuri*; conventional milling, up milling) 回転（フライス）の切削方向と工作物の送り方向が対向している回転削り。一般の木工機械ではこの方式を採用する場合が多い。同上向き切削，関下向き切削，参回転削り，フライス削り。

上向き研削 (*uwa-muki-kensaku*; up cut sanding, up cut grinding) コンタクトホイール方式によるベルト研削，ドラム研削などの加工で，研削工具の回転方向（研削方向）と工作物の送り方向とが向かい合う（対向する）研削方式。また，研削砥石による刃物の刃付け研削作業で，砥石の回転方向が刃先から刃の背に向かって研ぎ下げる研削方法。関下向き研削。

上向き切削 (*uwa-muki-sessaku*; up cutting, up milling, out-cutting, counter sawing, normal sawing, sawing against feed) 同上向き削り，関下向き切削。

上目【鋸歯の―】(*uwame*) 横挽き用手鋸の歯形要素の一つ。裏刃（下刃）とで歯先角を形成す

る。関茨目，江戸目，組目。

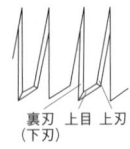

運動精度 (*undō-seido*; geometric accuracy of motion) 工作機械の構成要素（機械部品）の幾何学的な運動の正確さを表す度合い。テーブル運動の真直度や，主軸頭運動とテーブル運動の直角度などがある。関真直度，直角度。

雲頭の杢 (*untō-no-moku*) 黒部のスギに見られる杢。

運搬装置 (*umpan-sōchi*; transport equipment) 工作物の搬送，積載および転送を行う装置。

え e

柄（*e*）鋸の柄はヒノキ，キリなどで作られ，鋸断するときに作業者が手で握る．断面は楕円形であり，これを縦に二つ割りにして鋸の込みを固定して，柄頭の先端部あるいは全体に籐を巻き付けてある．のみの柄は作業者が手で握るのみの部分で，アカガシやシラカシなどで作られる．叩きのみは作業中の柄頭頭部の割れを防ぐために，金属のリングである冠を取り付ける．仕上げのみは突いて削るために，冠は取り付けられず，その代わり柄を長くしてある．錐の柄はヒノキやヒメコマツなどで円錐形に作られ，穂の込みが先端に打ち込まれている．錐揉みするときに柄の上部を両手の平で押さえ，交互に摺り合わせながら下方に力を加える．

エア式丸太転動装置（—*shiki-maruta-tendō-sōchi*）関ログターナ．

エア操作式横挽丸鋸盤（—*sōsa-shiki-yokobiki-marunoko-ban*; ram-stroking type cross cut saw）電動機直結の丸鋸軸をつけたラムがフレームのガイド上をすべって自動的に往復運動することにより横挽きを行う丸鋸盤．関丸鋸盤，クロスカットソー．

エアフェルタ（air felting machine）接着剤が添加された乾燥ファイバを風送して，マット形成セクションに降雪状に飛散させ，底部からの吸引によって連続的に一定厚さのマットにたい積させる機械．同乾式成形機．

HRC 硬さ記号の一つで，Cスケールで測定したロックウェル硬さを示す．

H形鋼（*H-gata-kō*; H sections）断面形状がH形の形鋼．関形鋼．

AE（acoustic emission）同アコースティック・エミッション．

AEウェーブガイド（AE waveguide）AEモニタリングの際に，構造体またはその他の試験品から発せられる弾性波を，遠隔点に置かれた変換子に結合するための装置．

AE計数率（*AE-keisū-ritsu*; count rate）ある試験期間において，AE信号があらかじめ設定した閾値を超える回数（AE計数）の時間率．

AE事象（*AE-jishō*; acoustic emission event, emission event）AEを生じさせる，材料の局部変化．

AE信号（*AE-shingō*; AE signal, emission signal）一つまたはそれ以上のAE事象を検出して得られる電気信号．

AE変換子（*AE-henkanshi*; AE sensor）弾性波によって生じる粒子運動を電気信号に変換するための通常，圧電方式の検出器．

A形【平鉋刃の—】（*A-gata*）木工用回転鉋胴に使用される厚さ6.4mm以上の平鉋刃で，取付け穴があるもの．材質，寸法などがJISで規定されている．労働安全衛生法により少なくとも一つの取り付け穴は袋穴としなければならない．関B形【平鉋刃の—】．

Aスコープ表示（*A-sukōpu-hyōji*; A-scan display, A-scan presentation）同基本表示．

ATC（automatic tool changer）マシニングセンタ，ターニングセンタなどの多機能数値制御工作機械において，工具マガジン（複数の工具を収納する装置）から必要な工具を選択し，これと，今まで加工に使用されていた工具とを自動的に交換する装置．同自動工具交換装置．関マシニングセンタ．

AD変換（*AD-henkan*; analog-to-digital conversion）アナログ信号をディジタル信号に変換すること．標本化と量子化の操作から成る．

A特性音圧レベル（*A-tokusei-on'atsu*—; A-weighted sound level）騒音計の一つの聴感補正特性で測定される音を対数表示したもの．音圧レベルに対してA特性周波数重み付けを行うことで，音の大きさの感覚を近似的に表現したことになり，dB(A)と表す．騒音レベルのこと．

A特性時間重み付きサウンドレベル（*A-tokusei-jikan-omomi-tsuki*—; A-weighted and time-weighted sound level）一般に用いられている騒音レベルのことで，A特性周波数重み付けとFまたはS指数形時間重み付け特性を用いた音圧レベルのこと．

APC（automatic pallet changer）マシニングセンタなどの数値制御工作機械において，工作

物を自動的に供給・排出しかつ正確に位置決めするため，工作物を取り付けたパレットを自動的に交換する装置。⟨同⟩自動パレット交換装置，⟨関⟩マシニングセンタ，パレット。

ABC分析（*ABC-bunseki*; ABC analysis）在庫管理において，品目をその取扱金額または量の大きい順に並べ，A, B, Cの3区分に分け，管理の重点を決めるのに用いる分析。

AV歯（*AV-ha*）⟨同⟩三角歯。

AU（acousto-ultrasonics）弾性波を発生させて，供試構造体のきず分散状態，損傷状況および機械的特性変化を検出し評価する非破壊検査手法。このAU検査法は，アコースティック・エミッション（AE）信号による解析手法と，超音波とを用いた材料特性検査手法を組み合わせたものである。

エキスパートシステム（expert system）ある分野において蓄積された専門知識を元に推論を行い，専門家に近い判断を導き出すコンピュータシステム。

液体［膜］潤滑（*ekitai [-maku] -junkatsu*; liquid-film lubrication）液体の潤滑剤を相対的に動く二つの摩擦面間に介在させることによって，両面を分離する潤滑方式。⟨関⟩固体［膜］潤滑，流体［膜］潤滑，気体［膜］潤滑。

エコー（echo）試験体のきず・底面・境界面などから反射して受信されたパルス，およびそれが探傷器の表示器に現れた指示。

エジャ（edger）1本または2本の主軸に丸鋸を取り付け，工作物を下受けロールまたはテーブル上で動力送りして，縦挽きし，耳すり，幅決め，分割に用いる丸鋸盤。

Sエコー（surface echo）⟨同⟩表面エコー。

S-S曲線（*S-S-kyokusen*; stress-strain curve）物体に外力を加えた時に生ずる変形は外力の大きさに依存する。この関係を，応力を縦軸に，ひずみ(歪)を横軸にして示して得られた曲線をいう。

SN比，S/N（*SN-hi*; signal-to-noise ratio）処理対象である情報（信号）とそれ以外の情報（雑音）の量の比率で，信号の品質を表す。通常，信号と雑音の電力（パワー）の比をデシベルで表す。値が大きいほど信号の品質が高いことを示す。$10\log(P_S/P_N)=20\log(A_S/A_N)$ [dB] ここで，P_SとP_Nは信号と雑音の電力の実効値，A_SとA_Nは信号と雑音の振幅の実効値。

S_1層（*S—sō*; S_1 layer, outer layer of secondary wall）⟨同⟩二次壁外層。

S_2層（*S—sō*; S_2 layer, middle layer of secondary wall）⟨同⟩二次壁中層。

S_3層（*S—sō*; S_3 layer, inner layer of secondary wall）⟨同⟩二次壁内層。

SWタイプ【合板の—】（type SW）主として建築物の特殊壁面の用に供される特殊加工化粧合板をいう。⟨関⟩Fタイプ【合板の—】。

SPF（Spruce-Pine-Fir）Spruce-Pine-Firの略称で，JASの枠組み壁工法構造用製材の樹種群を表す略号である。バルサムファー，ロジポールパイン，ポンデローサパイン，ホワイトスプルース，エンゲルマンスプルース，ブラックスプルース，レッドスプルース，コーストシトカスプルース，アルパインファー，モミ，エゾマツ，トドマツ，オウシュウアカマツ，メルクシマツ，ラジアタパインその他これらに類するものを含む。

枝下材（*edashita-zai*; stem-formed wood）樹幹における材区分のひとつで，樹幹内で枝の枯れ上がった軌跡を境にして，その外側の部分の材。⟨関⟩樹冠材。

エタロン（etalon）⟨同⟩測定標準。

エチレン・酢酸ビニル共重合樹脂系接着剤（*—sakusan—kyōjūgō-jushikei-setchaku-zai*; ethylene-vinyl acetate copolymer resin adhesive）エチレンと酢酸ビニルとを共重合した熱可塑性樹脂を主体として，ロジンなどの粘着付与剤，ワックスなどの粘度調整剤，炭酸カルシウムやクレーなどの充填剤，ジブチルフタレートなどの可塑剤を配合した固体状の接着剤。

柄付バイト（*etsuki-baito*）旋削加工において，手で操作する柄の付いたバイト。⟨関⟩旋削。

X線応力測定法（*X-sen-ōryoku-sokutei-hō*; X-ray stress measuring method）多結晶体の表層部に特性X線を入射し，X線回折を利用して格子面間隔の変化を検出することによって応力を測定する方法。

X線管（*X-sen-kan*; X-ray tube）一般に，高速で陽極に衝突する電子を発生するフィラメントを持つ真空管。その陽極の表面でX線が発生する。

X線透過試験（*X-sen-tōka-shiken*; X-ray radiography）X線を用いる透過試験。同X線ラジオグラフィー。

X線ラジオグラフィー（*X-sen—*; X-ray radiography）同X線透過試験。

XYZ表色系（*XYZ-hyōshoku-kei*; XYZ colorimetric system）CIEが1913年に採択した原刺激[X]，[Y]，[Z]およびCIE等色関数$\bar{x}(\lambda)$，$\bar{y}(\lambda)$，$\bar{z}(\lambda)$を用いて，任意の分光分布の三刺激値を決定する表色の体系。原刺激[X]，[Y]，[Z]は実在する三つの単色光[R]（波長700.0 nm），[G]（546.1 nm），[B]（435.8 nm）から数学的変換によって導き出されたものである。色の見え方は観測視野の大きさによって変化する場合があり，この表色系は観測視野2～4°の場合に使用することとされている。CIE1931標準表色系ともいう。同CIE1931標準表色系，関CIE表色系。

エッジバンダ（edge bander, edge banding machine）工作物か縁材のいずれか，または両方に接着剤を塗布し，工作物の側面に縁材を加圧接着する機械。同縁貼り機。

エッジベルトサンダ（edge belt sander）エンドレス研磨布紙を2個以上の垂直なプーリに掛けて回転走行させ，主に工作物の端面を研削するサンダ。プーリを軸方向に往復運動（オシレーション）させるものもある。関ベルトサンダ。

エッジボード（edge board, lead board）両外側のデッキボードで，差込口を構成する部材。

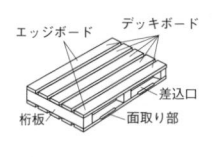

猿頬面取り鉋（*etebō-mentori-ganna*）関自由定規付き面取り鉋。

江戸目（*edome*）横挽き用手鋸の歯形の別名。関茨目，上目【鋸歯の—】，組目。

柄長さ【ドリルの—】（*e-nagasa*; shank length）ドリルの軸に平行に測定したシャンクの長さ。関シャンク，参ドリル。

NEP（noise equivalent power）同等価雑音パワー。

NC（numerical control）同数値制御。

NCサンダ（NC sander, numerical control sander）研削ヘッド，テーブルの移動を数値制御により行い，工作物を研削するサンダ。

NCボーリングマシン（NC boring machine, numerical control wood boring machine）テーブルおよび主軸の移動を数値制御で行い，工作物の表面および側面に丸穴あけ加工を行う木工穿孔盤。

NCルータ（NC router, numerical control router, numerical control routing machine）テーブル，主軸の移動を数値制御によって行い，工作物に彫刻，面取り，切抜きなどの加工をする木工フライス盤。主軸が2軸以上のものは，並列式とターレット式があり，自動選択機能を備える。また，ルータ軸のほか，丸鋸，回転鉋，錐など多種類の主軸ヘッドをもつもの，工具自動交換装置，主軸自動交換装置をもつもの，テーブルを2台備えたものなどがある。同数値制御ルータ，関ルータ。

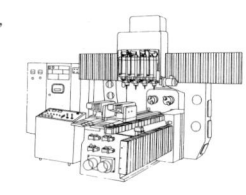

NDI（nondestructive inspection）同非破壊検査，関NDE, NDT。

NDE（nondestructive evaluation）同非破壊評価，関NDI, NDT。

NDT（nondestructive testing）同非破壊試験，関NDI, NDE。

NV歯（*NV-ba*）同栓歯。

エネルギー分散型X線分析（*—bunsangata-X-sen-bunseki*; energy dispersive X-ray analysis）物質にX線を照射した時に発生する特性X線を検出し，粉末，液体，固体状態の試料に含まれる元素の構成や分布を非破壊で評価する分析手法。

FFT（fast Fourier transform）同高速フーリエ変換。

Fタイプ【合板の—】（type F）主としてテー

ルトップ，カウンター等の用に供される特殊加工化粧合板をいう。この他に，FWタイプ，Wタイプ，SWタイプが有る。

FWタイプ【合板の—】（type FW）主として建築物の耐久壁面等の用に供されるほか家具用にも供される特殊加工化粧合板をいう。関Fタイプ【合板の—】。

Fナンバ（f-number）屈折率 n' の媒質中にある光学系の像焦点が射出ひとみの直径に対して張る角の $1/2$ を α とするとき，$1/(2n' \sin \alpha)$ で与えられる量。収差が良く補正されている場合には，f を焦点距離，d を入射ひとみの直径とするとき F ナンバは f/d となる。光学系の明るさまたは解像力に関連する量の一つ。

エポキシ樹脂系接着剤（—jushikei-setchaku-zai; epoxy resin adhesive）分子内にエポキシ基を含む樹脂およびそのエポキシ基の開環反応によって生成する樹脂からなる接着剤。主として，ビスフェノールAとエピクロルヒドリンとの縮合生成物である。

エマルション型接着剤（—gata-setchaku-zai; emulsion adhesive）同エマルジョン型接着剤。

エマルジョン型接着剤（—gata-setchaku-zai; emulsion adhesive）合成樹脂を水に乳化分散させた接着剤。同エマルション型接着剤，関ポリ酢酸ビニルエマルジョン接着剤，ラテックス型接着剤。

MSR（machine stress rating）グレーディングマシンなどを用いて製材品を長さ方向に移動させながら連続してヤング係数を測定すること。

MSR製材（MSR-seizai; Machine stress rated lumber）等級区分機などの機械を用いて長さ方向に連続して曲げヤング係数を測定し，曲げ応力等級区分を行った製材品。

MSR挽板（MSR-hikiita; machine stress rated lumber）等級区分機を用いて長さ方向に移動させながら連続して曲げヤング係数を測定した挽板。関等級区分機。

MSRラミナ（MSR lamina, machine stress rated lamina）等級区分機を用いて長さ方向に移動させながら連続してヤング係数を測定するとともに，曲げ強さもしくは引張強さを保証して区分されたラミナ。関等級区分機。

MSS（management system standard）「組織が方針および目標を定め，その目標を達成するためのシステム」に関する規格。品質マネジメントシステム規格のISO9000ファミリーおよび環境マネジメントシステム規格のISO14000シリーズがその代表。

MOR（Modulus of Rupture）Modulus of Rupture の略語で，曲げ破壊係数をさす。同曲げ破壊係数。

MOE（Modulus of Elasticity）Modulus of Elasticity の略語で，弾性率(係数)やヤング率(係数)をさす。同弾性率，弾性係数，ヤング率，ヤング係数。

MDF（medium density faiberboard）同ミディアムデンシティファイバーボード，中比重繊維板，中質繊維板，関繊維板。

エメリー（emery）コランダム（鋼玉）と磁鉄鉱の両結晶が極めて微細な組織で緊密に混合している天然産の鉱物で，天然研削材(砥粒)として用いられる。記号Eで表示する。関天然研削材。

エラスティック砥石（—toishi; elastic bonded wheel）レジノイド，ゴム，シェラック，PVAなどの有機質結合剤が使用されている研削砥石の総称。この砥石は無機質結合剤に比べると耐熱性や浸食性に劣るが，機械的強度や弾性が高い。関砥石。

LCA Life cycle assessment の略号。

LCC Life cycle costing の略号。

LVL（laminated veneer lumber, laminated wood）単板積層材。厚さ $1〜25\,\mathrm{mm}$ のロータリーまたはスライス単板を，その繊維方向をほぼ平行にして積層接着したもので，日本では，一般材のLVLと，構造物の耐力部材としての構造用LVLのJAS規格がある。関構造用LVL，構造用単板積層材。

塩化ビニル樹脂オーバーレイ合板（enka—jushi—gōhan）塩化ビニル樹脂のフィルムやシートをオーバーレイした合板で，JAS(合板)では，特殊加工化粧合板の一種。顔料

による着色，木目などの模様の印刷されたものなどがある。関特殊加工化粧合板。

円形形体（*enkei-keitai*; circular features）幾何偏差の規格で用いる用語で，機能上円であるように指定した形体。例えば，平面図形としての円や回転面の円形図形。

エンゲージ角（——*kaku*; engage angle）正面フライス削りでの工具の中心と切刃の食付き点を結ぶ線が，送り方向となす角。

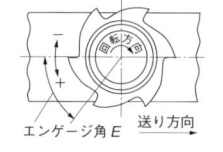

縁甲板（*enkō-ita*; strip flooring）床，廊下，壁，天井や縁側に張る，幅8〜12 cm，厚さ15〜18 mm程度の建材で，本実加工した板材。

エンジニアードウッド（engineered wood）材料性能が明示され，品質が素材に比べ均一な構造用木質材料の総称。集成材，LVL，各種構造用複合ボードが代表的である。同エンジニアリングウッド。

エンジニアリングウッド（engineering wood）同エンジニアードウッド。

円周振れ（*enshū-fure*; circular runout）指定した方向（半径方向，軸方向，斜め法線方向，斜め指定方向）によって，対象物の表面上の各位置における振れのうち，その最大値で表わすことを原則とし，円周振れ__mmまたは円周振れ__μmと表示する。

遠心分離法（*enshin-bunri-hō*）粉じんの分粒方法の一つで，粗大粒子を遠心力によって取り除く方法。空気流が本体内部でらせん状に回転する構造の分粒装置に空気を流したとき，粗大粒子は遠心力によって壁面に沿って下方に落下し，測定する限界粒径以下の粒子が通過するものである。この方法は主に粗大粒子の除去のために使用する。

円錐ころ軸受（*ensui-koro-jikūke*; tapered roller (radial) bearing）転動体として円錐ころを用いたラジアル軸受。関転がり軸受，ころ軸受，ラジアル軸受。

延性破壊（*ensei-hakai*; ductile fracture）応力が降伏点に達した後に直ぐに破壊（脆性破壊）せず，大きな塑性変形を生じて大きな伸び率と断面縮み率を呈する破壊をいう。

円柱類（*enchū-rui*）平成17年のJAS規格改正で新たに制定されたもので，遊具・外構材等に広く使われる丸棒。

円柱レンズ（*enchū*——; cylindrical lens）円柱の屈折面をもつレンズ。

円筒形体（*entō-keitai*; cylindrical features）幾何偏差の規格で用いる用語で，機能上円筒面であるように指定した形体。

円筒研削（*entō-kensaku*; cylindrical grinding）円筒形工作物の外周面を研削する加工。

円筒研削用研削砥石（*entō-kensakuyō-kensaku-toishi*; grinding wheels for external cylindrical grinding between center）センタ支持した加工物の外面を研削するのに使用される研削砥石。関砥石。

円筒研磨スリーブ（*entō-kemma*——; cylindrical abrasive sleeves）研磨布紙を接合して円筒状にした回転研磨工具。ハンドグラインダなどに取り付けて，工作物の研削・研磨加工に使用する。接合線の形状により，ストレート形とスパイラル形の2種類がある。

円筒ころ軸受（*entō-koro-jikūke*; cylindrical roller (radial) bearing）転動体として円筒ころを用いたラジアル軸受。関転がり軸受，ころ軸受，ラジアル軸受。

円筒スコヤ（*entō-sukoya*; cylindrical square）端面と母線を直角にした円筒形の工具で，直角度の精密な検査・測定に用いられる。JISでは直径70〜280 mm，長さ150〜1,200 mm，肉厚10〜20 mmのものを規定している。

円筒度（*entō-do*; cylindricity）幾何偏差における形状偏差の一つで，円筒形体の幾何学的に正しい円筒（幾何学的円筒）からの狂いの大きさ。

円筒歯車（*entō-haguruma*; cylindrical gear）歯の寸法を定義するときに基準とする面（基準面）が円筒である歯車。

円頭ハンマ（*entō*——; dog head hammer）打撃面が円形で，柄が頭の中心より打撃面の反対側の小口に寄って付けられているハン

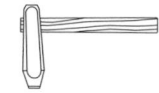

28 えんど(endo)

マ．丸鋸の水平仕上げを行うときに鋸身の局部的な狂いの矯正や修正作業に使われる．関 十字ハンマ，丸ハンマ．

エンドプレッシャ（end pressure） 木材の縦継ぎで，端面の接合のために繊維方向に加えられる圧力．

エンドマッチャ（end matcher） 厚板やフローリング（床板）などの両木口を，縦継手用の凸形（おざね）と凹形（めざね）に加工する専用のほぞ取り盤．関 おち取り盤，めち取り盤．

エンドミリングカッタ（end milling cutter） 外周面および端面に切れ刃を持つシャンクタイプフライスの総称．表面削り，溝加工，輪郭加工，底面削りなどに利用され，直刃とねじれ刃がある．同 エンドミル，関 フライス．

エンドミル（end mill） 同 エンドミリングカッタ．

エンドミル削り（——kezuri; end milling） エンドミルを用いて行うフライス削り．

エンドレス研磨ベルト（——kemma——; endless abrasive belt） 袋織りの布基材表面に研磨材を接着剤により固着した継ぎ目の無い特殊な研磨ベルト．一般には継ぎ目のある無端状の研磨ベルトをさす場合が多い．関 ベルト研削．

円板鉋盤，円盤鉋盤（emban-kanna-ban; disk planer） 回転する円板に刃物を放射状に取り付け，工作物を円板面に押し付けて切削する鉋盤．

円偏光（en-henkō; circularly polarized light） 光の進行方向に正対する観測者から見た場合，光波（電気ベクトル）の振幅ベクトルの先端が円運動をするもの．右（左）回りのものを右（左）偏光という．

エンボス加工（——kakō; embossing） 模様を付けるための型を工作物に押し付けて，工作物表面に凸凹の模様をつける加工．

お o

追挽き（oibiki） ①counter sawing, down cutting 丸鋸による挽材において，丸鋸の回転方向と工作物の送り方向が同方向となる挽き方．関 向い挽き，下向き切削．②修正挽きのこと．同 修正挽き．

追柾 [面]（oimasa [-men]） 柾目面と板目面の間の中間的な材面．関 柾目 [面]，板目 [面]．

オイルテンパ装置（——sōchi; heat treating chamber, oil tempering chamber） ハードボードの強度および耐水性を向上させるため，熱圧直後にハードボードに乾性油を塗布した後，処理室（チャンバ）の中で熱処理する装置．

大入れのみ（鑿）（ōire-nomi） 同 追入れのみ．

追入れのみ（鑿）（oiire-nomi; firmer chisel, bevel edge chisel） 叩きのみの一種．むこうまちのみに比べて，穂は短く，薄く，幅が広い．浅い穴あけ，段欠き，深い穴の側面仕上げなどに用いる．大入れのみ，尾入れのみとも表記する．

尾入れのみ（鑿）（oire-nomi） 同 追入れのみ．

横架材（ōka-zai） 木質構造において，曲げによって鉛直力を支える水平方向の部材．

横架材加工ライン（ōkazai-kakō——） 土台，梁，桁，胴差し，母屋等の横架材をプレカットする加工ライン．長さ決め，蟻仕口（男木・女木），鎌継手（男木・女木），間柱欠き，柱ほぞ穴，垂木欠き，ボルト穴等の加工を行う．

欧州材（ōshū-zai; timber imported from Europe） 外国から輸入される木材の中で，ヨーロッパからのもの．

横断面（ōdan-men; transverse surface） 幹や枝の軸に直角の断面．木口面．断面に現れる紋様を木口という．放射断面と接線断面を合わせて基本の三断面をなす．関 木口 [面]，放射断面，接線断面．

応答時間（ōtō-jikan; response time） ステップ応答において，入力信号を突然変化させた時点から出力信号が最終安定値の近傍の指定された範囲に到達して留まる時点までの時間．

黄銅木ねじ（ōdō-mokuneji; brass wood screw）黄銅製の木ねじ。

往復サンダ（ōfuku——; reciprocating sander）材料表面に平行な面内を往復運動をするプレートに研磨布紙を装着して表面を研削するサンダ。関サンダ。

往復台（ōfuku-dai; carriage）工作機械のヘッド上を往復して，刃物に送り運動を与える部分の総称。サドル，横送り台，刃物台などからなる。木工旋盤，刃物研削盤などに取り付けられている。関ヘッド，送り運動，送り台。

往復動鋸（ōfuku-dō-nokogiri; reciprocating saw）往復または揺動運動する1枚または複数枚のブレード型の鋸刃によって，材料を切断する電動工具。関電動工具，電動鋸。

応力等級区分（ōryoku-tōkyū-kubun; stress grading）木材の強度を目視（目視等級区分）または機械（機械等級区分）によって調べ，その結果を基に等級に分類すること。目視等級区分では，木材表面に現れた欠点の大きさや多さを肉眼で調べて強度等級に分類する。欠点が大きいまたは多いほど強度は低くなると考える。機械等級区分では，曲げヤング係数などを測定し，その値や長さ方向の変化の具合からいくつかの等級に分類する。

応力（ōryoku; stress）物体に外力が作用すると，物体内部にこれに抵抗する内力が生ずる。この内力の単位面積当たりの力を応力という。この応力は面に垂直な成分と面に平行な成分に分けることができ，前者を垂直応力，後者をせん断応力と呼ぶ。

応力塗料膜法（ōryoku-toryō-maku-hō; brittle coating method, brittle lacquer coating method）試験体の表面に応力塗料を塗装してもらい膜を形成しておき，負荷したときに膜に生じるきれつの模様から応力やひずみの分布を測定する方法。

応力-ひずみ（歪）線図（ōryoku-hizumi-sen-zu; stress-strain diagram）物体に外力を加えた時に生ずる変形は外力の大きさに依存する。この関係を，応力を縦軸に，ひずみ（歪）を横軸にして示した図をいう。

覆い【帯鋸盤の送りローラの—】（ōi; cover (on a feeding roller of a band saw)）木材加工用帯鋸盤の安全装置の一つで，送りローラへの接触を防ぐための覆い。一体形と分割形がある。労働安全衛生規則では，送りローラの急停止装置が設けられている場合を除いて，事業者に設置が義務付けられている。

覆い【帯鋸盤の歯および鋸車の—】（ōi; cover (on teeth or a band wheel of a band saw)）木材加工用帯鋸盤の安全装置の一つで，工作物の切断に必要な部分以外の鋸歯の部分および鋸車を囲う覆い。労働安全衛生規則ではこれらの設置を事業者に義務付けている。

OHP（over-head projector）同オーバヘッドプロジェクタ。

OSB（oriented strandboard）ウェファボードの強度性能を向上させるために，ストランド状の削片を配向させ，その各層を直交するように配置して接着剤を用いて熱圧成形したボード。同配向性ストランドボード，関ストランド。

大がかり（鋸賀利）（ōgagari）木取り大割り用の片刃縦挽き鋸。挽割り鋸とも言う。関ねずみがかり。

大形状鋼（ōgata-katakō; heavy sections）高さが80 mm以上で，断面形状がI, H, L, またはU形の形鋼。関形鋼。

オーガビット（auger bit）けづめとねじ型の中心錐を有する木工錐。手加工用錐として用いられることが多く，けづめの数は左右対称位置に2個と片側に1個の両者がある。だぼ穴の機械穴あけ加工では，ねじ型の中心錐は不適当で，先細形の中心錐が採用されている。この場合のビットは木工ドリルの類とすることもある。同らせん錐，関木工錐。

大壁（ōkabe）木質構造の壁において，壁仕上げ材によって柱を覆って仕上げたもの。洋風の木造では大壁式が一般的である。関真壁。

オージオメータ（audiometer）被検者に，電気的に発生した検査音を減衰器を通して与え，被検者自身の認知，応答によって，聴覚機能を検査する装置。

オーステナイト（austenite）1種類以上の元素

を含むγ鉄固溶体。

オーステンパ（austempering）鋼に良好な靭性を与え、急冷による熱ひずみを防止するために、オーステナイト化した鋼を加熱してフェライトやパーライトの生成温度以下でマルテンサイトの生成温度以上の温度範囲に保持し、ベイナイト変態させる熱処理。関熱処理。

オートエジャ（automatic edger）耳付材の幅または形状を自動計測し、最大の歩留まりが得られる幅やあらかじめ設定された幅の中よりその耳付材で得られる最大の幅を決定し、その幅に鋸間隔を自動的に歩出しする。機種によっては耳付材の姿勢を自動制御して送材するものもある。関エジャ、ダブルエジャ。

オートコリメータ（autocollimator）望遠鏡の対物レンズの焦点面に置いた標線から出た光が、対物レンズの前方にある反射鏡によって戻されて焦点面に結像するとき、レンズの光軸に対する反射鏡の傾きが結像位置のずれとして現れることを利用した、小さい角度の測定などを行うための計器。工作機械の定盤や案内面の真直度、直角度、平行度などを測定するのに使われる。

オートサンダ（automatic belt sander）オートマチックサンダの慣用名。同オートマチックサンダ。

オートセッタ（swage setting equipment）ばち形あさり整形機の慣用語。同ばち形あさり整形機。

オートテーブル　自動ローラ送りテーブル帯鋸盤、複合自動ローラ送りテーブル帯鋸盤もしくは自動ローラ送りツイン丸鋸盤などに据え付けし、工作物の給材、仕分け、返送を行う搬送装置。鋸断機械を含めて指すことが多い。関自動ローラ帯鋸盤。

オートフィーダ（automatic feeder for veneer dryer）同単板乾燥機フィーダ。

オートマチックベルトサンダ（automatic belt sander）回転走行する2本以上のエンドレスの研磨布紙を、自動的に工作物の表面に圧着し、工作物を自動送りして研削するサンダ。慣用名をオートサンダともいう。関ベルトサンダ。

オートメーション（automation）自動化のことで、処理過程または装置を自動操作に置き換えること、またはその結果。

オーバアーム（over arm）フライス盤の部品の一種で、アーバを支える受け（アーバ支え）を取り付けるための梁。関アーバ。

大歯車（$ō$-*haguruma*; wheel, gear）対をなす歯車のうち、歯数の多い方の歯車。

オーバサイズ【穴の—】（oversize）加工穴の拡大量。すなわち加工穴の内径と工具径との差。同拡大代。

オーバヘッドプロジェクタ（over-head projector, OHP）水平に置かれた手書きまたは印刷された透明画（文字・図形など）をスクリーンに映写する機器。同OHP。

大梁（$ō$-*hari*）柱に直結している構造上重要な梁。

オーバレイ用ホットプレス（——*yō*——; overlaying hot press）パーティクルボードの表面に樹脂含浸紙などを熱圧によって貼り合わせる機械。関ホットプレス。

大引き（*ōbiki*）木質構造の床組みにおいて、根太を受ける横架材。

オービットサンダ（orbital sander, oscillating sader）材料表面に平行な軌道揺動運動をするプレートに研磨布紙を装着して表面を研削するサンダ。関サンダ。

オープンコート（open coat）研磨材（砥粒）による布や紙基材の被覆率が50〜70％程度の研磨布紙。疎塗装ともいい、OPの記号で表示される。同疎塗装、塗装密度、関クローズドコート。

オープンタイム（open time）接着剤を被着材に塗布してから貼り合わせるまでの貼り合せ可能時間。

大丸太（$ō$-*maruta*; large log）素材のJASによる「大の素材」に相当する末口径30cm以上の丸太。外材の場合、産地によって基準が異なる。

大割（*ōwari*; breakdown, primary sawing）製材において、丸太から中小割用の半製品などを挽く工程。関木取り。

大割機械（*ōwari-kikai*; headrig）丸太を製材品

に加工(切断)するシステム(加工機械群)で,一番目に設置され,大割に使用される帯鋸盤,丸鋸盤,チッパキャンタなどの加工機械.関小割機械,大割.

おが屑(大鋸屑)(*oga-kuzu*; saw dust) 鋸切削において生成される切屑。鋸屑。おが粉ともいう。関鋸屑.

男木(*ogi*) 腰掛あり継ぎ,腰掛かま継ぎなどで,凸部の加工をした上側の部材.

オクターブ(octave) ある周波数に対して周波数の比率が2倍になる音程のこと.

オクターブ帯域幅フィルタ(——*taiiki-haba*——; octave band filter) 定周波数比フィルタを用いた分析に用いられるバンドパスフィルタの一つで,周波数比が2のものをいう。フィルタの下限の遮断周波数 f_1 と上限の遮断周波数 f_2,および中心周波数 f_m の関係は, $f_2=2f_1$, $f_m=\sqrt{2}f_1=(1/\sqrt{2})f_2$ で与えられる.

送り(*okuri*; feed, feed rate) 送り速度と送り量の総称。関送り速度,送り量.

送り運動(*okuri-undō*; feed motion) 工作機械によって与えられる工作物と工具との間の切屑生成のための相対運動で,主運動に加えて工具を工作物に送り込んで切削を継続するために必要な運動。工作物の仕上面に所定の形状を与えるために必要な運動も送り運動である。関主運動,移動テーブル,往復台,送り運動角,送り運動系,送り台.

送り運動角(*okuri-undō-kaku*; feed motion angle) 主運動と送り運動が同時に行われる場合の二つの運動がなす角度。関主運動,送り運動.

送り運動系(*okuri-undōkei*; feed driving system) 送り運動を行わせるための駆動系統。駆動系統は,電動機,プーリ,ベルト,歯車,中間軸などからなる。関送り運動,送り動力.

送り荷重(*okuri-kajū*; load for feed) 工具を工作物の加工すべき位置に移動させるために必要となる荷重.

送り込み(*okurikomi*; in-feed) 工作機械において,工具と工作物を近づけるために行う相対運動.

送り装置(*okuri-sōchi*; feed device) 工作物を工作機械に送り込んだり送り出したりする装置。工作機械に組み込まれたものと独立しているものとがある。主要な形式としてキャタピラ式,ロール式,ベルト式などがある。関送材装置,送りチェーン,送りローラ.

送り速度(*okuri-sokudo*; feed speed, feed rate) 切れ刃上の1点における工具と工作物との相対運動の速度。同送材速度。関送り.

送り台(*okuri-dai*; slide) 送り運動を与えるために工作機械の案内面上を移動する台。主要な送り台として,刃物送り台,工具送り台,往復台などがある。関送り運動,案内面,工具送り台,往復台,送りねじ.

送りチェーン(*okuri*——; feed chain) 工作物を工作機械に送り込む場合に使用するチェーン。送り装置に備えられており,工作物のスリップを防止する刻み目や爪を配置している。関送り装置.

送り動力(*okuri-dōryoku*; power for feed) 工作機械において,送り運動系を駆動させるために必要となる力の総称。関送り運動系.

送りねじ(*okuri-neji*; feed screw) 送り台,テーブルなどを移動させるためのねじ。関送り台,テーブル.

送り分力(*okuri-bunryoku*; feed force) 工作機械の主軸に加わる軸方向の力(スラスト)。同スラスト.

送り量(*okuri-ryō*; feed per revolution, feed per stroke) 工作物の加工すべき成分を切削工具の作用する位置に移動するときの両者間の単位相対移動量。一般に,工具または工作物の1回転当たり,または1ストローク当たりの移動量で表す。多刃工具では隣接した刃が同位相になる間の移動量を1刃当たり送り量という。関送り.

送り力(*okuri-ryoku*; feed force) 切削力(あるいは切削抵抗)の送り方向分力.

送りローラ(*okuri*——; feed roller) 自動鉋盤などに備えられたロールを用いた送り装置。自動鉋盤では,送込みロールと送出しロールからなり,前者は軸に平行な溝を表面に付けた刻みロールが使用されるが,後者の表面は仕

上がった工作物を損傷しないように研磨されている。また、前者は厚さの異なる工作物を同時に数本送り込めるように、セクショナルロールと呼ばれる分割ロールの場合もある。関送り装置、送材装置。

送りロール（*okuri*—; feed roll）同送りローラ。

桶（*oke*）湯桶、風呂桶、漬け物桶、寿司桶などの総称。木製桶の場合、細長い板を円筒形の側に並べ、底板をつけ、たがで締めて固定されている。

桶屋回し挽き鋸（*okeya-mawashi-biki-noko*）同底回し鋸。

押え（*osae*）鉋身が鉋台に仕込まれた時、鉋身の刃裏が押え溝に接する面。

押え金（*osae-gane*）同刃押さえ。

押え装置（*osae-sōchi*; material holding equipment）工作物を加圧しながら、送材装置による送りを確実にする装置。

押え刃（*osae-ba*）同裏金。

押えバー（*osae*—; pressure bar）走行丸鋸盤において加工材をテーブルに対して押しつけることにより支持・固定するためのバー。関走行丸鋸盤。

押え挽き鋸（*osae-biki-noko*）鉋台の押え溝を挽くための小型の片刃横挽き鋸。

押え棒（*osae-bō*）同裏金留。

押え溝（*osae-mizo*）鉋身を鉋台に保持するために鉋身の厚さに応じて甲穴の両脇に作った溝。

押えローラ（*osae*—; pressure roller）ギャングリッパにおいて加工材をテーブルに対して押さえることにより支持の加圧装置のひとつで、送材の補助と加工材の逆走を防ぐ機能を持つ。関ギャングリッパ、逆走。

雄ざね（実）（*ozane*; tongue, tongued edge）木材の端面同士の接合における本さねはぎの雄側（凸面側）。関さねはぎ、雌ざね、参さねはぎ。

おさ鋸歯研削盤（*osanoko-ba-kensaku-ban*; straight saw sharpener）回転する砥石によっておさ鋸の歯形を整形仕上げする研削盤。鋸の送りと砥石の昇降は自動的に行われる。

おさ（筬）鋸盤（*osanoko-ban*; frame saw, frame gang saw, sash gang saw）同立鋸盤、竪鋸盤、フレームソー、枠鋸盤。

おさ鋸目立機（*osanoko-metateki*）同おさ鋸歯研削盤。

押板研削方式（*oshiita-kensaku-hōshiki*; platen type sanding）同プラテン研削方式。

押角（*oshi-kaku*）製材品の材種区分の1種類。製材のJASでは、下地用材のうち、丸身が50％を超え、かつ、材面に挽き面がある部分における横断面の辺の欠を補った形が正方形のものをいう。関挽割類、挽角類、正割、正角。

押込み抵抗（*oshikomi-teikō*; indentation force）刃物の刃先には必ず丸みが存在するが、この丸みを被削材に押し込んでいくときに必要になる力で、この丸み部分に作用する分布荷重の合力。切削抵抗を変形抵抗、摩擦抵抗、押込み抵抗、逃げ面摩耗抵抗に分けた場合、押込み抵抗は切削幅に比例し、切込量が丸みの径より十分大きい場合には切込量にかかわらず一定である。分離抵抗と同じものであると考えられる。関分離抵抗。

押突きのみ（*oshi-tsuki-nomi*）同薄のみ。

押ならし作用（*oshi-narashi-sayō*）工具刃先丸味における被削材の分離の位置から最下端までの範囲で、切削の進行に伴って、被削材に圧縮や摩擦などにより連続的な弾塑性変形などが発生する。その刃先丸味の範囲が被削材に対して連続的に変形を与える作用を、押ならし作用という。さらに、刃先丸味の最下端を通過後、刃先丸味の残弧と逃げ面に沿って、弾性変形などに相当するひずみを回復し加工面が形成されるが、塑性変形などに相当するひずみは回復せず、当初の分離の位置よりも加工面の位置が低くなる。これらの加工誤差や弾性回復などの程度が、切削加工における各種寸法精度と加工面精度などに影響を及ぼす。また塑性変形に相当する残留ひずみは、水に出会うと回復するため、利用上の障害となることが懸念される。

オストワルト表色系（——*hyōshoku-kei*; Ostwald system）オストワルト（W. Ostwald）が考案した表色系。色相、白色量（W）、黒色量（S）

によって表面色を表す．白色量，黒色量，純色量(V)は次の関係にある．

$$W+S+V=100$$

白色量，黒色量が零の色をオストワルト純色と呼ぶ．

汚染（*osen*; stain）汚れや接着剤成分の付着によって材面が変色する現象．集成材JASでは見付け材面やラミナ表面の品質を規定する基準事項の一つになっている．関変色．

落込み（*ochikomi*; collapse, cell collapse）乾燥途中または終了した板の特定の場所が繊維方向にすじ状にへこむ，板の断面が極端に収縮変形する現象．落ち込みの発生した部分の細胞は細胞壁が陥没し，細胞の落ち込みを起こしている．

おち取り盤（*ochitori-ban*; projection molder）厚板やフローリング(床板)などの木口を，縦継ぎ手用の凸型(おざね)に加工する専用のほぞ取り盤．関めち取り盤，エンドマッチャ．

乙種構造材（*otsushu-kōzō-zai*; B class structural lumber）製材のJASにおける目視等級区分構造用製材のうち，主として圧縮性能を必要とする部分に使用するもの．通し柱，管柱，間柱，床束，小屋束などに使われる．関甲種構造材．

乙種縦継ぎ材（B class finger-jointed lumber）枠組壁工法構造用縦継ぎ材のうち，縦枠用縦継ぎ材および甲種縦継ぎ材以外のもの．関縦枠用縦継ぎ材，甲種縦継ぎ材．

乙種枠組材（*otsushu-wakugumi-zai*; B class framing lumber）枠組壁工法構造用製材（MSR製材を除く）のうち，甲種枠組材以外のもの．関甲種枠組材．

落し込み根太（*otoshikomi-neda*）木質構造の床組みにおいて，大引きや床梁のような横架材の上面と根太上面が同一面になるように，根太を横架材間に挿入する方法．

音のうるささ（*oto-no-urusasa*, noisiness）知覚騒音レベル(中心周波数が50Hzから10kHzまでの24個の1/3オクターブごとの音圧レベルを，指定された方法で加算した周波数重み付け音圧レベル)の計算に用いた中心周波数が50Hzから10kHzまでの24の1/3オクターブごとの音圧レベルで規定された関数(ISO 3891:1978 による)．

音の大きさ（*oto-no-ōkisa*, loudness）音の強さに関係する感覚量で，音の高さと音色に並ぶ音の知覚に関するもっとも基本的な性質の一つ．単位として，sone(ソーン)を用い，音の大きさのレベル40phonを1soneとする比率尺度で表現される．

音の大きさの等感曲線（*oto-no-ōkisa-no-tōkan-kyokusen*; equal-loudness contours）フレッチャー・マンソン(Fletcher-Munson)に始まり，1957年にロビンソン(Robinson, F)らによって再測定された，正当な聴覚を持つ人が等しい大きさに感じる純音の音圧レベルと周波数の関係を示した曲線で，等ラウドネス曲線あるいは等感度曲線とも呼ばれる．

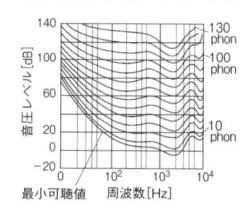

音の大きさのレベル（*oto-no-ōkisa-no—*; loudness level）健常な聴力の人がある音を聞いた場合その音と同じ大きさに聞こえると判断した基準音(周波数1,000Hzの純音)の音圧レベルを言う．単位はフォン[phon]である．

音の速度（*oto-no-sokudo*; sound velocity）音波が伝搬する方向と速さを示すベクトル．

音の高さ（*oto-no-takasa*; sound pitch）音の周波数に関する聴覚上の性質．周波数の高い音は高く，周波数の低い音は低く感じる．音の強さが一定の純音に対しては，周波数と高さは1対1に対応する．

音の強さ（*oto-no-tsuyosa*; sound intensity）空間を伝搬している音圧の実効値をp(Pa)，音波によって振動している媒質粒子の粒子速度をu(m/s)とすれば，音波の進行方向に垂直な単位面積を単位時間に通過する音のエネルギーI(W/m^2)は$I=pu$で与えられる．このエネルギーを"音の強さ" I(W/m^2)と呼ぶ．

音の強さのレベル（*oto-no-tsuyosa-no—*; sound intensity level）ある指定された方向の音の強さの，基準の音の強さ(1pW／m^2)に対する比の10を底とする対数(常用対数)をとり，

これを 10 倍して得られる値。デシベルで表される。単位記号は [dB]。音響インテンシティレベルに同じ。

音の速さ（*oto-no-hayasa*; sound speed）　音速に同じ。

鬼荒仕工鉋（*oni-arashiko-ganna*）　荒削り用一枚鉋。㊟荒仕工鉋，中仕工鉋，上仕工鉋。

斧（*ono*; hatchet）　木材の打ち削りと打ち割りに用いる工具。角材の荒削り用の大工斧や板材の側面削り用の片手斧などがある。㊟まさかり。

帯金物（*obi-kanamono*）　木質構造において，複数の部材，例えば，根太，上枠，頭つなぎ，壁と床組み，床枠組みの隅角部および棟部垂木相互の緊結のために用いられる。

帯金（*obi-gane*; hoop iron）　木製の容器などに巻き付ける帯状の金具。

帯状柔組織（*obijō-jūsoshiki*; banded parenchyma）　横断面において，同心円状の線または帯をなす軸方向柔組織。道管と明らかに無関係ならば独立帯状柔組織，道管と接触していれば随伴帯状柔組織と呼ばれる。

帯鋸（*obi-noko*; band saw, band saw blade）　機械鋸の一種であり，適切な熱処理をした薄い帯状の鋼の縁に鋸歯を刻み，これをエンドレスに接合したもの。帯鋸盤にかけて挽材を行うのに使用される。㊟帯鋸盤。

帯鋸加熱腰入れ機（*obinoko-kanetsu-koshiireki*; heat tensioning equipment for band saw blade）　火口，定盤，保護板，案内装置などからなり，帯鋸の変形を拘束しながら主としてアセチレンガスなどの火炎により帯鋸を長手方向に加熱冷却し，局部的に熱歪みを与えて腰入れ，背盛りなどの仕上げをする機械装置。㊟腰入れ，背盛り，ヒートテンション。

帯鋸緊張装置（*obinoko-kinchō-sōchi*; band saw straining device, band saw strain system）　帯鋸盤の鋸車軸間距離を帯鋸の長さに応じて伸縮させることにより，帯鋸に緊張力を与える機能と，挽材中に生じる切削熱や切削抵抗による鋸の伸縮に伴う緊張力の急変を防ぐ緩衝作用をする機能を兼ね添えた装置。レバー式，スプリング式，油圧式，空圧式のものがある。㊟帯鋸緊張力。

帯鋸緊張力（*obinoko-kinchōryoku*; band saw strain）　帯鋸緊張装置によって帯鋸の長さ方向に発生させた引張力。緊張力とも言う。㊟帯鋸緊張装置，緊張力。

帯鋸クランプ台（*obinoko — dai*; band saw clamp）　主として帯鋸の歯先をばち形あさり機，およびばち形整形機で加工する場合に，帯鋸を任意の位置に保持固定する案内装置。㊟あさり。

帯鋸座屈強度（*obinoko-zakutsu-kyōdo*; buckling strength of band saw）　帯鋸の幅方向に力が作用するとき，その力が限界を超えると，帯鋸は厚さ方向に変形する（座屈）。その限界の力。㊟横倒れ座屈。

帯鋸自動研磨機（*obinoko-jidō-kemma-ki*）　㊂帯鋸歯研削盤。

帯鋸寿命（*obinoko-jumyō*; band saw life）　帯鋼から新しく製作した帯鋸の挽材開始から挽材不可能となるまでの総挽材時間，あるいは総挽材距離。㊟工具寿命。

帯鋸接合台（*obinoko-setsugō-dai*; band saw brazing clamp）　帯鋸製作時に帯鋸用帯鋼の両端をつなぎ合わせて溶接するときに使用する，帯鋸をなるべく接合部に近い位置で確実に固定するための固定用具。㊂接合台，焼継ぎ台，溶接台，帯鋸接合用クランプ，㊟帯鋸接合法。

帯鋸接合法（*obinoko-setsugō-hō*; end jointing method of band saw blade）　帯鋸製作時に帯鋸用帯鋼をエンドレスにつなぎ合わせる方法。銀ロウ接合と溶接接合（ガス溶接と電気溶接）がある。㊟帯鋸接合台。

帯鋸接合用クランプ（*obinoko-setsugō-yō —*; band saw brazing clamp）　㊂接合台，焼継ぎ台，溶接台，帯鋸接合台。

帯鋸切断機（*obinoko-setsudan-ki*; band saw shear）　帯鋸用帯鋼をせん断により切断する器具。

帯鋸継目研削盤（*obinoko-tsugime-kensaku-ban*; lap grinder for band saw）　帯鋸の重ね継ぎの傾斜面を平滑に仕上げる研削盤。㊂帯鋸ラ

ップ盤，ラップグラインダ．

帯鋸の切込深さ（*obinoko-no-kirikomi-fukasa*; tooth bite, depth of cut per tooth）1歯当たりの送り量のこと．切削運動と歯の配列が理想的な場合，帯鋸の切込深さは近似的に $t = pf/v$（v：鋸速度，p：歯距，f：送材速度）で表される．

帯鋸歯研削盤（*obinoko-ba-kensaku-ban*; band saw sharpener）送りピンによって帯鋸を自動送りしながら回転する砥石で歯形仕上げ研削を行う機械．帯鋸の送りとそれに連動する砥石の昇降運動はカム機構などにより自動的に行われる．主に，円板型砥石の外周面および側面で研削を行い，通常研削液は用いない．同歯形研削盤，目立て機，自動帯鋸目立て機，関目立て．

帯鋸歯側面研削盤（*obinoko-ba-sokumen-kensaku-ban*; saw tooth side dresser）帯鋸の鋸歯側面を仕上げる研削盤．研削は一対のカップ型回転砥石の外周面で行い，砥石の上下あるいは左右の往復運動および帯鋸の送りは，カム機構などにより自動的に行う．関目立て．

帯鋸歯溶着機（*obinoko-ba-yōchakuki*; saw-tooth tipping equipment）歯先硬化材料（主にステライト）を帯鋸の歯先に溶着するときに帯鋸を固定する装置．手作業で歯先硬化材料を溶着するものと自動で溶着するものとがある．関ステライト溶着．

帯鋸盤（*obinoko-ban*; band saw machine, band mill）帯鋸フレームに取り付けられた上下（縦形）または左右（横形）2個の鋸車にエンドレスの帯鋸を掛けて緊張させ，一方の鋸車によって駆動して，木材に縦挽き，横挽きなどの加工を行う機械．工作物は手動または自動によって送られる．用途として製材用と木工用がある．同バンドソー，関横形帯鋸盤，ツイン帯鋸盤，タンデム帯鋸盤，自動ローラ帯鋸盤，送材車付帯鋸盤．

帯鋸盤用送材装置（*obinoko-ban-yō-sōzai-sōchi*; feeding equipment for band saw machine）工作物を帯鋸盤に送り込む装置．関送材装置．

帯鋸目立機（*obinoko-metate-ki*）同帯鋸歯研削盤．

帯鋸ラップ盤（*obinoko—ban*; lap grinder for band saw）同帯鋸継目研削盤，ラップグラインダ．

帯鋸ロール機（*obinoko—ki*; band saw stretcher）帯鋸の水平仕上げ，腰入れ，背盛り作業を行うときに，上下一対のローラで帯鋸を長さ方向に圧延して帯鋸に塑性変形を与える機械．同ストレッチャ，ロール機，関水平仕上げ【帯鋸の—】，腰入れ，背盛り，帯鋸加熱腰入れ機．

オフセット装置（—*sōchi*; offset system）送材車の車軸に装備され，送材車が後退する場合に鋸と工作物とが接触しないように，送材車を鋸から離れるように横動（オフセット）させる装置．オフセットさせないこともできる．送材車の前進および後退に応じて，その走行距離が300mm以内にオフセットの作動が完了することなどがJISで定められている．関送材車．

オプチカルファイバ（optical fiber）同光ファイバ．

オプチカルフラット（optical flat）光波干渉その他に用いる平面度のよい（0.05〜0.2μm）平板．

オプティマイザ（optimizer）耳付材などの形状を自動計測し，そのデータを基に板の姿勢を制御して縦挽きの位置を決定する装置．

表（*omote*）鉋身を鉋台に仕込んだ時に鉋台の表馴染に接する鉋身の面．表の中央部は凹形である．背中とも言う．また，鉋身の銘が彫ってある部分を言うこともある．

表板【合板の—】（*omote-ita*; face veneer）合板を構成する表面単板の一方．他方は裏板となる．同表単板，関表面単板，裏板【合板の—】．

表押え（*omote-osae*）同表馴染，背中馴染．

表単板（*omote-tampan*; face veneer）同表面単板，関表面単板，裏板【合板の—】．

表馴染（*omote-najimi*）鉋台に鉋身を仕込んだときに鉋身の刃表が鉋台に接する面．背中馴染，表押えとも言う．

表刃方式（*omote-ba-hōshiki*）単板を切削する場合，刃物の研削面（しのぎ面）を逃げ面とする

切削方式。関裏刃方式，参裏刃方式。

表割れ（*omote-ware*; check on tight side of veneer）単板切削において，単板のバーに接する側に生ずる割れ。関裏割れ。

重み関数【輪郭曲線フィルタの—】（*omomi-kansū*; weighting function）輪郭曲線方式による表面性状の評価において，ディジタルデータの重み付き移動平均によって平均線を求めるために，関連する周囲の各データに付ける重みを表す関数。位相補償フィルタの場合，正規（ガウス）分布の式に一致する。

重み付き平均（*omomi-tsuki-heikin*; weighted mean）重み $w_1, w_2, ..., w_n$ をもつ測定値 $x_1, x_2, ..., x_n$ について，次の式で求められる値。加重平均ともいう。

$$\sum_{i=1}^{n} w_i x_i \Big/ \sum_{i=1}^{n} w_i$$

ここで，重み $w_1, w_2, ..., w_n$ は非負の実数。

重み付け音圧レベル（*omomi-zuke-on'atsu—*; weighted sound pressure level）標準の周波数重み付けと指数形時間重み付けを施して得られる音圧の基準音圧 20μPa に対する比の 10 を底とする対数（常用対数）をとり，20 倍したもの。デシベルで表される。単位記号は [dB]。

オリゴマー型接着剤（*—gata-setchaku-zai*; oligomer adhesive）オリゴマー（低重合体）に架橋剤や分子鎖延長剤などを配合し，加熱または光や電子線の照射などによって硬化させる接着剤。

折れ型（*oregata*; cleavage type）切削型の一つ。工具のくさび作用により，刃先前方に先割れが発生し，切屑は先割れ先端を基点にして片持ち梁の状態で曲げられる。工具の前進とともに先割れが伸展し，曲げモーメントが被削材の破壊強さを越えると先割れ基点より折り曲げられる。中位の切削角および切込量でやや硬い材を縦切削する場合に現れる。Franz が提案した分類の Type I に相当する。切削抵抗の変動は大きいが，平均切削抵抗は比較的小さい。切削面は順目切削では平滑であるが，逆目切削では逆目ぼれを生じて粗くなる。同亀裂型，関切削型，順目切削，逆目切削。

参切削型。

折釘（*orekugi*; hooked nail）和釘の一種で，L字形に折り曲げた釘。掛け軸，額などを掛けるために使われる。

折れ曲げ金物（*oremage-kanamono*）木質構造において，柱と梁を接合するときに用いられる折り曲げ加工された接合金物。施工方法は，この金物ををまずボルトで柱や横架材に固定し，次にあらかじめ端部にスリット加工と穿孔加工した梁を金物に落とし込み側面からドリフトピンで固定する。

音圧（*on'atsu*; sound pressure）音の伝搬に伴う，大気圧からの圧力の変化分を言う。単位はパスカル [Pa]。通常，実効値を用いる。

音圧レベル（*on'atsu—*; sound pressure level）音圧の大きさを，基準値との比の常用対数によって表現した量（レベル）のこと。$L_p = 20 \log(p/p_0)$ で定義される。ここで，p はある音の音圧（単位は [μPa]）で，p_0 は基準音圧（20μPa）である。耳が健常である若い人が聞き取れる周波数 1,000 Hz の最小の音の平均的音圧である 20μPa を基準音圧としている。単位はデシベル [dB]。

オンオフ制御（*—seigyo*; on-off control）オンオフ動作によって行う制御。関オンオフ動作。

オンオフ動作（*—dōsa*; on-off action）入力の大きさによって，出力が二つの定まった値（通常，全開と全閉）のどちらかをとる制御動作。

音階（*onkai*; musical scale）高さが異なる複数の音からなる規則的な配列のこと。あるいは音が高低の順番に並べられている音列のこと。

音響・超音波法（*onkyō-chōompa-hō*; acousto-ultrasonics）同 AU。

音響インテンシティ（*onkyō—*; sound intensity, acoustic intensity）音の進行する方向を考慮に入れた音の大きさのこと。音響インテンシティはベクトル量である。

音響インテンシティレベル（*onkyō—*; sound intensity level）音の強さのレベルに同じ。ある指定された方向の音の強さの基準の音の強さに対する比の，10 を底とする対数（常用対数）をとり，10 倍する。単位記号は [dB]。

特に指定がない限り，基準の音の強さは，1pW/m²．

音響インピーダンス（*onkyō—*; acoustic impedance）音響的媒体における粒子速度に対する変動圧力の複素比．単位は［ｒａｙｌｓ］（1 rayls=1N・S/m³）．

音響エネルギー束密度（*onkyō—sokumitsudo*; sound energy flux density）指定された方向に垂直な面を通過する音響エネルギー束をその面積で除した値．

音響透過損失（*onkyō-tōka-sonshitsu*; sound transmission loss）材料に音が入射したとき，音のエネルギーがどの程度抜けていくか（透過）を表す量．

音響パワー密度（*onkyō—mitsudo*; sound power density）音響インテンシティに同じ．指定された方向に垂直な面を通過する音響エネルギー束をその面積で除した値．

音響パワーレベル（*onkyō—*; sound power level）音響パワーPをある基準値P_0に対するレベルとして表した量のこと．$L_w=10\log_{10}(P/P_0)$で定義される．音響パワーレベルの基準値P_0は10^{-12}Wであり，音の強さのレベルIにおける基準値I_0（10^{-12} W/m²）に単位面積を掛けた値となっている．

音源の音響出力（*ongen-no-onkyō-shutsuryoku*; acoustic power, output power of sound, sound power of a source）音源から単位時間（秒）に放射される音の全エネルギーのこと．単位は（W）．

音源の音響パワー（*ongen-no-onkyō—*; acoustic power, sound power of a source）音源から放射される音響エネルギーの大きさを表すために用いられる用語で，ある指定された周波数帯域内において，単位時間に音源が放射する全音響エネルギーのこと．音源を完全に囲んだ閉曲面をとり，その内部に対象音源以外の音源や吸音の要素がないときに，この閉曲面を1秒間に通過する全音響エネルギーを示す．

温水浸せき剥離試験（*onsui-shinseki-hakuri-shiken*; hot water immersion delamination test）単板積層材の試験方法の一つ．試験片を温水中（70±3℃）に2時間浸せきした後，恒温乾燥器（60±3℃）に入れて乾燥させ，剥離した部分を評価する試験．関 冷水浸せき剥離試験．

音速（*onsoku*; sound velocity）物質（媒質）中を伝わる音の速さのこと．物質の種類や状態（固体，液体，気体），温度，気圧などによって異なる．

音弾性法（*ondansei-hō*; acoustoelastic method）弾性体に力を加えたとき，力学的異方性によって音響服屈折が生じる現象（音弾性効果）を利用して，応力を測定する方法．

温度伝導率（*ondo-dendō-ritsu*; thermal diffusivity）木材内部温度の分布と勾配が時間とともに変化する場合，内部温度θと位置x，時間tとの関係は，$\partial\theta/\partial t=\alpha\partial2\theta/\partial x2$．$\alpha=\lambda/c\rho$．$\lambda$は比重，$\rho$は密度，そして$\alpha$は温度伝導率（熱拡散率）と呼ばれ，熱伝導率を密度と比熱の積で除した値である．温度伝導率は非定常熱伝導における内部温度分布の変化速度の尺度 m²/h または cm²/min．木材の比重（樹種）にかかわらずほとんど一定である．同 熱拡散率．

音場（*omba*; sound field）音波が存在する空間のこと．

温冷水浸せき試験【合板の—】（*onreisui-shinseki-shiken*; hot and cold water immersion test）JAS（合板）では，普通合板における2類の接着の程度をこの試験（試験片を60±3℃の温水中に3時間浸せきした後，室温の水中にさめるまで浸せきし，ぬれたままの状態で接着力試験を行う．）によってせん断強さと平均木部破断率を算出して判定している．関 接着の程度【合板・集成材などの—】．

か　*ka*

加圧処理（*ka'atsu-shori*; pressure process）時間単位の加圧と減圧の組み合わせで，薬剤を木材内部まで注入する方法。

加圧注入法（*ka'atsu-chūnyū-hō*; pressure processing method）木材防腐防虫処理の一種。注薬かんの中に木材をいれ，その中に薬液を充満し，減圧・加圧することにより薬液を木材中に圧入する。

カーテンコータ（curtain coater, flow coater）同 フローコータ。

ガード　切断砥石を部分的に囲う装置。通常の使用で，砥石との偶然の接触および砥石が破損した場合に，保護領域での砥石の破片の排出から使用者を保護するためのもの。

ガーネット（garnet）けい酸塩鉱物の一種でざくろ石とも呼ばれる。天然研削材（砥粒）として研磨布紙などに使用される。木材の研削・研磨加工に適した特性を有しており，記号Gで表示される。関 天然研削材。

カーボランダム（carborundum）アメリカのカーボランダム社の商品名に由来する炭化けい素質人造研削材。炭化けい素質の結晶塊を粉砕整粒したもので，緑色のものと黒色のものとがある。同 炭化けい素質研削材，関 人造研削材。

外観選別機（*gaikan-sembetsu-ki*; appearance sorting machine）寸法や欠点などの外観により工作物を選別する装置。関 選別機械，強度等級区分機。

かい木（飼木）（*kai-gi*）二つの材にはさんでその間隔の寸法を調整したり，隙間を埋めたりする部材。合せ梁などの間にはさむ小部材や，柱とドア枠との取付け代に挟み込む小片などがその例。

回帰線（*kaiki-sen*; regression line）変数xを固定したとき，確率変数yの期待値がxの一次関数で表される場合の直線式。

外径【丸鋸の—】（*gaikei*; outside diameter of saw blade）丸鋸の歯端円の直径。丸鋸の直径，鋸径ともいう。関 穴径【丸鋸の—】，歯端円，参 超硬丸鋸。

外形線（*gaikei-sen*; visible outline）対象物の見える部分の形を表わす線。

開口した割れ【合板の—】（*kaikōshita-ware*; open splits）関 板面の品質。

開口絞り（*kaikō-shibori*; limiting aperture, aperture stop, aperture diaphragm）光学系において，光線束を制限する絞り。明るさ絞りともいう。

開口数（*kaikō-sū*; numerical aperture）光学系の明るさまたは解像力に関連する量の一つで，屈折率nの媒質中にある光軸上の物点が入射ひとみの半径を見込む角を$α$とするとき$n \sin α$で与えられる。

カイザー効果（*—kōka*; Kaiser effect）前に使用した応力レベルを超えるまでの間，あらかじめ設定した感度レベルで検出可能なAEが存在しないこと。

外材（*gaizai*; imported wood）外国から輸入される木材。

解砕形アルミナ研削材（*kaisai-gata—kensaku-zai*; mono-crystalline fused alumina abrasives）アルミナ質人造研削材の一種で，ボーキサイトあるいは精製したアルミナ質原料を溶融し，凝固させた塊を通常の粉砕によらない方法で解砕して整粒したもの。主としてコランダムの単一結晶からなる。記号HAで表示する。

外周切れ刃（*gaishū-kireha*; peripheral cutting edge）同 外周刃。

外周切れ刃角（*gaishū-kireha-kaku*; corner angle）正面フライスカッタの外周切れ刃線と回転により生ずる円筒の正面（底面）とのなす角度。関 正面フライスカッタ。

外周駆動（*gaishū-kudō*）ベニヤレースによる単板切削において，原木を回転させるための力をスピンドルからではなく原木の外周から与える方式を外周駆動という。スピンドルで駆動する方式に比べて原木のベンディングは起きにくいとされる。外周駆動の方法にはいくつかの種類がある。関 ベニヤレース。

外周削り（*gaishū-kezuri*; peripheral milling）フライスの回転軸に平行または傾斜した面のフライス削り。エンドミルの場合，側面削りと

もいう。

外周コーナ【ドリルの—】(*gaishū*—; outer corner) ドリルの外周と先端の切れ刃が交わる点。

外周すくい角(*gaishū-sukuikaku*; radial rake angle, peripheral rake angle) 正面フライスの正面刃やエンドミルの外周刃のすくい面の傾きを表す角で，主軸に垂直な面において，基準面(通常，主運動方向に垂直な面)とすくい面がなす角。関 正面フライスカッタ。参 アキシャルレーキ。

外周逃げ角(*gaishū-nigekaku*; radial relief angle) 正面フライスカッタの外周切れ刃の主軸に垂直な断面での逃げ角。関 正面フライスカッタ。

外周刃(*gaishū-ha*; peripheral cutting edge) フライスの外周に位置する切れ刃。同 外周切れ刃。

外周振れ(*gaishū-fure*; radial runout) フライス，丸鋸，研削砥石などを1回転させたときの，回転軸から外周面までの距離の最大値と最小値の差。

外樹皮(*gai-juhi*; outer bark) 樹皮における樹心から遠い外側の部分。分裂機能を失い，死滅した組織からなる。関 樹皮。

回折(*kaisetsu*; diffraction) ①光が物体に当ったとき，直進せずに広がって進み，物体の影にも光が回りこむ現象。②強度が断面内で一様でない光束において，光線が直進せずに広がって進む現象。

改善(*kaizen*; KAIZEN, continuous improvement) 個人または少人数のグループで，経営システム全体または一部分を常に見直すことにより，能力その他の諸量の向上を図る活動。

解繊機(*kaisen-ki*; defibrator) 同 ディスクリファイナ。

階層制御(*kaisō-seigyo*; hierarchical control) 制御対象に分散的に配置された複数の制御装置が階層的になっている制御。

外層用挽板(*gaisō-yō-hikiita*; outer lumber) 異等級構成集成材の積層方向の両外側からその方向の辺長の16分の1を超えて離れ，かつ，8分の1以内の部分に用いる最外層用挽板以外の挽板。関 内層用挽板，中間層用挽板，最外層用挽板。

外層用ラミナ(*gaisō-yō*—; outer lamina) 異等級構成集成材の積層方向の両外側からその方向の辺長の16分の1を超えて離れ，かつ，8分の1以内の部分に用いる最外層用ラミナ以外のラミナ。関 内層用ラミナ，中間層用ラミナ，最外層用ラミナ。

回転鉋(*kaiten-kanna*) 同 回転鉋盤。

回転鉋盤(*kaiten-kanna-ban*; planing and molding machine, planer) 工作物を手動または自動で主として直線送りさせ，回転する刃物により平削り，溝切り，または面取りなどの加工をする機械の総称。同 回転鉋。

回転削り(*kaiten-kezuri*; milling) 刃物が回転しつつ，その周面あるいは正面に配列された切れ刃で切削する方法の総称。回転鉋，各種カッタ，ビット，チェーンカッタなどによる削りをいう。切削能力が大きいことや切削能率が高いことなどが特徴としてあげられる。フライス削りとほとんど同義。関 平削り，フライス削り。

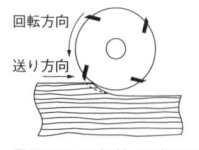

周刃フライス切削・下向き切削

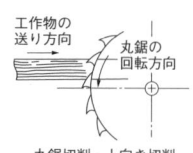

丸鋸切削・上向き切削

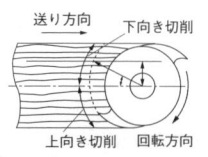

正面フライス切削

回転式曲げ加工具(*kaiten-shiki-mage-kakō-gu*; rotary type wood bending device) トーネット法によって木材と帯鉄を一体にして，回転方式により変形を与える工具。関 トーネット法。

回転速度(*kaiten-sokudo*; rotational speed) 単位時間当たりの回転数。工作機械では，一般的に毎分当たりの回転数で表す。

回転速度計(*kaiten-sokudo-kei*; tachometer) 工作機械の主軸などの回転速度を測定する計器。回転計ともいう。接触式と非接触式がある。

回転倣い面取り盤（*kaiten-narai-mentori-ban*; copying shaper）　回転するテーブル，主軸，倣い装置などからなり，主としてテーブル上の工作物の周縁を倣い切削する木工フライス盤。主軸が2軸のものもある。関木工フライス盤。

ガイドピン（guide pin）　ルータにおいて，可動側型板と固定側型板を位置決めするためのガイドの役目をするピンと円筒状の部品。

外部送風機式乾燥装置（*gaibu-sōfūki-shiki-kansō-sōchi*; external-fan type kiln）　送風機を使った強制循環式乾燥装置の中で，送風機を乾燥室の外部に設置したタイプで，一般に送風機・加熱装置および調湿装置が一体となって乾燥室の後部または側方などに置かれる。関内部送風機式乾燥装置，インターナルファン式乾燥装置。

開放堆積時間（*kaihō-taiseki-jikan*; open assembly time）　接着剤を塗布してから圧着するまで，被着材を空気中に放置しておく時間。

外面心無し研削用研削砥石（*gaimen-shinnashi-kensaku-yō-kensaku-toishi*; grinding wheels for centerless external cylindrical grinding）　センタ支持することなく，調整車とワークレストとで支持した加工物の外面を研削するのに使用する研削砥石。関砥石。

界面破壊（*kaimen-hakai*; adhesive failure, adhesion failure）　同接着破壊。

開ループ制御（*kai—seigyo*; open-loop control）　フィードバックループがなく，制御量を考慮せずに操作量を決定する制御。

ガウス分布（*—bumpu*; Gaussian distribution）　同正規分布。

替刃（*kae-ba*; substitute blade, spare blade）　刃先部分のみを取り替えて使う刃物方式における刃先部分をさす。

替刃式（*kaeba-shiki*; substitute blade type, spare blade type）　刃先部分のみを取り替えて使う刃物の方式。刃物交換時の刃先突出量や裏金後退量の調整や鋸の目立ての手間などが省ける。

化学蒸着（*kagaku-jōchaku*; chemical vapor deposition, CVD）　物質の表面に薄膜を形成する蒸着法の一つで，気相中でハロゲン化物を解離，還元して，金属，非金属の表面に炭化物，窒化物，ホウ化物などの耐熱性被覆を行う方法。関物理蒸着。

がかり（鋸賀利）（*gagari*）　縦挽き専用の鋸。刃渡りによって，ねずみがかりと大がかりがある。

欠込み（*kakikomi*）　木材の継手・仕口の一つ。一方の材に他の材の幅と暑さ，もしくは深さおよび長さなどを欠いて，その材をはめ込む接合法。

掻出しのみ（鑿）（*kakidashi-nomi*）同もりのみ。

掻歯（*kaki-ba*; raker tooth）　組歯丸鋸で，挽道の底をすくい取る形で切削することを目的として付けられている歯。参組歯丸鋸。

鉤歯（*kagi-ba*; round back tooth, skew-back tooth, hook tooth）　刃の補強と機械研磨の作業性を向上させるために歯背線を凸に研削した歯形。歯喉角は一般に正。関臼歯，歯形。

課業（*kagyō*; task）　道具，装置またはその他の手段を用いて，特定の目的のために行う人間の活動。科学的管理法では，標準の作業速度に基づいて設定された1日の公正な仕事量のこと。

角形水準器（*kakugata-suijun-ki*; precision square level）　正四辺形の枠状の構造体の一辺に気泡管を組み込み，周辺の四面をそれぞれ測定面とする精密水準器。

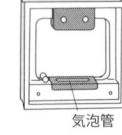

気泡管

角鉋胴（*kaku-kannadō*）同角胴。

角材（*kaku-zai*; square timber）同挽角類。

拡散音場（*kakusan-omba*; diffuse sound field）　部屋の中のどの位置でも音のエネルギーが等しく，かつあらゆる方向に向かって音が伝播していく状態にある音場。

拡散浸透処理（*kakusan-shintō-shori*; diffusion coating）　金属製品の表面に他の金属または非金属を拡散浸透させる熱処理の総称。関熱処理。

拡散分粒法（*kakusan-bunryū-hō*）　粉じんの分粒方法の一つで，粒子が目の細かい管路，スクリーンなどを通過する際に，ブラウン拡散運

動によって管壁およびスクリーン外壁に沈着され，粒径によって透過率が異なることを利用する方法．

拡大代（*kakudaishiro*; over size）加工穴の拡大量．加工穴の内径と工具径との差．［同］オーバサイズ．

格付（*kakuzuke*; grading）製材品などを規格に則って等級付けること．等級格付け．

格付法（*kakuzuke-hō*; rating）官能評価において，試料をあらかじめ用意され順位を持ったカテゴリーに分類する方法．

角胴（*kaku-dō*; square cutterblock, square cutterhead）断面が正方形の鉋胴．普通，2枚から4枚の鉋刃が側面に取り付けられる．騒音が高く，高速回転に適していない．また，手押鉋盤では刃口と鉋胴の間隔が大きくなって作業上危険であるため，労働安全衛生法によって角胴を備えた手押し鉋盤の譲渡や設置は禁止されている．［関］丸胴，鉋盤．

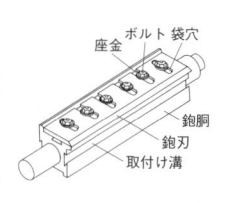

角胴一体形（*kakudō-ittai-gata*）主軸とカッタヘッドが一体となった角胴．［参］鉋胴．

角胴2枚刃形（*kakudō-nimai-ba-gata*）2枚の鉋刃を固定できる角胴．［参］鉋胴．

角胴分離形（*kakudō-bunri-gata*）主軸に機械的に固定される角胴．［参］鉋胴．

角ねじ（*kaku-neji*; square thread）ねじ山の断面が正方形に近いねじ．三角ねじに比べて比較的小さなモーメントで軸方向に大きな力が伝達できるため，プレスやジャッキに使用される．

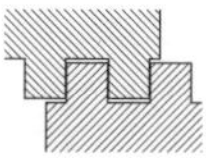

角のみ（鑿）（*kakunomi*; hollow chisel, hollow chisel and mortising bit）角ほぞ穴加工用の中空角筒状ののみ．のみの中で回転する錐（ビット）を含めていうことも多い．角のみ盤の主軸頭または主軸スリーブにのみを，主軸に錐を取り付けて一体とし，錐であけた丸

穴をのみで削って角穴にする．［同］箱形のみ．

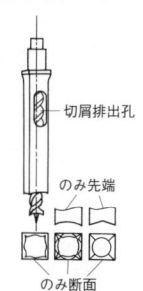

角のみ（鑿）盤（*kaku-nomi-ban*; hollow chisel mortiser）コラム，主軸頭，移動テーブルなどからなり，角のみまたはテーブルを上下運動させ，角ほぞ穴を加工する木工穿孔盤．上下運動が自動のものもある．［関］多頭角のみ盤，可搬角のみ盤，結合角のみ盤，角のみ．

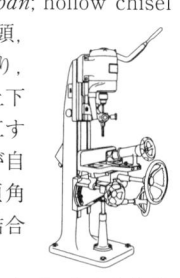

角挽き（*kaku-biki*; square sawing）丸太から角材を採材する木取り方法．

確率密度関数【輪郭曲線の―】（*kakuritsu-mitsudo-kansū*; profile height amplitude curve）輪郭曲線方式による表面性状の評価において，評価長さにわたって得られる輪郭曲線の高さの確率密度関数．

角類（*kakurui*）製材のJASにおける材種区分のひとつ．木口の短辺が75 mm以上のもの，および木口の短辺が75 mm未満で，かつ，木口の長辺が木口の短辺の4倍未満のもの．

隠れ線（*kakure-sen*; hidden outline）対象物の見えない部分の形を表わす線．

欠け（*kake*）材または製品の一部が損失していること．

下弦材（*kagen-zai*）木質構造において，平行弦トラスなどにおける下側の部材．

架構（*kakō*）木質構造において，本来は軸組間を架け渡す小屋梁などの小屋組みを指したが，建物を構成する骨組み，つまり軸組み，床組み，小屋組みの全体を表わす言葉として用いられる．

加工限界（*kakō-genkai*; criteria of stable machining）加工が安定して進行するか，または不安定になるかの境目になる加工条件（切削幅，切込み深さ，切削速度，切削動力など）．

加工精度（*kakō-seido*; machining accuracy）切削加工された製品の寸法や形状が指定された通りに仕上がっているかどうかの尺度で，一般に指定された寸法や形状からのずれの大きさ（偏差）で表される．偏差には厚さ，長さなどの寸法偏差と，幾何学的に正しい直線，平面，円などからのずれの大きさを表す幾何偏

差がある。

加工変質層(*kakō-henshitsu-sō*; flow layer, damaged layer) 切削加工に伴って工作物の仕上面からある深さまでの表層部に生成される内部とは性質の異なる部分。木材切削では切削力や切削熱による組織の変形や破壊などが生じるところをさす。

加工面粗さ(*kakō-men-arasa*; machined surface roughness) 同仕上面粗さ,関表面粗さ,幾何学的粗さ。

夏材(*ka-zai*; summer wood) 同晩材。

かさ(傘)歯車(*kasa-haguruma*; bevel gear) 回転したときに歯が描く面が円錐である歯車。

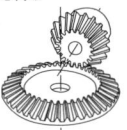

可視光[線](*kashi-kō [sen]*; visible radiation, light) 同可視放射。

可使時間(*kashi-jikan*; working time, pot life) 塗布するために調製した接着剤が使用できる状態を維持する時間。同ポットライフ。

可視放射(*kashi-hōsha*; visible radiation, light) 目に入って視感覚を起こすことが出来る放射。光線という概念で用いる場合は可視光線という。一般に可視放射の波長範囲は,短波長限界が360〜400 nm,長波長限界が760〜830 nmである。同可視光[線]。

荷重-伸び線図(*kajū-nobi-sen-zu*; load-elongation diagram, load-extension diagram) 物体に外力を加えた時に生ずる変形は外力の大きさに依存する。この関係を,荷重を縦軸に,伸びを横軸にして示した図をいう。

頭(*kashira*) 鉋台に鉋身を仕込む時に玄能で叩く部分。

頭貫(*kashira-nuki*) 主に社寺建築において,柱頭部に取付けた横木。柱には貫通せず,柱頂部の欠込み部分に落とし込んで柱の頭つなぎの役割をした。飛鳥時代から存在する構造で,「柱貫」ともいう。

かすがい(鎹)(*kasugai*; cramp, cramp iron) 木造の接合部の補強のために打ち付ける,6 mmφほどの鉄線をコの字型にした金物。二つの材の同一面上での打ちつけに用いる。床束と大引き,土台と柱,管柱と胴差し,小屋梁と小屋束などに用いられる。

かすがい(鎹)装置(*kasugai-sōchi*; doggig device) ヘッドストックに装備された上部かすがいと下部かすがいにより,送材車のヘッドブロックに工作物を確実に保持する装置。手動式,空気圧式等があり,増し締めができる構造でなければならない。関ヘッドブロック,ヘッドストック。

カスケード制御(*—seigyo*; cascade control) フィードバック制御系において,一つの制御装置の出力信号によって他の制御系の目標値を決定する制御。関フィードバック制御。

ガス切断(*—setsudan*; gas cutting, oxyfuel gas cutting) ガス炎で加熱し,金属と酸素の急激な化学反応を利用して行う切断の総称。

ガス有害性【合板の—】(*—yūgai-sei*; gas toxicity) JAS(合板)では,難燃処理を施した旨の表示してあるものに限り,ガス有害性試験を行うことになっている。この試験ではマウスの平均行動停止時間を測定して評価する。

ガス溶接(*—yōsetsu*; gas welding, fuel gas welding) ガスの炎で行う溶接の総称。

カゼイン接着剤(*—setchaku-zai*; casein adhesive, casein glue) 牛乳や大豆などに含有されるカゼインへ,石灰や水酸化ナトリウム(カセイソーダ)などのナトリウム塩,および防腐剤などを添加して調製した接着剤。

過走(*kasō*; snatching) 回転する切削工具などにより,工作物が送りの向きに激しく押し出されるか,跳ね飛ばされる現象。

画像処理(*gazō-shori*; image processing, picture processing) 計算機,周辺装置,ソフトウェアで構成されるシステムを利用して,画像の生成,走査,解析,改善,解釈,または表示を行うこと。

カソード防食法(*—bōshoku-hō*; cathodic protection method) 外部から与えられた負の電流の作用によって腐食作用を低減させ,腐食環境に置かれた金属表面を劣化させない方法。生材や高含水率木材の切削では,切削工具の化学的あるいは電気化学的作用に基づく摩耗,いわゆる腐食摩耗が生じるが,これを本防食法によって抑止できる。関腐食摩耗。

加速度計（*kasokudo-kei*; accelerometer）物体の加速度（速度の変化率）を計測するための装置。一定時間の間に速度がどれだけ変化したかを計測する。加速度計では物体の移動速度を直接計測することはできないが、状態の変化を連続的に記録することで、現在の状態を推測することができる。また、加速度計は人間や機械の運動による動きの変化だけでなく、重力による運動の変化も計測できるので、物体の傾き具合を検出することもできる。

加速度ピックアップ（*kasokudo*——; acceleration pick-up）振動を感知して電気信号に変換する振動ピックアップ（変位型、速度型、加速度型）と呼ばれるセンサの一種で、加速度ピックアップは、測定対象物と一体化させて、その加速度を検出する。

片あり（蟻）欠き（*kata-ari-kaki*）木造の継手・仕口で用いる蟻の変形。普通の蟻は鳩尾状の台形であるが、これは一方を直線として工作したもの。

傾ぎ大入れ短ほぞ（柄）差し（*katagi-ōire-tan-hozo-sashi*）木造の継手・仕口の一つ。傾ぎ大入れとは、T字に二つの材が隣り合う場合に、胴付を斜めにおおいれした仕口。柱に取り合う梁や胴差しなどの横架材では、その部分で荷重を負担させる。短ほぞ差しとは、ほぞの長さが材幅の1/2以下のほぞを差し込むこと。それだけでは緊結できないため、外れ防止のために釘や金物の使用が必要。

型削り，形削り（*kata-kezuri*; molding, shaping）回転する工具の周面で木材の側面または表面を削って種々の断面を得る加工法。広義には回転切削工具を用いた面取り、溝削り、ほぞ取りなどの加工も含むが、普通は自動3～4面鉋盤で材を直線送りし、1工程で必要な断面に仕上げる加工をさす。関面取り、木工面取り盤。

形鋼（*kata-kō*; sections）断面形状がI, H, L、またはU形に圧延された鋼材。

硬さ（*katasa*; hardness）他の物体の圧入作用やひっかき作用に対する抵抗力をいう。

硬さ試験（*katasa-shiken*; hardness test）木材の硬さ試験は球形圧子を木材表面に対して静的に押し付けることによって行われ、得られた圧入荷重と圧痕面積あるいは圧入深さから圧入抵抗値として硬さが求められる。

片筋かい（筋交い）（*kata-sujikai*）木質構造の筋かいで、柱間に1本いれるもの。

片手錐（*katate-giri*）同手錐。

片刃バイト（*kata-ba-baito*; offset turning tool）シャンクの軸にほぼ平行な切れ刃を左・右いずれかに片寄ってもつバイト。関旋削。

片面塗布（*katamen-tofu*; single spread）2つの被着材の片面だけに接着剤を塗布すること。関両面塗布。

かたより（偏り）（*katayori*; bias）測定値の平均から真の値を引いた値。測定結果の正確さを表す指標で、小さいほど正確である。関ばらつき。

価値歩止り（*kachi-budomari*; value yield, value recovery）投入材料の価値に対する産出製品の価値の比。製材では、一般に産出された製品の生産割合に特定製品の単価を基準にして求めた価値指数を乗じて求める。関形量歩止り、形量歩留り。

可聴音（*kachō-on*; audible sound）聴覚を引き起こさせる音響振動のこと。健全な耳を持つ人間が聞くことのできる音（可聴音）の範囲は周波数で20～20,000Hzである。ただ、この周波数範囲内でも耳の感度は周波数によって大きく異なる。

可聴周波数（*kachō-shūhasū*; audio frequency）人が通常聞き取れる音の周波数。通常20Hzから、個人差があるが15,000 Hzないし20,000 Hz程度の音の周波数帯域を可聴域という。

かつおぶし（*katsuo-bushi*; wane）製材品の一端の欠除した部分。同はな落ち。

滑合（*katsugō*）木材のはめあいの一種で、とまりばめのこと。関はめあい。

滑材（*katsu-zai*; skid）包装用木箱などの腰下や腰下盤の底部に用いられる主要部材。参枠組箱。

褐色アルミナ研削材（*kasshoku*——*kensakuzai*; brown fused alumina abrasives）アルミナ質人造研削材の一種で、アルミナ質原料を溶融

還元して凝固させた。主成分がアルミナから成り、適量の酸化チタニウムを含む塊を粉砕整粒したもの。主として酸化チタニウムを固溶したコランダム結晶から成り、全体として褐色を帯びている。記号Aで表示する。

カッタ（milling cutter, solid milling cutter）フライス（ミリングカッタ）と同義であるが、木材切削では丸鋸と回転鉋を除いた回転切削工具の総称として用いられる。

ガッタ、がった（gatta; snip）［同］スナイプ、しゃくれ。

カッタ旋盤（—semban; wood shaping lathe）［同］木工カッタ旋盤、［関］木工旋盤。

カッタブロック　［同］鉋胴。

カッタヘッド　［同］鉋胴。

カッタヘッド式剥皮機（—shiki-hakuhi-ki; lathe type barker, cutterhead barker）［同］ヘッドバーカ。

カッタミル（cutter mill）鋭いカッタを取り付けたロータを回転させ、木材を剪断破壊あるいは切断して粉砕を行う機械。［関］切断式粉砕機、剪断式粉砕機。

カットオフ値【輪郭曲線フィルタの—】（—chi; cut-off wavelength）輪郭曲線方式による表面性状の評価において、輪郭曲線フィルタによって振幅の50％が伝達される正弦波信号の波長。［関］輪郭曲線フィルタ。

カットオフ比（—hi; cut-off ratio）輪郭曲線方式による表面性状の評価において、粗さ曲線やうねり曲線を規定する通過帯域の、低域（ローパス）フィルタのカットオフ値に対する高域（ハイパス）フィルタのカットオフ値の比。［関］輪郭曲線、粗さ曲線、うねり曲線、カットオフ値【輪郭曲線フィルタの—】。

カットバーカ（head barker, lathe type barker, cutterhead barker）［同］ヘッドバーカ。

カットボーリングマシン（multi-purpose dowel hole boring machine）工作物を自動送りして、接合面の成形および穴あけを行う木工機械。

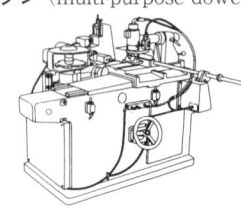

カップ形砥石（—gata-toishi; straight cup grinding wheel）研削砥石の一種で、形状がカップ形をしており、主として工具研削盤に取り付けて使用され、フライス工具などの研削に多く用いられている。［関］砥石。

カップバイト　［同］葉巻きバイト。

潤葉樹（katsuyōju; broadleaf tree, hardwood）［同］広葉樹。

冠（katsura）叩きのみの柄頭頭部の割れを防ぐために取り付けられた金属のリング。

割裂試験（katsuretsu-shiken; cleavage test, split test）木材は繊維に垂直な方向の引張力の作用により、繊維に沿って割れやすい性質を持っている。この割裂性を評価するために行われる試験法で、割裂抵抗は単位長さ当たりの破壊荷重で求められる。

割裂抵抗（katsuretsu-teikō; cleavage resistance）木材は繊維に垂直な方向の引張力の作用により、繊維に沿って割れやすい性質を持っている。この割れやすさを割裂性と呼び、その逆数を割裂抵抗という。

仮道管（kadōkan; tracheid）同類要素との間に有縁壁孔をもち、かつせん孔を持たない木部細胞。針葉樹材を構成する要素のうち約9割を占める。［関］周囲仮道管、ストランド仮道管、放射仮道管。

稼働率（kadō-ritsu; ratio of utilization）人または機械の就業時間もしくは利用可能時間に対する有効稼働時間の比率。

過渡応答（kato-ōtō; transient response）計測器などで、入力信号が、ある定常状態から他の定常状態に変化したとき、出力信号が定常状態に達するまでの様子。［関］インパルス応答、ステップ応答、周波数応答。

かど(角)金物（kado-kanamono）木造構造部材同士の接合補強金物の一種。L字またはT字の形状を構造部材納まりに応じて使う。在来軸組み工法では引張を受ける柱と土台その他の横架材の接合部に、ツーバイフォー工法では土間コンクリート床または半地下形式の土間と隅角部の壁枠組みにL字のものを、同じく開口部両端にはT字のものを使う。

かど(角)金（kado-gane; edge protector, closure

plate）包装用の木箱を補強するために使用するL形の金具。参枠組箱。

かなすじ（金条, 鉱条）（*kanasuji*; mineral streak）カエデやドロノキなどの広葉樹材に見られる暗緑色などの変色部分。見た目が悪いだけでなく、刃物をいためるなどの欠点となる。

金槌（*kanazuchi*; hammer）主として釘打ちに用いる槌。片口玄能に似ているが、頭は片方が平面で、他方は錐形に尖っている。尖っている方は釘締めの代用と釘抜きの代用をするものがある。先切金槌、下腹金槌、箱屋槌、唐紙槌、椅子屋金槌などがある。

金輪継ぎ（*kanawa-tsugi*）木造の継手の一つ。土台、胴差し、梁、桁、母屋、棟木の持ち出し継ぎや柱の根継ぎなどに用いられる。略鎌の木口にT字形の目違いをつけ、ねじれと材のずれをおわ得ている。上木、下木ともほぼ同形で、テーパのついた込栓を打つことによって堅固な継手になる。

蟹杢（*kani-moku*）蟹の足のように左右に流れたような模様の杢。

かね（矩）（*kane*）同矩尺、曲尺。

かね折金物（*kaneore-kanamono*）木質構造の建物の出隅に、通し柱とに方向から胴差しがL字形に取り合う場合に、それらが脱落しないように止めるL形の金物。

矩尺, 曲尺（*kane-jaku*; carpenter's steel square）L形にした鋼または黄銅製の物差し。長い辺（長手、長枝）を下に向けたときに短い辺（妻手、短枝）が右側にある状態を表、反対側を裏と呼び、表には通常の目盛り（表目）が、裏には表目√2倍の目盛り（角目）や円周率倍の目盛（丸目）が刻んである。日本では大工道具の一つとして古くから使われ、物差しとしてだけでなく直角の検定、勾配の割り出しなどに利用される。まがりがね、さしがね（差金, 指矩）、かねざし（矩差）、まがりしゃく（曲尺）、きょくしゃく、かね（矩）などともいう。

加熱硬化型接着剤（*kanetsu-kōka-gata-setchaku-zai*; heat setting adhesive, heat curing adhesive）加熱によって硬化する接着剤。関常温硬化型接着剤。

加熱腰入れ（*kanetsu-koshiire*; heat tensioning）同ヒートテンション、関腰入れ。

過熱水蒸気処理（*kanetsu-suijōki-shori*; superheated steam treatment）飽和蒸気にさらにエネルギーを与えて飽和温度よりも高い温度を持つ蒸気（過熱蒸気）を作り出し、これによって木材を処理する手法。スギ心持ち柱材の人工乾燥について乾燥時間短縮と表面割れ抑制効果があり、また処理後の天然乾燥において表面割れ抑制効果がある。

加熱セクション（*kanetsu—*; heated section）単板の乾燥に用いるローラ乾燥機の加熱ユニット。

加熱軟化法（*kanetsu-nanka-hō*; heat softening method）曲げ加工の前処理として、蒸煮または煮沸によって木材を加熱し軟化させる方法。

カバーガラス（*—garasu*; cover glass）顕微鏡において生物標本を覆うガラス板。

可搬角のみ（鑿）盤（*kahan-kakunomi-ban*; portable hollow chisel mortiser）角ほぞ穴を加工する可搬式の木工穿孔盤。主として工作物に取り付けて使用する。関角のみ盤。

可搬形電動工具（*kahangata-dendō-kōgu*）一人で用意に運搬できる工具で、可とうコードおよびプラグで電源に接続し、最大定格電圧が単相交流もしくは直流で250[V]以下、三相交流で440[V]以下、最大定格入力が単相交流もしくは直流で2,500[W]以下、三相交流で4,000[W]以下である工具。

冠木門（*kabuki-mon*）門の形式の一つで、左右の親柱の上部に冠木と呼ばれる横木を通して端部を鼻栓で締め、これに扉をつけたもの。

下部滑り台【ベニヤレースの—】（*kabu-suberi-dai*; pitch way, lower way）ベニヤレースにおける鉋台の移動は上下の滑り台に沿って行われる。一般に上部滑り台は固定され、下部滑り台は傾斜できるようになっており、この傾斜の角度で逃げ角の調整を行うことができる。関鉋台, 上部滑り台。

下部切削（*kabu-sessaku*）丸鋸等の挽材方式において、工作物を丸鋸軸より下方に送り込んで切削する方式。リッパ類ではこの下部切削の上向き切削が一般的である。関上向き切

削。

下部づめ(爪)(kabu-zume; lower kickback-proof stopper) リッパおよびギャングリッパで下方から工作物表面に作用するつめで，逆走しようとする工作面表面に直接食い込んで工作物の反ぱつを防止する作用と，木片等の跳ね返りを受け止める跳ね返り防止の作用がある。同跳ね返り防止爪。

壁組(kabegumi) 種々の壁構造(大壁，真壁，なまこ壁等)の総称。

かま(鎌)(kama) 木造の継手のうち，男木に蟻首を持った鎌型のほぞによって材相互をつなぐものの総称。なかでも，腰掛け鎌継ぎは土台や胴差し，床梁，軒桁，母屋などの横架材の継手として最も一般的に用いられている。蟻首には1/20程度の滑り勾配をとって，継ぎ合わせながら締め付けられるように工夫される。

かまのみ(鎌鑿)(kama-nomi) 穂先が両刃の小刀状ののみ。細かい入り隅の仕上げに用いる。

下面図(kamen-zu; bottom view) 対象物の下面とした方向からの投影図。関立面図，正面図，平面図，側面図，背面図。

鴨居(kamoi) 木質構造において，襖や障子，その他引戸を設ける場所の上部にある開閉のための溝のある横木。下部のものは敷居。溝が入らない場合は無目と呼ばれる。

鴨居挽き鋸(kamoi-biki-noko) 鴨居や敷居の溝挽き，柱の背割りなどに用いる片刃縦挽き鋸。

カラー(collar, saw collars) 丸鋸盤主軸上で丸鋸身を左右から挟む一対のフランジをさす。この場合の英語表記は複数形(saw collars)である。また，カラー(collar)の表記でつば状の円形の板を指す場合がある。例えば工具間の距離を調整する間座など。関フランジ【丸鋸盤の一】，間座。

カラーチャート(color chart) 特定の色の属性が一定である色票(color chip)を平面上に配列したもの。カラーチャートを編集して作られたものを色票集(color atlas)という。色票とは，色の表示などを目的とする色紙または類似の材料による標準試料で，特定の基準(例えば，JIS Z 8721)に基づいて作成した色票は標準色票という。

硝子戸(garasu-do) ガラスをはめこんだ戸。

唐戸(kara-to) 神社や寺院などの出入り口に使われた木製の開き戸。現在では一般住宅にも使われ，板唐戸と桟唐戸の二種類がある。板唐戸は社寺建築などに開き戸として使われ，框を使わず，1枚もしくは数枚の板を接いでつくる。桟唐戸は框の枠の中に縦桟と横桟を組み，その間に薄板をはめたもの。

がらり板(garari-ita) 細い板を斜めにして，水平方向に連続的にはめこんだもの。

がらり戸(garari-do) 框戸の一つで，遮光，通風と，視線を遮るなどのために，がらり板(鎧板，ルーバー)を取り付けた戸。略して，がらりと呼ぶ場合もある。

カルマン渦(—uzu; Karman vortex) 流れのなかに障害物を置いたとき，または流体中で固体を動かしたときにその後方に交互にできる渦の列のことをいう。

カレンダプレス(calender press) 薄くたい積された小片連続マットを，大径の熱ローラとスチールベルトとの間に送入し，加熱圧縮してエンドレスの薄いボードを造る機械。

ガロタンニン(gallotannin) 没食子酸を主成分とする加水分解型タンニン。関没食子酸，タンニン。

側(gawa; side) 包装用木箱の高さと長さで囲まれた両端の面。参木箱。

側桟(gawa-san; side batten) 包装用に使われる腰下付木箱の側の外面に，縦方向に釘付けした桟。参腰下付木箱。

皮付丸太(kawa-tsuki-maruta) ①茶室や数寄屋建築などの床回りに用いる，樹皮の付いた丸太。アカマツ，コブシ，サクラ，ウメ，ツバキなど。②Log with bark: 剥皮前の丸太。

側根太(gawa-neda) 木質構造のツーバイフォー工法において，床組みを構成する部材の一つ。床根太と平行に配置され，添え側根太を添え，外壁壁枠組みと同じ面に納まる床根太。端根太により床根太と一体になり，床枠組みとなる。

側フライス（*gawa-furaisu*; side milling cutter）外周面と両側面に切れ刃を持つフライスの総称。溝削りなどの加工に用いられるが，木材切削ではカッタと呼ばれることが多い。[関]正面フライス，フライス。

側フライスカッタ（*gawa-furaisu*—; side milling cutter）外周面とそれに続く端面に配列された切れ刃で，主に溝加工を行う回転切削工具。

側フライス削り（*gawa-furaisu-kezuri*; side milling）側フライスを用いて行うフライス削り。

皮剥き機（*kawamuki-ki*; barking machine, debarking machine, barker, debarker）[同]バーカ。

乾球温度（*kankyū-ondo*; dry-bulb temperature）乾燥室内空気温度のこと。[関]乾湿球温度差。

環境対応生産（*kankyō-taiō-seisan*）原材料・資源の採取，製品の開発，製造，流通・販売，仕様，保守，再生，廃棄などプロダクトライフサイクルの各段階で，環境負荷を減少させるよう工夫された生産の総称。

環境マネジメント（*kankyō*—; environmental management）あらゆる種類の組織が，自らの環境設計および目的を考慮して，自らの活動，製品またはサービスの環境に及ぼす影響に関する管理を行う活動。

環境マネジメントシステム（*kankyō*—; environmental management system, EMS）全体的なマネジメントシステムの一部で，環境方針を作成し，実施し，達成し，見直し，かつ，維持するために構築する，組織の体制，計画活動，責任，慣行，手順，プロセスおよび資源を含む制度。

関係湿度（*kankei-shitsudo*; relative humidity）相対湿度のこと。一定体積の空気中に含まれる水蒸気量 m とその温度における飽和水蒸気量 m_0 の比 m/m_0。または空気中の水蒸気の分圧 p とその温度における飽和水蒸気圧 p_0 との比 p/p_0 を百分率で表した湿度の示し方。

管孔（*kankō*; pore）横断面（木口面）において見られる道管あるいは道管状仮道管の断面に対して用いられる便宜上の用語。

嵌合（*kangō*）[同]はめあい。

環孔材（*kankō-zai*; ring-porous wood）広葉樹材の道管配列の型についての分類で，晩材部よりも明らかに大きい早材部の道管が年輪（成長輪）形成の初期に現れ，年輪界に沿って環状に配列している材。ミズナラやタモ，ケヤキ，チークなどに見られる。[関]散孔材，半環孔材，放射孔材。

かん合度, 嵌合度（*kangō-do*）ほぞ接合やだぼ接合における，ほぞとほぞ穴，だぼとだぼ穴の寸法差。フィンガジョイントでは，フィンガ先端とこれとかみ合う谷底の幅の差で表す。接合強度性能に影響する。

間座（*kanza*; spacer）ギャングリッパにおいて丸鋸の間隔を調整する円筒形の部品。[関]カラー，ギャングリッパ。

幹材積（*kan-zaiseki*; stem volume）樹木や丸太の幹部分の材積（体積）。

乾式抄造機（*kan-shiki-shōzō-ki*; dry forming machine）乾燥された接着剤を添加したファイバを所定の幅および厚さのファイバマットにする機械。

乾式成形機（*kan-shiki-seikei-ki*; dry felting machine）[同]エアフェルタ。

乾湿球温度差（*kanshitsukyū-ondo-sa*; wet-bulb depression）乾球温度と湿球温度との差。空気が乾燥していれば値は大きく，空気中の湿度が飽和すれば0となる。[関]乾湿球湿度計。

乾湿球湿度計（*kanshitsukyū-shitsudo-kei*; wet-and-dry-bulb hygrometer）乾燥装置内の乾湿球温度差および関係湿度を測定する装置。温度指示に差のない（誤差の±の方向が同一で量が似たもの）2本の温度計の一方の感度部をガーゼで包み，ガーゼの末端を水中に入れ，感度部に十分水が補給できるようにしたもので，感度部は水面からは3cm程離れている。[関]乾湿球温度差。

干渉（*kanshō*; interference）二つ以上の光波が同一点で重なり合って互いに強め合い，または弱め合う現象。

干渉顕微鏡（*kanshō-kembikyō*; interference microscope）干渉を利用して，物体表面の微細な凹凸，内部の位相差などを観察する顕微鏡。

含水率（*gansui-ritsu*; moisture content） 木材中の水分量を示す値。木材および木質材料の分野では全乾重量に対する水分量の百分率で示す。$U=(G_w-G_0)/G_0×100\%$，G_w: 湿潤木材の重量，G_0: 全乾重量。軽比重の生材では含水率100％を超える値となり，バルサ材では500％と高い値となる。JIS規格では含水率は0.5％までの精度としているが，乾燥の研究で低含水率の値を論ずるときは0.2％程度までの精度が望ましい。

含水率計（*gansui-ritsu-kei*; moisture meter） 木材の含水率は木材利用上極めて大きい影響を与えるので，常時これをチェックする必要があるが，標準測定法とされる全乾法は手数と時間がかかるうえ，供試物を破壊しなければならない。含水率測定を容易に行いうるように工夫された装置・器機が含水率計である（通常は水分計と呼ぶ）。木材の含水状態が変化するとその電気的性質が著しく変化することを利用した電気式含水率計が一般に広く普及されており，大別すると抵抗式含水率計と高周波式含水率計とに分けられる。後者はさらに容量型と高周波抵抗型とに分けられる。関高周波容量式含水率計。

含水率スケジュール（*gansui-ritsu*—; moisture content schedule, kiln schedule） 乾燥スケジュールを含水率との関係で示されているもので，桟積み内に設置した試験材の含水率経過を見ながら室内条件（温度と湿度）を変化させる方式。関時間スケジュール。

慣性衝突法（*kansei-shōtotsu-hō*） 粉じんの分粒方法の一つで，衝突板に粒子を含んだ空気を吹き付けたときに，慣性力の大きい粗大粒子が衝突板に捕集されることを利用する方法。衝突ノズルの出口に衝突板をノズルと直角に配置した構造で，これに空気を吸引し粗大粒子を衝突板に衝突させて捕集し，測定する限界粒子径以下の粒子を通過させるものである。この方法は，粗大粒子の除去および粒径別の試料捕集の両方の目的のために使用する。

慣性モーメント（*kansei*—; moment of inertia） 物体の一つの軸に対する慣性モーメントとは，その物体の微少部分の質量とその部分の軸か らの距離の2乗との積の総和である。

乾燥応力（*kansō-ōryoku*; drying stress） 木材を乾燥するとき材内に発生する応力。これは材の各部が水分傾斜や組織構造上の不均質性などのために一様に収縮できず，互いに他を拘束する結果生ずる。乾燥応力でも個体内の応力としては，法線応力およびせん断応力を考えねばならないが，一般には測定しやすい法線応力がよく知られている。乾燥応力は材内の位置によって異なり，また乾燥の進行に伴って変化する。乾燥前期には，材の表層がまず乾燥して収縮しようとするが，含水率の高い内層が隣接するため，表層の収縮は妨げられ，表層に引張応力，内層に圧縮応力が現れる。乾燥後期には，まだ含水率の高い内層が乾燥して収縮しようとするが，表層はすでにほとんど乾燥を修了し，かつ乾燥前後に引張応力による永久ひずみを生じているので，内層の収縮は表層に妨げられ，内層に引張応力，表層に圧縮応力が発生する。

乾燥機直結コンベヤ（*kansō-ki-chokketsu*—; conveying system directly connected with veneer dryer） 単板乾燥機の搬出側に設置され，乾燥単板を自動的に次の行程の機械（単板横はぎ機，単板選別積込装置など）へ搬送するコンベヤシステム。関鉋台【ベニヤレースの—】，上部滑り台【ベニヤレースの—】。

乾燥コスト（*kansō*—; drying cost） 木材の乾燥工程で発生する費用のこと。設備の償却費，エネルギー費，人件費，不良品が主なものである。

乾燥材（*kansō-zai*; dry lumber, kiln dried wood） 所定含水率（JAS基準では含水率25％以下）まで乾燥して安定した品質を持った製材（製材品）のこと。同KD材。

乾燥小片供給装置（*kansō-shōhen-kyōkyū-sōchi*; dry particle conveyor silo） 乾燥小片を貯蔵し，連続して定量供給する装置。同ドライサイロ。

乾燥スケジュール（*kansō*—; drying schedule, kiln schedule） 木材を乾燥するときに与えるべき温湿度変化の予定表。多くの場合乾球温度と乾湿球温度差で示され，大略の乾燥所要

時間も付記されている。樹種・板厚さ・材種などにより異なる。含水率スケジュールと時間スケジュールの2種類に分類される。 関 含水率スケジュール，時間スケジュール．

乾燥装置（*kansō-sōchi*; dry kiln, kiln）木材を人工乾燥する装置のことで，人工乾燥法によって分類される．もっとも一般的に広く利用されている方式が熱風乾燥方式で，加熱媒体である空気を暖める手段としてして，蒸気加熱，ヒートポンプ式の除湿機による加熱，電気加熱，高周波加熱等がある．特殊な乾燥法としては，減圧乾燥法や薬品乾燥等がある．

乾燥速度（*kansō-sokudo*; drying rate）蒸発に伴う被乾燥物体の含水率低下の速度．木材の含水率が高く，材表面が薄い水膜で被われているようなときの蒸発速度は，水面から水が蒸発するときと似ており，材表面の水が蒸発し終わる短時間の乾燥速度は外周空気条件が変化しない限り一定である．材の表面の水が失われると，その場所の含水率は繊維飽和点以下になる．材表面の一部が繊維飽和点以下になると，蒸発しようとする力（蒸気圧差）が減るので水膜で被われていたときより蒸発量は減少し，材全体の乾燥速度は低下する．

貫通割れ（*kantsū-ware*; split）製材の隣接材面および相対材面に貫通した割れ．木口面におけるものと木口面以外の材面におけるものとがある．

カンデラ（candela）国際単位系における七つの基本単位の一つで，光度の単位．周波数 $540×10^{12}$ Hz の単色放射を放出し，ある方向におけるその放射強度が $1/683$ W・sr^{-1} である光源の，その方向の光度の大きさ．単位記号には cd を用いる．なお，$540×10^{12}$ Hz は，人間の視覚の感度が最も良い周波数であり，標準的な空気中での波長に換算すると，実用上 555 nm に等しい．関 光度．

感度（*kando*; sensitivity）計測器の特性の一つで，計測器が測定量の変化に感じる度合い．ある測定量について，指示量の変化の測定量の変化に対する比で表される．感度係数，振れ係数と呼ばれることもある．

ガントリNCルータ（gantry NC router, gantry type numerical control router）工作物を取り付けたテーブルを固定し，主軸の移動を数値制御によって行い，とくに長尺の工作物を加工する NC ルータ．主軸が2軸以上のものは，並列式・ターレット式があり，自動選択機能を備える．また，ルータ軸のほかに丸鋸，回転鉋，錐など多種類の主軸ヘッドを備え，工作物の自動送り装置をもつものもある．

鉋（*kanna*）同 手鉋．

鉋（電動工具）（*kanna*, portable electric planers）回転カッターが装備され，そのカッタの回転軸と平行に設置したベースプレートの刃口から突出した回転切れ刃によって表面の材料を除去する電動工具．携帯電気鉋．関 電動工具，案内板．

鉋境（*kanna-zakai*）携帯電気鉋で切削するとき，削り面と削り面との間に生じる段差をいう．鉋境の発生を防ぐためには，削り深さを小さくし，重ねしろをつけて切削することが必要である．

鉋台（*kanna-dai*; plane sole）鉋身と裏金を保持して木材を削る定規の役割を果たす．シラカシやアカガシなどで作られ，台木の木表面を下端にする．金属製のものもある．関 手鉋．

鉋台【ベニヤレースの—】（*kanna-dai*; plane sole）ベニヤレースにおいてナイフ，プレッシャバー（ノーズバー）などを取り付ける台．ナイフ台とプレッシャーバーボデーからなり，一体となって両側にある上下2段の案内面上を移動する．鉋台はナイフの刃先を回転中心とする軸受（月型）を介して主に上側の案内面（固定滑り台，上部滑り台）で支えられ，鉋台の後端が乗った下側の案内面（移動滑り台，下部滑り台）の高さによって切削角が決められる．切削角を原木径に応じて修正するときは，下部滑り台をわずかに傾斜させる．関 ベニヤレース，プレッシャバー【ベニヤレースの—】，参 ベニヤレース．

鉋台【鉋盤の—】（*kanna-dai*; knife stock）仕上鉋盤を構成する要素の一つで，鉋刃と刃口金を装着し，テーブルまたは回転テーブルに固定する．

鉋胴（*kanna-dō*; cutterblock, cutter head）鉋盤

やフライス盤の主軸にあって，鉋刃などの刃物を機械的に保持する部分。植刃フライスの一種。主軸にカッタヘッド（カッタブロック）を取り付けたもの（分離形）と，主軸とカッタヘッドが一体になったもの（一体形）がある。カッタヘッドは鉋胴本体，裏刃，刃押さえ，締付ねじなどで構成される。断面形状により，角胴と丸胴に大別される。 同 カッタヘッド，関 鉋盤，参 角胴，フライス削り，刃押さえ．

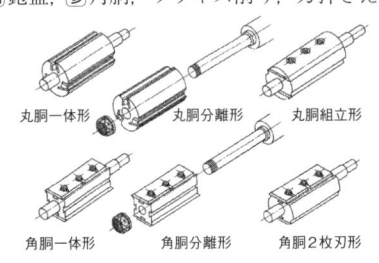

鉋刃 (*kanna-ba*; plane iron, planer knife) ① plane iron: 手鉋の刃物。鉋身または鉋穂とも呼ばれる。地金に刃物鋼が接合してあり，表裏ともやや凹面をなす。刃先よりも頭部がわずかに厚く，幅広になっており，鉋台に差し込んだときに抜けにくくなっている。 関 手鉋。② planer knife: 鉋盤の鉋胴などに取り付けられる刃物。平刃（平鉋刃）とヘリカル刃（ねじれ刃）がある。 関 鉋胴．

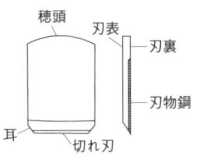

鉋刃研削盤 (*kannaba-kensaku-ban*; planer knife grinding machines) 砥石台，鉋刃取付け台などからなり，主として鉋刃を研削する研削盤。送り運動が手動のものと自動のものがある。 関 手動鉋刃研削盤，自動鉋刃研削盤，鉋刃．

鉋刃ラップ盤 (*kannaba — ban*; knife lapping machine) ラップ円板，鉋刃取付け台などからなり，鉋刃にラップ仕上げ（ラップと工作物の間に微粒の遊離研磨材を介在させて両者の相対運動によって工作物を加工する方法）を施すラップ盤。

鉋盤 (*kanna-ban*; planing and molding machine, planer, molder) 工作物を手動または自動で主として直線送りし，回転する鉋刃により平面仕上げ，溝削り，面取りなどの加工をする木工機械。鉋刃がテーブルに固定されたものもある。 関 鉋胴，鉋刃．

鉋穂 (*kanna-ho*) 同 鉋身．

鉋まくら (*kanna-makura*) 幅広い材を削ったときにできる鉋の幅のうねり。

鉋丸鋸 (*kanna-marunoko*; planer saw blade) 同 勾配研磨丸鋸。 関 丸鋸．

鉋身 (*kanna-mi*) 鉋身は刃先で木材を削る役割を果たす手鉋の刃物である。鉋身は頭部から刃先に向けて薄く，テーパになっているので，鉋台に確実に保持される。鉋刃，鉋穂とも言う。

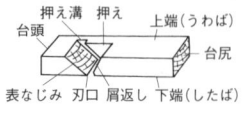

鉋焼け (*kanna-yake*; machine burn) 刃物または送りロールと工作物間の摩擦熱によって生じる切削仕上面の変色または焦げ。特に，回転切削では鉋焼けと呼ぶことがある。 関 焼け．

寒熱繰返し試験 (*kannetsu-kurikaeshi-shiken*; high and low temperature cyclic test) JAS（合板）では，特殊加工化粧合板の温度変化に対する耐候性を評価するために寒熱繰返しA試験〜D試験が定められている。AおよびB試験では，試験片を金属枠に固定し，80±3℃（Cでは60±3℃，Dでは40±3℃）の恒温器中に2時間放置した後，−20±3℃の恒温器中に2時間放置する工程を2回繰り返し，室温に達するまで放置する。その後，割れ・ふくれ・はがれなどで評価する。 関 表面性能【合板の―】．

官能試験 (*kannō-shiken*; sensory test) 官能評価分析に基づく検査・試験．

官能特性 (*kannō-tokusei*, sensory characteristics) 試料，製品，環境などがもつ固有の特性の中で，人の感覚器官が感知できるもの。

官能評価 (*kannō-hyōka*; sensory evaluation) 官能評価分析に基づく評価．

官能評価分析 (*kannō-hyōka-bunseki*; sensory analysis) 官能特性を人の感覚器官によって調べることの総称。

かんばん（看板）方式 (*kamban-hōshiki*; KANBAN system) トヨタ生産方式において，「か

んばん」(引き取りと生産指示の 2 種類の作業指示票)を利用してジャストインタイム生産を実現する仕組み．関 JIT, ジャストインタイム．

γ線透過試験（*γ-sen-tōka-shiken*; gamma radiography）γ線源を用いた放射線透過試験．同γ線ラジオグラフィー．

γ線ラジオグラフィー（*γ-sen*—; gamma radiography）同γ線透過試験．

貫流ボイラ（*kanryū*—; distillation boiler）給水ポンプで圧入された水がボイラの水管内を通りぬける間に蒸発，加熱が行われるボイラのこと．水の循環を行わないのでドラムを必要としない．始動が速やかであり，小型ボイラとしても用いられる．ただし給水に対する要求が厳しい．

関連形体（*kanren-keitai*; interrelated features）幾何偏差の規格で用いる用語で，データムに関連して，幾何偏差が決められる形体．

き *ki*

木裏（*ki-ura*; pith side）髄に向いた側の板目面．切削加工したときに，木表よりも欠点が生じやすい．関 木表，接線断面，参 板目．

木表（*ki-omote*; bark side）髄から遠い，樹皮側の板目面．関 木裏，接線断面，参 板目．

木おろし，木下ろし，木降ろし（*ki-oroshi*; unloading）製材作業の要素作業のひとつで，製材が終了して最後に残った製品を送材車から降ろす作業．

機械加工（*kikai-kakō*; machining）機械的，電気的，熱的エネルギーを利用して，素材から不要な部分を取り除き，所定の形状，寸法および粗さの部品，または製品をつくる加工法の総称．

機械構造用合金鋼鋼材（*kikai-kōzō-yō-gōkinkō-kōzai*; alloy steels for machine structural use）鍛造，切削，引抜きなどの加工と熱処理により所定の性質を発揮し，機械部品に仕上げられる合金鋼鋼材．

機械構造用炭素鋼鋼材（*kikai-kōzō-yō-tansokō-kōzai*; carbon steels for machine structural use）鍛造，切削，引抜きなどの加工と熱処理により所定の性質を発揮し，機械部品に仕上げられる炭素鋼鋼材．

機械じゃくり(決り)鉋（*kikai-jakuri-ganna*）幅の狭い溝を削るしゃくり鉋の一種．鉋身の幅は溝幅と同じで，脇針は左右 2 本取り付けられている．ねじで調整する定規で溝を決る位置を調整する．

機械精度（*kikai-seido*; machine accuracy）静的精度，および位置決め精度の総称．関 静的精度，位置決め精度．

機械等級区分（*kikai-tōkyū-kubun*）グレーディングマシンにより木材の曲げヤング係数等の機械的性質を測定し，製材の等級の格付けを行う方法．関 目視等級区分．

機械等級区分構造用製材（*kikai-tōkyū-kubun-kōzōyō-seizai*; machine stress rated structural lumber）構造用製材のうち，機械によりヤング係数を測定し，等級区分するもの．関 目

視等級区分構造用製材。

機械等級区分製材（*kikai-tōkyū-kubun-seizai*; machine stress rated lumber） 機械によりヤング係数を測定し，等級が格付けされた製材。

機械等級区分装置（*kikai-tōkyū-kubun-sōchi*; grading machine） 木材のヤング係数を測定して，機械等級区分するために用いる装置。同グレーディングマシン。

木返し（*ki-gaeshi*; turning） 製材作業の要素作業のひとつで，丸太のある材面の挽材が終了して次の材面の挽材に移る際に，丸太を回転させたりつかみ直したりする作業。

幾何学的粗さ（*kikagaku-teki-arasa*; theoretical surface roughness） 工具の形状および工具と工作物の相対運動から理論的に求められる切削仕上面の粗さ。例えば，回転削りでは刃先円の直径，刃数，主軸回転数，送り速度から，旋削ではバイト先端の形，バイトの取付角，1回転当たりの送り量から求められる。同理論粗さ，関付加粗さ，組織粗さ，仕上面粗さ。

木型（*ki-gata*）同鋳物木型。

幾何偏差（*kika-hensa*; geometrical deviations） 幾何偏差の規格で用いる基本的な用語で，対象物の形状偏差，姿勢偏差，位置偏差および振れの総称。

気乾[状態]（*kikan [-jōtai]*; air-dried） 木材や木質材料が通常の大気温度および湿度に平衡した水分を持つ状態。日本では含水率15％を気乾含水率としている。関全乾[状態]。

気乾含水率（*kikan-gansui-ritsu*; air-dry moisture content） 気乾状態にある木材の含水率のこと。気乾含水率は地方によって，同一地方でも季節によってかなり（含水率約10～20％）変動する。また温湿度の日変化によっても変動するが，樹種による差は小さい。我が国では平均約15％，欧米では12％であり，この含有水分のほとんどは細胞壁に保持されている。

気乾材（*kikan-zai*; air-dry lumber） 気乾状態にある木材のこと。

気乾比重（*kikan-hijū*; air-dry density） 気乾状態の比重のことで，気乾状態の重量を容積で割った値。気乾状態とは含水率11～17％の範囲であり，物性を示す時は含水率15％に換算する場合が多い。$r_{15}=W_{15}/V_{15}$ r_{15}:含水率15％時の比重[g/cm³]，W_{15}:含水率15％時の重量[g]，V_{15}:含水率15％時の容積[cm³]。

気乾密度（*kikan-mitsudo*; air-dry density） 気乾状態の密度のことで，気乾比重に同じ。同気乾比重。

規矩（*kiku*; compass and carpenter's steel square）①工作に使う定規類の総称。本来は「規」（ぶんまわし。コンパス）と「矩」（矩尺，曲尺）のこと。②かね尺（矩尺，曲尺）を用いて木構造部材の設計や製図，墨付けなどを行う技術（規矩術）。関矩尺，曲尺。

木釘（*ki-kugi*; wooden peg, wooden nail） 木製の釘。ウツギ，ツゲなどのほか，針葉樹材が使われることもある。錆が出ず，打ち付けた後に鉋掛けもできるため，高級な和家具や細工物に用いられる。

菊錐（*kiku-giri*）同菊座錐。

菊座錐（*kikuza-giri*） 木ねじ穴の皿もみ用錐。菊錐，皿錐とも言う。

木櫛（*kigushi*） 髪をとき，飾ったり整えたりする木製の道具。櫛材としてつげの他，いす，うめ，ひいらぎが賞用された。牛馬の手入れ用の木櫛もある。

木屑（*kikuzu*; wood waste）①樹皮，鋸屑，背板，端材，プレーナー屑などの木材の加工工程で排出される残廃材の総称。②廃棄物処理法において，特定業種（建設業，木材・木製品製造業，家具・装備品製造業，パルプ紙・紙加工品製造業）から排出される廃木材のことで，産業廃棄物である。パレット，梱包用木材も含まれる。剪定枝，伐採木，流木などのその他の木くずは一般廃棄物である。同廃材。

木屑ボイラ（*kikuzu—*; wood waste boiler） 燃料として木屑を用いるボイラ。関貫流ボイラ。

危険速度（*kiken-sokudo*; critical speed） 系の共

振が励振されている特有の速度。回転機械系の危険速度は，その系の共振振動数(共振振動数の倍数および約数を含むことがある。)に等しい回転速度(角速度)である。幾つかの回転系がある場合，全体系の各モードに対応するいくつかの危険速度がある。丸鋸のように回転する円盤の場合については「後進波」の項を参照。関後進波。

基材【フローリングの—】($kizai$; backing) 下地の芯に用いられる材。JAS規格では，複合フローリングは構成層が2以上のフローリングとし，一般に合板などを基材としてその表面に化粧材を張ったものなどを指す。

基材【研磨布紙の—】($kizai$; backing) 研磨布紙の3構成要素の一つで，研磨材(砥粒)を接着剤により固着して保持するための布紙類など。一般に研磨布では綿布，研磨紙ではクラフト紙などが用いられる。

木地($kiji$) 漆器の土台となる素地の中でも木材を材料とするもの。木材の木理や木目，荒挽きや荒削りした材料またはその木肌の状態などを指す場合にも広く用いられる。

記述的試験法($kijutsuteki$-$shiken$-$h\bar{o}$; descriptive test) ある試料の官能的な属性またはそれぞれの属性の強度を評価するのに，専門家が記述的な用語を用いる官能試験方法の総称。

基準音圧($kijun$-$on'atsu$; reference sound pressure) 人間の耳に聞こえる最も小さい音圧(最小可聴値)に近い数値。空気中の音の場合20μPaであり，ほぼ正常の聴覚を有する人間の1kHzの純音に対する最小可聴値。

基準長さ($kijun$-$nagasa$; sampling length) 輪郭曲線方式による表面性状の評価において，輪郭曲線パラメータを求めるために用いる輪郭曲線のX軸方向の長さ。粗さ曲線では粗さ成分とうねり成分の境，うねり曲線ではうねり成分とそれより長い波長成分の境界を定義する輪郭曲線フィルタのカットオフ値に等しく，断面曲線では評価長さに等しい。粗さパラメータを求める場合は，算術平均粗さRaや最大高さ粗さRzの値に応じて0.08，0.25，0.8，2.5，8mmのいずれかとする。

基準方式($kijun$-$h\bar{o}shiki$; reference systems) 切削工具の刃部の諸角を切削作用との関連において定義するときの基準とする方式。工具自身に基準をおいた工具系基準方式と，切削作用に基準をおいた作用系基準方式が一般に用いられる。一般に，工具の製造や角度の測定のためには前者が，切削作用をしているときの角度を規定するためには後者が使われる。関基準面，工具系基準方式，作用系基準方式。

基準面($kijummen$; basic surface, standard surface, tool reference plane, working reference plane) ①basic surface, standard surface: 部材の寸法を決めるための基準となる平面。方形断面の場合，厚さ，幅，長さの基準になる面をそれぞれ第1，第2，第3基準面といい，この順序で製作する。このとき，第2基準面は第1基準面に対して直角に，第3基準面は第1および第2基準面に対して直角に仕上げる。②tool reference plane, working reference plane: 切削工具の刃部の諸角を定義するために基準とする，切れ刃上の1点を通るように設定された平面。工具系基準方式では一般に主運動方向に垂直な面，作用系基準方式では主運動と送り運動を合成した方向に垂直な面とする。関基準方式，工具系基準方式，作用系基準方式。

キシラン($xylan$) 針葉樹材および広葉樹材の細胞壁を構成する主要なヘミセルロースの一種。関ヘミセルロース。

偽心($gishin$) 同偽心材。

偽心材($gishin$-zai; false heartwood) 通常心材色が辺材部と変わらない無色心材をもつと考えられている樹種において，樹心部に心材類似の着色が現れるときがありこの部分を偽心材という。ブナの偽心材が有名である。成因ははっきり分かっていない。

きず【合板・集成材の—】($kizu$; flaws) 関板面の品質。

木ずり(木摺り)($kizuri$) 木質構造の壁において，ラスモルタル塗りなどでメタルラスの取付けのために下地材として軸組などに打ち付ける小幅材。

基礎ボルト($kiso$—; foundation bolt) 機械構造

物を据え付けるときに構造物を土台に締め付けるためのボルト。種々の形状のものがある。

気体［膜］潤滑（*kitai [-maku] -junkatsu*; gas-film lubrication） 気体を相対的に動く二つの摩擦面間に介在させることによって，両面を分離する潤滑方式。摩擦面の相対運動および気体の粘性によって圧力を発生させて分離する動圧気体潤滑と，摩擦面に高圧の気体を外部から供給することによって，相対運動または静止状態にある二つの物体を分離する静圧気体潤滑がある。関固体［膜］潤滑，流体［膜］潤滑，液体［膜］潤滑．

気体軸受（*kitai-jikuke*; gas bearing, air bearing） 気体潤滑の条件下で動作する滑り軸受．関気体［膜］潤滑，滑り軸受．

キックバック（kickback） ①チェーンソーによる作業時に，ソーチェーンが案内板（ガイドバー）の先端上部で工作物に過大に食い込むことにより，案内板が手前（操作者）および上方に急激に移動する現象。重大な事故の原因となるため，チェーンソーにはキックバックが生じたときにチェーンを急停止する装置などが組み込まれている。②同逆走．

切先【鋸歯の一】（*kissaki*; tooth point）同あさりの切先．関歯端．

木槌（*kizuchi*; wallet） 頭と柄が木製の槌。工作物の組立や鉋身の抜き差しなどに用いる。

輝度（*kido*; luminance） 光を出す物体の表面上の単位面積から垂直方向に単位時間中に出る光の量。発光面上，受光面上または放射の伝搬断面上において次式によって定義される。

$$L_\mathrm{v} = \frac{d\Phi_\mathrm{v}}{dA \cdot \cos\theta \cdot d\Omega}$$

ここで，$d\Phi_\mathrm{v}$ は，与えられた点を通り，与えられた方向を含む立体角 $d\Omega$ 内を伝搬する要素ビームによって伝達される光束。dA は，与えられた点を含むそのビーム断面の面積，θ は，その断面の法線とそのビームとのなす角である。L_v の単位は，cd·m^{-2} または lm·m^{-2}·sr^{-1}．関光度，照度．

輝度計（*kido-kei*; luminance meter） 輝度を測定する器械。

木取り（*kidori*） ①sawing work 丸太や大きな寸法の木材からより小さな寸法の部材を採材すること。②sawing pattern 丸太や大きな寸法の木材のどの部分からより小さい寸法の木材を採材するか決定することおよびその型。関製材木取り．

偽年輪（*gi-nenrin*; false ring, false annual ring） 重年輪中にある，正常な年輪以外のもの。関年輪，成長輪，重年輪．

機能試験（*kinō-shiken*; function test） 工作機械の各部を操作し，その作動の円滑さ，および機能の確実さの良否を確認する試験。

木のせ，木乗せ，木載せ（*ki-nose*; loading） 製材作業の要素作業の一つで，原木や半製品を送材車などに乗せる作業。

木箱（*ki-bako*; wooden box） 木製の包装用箱形容器の総称。腰下付木箱，すかし箱，枠組箱などの種類がある。

揮発性有機化合物（*kihatsu-sei-yūki-kagō-butsu*; volatile organic compounds） 常温上圧下で空気中に容易に揮発する有機化学物質の総称。同VOC．

木拾い表（*kibiroi-hyō*） 建築工事に必要な木材の種類・寸法別の数量を設計図書から拾い出し，集計した表。木拾いは「木積り」，「木寄せ」ともいう。

基本固有振動モード（*kihon-koyū-shindō—*; fundamental natural mode of vibration） 系に減衰がないときの各点の振幅比は，振動系が固有周期で振動する際に一定値となる。この振幅比分布を固有振動モードと呼び，系の自由度の数だけ存在し，それぞれの固有周期と対応している。その最も振動数の小さな振動をいう。

基本振動数（*kihon-shindō-sū*; fundamental frequency） 振動系において最も低い固有振動数。

基本単位（*kihon-tan'i*; base unit） 一つの単位系における基本量の単位。国際単位系(SI)では s（秒），m（メートル），kg（キログラム），A

(アンペア），K（ケルビン），mol（モル），cd（カンデラ）を基本単位とする。関基本量，組立単位．

基本表示（*kihon-hyōji*; A-scan display, A-scan presentation） X軸に時間，Y軸に振幅を表わす超音波信号の表示方法。同Aスコープ表示．

基本量（*kihon-ryō*; base quantity） ある量体系の中で，取決めによって互いに機能的に独立であると認められている諸量の内の一つ．国際単位系(SI)では，時間，長さ，質量，電流，熱力学温度，物質量，光度を基本量とする．関組立量．

逆走（*gyakusō*; kickback, throwback, flying back）回転する切削工具などにより，工作物が送りの向きとほぼ反対の方向に激しく押し戻されるか，または跳ね飛ばされる現象。同キックバック 関安全装置，反発，跳ね返り．

逆反り台鉋（*gyaku-sori-dai-ganna*）鉋台の下端が逆船底形に反った反り台鉋．

キャタピラ送り式丸鋸盤（——*okuri-shiki-maru-noko-ban*; circular sawing machine with caterpillar type feeder） リッパなどのように工作物をキャタピラで送り込み加工する丸鋸盤の総称。関リッパ，丸鋸盤．

ギャップ（gap） 同刃口水平［方向］間隔，関絞り，刃口距離．

CAD（computer aided design） 計算機支援設計のこと．設計，シミュレーションまたは部品もしくは製品の改良などの機能を遂行するために計算機システムを使用する，製図および描画を含む設計活動．

CAD/CAM（computer-aided design and manufacturing） 計算機支援設計と計算機支援製造とからなる生産活動．

CAD/CAMプレカットシステム（pre-cut system by CAD/CAM） 計算機支援設計と計算機支援製造とにより行われるプレカット．

CAM（computer aided manufacturing） 計算機支援製造のことで，生産工程が計算機システムによって指令・制御されている製造方式．

キャリジ（carriage） ①ラジアル丸鋸盤または走行丸鋸盤の移動する丸鋸ユニットの架台 ②

送材車．

ギャングエジャ（gang edger） 同マルチプルエジャ．関丸鋸盤．

ギャングソー（gang saw） 3枚以上の鋸により同時に主として縦挽きを行う鋸断機械．ギャングリッパもギャングソーの一種である．関鋸機械．

ギャングリッパ（gang rip saw） 多数の丸鋸を取り付けることができる水平丸鋸軸と自動送り用のキャタピラを備えて，工作物に縦挽き加工する丸鋸盤．ロールによって自動送りするものもある．同ギャングリップソー，関丸鋸盤．

ギャングリップソー（gang rip saw） 同ギャングリッパ．

Q[値]（Q [-*chi*] ; Q-value） 振動系が共振する場合に，その共振の鋭さを示す無次元の量のこと．弾性波の伝播においては，媒質の吸収によるエネルギーの減少に関係する量になる．振動においては，一周期の間に系に蓄えられるエネルギーを，系から散逸するエネルギーで割ったもので，この値が大きいほど振動が安定であることを意味する．

QMS（quality management system） 同品質マネジメントシステム規格．

吸音（*kyūon*; sound absorption） 音が媒質を通過する際に音響エネルギーが他の形のエネルギー（普通は熱エネルギー）に変換されること．

吸光光度法（*kyūkō-kōdo-hō*） 浮遊粉じんの濃度を測定する方法の一つ．浮遊測定方法の場合，高濃度の粉じんを含む空気に光を照射し，粉じんによる光の透過率を連続的に測定する．粉じんの濃度は，光の透過率の対数値に比例する相対濃度として求める．捕集測定方法の場合，ろ紙上に捕集した粉じんによる吸光量から相対濃度を求める．関浮遊測定方法，捕集測定方法．

吸湿性試験（*kyūshitsu-sei-shiken*; hygroscopicity test, moisture absorption test） 所定時間における柾目面，板目面および木口面からの吸湿量を測定する方法．JIS Z 2101 木材の試験方法に規定されている．

吸湿等温線（*kyūshitsu-tōonsen*; hygroscopic isotherm) 一定温度下で広い範囲の相対湿度に対して吸湿量をプロットした曲線のことで、一定温度における相対湿度と木材の平衡吸湿率(平衡含水率)の関係を表す。

吸湿量(*kyūshitsu-ryō*; moisture content) 木材に水分子が吸着するとき吸湿という。木材の構成成分の性質や材中における存在状態にかかわる物理量として吸湿量がある。吸湿面積に対する吸湿した量で表示する。関吸湿性試験。

90-90切削(*kyūjū–kyūjū-sessaku*; 90-90 cutting) 同木口切削、関90-0切削、0-90切削、McKenzie方式、参切削方向。

90-0切削(*kyūjū–zero-sessaku*; 90-0 cutting) 同縦切削、関90-90切削、0-90切削、McKenzie方式、参切削方向。

吸収量試験(*kyūshū-ryō-shiken*; retention by assay, absorption test) 加圧注入により保存処理した木材への薬剤吸収量を定量分析によって調べる方法。JAS(製材、枠組壁工法構造用製材)に規定されている。

吸振合金(*kyūshin-gōkin*; damping alloys) 振動を吸収する金属材料で、マンガンをベースにした双晶型の制振合金に分類される。古くは鋳鉄、鉛等が知られていた。

吸振材[料](*kyūshin-zai [ryō]*; vibration absorber) 固体表面の振動エネルギーを熱エネルギーに変換し、固体表面の振動を小さくする材料。具体的には、基材(鋼、木、コンクリート、プラスチック等)に樹脂系、ゴム系、アスファルト系、金属系 等の粘弾性材料の制振材を貼り合わせたもの。

吸水膨張性【フローリングの―】(*kyūsui-bōchōsei*; swelling of water absorption) 25±1℃の水中に試験片を24時間浸した前後における厚さを求め、吸水厚さ膨張率を算出することによって評価される性質。

吸水量(*kyūsui-ryō*; water content) 柾目面、板目面または木口面からの吸収する水の量。吸水面の総面積に対する吸水した量で表示する。関吸水量試験。

吸水量試験(*kyūsui-ryō-shiken*; water absorption test) 水中に24時間静置したときの柾目面、板目面または木口面からの水の吸収量を測定する試験方法。JIS Z 2101 木材の試験方法に規定されている。関吸水量。

吸着水(*kyūchaku-sui*; adsorption water) 広義には細胞壁に含まれる水の総称、狭義には木材実質と水素結合またはファンデルワールス力で結合して細胞壁に含まれる水。

吸入性粉塵(*kyūnyū-sei-funjin*) 粒子径が7.07μm以下の粉じん。

Qファクタ(Q, Q factor) Q値に同じ。

球面収差(*kyūmen-shūsa*; spherical aberration) 光軸上の一点から出る光線が光学系に入射する場合、入射点の光軸からの距離によって、光線が光軸と交わる位置が異なる収差。

球面波(*kyūmen-ha*; spherical wave) 三次元の等方的な媒質中に存在する点音源から発生、もしくは一点に向かって収束する球状の波動。空間内に点音源あるいは波長に比べて寸法の極めて小さい球音源が存在し、音源が半径方向に伸縮運動をし、呼吸球のようにあらゆる方向に一様に音波を出していると考えると、音源を中心とする球面上では、音圧や粒子速度はすべて一様になる。このような音波をいう。通常の音源についても、音源の寸法に対して十分距離が離れた遠方においては、球面波と見なして取り扱うことができる。

境界層(*kyōkai-sō*; boundary layer) ある粘性流れにおいて、粘性による影響を強く受ける層のこと。粘性が小さくて無視できるような流れ(主流)の中でも、物体面や壁面などの境界では粘性を無視することのできない薄い層が存在する。

境界摩耗(*kyōkai-mamō*; boundary wear, notch wear) 逃げ面摩耗のうち、切削部と非切削部との境界に生じる細長い溝状の摩耗。関逃げ面摩耗。

経木(*kyōgi*) スギやヒノキ、マツなどの木材を紙のように薄く削ったもの。菓子などの食品の包装に用いる。経文を書写したことからこの名があり、鉋掛けや幅の広いものはうすいた(薄板)とも呼ばれる。経木を真田紐のように編んだもの経木真田と呼ばれ、夏帽子などの材料に用いる。

強軸方向（*kyōjiku-hōkō*; strong axis direction）木材の小片を一定方向に配列し成型された構造用パネルにおける表面および裏面の小片の主たる繊維方向をいう。

凝集破壊（*gyōshū-hakai*; cohesion failure, cohesive failure）見掛け上接着層の内部に生じた破壊。関接着破壊。

凝縮核粒子計数法（*gyōshuku-kaku-ryūshi-keisū-hō*）浮遊粉じん濃度を測定する浮遊測定方法の一つ。微小粒子を過飽和蒸気雰囲気中で凝縮成長させ，光散乱粒子計数法で検出する。この方法は，微粒子が低濃度で存在するような濃度測定に適しているが，計測値として得られるのは測定可能な最小粒径以上の相個数濃度で，粒径に関する情報は含まれない。関浮遊測定方法。

強制循環（*kyōsei-junkan*; force-feed lubrication）圧力によって潤滑剤を摺動面に供給する潤滑方式。

凝着（*gyōchaku*; adhesion）切削中に被削材の一部が刃部に付着することで，2種類の個体が原子間隔程度に接近させられるときに生じる結合。圧着（圧力凝着，pressure adhesion）と溶着（温度凝着，welding）とがある。関凝着摩耗。

凝着摩耗（*gyōchaku-mamō*; adhesive wear）摩擦面の真実接触部における微視的な凝着とせん断破壊に起因する摩耗。木材切削では工具と被削材間の凝着作用に基づいて生ずる摩耗をさす。関摩耗，凝着。

強度低減欠点（*kyōdo-teigen-ketten*）節，穴，腐れ等の強度を低減させる欠点。

強度等級【集成材の—】（*kyōdo-tōkyū*; stress grading）構造用集成材における曲げ性能の格付けで，曲げヤング係数（E）および曲げ強さ（F）に応じて区分される。

強度等級区分機（*kyōdo-tōkyū-kubunki*; stress grading machine）同グレーディングマシン。

強度率【災害の—】（*kyōdo-ritsu*; accident severity rate）1,000延実労働時間当たりの延労働損失日数で，災害の重さの程度を表す。延労働損失日数は，労働災害による死傷者の延労働損失日数で，死亡および永久全労働不能（身体障害等級1～3級）の場合は7,500日，永久一部労働不能の場合は身体障害等級（4～14級）に応じて5,500～50日とし，一時労働不能（身体障害を伴わない）場合は休業日数に300/365を乗じた日数として算出する。

響板（*kyōban*）弦の振動によって発生した音を増幅する板。

鏡面光沢度（*kyōmen-kōtaku-do*; specular glossiness）標準光源を用い，試料面に一定の入射角でほぼ平行な光束を入射し，鏡面反射方向に反射する光束を測定して数値で表したもの。入射角は85°，75°，60°，45°または20°とし（光沢度が小さいものほど角度を大きくする），屈折率が1.567のガラス表面におけるそれぞれの入射角での鏡面光沢度が100％となるようにして表示する。

鏡面反射（*kyōmen-hansha*; regular reflection, specular reflection）同正反射。

局部傾斜（*kyokubu-keisha*; local slope）輪郭曲線方式による表面性状の評価において，任意の位置における輪郭曲線の傾斜。

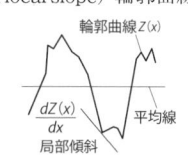

局部谷【断面曲線の—】（*kyokubu-tani*; local valley of profile）輪郭曲線方式による表面性状の評価において，断面曲線の隣り合う極大点の間にある空間部分。参局部山【断面曲線の—】。

局部山【断面曲線の—】（*kyokubu-yama*; local peak of profile）輪郭曲線方式による表面性状の評価において，断面曲線の隣り合う極小点の間にある実体部分。

曲面研削（*kyokumen-kensaku*; profile grinding, contour grinding, profile sanding）工作物の曲面を研削する加工。関研削，平面研削。

曲面サンダ（*kyokumen—*; profile sander）研磨布紙などを用いて工作物の曲面を研削加工するサンダの慣用名。別名プロフィールサンダともいう。関曲面研削，プロフィールサンダ。

鋸断（*kyo-dan*; sawing）鋸により工作物を切断すること。同挽材。

許容応力度（*kyoyō-ōryoku-do*; allowable stress）木材の構造的使用において，安全確保のために設計上許される各部材の最大応力をいう。

許容限界（*kyoyō-genkai*; tolerance limit）製品の品質管理において，ある特性の許容される上限と下限，あるいはそのいずれかとして定められた値。表面性状パラメータの場合は，一つの評価長さから切り取った全部の基準長さを用いて算出したパラメータの測定値の内，上限値または下限値として指示された要求値を超える数が16％以下であれば，その表面は要求値を満たすものとして受け入れられる。また，要求値が最大値で指示されている場合は，対象面全域で求めたパラメータの内一つでも要求値を超えてはならない。

許容濃度【粉塵の—】（*kyoyō-nōdo*）日本産業衛生学会が勧告している許容濃度のうち，木粉などが含まれる第2種粉塵については，総粉じん4.0 mg/m³，吸入性粉じん1.0 mg/m³である。関総粉塵，吸入性粉塵。

錐（*kiri*）錐は木材に穴をあける工具であり，手揉み錐と機械錐に大別される。手揉み錐には，四つ目錐，三つ目錐，壺錐，鼠歯錐や菊座錐があり，機械錐には，ねじ錐，板錐，さじ錐，菊座錐（皿錐），自在錐などがある。

切屑（*kirikuzu*; chip）希望する形状と寸法の材料を得るために，あるいは適切に表面仕上げを行うために，切削工具や砥粒を用いて切削や研削をする際に生成する不要または必要な屑。切屑を新たな製品の製造に利用することは，木材利用の重要な特徴である。

切屑厚さ（*kirikuzu-atsusa*; chip thickness）切削によって生成された切屑の厚さ。切込量の意味で使われることもあるが，せん断などの影響で切屑が変形すれば両者は異なる。関切込量。

切屑カールの曲率半径（*kirikuzu—no-kyoku-ritsu-hankei*; radius of curvature of chip curl）カールした切屑の曲率半径。

切屑角（*kirikuzu-kaku*）同すくい角。

切屑型（*kirikuzu-gata*）同切削型。

切屑の生成機構（*kirikuzu-no-seisei-kikō*; mechanism of chip formation）工具により工作物に作用される力の状態，工作物に生ずる破壊の状態，切屑の形成される仕組みなど。

切屑溝【ドリルの—】（*kirikuzumizo*）同溝【ドリルの—】。

切屑溝のねじれ角【ドリルの—】（*kirikuzumi-zo-no-nejire-kaku*）同ねじれ角。

切屑流出角（*kirikuzu-ryūshutsu-kaku*）工具すくい面上において切れ刃に垂直な方向と切屑流出方向とがなす角。

切込み（*kirikomi*; depth of cut）同切込深さ。

切込運動（*kirikomi-undō*; depth setting motion）切削に先立って取り代を設定するための工作物に対する工具の運動。

切込角（*kirikomi-kaku*; cutting edge angle）基準面（通常主運動方向に垂直な面）上で測定した，主運動方向と切れ刃を含む面が主運動と送り運動の方向を含む面となす角度。送り方向に対する切れ刃の傾きを表す。参旋削。

切込深さ（*kirikomi-fukasa*; depth of cut）披削面と切削仕上面の距離。工具と工作物の相対運動が披削面に平行な場合は切込量と一致する。同切込み，削り代，切削厚さ，切削深さ，取り代，関切込量。

切込深さ【帯鋸の—】（*kirikomi-fukasa*; tooth bite, depth of cut per tooth）帯鋸の挽材において，各鋸歯の工作物への切込量。工作物の一歯あたりの送り量に等しい。

切込量（*kirikomi-ryō*; undeformed chip thickness, depth of cut）基準面（多くは主運動方向に垂直な面）上で，その面への主切れ刃の投影に垂直に測った工作物の切屑となるべき部分の厚さ。切取り厚さ。回転削りや丸鋸挽きでは回転角によって変化する。同切削厚さ。

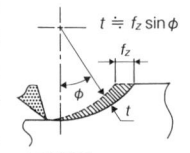

$t ≒ f_z \sin\phi$
t：切込量
f_z：1刃当たりの送り量
ϕ：刃先回転角

切込量【砥粒の—】（*kirikomi-ryō*; depth of cut）研削加工で1個の砥粒によって削られる部分の加圧方向の厚さ。一般に，砥粒切れ刃密度，研削速度，加圧方向の除去速度，連続切れ刃間隔などから計算される。関研削。

切取り厚さ（*kiritori-atsusa*; undeformed chip

thickness）同切込量，切込深さ。

切取り幅（*kiritori-haba*; nominal width of cut）バイトや正面フライスにおいて，基準面（Pr）への主切れ刃の投影に沿って測った，削られる部分の幅。直線切れ刃の場合には，$b=a/\sin\kappa$ で表される。ただし，b:切取り幅，a:切込み深さ，κ:切込み角。

錐身（*kiri-mi*）錐の穂。

切り面取り鉋（*kiri-mentori-ganna*）関自由定規付き面取り鉋。

錐もみ（*kirimomi*; drilling）先端に切れ刃を持つ細長い工具を回転させながら軸方向の送りを与えて工作物に丸穴をあける加工法。同穴あけ，孔あけ。

気流分級機（*kiryū-bunkyū-ki*; air sifter）下から吹き上げる空気で，小片を仕分けする機械。

切れ味【刃物の一】（*kireaji*; sharpness, cutting performance）刃物の切削性能を表現する言葉。一般に，切削抵抗の大小と切削仕上げ面の良否から判定される。

亀裂（*kiretsu*; crack, cracking）熱的または機械的応力のために引き起こされる局部的な破断によって生じる隙間または不連続部。割れ，クラックともいう。同クラック。

亀裂型（*kiretsu-gata*）同折れ型。

切れ刃（*kire-ha*; cutting edge）切削工具の刃部構成要素の一つで，すくい面と逃げ面の交線。刃部に複数の切れ刃がある場合は，切屑の生成に主要な役割を果たす部分を主切れ刃，残りを副切れ刃と呼び，両者を接続する小範囲の切れ刃部分をコーナまたはノーズと呼ぶ。関刃先線，参第1すくい面。

切れ刃傾き角（*kireha-katamuki-kaku*; cutting edge inclination）s-v 面（Ps）での，切れ刃と基準面（Pr）とがなす角。参アプローチ角（図中 λ）。

切れ刃自生（*kireha-jisei*; self-sharpening, self dressing）同自生作用，自生発刃，関正規発刃。

切れ刃線（*kireha-sen*; cutting edge profile）ある平面への切れ刃の垂直投影によって得られる曲線。投影面には主運動方向に垂直な面，切れ刃および刃先角の二等分線に平行な面など

がとられる。同刃先線。

切れ刃線粗さ（*kireha-sen-arasa*; roughness of cutting edge profile）切れ刃線の凹凸の程度。触針式表面粗さ測定器に取り付けたナイフエッジ型触針を切れ刃に平行に送ったり，切れ刃の輪郭を光学的に拡大して切れ刃線を求め，それを表面粗さと同様の手続で評価することが多い。関表面粗さ。

切れ刃の鋭利さ（*kireha-no-eirisa*; sharpness of cutting edge）すくい面と逃げ面がつながる角の部分の丸みの程度。直接的には切れ刃断面の丸み半径で評価されるが，切れ刃を指で触れたときの感覚，均質な糸や紙を切断するのに要する力などから間接的に評価されることも多い。関切れ味，刃先摩耗，刃先丸み，糸切り値。

ギロチン（guillotine）同ベニヤジョインタ。

際鉋（*kiwa-ganna*; rabate plane, rabbet plane）入隅の際削りや隅角の段欠きなどに使う鉋。鉋身を一方に傾斜させて仕込んであり，右勝手と左勝手がある。

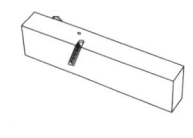

金属顕微鏡（*kinzoku-kembikyō*; metallurgical microscope）金属試料面を反射照明で観察する顕微鏡。

金属製直尺（*kinzokusei-chokushaku*; metal rule）端面と目盛線の交わる線（稜）を基点とする金属製の直尺（物差し）。JISでは呼び寸法 150〜2,000 mm を規定している。

金属抵抗ひずみ（歪）ゲージ（*kinzoku-teikō-hizumi—*; metal resistance strain gauge）ゲージ受感部に金属抵抗体を用いたひずみゲージ。

緊張装置（*kinchō-sōchi*）①tension unit, take-up unit ベルト，チェーンなどに適切な張力を与える装置。テークアップ装置も言う。②同帯鋸緊張装置。

緊張力（*kinchōryoku*; strain force）帯鋸盤の二つの鋸車で帯鋸に与える引張りの力。関帯鋸緊張装置，緊張装置。

銀杢（*gin-moku*; silver grain）大きな放射組織を持っている樹種の柾目面において，この放

射組織の不斉な帯として認められ，他の部分と対照的となった模様。シルバーグレインともいう。ヤマモガシ，ブナ，ナラ類などに見られる場合がある。関虎斑。

銀ろう(鑞)（*ginrō*; silver brazing filler metals）金属を接合する方法である溶接の一種。接合する部材（母材）よりも融点の低い銀の合金（ろう）を溶かして一種の接着剤として用い，帯鋸の溶接など金属加工の分野では多用されている。

く *ku*

空間周波数（*kūkan-shūhasū*; spatial frequency）像または物体を構成する周期的な構造の細かさを表す量。単位長さまたは単位角度当たりの周期の数で表す。単位は，毎ミリメートル[mm^{-1}]または毎ミリラジアン[mrad^{-1}]である。

空気力学（*kūki-rikigaku*; aerodynamics）連続体力学の一部であり，流体(液体，気体)の変形，応力を扱う学問のなかで，空気を対象とした学問をいう。

偶然誤差（*guuzen-gosa*; random error）突き止められない原因によって起こり，測定値のばらつきとなって現れる誤差。関系統誤差。

空洞（*kūdō*）立木の樹心近くが腐れる心腐れによって，立木あるいは丸太の樹心に空洞が生じたもの。関腐れ。

クォードソー（quad saw）4枚の丸鋸または帯鋸で同時に鋸断する機械をさす慣用語。クォードリッパ，クォードバンドソー（ツイン帯鋸盤を送り方向に2台配置したもの）など。

釘接合剪断試験（*kugi-setsugō-sendan-shiken*; shear test of nailed joint）長方形状の2枚の試験片に所定の乾燥した針葉樹材をはさんで釘で接合し，（両部材が剪断するように）圧縮し，釘接合の最大耐力を測定する剪断試験。

釘耐力性能（*kugi-tairyoku-seinō*; allowable load performance of nail）釘接合剪断試験と釘引き抜き試験で求められた最大耐力によって評価される性能。

釘引き抜き試験（*kugi-hikinuki-shiken*; pulling test of nail）釘の長さの半分まで試験片に釘を垂直に打ち込み，釘を引き抜く方向に力を加え，最大引き抜き耐力を測定する試験。

釘引き抜き抵抗試験（*kugi-hikinuki-teikō-shiken*; nail withdrawal test）試験体に鉄丸釘を所定の深さまで打ち込み，これを引き抜く時の抵抗および仕事量を測定する試験法で，木材の釘引き抜き抵抗は釘の打ち込み長さ当たりの最大荷重として求められる。

釘挽き鋸（*kugihiki-noko*）打ち込んだ木釘や竹

釘の残部を板面に沿って挽き切る小形の横挽き鋸。

楔（*kusabi*; wedge）木質構造において，ほぞ差しの仕口や貫などを固定するために打ち込む鋭角三角形をした堅木の小片。

鎖鋸（*kusari-noko*）同ソーチェーン。

鎖のみ（鑿）盤（*kusarinomi-ban*; chain mortiser）同チェーン穿孔盤。

腐れ（*kusare*; rot, decay）木材腐朽菌によって木材が分解した状態。

腐れ節（*kusare-bushi*; rotten knot, decayed knot, unsound knot）節の一部または全部が腐って穴が空いたり，脆くなった節。

屑返し（*kuzu-gaeshi*）同木端返し。

屑材（*kuzu-zai*; wood residues）素材のJAS規格において，形状が不定な素材で利用価値が極めて低いもの。

屑出しのみ（鑿）（*kuzudashi-nomi*）同もりのみ。

管柱（*kuda-bashira*）2階建以上の木造建築物で，当該階だけの長さの柱。関通し柱。

管用ねじ（*kudayō-neji*; pipe thread）管，管用部品，流体機器などの接続に用いるねじ。平行ねじとテーパねじがあり，テーパねじではテーパを1/16にとるのが普通。管，管用部品，流体機器などの接続に用いるねじ。機械的結合を主目的とする平行ねじ（ねじ山が円筒の外面または内面にあるねじ）と，耐密性を主目的とするテーパねじ（ねじ山が円錐の外面または内面にあるねじ）があり，テーパねじではテーパを1/16にとるのが普通。ねじ山の角度は55°。

口金（*kuchigane*）柄に差し込まれたのみの込みを包んで，柄を補強するために取り付ける円錐形の鉄の輪。

クッションスタート（cushion start）原木供給装置を作動する際，次第に加速させて設定速度にする方法。ソフトスタートともいう。関クッションストップ。

クッションストップ（cushion stop）原木供給装置を停止する際，次第に減速させて停止する方法。ソフトストップともいう。関クッションスタート。

組手（*kude*）障子の桟の組み手。十字形相欠ぎ接ぎ。関組手じゃくり鉋。

組手じゃくり（決り）鉋（*kude-jakuri-ganna*）障子や襖の組子の組手を作るしゃくり鉋。多くの組手を正しく揃えて端金で締め，まとめて横削りする。組子削り鉋とも言う。

駆動鋸車（*kudō-nokosha*; driving power wheel）モータにより回転し，帯鋸を走行させる鋸車。縦形の帯鋸盤では下部鋸車がこれに当たる。関帯鋸盤，鋸車。

首（*kubi*）鋸の首は柄に近い鋸身の部分。のみの首は穂と柄の間の細長い部分で，首の先端を込みと呼び，口金に包まれて柄に差し込まれている。

首【工具の—】（*kubi*; neck）ドリルのボディーにある円筒状にくびれた部分。この部分の軸方向の寸法を首の長さという。参ドリル。

組あさり（*kumi-asari*）同振分けあさり。

組あさり器（*kumiasari-ki*; spring setter）鋸歯に一定の振り目を出す器具。関あさり出し器。

組合せ木工機（*kumiawase-mokkō-ki*; universal woodworking machine）手押し鉋盤，自動1面鉋盤，丸鋸盤，木工ボール盤などの装置を3種類以上組み合わせた木工機械。関丸鋸盤，木工ボール盤。

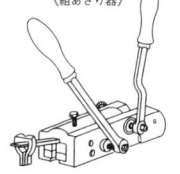

《組あさり器》

組子（*kumi-ko*; sash bar, fret）障子，窓などで格子状に組み合わされた細い部材，または細い部材をそのように組み合わせたもの。

組子削り鉋（*kumiko-kezuri-ganna*）同組手じゃくり鉋。

組子面取り鉋（*kumiko-mentori-ganna*）関自由定規付き面取り鉋。

組立単位（*kumitate-tan'i*; derived unit）一つの単位系における組立量の単位。国際単位系（SI）では，基本単位の乗除（m², m/sなど），固有の名称と記号（Hz（ヘルツ），N（ニュートン），J（ジュール）など），両者の組合せ（Nm，J/Kなど）で表す。関組立量，基本単位。

組立バイト（*kumitate-baito*; built-up turning tool, constructed turning tool）刃部とシャン

クまたはボデーとを組立構造としたバイトの総称.

組立量(*kumitate-ryō*; derived quantity) ある量体系の中で, その体系の基本量の関数として定義される量. 例えば, 長さと時間を基本量としたときの速度や加速度. 関基本量, 組立単位.

組継ぎ(*kumi-tsugi*; box joint, corner locking) 主として, 箱などの陵の部分を組み合わせる仕口の一種. 組手継ぎともいう. 断面が矩形のほぞによって組み合わされるものを「あられ組継ぎ」といい, コーナロッキングマシンで加工される. 断面が台形のものを「あり組継ぎ」といい, ダブテールマシンで加工される.

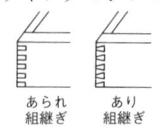

組刃(*kumi-ba*; combination tooth) 組歯とも書く. 異なる形状の刃を組み合わせてなる切削工具の刃の状態. JIS B 4805(超硬丸のこ)に記載されたA刃形はC刃形の交互刃(千鳥刃)とB刃形の平刃とを組み合わせた組刃で, 切断面を重視する横挽き用の丸鋸に用いられる刃形. 関組歯丸鋸, 横挽き, 縦挽き.

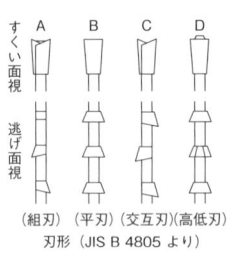

組歯丸鋸(*kumiba-marunoko*; combination saw blade) 縦挽き用と横挽き用の歯で構成した歯の組を持つ丸鋸. 勾配研磨丸鋸などによく用いられる. 先頭に縦挽き歯(かき歯)を配置し, その後に2または4個の横挽き歯(毛引き歯)を配置して1組とすることが多い. チップソーにも同様の歯組みをしたものがある. 関丸鋸.

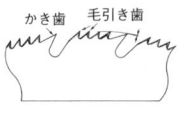

組目(*kumi-me*) 同振分けあさり.

グラインディング(grinding) 同研削, 研磨.

くら(鞍)金物(*kura-kanamono*) 木質構造の軸組構法用接合金物の一種. 垂木と軒桁, または母屋を接合する.

クラック(crack, cracking) 同亀裂.

クラッシャ(crushing machine, crusher) ロータに取り付けられたハンマが遠心的に高速回転し, 外周内面の磨砕部およびスクリーンによって, 小片の形を整える機械. 同ハンマミル.

クランプ工具(——*kōgu*; clamped tool) チップをボデーまたはシャンクに機械的に締め付けた工具.

クランプバイト(——*baito*; clamped turning tool) チップまたはブレードをホルダまたはボデーに機械的に締め付けて使用する組立バイトの総称.

クランプフライス(clamped milling cutter) ボデーに刃部材料の小片(チップ)を機械的に締め付けたフライス.

クリープ(creep) 物体に一定応力が加えられた時, ひずみが時間とともに増大する現象.

クリープ試験(——*shiken*; creep test) 一定応力を継続載荷し, 時間の経過に伴うひずみを測定する試験法で, 木材のクリープ試験(JIS)では縦圧縮, 横圧縮, 部分圧縮, 横引張, 曲げの各クリープ試験が規定されている.

クリープ破壊(——*hakai*; creep fracture) 木材に一定応力が加えられた時, ひずみが時間とともに増大するが, 加えた応力が大きいと, ある時間の経過後に破壊する. この破壊をクリープ破壊と言う.

くり形(刳り形)(*kurikata*; molding) くりぬき加工によってあけられた穴, または旋削加工された部材や端面を曲面に加工された部材の断面の輪郭. 関くりぬき加工.

繰子錐(*kuriko-giri*) 柄に相当する繰子(曲がり柄)の先端のチャックに錐を取り付け, 饅頭形の把手を上方から押さえながら繰子の握りを回転させて穴をあける. チャックに取り付ける錐には, ねじ錐, 板錐, 菊座錐, 自在錐などがある. ドライバービットを取り付けると, 木ねじのねじ込みもできる. クリックボール, クリコボールとも言う.

クリコボール 同繰子錐.

クリックボール 同繰子錐.

クリッパ（veneer clipper）単板を所定の寸法に切断する機械。狭義には刃物の上下運動で単板を切断する機械（ギロチンクリッパ）をさし，回転する水平な円柱の外周面に取り付けた切れ刃線が回転軸に平行な刃物で切断する機械はロータリクリッパと呼ばれる。刃物の上下動は自動のものと手動のものがあり，単板にある欠陥を探査，検出して最大有効寸法に自動的に切断する有寸クリッパと呼ばれるものもある。同 ベニヤクリッパ，関 ロータリクリッパ。

くりぬき（刳り貫き）加工（$kurinuki\text{-}kak\bar{o}$）ルータなどで工作物に任意の形状の穴をあける加工法。

狂い（$kurui$; distortion, warp）木材の乾燥，切削加工において製品に生じる変形の総称。成長応力や乾燥応力により，反り，ねじれなどとして現れる。関 反り，ねじれ，曲り。

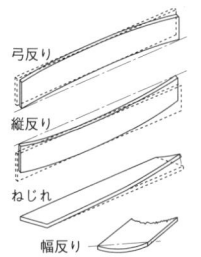

グルージョインタ（glue jointer）合板などの広い板の材料を固定し，その側面のガイドに沿って回転鉋を自動的に左右に走行させ，材料の側端面を直線削りする加工機械。

グルースプレッダ（glue spreader）単板や板材などの被着面に，回転するローラによって一定量の接着剤を塗布する機械。同 スプレッダ，関 塗布ロール。

グルーバ（grooving machine）主として合板などの表面にみぞ付け加工をする機械。同 溝削り機。

グルーブレンダ（glue blender）木材チップなどの小片に接着剤を連続的に塗布する機械。

グルーミキサ（glue mixer）液状接着剤を所定濃度にすると同時に，必要な添加剤を混合する機械。同 ミキサ。

クルトシス（kurtosis; Pku, Rku, Wku）輪郭曲線方式による表面性状の評価において，二乗平均平方根高さ Pq, Rq, Wq の四乗によって無次元化した，それぞれの基準長さ lp, lr, lw における輪郭曲線 $Z(x)$ の四乗平均。確率密度関数の高さ方向の鋭さの尺度（尖り度）で，突出した山または谷が顕著であると3以上の値をとる。

$$R_{ku} = \frac{1}{R_q^4}\left[\frac{1}{lr}\int_0^{lr} Z^4(x)\,dx\right]$$

上式は Rku の定義であるが，Pku と Wku も同様に定義される。関 確率密度関数【輪郭曲線の—】，スキューネス。

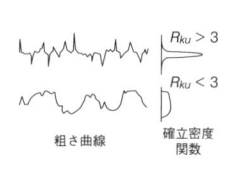

グレースケール（gray scale）白色，黒色およびその中間の明度の異なる色を配したチャート。

クレータ摩耗（——$mam\bar{o}$; crater(wear)）すくい面摩耗のうち，くぼみが生じる摩耗。この摩耗の程度は，くぼみの最深部の深さ（K_T），刃先からのくぼみ部の長さ（K_B）および刃先からのくぼみの最深部までの長さ（K_M）などで表す。

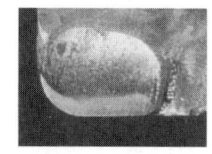

グレーディングマシン（grading machine）木材の機械等級区分を行うための機械。非破壊的に木材のヤング係数を測定する型式が一般的である。一定の静的な曲げ荷重を負荷してたわみを測定する方法や，木材の木口をハンマで打撃して固有振動数を測定する方法，木材の軸方向に伝わる弾性波や超音波の速度を測定する方法などがあり，連続式とバッチ式とがある。

クローズドコート（closed coat）研磨材（砥粒）による布や紙の基材表面の被覆率が100％の研磨布紙。蜜塗装とも呼ばれ，CLという記号で表示される。この蜜塗装の研磨布紙が一般に広く使用される。同 密塗装，塗装密度，関 オープンコート。

黒心 [材]（$kuroshin$ [-zai]; black-heart）正常な状態では淡紅色の心材が形成されるスギなどにあらわれる淡黒色あるいは黒褐色を呈する心材。

クロスカットソー（cross cut saw）工作物を横挽きするための丸鋸盤。主として鋸軸が移動

して工作物を横切りする丸鋸盤をさすことが多いが，トリマやスラッシャもクロスカットソーの一種である．関横挽き，丸鋸盤，鋸軸移動横切丸鋸盤．

クロススライド（cross slide）サドル上を前後，または左右に移動する台．関サドル．

クロスバンド（crossband veneer）同添心板，関合板，表面単板，コア単板．

クロスハンマ　同十字ハンマ．

クロスヘアー（cross hairs, cross lines）対物レンズの像面または接眼レンズの前側焦点面に置かれた十字線．

クロスベッド（cross bed）ベースプレート，またはベッドの上にあって，横移動の案内面をもっているベッド．関案内面．

クロスベルト形磁気選別機（——-gata-jiki-sembetsu-ki; cross belt type magnetic separator）ベルトコンベア上を流れる木片中に混入している金属片を，その上部に交差して走行するコンベアをつり下げ，コンベア内側に電磁石によって，連続的に吸引除去する機械．

クロスレール（cross rail）案内面をもっている水平の桁．工作機械のコラムに取り付けられている．関案内面，工作機械，コラム．

クロマ（chroma）同彩度．

クロマイジング（chromizing）金属製品の耐磨耗性，耐食性，耐熱性などを上げるために，高温でクロムを表面に拡散させる熱化学処理．

クロムアルミナイジング（chromaluminizing）金属製品の耐食性，耐熱性などを上げるために，クロムとアルミニウムを同時に表面に拡散させる処理．

燻煙熱処理（kunen-netsushori; smoke heating, smoke-dry heat treatment）鉄製の円筒缶体（まれに四角のこともある）に木材を収め，内部を真空ポンプで45～100 mmHg程度の減圧状態にして乾燥する装置で，加熱方法には温水熱板加熱式，高周波加熱式や薄い電導体の板に低圧電流を流して発熱させるものなどいろいろな方式がある．

け　ke

径【丸太の——】（kei; log diameter）丸太木口の直径．素材のJASでは丸太の最小径と規定されている．

経営工学（keiei-kōgaku; industrial engineering）経営目的を実現するために，社会環境および自然環境との調和を図りながら，人，物（機械，設備，原材料，補助材料およびエネルギー），金および情報を最適に設計・運用・統制する工学的な技術・技法の体系．

経済切削速度（keizai-sessaku-sokudo; minimum cost cutting speed, economical cutting speed）切削速度と切削加工に必要な全経費との関係において，経費を最小にする切削速度．一般に，加工時間を最小にする速度（最能率切削速度）よりも低い．

計算機支援（keisan-ki-shien; computer-aided）作業の一部を計算機によって遂行する技術または処理過程に関する用語．

傾斜切削（keisha-sessaku; oblique cutting, bias cut, inclined cutting）一つの直線切れ刃による三次元切削．二次元切削から三次元切削に転ずる場合の最も単純で基本的な切削方式．複雑な三次元切削，振動切削，実用のスライサや超仕上げ鉋盤などの三次元切削機構を解明するための基礎研究に利用される場合がある．関三次元切削．

傾斜装置【鋸車の——】（keisha-sōchi; tilting device for wheel）帯鋸の適切な走行位置を保持するために，帯鋸盤の二つの鋸車のうちの一方の軸の傾きを調整する装置．鋸車が鉛直方向に配置されている場合は，上部鋸車の軸が傾けられる．

傾斜度（keishado; angularity）データム直線またはデータム平面に対して理論的に正確な角度をもつ幾何学的直線または幾何学的平面からの理論的に正確な角度をもつべき直線形体または平面形体の狂いの大きさ．

傾斜盤（keishaban）同テーブル傾斜丸鋸盤．

傾斜挽き（keisha-biki; incline sawing）①傾斜盤などで丸鋸もしくはテーブルを傾斜させて行

う挽材。関傾斜盤。②木材の繊維方向に対して主運動および送り運動の方向が平行および直角のいずれでもない挽き方。

形状精度（*keijō-seido*; accuracy of form）　幾何偏差の種類の一つ。真直度，平面度，真円度，円筒度，線の輪郭度，面の輪郭度の総称。

形状偏差（*keijō-hensa*; form deviation）　構成要素または工作物の形状の幾何学的な正確さ。真直度，平面度，円筒度，ねじの山形，歯車の歯形など。

計数法（*keisū-hō*）　捕集測定方法によって浮遊粉じん濃度を測定するときの濃度測定方法の一つ。ろ過材または衝突板に捕集した粉じんの単位面積当たりの個数を顕微鏡を用いて計数し，吸引量で除して個数濃度を得る。関捕集測定方法。

形成層（*keiseisō*; cambium）　維管束形成層とも呼ばれ，二次木部と二次師部の間にあって，それらを作り出す分裂組織。内方に二次木部を，外方に二次師部を形成し，肥大成長をもたらす。

形成層剪断式剝皮機（*keiseisō-sendan-shiki-hakuhi-ki*）　形成層で樹皮を木部から剝離させるために，剪断力を加える形式の剝皮機械。

軽切削工具（*kei-sessaku-kōgu*; light cut tool）　切込み深さが比較的小さい加工を目的として作った工具。一般に中仕上げ工具または仕上げ工具として使用する。

形体（*keitai*; features）　幾何偏差の対象となる点，線，軸線，面または中心面。

携帯電気鉋（*keitai-denki-kanna*; portable electric planers）　回転カッターが装備され，そのカッタの回転軸と平行に設置したベースプレートの刃口から突出した回転切れ刃によって表面の材料を除去する電動工具。関電動工具，案内板。

携帯電気グラインダ（*keitai-denki—*; portable electric grinders）　ビトリファイド研削砥石またはレジノイド研削砥石を取り付けて使用する。定格周波数50Hzもしくは60Hz専用，または50Hz・60Hz共用のものがある。グラインダの種類は使用する研削砥石の外径によって分けられ，グラインダの種類によって出力，定格電圧における研削砥石の最高回転速度が決められている。

携帯電気ドリル（*keitai-denki—*; portable electric drills）　木材などに穴をあける電動工具。関電動工具。

携帯電気丸鋸（*keitai-denkimarunoko*; portable electric circular saws）　関外側振子式ガード付丸鋸，内側振子式ガード付丸鋸，けん引式ガード付丸鋸，電動鋸，電動丸鋸。

KD材（*KD-zai*; kiln-dried lumber）　Kiln Dryの頭文字を取ってKD。人工乾燥された材。同乾燥材。

系統誤差（*keitō-gosa*; systematic error）　測定結果にかたよりを与える原因によって生じる誤差。測定器の特性や目盛のずれ，測定環境（温度，湿度）などによって生じ，一般に補正できる。関偶然誤差。

軽便自動送材車（*keiben-jidō-sōzai-sha*; light duty auto-feed carriage, pony type carriage）　送り装置および動力を送材車上に設備し，作業者が送材車に乗車して送りおよび歩出し操作を行う形式の帯鋸盤用自動送材車。同ワンマン式送材車，関送材車。

軽便台車（*keiben-daisha*; light duty auto-feed carriage, pony type carriage）　同軽便自動送材車。

軽量形鋼（*keiryō-kata-kō*; light-gauge sections）　鋼板または鋼帯から冷間成型法によって溝形，Z形，山形，リップ溝形などの断面に形成された形鋼。関形鋼。

形量歩止り（*keiryō-budomari*; volume yield, volume recovery）　産出された製品材積の投入した材料材積に対する比。同材積歩止り，材積歩留り，関価値歩止り，価値歩留り。

ゲージ長（—*chō*; gauge length）　ゲージ受感部の折り返し部分の内側長さ。折り返し部分を持たないものでは，ひずみゲージの電極間の内側長さ。同ゲージ長さ。

ゲージ抵抗（—*teikō*; gauge resistance）　ひずみゲージの電気抵抗値。

ゲージ長さ（—*nagasa*; gauge length）　同ゲージ長。

ゲージ率（—*ritsu*; gauge factor）　接着されたひ

ずみゲージのゲージ軸方向に加えられた1軸応力によって生じる抵抗変化率($\Delta R/R$)と，ゲージ軸方向のひずみ(ε)との比．

ゲートスタッカ(gate stacker) 同スタッカ，関ベニヤスタッカ．

KV歯($KV\text{-}ha$) 鋸の歯型の一種．歯背の部分の一部を平に削って段のついた歯型で，超硬丸鋸の歯型として多く使用されている．同臼歯，関超硬丸鋸． 〈KV歯〉

ケーラー照明(——$sh\bar{o}mei$; Koehler illumination) 照明系の視野絞りの像を試料面に作り，光源または明るさ絞りの像を対物レンズの像焦点に作り，二つの絞りが独立に働くように構成された顕微鏡の照明方法．

罫書き($kegaki$; marking) 同墨付け．

化粧[用]単板($kesh\bar{o}\,[\text{-}y\bar{o}]\text{-}tampan$; decorative veneer) 装飾的価値のある美しい木目がある単板．合板，集成材，ボード類などの表面化粧用として用いられる．同突板，関天然木化粧合板．

化粧薄板($kesh\bar{o}\text{-}usuita$; decorative thin board) 化粧ばり造作用集成材あるいは化粧バリ構造用集成柱〔JAS(集成材)〕の表面に張られた化粧用の薄い板．

化粧加工【フローリングの—】($kesh\bar{o}\text{-}kak\bar{o}$; fancy coating) 複合フローリングの表面に美観を表すことを主たる目的として施された加工（オーバーレイ，塗装その他の表面加工のうち，被覆した表面材料の美観を生かしたものを除く）．

化粧貼り構造用集成材($kesh\bar{o}bari\text{-}k\bar{o}z\bar{o}\text{-}y\bar{o}\text{-}sh\bar{u}seizai$; fancy furnishing structural laminated wood) 所要の耐力を目的として挽板(幅方向に接着して調整した板および長さ方向にスカーフジョイント，フィンガジョイントまたはこれらと同等以上の性能を有するように接着して調整した板を含む．)を積層し，その表面に美観を目的として薄板を貼り付けた集成材であって，主として構造物の耐力部材として用いられるもの．関化粧貼り構造用集成柱．

化粧貼り構造用集成柱($kesh\bar{o}bari\text{-}k\bar{o}z\bar{o}\text{-}y\bar{o}\text{-}sh\bar{u}sei\text{-}bashira$; fancy furnishing structural laminated post) 集成材のうち，所要の耐力を目的として選別した挽板(幅方向に接着したものおよび長さ方向にスカーフジョイントまたはフィンガジョイントで接合接着して調整したものを含む．)を積層接着し，その表面に美観を目的として薄板(薄板を保護するために，紙，薄板と繊維方向を平行にした厚さが5mm未満の台板，薄板と繊維方向を直交させた厚さが2mm以下の単板，厚さが3mm以下の合板またはJIS A 5905に規定する品質に適合することが確認されている厚さが3mm以下のMDFもしくはハードボードを下貼りしたものを含む．)を貼り付けたもので，主として在来軸組工法住宅の柱材として用いられるもの(横断面の一辺の長さが90mm以上150mm未満のものに限る)．関構造用集成材．

化粧貼り造作用集成材($kesh\bar{o}bari\text{-}z\bar{o}saku\text{-}y\bar{o}\text{-}sh\bar{u}seizai$; fancy furnishing laminated wood) 集成材のうち，素地の表面に美観を目的として薄板(薄板を保護するために，紙，薄板と繊維方向を平行にした厚さが5mm未満の台板，薄板と繊維方向を直交させた厚さが2mm以下の単板，厚さが3mm以下の合板またはJIS A 5905に規定する品質に適合することが確認されている厚さが3mm以下のMDFもしくはハードボードを下貼りしたものを含む．)を貼り付けたものまたはこれらの表面に溝切り等の加工，もしくは塗装を施したものであって，主として構造物等の内部造作に用いられるもの．関造作用集成材．

削り代($kezuri\text{-}shiro$) 被削面と切削仕上げ面との距離．同切込深さ．

削り残し($kezuri\text{-}nokoshi$) 所定の加工が行われなかった部分．

桁($keta$; stringer, bearer) 木質構造においては，柱，束，壁などの上に据え付けられた横架材のこと．主に，側柱の上にのり，垂木や梁を受ける横架材を指していうことが多い．軒桁，敷桁，母屋桁などがある．

桁板($keta\text{-}ita$; stringer board) パレットの全長にわたりデッキボードおよびブロックを結合

する板状の部材。参エッジボード。

欠陥 (*kekkan*; defect)　規格，仕様書などで規定された判定基準を超え，不合格となるきず。

欠膠 (*kekkō*; starved joint)　十分な接着力を得るのに必要な接着剤の量が不足すること。欠膠が発生した接合部を欠膠部と称する。

結合角のみ(鑿)盤 (*ketsugō-kaku-nomi-ban*; hollow chisel and chain mortiser)　チェーン穿孔盤と角のみ盤を結合した木工穿孔盤。関チェーン穿孔盤，角のみ盤。

結合鉋刃研削盤 (*ketsugō-kannaba-kensaku-ban*; knife grinder and sharpener)　鉋刃に研削加工と仕上げ用砥石による研ぎ上げ加工のできる研削盤。研ぎ上げにラップ円板を用いるものもある。関鉋刃研削盤。

結合研削材砥石 (*ketsugō-kensaku-zai-toishi*; bonded abrasive products)　同関砥石。

結合剤 (*ketsugō-zai*; bonds)　研削砥石の3構成要素の一つで，砥粒と砥粒とを結合・保持し，砥石としての形状を保つための材料。関研削砥石。

結合水 (*ketsugō-sui*; bound water)　乾燥して含水率の低くなった木材の中に取り込まれている水分でリグニンやセルロース等と結合している水分。外気の湿度変化によって放出されたり吸収されたりしている。木材や木綿製品が吸湿性を持つのはこの結合水に関係している。関自由水。

結合度 (*ketsugō-do*; grade, grade of hardness)　研削砥石の砥粒を保持する結合剤の強さの程度の段階。強さの程度は結合度試験により，アルファベットの記号で示し，低い結合度Aから高い結合度Zまでに区分している。関研削砥石。

結晶 (*kesshō*; crystals)　細胞中に結晶物が含まれる場合があり，シュウ酸カルシウムがほとんどであり，炭酸カルシウムの場合もある。形態には柱晶，砂晶，針晶，集晶，束晶などがある。結晶物を1個以上含む細胞を結晶細胞といい，放射柔細胞および軸方向柔細胞が多い。隔壁によって室が分けられた多室結晶細胞，ほぼ方形の結晶細胞が軸方向に長く鎖状に連なった配列の鎖状結晶細胞という。温帯産材では比較的結晶を持つ材は少ないが熱帯産材では一般的である。

欠損 (*kesson*; fracture)　切削によって切れ刃に生じた大きな欠け。通常，欠損が生じると切削が困難になる。

欠点【切削面の—】 (*ketten*; machining defect)　切削仕上面に現れ，製品の品質を低下させる傷または表面状態。木材切削では，加工機械の調整不良や工具の損耗に起因する欠点(焼け，スナイプ，切れ刃の欠け跡など)と，木材の組織構造に密接に関係する欠点(逆目ぼれ，毛羽立ち，目違い，目ぼれなど)がある。欠点の発生状況は，同一条件で切削した多数の仕上面を肉眼で観察し，各仕上面を欠点の発生程度によって区分したときの各区分に含まれる仕上面の割合，欠点の認められない仕上面の割合(無欠点率)などによって評価される。関焼け，スナイプ，逆目ぼれ，毛羽立ち，目違い，目ぼれ。

毛羽立ち (*kebadachi*; fuzzy grain, wooly grain)　切削仕上面に削り残された繊維または繊維束が浮き出た状態をいう。低比重材や道管径の大きい材を切削したときなどに発生しやすい。関欠点【切削面の—】。

罫引 (*kebiki*; marking gage, cutting gage, mortising gage)　定規板とこれを貫通するさおからなり，さおの一端に取り付けた刃物で材面に線を引く道具。部材の端面から一定距離に直線を引くための筋罫引と，薄い材を割るための割罫引に大別される。前者には，その用途や構造によってほぞ罫引，長さお罫引，二本さお罫引，鎌罫引などがある。

減圧加圧試験【合板の—】 (*gen'atsu-ka'atsu-shiken*; vacuum and pressure treatment test)　JAS (合板)では，1類の接着の程度をこの試験(試験片を室温の水中に浸せきし，0.085 MPa以上の減圧を30分間行い，さらに0.45〜0.48 MPaの加圧を30分間行い，ぬれたままの状態で接着力試験を行う。)によってせん断強さと平均木部破断率を算出して判定している。関接着の程度【合板・集成材などの—】。

減圧加圧剥離試験 (*gen'atsu-ka'atsu-hakuri-shiken*; vacuum/pressure delamination test)　集成

材および単板積層材の接着の程度を評価する試験方法の一つで，試験片を水中に浸せきし，減圧と加圧を繰り返した後に乾燥し，試験片の両木口面における剥離の長さを測定し，両木口面における剥離率および同一接着層における剥離の長さの合計を算出する試験．

減圧乾燥装置（*gen'atsu-kansō-sōchi*; vacuum dryer）鉄製の円筒缶体（あるいは四角のこともある）に木材を収め，内部を真空ポンプで45～100mmHg程度の減圧状態にして乾燥する装置で，加熱方法には温水熱板加熱式，高周波加熱式や薄い電導体の板に低圧電流を流して発熱させるものなどいろいろな方式がある．

減圧乾燥法（*gen'atsu-kansō-hō*; vacuum drying）木材をシリンダ内に入れて密閉し，器内を低圧にして木材の内部水分の表面への移動を促し急速乾燥を行う方法．材温を高周波あるいは高温空気，熱板などで沸点以上に上昇させれば材内の蒸気圧は高まり，材の通気性が良ければ水蒸気は押し出されるが，常圧中で行えば材温を100℃以上にしなければ効果がなく色々損傷が生じやすくなる．これを減圧中で行うことで好みの温度で沸点が得られて蒸気圧を上昇させる乾燥法．ただし，減圧中では熱の媒体となる気体（水蒸気＋少量の空気）が少ないので木材に十分熱を与えることができない．そこで，減圧罐体内の木材に熱を与える手段としては，減圧，復圧を繰り返し復圧時に木材に熱を与える方法と，熱板による輻射あるいは接触加熱，高周波加熱などがある．関 高周波真空乾燥．

けん引式ガード付丸鋸（*ken'in-shiki—tsuki-marunoko*; saw with tow guard）上ガードに沿ってスライドする下ガードをもつ電動丸鋸．関 上ガード，下ガード，電動丸鋸．

限界粒子径（*genkai-ryū-shikei*）分級装置を通過することができる粒子の最大粒径．

剣錐（*ken-giri*）錐身の断面が半円形で先端が剣先形の手揉み錐．木口面の穴あけに用いる．剣先錐とも言う．

検光子（*kenkōshi*; analyzer）偏光を検出するための光学素子．通常，入射する光の偏光状態変化を透過光の光量変化として検出する．

剣先錐（*kenzaki-giri*）同 剣錐．

研削（*kensaku*; abrasive machining, grinding, sanding）狭義には研削砥石を用いて工作物を削りとる加工のことであるが，広義には研磨布紙などを用いた加工（砥粒加工）を含める．広義の切削加工に含まれる．同 グライディング，関 研磨布紙加工，研削砥石．

研削液（*kensaku-eki*; grinding fluid coolant）砥石による研削加工に用いられる加工油剤で，砥石の摩耗を低減し，仕上精度を向上させるために用いるが，主として冷却，浸透，潤滑および洗浄作用のあることが要求される．不水溶性研削油剤と水溶性研削油剤の2種類がある．

研削角（*kensaku-kaku*）同 研ぎ角．

研削荷重（*kensaku-kajū*; sanding load）研削加工において，工作物を研削工具に対して垂直に押し付ける荷重．

研削機械（*kensaku-kikai*; sanding machine）研磨布紙などの研削工具を装着して，工作物を研削・研磨加工する機械の総称．

研削材（*kensaku-zai*; abrasives）研削加工に用いる研削工具（研磨布紙，砥石など）を構成する砥粒切れ刃となる硬さの大きい粉粒状物質の総称．人工的に造ったものと，天然に得られるものとがある．同 研磨材，関 砥粒．

研削作用（*kensaku-sayō*; sanding action, griding action）研削機構をより的確に把握するために，研削工具を構成する砥粒切れ刃が研削中に，どのような切削作用を行い，どの程度の切込量で工作物中に切込み，それによっていかなる研削抵抗を受けるかなどについて知ること．

研削仕上面（*kensaku-shiagemen*; sanding surface, grinding surface）研削加工を受けた工作物表面の仕上げ状態．同 研削面．

研削条痕（*kensaku-jōkon*; scratcher, scratch of abrasive, grinding streak）研削加工において，多数の砥粒切れ刃により研削面上に残された条痕．

研削所要動力（*kensaku-shoyō-dōryoku*; net sanding power, net grinding power）研削加工

機械の空転所要動力と工作物の送りに要する動力を除いた研削加工を行うために要する動力。[同]正味研削動力。

研削性能（kensaku-seinō; sanding characteristic, grinding performance）研削加工に使用する研磨布紙などの研削工具としての加工性能。主な性能には研削能率，研削面の良否，工具の寿命などがある。

研削速度（kensaku-sokudo; grinding speed, peripheral wheel speed）研削加工時における，研削工具が切り屑を生成する作用面の1点の表面速度。

研削抵抗（kensaku-teikō; grinding resistance, sanding resistance）研削加工中に工作物が研削工具に及ぼす抵抗力。

研削砥石（kensaku-toishi; grinding wheel, abrasive wheel）研削に用いられる研削工具の総称で，砥粒，結合剤，気孔の3要素から構成される。この研削砥石に回転運動を与え，砥石作用面の砥粒の切れ刃によって研削加工を行う。[関]砥粒，結合剤，研削。

研削動力（kensaku-dōryoku; sanding power）研削加工に要する，あるいは研削で消費される全ての動力。

研削熱（kensaku-netsu; sannding heat, grinding heat）研削加工時に工作物表面と研削工具の間の摩擦などによって発生する熱。

研削能率（kensaku-nōritsu; rate of stock removal）研削加工において，研削工具が単位時間内に除去する工作物の重量あるいは送り速度。

研削盤（kensaku-ban; grinding machine, grinder）研削砥石車を使用して，工作物を研削する工作機械の総称。慣用名でグラインダという。

研削摩耗（kensaku-mamō; abrasive wear）固体の摩耗におけるアブレシブ摩耗形態のこと。[関]アブレシブ摩耗。

研削面（kensaku-men; sanding surface, grinding surface）[同]研削仕上面。

研削量（kensaku-ryō; stock removal）研削加工において，研削工具によって切り屑として除去される工作物の重量あるいは体積。[関]有

効削り代。

研削力（kensaku-ryoku; grinding force, sanding force）研削加工において，研削工具が工作物に及ぼす力。[関]研削抵抗。

現尺（genshaku; full scale, full size）対象物の大きさ（長さ）と同じ大きさ（長さ）に図形を描く場合の尺度。現寸ともいう。[関]尺度，倍尺，縮尺。

検出器（kenshutsu-ki; detector）ある現象の存在を信号として取り出す（検出する）器具または物質。信号は量の値を与えることが多いが，現象の存在のみを示すこともある。

減衰率（gensui-ritsu; damping rate, modulus of decay）減衰振動や制振材料などの減衰特性を表す係数のひとつで，対数減衰率をさしている場合が多い。一般的に減衰は対数減衰をするので，各波長ごとの減衰比の対数を求めると全体の減衰をある1個の定数として取り扱える。対数減衰率は $\delta=\ln(V_i/V_{i-1})$，一般的には $\delta=\ln(V_i/V_{i-1})/n$ で，内部摩擦との関係は $Q-1=\delta/\pi$ で表される。

減衰係数（gensui-keisū; damping coefficient）減衰を表す係数のこと。粘性減衰系の1自由度振動系運動方程式を，$m(d^2x/dt^2)+c(dx/dt)+kx=0$ と表すことができるが，ここで m は台車の質量，k はばね定数（spring constant）で，C を減衰係数（damping coefficient）という。この振動は減衰係数 C（damping coefficient）の大きさによって振動が区別され，$C>$臨界減衰係数 C_c（critical damping coefficient）のときは超過減衰振動，$C=C_c$ のときは臨界減衰振動，$C<C_c$ のとき粘性減衰振動となる。臨界減衰係数は運動方程式の特性方程式が重解をとるときの C の値であり，これを求めると $C_c=2\sqrt{mk}$ となる。

減衰比（gensui-hi; damping ratio）下図に示すように，振幅応答よりピーク点の周波数 f_0 とピーク点より半値（−3 dB）下がった点の周波数幅 Δf_0 から $\xi=\Delta f/2f_0$

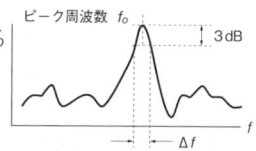

で求められる値。

健全部（*kenzembu*; sound area）試験体が非破壊試験の指示から以上がないと判断される部分。

建築材穿孔盤（*kenchiku-zai-senkō-ban*; wood borer for construction material）角のみ、チェーンのみまたはきりを取り付け、垂直または水平に移動する主軸と工作物固定装置を備え、木造建築用構造材のほぞ穴、貫穴、ボルト穴などを加工する木工穿孔盤。

建築材ほぞ(枘)取り盤（*kenchiku-zai-hozotoriban*; tenoner for construction material）水平または垂直に移動する主軸と工作物固定装置を備え、主に木造建築用構造材の柱材のほぞおよび横架材の胴差しほぞを加工するほぞ取り盤。

建築用構造材加工機（*kenchiku-yō-kōzō-zai-kakō-ki*; construction material processing machine）丸鋸、角のみ、カッタ、ルータ、錐などの刃物を備えた多数の主軸、工作物固定装置、コンベアなどで構成され、数値制御によって木造建築用構造材の各種継手、および仕口を連続的に自動加工する機械。

玄能（*gennō*）釘打ち、鉋身の抜き差し、のみほりや工作物の組み立てなどに用いる槌。頭は金属製の筒形であり、木製の柄に付けられている。両口玄能の頭は片面が平面で、他面は中高（やや丸みが付けられている）であり木殺し面と呼ばれている。片口玄能は片面が平面であり、他面は錐形状である。玄翁とも表記する。

玄翁（*gennō*）同玄能。

剣歯（*kem-ba*）鋸身の末身の先端鋸歯。

剣バイト（*ken-baito*; straight turning tool）剣のようなとがった先端切れ刃をもち、すくい面側から見た場合、真っすぐな形状のバイトの総称。シャンクの両端に切れ刃をもつ場合は、両刃剣バイトという。

原木供給装置（*gemboku-kyōkyū-sōchi*）レースチャージャにおいて、原木を把持して、ベニヤレースのスピンドルにチャックさせる機構。関レースチャージャ、ベニヤレース。

原木心出し装置（*gemboku-shindashi-sōchi*）レースチャージャにおいて、原木をベニヤレースに供給する際、最も有効に利用するための原木の回転中心を決める機構。関レースチャージャ、ベニヤレース。

原木切削装置（*gemboku-sessaku-sōchi*）ベニヤレースにおいて、原木を保持し切削する機構で、鉋台、スピンドル、ベンディング防止装置からなる。関レースチャージャ、ベニヤレース。

原木転動装置（*gemboku-tendō-sōchi*; log turning equipment）原木を送材車に載せたり、送材車上で回転させたりする装置。ログキッカ（フリッパ）、ログローダ、ログターナなどの総称。関ログローダ、ログターナ。

原木搬入装置（*gemboku-hannyū-sōchi*）原木を工場内へ搬入するための装置。インクライン式、チェーン式、ローラ式、モノレール式がある。フォークリフトも原木搬入用に多く使われている。関インクライン式搬入装置、チェーン式搬送装置、ローラ式搬入装置、モノレール式搬入装置。

研磨（*kemma*; sanding, polishing）広義には、工作物の所要形状や寸法規正を主な目的とする研削と、加工面の仕上げやつや出しを主な目的とする研削の両作用の概念を含むが、狭義には主に後者の研削作用に重きをおいた加工。

研磨材（*kemma-zai*; abrasive）同研削材。

研磨紙（*kemma-shi*; abrasive paper）紙製の基材表面に研削・研磨材（砥粒）を接着剤により固着した研磨工具。基材にはクラフト紙またはこれに準ずる紙が用いられる。同サンドペーパ。

研磨紙法（*kemma-shi-hō*; sandpaper method）木材、建築材料などの摩耗試験に採用されている試験方法。研磨紙を一対の摩耗輪（ゴム輪）に巻きつけ、これを回転する水平円盤上に取り付けた試料に規定圧力を加えて摩耗を起こさせ、摩耗の程度を評価する方法。

研磨ディスク（*kemma—*; abrasive disk, sanding disk）ポータブルサンダやディスクサンダなどに使用する円盤状の研磨布紙からなる回転研磨工具。基材にはバルカナイズドファ

イバ板，またはこれに準じるファイバ板が用いられる．関研磨布紙．

研磨布（*kemma-fu*; abrasive cloths）布製の基材表面に研削・研磨材（砥粒）を接着剤により固着した研磨工具．基材には綿布またはこれに準ずる織布が用いられる．関研磨紙．

研磨布紙（*kemma-fushi*; coated abrasive）柔軟性のある布や紙などの基材表面に研削・研磨材を接着剤で固着した研磨工具の総称．研磨布，研磨紙，耐水研磨紙，研磨ベルト，研磨ディスクなどがある．関研削材．

研磨布紙加工（*kemma-fushi-kakō*; coated abrasive machining, abrasive processing）各種形状や機能を持つ研磨布紙を研磨工具として用い，工作物の研削・研磨を行う加工法の総称．ベルト研削，ディスク研削，ドラム研削などがある．関研削．

研磨フラップディスク（*kemma—*; coated abrasives-flap discs）ディスクグラインダなどに取り付けて，工作物の研削・研磨加工に使用する回転研磨工具．工具は短冊状に裁断した多数の研磨布片（フラップ）から構成されている．

研磨ベルト（*kemma—*; abrasive belts）ベルト研削・研磨加工に用いる研磨布紙を接合してベルト状（無端帯状）にした研磨工具．関ベルト研削．

原料処理機械（*genryō-shori-kikai*; raw material preparing machine for particleboard）パーティクルボード用小片の製造のための前処理を行う機械．

こ *ko*

コア（core）芯材の総称，あるいは合板におけるコア単板．関コア単板，合板，表面単板，添心板．

コア単板（*—tampan*; core veneer）合板を構成する単板のうちで，最も中心部に位置する単板．同心板．関合板，表面単板，添心板．

コア部のレベル差（*—bu-no—sa*; core roughness depth, Rk）輪郭曲線方式による表面性状の評価において，プラトー構造表面を評価するための粗さ曲線のコア部の上側レベルと下側レベルの差．参3層構造表面モデル．

コイルばね（*—bane*; coil(ed) spring, helical spring）線状の素材をらせん状に成形したばねの総称．

甲（*kō*）同表，背中．

甲穴（*kōana*）鉋削りにおいて生成した削り屑が排出する彫り込み．鉋台の上端から彫られたV字形の穴で下端まで達している．

高域通過フィルタ（*kōiki-tsūka—*; high-pass filter）特定の周波数を超える信号を通過させる電気回路．低周波数ノイズを除去する以外に，信号の直流（DC）成分から交流（AC）成分を分離するのに用いられる．

甲表（*kōomote*）のみの穂の刃裏と反対側の地金の表面．同背中．

高温乾燥法（*kōon-kansō-hō*; high-temperature kiln drying）木材乾燥法の中で，100℃以上の高温で乾燥する方法．急速乾燥法として特定針葉樹材の乾燥に一部使用されている．関高温低湿処理．

高温低湿処理（*kōon-teishitsu-shori*; high-temperature and low-humidity treatment）柱材など断面が大きな針葉樹製材の人工乾燥時に，表面割れを抑制するために開発された処理．乾燥前処理に位置づけられる．主に高温乾燥時に実施すると効果が認められるが，長時間の処理では，乾燥中期から末期に置いて，内部割れが発生しやすいというリスクもあり，処理時間を適切に定めることが必要である．関高温乾燥法．

硬化（*kōka*; cure, curing）物理的作用または化学反応によって接着剤の構造が変化し，接着特性を発現すること．

光学センサ（*kōgaku*——; optical sensor）対象物からの光により情報を得るセンサ．測定の目的により紫外線，可視光線，赤外線が利用される．

光起電セル（*kō-kiden*——; photoelement, photovoltaic cell）放射の吸収によって，金属と半導体の接合部，半導体結晶中のp型領域とn型領域の接合部などに生じる起電力を利用する光電検出器．光電池ともいう．

工業量（*kōgyō-ryō*; industrial quantity）複数の物理的性質に関係する量で，測定方法によって定義される工業的に有用な量．硬さ，粗さパラメータなど．関物理量，心理物理量．

合金鋼（*gōkin-kō*; alloy steel）鋼の性質を変えたり用途に合った特性を得るために合金元素を1種類以上添加した鋼．元素の添加量には下限が定められており，鉄と炭素以外の元素がその下限を満たさないものは合金鋼と呼ばずに炭素鋼と呼ぶ．関炭素鋼．

合金工具鋼（*gōkin-kōgu-kō*; alloy tool steels）炭素工具鋼にマンガン，コバルト，タングステン，クロム，モリブテン，バナジウムまたはニッケルなどの元素を1種類または2種以上添加したもの．JIS（日本工業規格）ではSKS, SKD, SKTの記号で表される．関工具鋼，炭素工具鋼，高速度［工具］鋼．

合金工具鋼工具（*gōkin-kōgu-kō-kōgu*; alloy tool steel tool）刃部の材料に合金工具鋼を使用した工具．関合金工具鋼．

工具送り台（*kōgu-okuridai*; tool slide）刃物台を取り付けて工作物に送る台．関刃物台，工作物．関送り台．

工具温度（*kōgu-ondo*; temperature of tool）切削によって消費されたエネルギーにより上昇した工具の温度．工具温度の上昇は，工具材料の高温における硬さの低下や熱劣化を引き起こして工具摩耗を促進させ，同時に工具本体に生じる不均一な温度分布による工具の不安定化を引き起こす．

工具系角（*kōgu-kei-kaku*; tool angles）工具の製作，測定，取り付けなどの便宜上，工具系基準方式によって定義する刃部の角の総称．工具系基準面を基準とする．副切れ刃にある角を特に区別する必要があるときは，角を表す記号にダッシュを付ける．

工具系基準方式（*kōgu-kei-kijun-hōshiki*; tool in hand system）工具の製作，測定および取付けの便宜上，シャンクまたは工具の回転軸などを基準として，想定した主運動，送り運動および切込運動の方向に基づいて，切れ刃上の1点を通る基準となる面および軸を設定し，刃部の諸角を定義する方式．関基準方式，作用系基準方式．

工具研削盤（*kōgu-kensaku-ban*; tool grinding machine）工具の刃先またはホルダ部を専用に研削する研削盤．一般的には，それぞれ研削できる工具の種類に応じて工具の名称が付けられている．例えば，バイト研削盤，ドリル研削盤，カッタ研削盤，ブローチ研削盤，ホブ研削盤などがある．なお，これら複数の工具の研削ができるものを万能工具研削盤という．

工具研削用研削砥石（*kōgu-kensakuyō-kensaku-toishi*; grinding wheels for tool and tool room grinding）工具のすくい面と切れ刃の研削または再研削するのに使用される研削砥石．関砥石．

工具顕微鏡（*kōgu-kembikyō*; toolmaker's microscope）同測定顕微鏡．

工具鋼（*kōgu-kō*; tool steel）金属または非金属の切削，塑性加工用などのジグや工具として用いられる鋼の総称．0.3〜2.0％の炭素を含み，炭素工具鋼，合金工具鋼，高速度工具鋼などの種類があり，硬さと耐摩耗性に優れている．関炭素工具鋼，合金工具鋼，高速度［工具］鋼．

工具寿命（*kōgu-jumyō*; tool life）切削によって，切れ刃が工具寿命判定基準による寿命点に達するまでの正味切削時間，切削距離（切削長さ）または切削個数．

工具寿命方程式（*kōgu-jumyō-hōteishiki*; tool life equation）切削速度（V）と工具の寿命（T）の間に成立する実験式 $VT^n = C$．テーラの寿命

方程式ともいう。n, C は種々の条件で定まる定数である。n が 1 より小さい場合は V が増加すると寿命までの加工量は減少する。n が 1 の場合は V に関係なく加工量は一定。n が 1 より大きい場合は V が増加すると加工量は増大する。

工具動力計（*kōgu-dōryoku-kei*; tool dynamometer）切削中に被削材から工具刃先に加わる力を測定するための装置。動力計による測定法として、ひずみゲージ法、圧電素子法、ワットメータ法などがある。

工具-被削材熱電対（*kōgu-hisaku-zai-netsuden-tsui*; tool-work thermocouple）一般的に金属切削で用いられる工具と被削材で構成された熱電対。この熱電対法により工具と被削材の接触面の温度を測定できる。

工具保持装置（*kōgu-hoji-sōchi*; tool holding device）切削工具の取付け調整中に主軸、または支持具（カッタヘッド・ホルダなど）から切削工具の脱落を防止する装置。[関]切削工具。

工具摩耗（*kōgu-mamō*; tool wear）工具を使用している間に生ずる刃先の後退、切れ味の低下などの現象。逃げ面に生ずる逃げ面摩耗やすくい面に生ずるすくい面摩耗がある。[関]すくい面摩耗、逃げ面摩耗、アブレシブ摩耗。

孔圏（*kōken*; pore zone）広葉樹材のなかで環孔材において、直径がほかと比べて著しく大きい道管が分布している帯状の部分をいう。孔圏にある道管を孔圏道管と呼び、年輪界に沿ってならぶ道管には単列と多列がある。孔圏の外側を孔圏外と呼び、小道管の分布や配列は樹種によって特徴がある。

孔圏道管（*kōken-dōkan*）[同]孔圏。

交互刃（*kōgo-ba*）超硬丸鋸の歯の配列の一つで、振分けあさりのようにあさりの出が左右交互にある。[参]組刃。

公差（*kōsa*; tolerance）許容限界の上限と下限の差。公差は、正負の符号をもたない量である。公差は両側に許容限界をもつ場合、または片側に許容限界をもつ場合（例えば、片側が最大許容値で、もう一方の限界値はゼロ）であるが、公差域は必ずしも呼び値を含まない。

硬材（*kōzai*）[同]広葉樹材。

工作機械（*kōsaku-kikai*; machine tool）工作物を、切削、研削などによって、または電気、その他のエネルギーを利用して不要部を取り除き、所定の形状に作り上げる機械。ただし、使用中に機械を手で保持したり、マグネットスタンドによって固定するものを除く機械。[関]アーム、クロスレール。

工作精度（*kōsaku-seido*; working accuracy）工作物に対して工作機械が与えることができる精度。工作機械自身の要因以外の要因が影響しないような条件で仕上げ削りを行った工作物の寸法精度・形状精度・位置精度で表す。

工作台（*kōsaku-dai*; work bench, jointer's bench, bench）木材を加工したり組立てる際の木材の保持、固定などに使用する台。立式用と座式用があり、立式用には当て止め、万力が備わっている。

工作物（*kōsaku-butsu*; work piece）機械加工される物。

工作物取付台（*kōsaku-butsu-toritsuke-dai*; work table）工作物を取り付ける台。[同]工作物保持台。

工作物保持装置（*kōsaku-butsu-hoji-sōchi*; work holding device）送材中、および加工中における工作物のずれを防止する装置。

工作物保持台（*kōsaku-butsu-hoji-dai*; work holder）[同]工作物取付台。

交錯木理（*kōsaku-mokuri*; interlocked grain）繊維の走向が周期的に交互に反対方向になる木理。ラワン類など主として熱帯産材に多く見られ、柾目面ではリボン杢を生じる。

公差の限界（*kōsa-no-genkai*; limiting values）特性の許容される上限、および/または下限として定められた値。

光軸（*kōjiku*; optical axis）①光学系の光源、レンズ、絞りなどの中心を連ねる直線。②光学系を構成する屈折曲面、反射曲面などの曲率中心を連ねる直線。③ ①と②で定義される直線に屈折または反射の法則を援用して屈折面または反射面で連結した直線の集まり。

硬質繊維板（*kōshitsu-sen'i-ban*; hard fiberboard) 同ハードファイバーボード,関繊維板.

硬質木片セメント板(*kōshitsu-mokuhen――ban*; high-density cement bonded particle board) 木片と500kg/m³以上のセメントを混合し,均一にならした後,圧力を加えて成板し,成形終了後十分養生した板で,かさ比重は0.8以上である.主として建築物の外装として用いられる.関普通木片セメント板.

格子戸(*kōshi-do*) 細い角材を縦横またはそのどちらかの方向に間を透かして組んで取り付けた戸.

格子のみ(*kōshi-nomi*)同薄のみ.

高周波加熱乾燥(*kōshūha-kanetsu-kansō*; high frequency drying) 高周波の電場に材を置いて加熱乾燥すること.関高周波乾燥装置,高周波真空乾燥.

高周波加熱接着(*kōshūha-kanetsu-setchaku*; high frequency bonding) 高周波の電場に被着材を置いて加熱接着すること.関高周波加熱法,高周波プレス.

高周波加熱法(*kōshūha-kanetsu-hō*; high frequency process) 工作物を高周波電極によって誘導加熱する方法.関高周波加熱乾燥,高周波乾燥装置,高周波加熱接着,高周波プレス,マイクロ波加熱法.

高周波乾燥装置(*kōshūha-kansō-sōchi*; high frequency dielectric dryer) 木材に高周波(マイクロ波)を印加(誘電加熱)して乾燥する装置.水分の多い食品が電子レンジで急速に加熱できるように,含水率の高い木材に高周波を印加すれば材温は上昇し,木材中の自由水や結合水は沸騰あるいは急速蒸発し,通気性の良い木材であれば水蒸気が道管から噴き出し,材温は沸点近くにとどまるが通気性の悪い木材では蒸気の排出が少なく,材温は上昇し続け爆裂する.関高周波真空乾燥.

高周波真空乾燥(*kōshūha-shinkū-kansō*; high frequency vacuum drying) 木材に対して高周波で加熱を行い,材温を調節し,蒸発した水分を真空ポンプにより装置内の圧力を調整しながら排出して木材を乾燥すること.関減圧乾燥法.

高周波熱処理(*kōshūha-netsu-shori*; induction heat treatment) 高周波誘導加熱を用いる熱処理の総称.関熱処理.

高周波プレス(*kōshūha――*; high frequency press) 接着剤を塗布し,積層された単板などを圧縮しながら高周波加熱して接着する機械.関高周波加熱接着,高周波加熱法.

高周波モータヘッド(*kōshūha――*; high frequency(motor)head) ルータにおいて,高周波モータを組み込んだ主軸頭.

高周波焼入れ(*kōshūha-yakiire*; induction hardening) 高周波誘導加熱を用いる焼入れ.関熱処理.

高周波容量式含水率計(*kōshūha-yōryō-shiki-gansui-ritsu-kei*; radio-frequency type moisture meter) 木材の誘電率から含水率を求めるもので,電極は一般に材面押し当て(接触)式になっている.高周波の浸透深さは4～5cmであるが,含水率計に表示される値は深さ7～15mmの表層部の含水率である.木材の誘電率は比重によっても変化するため,使用時には樹種補正が必要である.関含水率計.

甲種構造材(*kōshu-kōzō-zai*; A class structural lumber) 製材のJASにおける目視等級区分構造用製材のうち,主として高い曲げ性能を必要とする部分に使用するもの.土台,大引,根太,梁,桁,筋かい,母屋角,垂木などに使用される.関乙種構造材.

甲種縦継ぎ材(A class finger-jointed lumber) 枠組壁工法構造用縦継ぎ材のうち,主として高い曲げ性能を必要とする部分に使用するもの.関乙種縦継ぎ材.

甲種枠組材(*kōshu-wakugumi-zai*; A class framing lumber) 枠組壁工法構造用製材(MSR製材を除く)のうち,主として高い曲げ性能を必要とする部分に使用するもの.関乙種枠組材.

向心角(*kōshin-kaku*)「側面向心角」の略.同側面向心角.

後進波(*kōshinha*; backward traveling wave) 回転する円盤に生じる進行波で,回転方向とは逆方向に伝波する波.なお,回転方向と同方

向に伝播する波を前進波という．円盤の回転速度と後進波の伝播速度が一致したとき，波は空間位置で固定しているように観測される．丸鋸において，この状態の回転数付近で切断作業を行うと危険である．この時の回転数を危険回転数または臨界回転数という．関前進波．

工数（*kōsū*; man-hour） 仕事量の全体を表す尺度で，仕事を一人の作業者で遂行するのに要する時間．「人・時間」，「人・日」などの単位で表される．

甲面（*kōzura*） 同上端．

校正（*kōsei*; calibration） 計器または測定系の示す値と，標準によって実現される値の関係を確定する一連の作業．一般に計器を調整して誤差を修正する作業は含まないが，含めることもある．後者の場合を較正（こうせい）と呼ぶことがある．関目盛定め．

合成ゴム系接着剤（*gōsei-gomu-kei-setchaku-zai*; synthetic rubber adhesive） クロロプレンゴムやニトリル・ブダジエンゴム（NBR）などに，酸化マグネシウムや酸化亜鉛などの加硫剤，フェノール樹脂などの老化防止剤，充填剤などを配合し，トルエンなどの有機溶剤に溶解したもの．関ゴム系接着剤．

剛性試験（*gōsei-shiken*; stiffness test） 木材加工機械等において，工作精度に著しい影響を及ぼす部分に荷重を加えて，変形状態を調べることを目的とする試験．

合成切削運動（*gōsei-sessaku-undō*; resultant cutting motion） 切削中の主運動と送り運動を合成したもの．

合成切削速度（*gōsei-sessaku-sokudo*; resultant cutting speed） バイト，フライス，ドリルなどにおいて，主運動と送り運動とが同時に行われるときの運動の合成，すなわち合成切削運動の方向の切削速度．

合成切削速度角（*gōsei-sessaku-sokudo-kaku*; resultant cutting speed angle） 主運動の向きと合成切削運動の向きとがなす角度．

構成刃先（*kōsei-hasaki*; built-up edge） 金属切削において，切削中に被削材の一部が加工硬化によって母材より著しく硬い変質物となって刃部にたい積凝着し，元の刃先に変わって新たな刃先が構成された状態となったもの．

鋼製巻尺（*kōsei-makijaku*; steel tape measure） 鋼製の巻尺．JISでは，呼び寸法 0.5～200 m について，バンドテープ，タンク巻尺，広幅巻尺，細幅巻尺，コンベックスルールの種類を規定している．

剛性率（*gōsei-ritsu*; modulus of rigidity） 同剪断弾性係数．

抗折試験（*kōsetsu-shiken*; transverse test） 曲げ試験を鋳鉄では抗折試験と呼び，所定の寸法の鋳鉄試験片を用いて折断するまでの荷重とたわみを測定する．

構造材（*kōzō-zai*） 木造建築における柱，梁，土台，桁，筋かいなど．最近では，施工現場での作業の簡略化，施工期間の短縮や労働力の削減などを図るため，木造軸組工法の構造材として必要に応じてプレカット材の使用が増えている．

交走木理（*kōsō-mokuri*; cross grain） 通直木理以外の木理で，繊維の走向が樹軸あるいは材軸に対して傾きなどがある．斜走木理，らせん木理，交錯木理，波状木理などの総称．

構造用 I（*kōzō-yō-ichi*） 甲種構造材のうち，木口の短辺が 36 mm 未満のもの，および木口の短辺が 36 mm 以上で，かつ，木口の長辺が 90 mm 未満のもの．関構造用製材，構造用II．

構造用 LVL（*kōzō-yō-LVL*; structural laminated veneer lumber） 同構造用単板積層材．

構造用鋼材（*kōzō-yō-kōzai*; steel for structure） 建築，橋，船舶，車両，その他の構造物用として強度および必要に応じて溶接性を重視して製造された鋼材．

構造用合板（*kōzō-yō-gōhan*; structural plywood, plywood for structural use） 合板のうち，建築物の構造耐力上主要な部分に使用するもの．関普通合板．

構造用集成材（*kōzō-yō-shūseizai*; structural laminated wood） 集成材のうち，所要の耐力を目的として等級区分した挽板（幅方向に合わせ調整したもの，長さ方向にスカーフジョイントまたはフィンガジョイントで接合接着

して調整したものを含む)．またはラミナブロック(内層特殊構成集成材に限る)をその繊維方向をお互いに平行して積層接着したもの(これらを二次接着したものまたはこれらの表面に集成材の保護等を目的とした塗装等を施したものを含む)であって，主として構造物の耐力部材として用いられるもの(化粧貼り構造用集成柱を除く)．関大断面集成材，中断面集成材，小断面集成材，化粧貼り構造用集成柱．

構造用製材 (*kōzō-yō-seizai*; structural sawn lumber) 製材のうち，建築物の構造耐力上主要な部分に使用することを主な目的とするもの．製材のJASでは，針葉樹を材料とするものをさす．

構造用大断面集成材 (*kōzō-yō-daidammen-shūseizai*; large dimension structural glulam) 旧JASにおいて，所用の耐力を目的として挽板を繊維方向を互いにほぼ平行にして積層接着した一般材の内，厚さが7.5cm以上，幅が15cm以上のもので，主として大型構造物の耐力部材として用いられるもの．関大断面集成材，中断面集成材．

構造用単板積層材 (*kōzō-yō-tampan-sekisō-zai*; structural laminated veneer lumber) 切削機械により切削した単板を，その繊維方向を互いにほぼ平行にして積層接着した一般材で，主として構造物の耐力部材として用いられる．同構造用LVL,造作用単板積層材．

構造用II (*kōzō-yō-ni*) 甲種構造材のうち，木口の短辺が36mm以上で，かつ，木口の長辺が90mm以上のもの．

構造用パネル (*kōzō-yō*—; structural panel) パネル(木材の小片を接着し板状に成型した一般材またはこれにロータリーレース，スライサー等により切削した単板を積層接着した一般材をいう)のうち，主として構造物の耐力部材として用いられるもの．

光束 (*kōsoku*; luminous flux) 人間の感じる光の明るさに関する心理物理量で，放射束をCIE標準分光視感効率と最大視感効果度(CIE標準分光視感効率が最大となる波長(555 nm)における放射量から測光量を導く変換係数)に基づいて評価した量．単位にはルーメン[lm] (=cd·sr)を用いる．放射束の分光分布が $\Phi_{e,\lambda}(\lambda)$ であるとき，光束は次式で与えられる．

$$\Phi_v = K_m \int_0^\infty \Phi_{e,\lambda}(\lambda) \cdot V(\lambda) d\lambda$$

ここで，K_m: 最大視感効果度(683 lm·W^{-1})，$V(\lambda)$: CIE標準分光視感効率．関放射束．

高速度[工具]鋼 (*kōsokudo [-kōgu] -kō*; high speed tool steel) W, Cr, Mo, V, Coなどを含有する工具鋼．600℃付近までの硬さが高くて耐摩耗性に優れ，適度な靭性もあるので，バイトやドリルなどの切削工具に使用される．炭素工具鋼に比較して高速での切削が可能なのでこの名が付いた．JISには13種類が規定されており，W系とMo系とに大別される．W系のものは耐熱性に優れ，Mo系のものは靭性が高い．JISではSKHの記号で表される．同ハイス．

高速度[工具]鋼工具 (*kōsokudo [-kōgu] -kō-kōgu*; high speed(tool)steel tool) 刃部の材料に高速度工具鋼を使用した工具．

高速度カメラ (*kōsokudo*—; high speed camera) 16mmまたは35mm映画の毎秒24コマ，テレビジョンの毎秒30コマを超える，毎秒100コマ以上の撮影ができるカメラの総称．ハイスピードカメラともいう．フィルムカメラで開発が進んだが，最近はCCD撮像素子を用いたビデオカメラ方式が主流となっている．

高速フーリエ変換 (*kōsoku*—*henkan*; fast Fourier transform, FFT) 離散的フーリエ変換と逆変換を高速に計算する手法．信号の中にどの周波数成分がどれだけ含まれているかを抽出する処理をフーリエ変換といい，入力波形をいくつかのグループに分けて計算し，計算順序を工夫することにより計算量を大幅に減少させたアルゴリズムがFFTである．1965年にベル研究所のJames W. CooleyとJohn W. Tukeyが考案した．

光沢 (*kōtaku*; gloss) 表面の方向選択特性のために，物体の明るい反射がその表面に写り込んで見えるような見え方．

光沢計 (*kōtaku-kei*; glossmeter) 光沢のある面

のいろいろな測光的特性を測定する計測器である。一般に鏡面光沢度を測定するものが多いが，拡散反射光の方向分布を測定する計測器(変角光沢計)もある。同光沢度計．

光沢度(*kōtaku-do*; glossiness) 正反射光の割合，拡散反射光の方向分布などに注目して，物体表面の光沢の程度を一次元的に表す指標．

光沢度計(*kōtaku-do-kei*; glossmeter) 同光沢計．

光弾性(*kō-dansei*; photoelasticity) 透明物質が弾性変形を受けて，複屈折を生じる現象．ひずみの解析に用いられる．

光弾性法(*kōdansei-hō*; photoelasticity) 均質等方の透明な物体に力を加えたときに生じる光弾性効果を利用して応力を測定する方法．

高張力鋼(*kō-chōryoku-kō*; high tensile strength steels) 建築，橋，船舶，車両，その他の構造物用および圧力容器として引張強さ491 N/mm² 以上で溶接性，切欠き靭性，および加工性も重視して製造された鋼材．

工程(*kōtei*; process) 入力を出力に変換する，相互に関連する経営資源(要員，財源，施設，設備，技法および方法)および活動のまとまり．

高低刃(*kōtei-ha*) 超硬丸鋸の鋸歯の配列の一つで，ばち形あさりの鋸歯とそれより歯高の少し高いあさりがなく面取りされた鋸歯が交互に配列されている．参組刃．

工程分析(*kōtei-bunseki*; process analysis) 生産過程，作業者の作業活動，運搬過程を系統的に，対象に適合する図記号で表して調査・分析する作業研究の一手法．

光電検出器(*kōden-kenshutsu-ki*; photoelectric detector) 光子の吸収およびそれによる平衡状態からの自由電子の解放(光電効果)による起電力(電圧)または電流の発生，もしくは電気抵抗の変化を利用する放射検出器．光電管，光電子増倍管，光導電セル，光起電セル(光電池)，フォトダイオード，フォトトランジスタなどがある．

光電子増倍管(*kōdenshi-zōbaikan*; photomultiplier) 光電陰極，陽極，およびこの両電極間に置かれた二次電子放出電極(ダイノード)からなる二次電子効果を利用する電子増倍装置からなる光電検出器．光によって陰極(光電面)から放出された自由電子(光電子)を加速してダイノードに次々当てることにより電子数を増倍し，外部に大きな電流として取り出す．フォトマル(ホトマル)，PMTとも呼ばれる．

光電倣いルータ(*kōdennarai*—; line tracing router) テーブル，主軸の移動を光電倣い制御によって行い，工作物に彫刻，面取り，切抜きなどの加工をする木工フライス盤．主軸が2軸以上のものもある．関数値制御ルータ．

光度(*kōdo*; luminous intensity) 光源からある方向に向かう光の，単位立体角当たりの光束．単位はカンデラ［cd］(=lm·sr⁻¹)．1 cdは，1 sr当たり1/683 Wの出力で振動数540×10¹² Hz(波長にして約0.56 µm)の単色光を出している点光源を，その方向から見たときの光度．関照度，輝度，ステラジアン，ルーメン．

光導電セル(*kōdōden*—; photoresistor, photoconductive cell) 放射の吸収によって生じる電気抵抗の変化を利用する光電検出器．半導体の内部に電導電子または正孔が生じることによる電気抵抗の変化を，外部電界をかけたときの電流の変化として取り出す．関光電検出器．

勾配研磨丸鋸(*kōbai-kemma-marunoko*; hollow ground saw blade, miter saw blade, planer saw blade) 鋸身と挽道の側面の摩擦を低減させるために，鋸身の厚さを刃先から中心に向かって薄くなるように勾配を付け研磨した丸鋸．一般にあさりをわずかしか付けないので挽肌はきわめて良好となる．棒材などを留め挽き(45度切り)のような角度挽きや横挽きに使用される．歯形は組歯とすることが多い．マイタソー，鉋丸鋸，プレーナソーなどとも呼ばれる．同マイタソー，鉋丸鋸，プレーナソー，関留め挽き，横挽き，あさり．

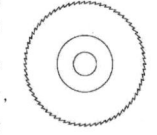

厚薄【心板・添心板の—】(*kōhaku*) JAS(合板)では，普通合板とコンクリート型枠用合板について，製造時において単板厚さの平均値の

6％を超えないこと，とされている．

甲板（*kōhan*; deck）船の上部構造物を含む全ての船内空間の床板．甲板は主要な強度部材の構成要素の一つで，船体上にあって水平に広く取り付けられた木材，金属，FRP製などの板材である．船舶関係用語では「こうはん」，一般的には「かんぱん」と読む傾向がある．また，「こういた」と読む場合は，テーブル，机，カウンターなどの上部の天板を意味し，船舶関係と異なった用語になる．

合板（*gōhan*; plywood）単板（木材をベニヤレースなどで薄くむいた板）の繊維方向がほぼ直交するように接着・構成された板材料．構成単板数（プライ数）は3, 5, …など原則として奇数枚である．関単板, ベニヤレース．

合板工具研削機械（*gōhan-kōgu-kensaku-kikai*; grinding machine of tools for plywood manufacturing machinery）回転する砥石車によって，主として各種の合板用工具を研削する機械．

合板仕上機械（*gōhan-shiage-kikai*; plywood finishing machine）JISでは，合板を所定の寸法に切断し，表面を切削または研削して仕上げする機械，とされている．同単板製造機械，単板乾燥機械，調板機械．

鋼ブラシ摩擦法（*kō-brush-masatsu-hō*; steel brush friction method）木材の摩耗試験（JIS）では，研磨紙法と鋼ブラシ摩擦法が規定されている．鋼ブラシ摩擦法は摩擦鋼板，摩擦ブラシ，打撃鋼板を備えた試験装置を用い，散布砂を落下させつつ回転円盤上の試験体の摩耗試験を行う．

広放射組織（*kō-hōsha-soshiki*; broad ray）放射組織の幅・高さにより分類した場合，多列放射組織の中で幅が著しく広く，高さも高い場合の便宜的な呼称．樹種識別の拠点の一つで，ブナやナラ類，カシ類などに現れる．

鋼木ねじ（*kōmokuneji*; steel wood screw）鋼製の木ねじ．

鋼矢板（*kō-yaita*; steel sheet pilings）両縁に水密性の継手を有し，水または土壌等の仕切り壁を構成するために用いられる形鋼．関形鋼．

広葉樹（*kōyōju*; broadleaf tree, hardwood）同広葉樹材．

広葉樹材（*kōyōju-zai*; hardwood）被子植物双子葉類の中の木本植物を広葉樹といい，その木材を広葉樹材という．広葉樹のことを濶葉樹と呼ぶ場合があった．特徴として，道管をもつことや，多列の放射組織を有することが挙げられる．

広葉樹製材（*kōyōju-seizai*; hardwood lumber）広葉樹の製材品．製材のJASでは「製材のうち，広葉樹を材料とするもの．」と定義されている．

虹梁（*kōryō*）社寺建築などに用いられる中央にむくりをつけた梁．

合力（*gōryoku*; resultant force）主分力，背分力，横分力の合成力．関水平分力，主分力，垂直分力，背分力，横分力．

コースティックス法（——*hō*; method of caustics, shadow spot method）荷重を受けた平板に平行光を入射させ，応力集中部から反射または透過された光で形成されるコースティック像を利用して，応力拡大係数，集中荷重などを測定する方法．同シャドー・スポット法．

コーティング工具（——*kōgu*; coated tool）刃部の材料の表面に，炭化物，窒化物，酸化物，ダイヤモンドなどを一層または多層に，化学的または物理的に被覆材を密着させた工具材料を使用した工具．被覆材としては，炭化チタン，窒化チタン，炭化窒化チタン，酸化アルミニウムなどがある．被覆工具，コーティッド工具ともいう．関表面処理工具．

コーナ（corner, nose）一つの切れ刃と他の切れ刃とがつながる角の比較的小範囲の切れ刃の部分．ノーズともいう．

コーナ半径（——*hankei*; corner radius）同ノーズ半径【旋削の——】．

コーナ摩耗（——*mamō*; outer corner wear）ドリルの逃げ面摩耗のうち，コーナ部に生ずる摩耗．

コーナロッキングカッタ（corner locking cutter）コーナロッキングマシンに用いられるあられ組手取り用カッタ．関コーナロッキングマシン．

コーナロッキングマシン（corner locking machine）組合せカッタにより，主としてあられ組手を加工する木工フライス盤。定盤上に固定された工作物を定盤ごと下降させることにより組手を切削する。[関]木工フライス盤。

コールドソー（cold circular saw, cold circular saw blade）①cold circular saw: 常温付近すなわち冷間（cold）で鉄鋼などの金属切断に用いられる丸鋸盤。②cold circular saw blade: ①の鋸盤に用いられる丸鋸。丸鋸は鋼からなる鋸身に超硬合金等の硬質材料を歯部材としてろう付けしたものが主流。[関]丸鋸。

コールドプレス（cold press）接着剤を塗布した単板や板材などを定盤の間に挿入し，可動定盤を油圧などによって作動させて，常温で圧縮する機械。[関]ホットプレス。

小鉋（koganna）鉋身の刃幅が30〜54mmの小さい鉋。

胡弓錐（kokyū-giri）舞錐による錐揉み作用を弓と弦で行う錐。弦の巻きつき作用で錐を左右に回転させて穴をあける。

国際規格（kokusai-kikaku; international standard）国際標準化機構（ISO），国際電気標準会議（IEC）などの国際標準化機関が採択し，一般の人々が入手できる規格。

国際単位系（kokusai-tan'ikei; International System of Units, SI, Systeme International d'Unites（仏））国際度量衡総会によって採択され，推奨された一貫性のある単位系。基本単位，組立単位，および10の整数乗倍を表す接頭語（n（ナノ），m（ミリ），k（キロ），M（メガ）など）からなる。略称はSI。

国際電気標準会議（kokusai-denki-hyōjun-kaigi; International Electrotechnical Commission, IEC）1906年に発足した，各国の代表的標準化機関から成る国際標準化機関。電気および電子技術分野の国際規格（IEC規格）の作成を行っている。

国際標準化機構（kokusai-hyōjunka-kikō; International Organization for Standardization, ISO）1947年に発足した，各国の代表的標準化機関から成る国際標準化機関で，電気および電子技術分野を除く全産業分野（鉱工業，農業，医薬品等）に関する国際規格（ISO規格）の作成を行っている。

国産材（kokusan-zai; domestic wood）日本の森林から生産される木材。外材に対する反対語。

黒色炭化けい素（珪素）研削材（kokushoku-tanka-keiso-kensaku-zai; black silicon carbide abrasives）炭化けい素質人造研削材の一種で，主にけい石，けい砂から成る酸化けい素質原料とコークスを反応生成させた塊を粉砕整粒したもの。α形炭化けい素から成り，全体として黒色を帯びている。記号Cで表示する。

黒体（kokutai; black body）入射する赤外線放射エネルギーを，波長，入射方向および偏光状態に関係なくすべて吸収し，放射する物体で，放射率が1となる理想的な熱放射体。

木口[面]（koguchi [-men]; end grain, cross section）樹幹に垂直な断面のことで，樹幹を任意の方向に木取りした場合の木面に表れる細胞や組織の形状，配列状態などを含めて言い表すときに用いる。[同]横断面，[関]放射断面，接線断面。

木口鉋（koguchi-ganna）木材の木口面を削る鉋。胴付き鉋とも言う。際鉋に似ているが，刃口の傾斜が逆向きになっている。右勝手と左勝手がある。

木口切削（koguchi-sessaku; cross sectional cutting, cutting perpendicular to grain with cutting edge perpendicular to grain, cutting of transverse surface）切削面が木口面となる切削。部材としての長さを決める場合の切削。特に，繊維方向に対して刃先線および切削方向が正しく直交する場合を「90-90切削」の記号で表す場合がある。[同]90-90切削，[参]切削方向。

木口溝突カッタ（koguchi-mizotsuki—; grooving cutter for cross section）木口面に溝を作るためのカッタ。

木口面【フローリングの—】（koguchi-men）フローリング材料の長手方向にある二つの端面。

木口割れ（koguchi-ware; end check）木口面に生じる割れ。木材乾燥の初期に発生する初期

割れの一つ．

こけら(柿)板（*kokera-ita*）屋根を葺くのに用いるスギ，サワラ，ヒノキなどの薄板．社寺建築の屋根，住宅の屋根下地を葺くのに用いられる．略して「こけら」と呼ぶ場合もある．

5号片へこみ形砥石（*gogō-kata-hekomi-gata-toishi*）関砥石．

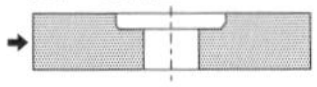

誤差（*gosa*; error）測定値から真の値を引いた値．

腰板（*koshi-ita*）壁，障子，板戸，垣根などの腰部に張った板．装飾と，壁を傷や汚れなどから保護するなどの目的がある．

腰入れ（*koshiire*; tensioning）帯鋸や丸鋸の鋸身内部にあらかじめ一定の応力分布を与える操作．帯鋸の場合，背盛りと同時に行われる．空転時および挽材時の鋸身の振動を減少させ鋸の走行を安定させるとともに，挽材時の切削応力や鋸身の温度勾配により生じた熱応力による鋸身の変形を少なくさせるために行う．関ロールテンション，ヒートテンション，背盛り，帯鋸加熱腰入れ機，水平仕上げ【帯鋸の—】，帯鋸ロール機．

腰入れ曲線（*koshiire-kyokusen*; profile of tensioning）腰入れを行った帯鋸を持ち上げた時の断面の形状を表す曲線のことで，腰入れの度合いにより変化する．腰入れを行った帯鋸の断面は，中央部が伸ばされているために下に凸の曲線になる．

腰入れ定盤（*koshiire-jōban*; saw leveling block）帯鋸またはおさ鋸の水平，腰入れ，背盛りなどの仕上げおよび検査を行う場合に基準する平面定盤．ハンマ打ち用の金敷きとして使用することもある．同目立て定盤，関水平仕上げ【帯鋸の—】，腰入れ，背盛り．

腰入れ量（*koshiire-ryō*）腰入れの程度を表す尺度で，鋸の幅方向の円弧の直径で表す．

腰折れバイト（*koshiore-baito*; goose-necked turning tool, swan-necked turning tool）コーナの高さがシャンクの底面と一致するか，または底面を越えないように首を曲げたバイトの総称．

腰掛あり（蟻）（*koshikake-ari*）同腰掛あり継ぎ．

腰掛あり継ぎ（蟻継ぎ）（*koshikake-ari-tsugi*）木材の継手の一種で，相欠きとした上側の部材の先端を鳩尾形に加工し，下側の部材にそれをはめ込むようにしたもの．

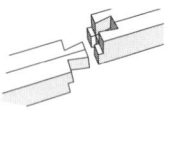

腰掛かま（鎌）（*koshikake-kama*）同腰掛かま継ぎ．

腰掛かま継ぎ（鎌継ぎ）（*koshikake-kama-tsugi*）木材の継手の一種で，相欠きとした上側の部材の先端を蛇の鎌首形に加工し，下側の部材にそれをはめ込むようにしたもの．

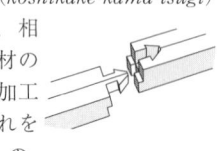

5軸NCルータ（*gojiku-NC—*）同ユニバーサルヘッドNCルータ．

腰下（*koshishita*; skid base）包装用に使われる腰下付木箱，枠組箱などの底部の総称．平行な角材(滑材)2本以上を板材(ヘッダ)や床材で組み立てたもの．

腰下付木箱（*koshishita-tsuki-kibako*; skidded wooden box, skidded wooden crate）包装用に使われる木箱の一種で，腰下構造をもったもの．一般に，1,400kg以下の物品の包装に用いる．

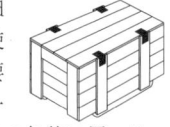

腰下盤（*koshishitaban*; skid assembly）包装用に使われる木箱の底部(腰下)が独立したもので，この上に物品を固定し，荷役や輸送の便を図るために用いる．

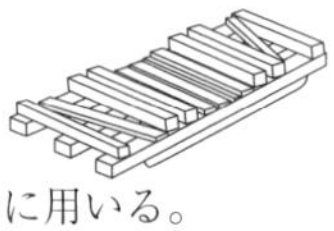

腰貫（*koshi-nuki*）木質構造において，軸組みに用いられる貫で，建物の腰の部分，おおよそ窓の下端あたりに位置するもの．または単に地貫と内法貫の間にある貫をいう．「胴貫」ともいう．

個数濃度（*kosū-nōdo*）単位体積の空気中に浮遊する粉じん粒子の個数．単位は 個/cm^3 で表す．

固体[膜]潤滑（*kotai [-maku] -junkatsu*; solid-film lubrication）固体の潤滑剤を相対的に動く二つの摩擦面間に介在させることによって，両面を分離する潤滑方式．関液体[膜]潤滑，流体[膜]潤滑，気体[膜]潤滑．

国家標準（*kokka-hyōjun*; national standard） ①国家による公式な決定によって認められた標準（基準として用いるために，ある単位または量の値を定義，実現，保存または再現することを意図した計器，実量器，標準物質または測定系）であって，当該量の他の標準に値付けするための基礎として国内で用いられるもの。計量法（平成4年5月20日法律第51号）において特定標準器，特定標準物質と定められ，個々の標準は経済産業大臣が指定する。②国家による標準化によって制定された取り決め（標準）。国内規格ともいう。日本工業規格（JIS），日本農林規格（JAS）などが該当する。

木端返し（*koppagaeshi*） 鉋台の甲穴の中で表馴染と反対側の下端に近い面。屑返しとも言う。

コップ形バイト（*koppu-gata-baito*） 同葉巻きバイト。

固定定規付き面取り鉋（*koteijōgitsuki-mentori-ganna*） 鉋台が付け定規された面取り鉋。大部分の面取り鉋は固定式定規付き面取り鉋である。鉋台の下端の両側に工作物の角をはさむ三角形の定規が付けられている。

固定バーの絞り [率]（*kotei-bar-no-shibori [-ritsu]*; nose bar pressure） 固定バーの刃口距離の表し方の一つ。刃口距離（垂直距離と水平距離に分けられる）を単板歩出し厚さに対する百分率で表し，固定バーの絞り（絞り量，絞り率）としている。関絞り。

こてのみ（鏝鑿）（*kote-nomi*; cranked paring chisel） 穂がこて状の仕上げのみの一種。溝や穴の底の仕上げ削りや蟻溝の入り隅の仕上げに用いる。

五徳鉋（*gotoku-ganna*） 断面が凸形の鉋台に，凸形の鉋身が仕込まれている鉋。平鉋，左右の際鉋，左右の脇鉋の五種類の使い方ができる。

コネクションローラ 多数のコロを配列したコンベヤで，その上に製品や半製品を載せて搬送する装置。同ころ組式搬送装置，ころコンベヤ。

小歯車（*ko-haguruma*; pinion） 対をなす二つの歯車のうち，歯数の少ない方の歯車。

木端削り[加工]，こば削り[加工]（*kobakezuri [-kakō]*; planing edge of board） 板材の長さ方向の側面を直線に削る加工。手押し鉋盤を使用して行われ，主に幅接合のための基準面作りをする。

木皮（*kohada*） 製材の木取りによって生じる挽き屑材。利用可能な部分は，天井板，戸板，障子の腰板，襖の下地組子，漆喰などの塗り壁の下地に用いられる薄い小幅板の木摺り，箸などに利用。「こわ」とも呼ぶ。木の皮（樹皮）を意味する場合もある。

木端取り盤，こば取り盤（*kobatoriban*; glue jointer, rebating planer, profile jointer） 回転している鉋胴に工作物を自動送りし，主としてはぎ面を加工する鉋盤。

小幅板（*kohaba-ita*; strip, slat） 幅の狭い板。かつての製材のJASでは，厚さが3cm未満で幅12cm未満の板をさす。主に屋根下地や壁下地板として用いられる。関ラス板，板類。

木端面，こば面（*koba-men*） 製材の幅の狭い方の材面。関ひら面，平面。

小梁（*kobari*） 柱と直結されていない梁。大梁の上に設置され上部荷重を大梁に伝えるための梁。

木挽き鋸（*kobiki-noko*） 同前挽き鋸。

小節（*kobushi*; small knot） 製材の材面の品質基準区分。製材のJASにおける造作用製材の等級区分では，節の長径が20mm（生き節以外の節にあっては10mm）以下であって，かつ，材長が2m未満のものにあっては5個以内，材長が2m以上のものにあっては6個（木口の長辺が210mm以上のものにあっては8個）以内であること。割れや曲がり等の欠点についても基準が定められている。関造作用製材，役物。

個別生産（*kobetsu-seisan*; design to order one of a kind production） 個々の注文に応じて，その都度に1回限り生産する生産形態。関ロット生産，連続生産。

木舞（*komai*） 木質構造の屋根や壁の下地とし

て竹や細く削った木を縦横に細かく組んだもの。土壁下地に使われるものには，竹小舞，木小舞，葦小舞などがあり，柱・梁などの構造材の間に横縦の間渡し材を穴入れし，これに小舞材を棕櫚縄などをからげてきつく掻いていく。また化粧屋根裏板やこけら板の下地としては，垂木に渡した屋根小舞と呼ばれる桟渡して用いる。

小丸太（*komaruta*; small log）素材のJASでは直径14 cm未満の丸太をさす。流通市場では，直径12 cm未満の絹物と，12～13 cmの小径木に区分されることが多い。

込み（*komi*）鋸の込みは柄に入る鋸身の部分。のみの込みは口金に包まれて柄に差し込まれたのみの首の先端。

込栓（*komisen*）木質構造において，土台や桁と柱，柱と横架材などのほぞ差し仕口で，材の抜けを防ぎ緊結するために打ち込む堅木の栓。込栓穴は二つの材が引き合うように微妙にずらしてそれぞれ開け，込栓にもわずかにテーパをつけ，それを打ち込むことにより胴付面が密着するように工夫することもある。

ゴム系接着剤（*gomu-kei-setchaku-zai*; rubber adhesive）天然ゴム，ネオプレンゴム，ニトリルゴムなどを主成分とし，これらをケトン系，エステル系，塩素系などの溶剤で溶解したものに，加硫剤，促進剤，充填剤などを配合したもの。関合成ゴム系接着剤。

ゴム切断砥石（*gomu-setsudan-toishi*; rubber cutting-off wheels）天然または人造ゴムを主な結合剤とした切断用の研削砥石。関砥石。

小屋筋かい（筋交い）（*koyasujikai*）木質構造の和小屋において，小屋梁にのせられた小屋束が梁間の方向に転んで変形しないように，束と小屋梁に取付ける斜め材。

小屋束（*koyazuka*）木質構造において，小屋組みを構成する束の総称。和小屋では，小屋梁上にのり母屋を受ける。洋小屋では陸梁を吊り，おもに引張力を受ける。

小屋梁（*koyabari*）木質構造において，小屋組の最下部に設けられる梁。和小屋では曲げを受けるため，おもに丸太や太鼓に落とされたマツ材などが用いられている。平角材を用い

る場合でも，背を上にした用い方が基本。洋小屋の場合は引張力を受け，陸梁ともいう。

固有振動モード（*koyū-shindō*—; natural vibration mode）系に減衰が無いときの各点の振幅比は，振動系が固有周期で振動する際に一定値となる。この振幅比分布を固有振動モードと呼び，系の自由度の数だけ存在し，それぞれの固有周期と対応している。

コラム（column）①主軸頭，アームなどを支える柱。②建築構造部材としての柱。関主軸頭，アーム，クロスレール，トップビーム。

こり（梱）【フローリングの—】（*kori*）フローリングを所定の枚数梱包したもの。その単位。

孤立管孔（*koritsu-kankō*; solitary pore）管孔の複合状態を表わす用語の一つで，他の組織によって完全に取り囲まれた1個の管孔のこと。

コリメータ（collimator）レンズまたは反射鏡の焦点位置にスリット，ピンホールなどを置いて，これを通過した光を平行光線束とする器具。

コルク（*koruku*; cork）地中海沿岸のコルクガシや東アジアのアベマキなどのコルク組織から得られる林産物。防湿性，断熱性などを有している。関コルク組織。

コルク組織（*koruku-soshiki*; phellem）樹木の樹皮は師部と周皮からなり，周皮はコルク形成層，コルク皮層およびコルク組織からなる。コルク形成層の外側にコルク組織が形成され，周皮の多くの部分を占めており，水分の通過をさまたげる機能を担い，いわゆるコルクになる。コルク組織の厚さは樹種によって異なる。

コレット（collet）工作物を保持する部品で，主軸穴（主軸にあいているテーパ穴）に取り付けて使用する。関コレットチャック。

コレットチャック（collet chuck）工作機械にビットなどの先端工具を取り付けるためのチャックの一種で，付属のキーをまわして固定する。関コレット，チャック。

転がし根太（*korogashi-neda*）木質構造の床組みにおける根太の施工方法の一つで，横架材の上に単純に釘着する方法。根太には長尺材

を用いて，横架材をまたいで施工される。関
落し込み根太。

転がり円（*korogari-en*; rolling circle）輪郭曲線
方式による表面性状の評価において，転がり
円最大高さうねりおよび転がり円算術平均う
ねりを求めるために，実表面の断面曲線を倣うときに用いる一定半径の円。転がり円の半径は 0.08，0.25，0.8，2.5，8，25 mm から選択することが望ましいとされている。関実表面の断面曲線。

転がり円うねり曲線（*korogari-en-uneri-kyokusen*; filtered rolling circle waviness profile）輪郭曲線方式による表面性状の評価において，転がり円うねり断面曲線に所定のカットオフ値をもつの高域（ハイパス）フィルタを適用して求めた曲線。高域フィルタは位相補償フィルタとし，カットオフ値の波長における振幅伝達率は 50 % とする。関転がり円うねり断面曲線，位相補償フィルタ。

転がり円うねり測定曲線（*korogari-en-uneri-sokutei-kyokusen*; rolling circle traced profile）輪郭曲線方式による表面性状の評価において，転がり円が実表面の断面曲線に倣って運動するときの円の中心の軌跡。関転がり円，実表面の断面曲線。参転がり円。

転がり円うねり測定断面曲線（*korogari-en-uneri-sokutei-dammen-kyokusen*; rolling circle waviness total profile）輪郭曲線方式による表面性状の評価において，転がり円うねり測定曲線をディジタル形式にしたもの。関転がり円うねり測定曲線。

転がり円うねり断面曲線（*korogari-en-uneri-dammen-kyokusen*; rolling circle waviness profile）輪郭曲線方式による表面性状の評価において，転がり円うねり測定断面曲線から円弧などの呼び形状の長波長成分を最適化された最小二乗法によって除去して得られる曲線。関転がり円うねり測定断面曲線。

転がり円うねりパラメータ（*korogari-en-uneri —*; rolling circle profile parameter）輪郭曲線方式による表面性状の評価において，対象面

上に，ランダムに設定した位置における転がり円最大高さうねり W_{EM}，または転がり円算術平均うねり W_{EA} のそれぞれの平均値。

転がり円最大高さうねり（*korogari-en-saidai-takasa-uneri*; maximum height of rolling circle waviness profile, W_{EM}）輪郭曲線方式による表面性状の評価において，転がり円うねり曲線から基準長さだけ抜き取った曲線を平均線に平行な二直線で挟んだときの二直線の縦方向間隔を µm 単位で表したもの。

転がり円算術平均うねり（*korogari-en-sanjutsu-heikin-uneri*; arithmetical mean deviation of filtered rolling circle waviness profile, W_{EA}）輪郭曲線方式による表面性状の評価において，評価長さ ln の転がり円うねり曲線 $Z(x)$ から次式で得られる値を µm 単位で表したもの。

$$W_{EA} = \frac{1}{ln} \int_0^{ln} |Z(x)| dx$$

転がり軸受（*korogari-jikuke*; rolling bearing）荷重を支え，かつ相対運動する部品間の転がり運動で機能する軸受。転がり運動をする転動体と，それを両側から挟み付けて走路となる軌道部材で構成される。転動体を保持・案内する手段（保持器）があるものとないものがある。転動体の形状により玉軸受ところ軸受に大別される。関滑り軸受。

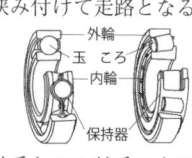

ころ組式搬送装置（*korokumi-shiki-hansō-sōchi*; connection conveying equipment, connection conveyor）同コネクションローラ，ころコンベヤ，関搬送装置。

ころコンベヤ（*koro —*; connection conveying equipment, connection conveyor）同ころ組式搬送装置，コネクションローラ。

ころ軸受（*koro-jikuke*; roller bearing）転動体としてころを用いた軸受の総称。ころとして円筒ころ，円錐ころ，球面ころ，針状ころが用いられる。関ころ軸受。

ころ定規（*koro-jōgi*; roller fence）テーブル式帯鋸盤において，ローラによる自動送りで挽材

するときに使用する定規。

小割 (*kowari*; resawing, small scantling, baby scantling) ①resawing: 大割によって挽材された半製品から小さい断面の製品を挽くこと。関大割。②small scantling, baby scantling: 挽割類のうちの小断面材。関挽割類。

小割機械 (*kowari-kikai*; resaw machine) 大割機械で加工(切断)された半製品を製材品に切断する帯鋸盤や丸鋸盤などの機械。関大割機械。

コンカレントエンジニアリング (concurrent engineering) 製品設計と製造,販売などを統合化し,同時進行化するための方法。

コンクリート型枠用合板 (— *katawaku-yō-gōhan*; concrete form plywood) JAS(合板)では,コンクリートを打ち込み,所定の形に成形するための型枠として使用する合板,とされている。

コンストラクション (construction) 枠組壁工法構造用製材のJASにおける,乙種枠組材の品質区分3段階のうちの1番上の等級。北米のディメンションランバーの規格における一般用枠組材(Light Framing)のConstruction(CONST)とほぼ同等である。関スタンダード,ユティリティ,乙種枠組材。

コンタクトホイール (contact wheel) ベルトサンダの構成要素で,研磨ベルト裏面に接して回転運動し,研磨ベルトと工作物とを接触させる。一般にゴム製か金属製で,その外周表面はそのままか,他に綿布,皮革,合成樹脂などを貼って使用する。ゴム製の外周表面の形状には平坦のものもあるが,多くは鋸歯状の溝加工が施されている。関ベルト研削,参ベルト研削。

コンタクトホイール研削方式 (— *kensaku-hōshiki*; contact wheel grinding method, contact wheel sanding method) コンタクトホイールをバックアップとした研磨ベルト表面に工作物を押し付けて研削するベルト研削の一方式。最も一般的なベルト研削方式である。同接触輪研削方式,関コンタクトホイール,ベルト研削,参ベルト研削。

コンタクトロール (contact roll) ベルトサンダを構成するロールの種類で,その幅が直径より小さいコンタクトホイールに対し,直径に比べて幅の大きいロールのこと。関コンタクトホイール。

コンディショニング (conditioning) 人工乾燥の後処理として行う操作。人工乾燥が終末に近づいた時点で桟積み内の各板の平均含水率は,かなりばらついており,大きな乾燥応力を持っている。各板の平均含水率のばらつきをイコーライジングにより均一化した後,各板の表面と中心との含水率差はまだ残っており,乾燥応力も減少していない。残留応力の除去と板厚方向の含水率分布を均一化するのがコンディショニングでイコーライジングよりさらに高湿状態とする。両操作は湿度を上昇させると言う点で似ているので日本では一括してコンディショニングと呼び,操作的には一部の材を多少過乾燥にしておいてからイコーライジングをせず一気にコンディショニングに入る例が多い。同調湿処理,関イコーライジング。

コンデンサマイクロホン (capacitor microphone) 電極と振動板の間に電圧をかけ,振動板に当たる音の,振動による電極と振動板の間隔の変化を電圧の変化に変換させることで音響信号に変える方式によるマイクロホン。コイルなどの可動部品が少なく,かつ振動板も薄くできるので,より繊細な音を集音しやすくなる。一方,電源が必要(通常は電池や,ミキサーから供給)なことと,振動板等が繊細なため,ダイナミックマイクに比べて,耐久性等が落ち,また,湿気に弱い。

コンピュータ支援解析システム (— *shien-kai-seki*—; computer aided engineering, CAE) 製品や部品の開発および設計において,各種の特性をコンピュータによる数値解析もしくはシミュレーションにより検討するシステム。

コンピュータ支援工程計画システム (— *shien-kōtei-keikaku*—; computer aided process planning system, CAPP) コンピュータ支援のもとで機械加工工程の自動編成および自動手順作成を行う計画システム。

コンピュータ断層撮影（――*dansō-satsuei*; computerized tomography, CT）試験体の軸に垂直な任意の平面の詳細画像を得る方法。この軸に垂直なさまざまな方向から測定したX線吸収の値をコンピュータ処理する。同 CT。

コンピュータ統合生産システム（――*tōgō-seisan*――; computer aided integrated manufacturing system, CIM）生産に係わる全ての活動を制御するための生産情報をネットワークで結び，さらに異なる組織間で情報を共有して利用するために一元化されたデータベースとして，コンピュータで統括的に管理・制御するシステム。

コンピューティッド・ラジオグラフィ（computed radiography）同 CR。

コンプレッション【ノーズバーの――】（compression）JAS（合板）では，コンクリートを打ち込み，所定の形に成形するための型枠として使用する合板，とされている。関ノーズバー。

コンベックスルール（convex rule）テープ断面が樋状になっており，直立性に優れた鋼製巻尺。JISでは，呼び寸法を0.5mの整数倍とし，0.5〜10mを規定している。

コンベヤシステム（conveyer system）コンベヤを利用した作業方式。作業者がコンベヤ上の品物を作業台にいったん移して作業する静止式作業コンベヤシステムとコンベヤ上を移動している品物に作業する移動式コンベヤシステムとがある。

さ *sa*

サーブリッグ（therblig）人間の行う動作を目的別に細分し，全ての作業に共通であると考えられる18の基本動作要素に与えられた名称。

サーボ機構（――*kikō*; servo mechanism）物体の位置，方位，姿勢，力などの力学量を制御量とし，目標値の任意の変化に追従するように構成されたフィードバック制御系。追従制御を主な目的として構成された制御系をさすことも多い。サーボ系，サーボともいう。関フィードバック制御，追従制御。

サーミスタ（thermistor）金属酸化物などの半導体で，温度に対して電気抵抗が大きく変化する素子。温度の上昇とともに抵抗が減少するものはNTCサーミスタと呼ばれ，-50〜$350℃$の温度測定に用いられる。一般に，温度測定用のサーミスタとはこの種類を指し，ニッケル，マンガン，コバルト，鉄などの酸化物を混合して焼結したものが多い。温度の上昇で抵抗が大きくなるもの（PTCサーミスタ）や特定の温度で抵抗が急変するもの（CTR）は，電流制限素子や回路保護素子として用いられる。thermisitorは，thermal(温度)とresistor(抵抗体)から構成された造語。関測温抵抗体。

サーメット（cermet）セラミックスの粉末と金属の粉末を圧縮成形，焼結した複合材料。WC-Co合金を超硬合金といい，TiC系合金をサーメットとして区別する。TiNなどの窒化物添加サーメットが主流で硬さや強度も向上している。Al_2O_3-Fe，Al_2O_3-Crなどの酸化物系サーメットもある。

サーメット工具（――*kōgu*; cermet tool）刃部の材料にサーメット（チタン化合物，タルタン化合物またはニオブ化合物を主体とした焼結体）を使用した工具。関サーメット。

サーモグラフィ装置（――*sōchi*）熱画像撮影装置，関赤外線サーモグラフィー。

材押え装置（*zai-osae-sōchi*; chip breaker, pressure bar）回転鉋盤に取り付けられている工作物の押え装置。鉋胴の手前に取り付けられ

ているものをチップブレーカ，鉋胴の後方に取り付けられているものをプレッシヤバーという．

最外層用挽板（*saigaisōyō-hikiita*; outermost lumber）異等級構成集成材の積層方向の両外側からその方向の辺長の16分の1以内の部分に用いる挽板．閺内層用挽板，中間層用挽板，外層用挽板．

最外層用ラミナ（*saigaisōyō——*; outermost lamina）異等級構成集成材の積層方向の両外側からその方向の辺長の16分の1以内の部分に用いるラミナ．閺内層用ラミナ，中間層用ラミナ，外層用ラミナ．

サイクロイド歯車（—— *haguruma*; cycloidal gear）歯形が正確な，または近似的なサイクロイド曲線である円筒歯車．時計用などに用いられる．

最高使用周速度（*saikō-shiyō-shūsokudo*; maximum operating speed）研削砥石が安全に使用できる最高限度の周速度のことで，毎分何メートル(m/min)の単位で表示する．

在庫管理（*zaiko-kanri*; inventory management, inventory control）必要な資材を，必要なときに，必要な量を必要な場所へ供給できるように，各種品目の在庫を好ましい水準に維持するための諸活動．

最小曲率半径【湾曲部の—】（*saishō-kyokuritsu-hankei*; radius of least curvature）湾曲部の最も内側のラミナの曲率半径が最小となっている部分における当該曲率半径．閺湾曲集成材．

サイジングボーラ（sizing borer）工作物の両端部を同時に切断および穴あけ加工をする機械．左右対称に配置された丸鋸軸および錐軸，ベット上左右一対の送り装置からなる．

サイズモ系（*saizumo-kei*; seismic system）測定対象に固定された基礎枠（ケースまたはベース）と，この中に取り付けられた内部質量とバネ要素，および減衰要素から成る振動系のこと．基礎枠に振動が加えられたときのバネの他端に取り付けられた質量と基礎枠との間の相対変位が，振動入力に対する出力として得られる．

材積（*zaiseki*; wood volume）樹木，素材，製材品などの体積．樹木の場合には幹材積と枝条材積に区別されるが，通常は幹材積をさす．

材積計算法【丸太の—】（*zaiseki-keisan-hō*; volume scaling method, volume estimate method）素材のJAS規格において，丸太の材積計算法は以下のとおり規定している．①長さが6m未満のもの．$D \times L \times 1/10000$ ②長さが6m以上のもの．$\{D+(L'-4)/2\} \times L \times 1/10000$

材積歩止り（*zaiseki-budomari*）同形量歩止り，形量歩留り．

最大切込量（*saidai-kirikomi-ryō*; maximum undeformed chip thickness）回転削りおよび丸鋸切削においては，刃物と工作物の位置によって切込量は変化する．与えられた条件における切込量の最大値をいう．閺回転削り．

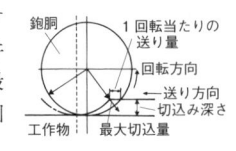

最大高さ（*saidai-takasa*; maximum height of profile; Pz, Rz, Wz）輪郭曲線方式による表面性状の評価において，輪郭曲線の基準長さにおける山高さの最大値と谷深さの最大値との和．輪郭曲線が粗さ曲線の場合は最大高さ粗さ（Rz），輪郭曲線がうねり曲線の場合は最大高さうねり（Wz）と呼ぶ．なお，JIS B 0601:1982ではフィルタを適用しない断面曲線（測定断面曲線），JIS B 0601:1994では低域フィルタを適用しない粗さ曲線について求め，それぞれ R_{max}, Ry の記号を使うことが規定されていた．閺最大高さ粗さ，最大高さうねり，最大谷深さ，最大山高さ．

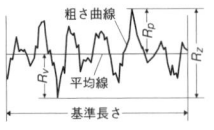

最大高さ粗さ（*saidai-takasa-arasa*; maximum height of roughness profile, Rz）輪郭曲線方式による表面性状の評価において，輪郭曲線が粗さ曲線の場合の最大高さ．閺最大高さ，最大高さうねり．

最大高さうねり（*saidai-takasa-uneri*; maximum height of waviness profile, Wz）輪郭曲線方式による表面性状の評価において，輪郭曲線が

うねり曲線の場合の最大高さ。⬛最大高さ，最大高さ粗さ．

最大谷深さ（*saidai-tani-fukasa*; maximum profile valley depth; Pv, Rv, Wv）輪郭曲線方式による表面性状の評価において，基準長さにおける輪郭曲線の谷深さの最大値。⬛最大山高さ．⬛最大高さ．

最大断面高さ（*saidai-dammen-takasa*; total height of profile; Pt, Rt, Wt）輪郭曲線方式による表面性状の評価において，評価長さにおける輪郭曲線の山高さの最大値と谷深さの最大値との和．⬛山高さ，谷深さ．

最大山高さ（*saidai-yama-takasa*; maximum profile peak height; Pp, Rp, Wp）輪郭曲線方式による表面性状の評価において，基準長さにおける輪郭曲線の山高さの最大値．⬛最大谷深さ．⬛最大高さ．

材長（*zai-chō*; length）丸太や製材品の長さ。製材のJASにおける定義は，製材の両木口を結ぶ最短直線の長さ。ただし，延びに係る部分を除く。

サイディング（siding）建物の外壁の乾式工法で板張のこと。材料は「サイディングボード」といい，これには木質，窯業系および金属系がある。

最適化制御（*saitekika-seigyo*）⬛最適制御．

最適制御（*saiteki-seigyo*; optimal control, optimum control）制御過程または制御結果を，与えられた規準に従って評価し，その評価成績を最も良くする制御。最適化制御ともいう。⬛自動制御．

採点法（*saiten-hō*; scoring）官能試験において，あらかじめ用意された基準に従って試料に点数を付与する方法。

彩度（*saido*; chroma）対象面の有彩色の強さ（鮮やかさ）の度合い。同様に照明されている白または透過率が高い面の明るさとの比率として判断される。⬛クロマ．

サイドすくい角（——*sukuikaku*; side rake）基準面（Pr）に対するすくい面の傾きを表す角で，f-v面（Pf）が基準面（Pr）およびすくい面と交わって得られるそれぞれの交線が挟む角．⬛アプローチ角（図中 γf）．

サイドドレッサ ⬛帯鋸歯側面研削盤．

サイド逃げ角（——*nigekaku*; side clearance angle）s-v面（Ps）に対する逃げ面の傾きを表す角で，f-v面（Pf）が s-v面（Ps）および逃げ面と交わって得られるそれぞれの交線が挟む角．⬛アプローチ角（図中 αf）．

サイド刃物角（——*hamono-kaku*; side wedge angle）すくい面と逃げ面とのなす角で，f-v面（Pf）がすくい面および逃げ面と交わって得られるそれぞれの交線の挟む角．⬛アプローチ角（図中 βf）．

材内師部，材内篩部（*zai-nai-shibu*; included phloem）広葉樹材のある種に見られる二次木部の中に含まれる束状または層状の師部。同心型と散在型の二つに型に区別される。

細胞間隙（*saibō-kangeki*; intercellular space）細胞間の空隙。不確定の長さの細胞間道，限られた長さの細胞間腔および単なる細胞の間隙がある。

細胞間層（*saibō-kan-sō*; intercellular layer）隣接する細胞間に存在する層。

細胞間道（*saibō-kan-dō*; intercellular canal）不確定の長さを有する管状の細胞間隙で，一般にエピセリウムから分泌される樹脂，ゴム質等の貯蔵に使われる。軸方向および放射方向のものがある。⬛樹脂道．

細胞壁（*saibō-heki*; cell wall）木材の細胞を形づくる壁で，一般に一次壁と二次壁からなる。木材細胞では非常に肥厚しており，セルロース，ヘミセルロース，リグニンで構成される。⬛一次壁，二次壁，セルロース，ヘミセルロース，リグニン．

砕木機（*saiboku-ki*; grinder）砕木パルプを製造する機械。回転する砕木と砥石面上に水をかけながら，木材を押し付けて磨砕する機械。ポケット砕木機，キャタピラー（チェーン）砕木機などがある。

材面（*zai-men*; face）丸太および円柱類では木口を除く部分を長さ方向の線により4等分した面。そま角では木口以外の4平面。構造用を除く板類では面積の大きい2平面，角類および構造用板類では木口を除く4平面。

材面調整機械（*zaimen-chōsei-kikai*）製材品の

材面を調整する，すなわち寸法調整および表面仕上げする機械．

在来[軸組]構法（*zairai [-jikugumi] -kōhō*）木質構造において，日本の伝統的な木造建築の流れをくむ軸組工法を枠組壁工法（ツーバイフォー工法）や木質パネル工法と区別するために用いられている名称．

サイロパレット（silo pallet）主として紛粒体のものに使用され，密閉状の側面とふたをもち，下部に開閉装置があるボックスパレット．

サインバー（sine bar）金属加工で角度を精密に測定するための器具．本体の上面は平面に仕上げられ，下面の両端に円形のローラが固定されている．二つのローラの中心を結ぶ線は上面と平行で，中心間の距離は100または200 mmである．定盤にサインバーを設置し，片側のローラをブロックゲージを用いて持ち上げたときの上面の傾きの角度は，ローラの中心間距離とブロックゲージの高さから，正弦則によって求められる．

サウンドレベル（sound level）標準の周波数重み付けと指数形時間重み付けを施して得られる音圧の基準音圧20μPaに対する比を，10を底とする対数（常用対数）変換し，20倍したもの．単位はデシベル[dB]．

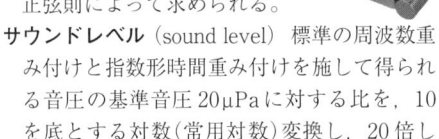

サウンドレベルメータ（sound level meter）標準の周波数重み付けと標準の時間重み付けをした音圧レベルを測定するための機器．

座金（*zagane*; washer）小ねじ，ボルト，ナットなどの座面と締付部の間に入れる部品．形状，機能，用途などによって色々な種類がある．

逆目（*sakame*）構造用集成材のJAS規格における材表面またはひき板の品質基準の事項に含まれる項目の一つ．プレーナー加工の際の逆目切削によって生じた集成材表面の欠点．

逆目切削（*sakame-sessaku*; cutting against grain）切削方向を含み切削面に垂直な面において，繊維傾斜角が鈍角な場合の切削．逆目ぼれの発生を防止するために，裏金（裏刃）を十分に作用させたり，切込量を小さくする．関 順目切削，繊維傾斜角．

逆目ぼれ（*sakamebore*; torn grain, chipped grain）工作物を全体あるいは部分的に逆目切削したときなどに現れ，切削面から繊維束が塊状，群状，帯状に堀り取られた状態．板目面において年輪界付近の材面がえぐり取られて凹状にくぼんだ部分を torn grain，柾目面において春材部がえぐり取られて凹状にくぼんだ部分を chipped grain という．

先丸剣バイト（*sakimaruken-baito*; straight turning tool with rounded corner）左右対称な切れ刃と大きな丸コーナとをもつ剣バイト．

先丸すみ(角)バイト（*sakimarusumi-baito*; round nose bent tool）バイト頭部を横に曲げた先に横切れ刃と前切れ刃を付け，両切れ刃の交点部分に小さい円弧状切れ刃を付けたバイト．

先むく(無垢)ドリル（*sakimuku—*; top solid drill）ボデーの先端からある長さの部分だけを，むくの工具材料をろう付けしたドリル．

作業管理（*sagyō-kanri*; work management）作業方法の分析・改善により標準作業と標準時間を設定し，この標準を維持する一連の活動体系．

作業研究（*sagyō-kenkyū*; motion and time study, methods engineering, work study）標準作業の決定と標準時間を求めるための一連の手法体系．関 標準作業，標準時間．

作業時間分析（*sagyō-jikan-bunseki*; time study）同 時間研究．

作業測定（*sagyō-sokutei*; work measurement）作業または製造方法の実施効率の評価および標準時間を設定するための手法．関 作業研究，標準時間．

先割れ（*sakiware*; fore split）縦切削において，刃先のくさび作用により刃先の前方に生ずる割れ．

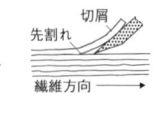

酢酸ビニル樹脂エマルジョン接着剤（*sakusan*

—jushi—setchaku-zai; poly(vinyl acetate) emulsion adhesive) 同ポリ酢酸ビニルエマルジョン接着剤．

サクションスタッカ（suction stacker）同ベニヤスタッカ，関スタッカ．

座屈強度【鋸歯の—】（zakutsu-kyōdo; buckling strength of sawtooth）鋸歯に過大な力が作用し限界を超えると，鋸歯は座屈（横方向に曲がる）する．その限界の力のこと．

削片製造機（sakuhen-seizō-ki; flaker）原料木材または小木片を切削して削片にする機械．

座ぐり（座刳り）（zaguri; spot facing, counter boring）ナットなどの座のすわりをよくするための加工．

作里鉋（sakuri-ganna）同しゃくり鉋，溝鉋．

差金，指矩（sashigane）同矩尺，曲尺．

差鴨居，指鴨居（sashikamoi）木質構造において，鴨居高さの内法に入る成の高い横架材で，柱に差し口で取り合うことからこう呼ばれ，近世に考案された．通常の鴨居は造作材であるが，これは構造材として上部の荷重を支え，推移兵力に対しても軸組みの変形を防ぐ働きをする．柱部分の胴付面が大きいほど，つまり成が高いほどその効果が期待できる．差し鴨居の取り合いは三方差しや四方差しになりやすく，仕口部分での欠損が大きいため，柱の断面は大きなものを必要とし，また柱は堅木であることが望ましい．

さじ（匙）錐（saji-giri）穂がさじ形の錐．繰子錐に取り付けて硬材の木口面の穴あけに使用する．

差込工具（sashikomi-kōgu; insert mounted tool）①ホルダまたはシャンクに機械的に取り付けた小形の工具．②ボデーをシャンクに差し込んで，ろう付け，圧入などの方法で結合した工具．シャンクタイプ工具に多い．

差込バイト（sashikomi-baito; inserted turning tool）ブレードをホルダに差込み締め付けて使用する組立バイト．

挿し歯（sashi-ba; insert tooth）植歯の一種．鋸身の所定個所に凹凸を合わせ挿し込むだけで固定される鋸歯で，一部の帯鋸に使用されている．関植歯丸鋸，植刃フライス．

差物，指物（sashimono）釘や緊結用金具を使用せず，板材を差し合わせて巧みに接合する木材の加工技術と工芸技術の総称，またはその技術を利用してつくられた調度品，家具，建具，玩具など．木造建築の差鴨居，差梁などにおける柱のほぞ差しに関連する接合技術，またはその材．

雑音（zatsuon; noise）うるさい音，騒音のこと．一般に処理対象となる音以外の不要な音をいう．

作動距離【顕微鏡の—】（sadō-kyori; working distance）顕微鏡の対物レンズの前端から試料（またはカバーガラス）までの距離．一般に試料に焦点があったときの距離で表す．

サドル（saddle）ベッド（工作機械の本体を構成し，案内面をもつ台）やニーなどの案内面上にまたがり移動する台．サドルには，テーブルサドル，ホブサドル，ワークサドルなどが含まれる．関ニー，クロススライド．

さね（実）鉋（sane-ganna）核刳ぎ加工において凸部を作る鉋．

さねはぎ（実接ぎ，実刳ぎ）（sanehagi; tongue and groove joint）板材の側面同士を接合する方法で，接合面の一方に凸形のさね（おざね）を，他方に凹形の溝（めざね）を作ってはめ合わせる「本さねはぎ」や「ありさねはぎ」，および接合面の両側に凹形の溝（めざね）を作り，薄板をはめ込んで接合する「やといさねはぎ」などがある．関雄ざね，雌ざね，参はぎ合せ．

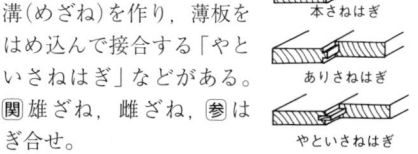

鯖鋸（saba-noko）同穴挽き鋸．

サプライチェーンマネジメント（supply chain management）資材供給から生産，流通，販売に至る物またはサービスの供給連鎖をネットワークで結び，販売情報，需要情報などを部門間または企業間でリアルタイムに共有することによって，経営業務全体のスピードと効率を高めながら顧客満足を実現する活動．

さや挽き（saya-biki）丸太の曲がりの方向と平行に鋸を入れる挽材方法で，刀のさやの形に

似ているのでさや挽きという。関のし挽き。

作用系角（*sayō-kei-kaku*; working angles）切削作用を考察する便宜上，作用系基準方式によって定義する刃部の角の総称。作用系基準面を基準とする。作用系角であることを明らかにするために，用語の前に"作用系"を付け，記号に添字eを付けて工具系角と区別する。

作用系基準方式（*sayō-kei-kijun-hōshiki*; tool-in-use system）切削中の主運動と送り運動を合成した合成切削運動の方向を基準として，切れ刃上の1点を通る基準となる面および軸を設定し，刃部の諸角を定義する方式。関基準方式，工具系基準方式。

皿錐（*sara-giri*）同菊座錐。

皿鋸（*sara-noko*; concave circular saw blade）鋸身を湾曲させて皿状とした丸鋸。工作物を円形に挽くのに主として使用する。関丸鋸。

皿ばね（*sara-bane*; disc spring(Belleville), coned disc spring, Belleville spring）底のない皿形のばね。ねじの緩み止めなどに用いられる。

皿木ねじ（*sara-mokuneji*; flat head wood screw）頭部が平坦になった木ねじ。参木ねじ。

三角スケール（*sankaku—*; triangular scale）断面がほぼ三角形で，6面にそれぞれ異なった縮率の目盛が付けてある長さ計。JISでは呼び寸法100 mm，150 mm，300 mmを規定している。

三角ねじ（*sankaku-neji*; triangular screw thread）ねじ山の形が正三角形に近いねじの総称。メートルねじ，ユニファイねじ，ミニチュアねじなどはこれに属す。

三角歯（*sankaku-ba*; common tooth）歯喉線および歯背線が直線で，歯端を頂点とする二等辺三角形をなす歯形。歯喉角は負。横挽き用歯形の基本形。同AV歯，関歯形，横挽き，参歯形要素。

桟木（*sangi*; sticker, crosser）乾燥すべき木材を桟積みする際，材料間の通風を容易にするため，材料の間にはさむ小角材。欠点のない通直な針葉樹の心材が用いられる。厚さが薄いほど収容材積は大きくなるが，材間が狭まって，空気の通りが悪くなり，桟積み作業中の折損消耗も増大する。関桟積み。

桟木厚（*sangi-atsu*; sticker thickness）乾燥室あるいは天然乾燥場で使用している乾燥した状態の桟木の厚さ。桟木厚は乾燥すべき材料の樹種・厚さ・材間風速によって1.5～4.0 cmに変えるとよいが，種類を多くすることは作業性および経費の面から不利になるので，一般に2.0～2.5 cm。桟木厚に大小があると乾燥材に反りなどの欠点が出やすいので均一にする。関桟木，桟積み。

桟木間隔（*sangi-kankaku*; sticker spacing）桟木と桟木との間隔。板厚2.5～3.0 cmの材で大略50～60 cm，狂いの発生しやすい樹種には狭くする。関桟木，桟積み。

残響時間（*zankyō-jikan*; reverberation time）音源停止後における閉空間内の音の継続性を時間で表したもの。通常は500 Hzの帯域ノイズが音源停止から60 dB減衰するのに要する時間を秒で表す。

残響室（*zankyō-shitsu*; reverberant chamber）できるだけ拡散性が高い音場を実現するために特別に設計された長い残響時間をもつ室で，材料の吸音率および音源の音響パワーの測定に用いられる。

3号片テーパ形砥石（*sangō-kata—gata-toishi*）関砥石。 ＊矢印：使用面

散孔材（*sankō-zai*; diffuse-porous wood）広葉樹材の道管配列の型についての分類で，成長輪全体にわたって道管が散在している材。環孔材とともに広葉樹材で一般的な道管配列の型である。関環孔材，半環孔材，放射孔材。

残差（*zansa*; residual）測定値から試料平均（測定値の合計を測定値の個数で割った値）を引いた値。関誤差。

三次元切削（*sanjigen-sessaku*; oblique cutting, three dimensional cutting）①切屑生成が三次元的になる切削。切れ刃の形状によって次の3種類に分類できる。切削方向に直 工具 工作物 バイアス角

角でないひとつの直線切れ刃による切削．②二つ以上の交わる直線切れ刃による切削．③曲線または曲線と直線の組合せ切れ刃による切削．関傾斜切削．

39号両ドビテール形砥石（*sanjūkyūgō-ryō—gata-toishi*）関砥石．

＊矢印：使用面

38号片ドビテール形砥石（*sanjūhachigō-kata—gata-toishi*）関砥石．

＊矢印：使用面

算術平均粗さ（*sanjutsu-heikin-arasa*; arithmetical mean deviation of roughness profile, Ra）輪郭曲線方式による表面性状の評価において，輪郭曲線が粗さ曲線の場合の算術平均高さ．関算術平均高さ．

算術平均うねり（*sanjutsu-heikin-uneri*; arithmetical mean deviation of waviness profile, Wa）輪郭曲線方式による表面性状の評価において，輪郭曲線がうねり曲線の場合の算術平均高さ．関算術平均高さ．

算術平均高さ（*sanjutsu-heikin-takasa*; arithmetical mean deviation of profile; Pa, Ra, Wa）輪郭曲線方式による表面性状の評価において，基準長さにおける輪郭曲線$Z(x)$の絶対値の平均．輪郭曲線が粗さ曲線の場合には算術平均粗さ（Ra），うねり曲線の場合には算術平均うねり（Wa）と呼ぶ．

$$Pa; \ Ra; \ Wa = \frac{1}{l}\int_0^l |Z(x)|dx$$

ここで，l は Pa, Ra または Wa を求めるときのそれぞれの基準長さ．

酸素ーアセチレン溶接（*sanso—yōsetsu*; oxy-acetylene welding）燃料ガスにアセチレンを用いるガス溶接．関帯鋸接合法，ガス溶接．

3層構造表面モデル（*sansō-kōzō-hyōmen—*; three-layer surface model）輪郭曲線方式による表面性状の評価において，輪郭曲線が高さ方向に，突出山部，コア部および突出谷部の三つの独立な不規則波形成分からなるとする輪郭曲線モデル．

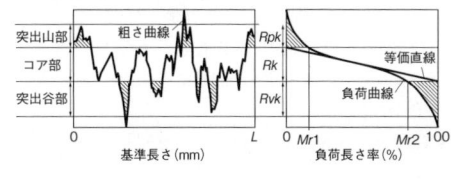

三足錐（*sanzoku-giri*）同三つ又錐．

サンダ（sanding machine）研削工具に研磨布紙などを用いて，工作物を研削・研磨する各種の加工機械の総称．関研磨布紙加工，ベルトサンダ．

サンダ（電動工具）（sander）研磨布紙を装着して，これを回転あるいは往復運動させて材料の表面を除去し，所定の寸法に仕上げたり，平滑化する電動工具．関電動工具．

桟積み（*sanzumi*; piling, stacking）乾燥すべき木材に直交してある間隔ごとに小角材の桟木をはさんで積み重ねた堆積．最も多いのは材料を水平に積み重ねた「平積み」であり，約1/10程度傾斜させた「傾斜積み」，垂直にたてた「垂直積み」，わく組にXあるいはV字形にもたせかけた「もたせかけ」等のほか，材料の形状・寸法に応じて，枕木・たる・おけ・げた材におけるような独自の桟積み方法がある．関桟木．

桟積機（*sanzumi-ki*; lumber-piling machine, crosspiece piling equipment）桟積みを行う装置．多量に同一材料を乾燥するときや，特に厚く重い材を桟積みするときに有効である．関桟積み．

サンディング（sanding）同研削，研磨．

三点透視投影（*santen-tōshi-tōei*; three-point perspective）対象物のすべての面が投影面に対して傾斜している透視投影．関透視投影，一点透視投影，二点透視投影．

サンドペーパ（abrasive paper, sand paper）同研磨紙，関研磨布紙．

サンプル値制御（*—chi-seigyo*; sampled-data control）制御系の一部にサンプリングによって得られた間欠的な信号を用いる制御．

1/3オクターブ（*san-bunno-ichi—*; one-third octave, third octave）1オクターブをさらに三つの帯域に分けたもの．1/1オクターブバ

ンド分析のフィルタの中心周波数は，31.5，63，125，250，500，1000，2000…Hzと，隣り合うフィルタの2倍の関係になるが，1/3オクターブ分析のフィルタの中心周波数は，31.5，40，50，63，80，100，125…Hzと，隣り合うフィルタの1.25倍（1/3オクターブ間隔）の関係になる。

1/3オクターブ帯域幅フィルタ（*san-bunno-ichi—taiikihaba—*; one-third-octave band pass filter, third-octave band pass filter）中心周波数を f_0 とすると，上限周波数 f_2 が $^6\sqrt{2}f_0$，下限周波数 f_1 が $f_0/(^6\sqrt{2})$，$f_2=^3\sqrt{2}f_1$ である帯域幅を持つフィルタをいう。

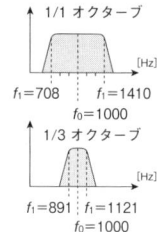

1/1 オクターブ
$f_1=708$ $f_2=1410$
$f_0=1000$

1/3 オクターブ
$f_1=891$ $f_2=1121$
$f_0=1000$

散乱光法（*sanrankō-hō*）浮遊粉じん濃度の浮遊測定方法の一つ。浮遊粉じんに光を照射し，粉じんから発した散乱光の量を連続的に測定して積算するすることによって，瞬時値～1時間の周期で粉じん濃度を求める。この測定法での粉じん濃度は，単位時間のカウント数として相対濃度で表されるので，変換係数を乗じて質量濃度を求める。[関]浮遊測定方法。

残留応力（*zanryū-ōryoku*; residual stress）外力または温度こう配がない状態で，材料内部に残っている応力。

残留ひずみ（*zanryū-hizumi*; residual strain）外力または温度こう配がない状態で，材料内部に残っているひずみ。

し *shi*

仕上げ鉋（*shiage-ganna*）[同]上仕工鉋。

仕上鉋盤（*shiage-kanna-ban*; fixed knife planer）テーブルに固定された平鉋刃に工作物を自動送りして，表面を仕上げ削りする鉋盤。[同]スーパーサーフェサ，超仕上鉋盤，平削り鉋盤。

㈱丸仲鐵工所カタログより

仕上工具（*shiage-kōgu*; finishing tool）仕上げの工程で使用することを目的として作った工具。一般には良好な切削仕上げ面または加工寸法精度を得られるように考慮されている。

仕上材（*shiage-zai*; finished lumber）乾燥後，修正挽きまたは材面調整を行い，寸法仕上げをした製材のこと。

仕上げ仕工鉋（*shiageshiko-ganna*）[同]上仕工鉋。

仕上げのみ（鑿）（*shiage-nomi*）叩きのみでほった穴の内壁の仕上げなどに用いるのみの総称。薄のみ，突きのみ，鎬のみ，鏝のみがある。前方に押し突いて加工するために穂，首，柄が長く，冠を持たない。使用目的から穂先と両耳の鋭利さが求められる。[関]薄のみ，突きのみ，しのぎのみ，こてのみ。

仕上面（*shiage-men*; machined surface）[関]切削仕上面。

仕上面粗さ（*shiagemen-arasa*; machined surface roughness）切削仕上面の粗さ。実際の仕上面では，理論的に求められる幾何学的粗さに種々の原因による粗さが付加されている。特に，木材切削では組織粗さの影響が大きい。[同]加工面粗さ，[関]表面粗さ，幾何学的粗さ，組織粗さ。

シアノアクリレート系接着剤（——*kei-setchaku-zai*; cyanoacrylate adhesive）アルキル（メチル，エチル）シアノアクリレートを主成分とする接着剤であり，空気中の水分や被着材表面の水分によって短時間にアニオン重合して硬化する。

CR（computed radiography）輝尽性蛍光体プレ

ートを検出器に用いる放射線透過試験。同コンピューティッド・ラジオグラフィ。

CIE（International Commission on Illumination）"Commission internationale de l'eclairage"の略記で，国際照明委員会のこと。光と照明の分野での科学，技術および工芸に関するあらゆる事項について国際的討議を行い，標準と測定の手法を開発し，国際規格および各国の工業規格の作成に指針を与え，規格・報告書などを出版するとともに，他の国際団体と連携・交流をはかることを目的とした国際的な非営利の団体である。

CIE1931標準表色系（*CIE1931-hyōjun-hyōshokukei*; CIE1931 standard colorimetric system）同XYZ表色系，関CIE表色系。

CIE表色系（*CIE-hyōshokukei*; standard color system）ある標準化された光の3原色と色の観察条件のもとでは，任意の色は，その色を作るのに必要な光の3原色の量(強度)によって定量的に定義される。これに基づいて色を測定し，表示するための体系をCIE表色系という。ただし，一般的にCIE表色系といえば，CIE1931標準表色系を指すことが多い。関XYZ表色系，CIE1931標準表色系。

CIM（computer integrated manufacturing）同コンピュータ統合生産システム。

CAE（computer aided engineering）同コンピュータ支援解析システム。

CAPP（computer aided process planning system）同コンピュータ支援工程計画システム。

CN釘（*CN-kugi*; CN nail）太め鉄丸釘のこと。鉄丸釘よりやや太めで，剪断強度に優れる。2×4(ツーバイフォー)工法(枠組壁工法)の建築物に使われる。

CNC（computerized numerical control）コンピュータを組み込んで，必要な制御の一部または全部を実行する数値制御。関数値制御。

CO_2レーザ（CO_2 laser, carbon dioxide laser）炭酸ガスレーザのこと。同炭酸ガスレーザ。

シーケンス制御（——*seigyo*; sequential control）あらかじめ定められた順序または手続きに従って制御の各段階を逐次進めていく制御。

CCD撮像素子（*CCD-satsuzō-soshi*; charge-coupled device）露光による蓄積電荷を自走査によって読み出す半導体撮像素子。

シージングボード（sheathing board）インシュレーションボード(軟質繊維版)にアスファルト処理を施し，吸水性を下げたもの。外壁の構造用面材(外壁下張り)として日本工業規格(JIS)に適合したものをSN40の釘打ちによって用いる。

Cスコープ表示（*C-sukōpu-hyōji*; C-scan display, C-scan presentation）同平面表示。

G繊維（*G-sen'i*）同ゼラチン繊維。

G層（*G-sō*）同ゼラチン繊維。

CT（computerized tomography, CT）同コンピュータ断層撮影。

CT値（*CT-chi*; CT number）断面画像の各画素における線吸収係数$\mu[\text{cm}^{-1}]$を水のμを用いて変換した値。一般的に，水を0，空気を-1000で表わす。断面画像は，CT値を明暗方向の濃淡地に輝度変調して表示する。

CT法（*CT-hō*）コンピュータ断層撮影を用いた非破壊試験方法。関CT，コンピュータ断層撮影。

シート（abrasive sheets）研磨布紙や研磨フィルムなどの研磨工具を長方形の形状に裁断した板状製品の呼称。

C特性音圧レベル（*C-tokusei-on'atsu*——; C-weighted sound pressure level）騒音計の聴感補正回路の特性の一つである，比較的平坦な周波数特性を持つ周波数補正回路を通して測定した音圧レベル。騒音計のAC出力を記録するときや，衝撃音(周波数帯で見ると幅が広くなる)の測定に用いられる。単位はデシベル[dB]。

C特性時間重み付きサウンドレベル（*C-tokusei-jikan-omomi-tsuki*——; C-weighted and time-weighted sound level）周波数重み付け特性C，指数形時間重み付け特性fast(F)またはslow(S)をつけた音圧レベルのこと。

CBN（cubic boron nitride）同立方晶窒化ほう素焼結体，関歯形要素。

CVD（chemical vapor deposition）同化学蒸着。

Cマーク[表示]金物（*C*——[*-hyōji*]*-kana-*

mono) 木質構造のツーバイフォー工法の接合および補強金物で，財団法人　日本住宅・木材技術センターの定めた規格に合格したもの。この工法には，これらの金物と同等以上の性能の金物をZN釘で取付けることが法で義務付けられている。

JIT（just in time）同ジャストインタイム。

シェーパ（spindle shaper, molder shaper, shaper）①spindle shaper, molder shaper: 回転する垂直主軸とテーブルとからなり，主として工作物の側面を曲線削りまたは溝削り加工する機械。関面取り盤。②shaper: ばち型あさり機によってあさり出しされた帯鋸や丸鋸などのあさり歯側面を手動または動力により型に圧入して一定の幅に仕上げる機械。同ばち形整形機，関ばち形あさり機，スエージ，あさり出し器。

シェービング（shaving）パーティクルボードの製造に用いられる木材小片，プレーナ屑を選別したもので，内層用として用いられる。

ジェットドライヤ（jet dryer）横形円筒炉の全長にわたり下方から熱風を円筒の内面に沿って接線方向に吹き上げ，小片を長軸方向に移動させながら乾燥する機械。

ジェットバーカ（jet barker, hydraulic barker）回転しながら送られてくる原木に対して，一方向あるいは数方向のノズル（口径2～3mm）から10MPa程度の高圧の水噴射を行って剥皮する機械。木質部をあまり損傷せずに剥皮できるが，排水処理に留意が必要である。同水圧式剥皮機，水圧バーカ。

紫外線（*shigaisen*; ultraviolet radiation）同紫外放射。

紫外放射（*shigai-hōsha*; ultraviolet radiation）単色光成分の波長が可視放射の波長より短く，およそ1nmより長い放射。同紫外線。

仕掛品（*shikakarihin, shikakehin*; work-in-process, in-process inventory）原材料が払い出されてから，完成品として入庫（または出庫）の手続きが済むまでの全ての段階にある品物。

時間重み付きサウンドレベル（*jikan-omomitsuki*—; time-weighted sound level）ある周波数重み付けした瞬時音圧の2乗値を求め，それに時間重みをかけてレベル化したもの。音響・振動の信号は，時間的に変動している。この信号の物理量として実効値（Root Mean Square）を求めることが多く行われるが，原理的には信号を2乗して，（積分）平均を行い，開平するというステップによる。さらに対数化・レベル表示して○○dBというように用いられる。このとき，信号の周期性を考えて適切な平均時間を設定することが重要で，実効値として一定の値（直流と等価な値）を得るためには，周期性の信号であれば1周期（あるいはその整数倍）の時間，あるいはもっと長い十分な時間の平均化を必要とする。この平均化を行う際の平均化時間の長を考慮した音圧レベル（サウンドレベル）をいい，騒音計にあるFastおよびSlowは積分平均を時定数τの1次の積分回路（ローパスフィルタ）で行うとしたときに，F: τ = 125 ms，S: τ = 1sに相当する。

時間研究（*jikan-kenkyū*; time study）作業を要素作業または単位作業に分割し，その分割した作業に要する時間を測定し，その作業時間に基づき作業を評価する手法。同作業時間分析，関要素作業，単位作業。

時間スケジュール（*jikan*—; time schedule）乾燥スケジュールを時間との関係で示されているもので，時間の経過に従って乾燥室内条件（温度と湿度）を変化させる方式。関乾燥スケジュール，含水率スケジュール。

時間平均音圧レベル（*jikan-heikin-on'atsu*—; time-average sound pressure level）ある指定された時間内における音圧実効値の基準音圧に対する比の，10を底とする対数（常用対数）をとり20倍したもの。単位はデシベル[dB]。

時間平均サウンドレベル（*jikan-heikin*—; time-average sound level）ある指定された時間内における標準の周波数重み付けと指数形時間重み付けを施して得られる音圧の基準音圧20μPaに対する比の，10を底とする対数（常用対数）をとり，20倍したもの。単位はデシベル[dB]。

時間率騒音レベル（*jikan-ritsu-sōon*—; percentile sound level) ある測定時間内に騒音レベルが変動した場合，あるレベルを超えている時間が実測時間のXパーセントを占めるとき，そのレベルをL_Xの表記記号で表したもの．

敷居（*shikii*) 木質構造において，鴨居と対をなす部材．襖や障子，引き戸などの開閉のために溝やレールがついている．敷居溝は木表側に突く．関鴨居．

色彩（*shikisai*; color, (perceived) color, (psychophysical) color）同色．

地きず（*jikizu*, macro-streak-flaw) 鋼の仕上面において，肉眼で認められるピンホール，ブローホールなどによる線状の傷．明らかに加工傷または割れと認められる傷は含まない．

色相（*shikisō*; hue) ある面が，純粋な赤，黄，緑，青，またはそれらの隣り合った二つの間の色と同類に見えるという視感覚属性．関彩度，明度，マンセル表色系．

色度（*shikido*; chromaticity) 色度座標（3個で一組をなす三刺激値それぞれの，それらの和に対する比）によって定められる色刺激の性質．

敷梁（*shikibari*) 木質構造の和小屋において，長大にわたる小屋梁を途中で受ける大断面の梁で，下部は柱で支えられ，小屋梁とは直角に取り合う．小屋組みの骨格的な役割を持つ．「牛(丑)梁」，「牛引き梁」，「枕梁」ともいう．

磁気ひずみ(歪)法（*jiki-hizumi-hō*; magnetostriction method) 磁化された強磁性体に力を加えて変形させると磁化の強さが変化することを利用して，応力またはひずみを測定する方法．

色標（*shikihyō*; color chart) 同カラーチャート．

歯距（*shi-kyo*; tooth pitch) 歯端線または歯端円に沿って測定した隣接する鋸歯の歯端の間隔．同ピッチ，関参歯形要素．

ジグ，治具（*jig*) 工作物や工作機械などに取り付けて部品の加工位置を正確に定め，刃物や工具または材料を正しく導いたり，安全作業のために用いる補助具．

軸受（*jiku-uke*; bearing) 回転や往復運動をする軸の働きを規定し，かつ軸に作用する荷重および自重を支持する機械要素の総称．

軸組構法（*jikugumi-kōhō*) 木質構造において，構造体が柱や梁などの軸部材の組み合わせで構成される工法．一般的に，住宅などでは枠組壁工法やパネル工法などに対して在来工法を指していう場合に多い．

軸組端部接合用補強金物（*jikugumi-tambusetsugōyō-hokyō-kanamono*) 木質構造の筋かい耐力壁において，地震のときの圧縮・引張の繰り返しによって筋かい端部が面外へ外れるのを防いだり，軸材同士の接合耐力を増強するための金物．

軸傾斜丸鋸盤（*jiku-keisha-marunoko-ban*; circular saw with tilting arbor) 丸鋸を傾斜および昇降させる装置を備え，工作物を手動で送り，切断，溝削りなどの加工をする木工丸鋸盤．関丸鋸盤．

ジグソー（*jig saws*) 機体の下方に向けて鋸刃が取り付いている往復動鋸．案内板を備えており，案内板は傾斜調整ができる．関往復動鋸．

軸測投影（*jikusoku-tōei*; axonometric representation) 単一の平面上における対象物の平行投影．関平行投影．

仕口（*shiguchi*; joint, connection) 二つ以上の部材がある角度をなして結合されている接合法の総称．部材の長さ方向の接合法は継ぎ手という．関継手．

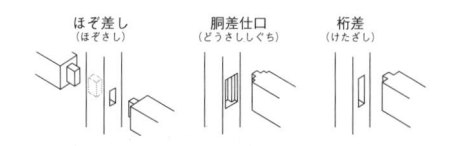

ほぞ差し (ほぞさし)　胴差仕口 (どうさしじぐち)　桁差 (けただし)

仕口加工盤（*shiguchi-kakōban*; connection processor for construction material) カッタやビットを取り付けて移動する主軸と工作物固定装置を備え，木造建築用構造材の側面・上下面に溝，欠き，掘りなどの仕口を加工するほぞ取り盤．関仕口．

軸付研磨フラップホイール（*jikutsuki-kemma—*; flap wheels with shaft) 研磨布のフラップ片を放射状に軸対象に接着・固定し，把軸を設けた小形の研磨工具．

軸付砥石（*jikutsuki-toishi*; mounted wheels) 砥

石を保持し回転させるための柄を付けた小直径の研削砥石。関砥石。

軸方向（*jiku-hōkō*; longitudinal direction）繊維の方向と平行な方向で，樹幹では垂直方向となる。放射方向と接線方向とで木材の3方向をなす。関放射方向，接線方向。

軸方向切込深さ（*jiku-hōkō-kirikomi-fukasa*; axial depth of cut）正面フライスやエンドミルによる加工における工具の軸方向の切込み深さ。関半径方向切込深さ，参半径方向切込深さ。

軸方向柔細胞（*jiku-hōkō-jūsaibō*; axial parenchyma cell）軸方向柔組織を構成する細胞。関軸方向柔組織。

軸方向柔組織（*jiku-hōkō-jūsoshiki*; axial parenchyma）紡錘形始原細胞を起源とする柔細胞群。関放射柔組織。

軸方向樹脂道（*jiku-hōkō-jushidō*）同垂直樹脂道。

軸方向すくい角（*jiku-hōkō-sukuikaku*; axial rake angle）①正面フライスカッタの正面切れ刃のすくい面と主軸を含む面とのなす角度。②ドリル中心軸に平行な直線に対する切れ刃すくい面のなす角度。

軸ボルト（*jiku*—）木質構造の丸太組構法において，耐力壁相互の交差部に設けられたボルト。

次元【量の—】（*jigen*; dimension (of a quantity)）ある量体系に含まれる一つの量を，その体系の基本量を表す因数のべき乗の積として表す表現。例えば，基本量として長さを L，時間を T とすると，速さと加速度の次元はそれぞれ LT^{-1} と LT^{-2} となる。

歯喉（*shi-kō*; tooth face, tooth front, rake face）鋸歯の前面（鋸の走行方向に面している面）。すなわち，歯端から歯底または歯腹に至る部分。関歯形要素。

歯高（*shi-kō*; height of tooth, gullet depth）歯底から測った鋸歯の高さ。歯底線（または歯底円）と，歯端線（または歯端円）との距離。関歯形要素，参歯形要素。

歯喉角（*shikō-kaku*; hook angle, rake angle）歯端から歯端線または歯端円の接線に垂直に引いた線と，歯端からの歯喉線または歯喉線の接線とのなす角度。上記垂線に対して歯喉線が鋸走行方向に傾いている場合を負の歯喉角，逆の場合を正の歯喉角としている。関参歯形要素。

指向性マイクロホン（*shikōsei*—; directional microphone）特定の方向を捉えやすい性質を持つマイクロホン。「単一指向性」マイクロホンとも言う。振動板の後ろ側にも音の通り道として穴や溝が設けられている点で無指向性マイクロホンと構造が違う。間接音はこの穴や溝から入って振動板の裏側に届くが，同じ音は回り込み，少し遅れて振動板の表側からも届く。そこで穴や溝から振動板の裏側までに障害物などを置いて間接音の速度を遅らせて直接音と同時に到達するようにすると，この音は振動板の表と裏で同時に生じた同量のエネルギーとして相殺され，電気出力にならない。一方，前方で鳴った音は，まず先に振動板の表側に伝わり，その後の裏側へ回り込んだ音は，障害物によって到達が遅くなる。この時間差によってエネルギーは相殺されずに電気出力されるため，前方への単一の指向性を持つ。

歯喉線（*shikō-sen*）歯形において歯喉を形成する線。関歯形要素。

自己温度補償ゲージ（*jikoondo-hoshō*—; self-temperature compensated strain gauge）規定された温度範囲で温度変化による見かけのひずみが，できるだけ少なくなるように作られたひずみゲージ。

仕込角（*shikomi-kaku*; pitch angle）鉋刃を鉋胴に取り付けるとき，取付け面（第2すくい面）と鉋胴円周面の交線における鉋胴円周接平面と，取付け面のなす角度。関鉋刃，鉋胴。

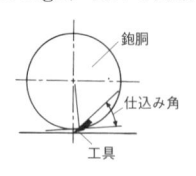

仕込み角（*shikomi-kaku*）同仕込勾配。

仕込勾配（*shikomi-kōbai*; cutting angle）鉋身の刃裏と鉋台の下端とのなす角度。切削角を示

す。仕込み角とも言う。
仕込み溝（*shikomi-mizo*）同押え溝。
しころ板（錏板）（*shikoro-ita*）同羽板。
視差（*shisa*; parallax）目盛板上の指針の振れから表示値を読み取るときなどに，視線の方向によって生じる誤差。
自在錐（*jizai-giri*）罫引刃を一枚有し，比較的大きい任意の直径の穴をあけることができる錐。自由錐とも言う。
自在ベルトサンダ（*jizai*——; swivel belt sander）エンドレス研磨布紙を2個以上のプーリに掛けて回転走行させ，一方のプーリ軸を移動することにより，垂直または水平に使用できるサンダ。関ベルトサンダ。
指示騒音計（*shiji-sōonkei*; sound level meter）マイクロホン・増幅器・指示計器および聴感補正回路からなる騒音計をいう。
歯室（*shi-shitsu*; gullet, throat）隣り合う鋸歯と鋸歯の間の空間。一つの鋸歯の歯喉，歯腹，歯底と，鋸走行方向に対して前の鋸歯の歯背，ならびに歯端線または歯端円によって囲まれた部分。関参歯形要素。
歯室面積（*shishitsu-menseki*; gullet area）歯室部分の面積。関歯形要素。
指示マイクロメータ（*shiji*——; indicating micrometer）測定面に対して垂直な方向に微動できるアンビルを備え，アンビルの微動量を読み取ることができるインジケータ部を内蔵する外側マイクロメータ。押しボタンによってアンビルが瞬時に移動するため，製品寸法の測定を能率よく行うのに適している。参マイクロメータ。
事象計数率（*jishō-keisū-ritsu*; event count rate）弁別されたAE事象を一つとして数えて得られた数値（事象計数）の時間率。
枝条材積（*shijō-zaiseki*; branch volume）樹木の枝条部分の材積（体積）。
指針測微器（*shishin-sokubi-ki*; microindicator）先端に測定子をもつスピンドルの変位を機械的に拡大し，指針に回転運動が伝えられる構造の長さ測定器。JISでは目量1μm以下，指針の回転範囲が1回転未満のものを規定している。
JIS（Japanese Industrial Standards）同日本工業規格。
地透き鉋（*jisuki-ganna*）細長い棹に刃幅の狭い鉋身を仕込んだ地透きを行う鉋。のみで荒彫り後に一定の深さに削る。
自生作用【砥粒の—】（*jisei-sayō*; self-sharpening）同自生発刃，切れ刃自生，砥粒の自生作用，関砥粒。
自生発刃（*jisei-hatsujin*; self-sharpening）同自生作用，正規発刃。
姿勢偏差（*shisei-hensa*; orientational deviation）幾何偏差の種類の一つ。平行度，直角度，傾斜度の総称。
自然光（*shizenkō*; natural light）偏光特性が検出されない光。
自然対流式乾燥装置（*shizen-tairyū-shiki-kansō-sōchi*; natural circulation kiln）桟積みの下に蒸気加熱管が設けられ，そこで暖められた空気が桟積み中央を上昇した後，桟積み内を通って木材の水分を吸収し，次第に冷却して重くなり降下し，一部は排気口から排気筒へ，一部は床下で空気と混合して再び蒸気加熱管で加熱され上昇する。乾燥室内の温湿度の調節は排気口または排気筒に取り付けたダンパの開閉や蒸気噴霧などによって行うが，調節が難しく局部的なむらができ，かつ風速が低いため，高い温度がとれず乾燥に時間がかかる。関インターナルファン式乾燥装置，内部送風機式乾燥装置。
自然放出（*shizen-hōshutsu*; spontaneous emission）高いエネルギー準位にある原子，分子などが，低いエネルギー準位にひとりでに移って，そのエネルギーの差に相当する放射を放出する現象。
持続時間【AE信号の—】（*jizoku-jikan*; AE count）AE信号の開始から終結にいたるまでの時間。継続時間ともいう。
下ガード（*shita*——; lower guard）電動丸鋸の案内板の下に位置する鋸刃への可動接触防護装置。関電動丸鋸，案内板。
下かまち(框)（*shitakamachi*; under frame mem-

ber）枠組箱の「側」および「つま」の内面下部の水平方向の枠組部材．⇒枠組箱．

下地用製材（*shitajiyō-seizai*）製材のうち，針葉樹を材料とするものであって，建築物の屋根，床，壁等の下地（外部から見えない部分）に使用することを主な目的とするもの．

下端（*shitaba*）鉋削り中に材面と接触して擦り合う鉋台の下面．台木の木表面を下端とする．台面とも言う．

下向き削り（*shitamuki-kezuri*; down milling, climb milling）回転切削工具（フライス）の切削方向と工作物の送り方向が同一の回転削り．同下向き切削，関上向き切削，参回転削り，フライス削り．

下向き研削（*shitamuki-kensaku*; down cut grinding）コンタクトホイール方式のベルト研削，ドラム研削などの加工で，研削工具の回転方向（研削方向）と工作物の送り方向とが同一の研削方法．また，研削砥石による刃物の刃付け研削作業で，砥石の回転方向が刃の背から刃先に研ぎ上げる研削方法．関上向き研削．

下向き切削（*shitamuki-sessaku*; down milling, climb milling）同下向き削り，関上向き切削，参回転削り，フライス削り．

下向き切削【丸鋸の一】（*shitamuki-sessaku*; down sawing, climb cutting, climb sawing）丸鋸の鋸歯と工作物とが接触する位置（切断位置）において，鋸歯の移動方向（丸鋸の回転方向）と送材方向とがほぼ同じである挽材方式．この方式で丸鋸切断すると，材が送り方向に引き込まれることがあり非常に危険である．これは，丸鋸盤の多くが上向き切削方式を採用している理由の一つ．下向き切削方式を採用する場合は，材が引き込まれない送材方式が必要．関上向き切削，丸鋸盤，丸鋸，参回転削り，フライス削り．

歯端（*shi-tan*; tooth point, tip）鋸歯の先端のことで，切先に相当する．歯喉と歯背の交わる点．関歯形要素，参歯形要素．

歯端円（*shitan-en*; circle of teeth top）丸鋸において歯端を連ねてできる円のこと．関歯形要素，歯端，参歯形要素．

歯端角（*shitan-kaku*; tooth angle, sharpness angle）鋸歯の先端の角度．歯端における歯喉と歯背の2接線のなす角度．関参歯形要素．

歯端線（*shitan-sen*; line of teeth top）歯端を連ねた線．帯鋸では直線，丸鋸では円となる．関参歯形要素．

支柱（*shichū*; pillar）ラジアル丸鋸盤のアームや加工ヘッド等を支える柱．

実効値（*jikkōchi*; root-mean-square value, RMS value）交流の電圧や電流を同じ仕事率を示す直流での値で表示したもの．例えば，最大値が100Vの正弦波交流は70.71Vの直流と同じ仕事率を示す．波形によって異なるが，正弦波交流の場合は最大値の$1/\sqrt{2}(\approx 0.7071)$の値が実効値になる．商用電源の交流は最初からこの実効値で表示されているので，100Vなら，最大値は$100 \div (1/\sqrt{2}) \approx 141.42V$になる．同rms値，RMS値．

実時間解析（*jitsu-jikan-kaiseki*; real-time analysis）「即時」，「同時」解析のこと．リアルタイム解析ともいう．

湿式抄造機（*shisshiki-shōzō-ki*; wet forming machine）一定濃度に調整されたパルプから所定の幅および厚さの高含水率（ウェット）のファイバマットを造る機械．

湿潤曲げ試験（*shitsujun-mage-shiken*; wet-bending test）長方形状の2枚の試験片を水平面から5°傾けて設置し，これに均一に散水できる装置により72時間散水した後，試験片の散水面を上面とし，ぬれたままの状態で行う曲げ試験．

実表面（*jitsu-hyōmen*; real surface）物体と周囲の空間の境界となる表面．

実表面の断面曲線（*jitsu-hyōmen-no-dammen-kyokusen*; surface profile）輪郭曲線方式による表面性状の評価において，実表面を指定された平面によって切断したとき，その切り口に現れる曲線．

シップバンドソー（ship band sawing machine）木造船用の曲がり材の製材に使用される帯鋸盤．切削中にテーブルまたはフレームの傾斜を変えることができる．関帯鋸盤．

質量減少率（*shitsuryō-genshō-ritsu*; weight loss, mass loss）木材の耐久性試験において，腐朽

操作終了前後の試験体の質量から次式によって求める；$\Delta m_{sd}=(m_{s1}-m_{s2}/m_{s1})\times 100$. Δm_{sd}：試料の質量減少率（％），m_{s1}：試験前に恒量に達した状態での試料の質量，m_{s2}：試験後に恒量に達した状態での試料の質量.

質量濃度（*shitsuryō-nōdo*）単位体積の空気中に浮遊する粉じんの質量．単位は［mg/m^3］で表す．

歯底（*shi-tei, ha-zoko*; tooth root, gullet bottom）歯室の底の部分．点である場合が多いが，帯鋸などでは直線となっていることもある．[関][参]歯形要素

歯底円（*shitei-en*）丸鋸において歯底を連ねてできる円．[関]歯形要素，歯底，[参]歯形要素．

時定数（*jiteisū*; time constant）計測器などで，入力信号に対して出力信号が対応する速さを特徴づける定数で，時間の次元をもつもの．入力信号xと出力信号yの対応が次の式で表されるときには，係数Tをいう．

$$T\frac{dy}{dt}+y=x$$

ここで，t：時間．

歯底線（*shitei-sen*; root line, base line）歯底を連ねた線のことで，帯鋸では直線，丸鋸では円となる．[参]歯形要素．

自動1面鉋盤（*jidō-ichimen-kanna-ban*; single surface planer, surfacer, thicknesser, thicknessing planer）回転する横組胴，昇降できるテーブル，材押え装置および送り装置などからなり，工作物の1面を切削することにより厚さ決めをする鉋盤．[関]鉋盤．

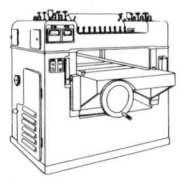

自動2面鉋盤（*jidō-nimen-kanna-ban*; double side planer, two side planer, double surface planer）回転する上下2本の平行な横鉋胴，昇降できるテーブルおよび送り装置からなり，主として工作物の上下面を同時に切削し，主として厚さを決める鉋盤．テ

Jai Machine Tools社カタログより

ーブルが固定され，鉋胴が昇降できるものもある．[関]鉋盤．

自動3面鉋盤（*jidō-sanmen-kanna-ban*; three side planer, three side planing and molding machine）回転する横鉋胴，昇降できるテーブルに取り付けられた左右の立鉋胴，および送り装置からなり，主として工作物の上面および両側面を同時に切削する鉋盤．テーブルが固定され，各鉋胴が昇降できるものもある．[関]鉋盤．

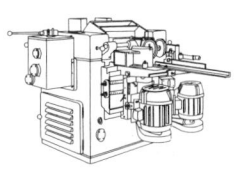

自動4面鉋盤（*jidō-yonmen-kanna-ban*; four side planing and molding machine）回転する上下2本以上の横鉋胴，昇降できるテーブルに取り付けられた2本以上の立鉋胴および送り装置からなり，主として工作物の4面を同時に切削する鉋盤．テーブルが固定され，各鉋胴が昇降できるものもある．

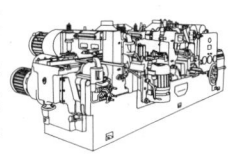

自動送り丸鋸盤（*jidō-okuri-marunoko-ban*; circular sawing machine with automatic feeder）工作物を自動で送り，回転する丸鋸により切断，溝切りなどの加工をする丸鋸盤．[関]丸鋸盤．

自動帯鋸目立て機（*jidō-obinoko-metate-ki*）[同]帯鋸歯研削盤．

自動化（*jidōka*; automation）処理過程または装置を自動操作に置き換えること，またはその結果．

自動加工システム（*jidō-kakō—*; automatic processing system）複数のコンピュータ数値制御（CNC）工作機械と工作物の脱着用の自動パレット交換機（ATC: Auto Palette Changer）を構成要素にし，マテリアルハンドリングシステムとしての加工搬送用の無人搬送車（AGV: Automated Guided Vehicle），自動倉庫システムなどを，コンピュータによって統合した多品種生産対応可能な加工システム．

自動鉋刃研削盤（*jidō-kannaba-kensaku-ban*; auto-feed knife grinder）砥石台または鉋刃取付け台が自動的に往復運動をして，鉋刃を研削する研削盤．切込運動などが自動的に行われるものもある．関鉋刃研削盤．

自動錐（*jidō-giri*）柄を上下に押しつけて錐を回転させて穴をあける工具．チャックにドライバービットを取り付けると，木ねじのねじ込みもできる．

自動釘打機（*jidō-kugiuchi-ki*; nailing machine）釘送給装置から釘を1本ずつ供給し，自動的に工作物の所定位置へ釘打ちする機械．

自動組立システム（*jidō-kumitate*——; automatic assembling system）自動組立ロボットまたは専用組立機に，部品を整送・分離・位置決めして自動供給する供給装置（パーツフィーダ，パレット，マガジン），工程間の組立品の運搬を行う搬送装置（コンベヤ，移載用ロボット）を組み合わせて，部品の供給，搬送，組み立てを行う他品種対応の組立システム．

自動検査計測システム（*jidō-kensa-keisoku*——; automatic inspection and measuring system）自動加工または自動組立システムで，加工，組立工程の途中および作業後に自動的に多品種・多項目の計測・検査するシステム．関自動加工システム，自動組立システム．

自動工具交換装置（*jidō-kōgu-kōkan-sōchi*; automatic tool changer）同ATC．

自動木端削り鉋盤，自動こば削り鉋盤（*jidō-koba-kezuri-kanna-ban*; vertical side planer）同木端取り盤，こば取り盤．関鉋盤．

自動木端取り盤，自動こば取り盤（*jidō-koba-toriban*）同木端取り盤，こば取り盤．

自動ストロークベルトサンダ（*jidō*——; automatic stroke belt sander）エンドレス研磨布紙を2個以上のプーリに掛けて回転走行させ，ベルト押え（パッド）を自動的に左右に移動させて工作物を研削するサンダ．関ベルトサンダ，ストロークサンダ．

自動制御（*jidō-seigyo*; automatic control）特定の目的に適合するように，機械やシステム，それらの構成要素などを対象として，制御系（対象の状態の検出，目標値との比較，それ

らに基づく必要な操作などを行う装置）を構成し，所要の操作を自動的に行うこと．

自動倉庫システム（*jidō-sōko*——; automatic warehouse system）材料，部品，中間仕掛品，製品などを必要に応じて自動で出庫・格納するとともに，品目の種類または在庫量の情報を収集・管理する機能（自動入出庫管理システム）をもつ倉庫システム．

自動送材車（*jidō-sōzai-sha*; auto-feed carriage）工作物を載せ，手動操作または遠隔操作によって保持し，帯鋸盤などに送り込む装置．

自動送材車付帯鋸盤（*jidō-sōzai-sha-tsuki-obinoko-ban*; band saw machine with auto-feed carriage）工作物を送材車に載せて保持し，手動操作または遠隔操作の駆動装置によって送材車を往復させて工作物を縦挽き切断する帯鋸盤．関帯鋸盤．

自動送材車付横形帯鋸盤（*jidō-sōzaisha-tsuki-yokogata-obinoko-ban*; horizontal band saw machine with auto-feed carriage）工作物を送材車に載せて保持し，手動操作または遠隔操作の駆動装置によって送材車を往復させて工作物を縦挽き切断する横形帯鋸盤．関横形帯鋸盤．

自動そば取り盤（*jidō-sobatori-ban*）同木端取り盤，こば取り盤．

自動調心ころ軸受（*jidō-chōshin-koro-jikūke*; self-aligning roller bearing）転動体として凸面ころ（球面ころ）を用いた自動調心玉軸受．球面ころ軸受ともいう．ラジアル荷重，両方向のアキシアル荷重およびこれらの合成荷重を支持する能力が大きい．関自動調心軸受．

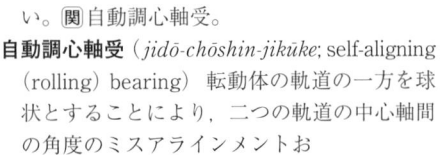

自動調心軸受（*jidō-chōshin-jikūke*; self-aligning (rolling) bearing）転動体の軌道の一方を球状とすることにより，二つの軌道の中心軸間の角度のミスアラインメントおよび角運動に適応できる軸受．関転がり軸受．

自動調心玉軸受（*jidō-chōshin-tama-jikūke*; self-aligning ball bearing）転動体として玉を用

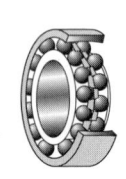

いた自動調心玉軸受。関自動調心軸受。

自動直角2面鉋盤（*jidō-chokkaku-2men-kanna-ban*; double surface planer with right angle）回転する立・横鉋胴と昇降できるテーブルおよび送り装置からなり，主として工作物の下面と側面を同時に切削し，直角基準面を作る鉋盤。テーブルが固定され，鉋胴が昇降できるものもある。

自動倣い旋盤（*jidō-narai-semban*; wood copying lathe, wood profiling lathe）モデルと材料に低速で同じ回転運動を与え，モデルをトレーサが軽く接触しながらなぞり，高速回転のバイトがこのトレーサと同じ動きをしながら材料を加工する旋盤。関木工倣い旋盤，倣い旋盤。

自動倣いルータ（*jidō-narai—*; copying router）移動自在なアームの先端に設置した主軸，倣い装置，倣い型からなり，ロールによって主軸をならい型に沿って移動し，工作物に自動倣いで彫刻，面取り，切抜きなどの加工をする木工フライス盤。関木工フライス盤。

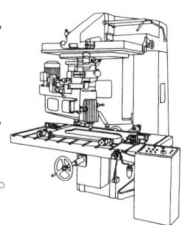

自動ばち(撥)形あさり整形機（*jidō-bachi-gata-asari-seikei-ki*; swage setting equipment, automatic swage setting machine）帯鋸の歯先を動力によりプレスして，ばち形あさり出しを行い，さらにその整形を行う機械。同ばち形あさり整形機，関スエージ。

自動パレット交換装置（*jidō—kōkan-sōchi*; automatic pallet changer）同APC。

自動丸鋸歯研削盤（*jidō-marunoko-ba-kensaku-ban*; automatic circular saw blade sharpener）回転する砥石により，丸鋸の歯形を整形仕上げする研削盤。送りおよび砥石の昇降運動は自動的に行われる。

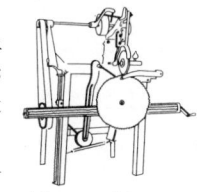

自動丸棒削り盤（*jidō-marubō-kezuri-ban*; round bar making machine）自動送り込み装置を備え，回転する中空鉋胴の内側に向かって取り付けた工具により丸棒を削り出す機械。

自動耳すり(摺り)機（*jidō-mimisuri-ki*）同シングルエジャ。関エジャ。

自動むら取り鉋盤（*jidō-muratori-kanna-ban*; leveling planer）同むら取り鉋盤。

自動目立て機（*jidō-metate-ki*）同目立て機。

自動目振機（*jidō-mefuri-ki*）同鋸歯目打機。

自動ローラ送りテーブル帯鋸盤（*jidō—okuri—obinoko-ban*; auto-roller table band resaw）1個の送りローラおよびその駆動装置よって，テーブル上で工作物を送って，縦挽き切断するテーブル帯鋸盤。関テーブル帯鋸盤。

自動ローラ送りテーブルツイン丸鋸盤（*jidō—okuri—marunoko-ban*; roller table type twin circular saw machine）工作物をローラ装置によって送り，縦挽き切断するツイン丸鋸盤。関ツイン丸鋸盤。

自動ローラ送り横形帯鋸盤（*jidō—okuri-yokogata-obinoko-ban*; horizontal band resaw with auto-feed roller）2個以上の送りローラおよびその駆動装置によって，テーブル上で工作物を送って，縦挽き切断する横形帯鋸盤。同自動ローラ横形帯鋸盤，関帯鋸盤。

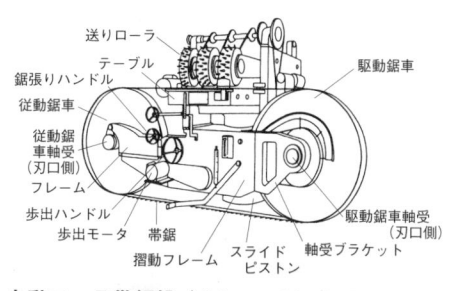

自動ローラ帯鋸盤（*jidō—obinoko-ban*; band resaw with rollers, band sawing machine with rollers or roller table）1個または2個以上の送りローラおよびその駆動装置により，テーブル上で工作物を送って主として縦挽きする帯鋸盤。テーブルが付いていないものもある。関帯鋸盤。

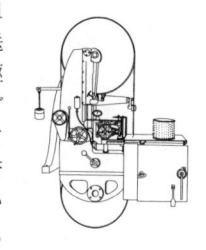

自動ローラ送材装置（*jidō—sōzai-sōchi*; auto-roller feeding device for band saw machine）ローラによって工作物を帯鋸盤に送り込む装置。同自動ローラ帯鋸盤。

自動ローラ横形帯鋸盤（*jidō—yokogata-obin-oko-ban*; horizontal band resaw with rollers）同自動ローラ送り横形帯鋸盤，関帯鋸盤。

地長押（*ji-nageshi*）木質構造において，建物の足元を固めるために柱の最下部側面に取付けられた横木。

死節（*shini-bushi*; dead knot）死枝により生じた節で，樹幹の木部の組織と連続性がない節。材にした場合節が抜けたり（抜け節）や腐れ（腐れ節）を起こしやすく，木材の欠点となりやすい。関生節。

しのぎ（凌ぎ）（*shinogi*; flank, back）鉋刃の逃げ面。

しのぎ（凌ぎ）の深さ（*shinogi-no-fukasa*; depth of ridge of knife）刃物が平形砥石で研磨されるとき，砥石の外周面により刃物のしのぎ面が円弧に研がれる。この凹部の深さをしのぎの深さという。なおカップ形砥石で研磨する場合でも砥石の回転主軸を傾斜させれば刃物のしのぎ面が円弧になる。

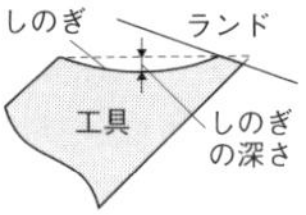

しのぎのみ（鎬鑿）（*shinogi-nomi*; dovetail chisel）仕上げのみの一種。穂と柄は長く，穂がしのぎ形（三角形の断面）で，切れ刃面も三角形である。しのぎ薄のみとしのぎ追入れのみがある。しのぎ薄のみをありのみとも言い，ほぞ穴の隅や蟻の隅の仕上げなどに用いる。ありのみとも言う。

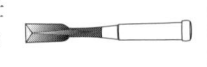

歯背（*shi-hai*; tooth back）鋸歯の後背部（鋸の走行方向に面していない面）。すなわち，歯端からその後方（鋸の走行方向と反対の方向）の鋸歯の歯底に至る部分。関歯形要素。

歯背角（*shihai-kaku*; clearance angle, back angle, relief angle）歯端線または歯端円の当該歯端における接線と歯背の歯端における接線とのなす角度。関参歯形要素。

歯背線（*shihai-sen*; tooth back line）歯形において歯背を形成する線。歯背線は一般に後方（鋸の走行方向と反対の方向）に凹と凸の曲線が連続した線あるいは直線であるが，鋸の強度や性能上の必要から，特に丸鋸などにおいてこれが折れ線状に2段になっている場合がある。関歯形要素。

師部，篩部（*shibu*; phloem）維管束植物の主要な同化栄養分の通導組織。形成層より外側に位置し，木部と関連して存在する。構成する細胞の基本としては師細胞，師管，柔細胞，繊維およびスクレレイドである。

歯腹（*shi-fuku*; rake face）鋸歯の歯喉から歯底に至る部分。関歯形要素。

歯腹線（*shifuku-sen*; rake face line）歯形において歯復を形成する線。一般に歯復縁は鋸歯の前方（鋸の走行方向）に凹な曲線になる。関歯形要素。

ジベル（*jiberu*; dowel）ボルト締めを行う部材間に入れ，そのずれを防ぐための金物。

四方追柾（*shihō-oimasa*）4材面とも追柾に木取られた角材。関四方柾。

四方錐（*shihō-giri*）同四つ目錐。

四方差しパレット（*shihō-sashi—*; four-way pallet）差込口が前後左右の4方向にあるパレット。

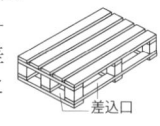

四方反り台鉋（*shihō-sori-dai-ganna*）同外丸反り台鉋。

四方柾（*shihō-masa*; quarter sawn grain for four side）製材品の正角などで4材面が柾目または追柾のもの。関四方追柾。

絞り（*shibori*; nose bar pressure, nose bar compression）裏割れの発生を防止したり，単板厚さを一定にするなどの目的で，ノーズバーと刃物すくい面との距離を切込量より小さくすること，あるいはその距離の単板歩だし厚さに対する百分率。D: 刃口間隔, H: 刃口水平方向間隔, V: 刃口垂直方向間隔, $α$: 逃げ角, $β$: 刃物角, $θ$: 切削角, $φ$: バーの引上げ角

第1次圧縮ともいう。同絞り率，絞り量，関刃口距離，リストレイント。

絞り率【ローラバーの―】(*shibori-ritsu*) 同絞り量，関絞り，刃口間隔。

絞り量【ローラバーの―】(*shibori-ryō*; roller bar pressure, roller bar compression) ローラバーを用いた単板切削機械において，ローラバーとナイフ刃先との垂直距離と水平距離，およびナイフすくい面との拘束距離を，単板歩出し厚さに対する百分率で表したもの。同絞り率【ローラバーの―】，関絞り，刃口距離。

シミュレーション（simulation）物理的または抽象的なシステムの特定の条件における動作特性を，コンピュータなどの他のシステムを使って表現すること。

締付板 (*shimetsuke-ita*) 同フランジ。

四面錐 (*shimen-giri*) 同四つ目錐。

霜腫れ (*shimobare*; frost rib) 凍裂の部分で開裂と癒合が繰返され傷害組織が発達して樹幹に生じた軸方向に長い凸状の隆起。へび下がりともいい，JAS（素材）で規定されている。関へび下り。

霜割れ (*shimoware*; frost cracks) 同凍裂。

ジャーナル軸受（――*jikuke*; journal bearing）回転する軸に対し，直角方向に作用する荷重を支持する滑り軸受。ジャーナル滑り軸受ともいう。関スラスト軸受。

シャープバー（sharp bar）ノーズバー先端の角度が90°未満で，先端の面が工作物を押しならすように切削面に対してある角度（バーの接触角）で接触するバー。関ノーズバー，ローラバー。

遮音材料 (*shaon-zairyō*; noise insulating material) 遮音性能の優れた材料をいう。遮音材ならびに吸音材は図のような特徴を持っている。

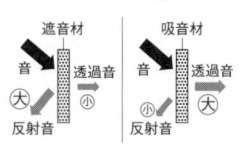

弱軸方向 (*jaku-jiku-hōkō*; weak axis direction) 強軸方向と直交する方向。関強軸方向。

尺度 (*shakudo*; scale) 図形の大きさ（長さ）と対象物の大きさ（長さ）との割合。関現尺，倍尺，縮尺。

しゃくり（决り）鉋 (*shakuri-ganna*; grooving plane) 溝を削る鉋の総称。溝鉋，作里鉋とも言う。相じゃくり鉋，ありじゃくり鉋，機械じゃくり，窓枠しゃくり鉋，だぼじゃくり鉋，組手じゃくり鉋，基市じゃくり鉋，などの種類がある。

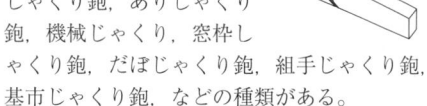

しゃくれ（决れ，抉れ） (*shakure*; snip) 同スナイプ，ガッタ，がった。

斜剣バイト (*sha-ken-baito*; straight turning tool with unsymmetric cutting edge) 左右非対称な切れ刃をもつ剣バイト。

視野絞り (*shiya-shibori*; field stop, field diaphragm) 光学機器の視野を制限する絞り。

JAS（Japanese Agricultural Standard）同日本農林規格。

ジャストインタイム（just in time）全ての工程が，後工程の要求に合わせて，必要な物を必要なときに，必要なだけ生産(供給)する生産方式。関かんばん方式。

斜走木理 (*shasō-mokuri*; diagonal grain) 繊維の走向が製材品の長軸に平行でない木理。目切れを引き起こす。年輪の走向に対して用いる場合もある。

シャドー・スポット法（――*hō*; method of caustics, shadow spot method）同コースティックス法。

煮沸繰返し試験【合板の―】(*shafutsu-kurikaeshi-shiken*; cyclic boiling test) JAS(合板)では，1類の接着の程度をこの試験(試験片を沸騰水中に4時間浸せきした後，60±3℃ので20時間乾燥し，さらに沸騰水中に4時間浸せきし，これを室温の水中にさめるまで浸せきし，ぬれたままの状態で接着力試験を行う。)によってせん断強さと平均木部破断率を算出して判定している。関接着の程度。

煮沸剥離試験（boiling water soak delamination test）日本農林規格で規定されている，集成材，単板積層材，構造用パネルの接着の程度を試験するための方法の一つ。試験片を沸騰水中に一定時間浸せきしたとき，あるいは沸騰水中に浸せきし，さらに室温の水中に浸せ

きした後，乾燥したときの接着層の剥離の状態を試験する．関接着の程度【合板・集成などの—】

斜面板（*shamen-ban, shamen-ita*; side board）かつての製材のJASに規定する板類のうち，幅が6cm以上で横断面が台形のもの．長押などに使われる．関板類．

シャルピー衝撃試験（— *shōgeki-shiken*; Charpy impact test）JISに規定されているシャルピー衝撃試験片のシャルピー衝撃値を求めるために，シャルピー衝撃試験機で行う衝撃試験のこと．

シャンク（shank）①ドリルを回転軸に接続させる軸の部分．②工具の柄部．使用に際してこれを保持する．ストレートシャンク，テーパシャンク，角シャンク，ダブテールシャンクなどの種類がある．関木工錐，シャンクタイプ工具．参ドリル．

シャンク【ドリルの—】（shank）ドリルの柄部で，使用の際に保持する部分．

シャンクタイプ工具（— *kōgu*; shank type tool）ホルダまたは直接工作機械に取り付けるシャンクをもつ工具．関シャンク．

シャンクタイプフライス（shank type milling cutter）シャンクをもつフライスの総称．シャンクをミーリングチャック（ミーリングホルダ）または直接機械に付けて使用される．ルータビットはこの一種．

シャンクの長さ【ドリルの—】（— *no-nagasa*）同柄長さ【ドリルの—】．

自由相じゃくり(決り)鉋（*jiyū-aijakuri-ganna*）相じゃくり鉋の一種．相欠きの深さをねじで調節する定規が付けられている．

周囲仮道管（*shūi-kadōkan*; vasicentric tracheid）広葉樹材の道管周囲に存在する，短い不規則な形の仮道管．関仮道管．

周囲柔組織（*shūi-jūsoshiki*; vasicentric parenchyma）道管の周囲に完全な鞘をなす随伴柔組織．鞘の厚さは色々で，横断面で円形またはやや楕円形を示す．

11号テーパカップ形砥石（*jūichigō — gata-toishi*）関砥石．＊矢印：使用面

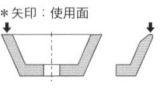

自由音場（*jiyū-omba*; free sound field）対象周波数範囲において，音を反射するものがない領域．

重曲（*jūkyoku*）1本の丸太で二つの曲がりが異方向にあること．

自由錐（*jiyū-giri*）同自在錐．

重研削（*jū-kensaku*; heavy grinding, heavy duty grinding）工作物の切込量，送りあるいは研削荷重が大きいなどの除去量の多い研削加工．関研削．

集合放射組織（*shūgō-hōsha-soshiki*; aggregate ray）放射組織の分布のしかたによる分類で，小型で幅の狭い放射組織の集まりで，肉眼あるいは低倍率ではその集合体が紡錘形の1個の放射組織のように見えるもの．ハンノキなどに見られる．

収差（*shūsa*; aberration）光学系によって結像する場合，像の理想像からの幾何学的なずれ．球面収差，コマ収差，非点収差，像面の湾曲，ディストレーション，色収差などがある．

柔細胞（*jūsaibō*; parenchyma cell, parenchymatous cell）柔組織を構成する細胞．

柔細胞ストランド（*jūsaibō* —; parenchyma strand）二つまたはそれ以上の柔細胞が縦に連なったもの．この連なりは単一の紡錘形始原細胞から由来する．

自由さね(実)鉋（*jiyū-sane-ganna*）ねじで面の幅が調整できるさね鉋．関さね鉋．

13号鋸用皿形砥石（*jūsangōnokoyō-saragata-toishi*）関砥石． ＊矢印：使用面

十字穴付木ねじ（*jūjiana-tsuki-mokuneji*; cross recessed head wood screw）頭部に締付用の十字穴を設けた木ねじ．参木ねじ．

十字ハンマ（*jūji* —; cross face hammer, twist face hammer）鋸の腰入れ修正，水平仕上げを行う際に，部分的な凹凸，伸び，縮み，ねじれなどの狂いを矯正するために使用するハンマで，両側の打撃面がクロスしている．クロスハンマともいう．関円頭ハンマ，丸ハンマ．

収縮率（*shūshuku-ritsu*; shrinkage）木材が収縮して縮む程度を示したもので，繊維方向の収

縮は極めて小さく，板目板が柾目板の2倍弱の板幅方向の収縮率を示す．普通の針葉樹材は繊維飽和点以下になると収縮を始めるが，一般の広葉樹材は自由水の脱水時に細胞がつぶれて変形しやすいので高い含水率から収縮し始め，その影響で収縮率が大となる材が多い．収縮率は生材時の寸法を原寸として測定し，気乾(含水率15%)までの収縮率を気乾収縮率，全乾状態までを全収縮率と呼び，気乾収縮率は全収縮率の約1/2弱である．また含水率1%変化あたりの収縮率を平均収縮率と呼ぶ．一般に収縮率は樹種の比重に比例して大きくなる．[関]収縮率試験．

収縮率試験（*shūshuku-ritsu-shiken*; shrinkage test） 木材の収縮率測定試験はJIS Z 2103: 1957に規定されている．半径方向・接線方向および繊維方向それぞれについて，次の3通りの収縮率を求める．①含水率1%に対する平均収縮率②気乾までの収縮率③全収縮率．[関]収縮率．

自由定規付き面取り鉋（*jiyū-jōgitsuki-mentoriganna*） 小型の平鉋の鉋台を中央から二分された定規に挿入固定された面取り鉋．面取り幅は定規の中央部の間隔をねじあるいは楔の調整によって決める．切り面取り鉋，猿頬面取り鉋，組子面取り鉋，ぶっきり面取り鉋が見られる．

集塵機（*shūjin-ki*）[同]集塵装置．

集塵装置（*shūjin-sōchi*; dust collector） 機械加工されたときに発生する切屑や粉塵を風力で集め，運搬する装置．労働衛生，機械の保守，生産能率の向上が目的である．切屑や粉塵の分離，収集は遠心力を利用したサイクロン式もあるが，現在では騒音，集塵能力の面からバグフィルター式のものが多い．

自由振動（*jiyū-shindō*; free vibration, free oscillation） 外力を取り除いたのちにも振動体が続ける振動をいう．振動数はその物体の固有振動数になる．

自由水（*jiyūsui*; free water） 木材中で細胞内腔や細胞壁中の間隙に液体で単なる毛管力によって保有される水分．結合水が木材実質によってその分子運動をある程度制約されているのに対して，この水は木材実質によって直接の制約を受けていない．自由水の増減は木材重量の増減に直接関係するが，木材の膨潤・収縮には無関係で，材質に及ぼす影響は少ない．[関]結合水．

集成機械（*shūsei-kikai*; aggregating machine） 接着剤を塗布した工作物を油圧などによって，圧縮する機械．

集成材（*shūsei-zai*; glued laminated wood, glulam） 挽板，小角材等をその繊維方向を互いにほぼ平行にして，厚さ，幅および長さの方向に集成接着をした一般材．

集成材自動耳取り盤（*shūseizai-jidō-mimitoriban*; laminate edge trimmer） 回転する左右立軸を複数個備え，工作物を自動送りしながら，工作物端面を切削加工する機械．

修正挽き（*shūsei-biki*） 乾燥もしくは挽材による狂いを取りながら帯鋸や丸鋸で製品を所定の寸法に仕上げること．

重切削工具（*jū-sessaku-kōgu*; heavy cut tool） 切込み深さまたは送り量を大きくする目的で作った工具．

柔組織（*jūsoshiki*; parenchyma） 末端壁を持ち，れんが状または等径的な形が典型的で，かつ単壁孔を持つ柔細胞からなる組織．おもに，養分の貯蔵および配分をつかさどる．紡錘形始原細胞を起源とする軸方向柔組織と放射組織始原細胞を起源とする放射柔組織がある．

住宅性能表示制度（*jūtaku-seinō-hyōji-seido*; Housing Performance Indication System） ①住宅の品質確保の促進等に関する法律に基づく制度で，以下の内容をもつ．住宅の性能(構造耐力，省エネルギー性，遮音性等)に関する表示の適正化を図るための共通ルール(表示の方法，評価の方法の基準)を設け，消費者による住宅の性能の相互比較を可能にする．②住宅の性能に関する評価を客観的に行う第三者機関を整備し，評価結果の信頼性を確保する．③住宅性能評価書に表示された住宅の性能は，契約内容とされることを原則とすることにより，表示された性能を実現するよう．

住宅の品質確保の促進等に関する法律（*jūtaku-*

no-hinshitsu-kakuho-no-sokushin-tō-ni-kansuru-hōritsu; Housing Quality Assurance Act）住宅の性能の表示基準を定めるとともに，住宅新築工事の請負人および新築住宅の売主に10年間の瑕疵担保責任を義務付けることにより，住宅の品質確保の促進，住宅購入者の利益の保護，住宅に係る紛争の迅速・適正な解決をめざす法律（平成11年6月23日法律第81号）。略称は品確法。

集団管孔（*shūdan-kankō*; pore cluster）管孔の集まり方が不規則な複合管孔。関複合管孔。

集中節（*shūchū-fushi*）ある単位材面に集中して現れる節をいうが，JASでは単節が材の長さ15cm内に2個以上あるものを指す。

集中節径比（*shūchū-fushi-kei-hi*; total knot diameter ratio）節径比は材面の幅に対する節の径の百分率であるが，材の長さ15cmの間の節径比の合計を集中節径比という。

充填剤（*jūten-zai*; filler）接着剤の作業性，耐久性，接着強さなどの性質を改良するために添加する物質。

12号皿形砥石（*jūnigō-sara-gata-toishi*）関砥石。

*矢印：使用面

重年輪（*jū-nenrin*; double ring, multiple annual ring）二つあるいはそれ以上の成長輪が一年間に形成された年輪のこと。正常な年輪以外のものは偽年輪という。

周波数応答（*shūhasū-ōtō*; frequency response）応答とは，初期値や入力による出力の変化の様子を表し，時間応答と周波数応答がある。周波数応答とは，制御系にある周波数の制限波の入力信号を与えたときに出力信号が定常状態に達した時の応答をいう。

周波数重み付け特性（*shūhasū-omomizuke-tokusei*; frequency-weighting characteristic）音の周波数に対する耳の感度が異なることから決められた特性。図のようにA特性，C特性がある。A特性で測定したときを特に騒音レベルといい感覚量を近似する。C特性で測定すると音圧レベル（物理量）を近似する。FLATとは重み付けしない特性で，音圧レベル（物理量）の測定に使用される。

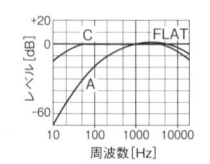

周波数分析（*shūhasū-bunseki*; frequency analysis）騒音や振動の原因を探したり，低減対策の方法を検討するために，測定した波形の中身，すなわち周波数成分を分析すること。

周刃フライス（*shū-ha-furaisu*; plain milling cutter, peripheral cutter）切れ刃が回転体の外周面（外筒面）に配列されたフライス。正面フライスやエンドミルと区別することを強調するときに用いられる。平フライスとほとんど同義。関回転削り。

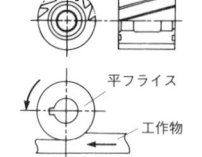

自由ベルト研削方式（*jiyū—kensaku-hōshiki*; free belt grinding method）同フリーベルト研削方式。

重力沈降法（*jūryoku-chinkō-hō*）粉じんの分粒方法の一つで，粗大粒子が重力によって沈降することを利用する方法。薄い平板を一定間隔で複数枚平行に重ね合わせた構造の分粒装置を水平に保った状態で空気を吸引したとき，平行板の間を空気が取りぬける間に粗大粒子は板上に沈降し，測定する限界粒子径以下の粒子だけが通過する。この方法は，主に粗大粒子の除去のために使用する。

重力分級フォーミングマシン（*jūryoku-bunkyū—*; gravity shift spreading machine）落下する小片を機械的に跳ね飛ばし，小片形状を分級しながら連続的にたい積させる機械。

主運動（*shu-undō*; primary motion）工具と工作物との相対運動のうち，工具が工作物に接触して工作物の所定の箇所を分離除去する運動。関送り運動，送り運動角，主運動系。

主運動系（*shu-undōkei*; main driving system）主運動を行わせる駆動系統。関主運動。

樹液（*jueki*; sap）樹幹の木部に含有されている液体。

樹冠（*jukan*; crown, canopy）樹幹の上部に位置し，枝と葉からなる部分。光合成を行う。樹冠の形は樹種によって特徴がある。

樹冠材（*jukan-zai*; crown-formed wood）樹幹における材部区分の一つで、樹幹内で枝の枯れ上がった軌跡をさかいにして、その内側の部分の材。一般に、樹冠材では年輪幅が広く密度が低い。関枝下材。

主切れ刃（*shu-kireha*; major cutting edge）切削作用において、切屑生成に主な役割を果たす切れ刃。主切れ刃が複数ある場合には、コーナに近い方から順に第一主切れ刃、第二主切れ刃などという。

縮尺（*shukushaku*; reduction scale, contraction scale）対象物の大きさ（長さ）よりも小さい大きさ（長さ）に図形を描く場合の尺度。関尺度、現尺、倍尺。

樹脂（*jushi*; resin）植物が外部に分泌する液状あるいは固形の有機物質の総称。加熱によって軟化し、粘着性を有し、俗にやにといわれる。一方、天然樹脂に外見が類似した高分子化合物を合成樹脂という。

主軸（*shujiku*; main spindle, main shaft, spindle）加工機械において、工具を取り付け、これに回転運動を与える軸。旋盤では工作物を支え、回転させる軸。関スピンドル【ベニヤレースの一】、主軸速度、主軸台、主軸の振れ。

主軸固定装置（*shujiku-kotei-sōchi*; spindle lock device）刃物交換などのために、主軸を一時的に回転しないように固定する装置。

主軸制動装置（*shujiku-seidō-sōchi*; spindle brake）工作機械などで、動力を遮断した後、主軸の惰力回転をできるだけ速やかに停止させるための装置。

主軸速度（*shujiku-sokudo*; spindle speed）主軸の単位時間当たりの回転数。関主軸。

主軸台（*shujiku-dai*; head stock, spindle stock, spindle head）工作物を回転させるための主軸を備えている部分。旋盤において、工作物に回転を与える駆動部分。関主軸固定装置、主軸。

主軸端（*shujiku-tan*; spindle nose）主軸の前面側（工作の行われる側）の端面部で、チャックなどを取り付けるねじ部、または工具を取り付けるテーパ部などがある部分。

主軸頭（*shujiku-tō*; spindle head, vertical head）工具を回転させる主軸を備えている部分。関主軸、アーム。

主軸の振れ（*shujiku-no-fure*; run-out of spindle）主軸の回転中心の半径方向における動き（変位）。この振れの程度が加工精度や工具寿命に大きな影響を及ぼす。関主軸。

樹脂細胞（*jushi-saibō*; resin cell）針葉樹材において、濃色の樹脂様の内容物を含んでいる軸方向柔細胞。スギやヒノキ、ヒバ、イヌマキなど限られた樹種にあらわれる。エピセリウム細胞とは異なる。

樹脂道（*jushidō*; resin canal）エピセリウムから分泌される樹脂を含む細胞間道。軸方向と放射方向に配列するものがあり、それぞれを垂直樹脂道、水平樹脂道という。樹種によって傷害部だけに見られる垂直樹脂道が現れる場合があり、これを傷害樹脂道という。関垂直樹脂道、水平樹脂道、水平細胞間道。

樹種区分（*jushu-kubun*）構造用集成材および化粧貼り構造用集成柱におけるラミナの接着の程度はブロック剪断試験によって評価されるが、この時の満たすべき剪断強さおよび木部破断率を規定した樹種別の区分。

樹種群（*jushu-gun*; species group, combination of species）北米のディメンションランバーの規格および枠組壁工法構造用製材のJASにおいて、類似した性能を持ち、それぞれ代替使用が可能な樹種の格付けの表示として与えられた呼称。D Fir-L、Hem-Tam、Hem-Fir、S-P-F、W Cedarの5群。

樹心割り（*jushin-wari*）樹心を通るように鋸を入れ、丸太を2分割あるいは4分割する木取り方法。大径材の製材に用いられることが多い。同胴割り、参製材木取り。

主体作業（*shutai-sagyō*; main activity）製品を直接生産している正規の作業で、作業サイクルに対して毎回または周期的に行われる作業。主作業と付随作業から構成される。

受注生産（*juchū-seisan*; make to order）顧客が定めた仕様の製品を生産者が生産する形態。関見込生産。

十点平均粗さ（*jutten-heikin-arasa*; ten point height）表面性状の評価における粗さパラメ

ータの一つで，日本においては広く普及しているが，JIS B 0601:2001では本文から除外され，附属書の参考として，高域フィルタおよび低域フィルタを適用して得た基準長さの粗さ曲線において，最高の山頂から高い順に5番目までの山高さの平均と最深の谷底から深い順に5番目までの谷深さの平均との和として規定されている（記号はRz_{JIS}）．なお，JIS B 0601:1982ではフィルタを適用しない断面曲線（測定断面曲線），JIS B 0601:1994では低域フィルタを適用しない粗さ曲線について求めることが規定されている（記号は両者ともRz．ただし，両者とRz_{JIS}を区別する必要がある場合はそれぞれRz_{JIS82}，Rz_{JIS94}とする）．
関位相補償フィルタ，粗さ曲線．

朱壺（*shutsubo*）墨壺に用いる墨に代えて朱色の顔料（酸化第二鉄，硫化第二水銀）を用いたもの．黒柿などの黒墨では分かりにくい墨付けに用いる．

シュテファン−ボルツマンの法則（— *no-hōsoku*; Stefan-Boltzmann's law）黒体から単位時間，単位面積あたりに放出される放射エネルギー（放射発散度M_e）は絶対温度Tの4乗に比例するという法則．
$$M_e = \sigma T^4$$
この比例定数σはシュテファン−ボルツマン定数で，以下の値をとる．単位[W·m^{-2}·K^{-4}]．
$$\sigma = \frac{2\pi^5 k^4}{15h^3 c_0^2} = (5.67071 \pm 0.00019) \times 10^{-8}$$
ここで，kはボルツマン定数，hはプランク定数，c_0は光速．

手動鉋刃研削盤（*shudō-kannaba-kensaku-ban*; hand feed planer knife sharpener）鉋刃研削盤のうち，刃物台の左右の往復運動と砥石台への前進後退を手動で行うもの．**関**自動鉋刃研削盤．

手動式丸鋸研磨機（*shudō-shiki-marunoko-kemma-ki*; circular saw blade sharper）回転する砥石により，丸鋸の歯形を整形仕上げする研削盤．送りおよび砥石の昇降運動は手動で行われる．**関**手動丸鋸歯研削盤．

手動制御（*shudō-seigyo*; manual control）直接または間接に人が操作量を決定する制御．**関**自動制御．

手動丸鋸歯研削盤（*shudō-marunoko-ba-kensaku-ban*; hand feed circular saw sharpener）回転する砥石により丸鋸の歯形を整形する研削盤．送りは手動による．

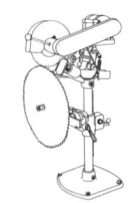

主逃げ面（*shu-nigemen*; major flank）主切れ刃につながる逃げ面．主逃げ面が複数の面からなるときには，主切れ刃に近い方から順に第一主逃げ面，第二主逃げ面などという．

樹皮（*juhi*; bark）樹木の幹，枝および根の二次木部の外側を包む全組織．周皮を境にして，生きている組織の内樹皮と死んだ組織の外樹皮に分けられる．**関**内樹皮，外樹皮．

主分力（*shu-bunryoku*）切削方向に平行で切削面内に作用する切削力の分力．**同**水平分力，**関**切削力，切削抵抗，**参**切削抵抗．

寿命【刃物の—】（*jumyō*; tool life）**同**工具寿命．

寿命時間（*jumyō-jikan*; life time）刃物を研ぎ上げてから，研ぎ直しを必要とするまでの正味切削時間．

シュレッダ（shredder）原材料をスイングハンマによって破砕し，カッティングバーによってせん断し，さらにスイングハンマおよびグレードバーによる衝撃，擦りつぶし，圧縮効果で，後の処理に適した大きさに調整する機械．

順位法（*jun'i-hō*; ranking）官能試験において，指定した官能特性について，強度または程度の順に試料を並べる方法．

純音（*junon*; pure sound, pure tone）基本周波数の整数倍の周波数成分（倍音）を一切持たない，正弦波で表される音．

循環型生産システム（*junkangata-seisan* —; inverse manufacturing system）物質循環系として，製品の供給と使用が閉じた系を構成していなければならないという考え方に基づく生産の仕組みまたは体系．同一種類の製品中で再利用する閉ループリサイクルで構成され，他の製品に低品質の材料として使用されるカ

スケードリサイクルは含まれる。

循環潤滑（*junkan-junkatsu*; recirculating lubrication）摺動面を通過した潤滑剤を機械的に再び摺動面に循環させる潤滑方式。

春材（*shun-zai*; spring wood）同早材。

純正律音階（*jun-seiritsu-onkai*; just intonation scale）ある基本音を起点として，音程が協和する（周波数の比が簡単な整数比になる）ように各音を順に採って決定していく音律をもつ音階（音列）。

準備段取作業（*jumbi-dandori-sagyō*; set-up operation）主体作業を行うために必要な準備，段取り，作業終了後の後始末，運搬などの作業で，ロットごと始業の直後および終業の直前に発生する。関主体作業。

ショア硬さ（——*katasa*; Shore hardness）試料の試験面上に一定の高さから落下させたハンマーのはね上がり高さから算出される値。

ジョインタ（jointer）同手押鉋盤。

ジョインタ（電動工具）（jointer）ディスクカッタを装備した，溝穴またはしゃくり溝を切り込むための電動工具。関ディスクカッタ，電動工具。

仕様（*shiyō*; specification）製品の特性の公差，または測定装置の特性の最大許容誤差。

常温硬化型接着剤（*jōon-kōka-gata-setchaku-zai*; room temperature setting adhesive, cold setting adhesive）加熱することなく常温下で硬化する接着剤。関加熱硬化型接着剤。

傷害細胞間道（*shōgai-saibō-kan-dō*; traumatic intercellular canal, intercellular canals of traumatic origin）生立木がうけた傷害に反応して形成される細胞間道。正常のものにくらべるとその大きさは異常で，形も不整である。

正角（*shōkaku*; squares, squared lumber）製材の材種区分の1種類。厚さおよび幅が7.5cm以上の角類のうち，断面が正方形のもの。関挽角類，平角，押角。

正角木取り（*shōkaku-kidori*）丸太から正角を採材する木取り方法。参製材木取り。

使用環境【集成材・単板積層材の——】（*shiyō-kankyō*; exposure condition）集成材および単板積層材の使用可能な環境条件を規定したもので，屋内外での使用の別，耐火性能など使用環境と共に要求される接着剤の基準（耐水性，耐候性，耐熱性）が示されている。構造用集成材および構造用単板積層材については，「使用環境A」，「使用環境B」，「使用環境C」の三つに区分されている。

定規（*jōgi*; ruler, guide, fence）木工機械や電動工具に備えて，所定の長さ，幅，角度，さらには所定の位置に一定の加工を施すために，材料または電動工具を移動させるための案内用の部品。

蒸気加熱式乾燥装置（*jōki-kanetsu-shiki-kansō-sōchi*; steam-heated kiln, conventional kiln）木材乾燥装置の代表型で，加熱空気の中で木材の温度を高め乾燥させる方法である。加熱方法は加熱管にゲージ圧3kgf/cm^2（143℃）程度の蒸気を通して加熱するもので，戦前は桟積み下部に加熱管を設け，室内の空気を自然の対流にまかせた自然対流式乾燥装置が多かったが，現在では送風機を室内に設け，桟積み間を強制的に加熱空気が循環する内部送風式乾燥装置が主流で木材工場で一番多く使われている。最大の難点はボイラーの問題で，燃料の重油を貫流ボイラーで自動炊きする場合は別として，30m^{3}や60m^{3}の乾燥規模で燃料として廃材を手炊きすると，ボイラーの管理が大変で，特に夜間の人件費がかさむ点である。

蒸気噴射プレス（*jōki-funsha*——; steam injection press）主としてパーティクルボードの製造において，上下の熱盤から小片マットの中に高温・高圧の水蒸気を噴射して，熱盤による加熱と併用して圧縮する機械。関パーティクルボード。

小径ストレートシャンクドリル（*shōkei*——）直径2mm以下のストレートドリル。

衝撃応答スペクトル（*shōgeki-ōtō*——; shock response spectrum, SRS）衝撃による外乱によって刺激された運動を周波数分析し，スペクトルに表したもののこと。

衝撃式粉砕機（*shōgeki-shiki-funsai-ki*; impact type crusher (mill)）高速回転する衝撃体（ハンマなど）による衝撃力によって木材を粉砕

する機械。関クラッシャ，ハンマミル。

衝撃曲げ吸収エネルギー（shōgeki-mage-kyūshū—; absorbed energy in impact bending）衝撃的な曲げ荷重を作用させた時の試験体の破壊に要するエネルギーで，木材では試験体の単位断面積あたりの衝撃仕事量として求められる。

衝撃曲げ試験（shōgeki-mage-shiken; impact bending test）試験体に衝撃的な曲げ荷重を作用させ，その時の破壊に要するエネルギーを測定する試験法で，木材ではその長手方向が繊維方向と平行で荷重方向が垂直な場合について行う。

焼結（shōketsu; sintering）非金属あるいは金属の粉末を加圧成形したものを融点以下の温度で熱処理した場合，粉末間の結合が生じ成形した形で固まる現象。

焼結合金（shōketsu-gōkin; sintered alloy）1種または数種の非金属や金属の粉末を圧縮成形し，焼結させて十分な強度を持つ金属製品を作る方法を粉末冶金といい，この方法で作った合金を焼結合金という。超硬合金，サーメットなどが代表的なものである。関粉末冶金。

焼結高速度鋼工具（shōketsu-kōsokudo-kō-kōgu; sintered high speed steel tool）粉末冶金の方法で組織の微細化やさらなる高合金化を図った高速度鋼工具。＝粉末ハイス。関焼結合金。

焼結材料（shōketsu-zairyō; sintered material）粉末冶金に用いられる金属または非金属の粉末材料。鉄系，銅系，ステンレス系，チタン系，タングステン系などに分類される。粉末金属の調合により材料調整が容易となる。関粉末冶金材料。

焼結ダイヤモンド（shōketsu—; sintered diamond）超高圧高温発生装置を用いて，ダイヤモンド粉末をタングステンカーバイド - コバルト合金の台金の上で数万気圧，千数百度で焼結したもの。多結晶ダイヤモンド，ダイヤモンドコンパウンドとも呼ばれる。単結晶ダイヤモンドのへき開性や異方性などがない。鉄鋼材料とは反応するためこれらの加工には適さない。同PCD。

仕様限界（shiyō-genkai; specification limit）製品特性の許容限界，または測定装置の特性の最大許容誤差。

上弦材（jōgen-zai）木質構造において，平行弦トラスなどにおける上側の部材。関下弦材。

昇降盤（shōkōban; circular saw bench）同昇降丸鋸盤。

昇降丸鋸盤（shōkō-marunoko-ban; circular saw bench, circular sawing machine with table）テーブルまたは丸鋸軸を昇降させることができる丸鋸盤。材料は手動で送られ，切断，溝加工などを行う。関丸鋸盤。

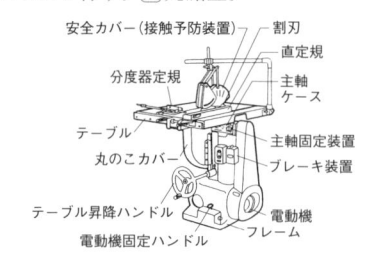

小黒柱（shōkoku-bashira）木質構造において，大黒柱と対をなすような関係で立てられる大黒柱よりは断面積の小さな柱。大黒柱との位置関係は地域によって異なる。

上小節（jō-kobushi; fine small knot）製材の木面の品質基準区分のひとつ。製材のJASにおける造作用製材の等級区分では，節の長径が10 mm（生き節以外の節にあっては5 mm）以下であって，かつ，材長が2 m未満のものにあっては3個以内，材長が2 m以上のものにあっては4個（木口の長辺が210 mm以上のものにあっては6個）以内であること。割れや曲がり等の欠点についても基準が定められている。関造作用製材。

条痕（jōkon）同ツースマーク，ナイフマーク。

障子（shōji）縁の内側，窓，室内の境にたてる建具の総称。嘗ては明障子，衝立障子，襖障子などがあったが，現在では桟木に和紙を張った明障子のことを一般的に障子という。桟の組み方により横繁障子，縦繁障子，荒組障子，機能と構造により猫間障子，水腰障子，腰板付き障子などがある。関組子。

上仕工鉋（jō-shiko-ganna; finish plane）仕上削

り用の平鉋。中仕工鉋で削った面をさらに美しく平滑な面に仕上げるために用いる平鉋。仕上げ仕工鉋，仕上げ鉋とも言う。**関**鬼荒仕工鉋，荒仕工鉋，中仕工鉋。

蒸煮解繊装置（*jōsha-kaisen-sōchi*; defibrating machine）チップを蒸煮した後，解繊ディスクに投入して磨砕によって繊維板用ファイバを製造する装置。

乗車式送材車（*jōsha-shiki-sōzaisha*）走行操作を車上で行う方式の送材車。**関**自動送材車。

蒸煮処理（*jōsha-shori*; steaming）熱気乾燥において，乾燥乾燥初期に，材温を迅速に所定の温度まで上昇させるために，加熱管および蒸煮管の双方を用いて高湿度のまま加熱し，脱脂処理(ヤニ抜き)としての効果を期待するものと，中間蒸煮として，落ち込みの回復を期待する蒸煮処理がある。**関**初期蒸煮。

蒸煮法（*jōsha-hō*; steaming method）密閉した蒸煮室内に材料を入れ，蒸気により加熱する方法。木材の曲げ加工において，前処理に用いられる。

床上グラインダ用研削砥石（*shōjō — yō-kensaku-toishi*; grinding wheels for pedestal grinder）床上グラインダに取り付け，加工物の表面の研削および再研削するのに使用する研削砥石。**関**砥石。

常態剥離試験（*jōtai-hakuri-shiken*; dry delamination test）構造用パネルの試験方法の一つ。試験片を鋼またはアルミブロックに接着し，板面に垂直の方向に引っ張り，その破壊時における最大荷重を測定し，はく離強さを求める試験。

常態曲げ試験（*jōtai-mage-shiken*; dry bending test）構造用パネルの試験方法の一つ。強軸方向と弱軸方向に平行なそれぞれの断面に対して，垂直方向に曲げる試験。

小断面集成材（*shō-dammen-shūseizai*; small dimension structural glulam）構造用集成材のうち，短辺が7.5cm未満または長辺が15cm未満のもの。**関**構造用集成材。

消点（*shōten*; vanishing point）平行な直線が透視投影において，一点に集まる点。すべての平行な直線が，無限遠の距離で一点に集まる想像上の点。

焦点（*shōten*; focal points, foci）光学系において，無限遠物点および無限遠像点に対する共役点。

焦点深度（*shōten-shindo*; depth of focus）①光学系の焦点の前後で鮮明な像ができる範囲。②顕微鏡では，鮮明に見える物体空間での光軸方向における範囲。

照度（*shōdo*; illuminance）光の照射を受ける面の単位面積当たりに入射する光束。単位はルクス [lx]（=lm·m^{-2}）。1 lx は 1 cd の小さい光源から1mの距離に，光の進路に垂直に置いた面の照度。**関**光束，光度，輝度，ルーメン，ルクス。

照度計（*shōdo-kei*; illuminance meter）照度を測定する器械。

衝突式（*shōtotsu-shiki*）浮遊粉じん濃度を測定するために粉じんを捕集する方法の一つ。試料空気を衝突板上に衝突させ，粉じんを捕集する方式。粉じんの付着を容易にし，再飛散を防止するために付着面に粘着性物質を塗布する形式，粒子の動力学的粒径によって慣性が異なることを利用して粒径別に捕集する多段多孔式インパクタなどがある。**関**捕集測定方法。

小の素材（*shō-no-sozai*; small solid wood）素材のJAS規格において，丸太の最小径およびそま角の幅が14cm未満のもの。

定盤（*jōban*; surface plate）精密な計測，検査，罫書きなどの際に水平な基準面として使われる台。内部応力を十分に緩和させた鋳鉄で作られた台の表面を精密に仕上げたものが多いが，石材(花崗岩)やガラスも用いられる。JISでは精密定盤として規定している。

消費電力【帯鋸盤の—】（*shōhi-denryoku*）帯鋸盤の稼働時に消費する電力。測定の際には，主軸モーターの消費電力を測ることが一般的。

上部滑り台【ベニヤレースの—】（*jōbu-suberi-dai*; upper sliding of knife stock）ベニヤレースにおける鉋台の移動は上下の滑り台に沿って行われる。上部のものを上部滑り台といい，通常はこれを固定し，下部滑り台を傾斜させ

て，逃げ角の微調整を行う．関鉋台，下部滑り台．

上部切削（*jōbu-sessaku*）丸鋸等の挽材方式において，工作物を丸鋸軸より上方に送り込んで切削する方式．昇降盤などではこの上部切削の上向き切削が一般的である．関上向き切削．

上部づめ（爪）（*jōbu-zume*; upper kickback-proof stopper）リッパおよびギャングリッパで上方から工作物表面に作用するつめで，逆送しようとする工作物表面に直接食い込んで工作物の反ぱつを防止する作用と端材，木片等の跳ね返りを受け止める跳ね返り防止の作用がある．同反発防止爪，跳ね返り防止爪．

使用分類記号【切削用超硬質工具材料の─】（*shiyō-bunrui-kigō*）切削用超硬質工具材料の用途による使用分類をJIS B 4053で規定している．超硬質工具材料とは，超硬合金，セラミックス，ダイヤモンド，窒化ほう素であり，各々を記号で定めている．工具の用途に関して，切削の対象となる被削材と，そこに出てくる切屑の形状とによってP（連続型切屑の出る鉄系の切削用途），M（連続型もしくは非連続型切屑の出る鉄系または非鉄金属の切削用途），K（非連続型切屑の出てくる鉄系金属，非鉄金属または非金属の切削用途）に3分類し，さらに，被削材，切削方式および作業条件よって使用分類番号を細分類している．関呼び記号【切削用超硬質工具材料の─】．

小片乾燥機（*shōhen-kansō-ki*; particle dryer）自動送りされる小片を熱風によって均等に乾燥する機械．

小片製造機（*shōhen-seizō-ki*; particle manufacturing machine）パーティクルボード用小片を製造する機械．

小片分級機械（*shōhen-bunkyū-kikai*; particle classifier）ボード製造に必要な大きさの小片を得るために小片の仕分けをする機械．

正味研削動力（*shōmi-kensaku-dōryoku*; net grinding power, net sanding power）同研削所要動力．

正味時間（*shōmi-jikan*; normal time, net time）主体作業，準備段取作業をするために直接必要な時間．関主体作業，準備段取作業，標準時間，余裕時間．

正味切削距離（*shōmi-sessaku-kyori*; net cutting length）刃先の軌跡のうち，工作物を通過した部分の軌跡に沿って測った長さの累計．関切削長．

正味切削時間（*shōmi-sessaku-jikan*; net cutting time, running time）回転削りや鋸による切削では，特定の刃（歯）についてみると常に連続して切削していない．切削している時間としていない時間とを区別するため，実際に切削している時間の合計を正味切削時間という．関切削時間．

正味切削動力（*shōmi-sessaku-dōryoku*; net cutting power）切削運動動力と送り運動動力を加えた動力．この正味切削動力を機械の動力電動効率で除すと工作機械原動機の所要動力が求められる．

正味挽材[所要]動力（*shōmi-hikizai [-shoyō]-dōryoku*; net power required in sawing）挽材に必要とした動力から，空転時の動力を差し引いた動力．

正面切れ刃角（*shōmen-kireha-kaku*; face angle）正面フライスカッタの正面切れ刃のすくい面とカッタの回転によりできる円柱の正面（底面）とのなす角度．関正面フライスカッタ．

正面削り（*shōmen-kezuri*; face milling, end milling）フライスの回転軸に直角な面のフライス削り．

正面図（*shōmen-zu*; front view, front elevation）対象物の正面とした方向からの投影図．建築においては立面図ともいう．関立面図，平面図，側面図，下面図，背面図．

正面旋盤（*shōmen-semban*）同木工正面旋盤，関木工旋盤．

正面逃げ角（*shōmen-nigekaku*; face relief angle）正面フライスカッタの正面切れ刃の逃げ面とカッタの回転によりできる円柱の正面（底面）とのなす角度．

正面フライス（*shōmen-furaisu*; face milling cutter, face mill）一端面と外周面に切れ刃をもち，主として立フライス盤で平面切削に用い

られるフライス。フェースミルともいう。関回転削り。

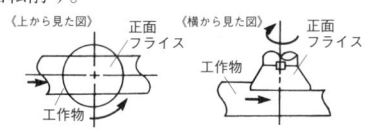

正面フライスカッタ（*shōmen-furaisu—*; face milling cutter）同正面フライス。

正面フライス削り（*shōmen-furaisu-kezuri*; face milling）正面フライスを用いて行うフライス削り。

正面フライス盤（*shōmen-furaisu-ban*; face milling machine）正面フライス削りを行うフライス盤。関木工フライス盤。

正割（*shōwari*）製材の材種区分のひとつ。挽割類のうち、断面が正方形のもの。関挽割類、平割。

初期蒸煮（*shoki-jōsha*; initinal steaming）熱気乾燥において、乾燥乾燥初期に、材温を迅速に所定の温度まで上昇させるために、加熱管および蒸煮管の双方を用いて高湿度のまま加熱する。同時に樹脂処理（ヤニ抜き）としての効果もある。関蒸煮処理。

初期摩耗（*shoki-mamō*; early stage of tool wear, initial breakdown）研磨直後の工具は、その鋭利な刃先先端部に切削抵抗が集中的に加わるため、微細な欠損によって摩耗が進行し、刃先後退量は相対的に大きくなる。このような状態を初期摩耗という。

除去率（*jokyo-ritsu*; material removal rate）加工によって単位時間当たりに除去される被削材の体積。普通は、cm^3/minで表す。切削の場合は切削率ともいう。

触針式表面粗さ測定機（*shokushin-shiki-hyōmen-arasa-sokutei-ki*; stylus instrument）表面上を触針が運動して表面の輪郭形状の偏差を測定し、パラメータを計算し、輪郭曲線を記録することができる測定機。先端に触針を備えたプローブ（ピックアップ），プローブを理論的に正確な直線に沿って運動させるための案内と送り装置、増幅器、AD変換器、輪郭曲線フィルタ、記録装置などから構成される。関触針法。

触針先端（*shokushin-sentan*; stylus tip）触針式表面粗さ測定機を構成する要素の一つで、通常は所定のテーパ角度（60°または90°）の円錐の先端を所定の半径（2μm、5μmまたは10μm）をもつ球状としたもの。

触針法（*shokushin-hō*; stylus method）表面の凹凸形状を測定する方法の一つ。触針式表面粗さ測定機に取り付けた10μm以下の小さい先端半径を持つ触針が被測定面の凹凸を一定速度でたどるときに生じる上下動の変位を測定する。関触針式表面粗さ測定機。

除湿乾燥装置（*joshitsu-kansō-sōchi*; dehumidification dryer）乾燥装置に除湿ユニットを設置し、室内空気の湿度を木材の乾燥状態に応じて次第に低下させることによって乾燥を行う装置。

ショットピーニング（shot peening）粒状物を鋼材の表面に噴射し、表面を加工硬化させ、疲労強度も増大させる処理。

所要電力（*shoyō-denryoku*; required electric power）工作機械を駆動させるために必要となる電力。

如鱗杢（*jorin-moku*）魚のうろこのような杢。ケヤキやヤチダモ、タブノキ等に現れるときがある。

白書（*shiragaki*; marking knife）鋭く薄い切れ刃で材面に線を引く罫引の一種。

白太（*shirata*）同辺材。

シリカ（silica）無定形の二酸化ケイ素または無水ケイ酸の塊で、熱帯産の広葉樹材（たとえばマンガシノロ）に含まれる。軸方向柔細胞や放射柔細胞に存在する。含有する材の切削時に刃物をいためるため加工上の問題となる。

シリコナイジング（siliconizing）金属製品の耐食性などを向上させるために、高温でケイ素を表面に拡散させる処理。

シリンダゲージ（cylinder gauge）測定子の変位を機械的に直角方向に伝達し、取り付けてあるダイヤルゲージなどの指示器で測定子の変位を読み取る内径測定器。

シリンダリファイナ（cylinder refiner）スクリ

ーン輪とその内側の打撃翼輪（インペラ）とが，互いに反対方向に高速回転し，微細片を造る機械．

自励振動（*jirei-shindō*; self excited vibration, self-induced oscillation）特定の非振動的エネルギーが供給されたとき，系の内部に生じる持続的な振動現象を指す．

しわ（皺）【合板の─】（*shiwa*; winkle）関板面の品質．

心厚【ドリルの─】（*shin'atsu*; web thickness）ドリルの先端部でのウェブの厚さ．

心板（*shin'ita*; JAS:core（veneer））合板の中芯用の単板．同コア単板，関表面単板．

真円度（*shinendo*; circularity）円形形体の幾何学的に正しい円（幾何学的円）からの狂いの大きさ．円形形体を二つの同心の幾何学的円で挟んだとき，同心二円の間隔が最小となる場合，二円の半径の差で表し，真円度__mm，または真円度__μmと表示する．

心押台（*shinoshi-dai*; tailstock）工作物の一端を支える台．旋盤において，工作物の後端のセンタを支える死心軸を有し，ねじ送りによってベッドの滑り台上を移動し材料を保持する．ドリルを取り付けて穴あけを行うこともできる．関木工旋盤．

心重なり（*shinkasanari*; core overlap）JAS（合板）では，普通合板，コンクリート型枠用合板，構造用合板について基準が決められている．単板を仕組んだ際に心板が重なったもので，合板の表面が膨らむことがある．関心離れ．

真壁（*shinkabe*）木質構造の壁において，構造の柱や梁を現しにして，その内法を壁仕上げとする構法．構造材がそのまま衣装的な要素ともなる．伝統的な構法では，その下地はおもに抜きによって構成され，小舞下地に土壁や漆喰塗りで仕上げられる．現在はボード類による構法も見られる．関大壁．

真空乾燥装置（*shinkū-kansō-sōchi*; vacuum dry kiln）鉄製の円筒缶体（あるいは四角のこともある）に木材を収め，内部を真空ポンプで45〜100 mmHg程度の減圧状態にして乾燥する装置で，加熱方法には温水熱板加熱式，高周波加熱式や薄い電導体の板に低圧電流を流して発熱させるものなどいろいろな方式がある．関減圧乾燥装置．

シングルエジャ（single edger）挽き板の側面にある丸身（耳）を挽き落とすのに用いられる製材用縦挽き丸鋸盤．1本の主軸に1枚の丸鋸を取り付け，工作物をテーブル上で動力送りする．同自動耳すり機，関丸鋸盤．

真剣バイト（*shin-ken-baito*; straight turning tool with point corner）左右対称な切れ刃をもつ剣バイト．

人工乾燥（*jinkō-kansō*; kiln drying）人工的に乾燥条件を調節して木材を乾燥すること．その方法によって1）熱気乾燥，2）高温乾燥，3）真空乾燥，4）高周波乾燥および5）薬品乾燥などに分類される．1）は加熱空気による乾燥で現在工業的に最も普及しており，一般に人工乾燥といえばこの方法を意味する．2）は100℃以上の過熱蒸気を用い，3）は減圧下で，4）は高周波電界中でそれぞれ木材乾燥する．また5）にはいろいろの方法があるが，主としてアセトンやその蒸気あるいは四塩化炭素の共沸混合物などを用いる．関人工乾燥材．

人工乾燥材（*jinkō-kansō-zai*; kiln dried wood）乾燥機を用いて，人為的に目的含水率まで短期間に乾燥した製材．同KD材，関人工乾燥．

人工知能（*jinkō-chinō*; artificial intelligence, AI）コンピュータに人間と同様の知能を実現させようという試み，あるいはそのための一連の基礎技術．

心材（*shin-zai*; heartwood）樹幹の内方の層であり，そこの部分は樹木の生立時でも生活細胞を失っており，また貯蔵物質は消滅または心材物質に転化しており，一般には材が着色している部分をさし，含水率が低い場合が多い．辺材に対する語．商業上では赤身と呼ばれることがある．

芯材（*shin-zai*; core laminar）化粧ばり集成材において，表面の化粧薄板を除く構成ラミナをさす．

薪材（*shin-zai*; fire-wood） 薪材には堅まき，雑まき，松まき，製材くずなどがある。堅まきは主にブナ科の樹種で，硬質で燃焼性に優れている。雑まきは上記以外の一般広葉樹で，松まきは針葉樹を総称し，製材くずは製材時の廃材である。

心材成分（*shin-zai-seibun*; heartwood components） 心材形成に伴い木部に沈着する心材に特有の化学成分。代表的なものとしてフェノール類がある。材色や耐朽性に影響を及ぼす。

心材物質（*shin-zai-busshitsu*）同心材成分。

心去角（*shin-sari-kaku*） 樹心を含まない角材。関心持角取り，心去材。

心去角取り（*shin-sari-kakutori*） 樹心を含まない角材を採材する木取り方法。参製材木取り。

心去材（*shin-sari-zai*） 樹心を含まない製材品。関心持材。

浸潤度試験（*shinjun-do-shiken*; penetration test, impregnation test） 木材への薬剤の浸潤度合いを材中央部断面において薬剤を呈色させて調べる方法。辺材部分および木材表面から一定の深さまでの心材部における薬剤の浸潤面積の割合で表示する。JAS（製材，枠組壁工法構造用製材）に規定されている。関吸収量試験。

針状ころ軸受（*shinjō-koro-jikuke*; needle roller (radial) bearing） 転動体として針状ころを用いたラジアル軸受。関転がり軸受，ころ軸受，ラジアル軸受。

真正木繊維（*shinsei-moku-sen'i*; libriform wood fiber） 細長くて紡錘形をしており，一般に厚壁で，かつ単壁孔を持つ細胞。繊維状仮道管とともに木部繊維として広葉樹材の木部をなす。

浸せき剥離試験（*shinseki-hakuri-shiken*; immersion delamination test, cold water soak delamination test） JAS（合板）では，1類と2類の接着の程度をこの試験（1類では，試験片を沸騰水中に4時間浸せきした後，60±3℃ので20時間乾燥し，これを沸騰水中に4時間浸せきし，さらに60±3℃で3時間乾燥する。2類では，70±3℃の温水中に4時間浸せきし，さらに60±3℃で3時間乾燥する。）で，同一接着層におけるはく離しない部分の長さによって評価している。関接着の程度【合板・集成材などの—】。

人造エメリー研削材（*jinzō—kensaku-zai*; artificial emery abrasives） アルミナ質人造研削材の一種で，主にボーキサイトから成るアルミナ質原料を溶融還元し，凝固させた塊を粉砕整粒したもの。主としてコランダムとムライトの両結晶から成り，全体として灰黒色を帯びている。記号AEで表示する。

人造研削材（*jinzō-kensaku-zai*; artificial abrasive） 研磨布紙や研削砥石などの研削・研磨材製品の原料に用いる人工的に造った研削材（砥粒）。主なものにアルミナ質研削材と炭化けい素質研削材がある。関研削材，天然研削材。

心出し（*shin-dashi*; centering） 単板の歩止りを高めるために原木両木口面における最適チャック圧入位置を決めること。関レースチャージャ。

浸炭（*shintan*; carburizing） 鋼製品の表面層の炭素量を増加させるために，浸炭剤中で加熱する処理。関熱処理。

浸炭窒化（*shintan-chikka*; carbonitriding） 鋼製品の表面層に炭素を主体として，窒素を同時に拡散させる処理。

浸炭刃物（*shintan-hamono*; carburizing steel tool, cementation steel tool） 低炭素鋼の製品を，木炭あるいは炭化水素系のガス中で加熱して，表面に炭素を拡散させた後焼入れ，焼戻しを施した刃物。表面の浸炭層は硬くて耐摩耗性が高く，芯部の低炭素部分は軟らかく靭性の高い刃物材料を作ることができる。

真直度（*shinchokudo*; straightness） 直線でなければならない各種機械部分の幾何学的直線からの狂いの大きさ。

真直度【運動の—】（*shinchokudo*; straightness of straight line motion） 直進運動すべき運動部品の幾何学的直線運動からの狂いの大きさ，および運動中の姿勢の狂いの大きさ。運動中の姿勢の狂いは，3軸回りの角度偏差でピッ

チ，ロール，ヨーで表す．[関]運動精度．

真束（*shinzuka*）木質構造において，小屋組みの中央に位置し，棟木を受ける．洋小屋の場合，合掌や方杖を受け，陸梁を吊るもので，引張力を受ける．その形状は杵形に造られるので「杵束」ともいう．和小屋では，その位置からおもに「棟束」といわれ，小屋梁上に立て，棟木を受けるための圧縮材である．

振動計（*shindō-kei*; vibration meter, vibroscope）振動を検出して電気信号に変換する振動ピックアップと呼ばれるセンサを接続して，振動体の変位，振動数，振幅，速度または振動加速度を測定する計器．加速度ピックアップと呼ばれるセンサを接続して，振動の加速度を計測するものが一般的．本体内部に演算回路を内蔵していて，加速度を積分することにより速度を，二重積分することにより変位を求められる．

振動研削（*shindō-kensaku*; vibration sandinng, vibratory sannding）研削工具または工作物を研削方向と直角方向に振動を与えて研削する方法．適当な振動数や振幅を付加することによって，研削量や研削仕上げ面粗さの向上が期待できる．

振動切削（*shindō-sessaku*; vibration cutting, vibratory cutting）切削工具または工作物を切削方向に，あるいはこれと直角方向に振動を与えて切削する方法．適切な周波数や振幅を与えることによって，切削抵抗の減少や仕上面粗さの改善などの効果がある．[同]揺動切削．

振動ドリル（*shindō*—）工作物に丸穴をあける電動ドリルの一種．回転出力スピンドルに軸方向の衝撃運動を与える衝撃装置を内蔵している．

振動ふるい(篩)分級機（*shindō-furui-bunkyū-ki*; vibration screen）大小2種類のメッシュのふるいを振動させて，小片の仕分をする機械．

振動レベル（*shindō*—; vibration level）JIS C1510:1995 に既定されている振動感覚補正特性（鉛直・水平）および動特性（630 msec）によって，人体の感覚に基づく補正をし，基準値（10^{-5} m/s²）でレベル化して得られる値．振動レベル（L_v）$= 20 \log_{10}(a/a_0)$ (dB) a: 振動感覚補正を行った振動加速度の実効値，a_0: 基準値 10^{-5} m/s²

心直し（*shinnaoshi*）丸鋸を回転軸に正しく取り付け，逆回転させて粒度の高い砥石または油石を歯先に当て，歯端位置の修正を行うこと．

真の値（*shin-no-atai*; true value）ある特定の量の定義と合致する値．特別な場合を除き，観念的な値で，実際に求めることはできない．

心離れ（*shimbanare*; core voids）単板を仕組んだ際に，心板と心板の間に隙間が出来たもので，JAS（合板）では，普通合板，コンクリート型枠用合板，天然木化粧合板について基準が定められている．[関]心重なり．

真比重（*shinhijū*; specific gravity of wood substance）空隙（空気）および吸着されている水分を一切除いた木材実質部分だけの容積でその質量を除した値．樹種にかかわらずほぼ一定である．

心持ち（*shimmochi*）[同]心持材．

心持角（*shimmochi-kaku*）樹心を含む角材．

心持角取り（*shimmochi-kaku-tori*）丸太の中心部から樹心を含む角材を採材する木取り方法[参]製材木取り．

心持材（*shimmochi-zai*）樹心を含んでいる製材．[関]心去材．

針葉樹（*shin'yōju*; conifer, coniferous tree, needle-leaved tree）[同]針葉樹材．

針葉樹材（*shin'yōju-zai*; coniferous wood, softwood, non-pored wood）針葉樹は分類学上裸子植物の針葉樹類（目）に属しており，その木材を針葉樹材という．イチョウの二次木部は針葉樹類のそれと非常に類似しているので，イチョウ材は便宜的に針葉樹材として取り扱われる．道管を欠いていること無孔材と呼ぶことがある．商業上英語でsoftwoodということがあり，その和訳として軟材とすることがある．しかし，重硬な針葉樹材もあることからこのような和訳は用いないほうが望ましい．

信頼区間（*shinrai-kukan*; confidence interval）信頼限界に挟まれる区間．

信頼限界（*shinrai-genkai*; confidence limit）平均値などが，ある確率で存在する区間を測定値から定めたときの下限値と上限値。平均値などの信頼性を示す指標となる。確率としては95％を用いることが多いが，99％や90％を採用することもある。

心理物理量（*shinri-butsuri-ryō*; psychophysical quantity）特定の条件下で，感覚と1対1に対応して心理的に意味があり，かつ物理的に定義・測定できる量。色の三刺激値，音の大きさなど。

心割れ（*shin-ware*; heart shakes）立木の樹幹内で成長応力や内部応力によって発生する髄から外方向に向かう放射組織に沿った割れ。心割れが数本以上発達し場合を星割れまたは星型割れという。乾燥による割れとは異なる。

す　*su*

髄（*zui*; pith）樹幹（茎）の中心部で，主として柔組織からなる。

水圧式剥皮機（*suiatsu-shiki-hakuhi-ki*; hydraulic barker, jet barker）同ジェットバーカ，水圧バーカ。

水圧バーカ（*suiatsu*—; jet barker, hydraulic barker）同ジェットバーカ，水圧式剥皮機。

水蒸気処理法（*suijōki-shori-hō*; steam treatment method）蒸気を利用した湿熱処理法。一般に，オートクレーブを用いてこの処理を行う場合が多い。

髄心（*zuishin*; pith）同髄心部。

髄心部（*zuishim-bu*）髄の中心から半径50 mm以内の部分をさす。主としてJASで用いられている用語である。

水性高分子－イソシアネート系［木材］接着剤（*suisei-kōbunshi*—*kei* [-*mokuzai*] -*setchaku-zai*; water-based plymer-isocyanate adhesive [for wood]）酢酸ビニル系，アクリル酸エステル系，スチレン・ブタジエン系，アクリロニトリル・ブタジエン系などの水性エマルジョンとポリビニルアルコールなどの水溶性樹脂のような水酸基を有する主剤と，ジフェニルメタンジイソシアネート（MDI）などのジイソシアネート化合物類やイソシアネート基をマスキングした化合物の架橋剤とを混合して硬化させる二液型接着剤。関二液型接着剤，水性ビニルウレタン系木材接着剤。

水性接着剤（*suisei-setchaku-zai*; water borne adhesive, water-based adhesive）水を溶媒または分散媒とした接着剤。関溶剤型接着剤。

水性ビニルウレタン系木材接着剤（*suisei*—*kei-mokuzai-setchaku-zai*; water-based vinyl urethane adhesive）ポリビニルアルコール水溶液とスチレン・ブタジエン・ゴム（SBR）とを主成分とする水性エマルジョンと，イソシアネート系化合物を高沸点の溶剤に溶かした架橋剤との二液型接着剤。関二液型接着剤，水性高分子－イソシアネート系［木材］接着剤。

髄線（*zuisen*; ray）⦿放射組織。

水中貯木（*suichū-choboku*; storing in water）水中貯木すると木材の中に水が浸透する際に水中のバクテリアなどの細菌が侵入し，木材の細胞の通道組織である壁孔などを破壊するので，水分の通道が良くなるとされており，結果として木材を乾燥しやすくなることが期待されているので乾燥前処理の一つになる。

垂直材加工ライン（*suichoku-zai-kakō*—）通し柱，管柱等の垂直部材をプレカットする加工ライン。長さ決め，両端ほぞ，貫穴，廻り縁欠き等の加工を行う。

垂直絞り率（*suichoku-shibori-ritsu*; vertical pressure bar opening, vertical gap, lead）単板切削機械におけるプレッシャーバー（ノーズバー）先端とナイフ刃先との刃口の垂直距離を，単板歩出し厚さに対する百分率として表した値。⦿ノーズバーの垂直絞り，刃口垂直方向絞り，関絞り。

垂直樹脂道（*suichoku-jushidō*; axial resin canals）エピセリウム細胞で取り囲まれ，そこから分泌される樹脂を含む細胞間道で，軸方向に配列しているもの。

垂直すくい角（*suichoku-sukuikaku*; orthogonal rake）三次元切削において，切れ刃線に垂直な面内で規定されるすくい角。関三次元切削。

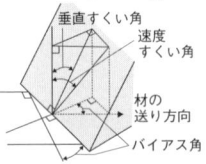

垂直逃げ角（*suichoku-nigekaku*; orthogonal clearance angle）s-v面（Ps）に対する逃げ面の傾きを表す角で，o-v面（Po）がs-v面（Ps）および逃げ面と交わって得られるそれぞれの交線が挟む角。横切れ刃に対する垂直逃げ角を横逃げ角，前切れ刃に対する垂直逃げ角を前逃げ角と呼ぶ。

垂直刃物角（*suichoku-hamono-kaku*; orthogonal wedge angle）すくい面と逃げ面とがなす角で，o-v面（Po）がすくい面および逃げ面とが交わって得られるそれぞれの交線が挟む角。

垂直分力（*suichoku-bunryoku*; vertical cutting force component, normal cutting force, normal tool force, thrust force）切削中に刃物が工作物に加える力のうち，切削面と切削方向に垂直に作用する分力。⦿背分力，関水平分力，切削抵抗，参切削抵抗。

垂直横すくい角（*suichoku-yoko-sukuikaku*）⦿垂直すくい角。

随伴柔組織（*zuihan-jūsoshiki*; paratracheal parenchyma）道管または道管状仮道管と接触している軸方向柔組織。随伴散在柔組織，周囲柔組織，翼状柔組織，連合翼状柔組織などが含まれる。関軸方向柔組織。

水平細胞間道（*suihei-saibōkandō*; radial intercellular canal）放射方向に伸びる管状の細胞間隙で，放射組織中に含まれ，通常1個，ときには2個認められる。

水平仕上げ【丸鋸の—】（*suihei-shiage*; leveling of circular saw blade）円頭ハンマや十字ハンマを用いて丸鋸の部分的ひずみを除去して鋸身全体を凹凸のない平面に仕上げる操作をいう。鋸の周辺部分やフランジのあたる部分は，特に念入りに行う必要がある。関腰入れ。

水平仕上げ【帯鋸の—】（*suihei-shiage*; leveling (of bad saw blade)）帯鋸の仕上げ工程において，ハンマやロール機を用いて鋸身の部分的ひずみを除去して平面にし，全体として伸縮やねじれなどの狂いのないものにすること。関腰入れ，背盛り，帯鋸ロール機。

水平絞り率（*suihei-shibori-ritsu*; horizontal pressure bar opening, horizontal gap, gap）単板切削機械におけるプレッシャーバー（ノーズバー）先端とナイフ刃先との刃口の水平距離を，単板歩出し厚さに対する百分率として表した値。⦿刃口水平方向絞り，関絞り。

水平樹脂道（*suihei-jushidō*; radial resin canals）エピセリウム細胞で取り囲まれ，そこから分泌される樹脂を含む水平細胞間道。

水平剪断性能（*suihei-sendan-seinō*; horizontal shear performance）水平剪断試験の結果から，水平剪断強さによって評価される性能。

水平剪断強さ（*suihei-sendan-tsuyosa*; horizontal shear strength）水平剪断試験によって，最大荷重を測定して求める強さ。

水平分力（*suihei-bunryoku*; horizontal cutting force component, parallel cutting force, parallel tool force, main cutting force) 切削中に刃物が工作物に加える力のうち，切削方向に平行で切削面内に作用する分力．⦿主分力，㊙垂直分力，切削抵抗．㊊切削抵抗．

数値制御（*sūchi-seigyo*; numerical control, NC) 工作機械で，工作物に対する工具の経路，加工に必要な作業の工程などを，それに対する数値情報で指令する制御．NCともいう．㊙CNC．

数値制御ルータ（*sūchi-seigyo*—; numerical control router, numerical control routing machine) ⦿NCルータ．

数値制御ルータレース（*sūchiseigyo*—; numerical control routing lathe) ルータヘッド，主軸台および心押し台などからなり，数値制御により工作物をフライス削りする木工旋盤．㊙木工旋盤．

スーパサーフェサ（*sūpā sāfesa*; planing machine) テーブルに固定された平鉋刃に工作物を自動送りして，表面を仕上げ削りする鉋盤．⦿仕上鉋盤，超仕上鉋盤．

ズームレンズ（zoom lens) 光学系の一部または全部を光軸に沿って移動させることによって，像点の位置を変えることなく焦点距離が連続的に変えられるレンズ．

スエージ（swage) 帯鋸，丸鋸などの歯先を手動または動力により圧延して，ばち形あさり出しを行う器具．⦿ばち形あさり機，㊙シェーパ，あさり出し器．

スエージ加工（—*kakō*; swaging) スエージを用いて，帯鋸や丸鋸などの歯先を圧延してばち形あさりを付ける作業．⦿ばち出し，㊙スエージ，あさり出し．

末口（*suekuchi*; top end) 丸太の梢のほうの横断面．元口に対する語．丸太の径は通常末口の径で表し，材積計算の場合の基準になることが多い．㊙元口，㊊板目．

末身（*suemi*) 鋸身の先の部分．

スカーフ傾斜比（—*keisha-hi*; slope ratio of scarf) スカーフジョイントまたはフィンガジョイント部分におけるラミナの長さ方向に対するスカーフの傾斜の高さの比．

スカーフジョインタ（scarf jointer) 木材を長手方向に接合して長尺材を作るため，接合部を斜めに切断する機械．切断には回転鉋，円板鉋，丸鋸，各種カッタ類が使用される．接着剤塗付装置，圧締装置を組み合わせて用い，これらを含めて呼ぶこともある．㊙スカーフジョイント．

スカーフジョイント（scarf joint) 木材を長手方向に接合（縦継ぎ）して長尺材を作る方法の一つで，材の接合面を斜めに切断して接合部の面積を広くした方法．板厚に対するスカーフ傾斜部の長さの比を大きくするほど接合強度は高くなるが，材料の損失も大きくなる．㊙縦継ぎ，㊊継手．

スカーフジョイントプレス（scarf joint press) スカーフ状に加工された継手面に接着剤を塗布した工作物を定盤の間にスカーフを合わせて一ないし数組挿入し，可動定盤を作動させ圧締する機械．加圧と同時に加熱するものもある．

スカーフマシン（scarf machine) 単板同士のスカーフジョイントのために，単板の端部にスカーフ加工をする機械．

すかし角（*sukashi-kaku*; end cutting edge concavity angle, concavity) 正面フライスやエンドミルの底刃と軸に垂直な面がなす角．

すかし箱（*sukashi-bako*; crate, open crate) 包装用の木箱などで，側面を構成する板の間隔を広くして内部が見えるようにしたもの．

スキッド（skid) 主としてハンドリフトトラックによって荷役できるように作られた単面形パレット．

すきまゲージ（*sukima*—; feeler gauge) 耐久性のある材料で作られた，断面が長方形で，厚さが所定の寸法(0.01〜3.0 mm)に正確に仕上げられた，長方形・平板状の測定器具．製品などのすきまに挿入することによってその寸法を測定するのに用いられる．単体のすきまゲージ（リーフ）と，厚さの異なるゲージを

組み合わせた組合せすきまゲージがある。

スキャニング（scanning）文書，図形などの画像を画素の時系列に分解し，その光学濃度に応じたアナログ信号またはデジタル信号を出力すること。木材加工では，形状，欠点，内部性状などを自動計測することをさす。

スキューネス（skewness; Psk, Rsk, Wsk）輪郭曲線方式による表面性状の評価において，二乗平均平方根高さ Pq, Rq, Wq の三乗によって無次元化した，それぞれの基準長さ lp, lr, lw における輪郭曲線の三乗平均。確率密度関数の非対称性の尺度（偏り度）で，谷側に偏った場合は正，山側に偏った場合は負の値をとり，対称の場合（正規分布）は零となる。

$$R_{sk} = \frac{1}{R_q^3}\left[\frac{1}{lr}\int_0^{lr} Z^3(x)dx\right]$$

上式は Rsk の定義であるが，Psk と Wsk も同様に定義される。関確率密度関数【輪郭曲線の—】，クルトシス。

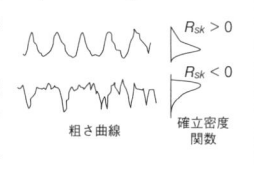

すくい角（sukui-kaku; rake angle, hook angle, chip angle, angle of attack）切削方向に直角な面とすくい面とのなす角度。英国規格ではこれを cutting angle，つまり日本で一般的に使用されている切削角と規定しており，米国でもそのように使われることもあるが，日本ではすくい角の余角（逃げ角と刃物角の和）を切削角（cutting angle）としている。同切屑角，関切削角，逃げ角，刃先角。参切削角。

すくい面（sukui-men; face, front, rake face, tool face, rake surface）切削を行う刃物の切屑側の面で，切屑の一部が接する面。関逃げ面，第1すくい面。

すくい面の傾斜（sukuimen-no-keikaku; inclination angle of face）刃物のすくい面の先端を研磨することによりつくられる頭角，切削角を大きくして逆目ぼれなどの防止効果をねらったもので，切削角の増加した分かすくい面の頭角に相当する。関すくい面。参切削角。

すくい面摩耗（sukuimen-mamō; face wear）切屑とすくい面との摩擦により，工具のすくい面側に生じる摩耗。関すくい面，摩耗。

スクエアエンドミル（square end mill）角形のコーナ（外周刃と底刃がつながる部分）をもつエンドミル。

スクリーン（screen）原料チップパーティクル中の粗大片と微細片の分離，あるいは削片機・破砕機で微細化された小片のサイズそろえなどのため，機械的に振動する金網を通し，あるいは空気流中で小片の比重・空気抵抗・慣性などの差異を利用して，分級する機能を持つ機械装置。

筋かい（筋交い）（sujikai; diagonal）木質構造において，四角形の軸組みの対角線に入れ，水平力に耐えるトラス構造を構成する部材。

筋かい（筋交い）プレート（sujikai—）木質構造の軸組構法の耐力壁において，筋かいの止め付けを確実にするために用いられるZマーク表示金物の一つ。

スターブドウッド（starved wood）被圧木や老齢過熟木の材で見られる年輪幅がきわめて狭い材。晩材の壁厚が薄いことで密度が低い。

スタッカ（stacker）選別された合板やパーティクルボード，板材などを所定の場所に積み込む機械。ゲートスタッカともいう。同ゲートスタッカ，関ベニヤスタッカ。

スタンダード（standard）枠組壁工法構造用製材のJASにおける，乙種枠組材の品質区分3段階のうちの2番目の等級。北米のディメンションランバーの規格における一般用枠組材（Light Framing）のStandard（STAND）とほぼ同等である。関コンストラクション，ユティリティ，乙種枠組材。

スチーミング繰返し試験【合板の—】（—kurikaeshi-shiken; cyclic steaming test）JAS（合板）では，特類の接着の程度をこの試験（試験片を室温の水中に2時間以上浸せきした後，130±3℃で2時間スチーミングを行い，室温の流水中に1時間浸せきし，さらに130±3℃で2時間スチーミングを行い，室温の水中にさめるまで浸せきし，ぬれたままの状態で接着力試験を行う。）によってせん断強さと平均木部破断率を算出して判定している。関接着の程度【合板・集成材などの—】。

スチーミング処理試験【合板の―】（―shori-shiken; steaming treatment test, steam test）JAS（合板）では，1類の接着の程度をこの試験（試験片を室温の水中に2時間以上浸せきした後，130±3℃で2時間スチーミングを行い，これを室温の水中にさめるまで浸せきし，ぬれたままの状態で接着力試験を行う。）によってせん断強さと平均木部破断率を算出して判定している。関接着の程度【合板・集成材などの―】．

スティッカマーク（sticker marks, sticker stains）天然・人工乾燥の際，桟木を置いた部分が種々の色に変色する現象。原因は抽出成分の濃縮・化学変化によるものである。この変色を防止することは困難であるが乾燥方法や幅の狭い桟木を使用することなどにより変色を軽減することは可能である。関桟木．

ステーログ（stay-log）ハーフラウンドベニヤレースにおいてフリッチを取り付ける装置。関スピンドル【ベニヤレースの―】．

ステップ応答（―ōtō; step response）計測器などで，入力信号が一定の値から，他の一定の値に突然変化したときの出力信号の対応の様子．

ステライト（stellite）コバルト，クロム，タングステン，炭素から成る合金。タングステンの一部をモリブデンで置換したり，ニッケル，バナジュウム，タンダルを少量添加したものもある。硬質で耐摩耗性，耐食性があり，高温酸化に耐え，約600℃以下では硬さ，抗張力の低下が生じない工具材料。関鋳造合金．

ステライト溶着（―yōchaku; stellite welding）鋸歯の歯先にステライトを溶かして盛り付けること。人手による方法と機械により自動的に盛り付ける方法とがある。関ステライト．

ステラジアン（steradian）国際単位系（SI）における立体角（空間上の同一の点（角の頂点）から出る半直線が動いてつくる錐面の開き具合を表す量）の単位。記号はsr。立体角は，角の頂点を中心とする半径1の球から錐面が切り取った面積の大きさで表され，全球は4πsr，半球は2πsrとなる．

ステレオ顕微鏡（―kembikyō; stereomicro-scope）同双眼実体顕微鏡．

ステンレス鋼（―kō; stainless steels）耐食性を向上させるために，クロムまたはクロムとニッケルを含有させた合金鋼．

ステンレス鋼釘（―kōkugi; stainless steel nail）ステンレス鋼製の釘．

ステンレス木ねじ（―mokuneji; stainless steel wood screw）ステンレス鋼製の木ねじ．

ストップウォッチ法（―hō; stop watch method）作業を要素作業または単位作業に分割し，ストップウォッチを用いて要素作業または単位作業に要する時間を直接測定する手法。関時間研究．

ストラップアンカ（strap anchor）木質構造のツーバイフォー工法において，土台と壁枠組みを緊結する金具．

ストランド（strand）パーティクルボードの製造に用いられる木材小片で，幅が長さの1/3以下の長方形の形状のもの．

ストランド仮道管（―kadōkan; strand tracheid）軸方向の連なり（ストランド）を形成している短小な個々の仮道管。長さが短く，有縁壁孔をもつ末端壁があることで通常の仮道管と区別できる。ストランドは，単一の形成層始原細胞から生じる。関仮道管．

ストレートゲージ（straight gage）鋸の水平仕上げや腰入れを行う際に，検査用器具として使用する直線部分を有する定規。関水平仕上げ【丸鋸の―】，水平仕上げ【帯鋸の―】，テンションゲージ．

ストレートシャンク（cylindrical parallel shank, parallel shank, straight shank）円筒状のシャンク。関テーパシャンク．

ストレートシャンクドリル（straight shank drill）シャンク（柄）が円筒になっている径2mm以上13mm以下のドリル。JIS（日本工業規格）では，径2mm以下のドリルを小径ストレートシャンクドリルと規定している。関ドリル．

ストレートシャンクフライス（cylindrical parallel shank milling cutter, parallel shank milling cutter, straight shank milling cutter）ストレートシャンクをもつシャンクタイプフライス

の総称。関テーパシャンクフライス。

ストレッチャ（stretcher）同帯鋸ロール機。

ストロークベルトサンダ（hand stroke belt sander）同自動ストロークベルトサンダ。

ストローハル数（——sū; Strouhal number）物体の後方に生じる非定常な伴流を表す無次元数であり，流れの非定常性の影響を表すパラメータである。$S_t=fL/V$　f[1/sec]：周波数，V[m/sec]：代表速度，L[m]：代表長さ。空気力学粘性流体中に置かれた円柱後方に発生するカルマン渦列の発生周波数が，レイノルズ数$R_e>103$の範囲で$S_t=0.21$となる。

ストロボスコープ（stroboscope）規則正しい間隔で光を点滅させる装置。物体の回転や移動の速度計測，運動の可視化などに用いられる。

スナイプ（snip）自動鉋盤で加工された工作物の両端に付くロール状の凹痕のことで，自動鉋盤による加工における典型的な欠点。あるいは，切削中における刃先や被削材面の振動による不規則な小さな凹凸をさす場合もある。同しゃくれ，ガッタ，がった，関びびりマーク。

スピーカ（loudspeaker）電気信号を音波に変換することで音声等を出力する装置のこと。ラウドスピーカとも呼ばれる。

スピンドル【ベニヤレースの—】（spindle）ベニヤレースにおいて，原木の両木口面を締付けて保持し，原木に回転を与えるための軸。主軸ともいう。同ベニヤレーススピンドル，関ベニヤレース，絞り，参絞り。

スピンドルサンダ（spindle sander）回転する小径の円筒の外周面に取り付けた研磨布紙に工作物を押し付けて，曲面の内外周面を研削するサンダ。円筒を軸方向に往復運動（オシレィーション）させるものもある。

スピンドルチャック（spindle chuck）ルータなどの主軸の先端に備えられた，工具を機械的に保持するための部品。

スピンドル中心線【ベニヤレースの—】（——chūshin-sen; center line of spindle）ベニヤレースにおけるスピンドルの中心を通る水平線。関ベニヤレース，絞り。

スプリングバック（springback）基本的に材料などは外力の作用を受けると変形が生じるが，変形が小さく塑性変形や組織の損傷などがない領域では弾性を示し，外力を除荷すると完全に元の状態に戻る。これを弾性回復（スプリングバック）という。木材切削において，逃げ角が過小の場合は，繊維の弾性回復とこれに伴って母材と刃先の逃げ面が摩擦し，切削抵抗は増加する。特に縮み型切屑の生成，刃先の切れ味不良，木口切削の繊維のはね返りなどの場合に顕著となる。

スプレー塗装機（——tosō-ki; spray coater）工作物をコンベアなどで自動送りし，1個以上のスプレーガンによって塗装する機械。関塗装機[械]，スプレーコータ。

スプレーコータ（spray coater）ベルトコンベアなどによって送られる合板などの表面に，霧化した一定量の接着剤糊液や塗料を噴霧装置によって塗布する機械。空気流で霧化するエアスプレーと，高圧ポンプで加圧して霧化するエアレススプレーがある。関フローコータ，塗装機[械]，スプレー塗装機。

スプレッダ（spreader）同グルースプレッダ。

スペクトル（spectrum）複雑な情報や信号をその成分に分解し，成分ごとの大小に従って配列したもののこと。

スペクトル密度（——mitsudo; spectral density, spectrum density）信号や時系列のエネルギーが周波数についてどのように分布するかを示したもの。場の量の二乗平均値を帯域幅で除した値を，帯域幅をゼロに近づけたときの極限値で求める。場の量の種類は，音圧，粒子速度，粒子加速度などのように指定する。

スペクトル密度レベル（——mitsudo——; spectrum density level）ある周波数帯域内に分布する指定された量のその周波数帯域幅との比について，周波数帯域幅をゼロに近づけたときの極限値のレベル。

スペクトルレベル（spectrum density level, spectrum level）任意の基準パワーに対する1Hzバンド幅のパワーレベルのこと。

スペックル法（——hō; method of speckle） 物体面を可干渉性の光で照射したときに生じるスペックルパターンを利用して，変形，変位またはひずみを測定する方法．

滑り軸受（suberi-jikūke; plain bearing） 荷重を支え，滑りの相対運動をする軸受．関転がり軸受．

スベリン（suberin） 樹皮の組織で生成され，コルク質の主要部を占める保護物質．

スポット溶接（——yōsetsu; spot welding） 重ね合わせた母材を限定された断面の電極で強く押さえ，その領域に流した電流によるジュール熱により溶接する加圧抵抗溶接．関抵抗溶接．

墨掛け（sumi-kake; marking）同墨付け．

すみ金物，角金物（sumikanamono） 木質構造のツーバイフォー工法において，耐力壁の足元を固めるための金物．

すみ金（sumigane; corner protector） 包装用の木箱を補強するため，角に用いる三角錐形の金具．参枠組箱．

墨差（sumi-sashi; bamboo brush for marking） 墨壺と共に用いる竹製の筆記用具．その一端は箆状で，その穂先を幅方向に細かく割り込み，他の一端は細い棒状で，穂先を玄翁で軽く叩いて繊維を崩す．主として，箆状の部分で線を，棒状の部分で文字等を書く．墨指，墨芯ともいう．

墨付け（sumi-tsuke; marking） 部材に工作すべき位置，寸法，接合方法などを墨壺と墨さし，鉛筆，罫引き，白書などで描くこと．この墨付けの段階で部材の形状が決定されるので重要な工程である．同墨掛け，罫書き．

墨壺（sumi-tsubo; ink pod） 墨を含ませた線などに糸をくぐらせ，その糸を張って打ち，設計上の線を材面にしるす道具．

スライサ（slicer） 単板を製造する機械．材（フリッチ）と刃物の相対運動がほぼ直交して切削が行われる．刃物あるいは材が垂直方向に運動する縦形スライサと水平方向に運動する横形スライサがある．関縦突スライサ．

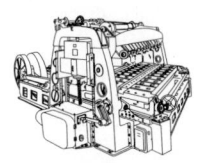

スライス（slice, slicing） 原木からつき板を切削すること．一般にスライサを用い，フリッチから薄い化粧単板を横突き（横切削）あるいは縦突き（縦切削）により製造する．関スライサ，縦突スライサ．

スライスド単板（——tampan; sliced veneer） スライサで切削された単板．スライサに取り付ける材料の木取りを変えることによって，樹種特有の木目の単板を得ることができる．関単板．

スライドガラス（——garasu; slide glass） 顕微鏡において標本を置くガラス板．

スラスト（thrust） 工具の回転軸方向に働く力．関トルク．

スラストアンギュラ玉軸受（——tama-jikūke; angular contact thrust ball bearing） 転動体として玉を用いたスラストアンギュラコンタクト軸受．関アンギュラコンタクト軸受．

スラスト円錐ころ軸受（——ensui-koro-jikūke; tapered roller thrust bearing） 転動体として円錐ころを用いたスラスト軸受．一方向のアキシアル荷重だけを支えることができる．関ころ軸受，スラスト軸受．

スラスト円筒ころ軸受（——entō-koro-jikūke; cylindrical roller thrust bearing） 転動体として円筒ころを用いたスラスト軸受．一方向のアキシアル荷重だけを支えることができる．関ころ軸受，スラスト軸受．

スラストころ軸受（——koro-jikūke; thrust roller bearing） 転動体としてころを用いたスラスト軸受．関転がり軸受，スラスト軸受．

スラスト軸受（——jikūke; thrust bearing） 回転する軸に対し平行に作用する荷重を支持する軸受．転がり軸受と滑り軸受の両方の形式がある．関ジャーナル軸受，ラジアル軸受．

スラスト自動調心ころ軸受（——jidō-chōshin-koro-jikūke; self-aligning thrust roller bearing） 転動体としてころを用いた，自動調心できるスラスト軸受．通常，ころが接触する軌道盤として球面軌道をもつ単列のころ軸受

をいうことが多い。スラスト球面ころ軸受ともいう。関スラスト軸受，自動調心軸受。参スラスト円錐ころ軸受。

スラスト針状ころ軸受（——*shinjō-koro-jikuke*; needle roller thrust bearing）転動体として針状ころを用いたスラスト軸受。関ころ軸受，スラスト軸受。

スラスト玉軸受（——*tama-jikuke*; thrust ball bearing）転動体として玉を用いたスラスト軸受。関転がり軸受，スラスト軸受。

針状ころ

スラブ（slab）床の荷重を支える鉄筋コンクリート造の板状の版。位置により，床スラブ・屋根スラブという。

すり(擦り)材（*suri-zai*; rubbing strip）包装用の木箱の滑材下部に取り付ける部材。参枠組箱。

スリット（expansion slot）丸鋸の歯底からほぼ中心方向に向かい設けられた直線状または曲線状の細長切り欠き。割りみぞともいう。鋸挽き時の熱座屈や振動を抑制させるために設けられている。歯底に開放せず両端が閉じたスリットもある。これらスリットに樹脂や軟金属を埋め込み，振動を抑制する効果を高めたものもある。関熱座屈【丸鋸の——】，丸鋸。

スリバー（sliver）チップの不良品で，所定のチップ寸法より長いもの。

すりわり付木ねじ（*suriwari-tsuki-mokuneji*; slotted head wood screw）頭部に締付用のすり割を設けた木ねじ。すり割とはマイナス溝のこと。

すりわり

スループット（throughput）単位時間に処理される仕事量を測る尺度。

スレート（slate）セメント，石綿以外の繊維で強化成形した板。

スローアウェイ工具（——*kōgu*; throw away tool）スローアウェイチップをボデーまたはシャンクに機械的に取り付けたクランプ工具。この工具の普及により，工具交換時間が短縮し，稼働時間に占める実切削時間率が大幅に向上した。同使い捨て工具，関スローアウェイチップ。

スローアウェイチップ（throw-away tip, indexable insert）機械的にボデーに取り付けられ，一つの刃部が工具寿命に達した時，他のコーナまたは他のチップに交換することによって再研削することなく，そのまま作業が継続できるようにしたチップ。通常，複数の切れ刃を持ち，ネガティブレーキタイプとポジティブレーキタイプとがある。=使い捨てチップ。関スローアウェイ工具。

スローアウェイフライス（throw-away milling cutter）ボデーにスローアウェイチップを機械的に固定したフライス。関スローアウェイチップ，植刃フライス。

スンプ試験（——*shiken*; SUMP examination）鋼の表面を仕上げ研磨して，その上に酢酸メチルを滴下し，アセチルセルローズ膜をはって乾燥した後これをはがし取り，その膜を透過型光学顕微鏡で観察して鋼の性状を判定する試験。

寸法形式（*sumpō-keishiki*; size code）枠組壁工法構造用製材の断面寸法を表す型式。104，106，203，204，206，208，210，212，304，306，404，406，408がある。JASでは未乾燥材および乾燥材についてそれぞれ規定寸法が定められている。

寸法効果（*sumpō-kōka*）切削加工において，切込み量が減少して微少切削となるに伴って，切込み量の寸法変化の関係とは逆に，比切削抵抗が急激に増大する。この現象を比切削抵抗における寸法効果という。

寸法精度（*sumpō-seido*; accuracy of dimension）構成要素または工作物の所定の部分の寸法の正確さ。

寸法線（*sumpō-sen*; dimension line）対象物の寸法を記入するために，その長さまたは角度を測定する方向に並行に引く線。関寸法補助線。

寸法補助線（*sumpō-hojo-sen*; projection lines）寸法線を記入するために図形から引き出す線。関寸法線。

せ　*se*

背（*se*）片刃鋸の鋸身のうち鋸刃の付いていない側。

正確さ（*seikaku-sa*; trueness）測定などにおいて，かたよりの小さい程度。

正規発刃（*seiki-hatsujin*; self-sharpening）研削加工において，砥粒（研磨材）の硬さ，靭性，接着剤の保持力，研削抵抗などが適正に作用しているとき，砥粒切れ刃が正常な自生作用を起こして良好な研削状態が維持されること。 圓自生作用，自生発刃，砥粒の自生作用。

正規分布（*seiki-bumpu*; normal distribution）次の式で表される確率密度関数をもつ分布。

$$f(x) = \frac{1}{\sqrt{2\pi}\sigma} \exp\left(-\frac{(x-\mu)^2}{2\sigma^2}\right)$$

ここで，μ は平均，σ^2 は分散。特に $\mu=0$，$\sigma^2=1$ の分布は，標準正規分布と呼ばれる。圓ガウス分布。

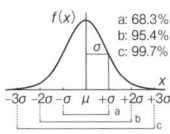

a: 68.3%
b: 95.4%
c: 99.7%

成形カッタ（*seikei*—; shaping tool, molding knife, molding cutter）複雑な形状の面型を，1個のカッタで作り出せるように成形した切れ刃形状をもつカッタ。圓面取りカッタ，総形フライス。

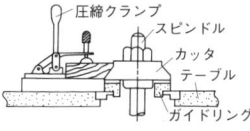

成形機（*seikei-ki*; forming machine）接着剤等を添加した木材の小片を設定した厚さに均一に散布するための機械。

成形合板（*seikei-gōhan*; formed plywood, moulded plywood, curved plywood）目的に応じて種々の曲面を持つように，単板に接着剤を塗布し，これを積層して圧縮するときに所定の形の治具を用い，接着と同時に成形した合板。曲面合板ともいう。圓合板。

成形プレス（*seikei*—; molding(moulding) press）接着剤を塗布した工作物を成形定盤の間に挿入し，可動定盤を油圧などによって作動させて，所定の形状に加熱圧縮する機械。

静剛性（*seigōsei*; static stiffness, static rigidity）

静的な力，または静的なモーメントと，それによる静的な変位・変形との関係で表される剛性。一般的に，所定の力に対する所定の変位で表す。

製材（*seizai*; sawmilling, log conversion, lumber, timber）①sawmilling, log conversion: 丸太やそれに類する半製品から，角材や板などの製材品を生産すること。②lumber, timber: 製材によって生産された製品。圓挽材，製材品。

精砕機（*seisai-ki*; precise reduction machine）小木片または削片を再破砕または磨砕して細分し，形状をそろえる機械。圓破砕機。

製材木取り（*seizai-kidori*; sawing pattern, cutting pattern）製材において，径，断面形状，曲がり，節，割れなど，丸太やそれに類する半製品の形状や欠点を考慮して，製材品の種類，寸法，採材位置と挽材手順を決定すること。圓木取り。

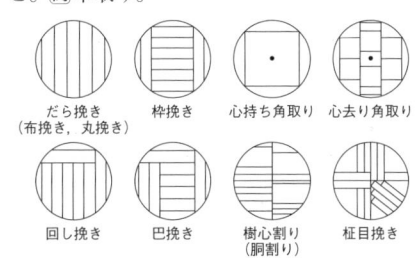

だら挽き（布挽き，丸挽き）　枠挽き　心持角取り　心去角取り

回し挽き　巴挽き　樹心割り（胴割り）　柾目挽き

製材作業（*seizai-sagyō*; sawing work, sawing operation）丸太やそれに類する半製品を帯鋸や丸鋸を用いて挽材加工し，製材品を生産する作業。圓製材。

製材作業時間分析（*seizai-sagyō-jikan-bunseki*; time study of sawing work）製材作業における各要素作業の時間を測定して，作業方法の評価をする分析法。圓製材，製材作業の要素時間。

製材作業能率（*seizai-sagyō-nōritsu*; sawing work efficiency）加工した原木または製材品量，あるいは別に定めた仕事量に対する作業時間や稼働時間で表す製材作業の能率。圓製材。

製材作業の要素時間（*seizai-sagyō-no-yōso-jikan*; element time of sawing work）製材作業の各要素作業（例えば，帯鋸盤による大割作

業での木のせ，木返し，歩出し，送材車前進，鋸断，送材車後退，木おろしなど）における所要時間。関製材，製材作業時間分析。

製材鋸やすり（*seizai-noko-yasuri*; mill saw files）製材鋸の製作，調整に使用するやすり。平形および三角形がある。

製材の品等（*seizai-no-hintō*; lumber grade）同等級【製材の—】。

製材品（*seizai-hin*; lumber, timber）木材を鋸挽きして得られた製品。同製材。

製材品の等級（*seizai-hin-no-tōkyū*）同等級【製材の—】。

製材品の品質等級（*seizai-hin-no-hinshitsu-tōkyū*）同製材品の等級。

製材品の品等（*seizai-hin-no-hintō*）同等級【製材の—】。

製材用帯鋸（*seizai-yō-obinoko*; band saw for sawmill machinery, band saw for sawmilling）製材に使用される帯鋸盤に用いられる帯鋸。関帯鋸。

生産管理（*seisan-kanri*; production management）財・サービスの生産に関する管理活動。狭義には，生産工程における生産統制を意味し，工程管理ともいう。

生産スケジューリング（*seisan*—; production scheduling）製品または部品を製造する際に，使用可能な資源の制約下で，製品または部品それぞれの工程ごとの着手時間・終了時間・着手順序・使用設備を決定する活動。

生産性（*seisan-sei*; productivity）投入量に対する産出量の比。生産性＝産出量／投入量。

生産統制（*seisan-tōsei*; production control）生産計画に基づいて立てられる工程計画と日程計画がその通りに実施されるように生産活動を制御する業務。狭義の生産管理。

成熟材（*seijuku-zai*; mature wood）成熟期の形成層によって形成された髄から遠い側の木部。未成熟材の外側に位置する。関未成熟材。

脆心（*zeishin*; brittle heart）主にラワン類などの熱帯産の大径木の樹心近くに生じる脆くなっている部分。この部分は細胞が圧縮破壊でつぶれており，成長応力が主な原因といわれている。パンキー，ブリットルハート，糠心などとも呼ばれている。脆心を持つ材を脆心材と呼ぶ。

制振合金（*seishin-gōkin*; high-damping alloy）振動・騒音の発生や伝播を抑制する効果のある合金で，黒鉛鋳鉄，マグネシウム合金や形状記憶合金が知られている。

制振鋼板（*seishin-kōhan*; high-damping steel sheet）騒音の発生を押えるために音や振動を最小限に押える特性に優れた鋼板。2枚の鋼板の間に約40〜60μm厚の粘弾性樹脂をサンドイッチした構造で，曲げ振動に伴う粘弾性樹脂のずり変形によって振動エネルギーを熱エネルギーに変換して振動減衰効果を持たせてある。

脆心材（*zeishin-zai*）同脆心。

制振材[料]（*seishin-zai [ryō]*; damping materials）外部から材料内に入ってきた振動のエネルギーを熱エネルギーに変換し，振動の鋭さを制御する能力の高い材料。

脆性破壊（*zeisei-hakai*; brittle fracture）材料が外力によって，ほとんど塑性変形を生じることなく破壊すること。

脆性破壊試験（*zeisei-hakai-shiken*; brittle fracture test）切り欠きまたはこれに代わる加工をを施した試験片に静的または動的荷重を加え，脆性亀裂の発生伝播停止，または破断の条件，状態などを調べる試験。

背板（*se-ita*; slab）製材の際に挽かれた丸太外周を含む部分。比較的大きなものからは，さらに板類や挽割類が得られ，小さなものは主としてチップ原料となる。

成長応力（*seichō-ōryoku*; growth stress）樹木の成長過程において，樹幹の肥大成長に伴い内部に生じる応力。軸方向に引張応力，円周方向に圧縮応力が作用している。立木や丸太の内部には成長応力が原因となる残留応力が生じており，伐採や玉切りのときの心割れ，製材時のそりや曲がり，乾燥時の狂いや割れの発生に関与している。

成長輪（*seichō-rin*; growth ring）材および樹皮において，横断面で見た場合の一成長期間に形成された成長層。関年輪。

静釣合い（*seitsuriai*; static balance）フライス，

研削砥石などの回転体で，その重心が回転軸上にある状態。

静的精度（*seiteki-seido*; geometric accuracy）無負荷状態で，静止状態，または運動が低速な状態における工作機械の構成要素の形状，位置，運動，および相対的な姿勢の幾何学的な正確さを表す度合い。関機械精度。

静的測定力（*seiteki-sokutei-ryoku*; static measuring force）触針式表面粗さ測定機の触針先端を対象面に置いたときの平均位置（変位の中央位置）における触針先端の押し付け力。JISでは0.75 mNと規定されている。

静電式（*seiden-shiki*）浮遊粉じん濃度を測定するために粉じんを捕集する方法の一つ。高電圧によって粉じんに帯電させ，静電気力によって粉じんを捕集する方法。荷電するための方法としては，直流または周期的な電圧印加のコロナ放電などを用い，正の電荷を与えた後，捕集部で加えられた電解によって光学顕微鏡用のスライドグラス，プラスチック，金属板などに粉じんを捕集する。関捕集測定方法。

静電塗装機（*seiden-tosō-ki*; electrostatic spray coater）工作物を自動送りし，噴霧装置によって霧化した塗料に，静電気を荷電して塗装する機械。関塗装機［械］。

静電分粒法（*seiden-bunryū-hō*）粉じんの分粒方法の一つで，イオン中で荷電した粒子を直流電界中に導き，粒子の電気的移動度の違いによって分粒する方法。この方法は，主に微小な粒子の粒径別濃度を求めるものである。

精度（*seido*; accuracy）正確さと精密さを含めた，測定結果と測定量の真の値との一致の度合い。

制動装置【鋸車の一】（*seidō-sōchi*; braking devise）帯鋸盤の停止時または緊急時に鋸走行を停止させる装置で，通常は下部鋸車の内側にブレーキパッドを押し当てる機構になっている。関帯鋸盤，鋸車。

静特性（*sei-tokusei*; static characteristics）機械系の運動が静止または静止に準じるとみなせる状態において機械系が示す特性や，計測の対象となる測定量が時間的に変化しないとき

の計測器の応答の特性。

性能区分【保存処理の一】（*seinō-kubun*; hazard class）保存処理を施した製材品について，樹種，辺材および心材部分の薬剤の浸潤度，および使用した薬剤とその薬剤の木材による吸収量によってK1からK5まで分類したもの。

成板機械（*seihan-kikai*; particleboard manufacturing machine）小片に接着剤を塗布して成形熱圧し，所定の寸法のボードにする工程の諸機械。

正反射（*seihansha*; regular reflection, specular reflection）幾何光学の反射の法則に従う，拡散がない反射。同鏡面反射。

生物劣化（*seibutsu-rekka*; biodeterioration, biodegradation）菌類，昆虫および海中類によって引き起こされる木材の力学的低下などの劣化。

青変菌（*seihenkin*）乾燥後の木材に青変を起こす不完全菌で，暗色の菌糸や胞子をもつ *Alternaria tenius*, *Aureobasidium pullulans*, *Cladosporium herbarum*, *Stemphylium verrucolosum* などをいう。

精密角形水準器（*seimitsu-kakugata-suijun-ki*）同角形水準器。

精密さ（*seimitsusa*; precision）測定などにおいて，ばらつきの小さい程度。同精密度。

精密定盤（*seimitsu-jōban*; precision surface plate）JISで規定された定盤。単に定盤ともいう。JISでは，使用面の大きさが160×100 mm～2,500×1,600 mmの角形で，鋳鉄製と石製のものについて規定している。使用面の平面度によって0級，1級，2級の等級がある。

精密水準器（*seimitsu-suijun-ki*; precision level）精密な気泡管を用い，気泡の変位を気泡管上の目盛で直接読み取ることによって水平または鉛直からの微小な傾斜を測定する指示計器。平形水準器と角形水準器がある。

精密度（*seimitsudo*; precision）同精密さ。

セーバソー（saber saws）機体の前方に向けて鋸刃が取り付いている往復動鋸。案内板を備えているものがあり，案内板は傾斜調整ができる。関往復動鋸。

背金鋸（*segane-noko*）同胴付き鋸。

赤外線（*sekigaisen*; infrared radiation）同赤外放射。

赤外線画像（*sekigaisen-gazō*; infrared image）対象物の表面から生じる赤外線放射エネルギーの強度分布をコントラストまたはカラーパターンに当てはめた画像。

赤外線カメラ（*sekigaisen*―; infrared camera）対象物の表面から生じる赤外線放射エネルギーを検出し，その強度分布を画像表示する装置。

赤外線サーモグラフィー（*sekigaisen*―; infrared thermography）対象物の表面から生じる赤外線放射エネルギーを検出し，見かけの温度に変換し，その分布を画像表示する装置またはその方法。

赤外線放射エネルギー（*sekigaisen-hōsha*―; infrared radiant energy）赤外線（波長が可視光の波長より長く，1mmより短い電磁波）として放射・伝搬するエネルギー。単位はジュール[J]。

赤外線放射計（*sekigaisen-hōsha-kei*; infrared radiometer）対象物の表面から生じる赤外線放射エネルギーを測定する機器。赤外線サーモグラフィーも含まれる。

赤外放射（*sekigai-hōsha*; infrared radiation）単色光成分の波長が可視放射の波長より長く，およそ1mmより短い放射。同赤外線。

積載装置（*sekisai-sōchi*; loading equipment）工作物を積込み，積下し，または転動する装置。

積層接着（*sekisō-setchaku*; glued laminated）接着剤を塗布した集成板または挽板を層状に積み重ね，プレス等を用いてこの板材を相互に接着すること。

積層プレス（*sekisō*―; accumulating press）接着剤を塗布した集成板または挽板を積み重ねて定盤の間に挿入し，可動定盤を油圧などによって作動させ圧縮集成する機械。

積層曲木法（*sekisō-mageki-hō*; laminated wood bending method）成形合板を造る方法と同じく，接着剤を塗布した薄い単板を多数積み重ね，曲面型の間に挟んで圧縮接着して，曲げ木を行う方法。

セグメント研削砥石（―*kensaku-toishi*; segment grinding wheels）数個を組合せ，主として正面で研削する断片状の砥石。関砥石。

セグメントソー（segmental circular saw blade）複数の鋸歯を有する扇形の鋸片（セグメント）を機械的に円形に組み付けて成る丸鋸。円形の鋸身の外縁にセグメントをリベットで固着する形式，2枚の円板の間にセグメントを外周方向に突出させて挟みボルトで固着する形式などがある。関丸鋸。

接眼ミクロメータ（*setsugan*―; eyepiece micrometer）物体の大きさを測定するために，接眼レンズの視野絞りの位置に置く目盛ガラス板。関対物ミクロメータ。

接眼レンズ（*setsugan*―; eyepiece, ocular）望遠鏡，顕微鏡などで対物レンズによる像を拡大してみるためのレンズ。関対物レンズ。

接合（*setsugō*; joint, connection）2個以上の部材を結合させること。長手方向に結合する継手，ある角度で結合する仕口，あるいは幅方向のはぎ合せなどが含まれる。関継手，仕口。

接合金物（*setsugō-kanamono*）木質構造において，部材同士の接合に用いる金物。

接合機械（*setsugō-kikai*; joining machine）釘，だぼなどによって工作物を接合する木工機械。

せっこう（石膏）系木質ファイバーボード（*sekkō-kei-mokushitsu*―; gypsum-bonded fiberboard）結合材としてせっこう（石膏）を使用した木質ボードで，常温強度，耐火性，寸法安定性，遮音性に優れ，内装材として用いる。関せっこうファイバーボード。

接合台（*setsugōdai*; band saw brazing clamp）同帯鋸接合台。

せっこう（石膏）ファイバーボード（*sekkō*―; gypsum fiberboard）故紙パルプあるいは木質ファイバーに結合材としてせっこう（石膏）を混ぜ板状に成形した材料。関せっこう系木質ファイバーボード。

せっこう（石膏）ボード（*sekkō*―; gypsum boards, plaster board）主原料のせっこうをしん（芯）として，その両面および長さ方向(成形時の流れ方向)の側面をせっこうボード用

紙で被覆した板.

切削（*sessaku*; cutting）刃物あるいは砥粒などを用いて，工作物の一部を屑として分離しながら，工作物を所要の形状に加工すること．

切削厚さ（*sessaku-atsusa*）同 切込量，切込深さ.

切削永続期間（*sessaku-eizoku-kikan*; term of uniform wear rate）工具が寿命に達するまでの切削が可能な状態の期間．

切削エネルギー（*sessaku—*）同 切削仕事．

切削円（*sessaku-en*）同 刃先円．

切削応力（*sessaku-ōryoku*; cutting stress）工具を被削材に進行したときに切削によって生じた工具・被削材接触境界面に働く種々の応力のこと．刃先先端の集中応力や工具すくい面による切屑の曲げに伴う圧縮応力，引張応力などがある．

切削音（*sessaku-on*; cutting noise）切削時に発生する音.

切削温度（*sessaku-ondo*; cutting temperature）切削中における工作物の切削個所における温度，あるいは工具刃先の温度．

切削角（*sessaku-kaku*; cutting angle）切削方向とすくい面とのなす角度．逃げ角と刃先角の和，あるいはすくい角の余角に相当する．英語の cutting angle はすくい角そのものをさす場合がある．関 すくい角，逃げ角，刃先角．γ: すくい角, β: 刃先角, α: 逃げ角, θ: 切削角

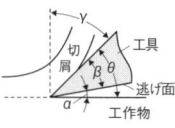

切削型（*sessaku-gata*; type of chip formation）切屑の分離，変形，破壊の様式を分類したもの．木材の縦および横切削では流れ型，折れ型，縮み型などに分類される．

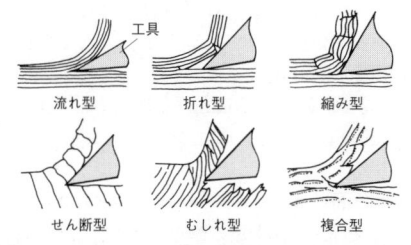

流れ型　折れ型　縮み型
せん断型　むしれ型　複合型

切削側（*sessakugawa*）帯鋸盤を構成する二つの鋸車で張られた帯鋸の直線部の内，工作物を切断する側．関 帯鋸盤．

切削距離（*sessaku-kyori*）同 切削長.

切削工具（*sessaku-kōgu*; cutting tool）切削に用いる工具の総称．

切削材長（*sessaku-zaichō*; total feed length）送り方向における工作物の長さの総計．工作物の送り量に相当する．平削りでは，実際に刃物が工作物を削った長さ，すなわち切削長と同じになるが，回転削りでは異なる．

切削仕上面（*sessaku-shiagemen*; machined surface, finished surface）仕上面切削加工によって作り上げられた工作物の表面．同 仕上面．

切削時間（*sessaku-jikan*; cutting time）工具で工作物を加工している時間．加工は連続して行われていても，個々の工具について見ると断続的に行われている場合には，その工具が実際に加工を行っている時間である正味切削時間と区別して使われる．関 正味切削時間．

切削仕事（*sessaku-shigoto*; cutting work）切削力の主分力と切削距離との積．

切削仕事率（*sessaku-shigoto-ritsu*; cutting power）単位時間当たりの切削仕事．切削力の主分力と切削速度との積．

切削所要動力（*sessaku-shoyō-dōryoku*; net cutting power, required power for cutting）機械の空転動力と工作物の送りに要する動力を除いた切削に必要な動力．同 切削動力，関 正味切削動力．

切削性（*sessaku-sei*; machinability）同 被削性.

切削性試験（*sessaku-sei-shiken*; test of machinability）切削性を調べる試験．関 切削性，被削性試験．

切削速度（*sessaku-sokudo*; cutting speed）切削における工具と工作物の相対運動の速度のうち，送り運動の成分を除いた速度．

切削断面積（*sessaku-dan-menseki*; sectional area of cut）切削幅と切込深さの積．

切削長（*sessaku-chō*; cutting path, cutting length）工具が工作物を切削する長さ．回転切削の場合，実際に刃物が工作物を切削する長さは1回転における切削弧長 l の総計 Σl となる．長さが L の工作物を切削した場合，1

刃当たりの送り量を f とすると，$\Sigma l = l(L/f)$ となる．[同]切削距離，[関]正味切削距離．

切削抵抗（*sessaku-teikō*; cutting resistance）　切削中に工作物によって刃物に加わる力．一般に切削力に大きさが等しく向きが反対である．切削抵抗の切削方向の分力を切削抵抗の主分力（単に主分力という場合もある），切削面に垂直な方向の分力を切削抵抗の背分力（単に背分力という場合もある）という．主分力および背分力に垂直な方向の分力を切削抵抗の横分力（単に横分力という場合もある）という．横分力は二次元切削の場合は作用しないとされている．切削抵抗を切削幅で除した値を単位切削幅当たりの切削抵抗という．[関]切削力，比切削抵抗．

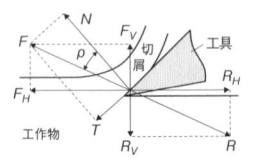

F: 切削力, F_H: 切削力の主分力,
F_V: 切削力の背分力, N: すくい面上圧縮力, T: すくい面上摩擦力, ρ: 摩擦角, R: 切削抵抗, R_H: 切削抵抗の主分力, R_V: 切削抵抗の背分力

切削動力（*sessaku-dōryoku*; cutting power）　[同]切削所要動力．

切削動力計（*sessaku-dōryoku-kei*; tool dynamometer）　切削抵抗の主分力および背分力を測定できる動力計のこと．動力計には，ひずみゲージ法や圧電素子法などがある．

切削熱（*sessaku-netsu*; heat of cutting）　切削によって発生する熱．

切削幅（*sessaku-haba*; width of cut）　切削面内において，切削方向に垂直に測った工作物の切削される部分の幅．

切削比（*sessaku-hi*; cutting ratio, chip thickness ratio）　切込深さ t_1 の切屑厚さ t_2 に対する比，t_1/t_2．

切削深さ（*sessaku-fukasa*）　[同]切込深さ．

切削方向（*sessaku-hōkō*; cutting direction）　切削に関与している工具切れ刃の1点の瞬間的な切削運動の方向．[関] 90-90 切削，90-0 切削，McKenzie 方式．

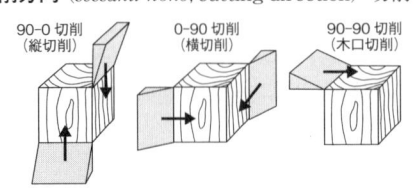

切削面（*sessaku-men*; cut surface）　切削加工によって生成された工作物の表面．[関]切削仕上面．

切削用超硬質工具材料（*sessaku-yō-chō-kōshitsu-kōgu-zairyō*; hard cutting materials for machining by chip removal）　JIS B 4053 では，超硬合金，セラミックス，ダイヤモンド，窒化ほう素を切削用超硬質工具材料として規定している．[関]使用分類記号【切削用超硬質工具材料の一】．

切削量（*sessaku-ryō*; amount of cut material）　切削において，削り取られた工作物の体積あるいは重量．

切削力（*sessaku-ryoku*; cutting force）　切削において，工具が工作物に加える力．主分力，背分力，横分力の3方向分力に分けて表すこともある．この力を作用している切れ刃の幅で除した値を，単位切れ刃幅当たりの切削力という．[関]切削抵抗．

切削割れ（*sessaku-ware*; lathe check）　単板切削において切削された単板に生ずる割れ．裏割れと表割れがある．[関]表割れ，裏割れ．

接触角（*sesshoku-kaku*; contact angle）　液体が固体面に接触しているとき，液面と固体面のなす角．[関]ぬれ（濡れ）．

接触予防装置（*sesshoku-yobō-sōchi*; contact preventive device）　運動している工具に触れることを防ぐ安全装置の一種．丸鋸盤の歯の接触予防装置，帯鋸盤の送りローラの接触予防装置，手押鉋盤および面取り盤の刃の接触予防装置などがあり，労働安全衛生規則ではこれらの設置が事業者に義務付けられている．[関]安全装置．

接触輪研削方式（*sesshoku-rin-kensaku-hōshiki*; contact wheel grinding method, contact wheel sanding method）　[同]コンタクトホイール研削方式．

接線断面（*sessen-dammen*; tangential section, flat grain）　幹や枝の髄を通らず，かつ年輪界に対して接線をなす接線方向の縦断面．板目

面ともいう。その材面に現れる紋様を板目という。板目板において樹皮側の板目面を木表、髄側の板目面を木裏という。

接線壁（*sessen-heki*; tangential wall, tangential axial wall）細胞壁の位置関係に関する用語で、とくに切片の場合に、細胞の長軸方向にかかわらず接線断面と平行な壁をさす。

接線方向（*sessen-hōkō*; tangential direction）軸方向および放射方向と直交する方向で、年輪界の接線となる方向。関軸方向、放射方向。

接線面（*sessen-men*）同接線断面。

切断工具（*setsudan-kōgu*; cut-off tool）工作物を切断する工具。ハクソー、バンドソー、メタルソーなど。

切断式粉砕機（*setsudan-shiki-funsai-ki*; cutting type crusher(mill)）回転するカッタによる切断作用によって木材の粉砕を行う機械。関カッタミル。

切断線（*setsudan-sen*; line of cutting plane）断面図を描く場合、その切断位置を対応する図に表わす線。関断面図。

切断砥石（*setsudan-toishi*; cutting off wheels）切断用の研削砥石。関砥石。

切断深さ（*setsudan-fukasa*; depth of cut-off）工作物を切断する工作機械において、切断できる工作物の大きさ、深さ。

切断面（*setsudam-men*; cutting plane）断面図を描くときに、対象物を仮に切断する面。関断面図。

切断レベル差（*setsudan—sa*; profile section height difference）輪郭曲線方式による表面性状の評価において、輪郭曲線の負荷曲線について与えられた二つの負荷長さ率に一致する高さ方向の切断レベルの差。

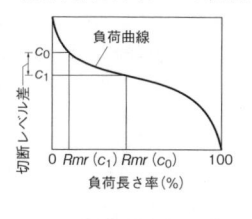

接着（*setchaku*; adhesion）接着剤を媒介とし、化学的あるいは物理的な作用、またはその両者によって二つの面が結合した状態。関接着剤。

接着機械（*setchaku-kikai*; gluing machine）接着剤の調合、被着材に対する塗布および圧縮など、工作物の接着を行う機械の総称。関接着。

接着剤（*setchaku-zai*; adhesive, glue）物体の間に介在することによって物体を結合することのできる物質。関接着。

接着剤【研磨布紙の—】（*setchaku-zai*; adhesive）研磨材を基材に接着する塗布用、研磨ベルトなどの接合部を接着する接合用およびスパイラル形円筒研磨スリーブの裏打ちに使用する裏打ち用のそれぞれの接着剤がある。接着剤としては、にかわ、ゼラチンの他、各種合成樹脂が用いられる。

接着剤塗布機械（*setchaku-zai-tofu-kikai*; glue applicator）スカーフ面、フィンガー面、ラミナ面などに接着剤を一定量塗布または転写する機械。ローラーによるもの、噴射によるものなどがある。

接着剤塗布装置（*setchaku-zai-tofu-sōchi*; glue applicator）自動送りされる単板などの工作物に接着剤を塗布する機械装置。

接着耐久性試験（*setchaku-taikyū-sei-shiken*; adhesion durability test, adhesion permanence test）接着結合の劣化作用に対する抵抗性である接着耐久性を、促進劣化処理や屋外暴露処理を施した試験体の接着強さによって評価する試験。関接着強さ。

接着強さ（*setchaku-tsuyosa*; bond strength）接着された二面間の結合の強さ。引張剪断強さ、圧縮剪断強さ、剥離強さ、曲げ強さ、引張強さなどで評価される。同接着力、関引張剪断接着強さ、圧縮剪断接着強さ、剥離接着強さ、曲げ接着強さ、引張接着強さ。

接着の程度【合板・集成材などの—】（*setchaku-no-teido*; degree of adhesion(bonding)）JAS（合板、集成材）では、水に対する接着性能をいう。各材料や想定される使用環境に応じて、連続煮沸試験、スチーミング繰り返し試験、減圧加圧試験、煮沸繰り返し試験、スチーミング処理試験、温冷水浸せき試験、浸せき剥離試験、煮沸剥離試験（集成材）によって評価される。

接着破壊（*setchaku-hakai*; adhesive failure, adhesion failure) 接着剤と被着材との界面で生じた破壊。[同]界面破壊，[反]凝集破壊。

接着力（setchaku-ryoku; bond strength）[同]接着強さ。

設定切込量（settei-kirikomi-ryō）[同]設定削り代。

設定削り代（settei-kezuri-shiro; set depth of cut）除去される削り代の設定値からの過不足をあらかじめ加味して設定される削り代。[同]設定切込量。

設定研削量（settei-kensaku-ryō; set depth of cut in grinding）研削における弾塑性変形を考慮せずに，単に幾何学的設定条件から計算される工作物の除去量。

セッティング【鉋刃の—】（setting）鉋刃の刃先が同一円弧上に揃うように鉋胴からの刃先の出を調整し，確実に取り付けること。

ZN釘（ZN-kugi; ZN nail）溶融亜鉛めっき太め鉄丸釘のこと。鉄丸釘より太く，せん断強度に優れる。Zマーク補強金物を取り付けるために用いられる。

Zマーク[表示]金物（Z—[-hyōji]-kana-mono）木造軸組工法住宅における接合金物のことで，財団法人日本住宅・木材技術センターが定める「軸組工法用金物規格」に適応するもの。

背中（senaka）[同]表，甲表。

背中馴染（senaka-najimi）[同]表馴染。

攻め鉋（seme-ganna）両角が鋭利な鉋身によって刳形や入り隅などの隅を削る鉋。

セメンタイト（cementite）Fe_3Cで示される鉄化合物。

背盛り（semori; back, back crowning）帯鋸の鋸身の幅方向で背に近い部分を歯先に近い部分より伸ばしておく作業。背盛りを施した帯鋸では，緊張力が歯先に近い部分に強くかかり，安定した挽材を行うことができる。[関]腰入れ，水平仕上げ【帯鋸の—】。

背盛り量（semori-ryō; amount of back）背盛りの程度を表す尺度で，帯鋸の背側（円弧の一部となる）の一定弧長に対する矢高で表す。[関]腰入れ，背盛り。

ゼラチン繊維（—sen'i; gelatinous fiber）広葉樹材の木部繊維の最内層に木化していないかあるいは木化の程度の低い壁層（ゼラチン層）を持つ場合があり，これをゼラチン繊維という。一般に引張あて材に発生する。ゼラチン層はセルロースの富んでおり，引張あて材の特異な性質の原因となる。

ゼラチン層（—sō; gelatinous layer）[同]ゼラチン繊維。

セラミック工具（—kōgu; ceramic tool）刃部の材料にセラミックス（酸化アルミニウム，窒化ケイ素など）を使用した工具。

セラミックス（ceramics）成形，焼成などの工程を経て得られる非金属無機材料。従来の窯業製品はケイ酸塩を主原料としているが，近年普及してきた高機能性を有するニューセラミックスは酸化物，窒化物，炭化物などの多種類の原料から作られる。耐摩耗性，耐食性に優れているが，衝撃に弱い。

せり（seri; saw guide）帯鋸の鋸身の走行安定を図り挽曲りをある程度防止するために，上・下鋸車間に取り付けられた帯鋸振止め装置。製材用丸鋸に付けられる場合もある。[関]帯鋸盤，丸鋸盤。

せりガイド（seri—; saw guide devise）[同]せり装置。

せり装置（seri-sōchi; saw guide devise）帯鋸の横方向の振れを抑止する装置。せり棒，せり棒保持器，せりアームなどで構成される。[同]せり装置。[関]せり。

セルロース（cellulose）D-グルコースがβ-1,4結合し，直鎖状に連結した高分子化合物で，木材の約50％を占める主要構成成分。細胞壁中ではセルロース分子が束になってセルロースミクロフィブリル（ミクロフィブリル）として存在する。その配向は木材の物性に大きく影響する。[関]セルロースミクロフィブリル，フィブリル傾角。

セルロースミクロフィブリル（cellulose microfibril）セルロース分子が束になり，部分的に結晶構造を持つ非常に細い糸状の構造物。ミクロフィブリルまたはフィブリルとも呼ばれ

る。細胞壁の骨格構造として重要。関セルロース，フィブリル傾角。

ゼロエミッション（zero emission）国連大学が提唱している資源循環型社会を構築するための概念。産業から排出される全ての廃棄物や副産物を他の産業の資源として活用し，全体として廃棄物を出さない産業連環のこと。

0-90 切削（zero-kyūjū-sessaku; 0-90 cutting）木材切削において，繊維方向に対し工具の刃先線が平行で，切削方向が直角な切削。横切削のこと。同横切削，関 90-90 切削，90-0 切削，McKenzie 方式，参切削方向。

背割り（se-wari）心持材の柱などに乾燥による縦割れを起こさないように，あらかじめ材の目立だない側に，その厚さの1/2程度の深さで縦に入れた挽割り線。

栓（sen）木質構造において，継手や仕口を固定するために，二つの材を貫通する穴に打ち込む細長いカシやナラなどの堅木で作られた小部材。

繊維強化セメント板（sen'i-kyōka—ban; fiber reinforced cement board）スレートおよびけい酸カルシウム板やスラグせっこう板のこと。

繊維傾斜角（sen'i-keishakaku; inclination angle of grain on cutting plane, fiber orientation on cutting plane）縦切削の場合に，切削面に垂直で切削方向に平行となる縦断面において，工具側の切削面から測定した繊維方向と切削面とのなす角度。関縦切削。

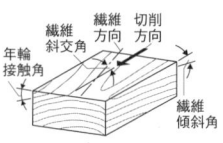

繊維斜交角（sen'i-shakōkaku; inclination angle of grain, fiber orientation）切削面において繊維方向と切削方向（または送材方向）とのなす角度。同木理斜交角。

繊維状仮道管（sen'ijō-kadōkan; fibre-tracheid）細長くて紡錘形をして，一般に厚壁で内腔が小さく両端が尖っており，有縁壁孔の孔口がレンズ状ないし線形を示す仮道管。真正木部繊維とともに木部繊維として広葉樹材の木部をなす。

ぜんか（zenka） 133

繊維走向（sen'i-sōkō; slope of grain）木材の繊維が材面において配列する向き。

繊維走向の傾斜（sen'i-sōkō-no-keisha）長軸に対する繊維走向の傾斜。ねじれを持った丸太やうらごけ材（梢殺木）などから製材した場合に生ずる。関繊維走向。

繊維走向の傾斜比（sen'i-sōkō-no-keishahi）木材の材長方向に対する繊維走向傾斜の高さの比。関繊維走向の傾斜。

繊維板（sen'iban; fiberboard）木材などの植物繊維を板状に成形した材料。JIS規格では，密度によって，インシュレーションファイバーボード(IB)，ミディアムデンシティファイバーボード(MDF)，ハードファイバーボード(HB)の3種類に区分される。関インシュレーションファイバーボード，ミディアムデンシティファイバーボード，ハードファイバーボード。

繊維方向（sen'i-hōkō）同軸方向。

繊維飽和点（sen'i-hōwa-ten; fiber saturation point）木材が自由水をまったく含まず，しかも最大量の結合水を含む状態の含水率のこと。大略含水率30％あたりで樹種により多少異なる。

線音源（sen-ongen; line sound source, linear sound source）音源の幅（横）が高さに比べて十分長い線状の音源のこと。有限線音源と無限線音源に分かれる。無限線音源の距離（幾何）減衰は，音源からの距離 r_1 と受音点までの距離 r_2 が2倍の場合3dB減衰する。有限線音源の距離（幾何）減衰は，音源の幅 L（横）の長さが L/π までの距離までは距離 r_1 と受音点までの距離 r_2 が2倍の場合3dB減衰する。それ以降は6dB減衰する。

旋回台（senkaidai; swivel slide, swivel base）刃物台やテーブルなどの案内面を上部にもち，これを任意の角度で旋回したり固定できるようになっている台。関刃物台，テーブル。

旋回木理（senkai-mokuri; spiral grain）同らせん木理。

全乾 [状態]（zenkan [-jōtai]; oven-dry）全乾法にしたがって木材や木質材料を100～105℃で恒量に達するまで乾燥したほとんど水を含

まない状態。関気乾［状態］。

全乾材（*zenkan-zai*; oven-dried wood）全乾状態の木材。

全乾重量法（*zenkan-jūryō-hō*; oven-dry method）木材含水率を測定するための最も基本的な方法。別名全乾法ともいう。木材含水率の標準的測定法，JIS Z 2101 によると，全乾状態の重量とは試験体を換気の良好な乾燥器の中で温度 100～105℃ で乾燥し，恒量に達したときの重量 G_0 であり，これを用い含水率 u を次式によって，少なくとも 0.5％ まで正確に算出する。$u=(G_u-G_0)/G_0\times 100\%$　G_u: 乾燥前の重量。

全乾比重（*zenkan-hijū*; oven-dry density, specific gravity in oven-dry）全乾木材の体積に対する重量比。$r_0=W_0/V_0$　r_0: 全乾比重 [g/cm³]，W_0: 全乾重量 [g]，V_0: 全乾容積 [cm³]。比重の場合は単位は無名数。同全乾密度。

全乾密度（*zenkan-mitsudo*; oven-dry density）全乾比重に同じ。同全乾比重。

穿孔（*senkō*; boring）木材に丸穴あるいは角穴をあける加工。

穿孔帯鋸（*senkō-obinoko*; perforated band saw）鋸身に円形や長円形の穴をあけた帯鋸。鋸屑の排出作用を円滑にし，挽材面に鋸屑が付着しにくくなる。凍結材の挽材などに使われる。関帯鋸。

穿孔加工（*senkō-kakō*）同穿孔。

穿孔性能（*senkō-seinō*; drilling performance）穿孔（穴あけ）作業の難易を示す尺度。穿孔性能は，切削抵抗，加工穴内壁の性状（毛羽立ち，粗さなど），加工精度（オーバーサイズ，真円度）および工具寿命から総合的に評価する。

穿孔能率（*senkō-nōritsu*）錐に一定の送り力を加えて穿孔したときの送り速度，あるいは一定深さを穿孔するのに要する時間で表す。

センサ（sensor）測定量によって直接影響を受ける，計器または測定装置に含まれる一連の素子。検出器と同じ意味で使われることもある。

旋削（*sensaku*; turning）工作物を回転させながら，工具（バイト）に切込みと送りを与えて切削する加工。外周削り（外丸削り），端面削り（正面削り），テーパ削り，中ぐり（穴ぐり），溝切り（突切り），ねじ切りなどの基本的な加工法がある。

旋削加工（*sensaku-kakō*）同旋削。

旋削機械（*sensaku-kikai*）同木工旋盤，旋盤。

前進波（*zenshin-ha*; forward traveling wave）円盤に生じる進行波で，回転方向と同方向に伝播する波。なお，回転方向とは逆方向に伝播する波を後進波という。丸鋸において，前進波より後進波が問題となる。関後進波。

センタ穴ドリル（——*ana*——; center drill）センタ穴加工に用いるドリル。

センタカット方式【テーブル帯鋸盤】（——*hōshiki*）工作物の両側をローラで挟んで送るテーブル帯鋸盤で，工作物の中央を挽材する挽材方式。ツイン帯鋸盤にも用いられる。関テーブル帯鋸盤，自動ローラ送材装置。

センタ付テストバー（——*tsuki*——; test bar with center hole）両端にセンタ穴を付けたテストバー。

センタビット（center bit）中心に鋭く突出した錐と端面の外周にけづめを持つビット。側面に切れ刃を持つものもある。関ビット。

剪断角（*sendan-kaku*; shear angle）切削において生じるせん断面と切削方向とのなす角度。

先端角【ドリルの——】（*sentan-kaku*; point angle）ドリルの中心軸と切れ刃の両方に平行な平面に投影された二つの切れ刃のなす角度。関ドリル，参ドリル，ビット。

剪断加工（*sendan-kakō*; shearing）単一，または一対の工具を工作物に片面または両面から押し付けることによって工作物を分断する加工法。この加工法では切屑が全く生成されないため，材料の無駄になる部分がない。

剪断型（*sendan-gata*; shear type）工具すくい面によって切削方向に圧縮を受けた工作物が刃先付近から斜め上方にせん断すべりを生じて生成する切屑の形態。特に順目切削において，せん断線の方向と繊維方向とが一致したとき顕著に発生し，連断型とも呼ばれる。同連断型，Type II，関切削型，参切削型。

先端傾き角（*sentan-katamukikaku*; top bevel angle）超硬丸鋸（チップソー）の回転前方から鋸歯のすくい面を見るすくい面視において，歯端の切れ刃が右または左に傾いた角度．関超硬丸鋸，すくい面，先端逃げ角，横すくい角．参側面逃げ角．

剪断式粉砕機（*sendan-shiki-funsai-ki*; shear type crusher(mill)）回転するカッタと逆回転するカッタとの間のせん断作用によって木材の粉砕を行う機械．関シュレッダ．

剪断試験（*sendan-shiken*; shear test）試験体のせん断に対する抵抗力を測定する試験法で，木材では荷重方向と繊維方向が平行な場合について行い，せん断面は原則として柾目面および板目面とされている．

剪断滑り（*sendan-suberi*; shearing slip, shearing glide）試験体に作用するせん断応力によってせん断破壊面に生じるすべり．

剪断弾性係数（*sendan-dansei-keisū*; modulus of shearing elasticity, shear modulus）物体にせん断力を加えた時のせん断応力とせん断ひずみの関係は比例限度以下では直線となり，この比例係数をせん断弾性係数（率）あるいは剛性率と呼ぶ．

剪断強さ【合板・集成材の—】（*sendan-tsuyosa*; shear strength）合板および集成材のせん断強さはそれぞれのエレメント間の接着の程度を表す．

剪断強さ【木材の—】（*sendan-tsuyosa*; shear strength）木材がせん断破壊する時のせん断応力値をさす．せん断強さは単位せん断面積当たりの最大荷重として求められる．

先端逃げ角（*sentan-nigekaku*; relief angle, top clearance angle）フライス切れ刃または鋸歯の外縁（外周）に沿う先端逃げ面と切削方向（接線方向）とのなす角度．単に逃げ角と表現するとこの角をさす場合が多い．関先端逃げ面，先端傾き角，フライス，丸鋸，帯鋸．参側面逃げ角．

先端逃げ角【ドリルの—】（*sentan-nigekaku*; lip relief angle）ドリルにおいて先端逃げ面とマージンとの交線と，ドリルの中心軸に直角な平両とのなす角度．関先端逃げ面，ドリル．参ドリル．

先端逃げ面（*sentan-nigemen*; top flank）フライス切れ刃または鋸歯の外縁（外周）に沿う面．単に逃げ面と表現するとこの面をさす場合が多い．関先端逃げ角，先端傾き角，フライス，丸鋸，帯鋸．参側面逃げ角．

先端逃げ面【ドリルの—】（*sentan-nigemen*; lip relief flank）ドリルの切れ刃につながる逃げ面．関先端逃げ角，ドリル．参ドリル．

先端部【ドリルの—】（*sentan-bu*; point）ドリルの切れ刃，すくい面，逃げ面およびチゼルエッジによって構成される部分の総称．実際の切削作業をする部分．

全長【ドリルの—】（*zenchō*; overall length）ドリルの軸に平行に測った，切れ刃先端または外周コーナからシャンク後端までの長さ．

栓歯（*sem-ba*）歯喉線および歯背線が直線で，歯端が歯喉側に偏った三角形をなす歯形で，歯喉角は正となる．縦挽き用鋸の歯形の基本形．同NV歯，関歯形，三角歯．

旋盤（*semban*; lathe, turning machine）主として工作物を回転させ，バイトなどを使用して，外丸削り，中ぐり，突切り正面削り，ねじ切りなどの加工を行う工作機械．関旋削．

旋盤用バイト（*sembanyō-baito*; turning tool）主として旋盤に使用するバイトの総称．関バイト．

全深さ【包絡うねり曲線の—】（*zen-fukasa*; total depth of waviness）輪郭曲線方式による表面性状の評価において，包絡うねり曲線の最高点と最低点との間の縦方向距離．関包絡うねり曲線．

全振れ（*zenfure*; total runout）データム軸直線を軸とする円筒面をもつべき対象物またはデータム軸直線に対して垂直な円形平面であるべき対象物をデータム軸直線の周りに回転したとき，その表面が指定した位置または任意の位置で指定した方向に変位する大きさ．ここで，指定した方向とは，データム軸直線と交わりデータム軸直線に垂直な方向（半径方向）または，データム軸直線に平行な方向（軸方向）をいう．

選別機【原木の—】（*sembetsu-ki*; log sorting machine）樹種，径級，材長，曲がりの程度な

136　せんべ(sembe)

どに応じて原木を選別する機械。

選別機【製品の—】(*sembetsu-ki*; sorting machine)　製材品をその寸法，品質により選別する機械。

選別機械(*sembetsu-kikai*; sorting machine)　寸法や品質によって工作物を選別する機械。

ぜんまい(*zemmai*; power spring)　薄板状の材料を用いた渦巻ばね。

千枚通し(*semmai-dōshi*)　[関]手錐。

専門家システム(*semmonka—*; expert system)　[同]エキスパートシステム。

専門評価者(*semmon-hyōkasha*; expert assessor)　感覚の感受性の程度が高く，また，官能評価分析の経験がある選ばれた評価者のことで，多様な試料を評価するのに一貫した反復可能な能力を持つ評価者。

そ　*so*

騒音(*sōon*; noise)　人間にとって望ましくない音のこと。どのような音でも，聞き手に不快な音，じゃまな音と受け止められた場合に，その音は騒音と見なされる。

騒音規制法(*sōon-kisei-hō*; noise regulation law)　工場および事業場における事業活動並びに建設工事に伴つて発生する相当範囲にわたる騒音について必要な規制を行なうとともに，自動車騒音に係る許容限度を定めること等により，生活環境を保全し，国民の健康の保護に資することを目的(第1条)とした法律。第1章総　則(第1条～第3条)，第2章特定工場等に関する規制(第4条～第13条)，第3章特定建設作業に関する規制(第14条～第15条)，第4章自動車騒音に係る許容限度等(第16条～第19条の2)，第5章雑　則(第20条～第28条)，第6章罰　則(第29条～第33条)から成る。昭和43年(1968年)6月10日法律第98号(平成17年4月27日改正)。

騒音計(*sōon-kei*; sound level meter)　音の実効値を測定できる電気計器で国内または国際規格に適合するものの総称。騒音計は騒音レベル(L_A)および音圧レベル(L_p)を測定する計測器であり，計量法で特定計測器として指定されている。また，測定精度の違いから，JIS C 1502「普通騒音計」および，JIS C 1505「精密騒音計」等にその規格が定められている。さらにそれぞれ統計量としての時間率騒音レベル(L_x)や，等価騒音レベル(L_{eq})，単発騒音暴露レベル(L_{AE})などの積分量を測定する機能を持った積分形騒音計がある。

騒音の環境基準(*sōon-no-kankyō-kijun*; environmental quality standards for noise)　騒音に係わる環境上の条件について，生活環境を保全し人の健康保護に資する上で維持されることが望ましい基準として終局的に騒音をどの程度に保つことを目標に施策を実施してゆくための目標を定めたもの。

騒音の許容基準(*sōon-no-kyoyō-kijun*; permissible noise level, damage-risk criteria)　騒音環

境下で，ほとんどすべての作業者が長年月その作業を遂行しても臨むべき健康障害をきたさないような騒音の限度をいう。騒音の中心周波数と曝露時間に対して許容オクターブバンドレベルが決められている。

騒音レベル（*sōon*——; noise level）騒音の大きさを表すために，音の物理的な大きさではなく人間の聴感に基づいた量を用いる必要から，等ラウドネス曲線に従った周波数重み付け（A特性）をした音圧レベルを騒音の大きさを表す量として用い，これを"騒音レベル"L_A（dBあるいはdB(A)）と呼ぶ。

総形エンドミル（*sōgata*——; formed end mill）特殊形状の加工に用いるエンドミルの総称。総形ルータビットなど。

総形削り（*sōgata-kezuri*; form turning）所定の輪郭をした工具で，工作物をその輪郭と同じ形状に切削すること。関旋削。

総形工具（*sōgata-kōgu*; formed tool, forming tool）切れ刃の輪郭を工作物の形状の一部に移し与えて加工することを目的として作った工具。＝成形工具。

総形バイト（*sōgata-baito*; formed turning tool）刃形の輪郭を工作物の形状の一部に写し与えて加工するバイトの総称。関バイト。

総形フライス（*sōgata-furaisu*; form milling cutter）特殊形状の加工に用いるフライスの総称。

象眼，象嵌（*zōgan*; inlay(ing), marquetry）木材や金属などの地肌に加飾用の材料（木材，金属，石，貝類）をはめ込む技術，または，その作品。引込み象眼，経木象眼，彫刻象眼，彫込み象眼などの種類がある。

相関係数（*sōkan-keisū*; correlation coefficient, coefficient of correlation）二つの確率変数について，その共分散とそれぞれの標準偏差の積の比。測定値の試料については，n組の測定値$(x_1, y_1), (x_2, y_2),…, (x_n, y_n)$から，次式によって計算される統計量を試料相関係数という。

$$\frac{\sum_{i=1}^{n}(x_i-\bar{x})(y_i-\bar{y})}{\sqrt{\sum_{i=1}^{n}(x_i-\bar{x})^2 \sum_{i=1}^{n}(y_i-\bar{y})^2}}$$

$$\bar{x}=\frac{1}{n}\sum_{i=1}^{n}x_i, \quad \bar{y}=\frac{1}{n}\sum_{i=1}^{n}y_i$$

相関係数は，−1から1の間の実数値をとり，1または−1に近いほど二つの変数の間の相関が強い。また，二つの変数が独立であれば0となる。

双眼実体顕微鏡（*sōgan-jittai-kembikyō*; stereo-microscope）左右独立した光学系をもち，立体視のできる低倍率顕微鏡。同ステレオ顕微鏡。

層間剥離（*sōkan-hakuri*; delamination）積層品の接着接合部の破壊による剥離。

走行丸鋸盤（*sōkō-marunoko-ban*; running saw, panel saw）動力により丸鋸軸を水平に往復運動させる装置と水平に置かれたテーブルを備え，丸鋸軸を移動させて板状の工作物を切断する木工用丸鋸盤。同ランニングソー。関丸鋸盤。

倉庫管理（*sōko-kanri*; warehousing management）資材計画のもとで入手された資材や生産計画に基づいて生産された中間品および製品の入庫，保管，引当，出庫の一連の業務を効率的に行うための管理業務。

相互差（*sōgosa*; mutual error）同一形状に加工した工作物において，その形状寸法の不揃いの程度や大きさを表す。

相互はぎ（接ぎ，矧ぎ）（*sōgo-hagi*; mutual edge joint, mutual board joint）はぎ合せのうち，接合面の双方に凸型のさねと凹型の溝を専用のカッタで左右同形に作り接合する操作，または，その接合部。接合面は板を裏返せば互いにはめ合せる形状になっている。接合面の加工形状により，本さね形相互はぎ，あり形相互はぎ，山形相互はぎなどがある。関はぎ合せ。参はぎ合せ。

早材（*sōzai*; earlywood）一成長輪の中で密度が低く，細胞の径が大きく，成長期の初めに形成された部分。一年輪内での場合成長期の初めが春であるので，春材とも呼ばれた。

送材車（*sōzai-sha*; carriage）挽材のために，工作物を積載し保持してレール上を走行する装置。関送り装置。

送材車走行装置（*sōzai-sha-sōkō-sōchi*; running

devise of carriage) 送材車を駆動する装置。回転ドラムに巻き付けたワイヤロープで牽引する方法と，軽便自動送材車に比較的多く用いられる直接車輪を回転させる方法がある。動力には電気モータや油圧モータが用いられる。

送材車付帯鋸盤（*sōzai-sha-tsuki-obinoko-ban*; band sawing machine with carriage） 工作物を送材車によって送り，挽材する帯鋸盤。付属している送材車の種類により名称が細分化される。関送材車，帯鋸盤。

送材車付丸鋸盤（*sōzai-sha-tsuki-marunoko-ban*; circular sawing machine with carriage） 工作物を送材車によって送り，挽材する丸鋸盤。関送材車，丸鋸盤。

送材車付横形帯鋸盤（*sōzai-sha-tsuki-yokogata-obinoko-ban*; horizontal band sawing machine with carriage） 工作物を送材車によって送り，挽材する横形帯鋸盤。関送材車付帯鋸盤。

送材装置（*sōzai-sōchi*; feeding equipment） 工作物を切削工具に送り込む装置。帯鋸盤の場合は送材車や送りローラがこれに該当し，一般の木工機械では送材用のベルトやローラがこれに該当する。同送り装置。

送材速度（*sōzai-sokudo*; feed speed） 製材で用いられる送り速度。同送り速度。

造作材（*zōsaku-zai*; lumber for fixtures） 建築の内装仕上げに使用される部材。敷居，鴨居，天井板，回り縁，竿縁など。構造材とは異なり強度より化粧性（美観）が重視される。

造作用集成材（*zōsaku-yō-shūseizai*; furnishing laminated wood） 集成材のうち，素地のままのもの，素地の美観を表したもの（これらを二次接着したものを含む。）またはこれらの表面に溝切り等の加工もしくは塗装を施したものであって，主として構造物等の内部造作に用いられるもの。関化粧貼り造作用集成材。

造作用製材（*zōsaku-yō-seizai*; lumber for fixtures） 製材のうち，敷居，鴨居，壁その他の建築物の造作に使用することを主な目的とするもの。製材のJASでは，針葉樹を材料とするものをさす。

造作用単板積層材（*zōsaku-yō-tampan-sekisō-zai*; furnishing laminated veneer lumber） 単板積層材のうち，非構造用のもので，素地のものおよび表面（木口面および側面を除く。）に美観を目的として薄板を貼り付けたものまたはこれらの面に塗装を施したものであって，主として家具・建具の基材，構造物等の内部造作に用いられる。関構造用単板積層材。

増湿処理装置（*zōshitsu-shori-sōchi*; humidifier） ファイバボードの変形を防止するために，チャンバ内で加湿する装置。

相対湿度（*sōtai-shitsudo*; relative humidity） 関係湿度とも言う。空気中に含まれている水分量を，その温度の飽和水蒸気量との百分率で示した値。同じ温度では空気中の水蒸気量の大小が蒸気圧に比例するので計算の際には飽和蒸気圧との比で示している。関乾湿球温度差。

相対濃度（*sōtai-nōdo*） 質量濃度または個数濃度と一定の相対関係にある物理量を，測定することによって得られる質量濃度または個数濃度と1対1の関係にあるもの。

相対負荷長さ率（*sōtai-fuka-nagasa-ritsu*; relative material ratio） 輪郭曲線方式による表面性状の評価において，基準とする切断レベルと輪郭曲線の切断レベル差とによってきまる負荷長さ率。

相当径比【欠点の—】（*sōtō-kei-hi*） 欠点を木口面に投影したときの面積のその木口面に対する割合。

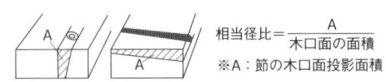

$$相当径比 = \frac{A}{木口面の面積}$$

※A：節の木口面投影面積

挿入用プッシャ（*sōnyū-yō—*; insert pusher） ローダケージの工作物をホットプレスの所定位置まで挿入する装置。関ローダケージ。

総粉塵（*sō-funjin*） 一定流量で吸引する開口形の粉じん捕集装置によって捕集される粉じん。

像面湾曲（*zōmen-wankyoku*; curvature of field） 平面物体の像面が湾曲する収差。

層流（*sōryū*; laminar airflow, streamline flow） 流れに乱れが無く，流線が規則正しく整然と保たれる流れの状態。

霜輪（*sōrin*; frost ring）傷害を受けた形成層によって作られた傷害組織の帯を傷害輪といい，そのなかで遅霜や春先の低温によって生じたもの。

霜裂（*sōretsu*）⦿凍裂．

添心板（*soeshin-ita*; crossband(veneer)）合板において，心板の両面に貼り合わせられる単板。心板とは繊維方向が直行する。⦿クロスバンド，㊥表面単板．

そえ柱（*soe-bashira*; auxiliary strut）包装用の木箱で，側の支柱または桟の補強として内側に取り付け，上部荷重を支える部材。㊜枠組箱．

ソーチェーン（saw chain）切れ刃を有するカッタリンクをサイドリンクとともにドライブリンクにリベットで鎖状にエンドレスにつなぎ，ドライブリンクをチェーンソーの案内板に沿わせて駆動させる鋸。カッタリンクは鋸断しやすくかつ目立てが容易なチッパ型が一般に用いられる。⦿鎖鋸，チェーンカッタ，㊥チェーンソー．

（図：切れ刃／リベット付サイドリング／切れ刃／右カッタ／サイドリング／左カッタ／ドライブリング）

ソーン単板（—*tampan*; sawn veneer）鋸挽きにより作られた単板。製品歩止りは低いが，裏割れのない厚さの比較的厚い単板が得られる。㊥ロータリ単板，スライスド単板，ハーフラウンド単板．

測温抵抗体（*sokuon-teikōtai*; resistance thermometer）材料の電気抵抗が温度に依存することを利用した温度検出器。抵抗素子として銅やニッケルが用いられることもあるが，一般には白金測温抵抗体のことを指す。標準的に用いられる素子は，温度0℃における抵抗が100Ω（公称値）のもの（Pt100と呼ばれる）で，約0.385Ω/℃程度の抵抗変化率をもち，−200～650℃の温度測定に用いられる。抵抗素子を保護管に収容して一体の構造としたものはシース測温抵抗体と呼ぶ。㊥サーミスタ．

測色（*sokushoku*; colorimetry）標準化された条件のもとで行われるヒトの目の特性に基づく色の測定。感覚としての色の測定および心理物理量としての色の測定を含むが，通常後者の意味で用いられる。心理物理量としての色の測定は，CIEが定めた一連の規約に従って測定・計算され，その結果は，たとえば，三刺激値，色度座標として表される。

測定曲線（*sokutei-kyokusen*; traced profile）輪郭曲線方式による表面性状の評価において，触針が対象面上を運動したときの理想的な幾何形状で，所定の測定力および寸法をもつ触針先端球中心の垂直面内の軌跡。

測定顕微鏡（*sokutei-kembikyō*; measuring microscope）精密な尺度を持った移動テーブルを備え，物体の寸法を測定するための顕微鏡。工具顕微鏡ともいう。

測定断面曲線（*sokutei-dammen-kyokusen*; total profile）輪郭曲線方式による表面性状の評価において，縦軸および横軸からなる座標系に関して，基準線を基にして得られたディジタル形式の測定曲線。基準線は，例えば触針法では，触針が案内（一般には直線）に沿って運動するときの軌跡である。

測定値（*sokutei-chi*; measured value）測定によって求めた値。㊥誤差，真の値．

測定標準（*sokutei-hyōjun*; measurement standard）基準として用いるために，ある単位またはある量の値を定義，実現，保存または再現することを意図した計器，標準片（実量器），標準物質，または測定系。

速度すくい角（*sokudo-sukuikaku*; velocity rake angle）切削速度の方向に平行で，仕上げ面に垂直な面内で測ったすくい角。

側刃（*soku-ha*; side cutting edge）側フライスなどの側面にある切れ刃。

測微顕微鏡（*sokubi-kembikyō*; micrometer microscope）測微接眼レンズ視野内にマイクロメータねじで移動する指標をもつ接眼レンズをもつ顕微鏡。

側方防護板（*sokuhō-bōgoban*; side guard (plate)）リッパやギャングリッパによる挽材時に，側方に飛び出す端材を捕らえ，作業者を保護するための板。

側面【フローリングボードの—】（*sokumen*; side

face) フローリングボードの長さ方向の側面。 関側面加工【フローリングボードの—】。

側面加工【フローリングボードの—】(*sokumen-kakō*; side milling) フローリングボードの側面に施すさねはぎ加工やあいじゃくり加工のこと。

側面切れ刃の逃げ角(*sokumen-kire-ha-no-nige-kaku*) 同側面逃げ角。

側面研磨機(*sokumen-kemma-ki*) 関帯鋸歯面研削盤。

側面向心角(*sokumen-kōshin-kaku*; radial clearance angle) 超硬丸鋸(チップソー)の回転前方から鋸歯のすくい面を見るすくい面視において鋸歯側面が切先より降した垂線となす角。「隙間角」ともいう。関超硬丸鋸, 側面逃げ角, 参超硬丸鋸。

側面定規(*sokumen-jōgi*) 挽材面を丸太の側面と平行にすること。関中心定規, 側面定規挽き。

側面定規挽き(*sokumen-jōgi-biki*; taper sawing) 挽材面が丸太の側面と平行になるように鋸を入れる挽材方法。関中心定規挽き, 側面定規。

側面図(*sokumen-zu*; side view, side elevation) 対象物の側面とした方向からの投影図。関立面図, 正面図, 平面図, 下面図, 背面図。

側面逃げ角(*sokumen-nigekaku*; side clearance angle, side relief angle) 丸鋸とくに超硬丸鋸などのチップ側面に設けられた逃げ角。側面向心角と同様に, 側面逃げ角が小さいと鋸の直進性は良くなるが, 切断中の摩擦抵抗が増し切断面が焼け易い。大きいと抵抗が下がるが切断面は荒れ易い。溝突きカッタにも同様の側面逃げ角が設けられている。同横逃げ角【鋸歯の—】, 関側面向心角, 先端逃げ角, 超硬丸鋸。

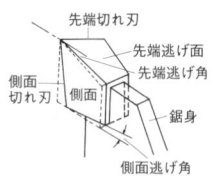

側面振れ(*sokumen-fure*; axial runout, side runout) フライス, 丸鋸, 研削砥石などを1回転させたときの, 工具に固定した一つの回転面から側面にある切れ刃までの軸方向距離

の最大値と最小値の差。

底さらえのみ(鑿)(*soko-sarae-nomi*) のみ穴の底の切り屑をさらうのみ。関もりのみ。

底じゃくり(決り)鉋(*soko-jiyakuri-ganna*; scraping chisel) 鴨居・敷居などの溝の底を仕上げ削りするしゃくり鉋。同溝鉋。

底取り鉋(*soko-tori-ganna*) 同溝鉋。

底刃(*soko-ha*; end cutting edge) エンドミルで, シャンクまたはボス(フライスの側面に設けた突起部)の反対側の端面にある切れ刃。

底回し鉋(*soko-mawashi-ganna*) 樽や桶の製作専用大型南京鉋。桶や樽の底板の木口削りに用いる。

底回し鋸(*soko-mawashi-noko*) 桶や櫃のふたや底板などの周囲を挽き回すのに用いる回し挽き鋸。桶屋回し挽き鋸とも言う。

素材(*sozai*; solid wood) 素材のJAS規格では丸太およびそま角をいう。

粗砕機(*sosai-ki*; coarse reduction machine) 原料木材を切削または破砕して小木片にする機械。関破砕機。

組織【砥石の—】(*soshiki*; structure) 結合研削材砥石の砥粒の配列の粗密の状態。

組織粗さ(*soshiki-arasa*; anatomical (surface) roughness) 木材の切削仕上面を構成する粗さのうち, 切断されて表面に露出した木材組織の断面形状に起因する粗さ。関粗さ, 仕上面粗さ, 幾何学的粗さ。

外側振子式ガード付丸鋸(*sotogawa-furiko-shi-ki—tsuki-marunoko*; saw with outer pendulum guard) 揺動する下ガードを上ガードの外側にもつ電動丸鋸。JIS C 9745-2-5(手持ち形電動工具の安全性−第2-5部：丸のこの個別要求事項)に規定されている。関上ガード, 下ガード, 電動丸鋸。

外側マイクロメータ(*sotogawa—*; outside micrometer, micrometer calliper) 半円形またはU字形をしたフレームの一方に測定面をもつアンビルを固定し, この測定面に対して垂直な方向に移動するスピンドルに, アンビルの測定面に対面する平行な測定面をもち, スピンドルの動き量に対応した目盛をもつスリーブとシンブルを備え, 両測定面間の距離を読

み取ることによって外側寸法を測ることができる測定器．測定値をディジタル表示するものもある．一般にマイクロメータといえばこれを指す．参マイクロメータ．

疎塗装（*so-tosō*; open coat）同オープンコート．

外歯車（*soto-haguruma*; external gear）歯が円筒体や円錐体の外側に向いた歯車．

外丸鉋（*soto-maru-ganna*）材面を凹曲面に削る鉋．

外丸削り（*soto-maru-kezuri*; turning, straight turning）工作物の外周を円筒形に旋削すること．関旋削．

外丸反り台鉋（*soto-maru-soridai-ganna*）鉋台の下端が球面の形状で，球面の内側を削る反り台鉋．四方反り台鉋，羽虫鉋とも言う．

外丸のみ（鑿）（*soto-maru-nomi*）同厚丸のみ．

そま角（杣角）（*soma-kaku*; hewn lumber, hewn square）製材機以外の斧，手斧等の道具を用いて丸太の材面を切削した素材をいう．関素材，丸太．

反り（*sori*; sweep, warp）木材加工や乾燥によって材に生じる狂いの一種で，幅反り，弓反り（縦反り），曲り（縦反り）の総称．狭義には，材の幅の広い方の面が縦方向に弓なりに変形する弓反り（ボウ）のこと．関狂い，参狂い．

反り台鉋（*sori-dai-ganna*; bow plane）大きく湾曲した材面の凹面側を削るときに用いる鉋．鉋台の下端は船底のような反った形状である．船底鉋とも言う．

ソリッドカッタ（solid cutter）切れ刃部と台金部が同じ鋼材でできているカッタ．関台金部．

ソリッドタイプ（solid type）刃先だけでなくボデーまたはシャンク部まで同じ工具材料で作られている方式．

粗粒（*so-ryū*; coarse grain, grit）研磨布紙用研磨材の粒度のうちP12～P220，また，研削砥石用研磨材の粒度のうちF4～F220までの砥粒の総称．それより大きい粒度の砥粒を微粉という．関砥粒，微粉．

揃い精度【刃先の―】（*soroi-seido*）回転工具の各刃先の同一円周上からのずれ．

た *ta*

ターニングサンダ（turning sander）自転する工作物をドラムによって横方向に回転移動させ，研磨布紙に接触させて研削するサンダ．丸棒やテーパー付き丸棒の仕上げなどに使用される．関サンダ．

ターミナル柔組織（——*jūsoshiki*; terminal parenchyma）一成長期間の終わりに，単独またはある幅の多少とも連続した層をなして生じる独立柔組織．関独立柔組織，イニシャル柔組織．

第1すくい角（*daiichi-sukuikaku*; primary rake angle）切削方向に平行な工具の断面において，切削方向に直行する面と第1すくい面とのなす角度．関すくい角，第1すくい面，第2すくい角．参切削角．

第1すくい面（*daiichi-sukuimen*; front bevel, first face, land of face, face of edge）刃先の強度を高め，その寿命を向上させる目的で，すくい面の先端部に頭角を付ける縁取り研削を行った場合に形成される面．関すくい面，第2すくい面．

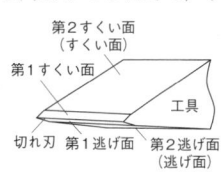

第1逃げ角（*daiichi-nigekaku*; primary clearance angle）切削方向に平行な工具の断面において，切削加工面と第1逃げ面とのなす角度．関逃げ角，第2逃げ角，第1逃げ面．参切削角．

第1逃げ面（*daiichi-nigemen*; first flank, land of flank, back bevel, back of edge）刃先の強度を高め，その寿命を向上させる目的で，逃げ面の先端部に傾角を付ける縁取り研削を行った場合に形成される面．関逃げ面，第2逃げ面．参第1すくい面．

第2すくい角（*daini-sukuikaku*; secondary rake angle）切削方向に平行な工具の断面において，切削方向に直角な面と第2すくい面とのなす角度．関第1すくい角，参切削角．

第2すくい面（*daini-sukuimen*; face, secondary

face, second face）工具に縁取り研削を行う場合に，それを行う前の本来のすくい面．刃先角と刃物角を区別する場合の刃物角についてのすくい面．関第1すくい面．参第1すくい面．

第2逃げ角（*daini-nigekaku*; secondary clearance angle）切削方向に平行な工具の断面において，切削加工面と第2逃げ面とのなす角度．関第1逃げ角，第2すくい角．参切削角．

第2逃げ面（*daini-nigemen*; back, secondary back, second flank）工具に縁取り研削を行う場合に，それを行う前の本来の逃げ面．刃先角と刃物角を区別する場合の刃物角についての逃げ面．関第1逃げ角，第2すくい角．参第1すくい面．

帯域音圧レベル（*taiiki-on'atsu*—; band sound pressure level）ある特定された周波数帯域の音圧レベル．

帯域阻止フィルタ（*taiiki-soshi*—; band-rejection filter）ある周波数帯域のみを除去する（バンドストップ）フィルタのこと．

帯域通過フィルタ（*taiiki-tsūka*—; band-pass filter）必要な範囲の周波数のみを通し，他の周波数は通さない（減衰させる）フィルタ．図にフィルタの種類を示す．

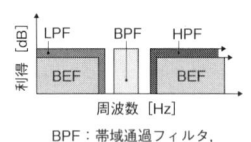

BPF：帯域通過フィルタ，
BEF：帯域除去フィルタ，
LPF：低域通過フィルタ，
HPF：高域通過フィルタ

第一角法（*daiikkaku-hō*; first angle projection (method)）一つの対象物の主投影図のまわりに，その対象物のその他の五つの投影図のいくつかまたはすべてを配置して描く正投影．主投影図を基準にして，その他の投影図は，次のように配置する．①上側からの投影図は，下側に置く．②下側からの投影図は，上側に置く．③左側からの投影図は，右側に置く．④右側からの投影図は，左側に置く．⑤裏側からの投影図は，左側または右側に置く．関第三角法．

耐汚染性【合板の―】（*tai-osensei*; stain proof property, stain resistance）JAS（合板）では，特殊加工化粧合板の表面性能を表す指標の一つで，FおよびFWタイプの製品に求められる性能．特定のインクおよびクレヨンを用いた試験によって評価する．関Fタイプ【合板の―】，FWタイプ【合板の―】，表面性能【合板の―】．

対角長さ（*taikaku-nagasa*）角胴の対角方向での裏刃部先端間の距離．角胴の代表寸法の一つ．関鉋胴．

台頭（*daigashira*）鉋台の前端部．鉋身を僅かに引っ込めたり抜く時に玄能で叩く部分で，玄能を鉋身と平行して台頭の両端を交互に叩く．

台金部（*daigane-bu*; body, saw blade, bed plate）刃物，カッタ，チップソーなどの工具の刃部を支える部分．刃部と台金部が同じ材料で作られていて一体になっている場合と異種材料で作られていてろう付けなどで結合されている場合がある．

耐朽性試験（*taikyūsei-shiken*; decay resistance test, fungal decay test）耐久性試験用標準菌株から採取した木材腐朽菌（オオウズラタケ *Tyromyces palustris*(Berk. et Curt.) Murr. FFPRI0507，またはカワラタケ *Coriolus versicolor*(L. ex Fr) Qu'el. FFPRI1030）を用いて試料を腐朽させ，試験前後の質量変化によって耐久性の程度を測定する．耐久性試験用標準菌株から採取した木材腐朽菌（オオウズラタケ *Tyromyces palustris*(Berk. et Curt.) Murr. FFPRI0507，またはカワラタケ *Coriolus versicolor*(L. ex Fr) Qu'el. FFPRI1030）を用いて試料を腐朽させ，試験前後の質量変化によって耐久性の程度を測定する．耐久性試験用標準菌株から採取した木材腐朽菌（オオウズラタケ *Tyromyces palustris*(Berk. et Curt.) Murr. FFPRI0507，またはカワラタケ *Coriolus versicolor*(L. ex Fr) Qu'el. FFPRI1030）を用いて試料を腐朽させ，試験前後の質量変化によって耐久性の程度を測定する．

台切（*daikiri*）①同帯鋸切断機．②原木を一定の長さにするために使われる大型の横挽鋸．二人が向き合って引き合うようにして使う．

台形シャンクバイト（*daikei—baito*; trapezoidal shank turning tool）シャンクの軸に垂直な断面が台形になっているバイト。関バイト。

台形ねじ（*daikei-neji*; trapezoidal screw thread）ねじ山の断面が台形のねじ。直径およびピッチをmmで表した，ねじ山の角度が30°のメートル台形ねじと，直径をmm，ピッチを25.4mmについての山数で表した，ねじ山の角度が29°の29度台形ねじがある。工作機械の送りねじのように，正確な運動伝達を要する場合に用いられる。

耐候性【合板の一】（*taikō-sei*; weatherproof, weather resistance）JAS(合板)では，特殊加工化粧合板の温度変化に対する表面性能を表す指標で，4種類の寒熱繰返し試験の方法と評価法が定められている。関表面性能【合板の一】。

対抗二軸平面研削用研削砥石（*taikō-nijiku-heimen-kensakuyō-kensaku-toishi*; grinding wheels for double-disc surface grinding/face grinding）対向する二つの研削砥石の間を通過する加工物の平行な二面の研削に使用する砥石。砥石の正面を使用する。関砥石。

大黒柱（*daikoku-bashira*）木質構造の民家や住宅において，平面のほぼ中央に位置し，断面のもっとも大きな柱。多くの場合，差し鴨居が四方差しとなり，剛に近い接合となり構造上重要な役割を持っている。関小黒柱。

太鼓材（*taiko-zai*; two-sided cant）丸太の髄心を中心に平行する2平面のみを切削したもの。製材のJASでは，構造用製材の角類のものみをさす。

第三角法（*daisankaku-hō*; third angle projection (method)）一つの対象物の主投影図のまわりに，その対象物のその他の五つの投影図のいくつかまたはすべてを配置して描く正投影。主投影図を基準にして，その他の投影図は，次のように配置する。①上側からの投影図は，上側に置く。②下側からの投影図は，下側に置く。③左側からの投影図は，左側に置く。④右側からの投影図は，右側に置く。⑤裏側からの投影図は，右側または左側に置く。関第一角法。

台車式ツイン帯鋸盤（*daisha-shiki—obinoko-ban*; carriage type twin band saw machine）工作物を載せた台車式送材装置(送材車)を往復させて，縦挽き切断するツイン帯鋸盤。関送材車付帯鋸盤。

台車式ツイン丸鋸盤（*daisha-shiki—marunoko-ban*; carriage type twin circular saw machine）工作物を載せた台車式送材装置(送材車)を往復させて，主として工作物を縦挽き切断するツイン丸鋸盤。関送材車付丸鋸盤。

耐衝撃性【合板の一】（*tai-shōgekisei*; impact resistance）JAS(合板)では，特殊加工化粧合板の表面性能を表す指標の一つで，FおよびFWタイプの製品に求められる性能。関Fタイプ【合板の一】，FWタイプ【合板の一】，表面性能【合板の一】。

対称構成【集成材の一】（*taishō-kōsei*; symmetrical composition）異等級構成集成材のラミナの品質の構成が中心軸に対して対称であること。関非対称構成【集成材の一】。

対称度（*taishō-do*; symmetry）データム軸直線またはデータム中心平面に関して互いに対称であるべき形体の対称位置からの狂いの大きさ。

退色性【合板の一】（*taishoku-sei*; color fading property）JAS(合板)では，特殊加工化粧合板の表面性能を表す指標の一つで，専用の光源(水銀灯)の照射による表面変化によって評価される。関表面性能【合板の一】。

台尻（*daijiri*）鉋台の後端部。

耐水研磨紙（*taisui-kemma-shi*; waterproof abrasive papers）あらかじめ耐水処理を施した紙製基材の表面に研磨材を耐水接着剤により固着した，湿式研磨用工具。

耐水研磨布紙（*taisui-kemma-fushi*; waterproof coated abrasive）あらかじめ耐水処理を施した紙や布の基材表面に研磨材を耐水接着剤により固着した研磨工具。耐水研磨紙，耐水研磨紙ベルト，耐水研磨布ベルトなどで，主に湿式研磨に使用される。関研磨布紙，耐水研磨紙。

耐水性【合板の—】（*taisui-sei*; water resistance）JAS（合板）では，特殊加工化粧合板の表面性能を表す指標の一つで，温水浸漬と乾燥を組み合わせた四つのグレードの試験方法で評価される。関表面性能【合板の—】。

対数減衰率（*taisū-gensui-ritsu*; logarithmic decrement）減衰自由振動波形の隣り合う振幅の比の自然対数をとったもの。対数減衰率 $\delta = \ln(a_n/a_{n+1})$。

台面（*daizura*）同下端。

堆積（*taiseki*; assembly）接着剤を塗布した部材を圧締，接着ができる状態に積み重ねること。関堆積時間。

堆積時間（*taiseki-jikan*; assembly time）被着材に接着剤を塗布してから貼り合わせ，圧締するまでの時間。関堆積。

帯線（*taisen*; zone line）腐朽材の材面で観察される有色の条線。黒色や褐色を呈する。

大断面集成材（*dai-dammen-shūseizai*; large dimension structural glulam）構造用集成材のうち，短辺が15 cm以上，断面積が300 cm²以上のもの。関構造用集成材。

台付直角定規（*dai-tsuki-chokkaku-jōgi*; precision square with base）短片の厚さを長辺の厚さの6倍程度にした直角定規。台付スコヤとも呼ぶ。

タイトサイド【単板の—】（*tight-side*; tight side of veneer）同単板表，関単板裏，ルーズサイド。

台直し鉋（*dainaoshi-ganna*）仕込勾配（切削角）が約90°の一枚鉋。鉋台の下端の調整に用いるが，シタンやコクタンなどの硬材削りにも用いる。片手で握って作業するため，鉋台の幅と長さはかなり短い。立鉋とも言う。

耐熱性【合板の—】（*tainetsu-sei*; heat resistance of plywood）JAS（合板）では，特殊加工化粧合板Fタイプの表面性能を表す指標の一つで，水分と熱を同時に与える湿熱試験で性能評価される。関Fタイプ【合板の—】，表面性能【合板の—】。

大の素材（*dai-no-sozai*; large solid wood）素材のJAS規格において，丸太の最小径およびそま角の幅が30 cm以上のもの。

Type 0（—*zero*）流れ型のうち，切屑が連続的に母材から剥離していく形態。剥離型ともいう。関流れ型。

Type I（—*ichi*）同折れ型。

Type II（—*ni*）同剪断型。

Type III（—*san*）同縮み型。

対物ミクロメータ（*taibutsu*—; stage micrometer）顕微鏡の倍率，視野数などを測定するために用いる一定間隔の目盛がついたガラスまたは金属の板。関接眼ミクロメータ。

対物レンズ（*taibutsu*—; objective）光学器械において物体を最初に結像する光学系。関接眼レンズ。

耐摩耗性【合板の—】（*taimamō-sei*; wearproof / abrasion resistance of plywood）JAS（合板）では，特殊加工化粧合板の表面性能を表す指標の一つで，耐摩耗性の程度によってA, B, Cの試験方法が定められている。関表面性能【合板の—】。

耐薬品性【合板の—】（*taiyakuhin-sei*; chemical resistance of plywood）JAS（合板）では，特殊加工化粧合板Fタイプの表面性能を表す指標の一つで，耐アルカリ（表面加工コンクリート型枠合板にも適用），耐酸および耐シンナーの3種の試験と評価基準がある。関Fタイプ【合板の—】，表面性能【合板の—】。

ダイヤモンド工具（—*kōgu*; diamond tool）刃部の材料に，ダイヤモンドを使用した工具。ダイヤモンドの種類には，天然ダイヤモンド（natural diamond），合成ダイヤモンド（synthetic diamond），ダイヤモンド焼結体（diamond compact, polycrystalline diamond, PCD），気相合成ダイヤモンド（CVD diamond）などがある。関ダイヤモンド焼結体。

ダイヤモンド焼結体（—*shōketsutai*; diamond compact, polycrystalline diamond, PCD）同焼結ダイヤモンド，PCD。

ダイヤモンド砥石（—*toishi*; diamond wheel）砥粒であるダイヤモンドを結合剤で結合した砥石。関砥石。

ダイヤルゲージ（mechanical dial gauge）円形の目盛板に平行な直線運動を（先端に測定子

をもつ）スピンドルの移動量を機械的に拡大し，アナログの円形目盛り上で回転する指針によって表示する測定器．長針の回転数またはスピンドルの移動量を指針によって表示する装置を備えたものもある．

—測定子

太陽熱利用乾燥装置（*taiyō-netsu-riyō-kansō-sōchi*; solar dry kiln） 太陽熱を積極的に利用する乾燥装置．晴天日照時の太陽熱は，年平均南向き窓で250kcal/m²・h程度のエネルギーとして入ってくる．この太陽熱を利用して天然乾燥の促進や除湿式乾燥を行う．【太陽熱利用天然乾燥】太陽熱を受けやすい透明度のよい，耐熱性のある材料でつくった囲いの中に，乾燥すべき木材を桟積みし，太陽熱により内部温度を高め，これを循環して乾燥を促進する方法．低中緯度の地域，日照時間の長い季節では効果が期待できる．関天然乾燥．

大量生産（*tairyō-seisan*; mass production） 見込み生産によって複数品種の製品を大量に低価格で生産する形態．関多種少量生産．

耐力壁（*tairyoku-heki*） 木質構造において，地震や風などによる水平力，および建物の自重，家具や人の重量，屋根の積雪重量等による鉛直力に抵抗する壁体．特に地震に対してのみ抵抗する「耐震壁」とは区別される．

楕円偏光（*daen-henkō*; elliptically polarized light） 光の進行方向に正対する観測者から見た場合，光波（電気ベクトル）の振幅ベクトルの先端が楕円運動をするもの．右（左）回りのものを右（左）楕円偏光という．

卓上グラインダ（*takujō*—; bench grinders） 作業台上に据え付けて手作業によって，工作物を研削するのに使用する小型のグラインダ．

卓上グラインダ用研削砥石（*takujō*—*yō-kensaku-toishi*; grinding wheels for bench grinder） 卓上グラインダに取り付け，工作物の表面の研削および再研削するのに使用する研削砥石．

卓上研削装置（*takujō-kensaku-sōchi*; bench grinding device） 自動1面鉋盤で刃物を鉋胴にセットしたままの状態で研削あるいは再研削するための付属装置．

卓上送材装置（*takujō-sōzai-sōchi*; table top feeding equipment） ローラなどによって工作物を送る簡易な送材装置．昇降丸鋸盤や手押し鉋盤などの小型の汎用木工機械に使用される．関送材装置．

卓上万能刃物研削盤（*takujō-bannō-hamono-kensaku-ban*; table top universal knife grinder） 回転する砥石などにより，各種の刃物が卓上で研削できる研削盤．関万能刃物研削盤．

卓上丸鋸盤（*takujō-marunoko-ban*; portable table saw） 作業台または専用スタンドに設置して使用する可搬形丸鋸盤．同マイタベンチソー．

竹釘（*takekugi*; bamboo nail） 竹をけずって作った釘．桧皮葺や柿（こけら）板葺で桧皮や柿板を打ち付けるときなどに使われる．

多軸トリマ（*tajiku*—; multiple spindle trimmer） 独立して昇降できる主軸に取り付けた丸鋸を多数並列に並べ，工作物を主としてチェーンによって横方向に送り，選択的に複数枚の丸鋸を同時に作用させて工作物の長さ決めを行う製材用の丸鋸盤．関トリマ，横挽き．

多軸ほぞ（枘）取り盤（*tajiku-hozotoriban*; multi-head tenoner） 3本以上の主軸に取り付けられた各種の刃物によって加工するほぞ取り盤．主軸の位置決めを数値制御するものもある．関ほぞ取り盤．

多湿心材（*tashitsu-shin-zai*; wet heartwood） 辺材よりも含水率の高い心材．一般の樹木では心材含水率が辺材より低い．ハルニレやヤチダモなどに認められる．

多種少量生産（*tashushōryō-seisan*） 多くの種類の製品を少量ずつ生産する形態で，多品種少量生産ともいう．関大量生産．

多刃工具（*ta-jin-kōgu*; multi-point tool） 複数の切れ刃で切削する工具．多くのドリル，フライス，歯切工具など．

ダスト（dust） 物の破砕，選別，その他の機械的処理や堆積などに伴って発生し，または飛

散する粉末。同粉塵。

叩のみ（鑿）（*tataki-nomi*）玄能や木槌で柄頭を叩いてほぞ穴などをほるのみ。追入れのみ，向待ちのみ，厚のみ，つばのみなどがある。柄頭に冠が付けられている。

立上り時間（*tachiagari-jikan*; rise time）ステップ応答において，出力信号が規定する値から別の値まで変化するのに要する時間。一般に，最終変化量の10％の値から90％の値に変化するのに要する時間とする。

立上り時間【AE信号の―】（*tachiagari-jikan*; AE event energy）AE信号の開始からそのAE信号が最大振幅にいたるまでの時間。

立鉋（*tachi-ganna*）同台直し鉋。

立垂木（*tachi-taruki*）木質構造の小屋組のうち垂木懸けの方式の一つ。垂木を棟木に乗せ懸けるのではなく，懸垂木に用いられるよりも太い材を2本向き合わせて対面する壁の上に立て，それらの上端を合わせてとめた小屋組み構造。

タッカ（tackers）木材・木質材料に金属ピン，釘やステープルなどのファスナを打ち込む電動工具。関電動工具。

たづき（*tazuki*）同まさかり。

脱脂処理（*dasshi-shori*; resin removal method）多樹脂のアピトン・クルイン・カラマツ・アカマツ・ベイマツ材の脱脂を目的として，主乾燥工程中に加える初期蒸煮のこと。

脱炭（*dattan*; decarburization）鉄鋼を炭素と反応する雰囲気の中で加熱したときに，表面から炭素が失われる現象。

タッピンねじ（— *neji*; self tapping screw, tapping screw）ねじ自身でねじ立てができるねじの総称。頭の形状には，なべ，皿，丸皿，六角，などがある。締付手段の形として一般には，すりわり付き，十字穴付き，六角頭がある。

縦圧縮クリープ試験（*tate-asshuku — shiken*; compression creep test parallel to grain）木材のクリープ試験（JIS）の一つで，試験体の繊維方向と平行に圧縮荷重を加えて行う。

縦圧縮試験（*tate-asshuku-shiken*; compression test parallel to grain）横断面が正方形の直六面体の試験体を鋼製平板の間に挟んで圧縮荷重を加える木材試験法で，荷重方向と繊維方向が平行な場合。

縦圧縮強さ（*tate-asshuku-tsuyosa*; compressive strength parallel to grain）木材が繊維方向と平行に圧縮荷重を受けたときの強度。

縦圧縮比例限度（*tate-asshuku-hirei-gendo*; proportional limit in compression parallel to grain）繊維方向と平行に圧縮荷重を加えた時の比例限度。JISでは試験体の断面積当たりの比例限度荷重として求められる。

縦圧縮ヤング係数（*tate-asshuku — keisū*; Young's modulus in compression parallel to grain）繊維方向と平行に圧縮荷重を加えた時の応力とひずみの関係は比例限度以下では直線となり，この比例係数を縦圧縮ヤング係数と呼ぶ。

縦形スライサ（*tate-gata —*; vertical slicer）刃物あるいはフリッチが垂直方向に運動してスライスド単板を製造する機械。関スライサ，スライスド単板，横スライサ。

立鉋胴（*tate-kannadō*）鉋盤，モルダなどの立軸に装着された鉋胴。関モルダ，横鉋胴。

立軸平面研削用研削砥石（*tatejiku-heimen-kensakuyō-kensaku-toishi*; grinding wheels for surface grinding/face grinding）往復運動または回転するテーブルに固定した加工物の平面を，研削するのに使用する研削砥石。砥石の正面を使用する。関砥石。

立軸ほぞ（柄）取り盤，縦軸ほぞ（柄）取り盤（*tatejiku-hozotoriban*; vertical spindle tenoner）回転する1本の垂直主軸と移動テーブルからなり，カッタによって加工するほぞ取り盤。関ほぞ取り盤。

縦定規（*tate-jōgi*; parallel fence）丸鋸盤において丸鋸と平行に取り付けられた定規。関テーブル移動丸鋸盤。

縦振動ヤング係数区分（*tate-shindō — keisū-kubun*）素材のJASの等級区分における打撃振動によるヤング係数に基づいた区分。

縦切削（tate-sessaku; cutting parallel to grain）切削方向が工作物の繊維方向に対しほぼ平行で，繊維方向にほほ平行な切削面が得られる切削．特に，切削面における繊維方向と工具刃先線のなす角度が90°，同じく繊維方向と切削方向のなす角度が0°の場合を「90-0切削」の記号で表す場合がある．同 90-0切削，関 横切削，0-90切削，木口切削，90-90切削，参 切削方向．

縦反り【材の—】（tatezori; crook, bow）板厚さの面が弓なりに曲がる縦方向の反りで，大きい成長応力を持つ材の縦のこびき加工，大きい乾燥応力を持つ厚板の厚さ方向での分割などの際に現れる．

縦継ぎ，縦接ぎ（tate-tsugi; end joint, end-to-end grain joint）部材の長手方向の端部同士を材軸方向に接着接合すること．バットジョイント，スカーフジョイント，フィンガージョイントなどがある．同 継手．

縦継ぎ【単板の—】（tate-tsugi; vertical joint, end joint）単板積層材を製造する際には，単板を製品サイズに合わせて繊維方向に縦継ぎする．縦継ぎの方法としては，バットジョイント，スカーフジョイント，ラップジョイントが採用される．JAS（構造用単板積層材）では，縦継ぎ接着部の間隔等が規定されている．

縦突き（tate-tsuki; slicing along grain）縦切削によって，フリッチから突板を切削すること．関 横突き．

縦突スライサ（tatetsuki—; lengthwise slicer）フリッチをその繊維方向が送り方向とほぼ平行になるように送り込み，単板を切削する機械．関 縦突き．

縦継部の品質【フローリングの—】（tatetsugi-bu-no-hinshitsu; quality of end (end-to-end grain) joint）フィンガージョイントまたはスカーフジョイントの縦継部が規格で示される曲げ試験によって破壊されない品質のこと．

縦継プレス（tatetsugi—; finger joint press）接手面に接着剤が塗布された工作物を油圧などによって縦継ぎする機械．ロールの回転差によってプレスするものまたは工作物の端面から加圧するものもある．

竪鋸自動研磨機（tatenoko-jidō-kemma-ki; frame saw sharpening machine）竪鋸の鋸歯を研磨する研磨機．

竪鋸の緊張力（tatenoko-no-kinchōryoku; strain force of frame saw blade）竪鋸盤での挽材を安定させるために竪鋸に与える引張力．その方法として鋸枠に竪鋸をねじ，空気圧または油圧等で引張して取り付ける．

竪鋸の傾斜（tatenoko-no-keisha; frame saw blade overhang）竪鋸の往復運動の上昇時に鋸歯が工作物に触れるのを避ける一般的な方法として，竪鋸の往復運動方向に対して鋸をオーバーハング状に傾斜させること．傾斜の量は衝程当たりの材の送り量の1/2が標準である．

立鋸盤，竪鋸盤（tatenoko-ban; frame gang saw, frame saw, gang saw）数枚の長鋸を緊張させて取り付けた鋸枠をクランク機構により垂直に往復運動させ，被削材を送材車およびローラで送り込み，縦挽きする鋸機械．同 おさ鋸盤．

縦挽き（tate-biki; ripping, ripsawing）木材の繊維方向に平行に挽割る鋸挽き．関 挽材，横挽き，長手挽き．

縦挽定規（tatebiki-jōgi; fence, rule (guide) for ripsawing）同 縦定規．

縦挽鋸（tatebiki-noko; rip saw）木材を繊維方向と平行に挽くための鋸．

縦挽用定規（tatebiki-yō-jōgi; fence, rule (guide) for ripsawing）昇降丸鋸盤などにおいて，縦挽きの際に使用する案内板．関 定規．

縦引張試験（tate-hippari-shiken; tension test parallel to grain）試験体の両端をチャックで掴んで引張荷重を加える木材試験法で，荷重方向と繊維方向が平行な場合．

縦引張強さ（tate-hippari-tsuyosa; tensile strength parallel to grain）木材が繊維方向と平行に引張荷重を受けたときの強度．

縦引張比例限度（tate-hippari-hirei-gendo; proportional limit in tension parallel to grain）繊維方向と平行に引張荷重を加えた時の比例限度．JISでは試験体の断面積当たりの比例限度荷重として求められる．

縦引張ヤング係数（*tate-hippari — keisū*; Young's modulus in tension parallel to grain）繊維方向と平行に引張荷重を加えた時の応力とひずみの関係は比例限度以下では直線となり，この比例係数を縦引張ヤング係数と呼ぶ．

立ベルトサンダ（*tate—*; vertical belt sander）上下2個以上の水平プーリにエンドレス研磨布紙を掛けて回転走行させ，工作物をベルトの垂直面に押し付けて研削するサンダ．関サンダ．

縦溝カッタ（*tate-mizo—*; groove cutter）昇降盤や面取り盤などに取り付け，木材の繊維と平行方向に溝を作るためのカッタ．

縦溝突カッタ（*tate-mizo-tsuki—*; groove cutter）同縦溝カッタ．

縦枠用縦継ぎ材（*tatewaku-yō-tatetsugi-zai*）枠組壁工法構造用縦継ぎ材のうち，枠組壁工法建築物の縦枠に使用するもの．

多頭角のみ（鑿）盤（*tatō-kakunomi-ban*; multi-head hollow chisel mortiser）2個以上の主軸頭を有する角のみ盤．関角のみ盤．

谷【輪郭曲線の—】（*tani*; profile valley）輪郭曲線方式による表面性状の評価において，輪郭曲線を平均線によって切断したときの隣り合う二つの交点に挟まれた曲線部分のうち，平均線より下側の部分．関山【輪郭曲線の—】，参輪郭曲線要素．

谷深さ（*tani-fukasa*; profile valley depth, *Zv*）輪郭曲線方式による表面性状の評価において，輪郭曲線の平均線から谷底までの深さ．関山高さ，参山高さ．

ダブテールビット（dovetail bit）蟻組継ぎの加工に用いるビット．関ビット，組継ぎ．

ダブテールマシン（dovetail machine）多数の主軸とテーブルを備え，蟻形ビットにより一対の蟻組継ぎを同時に加工する木工フライス盤．ビットやテーブルの移動は，前後・左右のガイドに沿って手動または自動で行われる．主軸が1本のものもある．関木工フライス盤，組継ぎ．

Wタイプ【合板の—】（type W）主として建築物の一般壁面用に供される特殊加工化粧合板をいう．関Fタイプ【合板の—】．

WPC（wood plastic composite, wood plastic combination）木材空隙中にプラスチックモノマーを注入し，これに放射線を照射したり触媒加熱などの処理を施して，モノマーを重合硬化させて木材と一体化させた複合材．

ダブルエジャ（double edger）1本または2本の主軸に丸鋸を取り付け，丸鋸の間隔を可変とし，工作物を動力送りして，両端を切断するエジャ．関耳すり盤，耳すり機．

ダブルエッジベルトサンダ（double edge belt sander）エッジベルトサンダを二組平行に配置し，主として工作物の幅決め研削をするサンダ．関ベルトサンダ，エッジベルトサンダ．

ダブルエンドテノーナ（double end tenoner）同両端ほぞ取り盤．

ダブルサイザ（double sizer）間隔を調整できる互いに平行に取り付けられた2枚の丸鋸と工作物の送り装置からなり，合板などの両端を1回の送込みで同時に切断して所定の寸法に仕上げる機械．工作物の送りが手動の場合はダブルソーと呼ばれ，木工用に使用される．関丸鋸盤．

ダブルスピンドル方式（*—hōshiki*; double spindle method）ベニヤレースにおいて，原木丸太を支持するスピンドルが同心円状に大小2種類配置されている方式．これにより，切削終了時のむき芯を細くしたり，チャックの空回りなどによるロスを防ぐことができる．関ベニヤレース．

ダブルソー（double saw）間隔を調整できる互いに平行に取り付けられた2枚の丸鋸と工作物の手動送り装置からなり，工作物の両端を1回の送込みで同時に切断して所定の寸法に仕上げる木工用丸鋸盤．関ダブルサイザ．

ダブルフェイスバー（double face bar）ノーズバーの先端に，工作物を押しならすための面と切屑を押しならすための面を持つバーのこと．前者の面と切削面との角度をバーの接触角，後者の面と切削面との角度をバーの逃げ角と呼ぶ．関ノーズバー，プレッシャバー【ベニヤレースの—】．

だぼ(太枘)(*dabo*; dowel) 接合邦の穴(だぼ穴)に打ち込まれる木片。断面は普通円形で，周面に圧縮溝が付けられていることが多い。関 ほぞ。

だぼ(太枘)穴ボーリングマシン (*dabo-ana*—) 慣用語：木工多頭ボール盤。

だぼ(太枘)打機(*dabo-uchi-ki*; dowel gluing and driving machine) 糊付け機，だぼ挿入(打込み)機からなり，だぼ穴に接着剤を注入して，だぼを圧入する操作を自動的に行う機械。関 だぼ。

だぼじゃくり(太枘決り)鉋(*dabo-jiyakuri-ganna*) 機械決り鉋に類似の構造をしたしゃくり鉋。溝を決る位置を定規によって決めた後に，鉋台の木端に直角方向に挿入された木製の角棒で固定する。

だぼ(太枘)製造機(*dabo-seizō-ki*; dowel making machine, round rod molding machine) 丸棒削りカッタやらっぱ鉋などを用いて角材からだぼを製造する機械。関 だぼ。

だぼ(太枘)継ぎ，だぼ(太枘)接ぎ(*dabo-tsugi*; dowel joint, doweled butt joint) 部材の接合部のそれぞれの面に2個以上の同径の丸穴を開け，だぼを差し込んで接合する接合法。関 はぎ合せ，だぼ。

だぼ(太枘)継機(*dabo-tsugi-ki*) 同 だぼ打機。

だぼ(太枘)はぎ(接ぎ，矧ぎ)(*dabo-hagi*; dowel edge joint, dowel reinforced edge joint) はぎ合せの一種で，接合面にだぼ継ぎを用いる方法。

玉切り(*tamagiri*; [log] bucking, cross cutting) 伐倒木や丸太を適当な長さにチェーンソーや丸鋸などで切断すること。関 横挽き。

玉軸受(*tama-jikūke*; ball bearing) 転動体として球体(玉)を用いた軸受。関 転がり軸受。

玉杢，玉目(*tama-moku*) 板目面に現れるリング状の模様のもく。ヤチダモやクスノキ，ケヤキ等で現れるときがある。

ダミーゲージ(dummy gauge) ゲージブリッジを構成する抵抗としてだけ用いられるひずみゲージ。温度補償の目的のものも含まれる。

ためすき(溜め抄き)機(*tamesuki-ki*; deckle box type former) 箱形の抄造機で，すき出されたファイバを加圧脱水し，さらに減圧脱水して，ファイバマットを造る機械。同 バッチ式抄造機。

だら挽き(*darabiki*; live sawing) すべての挽道が平行となる木取り方法。同 丸挽き，布挽き，参 製材木取り。

樽(*taru*) 酒，醤油などをいれる木製の容器。板材を側板とし円筒形に配置してたがで締めて固定し，この上面に蓋を設けて密閉容器としたものを結樽(ゆいだる)という。他に指樽，柄樽，角樽，兎樽，四斗樽などがあり，現在使用されている種類も含まれている。またワイン樽，ビア樽など用途に応じて多くの種類がある。

垂木(*taruki*) 木質構造の小屋組みにおいて，棟から母屋，軒桁に架け渡される部材。

樽丸(*tarumaru*) 樽の材料としての板目材を竹の輪などで巻いて束にしたもの。奈良県吉野地方における樽丸製造技術は，重要無形民俗文化財に指定されている。

タレット(turret) 2個以上の工具を放射状に取り付け，旋回割出しを行う刃物台。関 刃物台。

多列放射組織(*taretsu-hōsha-soshiki*; multiseriate ray) 放射組織の幅・高さにより分類した場合，接線断面で見た放射組織が2細胞幅以上の場合を多列放射組織という。多列放射組織のうち1〜2細胞幅または2細胞幅だけの放射組織を持つ樹種があり，とくにそれを区別するときに複列放射組織という。

たわみ(撓み)振動(*tawami-shindō*; flexural vibration) はりなどの試験体の両端を単純支持し，試験体中央を打撃した場合に生じる曲げ振動をいう。

単位(*tan'i*; unit) 取決めによって定義され，採用された特定の量であって，同種の他の量の大きさを表す際の基準となる。例えば，国際単位系(SI)では長さの単位にメートル[m]，質量の単位にキログラム[kg]，時間の単位に秒[s]を採用している。関 単位系。

単位系(*tan'i-kei*; system of units) ある量体系について，与えられた規則に従って定義された

基本単位と組立単位の集合。cgs単位系（基本単位にセンチメートル，グラム，秒を採用），MKS単位系（基本単位にメートル，キログラム，秒を採用），国際単位系などがある。

単位作業（tan'i-sagyō; work unit）一つの作業目的を遂行する最小の作業区分。関要素作業。

単位寸法【素材の一】（tan'i-sumpō; unit of measuring size）素材のJAS規格において，丸太の径またはそま角の厚さおよび幅の単位寸法は，小の素材については1cm，その他の素材については2cmとされ，両者の長さの単位寸法は20cmと規定されている。

単一砥粒の切削作用（tan'itsu-toryū-no-sessaku-sayō; cutting action of single grain）研削加工が多数の砥粒切れ刃による切削の集積であることから，この複雑な研削作用の基礎的な解明を行うため，単一砥粒（単粒）によってその切削作用の詳細を知る手法。

炭化けい素（珪素）質研削材（tanka-keisoshitsu-kensaku-zai; silicon carbide abrasives）人造研削材で，黒色炭化けい素研削材と緑色炭化けい素研削材との総称。関カーボランダム。

炭化タングステン合金（tanka—gōkin; tungsten carbide alloy）同超硬合金，関タングステンカーバイド。

タングステンカーバイド（tungsten carbide）粉末タングステンと炭素を混合し，水素気流中で約1,500℃に熱して得られる灰色金属様粉末。超硬合金の原料になる。関超硬合金。

タングステン系高速度工具鋼材（— kei-kōsokudo-kōgu-kōzai）切削時の高温における硬度，耐熱などの特性をもたせるために，タングステンを比較的多量に添加した高速度工具鋼。タングステンは温度が上昇しても耐熱性を発揮する元素で，硬くて減らない特性を付与し，強力な炭化物を作ることで，焼戻し抵抗性，熱間強度を増大させる。関高速度［工具］鋼。

タンクパレット（tank pallet）主として液体状のものに使用され，密閉状の側面とふたを持ち，上部または下部に出し入れ口があるボックスパレット。

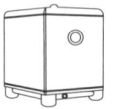

淡紅色アルミナ研削材（tankōshoku—kensaku-zai; ruby fused alumina abrasives）アルミナ質人造研削材の一種で，精製したアルミナに適量の酸化クロム，必要によって酸化チタニウムから成る原料を加えて溶融し，凝固させた塊を粉砕整粒したもの。コランダム結晶から成り，全体として淡紅色を帯びている。記号PAで表示する。

炭酸ガスレーザ（tansan—; carbon dioxide laser）ヘリウム，窒素，炭酸ガスなどの混合気体に放電などによりエネルギーを注入し，二酸化炭素の特定遷移の誘導放出により得られる光子を効率よく集め取り出すレーザのこと。CO_2レーザともいう。同CO_2レーザ。

単軸立面取り盤（tanjiku-tatementori-ban; single spindle vertical molders）同単軸面取り盤。

単軸彫刻盤（tanjiku-chōkoku-ban）同木工彫刻盤。

単軸トリマ（tanjiku—; single spindle trimmer）1本の主軸に位置可変の2枚以上の丸鋸を取り付け，工作物を主としてチェーンによって動力送りして横挽きするトリマ。関トリマ。

単軸面取り盤（tanjiku-mentori-ban; spindle shaper）回転する1本の垂直主軸とテーブルからなり，主として工作物の側面を成形切削する木工フライス盤。関面取り盤。

単色光（tanshoku-kō; monochromatic radiation）単一波長の光または一つの波長の光で代表される程度に狭い波長範囲に含まれる光。

探触子（tanshoku-shi; probe, search unit, transducer）超音波の送受信を行うために，1個またはそれ以上の振動子を組み込んでいる電気-音響変換器。

弾性係数（dansei-keisū; modulus of elasticity）同弾性率，ヤング係数，ヤング率。

弾性率（dansei-ritsu; modulus of elasticity）物体に外力を加えた時の応力とひずみの関係は比例限度以下では直線となり，この比例定数を弾性率(係数)という。同弾性係数，ヤング率，ヤング係数。

鍛接（tansetsu; forge welding）加熱した金属を打撃または加圧して行う高温圧接。関圧接。

単双曲回転面（*tansōkyoku-kaitemmen*; hyperboloid of revolution of one sheet）平行でなく，交わらない2本の軸があり，一方の軸が他方の軸を中心として回転したときにできる面。単双曲線回転面ともいう。回転軸に垂直な面で切断した断面は円，回転軸を含む面で切断した断面は双曲線である。フライスの外周刃が直線で，回転軸に交わらない場合に切れ刃が描く曲面などが相当する。

単層フローリング（*tansō*——; single layer flooring）ひき板を基材とし，厚さ方向の構成層が1のフローリングのことで，裏面に防湿などの目的で積層した材料を接着したものを含む。

断続切削（*danzoku-sessaku*; interrupted cutting）切削が断続的に行われる切削形式。多くのフライス加工が断続切削で，切屑が断続的に生成される。

炭素鋼（*tanso-kō*; carbon steel）鉄と炭素の合金。炭素含有量が最低で0.02％含まれるものを指す（最大含有量は2.14％）。普通鋼ともいう。炭素の他にケイ素，マンガン，リン，硫黄が含まれるが，これらは製造時に残った成分である。含有されている炭素量が多くなると，引っ張り強さや硬さが増す反面，伸び・絞りが減少し，切削性が悪くなる。また，熱処理を行うことで，性質を大きく変えることができる。関炭素工具鋼。

炭素工具鋼（*tanso-kōgu-kō*; carbon tool steel）0.6〜1.5％の炭素を含有する工具の材料として使われる鋼。そのうち，帯鋸や丸鋸などには炭素含有量が0.7〜0.9％のSK5やSK6が用いられる。炭素量が増加すると硬くて脆くなる。関工具鋼。

炭素工具鋼工具（*tanso-kōgu-kō-kōgu*; carbon tool steel tool）刃部の材料に炭素工具鋼を使用した工具。

段違い【フローリングの一】（*danchigai*; uneven）フローリングを組合せたときの表面の段差。単層フローリングでは，表面仕上げをしたものにあっては0.3mm以下，その他のものにあっては0.5mm以下であり，複合フローリングでは0.3mm以下の基準がある。

炭窒化（*tanchikka*; nitrocarburizing）窒素と炭素を表面富化させ，形成される化合物層の下に窒素が富化された拡散域を生み出す鉄鋼製品に適用される熱化学処理。

段付傾斜継ぎ（*dantsuki-keisha-tsugi*; hooked scarf joint, stepped scarf joint, hooked oblique joint）木材の縦継ぎにおいて，傾斜させた接合面の中間に段を設けた接合法で，スカーフジョイントの一種。接合強さはスカーフジョイントより低いが，接合部の組合せ操作が容易になり，接着圧締時の接着面の滑りを防ぐことができる。関縦継ぎ，スカーフジョイント。

段付ドリル（*dantsuki*——; step drill, subland drill）二つ以上の直径をもち，段になっているドリル。

タンデム帯鋸盤（——*obinoko-ban*; tandem band saw machine）2台またはそれ以上の同勝手の帯鋸盤を工作物の送り方向に直角に移動できるように縦列に配置し，動力送りされた工作物を同時に2カ所またはそれ以上の箇所で縦挽きする製材用帯鋸盤。ダブル帯鋸盤ともいう。関帯鋸盤。ツイン帯鋸盤。

端度器（*tando-ki*; end standard）両端の面間距離によって規定の寸法を表す長さの標準器。ブロックゲージ，段差ゲージ，マイクロメータ基準棒などがある。

単独形体（*tandoku-keitai*; individual features）データムに関連なく，幾何偏差が決められる形体。

段取（*dandori*; set-up）作業開始の材料，機械，治工具，図面などの準備および試し加工。

タンニン（tannin）木材に含まれる抽出成分の一つで，植物起源のポリフェノールであり，タンパク質や塩基性物質，金属などと親和性を示し，難溶解性の沈澱を作りやすい化合物群の総称。加水分解型タンニンと縮合型タンニンとに大別され，加水分解型タンニンはさらにガロタンニン，エラジタンニンなどに分類される。

単刃工具（*tam-pa-kōgu*; single point tool）一つの切れ刃で切削する工具。バイトなど。

単板（*tampan*; veneer）丸太やフリッチなどを

152　たんぱ(tampa)

ベニヤレースやスライサなどを用いて切削した薄板。合板や単板積層材などの構成用または化粧用の材料として用いられる。用いる切削機械の違いにより，ロータリ単板，スライスド単板，ソーン単板，ハーフラウンド単板（ハーフロータリ単板）などに区別される。[同]ベニヤ。

単板裏（*tampan-ura*; loose side of veneer）切削時に刃物すくい面に接した側の単板面。プレッシャーバーを作用させている場合には，バーに接する面と反対側の面になる。切削によってわん曲した単板の外側（弛緩した側）に相当する。[同]ルーズサイド，[関]単板表，タイトサイド。

単板表（*tampan-omote*; tight side of veneer）切削時に刃物すくい面に接した単板面と反対側の単板面。プレッシャーバーを作用させている場合には，バーに接する側の面である。切削によってわん曲した単板の内側（緊張した側）に相当する。[同]タイトサイド，[関]単板裏，ルーズサイド。

単板乾燥機アンローダ（*tampan-kansō-ki*—; unloader for veneer dryer）単板乾燥機から出てくる単板を自動的に取り出す装置。[同]ドライヤアンローダ。

単板乾燥機械（*tampan-kansō-kikai*; veneer dryer）自動送りされる単板を熱風等によって乾燥する機械。ローラ乾燥機，連続乾燥機，熱板乾燥機，ウィケット乾燥機等の種類がある。[同]ドライヤ，[関]ローラ乾燥機，連続乾燥機，熱板乾燥機，ウィケット乾燥機。

単板乾燥機フィーダ（*tampan-kansō-ki*—; automatic feeder for veneer dryer）単板乾燥機に単板を自動的に差し入れる機械。[関]オートフィーダ。

単板仕組装置（*tampan-shikumi-sōchi*; veneer assembly equipment）合板製造工程において，単板に接着剤を塗布する前に，あらかじめ製品に応じた単板の組み合わせを行う装置。[同]ベニヤセッタ。

単板製造機械（*tampan-seizō-kikai*; veneer manufacturing machine）単板を製造するための機械で，ログバーカ，レースチャージャ，ベニヤレース，スライサ，単板巻取り機械，クリッパ等を含む。[関]ログバーカ，レースチャージャ，ベニヤレース，スライサ，単板巻取り機械，クリッパ。

単板積層材（*tampan-sekisō-zai*; laminated veneer lumber, LVL）単板の繊維方向が原則として平行となるように積層接着された木質材料で，主に軸材料として用いられる。通常，日本においてもLVL（エルブイエル）と呼ばれる。[同]LVL，[関]合板。

単板積層板用ホットプレス（*tampan-sekisōban-yō*—; hot press for laminated veneer lumber and laminated veneer board）接着剤を塗布した積層単板を固定熱板上で可動熱板を開閉させ，積層単板をその動きに合わせて移送しながら加熱圧締する機械。[関]単板積層材。

単板積層板用レイアップ装置（*tampan-sekisōbanyō—sōchi*; lay-up equipment for laminated veneer lumber and laminated veneer board）単板に接着剤を塗布し，そのスカーフ面を合わせながら設定された積層数に重ね合わせていく装置。[関]単板積層材。

単板接合機（*tampan-setsugō-ki*; veneer joining machine）単板の接合面を突き合わせて，テープ，接着剤などによって接合する機械。[関]ベニヤコンポーザ。

単板切削（*tampan-sessaku*; veneer cutting, veneer peeling, veneer slicing）主に薄い板を生産することを目的とした切削。切屑を利用するための切削であることを特徴とする。得られた単板には，ベニヤレースによって丸はぎ（ピーリング）されたロータリ単板，スライサによって平削り（スライス，スライシング）されたスライスド単板（つき板），ベニヤソーによって鋸断されたソーン単板などがある。前二者の切削では，厚さむらや裏割れの少ない良質の単板を得るために，プレッシャーバーが使用される。[同]ベニヤ切削，[関]ベニヤ。

単板切断機（*tampan-setsudan-ki*; veneer clipper）刃物の上下運動，揺動運動または水平運動体に取り付けられた刃物によって，単板を自動的に切断する機械。[同]ベニヤクリッパ，[関]ベニヤコンポーザ。

単板切断曲線（*tampan-setsudan-kyokusen*; veneer cutting curve）ベニヤレースによる単板切削は，丸い形状の丸太から一定の厚さの単板をはぎ取り，平面に展開する切削である。このように，一定の厚さの単板をはぎ取っていくための切断曲線を単板切断曲線という。これには，円の伸開線が相当するから，これを原木の丸大所面上に描かせれば，厚さを一定にする単板の切削法を数学的に導き出すことができる。関単板歩出し厚さ。

単板縦継ぎ機（*tampan-tatetsugi-ki*; veneer end gluing machine）単板を繊維方向に搬送しつつ前縁・後縁を平行に切断し，接合する機械。関ベニヤコンポーザ。

単板歩出し厚さ（*tampan-budashi-atsusa*; veneer thickness）ベニヤレースにおける単板をむき出す厚さ。単板歩出し厚さtは，スピンドルの回転数をn，鉋台の送り速度をfとするとf/nで決定される。切削の進行に伴いナイフ刃先位置での原木の半径rが減少するから，nが一定であれば単板のむき出し速度$v(=2rn)$が低下することになる。したがってvを一定に保つため，f/nを一定に保ちながら，nとfを増加させる制御機構が採られている。

単板巻取り機械（*tampan-makitori-kikai*; veneer reeling machine）ベニヤレースで切削された単板を，自動的にリールに巻き取る機械。関単板巻取り巻戻し機械。

単板巻取り巻戻し機械（*tampan-makitori-makimodoshi-kikai*; veneer reeling and un-reeling machine）単板巻取り機械と単板巻戻し機械を合わせた機械。関リーリング・アンリーリング。

単板巻戻し機械（*tampan-makimodoshi-kikai*; veneer unreeling machine）リールに巻き取って集積した単板を自動的に巻き戻して，次の工程に供給する機械。関単板巻取り巻戻し機械。

単板横はぎ（接ぎ，矧ぎ）機（*tampan-yokohagi-ki*; veneer edge gluing machine, veneer edge gluer, edge gluer）小幅単板を繊維と直角方向に搬送しつつ前縁・後縁を平行に切断し，幅方向にはぎ合わせて主に心板を作る機械。同ベニヤエッジグルア，関ベニヤコンポーザ。

ダンピング材［料］（— *zai*［*ryō*］; vibration damping material）制振効果の優れた材料。

単壁孔（*tan-hekikō*; simple pit）細胞内腔に向かって孔（壁孔腔）の大きさがあまり変化しない壁孔。主に柔細胞に存する。

短辺【木口の—】（*tampen*; dimension of one of the short sides）製材のJASにおいて，製材の最小断面における辺の欠を補った方形の短い辺をいう。ただし，当該横断面の形状が正方形のものにあっては1辺をもって，円形のものにあっては直径をもって木口の短辺とする。関長辺【木口の—】

断面画像（*dammen-gazō*; tomogram）同トモグラム。

単面形パレット（*tammen-gata*—; single-decked pallet）デッキボードが上面だけにあるパレット。

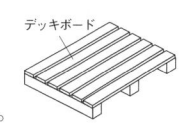

断面曲線（*dammen-kyokusen*; primary profile）輪郭曲線方式による表面性状の評価において，測定断面曲線に低域フィルタを適用して得られる曲線。低域フィルタは，触針の大きさや形状，データのサンプリング間隔や方法などに基づく不確かさが存在する短波長成分を遮断するためのもので，通常先端半径が2μm以下の触針を用いる場合は2μm，5μm以下は8μm，10μm以下は25μmのカットオフ値が用いられる。関表面粗さ，仕上面粗さ，測定断面曲線，輪郭曲線。

断面曲線パラメータ（*dammen-kyokusen*—; P-parameter）輪郭曲線方式による表面性状の評価において，断面曲線から計算されるパラメータ。パラメータ記号の最初にPを用いる。関断面曲線。

端面削り（*tammenkezuri*; peripheral and end milling, shoulder milling）フライスの回転軸

に平行および直角な面のフライス削り。正面フライスまたはエンドミルの場合，肩削りまたは溝削りともいう。

断面図（*dammen-zu*; cut, sectional view）対象物を仮に切断し，その手前側を取り除いて描いた図。切り口に加えて，切断面の向こう側の外形を示す。

断面二次モーメント（*dammen-niji*—; moment of inertia）はり断面内の微少面積と任意の軸からの距離の2乗の積を全断面にわたって加えたものをその軸に対する断面二次モーメントという。

断面表示（*dammen-hyōji*; B-scan display, B-scan presentation）探触子を一方向に走査したとき，ビーム軸の位置と関連してエコーの表示範囲でエコーに関するビーム路程をプロットすることによって作られた試験体の断面表示法。同Bスコープ表示。

単列軸受（*tanretsu-jikuke*; single row (rolling) bearing）1列の転動体をもつ転がり軸受。関転がり軸受，複列軸受。

単列放射組織（*tanretsu-hōsha-soshiki*; uniseriate ray）放射組織の幅・高さにより分類した場合，接線断面で見た放射組織が1細胞幅のもの。2細胞幅以上の場合を多列放射組織という。

ち *chi*

チェーンカッタ（chain cutter）鉤歯のついたエンドレスのチェーンがスプロケットホイールとガイドレールによって駆動走行して加工材を切削する装置。主に角ほぞ穴の加工に用いられる。関チェーン穿孔盤。

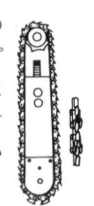

チェーンコンベヤ（chain conveyor）同チェーン式搬送装置。

チェーン式剥皮機（—*shiki-hakuhi-ki*; chain barker）同チェーンバーカ。

チェーン式搬送装置（—*shiki-hansō-sōchi*; chain conveyor）チェーンを使った搬送装置。原木を縦送りするログチェーン，デッキ(盤台)上に設置された原木や製品を横送りするチェーンライブデッキ，製品の選別のだめ横送りする選別チェーンコンベヤなどがある。関搬送装置。

チェーン穿孔盤（—*senkō-ban*; chain mortiser）チェーン状刃物により，主として長方形断面のほぞ穴を加工する木工用の穿孔機械。同チェーンのみ盤。関チェーンカッタ。

チェーンソー（chain saw）鋼板で作られた案内板外周の溝を鎖鋸（チェーン状のカッタ）が移動して木材を切削する機械。主に木材の横挽きに用いられる。鎖鋸の駆動は案内板取付け部分付近のスプロケットにより行う。関ソーチェーン，鎖鋸，横挽き。

チェーンのみ(鑿)盤（—*nomi-ban*; chain mortiser）同チェーン穿孔盤。

チェーンバーカ（chain barker）走行するチェーンまたはチェーンカッタを原木の外周に押し付け，原木を回転させながら長手方向に移動して樹皮を取り除く機械。同チェーン式剥皮機。関バーカ。

チェーンライブデッキ（chain live deck, chain infeed deck）チェーンコンベアによって丸太や半製品等を横送りできる機能をもつ架台。関チェーン式搬送装置。

知覚騒音レベル（*chikaku-sōon*—; perceived noise level）航空機を対象にした騒音のやか

ましさを表す尺度。航空機の通過音を0.5秒ごとにとらえてその瞬間値を1/3オクターブバンドに分析，全体のやかましさPN(Percieved Noisiness)を算出し，レベルで表したもの。

竹材(*chiku-zai*; bamboo) 植物の分類において，竹類は被子植物群における単子葉類に分類される木本植物である。竹材は中空の稈と滑かな表皮を有し，性質は軽くて強く，弾力性と割裂性に優れた材料である。

知識ベース(*chishiki*—; knowledge base) データベースの一種であって，推論規則と，特定分野における人間の経験に関する情報および専門知識を備えたもの。

チゼル【ドリルの—】(chisel edge) 同 チゼルエッジ【ドリルの—】. 関 ドリル。

チゼルエッジ【ドリルの—】(chisel edge) ドリルの二つの逃げ面の交線。

チゼルエッジコーナ【ドリルの—】(chisel edge corner) ドリルの切れ刃とチゼルエッジとの交点。

チゼル角【ドリルの—】(—*kaku*; chisel edge angle) ドリルの切れ刃の二つの先端逃げ面で構成されたチゼルエッジと切れ刃とのなす角度。 関参 ドリル。

縮み型(*chijimi-gata*; corrugate type, compressive type, shear type) 木材切削における切削型の一つで，切削角および切込量を大にして軟材を縦切削する場合に観察される。切込量に相当する被削材部が先割れを生ずることなく，工具すくい面上で強く縦圧縮されることによって刃先前方で圧縮破壊され，一塊ごとの切屑が縮み巻かれた状態で生成される切削の形態。同 TypeIII, 関 切削型, 参 切削型。

縮み腰入れ(*chijimi-koshiire*) 同 ヒートテンション。

縮杢(*chijimi-moku*; curly figure, wavy-grain figure) 材面に現れた波状木理によって材が縮んでいるように見える杢の総称。縮緬杢，バイオリン杢などがある。

窒化(*chikka*; nitriding) 化学反応，拡散，イオン注入などにより，金属製品の表面層に窒素との化合物または窒素を富化した物質を形成させる処理。その層は硬化し，耐摩耗性などが改善される。

窒化ほう素(硼素)工具(*chikka-hōso-kōgu*; boron nitride tool, BN tool) 刃部の材料に窒化ほう素焼結体を使用した工具。BN工具ともいう。窒化ほう素焼結体の種類には，多結晶立方晶窒化ほう素(polycrystalline cubic boron nitride, PCBN), ウルツ鉱形窒化ほう素(Wurtzite boron nitride, WBN)などがある。

チッパ(chipper) 木材チップを作る機械。回転円盤に放射状にチッパナイフを取り付けたディスク型チッパが一般的である。丸太投入口(スパウト)はディスクに対して傾斜しており，この傾斜角度によって切削角度が決まる。スパウトの底面および側面の一方にはベットナイフ(受刃)が固定されており，チッパナイフとベットナイフの間隙が小さいほどよい。関 チップ，ドラムチッパ。

チッパキャンタ(chipper canter, chipping headrig) 刃物を数枚配した相対する2枚の円盤を回転させ，円盤の間を丸太を送ることにより，丸太もしくは太鼓材の背板部分をチップにしながら太鼓材もしくは角材に加工する製材機。関 大割機械。

チッピング(chipping) 切削中に，衝撃などにより生ずる切れ刃の微少な欠損。

チップ(chip, tip) ①chip: チッパやフレーカと呼ばれる切削機械によって得られる小削片。あるいは，材料を切削する際に生じる切屑。②tip: ボデーまたはシャンクに取り付けて使用する刃物材料の小片。その一部に刃部を形成する。

チップ金属検知器(—*kinzoku-kenchi-ki*; metal detectors for chip) 電磁気現象を利用して木片中に混入している金属片を探知し，除去装置を稼動させる機械。関 チップ。

チップ水洗機(—*suisen-ki*; chip washer) コンベア上でチップを水中に通し，洗浄および異物の除去を行う機械。関 チップ。

チップスクリーン(chip screen) チッパによって切削されたチップから所定の寸法のチップをふるい分ける選別機。ダストや過大な木片を除外する2段スクリーンには円筒回転式と

平面振動式がある。㋯チップ。

チップ切削（——*sessaku*; chipping）木材を工具で衝撃的にたたき切って（はつって）チップを作る方式。分断加工の一種で、むしろ衝撃せん断に分類される。

チップ選別機（——*sembetsu-ki*; chip screening machine）蒸煮処理に必要な大きさの小木片を得るために、その仕分けをする機械。㋯チップ。

チップソー（carbide tipped saw blade, saw blade with cemented carbide tips）鋸身の材料とは異なる、切削性能や耐摩耗性などの優れた超硬合金などの工具材料の小片（チップ）を付け歯（tipped tooth）として鋸身の歯先に接合し、強固な切れ刃とした鋸。超硬合金を付歯した丸鋸をさすことが多い。㋯超硬合金、超硬丸鋸、㋙超硬丸鋸。

チップソー研削盤（——*kensaku-ban*; carbide tipped saw blade sharpener, saw blade with cemented carbide tips sharpener）超硬丸鋸歯研削盤の慣用語。㋞超硬丸鋸歯研削盤。

チップフォーマ（chip former）旋削によって、工作物から分離して流出する切りくずを、適当な形状に変形させる目的で、すくい面に設けた溝形、障壁などの障害物。㋯チップブレーカ。

チップブレーカ（chip breaker）一般には自動鉋盤の前部板押えのことをいうが、本来は切屑押えをさす。刃物による切削において、切屑がある程度削り起こされたところで、深い先割れを起こさないうちに切屑を折り曲げて母材から分離する役目をするものの総称。㋯裏金。

チップポケット（chip pocket, chip space）切削中の切屑の生成、収容および排出を容易にするために工具に設けたくぼみ。

チップマーク（chip mark, pitting）回転する刃先に切屑が付着した状態で切削するとき、加工面を叩くようにしてできた跡。㋯欠点。

着炎性試験（*chakuen-sei-shiken*; flaming test）木材試験体が着炎するまでの時間を測定する。試験体は20 mm角の二方柾で、60℃で2日間、100～105℃で恒量に達するまで乾燥し

たものとする。試験装置内の熱接点位置の温度は350℃、450℃、550℃の3水準とし、350℃のときのみ点火源を使用する。

着火点（*chakkaten*; ignition temperature）口火（点火源）により発炎する最低温度。木材の場合、260℃付近から熱分解が盛んになり、口火があれば着火する。

チャック（chuck）工具や工作物を周囲から締めつけて固定する装置。㋯アーバ。

中薄のみ（鑿）（*chūsu-nomi*）厚のみと同種で、穂先の厚さがやや薄いものを言う。

中間層（*chūkansō*）㋙細胞間層。

中間層用挽板（*chūkansōyō-hikiita*; middle lumber）異等級構成集成材の挽板のうち、最外層用挽板、外層用挽板および内層用挽板以外の挽板。

中間層用ラミナ（*chūkansōyō*——; middle lamina）異等級構成集成材のラミナのうち、最外層用ラミナ、外層用ラミナおよび内層用ラミナ以外のラミナ。

柱脚金物（*chūkyaku-kanamono*）木質構造において、柱と基礎等を柱脚部で接合する金物。

中仕工鉋（*chūshiko-ganna*）荒削り後の削り面をさらに平滑な面にするために用いる平鉋。㋯鬼荒仕工鉋、荒仕工鉋、上仕工鉋。

中質繊維板（*chūshitsu-sen'iban*; medium density faiberboard）㋙ミディアムデンシティファイバーボード、㋯繊維板。

抽出成分（*chūshutsu-seibun*; extractives）木材の構成成分のうち、心材の着色成分や芳香成分など冷水や温水、エタノール、アセトン等の中性溶媒に溶出する物質の総称。

中心錐（*chūshin-giri*; screw point, center drill）ビットの先端の中心に位置して穴の位置決めを行い、切れ刃の誘導を行う。ねじ型と先細型の二つのタイプがある。板錐、羽根錐を中心錐と呼ぶことがある。

中心切（*chūshin-giri*）㋙中心定規。

中心定規（*chūshin-jōgi*）挽材面を丸太の中心軸と平行にすること。㋯側面定規、中心定規挽き。

中心定規挽き（*chūshin-jōgi-biki*）挽材面が丸太の中心軸と平行になるように鋸を入れる挽材

方法。関側面定規挽き，中心定規。

中心線（*chūshinsen*; center line）中心を示す線。

中心線平均粗さ（*chūshinsen-heikin-arasa*; roughness of center line average）表面性状の評価における粗さパラメータの一つで，測定曲線に高域（ハイパス）2RCアナログフィルタ（減衰率12 dB/oct，カットオフ値での減衰率75％）を適用して求めた曲線を，最小二乗法によって当てはめた対象面の幾何学的形状である直線または曲線（平均線）からの偏差で表した曲線（粗さ曲線（75％））について，次式を用いて得られる値をμmで表わしたもの。

$$Ra_{75} = \frac{1}{ln} \int_0^{ln} |Z(x)| dx$$

ここで，$Z(x)$は平均線をX軸，高さ方向をZ軸として表わした粗さ曲線（75％），lnは評価長さ。Ra_{75}はアナログ測定機で多用されたパラメータであり，Raの記号が用いられてきたが，位相補償型のディジタルフィルタ（カットオフ値での減衰率50％）の使用が標準となったJIS B 0601: 1994以降は附属書での規定となり，算術平均粗さとの混同を避けるために記号も変更された。関算術平均粗さ。

中心面（*chūshin-men*）幾何偏差の対象となる面で機能上平面であるように指定した平面形体のうち，互いに面対称であるべき二つの面上の対応する二つの点を結ぶ直線の中点を含む平面。

中性子ラジオグラフィー（*chūseishi —*; neutron radiography）中性子を用いる透過試験。

鋳造合金（*chūzō-gōkin*; casting alloy）熔融金属を鋳型に鋳込んで作られる合金。鍛造や圧延ができず鋳造のみによって作られるもので，ステライトなどがある。関ステライト。

中叩きのみ（鑿）（*chūtataki-nomi*）中薄のみと追入れのみの中間ののみ。

中断面集成材（*chū-dammen-shūseizai*; medium dimension structural glulam）構造用集成材のうち，短辺が7.5 cm以上，長辺が15 cm以上のものであって，大断面集成材以外のもの。

中の素材（*chū-no-sozai*; medium solid wood）素材のJAS規格において，丸太の最小径およびそま角の幅が14 cm以上，30 cm未満のもの。

中比重繊維板（*chūhijū-sen'i-ban*; medium density faiberboard）同ミディアムデンシティファイバーボード，関繊維板。

超音波（*chōompa*; ultrasonic wave, supersonic wave）人の耳の可聴範囲以上の周波数の音波。一般的には20kHz以上とされる。

超音波音（*chōompa-on*; ultrasonic sound）人間の耳には聞こえない高い振動数をもつ弾性振動波のこと。狭義には周波数が16 kHz以上の音波のことで，広義には人間が聞くことを目的としない周波数の高い音波のことをいう。

超音波加工（*chō-ompa-kakō*; ultrasonic machining）超音波の振動を与えた工具や砥粒により加工する方法。関振動切削。

超音波振動切削（*chō-ompa-shindō-sessaku*; ultrasonic vibratory cutting）超音波振動を与えた工具で行う切削。関振動切削。

超音波探傷試験（*chōompa-tanshō-shiken*; ultrasonic testing）超音波を試験対中に伝搬させたときに試験体の示す音響的性質を利用して試験体内部のきずや材質を調べる非破壊試験。

聴覚保護具（*chōkaku-hogogu*; hearing protector, ear protector, ear defender）聴覚器を騒音から保護するために，外耳道内，耳介内もしくは耳を覆ってまたは頭の大部分を覆って取り付けられる装置。

鳥眼杢（*chōgan-moku*; bird's eye figure）板目面において鳥の眼のような丸い粒状の模様を表す杢。外国産カエデ材（シュガーメープルやイタヤカエデ）になどに見られる場合がある。バーズアイともいう。

超硬［合金］工具（*chō-kō [-gōkin] -kōgu*; hardmetal tool, cemented carbide tool, carbide tool）刃部の材料に超硬合金（炭化タングステンを主体にした焼結体）を使用した工具。関超硬合金。

超高圧水ジェット加工（*chō-kōatsusui — kakō*; ultrahigh-pressure water jet machining）超高

圧の水をノズルから噴射させるジェット噴流によって工作物を除去する加工方法。同ウォータジェット加工。

超硬合金（*chō-kōgōkin*; cemented carbide, sintered carbide）W, Ti, Taなどの炭化物の微粉末にCoの微粉末を結合材として加え，焼結したもの。JISでは，WC-Co, WC-TaC-Co, WC-TiC-Co, WC-TaC-TiC-Coなどに分類している。同炭化タングステン合金。

超硬合金刃物研削盤（*chō-kōgōkin-hamono-kensaku-ban*; carbide tipped tool grinder）刃先に超硬合金をろう付けした工具を研削するための研削盤。砥石台，刃物取付け台よりなる。砥石（ダイヤモンドホイール）の軸の振れは小さく，精密な研削ができる。

超硬チップ（*chō-kō*—; tip of cemented carbide, tip of sintered carbide）鋸歯などの刃先の寿命を高めるため，刃先にろう付けする超硬合金のチップ。関超硬合金，チップ，ろう付工具。

超硬丸鋸（*chōkōmarunoko*; circular saw blade with cemented carbide tips）歯部材として超硬合金から成るチップを鋸身にろう付けし歯先としたもの。一般にチップソーと呼ばれるものの多くはこれをさす。関丸鋸，チップソー。

超硬丸鋸歯研削盤（*chōkō-marunoko-ba-kensaku-ban*; carbide tipped circular saw blade sharpener）超硬丸鋸を回転するダイヤモンド砥石によって研削する研削盤で手動，自動のものがある。

彫刻のみ（鑿）（*chōkoku-nomi*）彫刻に使用するのみ。平のみ，丸のみ，しゃくりのみ，曲りのみなどがある。柄頭に冠を有する荒彫り用と，冠を有しない仕上げ用がある。

調歯（*chō-shi*）目立てやすりによる鋸歯の歯先研磨の前に行う，鋸身の狂いと鋸歯の不揃いを直すこと。鋸身の狂い直しは唐紙槌あるいは刃槌を用いて，あさり出しは両刃槌を用いて行う。

超仕上鉋盤（*chōshiage-kanna-ban*; super surfacer）テーブルに固定された平鉋刃に工作物を自動送りして，表面を仕上げ削りする鉋盤。同仕上鉋盤，スーパサーフェサ。

超仕上砥石（*chō-shiage-toishi*; stones for super-finishing）円筒内面，球面，平面およびその他の形状面を超仕上加工するのに用いる，棒状，リング状およびカップ形の砥石。関砥石。

調湿処理（*chōshitsu-shori*; conditioning）木材をある目的の含水率に整えること。またはその外周の湿度を所定の値に整えること。木材や木質材料の調湿は，木材乾燥の終期において乾燥応力および水分傾斜を除去するため，木材や木質材料の加工時における含水率変化による狂いを防止するため，使用時の狂いを防止する目的で製品を使用時の適正含水率に調整するために行う。関コンディショニング，イコーライジング。

超低周波音（*chō-teishūha-on*; infrasonic sound）人の耳には聞こえないとされる（可聴域外）1Hz～20Hzの低周波音をいう。

超低周波数（*chō-teishūha-sū*; infrasonic frequency）周波数が20Hz以下をさす。

超砥粒（*chō-toryū*; super-abrasives）アルミナ系や炭化けい素系の砥粒に比べて硬度が極めて高いダイヤモンド，CBN（立方晶窒化ほう素）などの砥粒。

ちょうな（手斧）（*chōna*, adze）刃物を長い湾曲した柄の先端に取り付けた工具。荒削りとして木材の表面を水平にはつるのに使用する。

調板（*chōban*）単板の切断，接合，補修などを行う作業あるいはその工程。関調板機械。

調板機械（*chōban-kikai*; veneer preparing machine）単板の切断，接合，補修などを行う機械。関クリッパ，ベニヤコンポーザ，パッチングマシン。

超微小負荷硬さ（*chō-bishō-fuka-katasa*; super-micro hardness, ultra-micro hardness）薄膜や材料の微小領域の真の硬さ。JISでは，Z 2255で試験方法が規定されている。関ヌープ硬さ，ビッカース硬さ，ロックウェル硬さ。

超微粒子超硬合金（*chō-biryūshi-chō-kōgōkin*; micro-grained cemented carbide, micro-grained sintered carbide）硬質粒子WCの平

均粒径が1μm以下の超硬合金。超微粒子WCと高配合のCoからなり，既存の超硬合金より耐欠損性(抗析力)を1.5～2.0倍近くまで向上させた刃こぼれが生じにくい合金。
関 超硬合金。

長辺【木口の—】(*chōhen*; dimension of one of the long sides) 製材のJASにおいて，製材の最小断面における辺の欠を補った方形の長い辺をいう。ただし，当該横断面の形状が正方形のものにあっては1辺をもって，円形のものにあっては直径をもって木口の長辺とする。
関 短辺【木口の—】。

長方形シャンクバイト(*chōhōkei—baito*; rectangular shank turning tool) シャンクの軸に垂直な断面が長方形になっているバイト。関 バイト。

調木機械(*chōboku-kikai*; log preparing machine) 原木の剥皮，玉切り，異物除去，仕分けなどを行う機械の総称。

直定規(*choku-jōgi*; straightedge) 幾何学的に正しい直線を提供するための定規。JISでは断面が長方形とI形の鋼製の直定規について規定している。

直線送り倣い面取り盤(*chokusen-okurinarai-mentori-ban*; spindle shaper with template control) 自動送りするテーブル，1本または2本の主軸，ならい装置などからなり，主としてテーブル上の工作物の片側または両側を倣い切削する木工フライス盤。主に長尺物の加工に用いられる。関 面取り盤。

直線形体(*chokusen-keitai*; line feature) 機能上直線であるように指定した形体。例えば，平面形体をそれに垂直な平面で切断したときに切り口に現れる断面輪郭線，軸線，円筒の母線，ナイフエッジの先端など。

直線偏光(*chokusen-henkō*; linearly polarized light, plane polarized light) 光波(電気ベクトル)の振動方向が同一平面内に含まれる光。平面偏光ともいう。

直刃【フライスの—】(*choku-ha*; straight tooth, straight flute) フライスの回転軸に平行な切れ刃。関 ねじれ刃【フライスの—】。

直刃ドリル(*chokuba—*; straight fluted drill) 溝がねじれていないドリル。

直張(*chokuhari*) フローリングを素地床(コンクリート床スラブもしくはその上に下張床材を直張りした床または根太等の上に単独で床面の強度を担保する下張床材を施工した床をいう。)の上に張込むこと。

直角定規(*chokkaku-jōgi*; square) 幾何学的に正しい直角を提供するための定規。木製のものもあるが，JISでは鋼製の刃形直角定規，I形直角定規，平形直角定規，台付直角定規について規定している。俗にスコヤと呼ばれる。

直角定盤(*chokkaku-jōban*; square plate) 2面を直角とした定盤。

直角すくい角(*chokkaku-sukuikaku*; normal rake, normal rake angle) 基準面(主運動または合成切削運動方向に垂直な面)に対するすくい面の傾きを表す角で，切れ刃に垂直な平面において，すくい面と基準面がなす角。

直角度(*chokkakudo*; squareness, perpendicularity) 直角であるべき機械部分，または運動の直角からの狂いの大きさ。関 運動精度。

直角度【運動の—】(*chokkakudo*; perpendicularity of motion) 運動部品の運動と，互いに直角でなければならない機械部品の面，線，または他の運動部品の運動との直角からの狂いの大きさ。

直角逃げ角(*chokkaku-nigekaku*; normal clearance angle, normal clearance) 切れ刃に垂直な平面において，切れ刃に接し，かつ基準面(主運動または合成切削運動方向に垂直な面)に垂直な面と逃げ面がなす角。

直角2面鉋盤(*chokkaku-nimen-kanna-ban*) 同 自動直角2面鉋盤。

直角2面仕上鉋盤(*chokkaku-nimen-shiage-kanna-ban*; double surface fixed knife planer with right angle) 水平・垂直のテーブルに固定された鉋刃または鉋台，および送り装置からなり，工作物を自動送りし，隣接する2面を直角に仕上削りする鉋盤。

直角刃物角(*chokkaku-hamono-kaku*; normal wedge angle) 切れ刃に垂直な平面において，すくい面と逃げ面がなす角。

直径【ドリルの—】(*chokkei*; drill diameter) ドリルの刃部先端外径の寸法。呼び寸法としてシャンクに刻印されている。関ドリル。

貯木 (*choboku*; timber storing) 素材の生産と消費の時間的乖離を調節する目的で行われる。

貯木場 (*choboku-jō*; timber yard) 施設の完備した長期貯木を行う土場。陸上貯木場と水中貯木場がある。

ちりめん(縮緬)杢 (*chirimen-moku*) 同縮杢。

チロース (tylose) 道管に接している放射柔細胞または軸方向柔細胞が，道管の側壁の壁孔を通して道管内腔に膨出し，内腔の一部あるいは全部を塞いだもの。

チロソイド (tylosoid) 樹脂道を取り囲む薄壁のエピセリウム細胞が心材化に際して細胞間道中に膨出したもの。壁孔を通らないことでチロースと異なる。

つ *tsu*

追従制御 (*tsuijū-seigyo*; follow-up control, tracking control) 変化する目標値に追従させる制御。追値制御ともいう。関サーボ機構。

ツイン帯鋸盤 (—*obinoko-ban*; twin band saw machine, twin band mill) 左右勝手違いの2台の帯鋸盤を向かい合わせに設置し，工作物の2個所を同時に縦挽きすることのできる帯鋸盤。片側もしくは両側の帯鋸盤が工作物の送り方向に直角に移動する。同ツインバンド，関帯鋸盤，タンデム帯鋸盤。

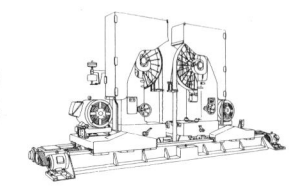

ツインバンド 同ツイン帯鋸盤。

ツイン丸鋸盤 (—*marunoko-ban*; twin circular saw machine) 1本または2本の主軸に2枚の丸鋸を取り付け，工作物の両端を同時に縦挽きする丸鋸盤。工作物を動力送りするもの，送材車付きのもの，工作物を固定して丸鋸盤が移動するものがある。関丸鋸盤。

ツインリッパ (twin rip saw) 任意の間隔で2枚の丸鋸を取り付けることができる水平丸鋸軸と自動送り用の履帯(キャタピラ)とを備え，工作物に2カ所で縦挽き加工をする木工丸鋸盤。ロールによって自動送りするものもある。また，位置決めを数値制御するものもある。関丸鋸盤。

ツースマーク (tooth mark) 丸鋸や帯鋸による切削面において，鋸を板庇している各歯のあさり先端の材面に対する切削運動の軌跡の条痕。同条痕，関ナイフマーク。

通直木理 (*tsūchoku-mokuri*; straight grain) 繊維の走向が樹軸あるいは製材品の軸方向に平行な木理。

2×4 (*two-by-four*) 木質構造の建物に関しては，「枠組壁工法」または「ツーバイフォー工法」の呼称として用いられる。木材に関して2×4と呼ぶときは，幅2インチ，高さ4インチの断面をもつ材のことを指す。関ツーバイフ

ォー工法，ツーバイフォー構法，枠組壁工法。

ツーバイフォー工法（——*kōhō*）同ツーバイフォー構法，枠組壁工法。

ツーバイフォー構法（——*kōhō*; two-by-four construction）同ツーバイフォー工法，枠組壁工法。

束（*tsuka*）木質構造において，短い垂直材の総称。手鋸の柄。

使い捨て工具（*tsukaisute-kōgu*; exchange type tool）同スローアウェイ工具。

疲れ試験（*tsukare-shiken*; fatigue test）試験片に繰返し応力または変動応力を加えて，疲れ寿命や疲れ限度などを求める試験。

突合せ接合（*tsukiawase-setsugō*; butt joint）二つの被着材の端面同士または端面と平面を突き合わせて接着する接合方法。

突合せ継ぎ（*tsukiawase-tsugi*）同いも継ぎ。

突合せはぎ(接ぎ，矧ぎ)（*tsukiawase-hagi*; plain edge joint）同いもはぎ。

突板（*tsuki-ita*; fancy veneer, sliced veneer）合板やパーティクルボードなどの表面に化粧用として貼られる単板。古くは，カンナの刃が上を向くようにして固定し，その上においた材を押して（突いて）作られたことからこのように呼ばれるようになった。同化粧単板，関厚突き，薄突き。

突付け（*tsukitsuke*）継手・仕口の一つ。単に材同士を突き合わせただけの接合。補強には釘や金物，添え板または接着剤などが用いられる。

継手（*tsugite*; joint, end joint, splice）部材同士を材軸方向に継ぎ合わせ，1本の長い部材にする場合の接合方法の総称。

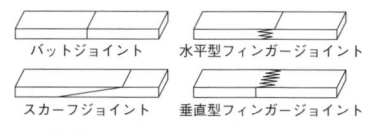

バットジョイント	水平型フィンガージョイント
スカーフジョイント	垂直型フィンガージョイント

継手加工機械（*tsugite-kakō-kikai*; coupling processing machine）工作物を縦継ぎするために木口面を切削して継手を造る機械。

継手加工盤（*tsugite-kakōban*; joint processor for construction material）カッタなどを取り付けて移動する主軸と工作物固定装置を備え，木造建築用構造材の木口に継手加工するほぞ取り盤。

継手仕口加工盤（*tsugite-shiguchi-kakōban*; coupling processor for construction material）カッタやビットを取り付けて移動する主軸と工作物固定装置を備え，木造建築用構造材の木口や側面に，主に鎌継手，大入れあり掛けなどの継手・仕口を加工するほぞ取り盤。

突きのみ(鑿)（*tsuki-nomi*; paring chisel）仕上げのみの一種。平突きのみと丸突きのみがあり，それぞれ平面と曲面を仕上げる。関仕上げのみ。

突き回し鋸（*tsukimawashi-noko*）鋸歯が回し挽き鋸と逆の方向に刻んである片刃茨目歯の鋸。押して使用する。向押し鋸，向突き鋸とも言う。

附木（*tsukegi*）スギやヒノキの薄片の一端に硫黄を塗ったもの。いおうぎ，火付け木ともいう。火を他のものにうつすのに用いた。

付刃工具（*tsuke-ha-kōgu*; tipped tool）刃部の材料をボデーまたはシャンクにろう付けなどで固定した工具。関ろう付工具。

付刃ドリル（*tsuke-ha*——; tipped drill）切れ刃として超硬合金その他の材料のチップをろう付けしたドリル。

付刃バイト（*tsuke-ba-baito*; tipped turning tool）チップをボデーにろう付けしたバイト。関バイト。

槌（*tsuchi*）玄能，金槌，木槌などの総称。

突切りバイト（*tsukkiri-baito*; parting tool, cut-off tool）切落しまたは幅の狭い溝削りに使用するバイトの総称。関バイト。

筒鋸（*tsutsunoko*; cylinder saw）円筒の端に歯を刻んだ鋸。樽の底のような円形断面の物を挽き出すのに用いる。

つば(鐔)錐（*tsuba-giri*）同打込み錐。

つばのみ(鐔鑿)（*tsuba-nomi*）叩きのみの一種。大きな釘類を打ち込む穴をあけるのみで，叩いて打ち込む。穂の元身にT字形のつばがあり，つばを下から叩いて抜く。穂の断面が丸いタイプのつばのみを打ち込み錐と言う。

坪錐（*tsubo-giri*）同壺錐。

壺錐（*tsubo-giri*）穂が半円筒形で，内側に切れ

刃が付けてある手揉み錐。だぼ穴や隠し釘用の円筒状の穴あけに適する。坪錐とも表記し，半円錐とも言う。

坪のみ(鑿)(*tsubo-nomi*)同壺のみ。

壺のみ(鑿)(*tsubo-nomi*)丸のみの一種。穂が壺錐に似ている。刃裏は外丸形で甲表は凹曲面で穂は薄い。曲線部の仕上げ堀りに用いる。坪のみとも表記し，壺丸のみ，内丸のみとも言う。

壺丸のみ(鑿)(*tsubomaru-nomi*)同壺のみ。

坪量(*tsuboryō*; grammage, basis weight) 紙および板紙の面積1平方メートル(m²)当たりの質量をグラム(g)で表した値。

つま(端)(*tsuma*; end) 包装用に使われる木箱の幅と高さで囲まれた両端の面。参木箱。

釣合良さ(*tsuriai-yosa*; balance quality) フライス，鉋胴などの剛性ロータの釣合いの程度を示す量。JISやISOでは比不釣合い(静不釣合いをロータの質量で割った量。ロータの質量中心の軸中心線からの偏りに等しい)と指定された角速度の積で表され，この数値によって等級が決められている。

釣合良さ【鉋胴の―】(*tsuriai-yosa*; balance quality) 鉋胴に求められる釣合い良さ。釣合い試験機で測定した不釣合いの大きさ(2面釣合わせ)と鉋胴の質量から比不釣合いを求め，回転速度から次式で計算する。

$$en/9.53$$

ここに，eは比不釣合いの大きさ[mm]，nは回転速度[rpm]である。

吊下げ式丸鋸盤(*tsurisage-shiki-marunokoban*)同振子式丸鋸盤。

吊束(*tsurizuka*) 木質構造において，上部の梁から下部の横木がたわまないように吊るための束。鴨居などに対して用いられる。束が外れないように，鴨居には寄せ蟻，篠差し蟻，地獄ほぞなどの仕掛けをする。

剣刃のみ(鑿)(*tsurugi-ba-nomi*; spear chisel) 剣の先の形をしたのみ。平板状の鋼の一端に両側面から斜めに切れ刃を付け，中央で鋭角に交わるようにして，他端に柄を付けて作る。旋削加工で傾斜面または隅を削るのに用いられる。関のみ。

て　*te*

低圧メラミン(*teiatsu―*; low pressure melamine) メラミン樹脂含浸紙を合板やパーティクルボードなどの表面に低熱圧でオーバーレイ加工するもの。

DA変換(*DA-henkan*; digital-to-analog conversion) ディジタル信号をアナログ信号に変換すること。

低域通過フィルタ(*teiiki-tsūka―*; low-pass filter) 遮断周波数以下の周波数の信号だけを通過させ，遮断周波数以上の周波数の信号を減衰させるフィルタ。

T字釘(*T-ji-kugi*; T head nail) 自動釘打機用の釘で，頭がT字形をした特殊釘。

T溝フライス(*T-mizo-furaisu*; T-slot milling cutter) 工作機械のテーブルなどに用いられるT溝の加工に用いられるフライス。

低温脆性(*teionzei-sei*; cold shortness) 材料の脆性が低温で急激に低下する性質。

定格周波数(*teikaku-shūhasū*; rated frequency) 機器を適正な状態で動作させるために定められた周波数。

定格電圧(*teikaku-den'atsu*; rated voltage) 製造業者によって，工具に指定された電圧。三相電源の場合，相間電圧。

定格電流(*teikaku-denryū*; rated current) 製造業者によって工具に指定された定格電圧または定格電圧範囲の電流の平均値。

定格動作時間(*teikaku-dōsajikan*; rated operating time) 製造業者によって工具に指定された動作時間。

定格入力(*teikaku-nyūryoku*; rated input) 製造業者によって工具に指定された定格電圧または定格電圧範囲の入力の平均値。

ティグ溶接(*―yōsetsu*; TIG (tungsten inert gas) welding) タングステンなどの溶融し難い電極を用いたイナートガスアーク溶接。関イナートガスアーク溶接。

抵抗温度計(*teikō-ondokei*; resistance thermometer) 電気抵抗が温度に依存することを利用

した温度計の総称。抵抗素子に測温抵抗体を用いるものとサーミスタを用いるものがある。

抵抗線ひずみ(歪)ゲージ（*teikōsen-hizumi*—; wire [resistance] strain gauge）ゲージ受感部に細線状の金属抵抗体を用いたひずみゲージ。

抵抗溶接（*teikō-yōsetsu*; resistance welding）溶接部に大電流を流しここで発生する発熱によって加熱し，圧力を加えて行う溶接。

定在波（*teizaiha*; standing wave）同一周波数の自由進行波の干渉により生じ，最大と最小の振幅が空間の一定位置に現われる波動。

ディジタル計器（—*keiki*; digital instrument）ディジタル出力またはディジタル表示を与える計器。

ディジタル信号（—*shingō*; digital signal）数値に対応した，離散的な状態で表した信号。

ディジタルスチルカメラ（digital still camera）写真感光材料の代わりに，光電変換素子としての固体撮像素子を用いるカメラのうち，主として静止画像を利用するもの。

ディジタル制御（—*seigyo*; digital control）機械やシステムの状態の目標値，制御量，外乱，負荷などの信号のディジタル値から，ディジタル演算処理によって操作量を決定する制御。関アナログ制御。

低周波振動切削（*teishūha-shindō-sessaku*; low-frequency vibratory cutting）可聴周波数帯以下の振動を与えた工具で行う切削。関振動切削。

ディスク形スカーフジョインタ（—*gata*—; disk type scarf jointer）回転する円板に鉋刃を放射状に取り付け，材のスカーフ加工をする機械。

ディスク形砥石（—*gata-toishi*; cemented or clamped disc wheels）フランジに接着または機械的に取り付けて，立軸平面研削または対向二軸平面研削に使用する研削砥石。関砥石。

ディスクカッタ（disc cutter）回転軸に対して直角の主送り方向をもつ回転切断部品で，カッタの周囲および両側面の同時切断，切りく

ずの除去によって木材・木質材料を加工する電動工具。

ディスクサンダ（disk sander）回転する円盤の表面に取り付けた研磨布紙に工作物を押し付けて研削するサンダ。手持ち形と定置形のものとがある。

ディスクチッパ（disk chipper）円盤面に取り付けられたナイフに対して，原料木材を繊維方向に斜めに送り込み，特定の繊維長の小木片を製造する機械。

ディスクフレーカ（disk flaker）円盤面に取り付けられたナイフに対して，繊維方向を円盤面と平行にして原料木材を送り込み，削片を製造する機械。

ディスクリファイナ（disk refiner）回転する磨砕ディスクによって，微細片を造る機械。シングルディスクタイプとダブルディスクタイプとがある。

ディストーション（distortion）横倍率が像の大きさによって異なる収差。

定寸定規（*teisun-jōgi*; adjustable fence）テーブル移動丸鋸盤の移動テーブル横定規に取り付けられている工作物の歩出し量を設定するための定規。関テーブル移動丸鋸盤。

定帯減幅フィルタ（*teitai-gembuku*—; constant-bandwidth filter）帯域幅が周波数によらず一定の幅を持ったフィルタのこと。FFTではこの帯域幅フィルタによる分析を行う。

低比重パーティクルボード（*teihijū*—; low-denslty particleboard）イソシアネート基の高い反応性と水分との反応で炭酸ガスを放出して発泡する性質とを利用し，圧縮比（ボード比重/原料木材の比重）を0.7〜0.8としたボード。関パーティクルボード。

ディメンションランバー（dimension lumber）北米（アメリカ，カナダ）において規格化された針葉樹製材。日本では枠組壁工法構造用製材のJASにより格付けされる。

データプロジェクタ（data projector）コンピュータ用の入力端子を装備し，コンピュータなどの画面を拡大投影する装置。

データム（datums and datum systems）関連形体に幾何公差を指示するときに，その公差域

を規制するためのに設定した理論的に正確な幾何学的基準。例えば，この基準が点，直線，軸直線，平面および中心平面の場合には，それぞれデータム点，データム直線，データム軸直線，データム平面およびデータム中心平面と呼ぶ。

テーパシャンク（taper shank）円錐状のシャンク。関ストレートシャンク。

テーパシャンク付テストバー（——*tsuki*——; test bar with taper shank）一端にテーパシャンクを付けたテストバー。JISでは，モールステーパ付テストバー，メトリック1/20テーパ付テストバー，7/24テーパ付テストバーを規定している。

テーパシャンクドリル（taper shank drill）シャンク(柄)が円錐状になっているドリル。関ドリル。

テーパシャンクフライス（taper shank milling cutter）テーパシャンクをもつフライスの総称。関ストレートシャンクフライス。

テーピングマシン（taping machine）同ベニヤテーピングマシン，関ベニヤコンポーザ。

テープ補修（——*hoshū*）単板の調板工程において，単板の割れや接ぎ合わせ部分をテープで補修する作業。関調板。

テーブル（table）工作機械において，工作物を取付けて切削や穴あけを行う台。固定式のもの，平行に移動するもの，定位置で回転するもの，回転しながら移動するものなどがある。関案内面，送りねじ，旋回台，本体テーブル。

テーブル移動丸鋸盤（——*idō-marunoko-ban*; circular saw with sliding table for ripping）回転する丸鋸軸と移動テーブルとで構成され，工作物をテーブルとともに移動させ，縦挽き加工をする木工用丸鋸盤。関丸鋸盤。

テーブル移動横切り丸鋸盤（——*idō-yokogiri-marunoko-ban*; circular saw with sliding table for cross cutting）回転する丸鋸軸と移動テーブルとで構成され，工作物をテーブルとともに移動させ，横挽き加工をする木工用丸鋸盤。関丸鋸盤。

テーブル帯鋸盤（——*obinoko-ban*; table band resaw）テーブルや定規などを備え，工作物をテーブル上で送り，主として縦挽き加工をする製材用帯鋸盤。同テーブルバンド，関帯鋸盤。

テーブル傾斜丸鋸盤（——*keisha-marunoko-ban*; circular saw with tilting table）テーブルを昇降および傾斜させる装置と回転する丸鋸軸とを備え，工作物を手動で送り，切断，溝切りなどの加工をする木工用丸鋸盤。同傾斜盤，関昇降丸鋸盤。

テーブルツイン帯鋸盤（——*obinoko-ban*; table type twin band saw machine）工作物をテーブル上のローラ，履帯(キャタピラ)などで送り，縦挽き切断するツイン帯鋸盤。関ツイン帯鋸盤。

テーブル刃口（——*haguchi*）昇降丸鋸盤などのテーブルに設けられた，丸鋸をテーブル上に突き出すための細長い穴。通常ここに丸鋸の厚さ程度の幅のスリットもつ刃口板を装着して使用する。

テーブルバンド（table band resaw）同テーブル帯鋸盤。

テーブルバンドソー（table band resaw）同テーブル帯鋸盤。

テーブル丸鋸盤（——*marunoko-ban*; circular sawing machines, circular saw bench）テーブルや定規などを備え，工作物をテーブル上で手動で送り，挽材加工する丸鋸盤。同腹押し丸鋸盤，関丸鋸盤。

テーブルロール 自動1面鉋盤などの送りロールの内，テーブルに固定されたロール。

テープレススプライサ（tapeless splicer）同ベニヤスプライサ。

テーラの寿命方程式（——*no-jumyō-hōteishiki*; Taylor's tool life equation, Taylor's formula）関工具寿命方程式。

手送り（*te-okuri*; handle feed, manual feed）送り運動，または位置調整運動を作業者が人力によって行う送り。

手送り式横挽丸鋸盤（*teokuri-shiki-yokobiki-marunoko-ban*; hand feed circular sawing machine for cross cutting）回転する丸鋸軸を手

動で移動させることによって，横挽き加工をする製材用丸鋸盤．関丸鋸盤．

手押鉋盤（*teoshi-kanna-ban*; hand feed planer, jointer, leveling planer）鉋胴，昇降できる水平な一対のテーブルおよび定規よりなり，工作物を手動送りして主として基準面を作る鉋盤．基準面を作る場合はむら取り盤（leveling planer），こばを削って斜め合せ面を作る場合はジョインタ（jointer）と呼ばれる．関鉋盤．

手押テーブル帯鋸盤（*teoshi — obinoko-ban*; hand feed table band resaw）工作物をテーブルに載せ，手動によって送り，主として縦挽き切断する帯鋸盤．同テーブル帯鋸盤．

手鉋（*te-ganna*; hand plane, planer）木製の鉋台に鉋身と裏金を仕込み，木材の表面を平面または曲面などに削りするための木工具．日本の鉋は引いて使用するが，欧米の鉋は押して使用する．平面に削るための鉋を平鉋といい，曲面に削る鉋として内丸鉋，外丸鉋，反台鉋，南京鉋がある．参鉋台，鉋刃．

適応制御（*tekiō-seigyo*; adaptive control）制御対象の特性・環境などの変化に応じて，制御系の特性を所要の条件を満たすように変化させる制御．関自動制御．

滴下潤滑（*tekika-junkatsu*; drop-feed lubrication, drip-feed lubrication）規則的な間隔で潤滑剤の液滴を摺動面に供給する潤滑方式．

手錐（*te-giri*）片手で使用する短い柄の錐の総称．片手錐とも言う．錐身には三つ目，四つ目，丸，ねじの各タイプが見られ，柄は太く短い．丸錐の手錐を千枚通しと言う．

デザインイン（design-in）製品の企画・設計において，研究・開発部門や製造および外注購買部門と協議し，製品開発期間の短縮，製品原価の低減などを図る活動．関マーケットイン．

手差し潤滑（*tezashi-junkatsu*; hand lubrication）油差しで給油口などから給油する潤滑方式．

デシベル（decibel）ある単位時間当たりの仕事量に対する比の常用対数の値を「ベル」（bel）として，それをさらに10倍（＝デシ[d]）したもの．電気工学や振動・音響工学などの分野で使用される無次元の単位で，音の強さ（音圧レベル）・電力などの比較や，減衰量などをエネルギー比で表すのに使用される．ある基準値Aに対するBのデシベル値L_Bは，$L_B=10\log_{10}(B/A)$[dB] となる．

テストインジケータ（test indicator）微小寸法を測定するための比較測長器．ダイヤルゲージ，指針測微器，電気マイクロメータなどの総称．

テストバー（test bar）工作機械，測定機械などの平行度，真直度，回転軸の振れなどを調べる静的精度試験に使用する円筒状の器具．テーパシャンク付テストバーとセンタ付テストバーがある．

デッキボード（deck board）上面デッキおよび下面デッキを構成する板状の部材．

鉄砲面取り鉋（*teppō-mentori-ganna*）鉋台下端の刃口から先方が邪魔になる時に，下端の一部を取り外すことができる面取り鉋．

鉄丸釘（*tetsu-maru-kugi*; iron wire nail）軟鋼の線材から製造される．皿形で網目を付けた頭部をもち，平滑な表面の胴部の直径が均一で，先端が鋭くとがった，最も一般的な釘．JISの記号はN．表面処理，頭部の形状，胴部の直径などの違いにより，めっき鉄丸釘（NZ），太め鉄丸釘（CN），めっき太め鉄丸釘（CNZ），溶融亜鉛めっき太め鉄丸釘（ZN），細目鉄丸釘（BN）などの種類がある．

手砥ぎ砥石（*te-togi-toishi*; hand finishing sticks）工具表面の加工および刃研ぎ加工に使用する砥石．関砥石．

テノーナ同ほぞ取り盤．

手鋸（*te-noko*; hand saw, saw）鋸身と柄から構成され，木材を切断するのに使用される木工具．作業者は柄を手で握り，日本の手鋸は引いて使用するが，外国では押して使用する．縦挽き鋸，横挽き鋸，両刃鋸，胴付き鋸，畔挽き鋸，回し挽き鋸などの種類があり，それぞれ使用目的が異なる．

手挽き鋸（*te-biki-nokogiri*）同手鋸．

デプスゲージ（depth gauge）ベースの測定面に

平行な測定面をもつ本尺が，ベースの測定面と直角となる方向にベース内を滑り，本尺の測定面とベースの測定面の距離を本尺目盛およびバーニヤ目盛またはダイヤル目盛によって，または電子式ディジタル目盛によって読み取ることができる測定器．深さ寸法を測定するために使われる．

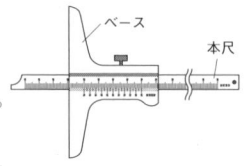

デプスマイクロメータ（depth micrometer） 測定の基準となる平坦な面をもつベース，その基準面に直交する軸線方向に移動するスピンドル，スピンドルの動きを示す目盛をもつスリーブとシンブルを備え，被測定物の深さまたは高さに対応したベース基準面と測定面の距離を読み取ることができる測定器．測定値をディジタル表示するものもある．

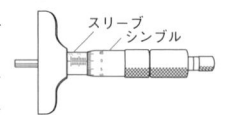

手曲げ加工具（te-mage-kakō-gu; handy type wood bending device） 人力によって曲げ加工を行う場合に使用する工具．一般に，断面の小さい材や複雑な形状の場合に手曲げ加工を行う．

手回し錐（te-mawashi-giri）同ハンドル錐．

手揉み錐（te-momi-giri） 手作業による錐揉みにより穴をあける工具．穂と柄から構成される．錐揉みは，柄の上部を両方の手のひらで挟んで，下方に押さえながら交互に摺り合わせて行う．揉み錐とも言う．四つ目錐，三つ目錐，壺錐，ねずみ歯錐などがある．

テレセントリック光学系（——kōgaku-kei; telecentric optical system）主光線が像焦点（または物体焦点）を通るように配置した光学系．投影検査用レンズその他に利用される．焦点合わせの誤差によって結像倍率に変化が生じない利点を持つ．

手ろくろ（轆轤）（te-rokuro）同舞錐．

点音源（ten-ongen; point sound source） 波長に比べて音源の大きさが十分に小さい音源をいう．距離（幾何）減衰は，音源からの距離r_1と受音点までの距離r_2が2倍の場合，6dB減

衰する．

電解加工（denkai-kakō; electrochemical machining） 目的の形状に成形した陰極と陽極となる工作物の間隙に，電解液を流しながら，直流電圧を加えて，電解により所定形状に仕上げる加工．

電気陰性度（denki-insei-do; electro-negativity） 分子内で結合している原子が電子をひきつける能力を数値で表示したもの．

電気加熱式乾燥装置（denki-kanetsu-shiki-kansō-sōchi; electro-heat dry kiln）電熱で加熱した乾燥装置のこと．自動給水の水槽を設け，シーズ管ヒーターで加熱することで容易に水蒸気を発生させ，温湿度の制御が正確に行える．小型の3 m³程度以下の半加工品を乾燥するときや，実験室用の小型の乾燥装置に適している．

電気スクリュドライバ（denki——; screwdrivers）ねじ締め用の電動工具．インパクトドライバのように打撃機構を備えていない．深さ設定，トルク設定または回転を停止するための手段を備えることがある．関電動工具，インパクトドライバ，ドリルドライバ．

電気抵抗ひずみ（歪）ゲージ（denki-teikō-hizumi——; electric resistance strain gauge）同抵抗線ひずみゲージ．

電気マイクロメータ（denki——; electrical micrometer） 微小な変位を接触式測定子をもつ検出器を用いて電気量に変換し，増幅して表示する比較測定器．検出器にプランジャ式とてこ式があり，指示計にアナログ表示形とディジタル表示形がある．

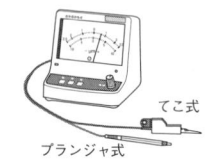

電子ビーム加工（denshi——kakō; electron beam machining） 電子ビームを用いて工作物を表面から除去する加工方法．

電子ビーム熱処理（denshi——netsu-shori; electron-beam heat treatment） 電子ビーム加熱を用いる熱処理の総称．関熱処理．

電子ビーム溶接（denshi——yōsetsu; electron beam welding）真空中で発生させた電子ビー

ムを溶接部に当て，その発熱を利用して行う溶接。

天井上板（*tenjō-uwaita*; upper layer top sheathing）枠組箱の天井を二重張りにする場合の上側の板。参枠組箱。

天井下板（*tenjō-shitaita*; under layer top sheathing）枠組箱の天井を二重張りにする場合の下側の板。参枠組箱。

テンション（tension）同腰入れ。

テンションゲージ（tension gage）鋸の腰入れの程度を判定するための定規。いろいろな曲率を持つ円弧の一部で構成されている。凹型の定規（上げ定規）と凸型の定規（下げ定規）の2種類がある。関腰入れ，ストレートゲージ，バックゲージ。

テンションロール ベルトサンダを構成するロールの種類で，研磨ベルトの研削走行能力を維持するために適当な張力を与えるロール。

転送装置（*tensō-sōchi*; transfer equipment）搬送中の工作物の送り方向を変える装置。

テンダ（tende）同テンダライザ。

伝達関数（*dentatsu-kansū*; transfer function）システムへの入力を出力に変換する関数のこと。初期値をすべて零としたときの入出力のラプラス変換の比である。伝達関数 [G(s)]＝出力のラプラス変換[X(s)]/入力のラプラス変換[U(s)]。

テンダライザ（tenderizer）テンダライジングを行う機械。ベニヤレースに組み込まれることもある。関テンダライジング。

テンダライジング（tenderizing）テンダライザ等によって単板を処理すること。通常，単板の繊維に平衡方向に一定の間隔をおいて切込みを付けることによって，単板のねじれ，そりなどのあばれや狂いを生じさせる応力を弱め，合板となってからの狂いを少なくする処理。関テンダライザ。

電柱（*denchū*）電信，電話，電灯などの電線を支える柱。電柱には送電・配電用の電力柱，通信用の電信柱，共用の共用柱などがある。従来，電柱は木製のものが多かったが，現在ではコンクリート製が主流となっている。

電柱用【素材の—】（*denchū-yō*）平成19年農林水産省告示において，電柱用素材の日本農林規格を廃止し，素材の日本農林規格の中で，電柱用素材の品質および材積計算を規定。概要の一部は次の通り。「針葉樹から採材したものであって，電柱の用に供される丸太をいう。」ほか，「電柱用における材の品質は，曲がりおよびその他の欠点の入り皮の4等を適用し，その他の表に掲げる事項については利用上支障のないこととする。」など。詳細については素材の農林規格（平成19年8月21日農林水産省告示第1052号）参照。

電動鉋（*dendōkanna*; portable electric planer）同鉋（電動工具）。

電動工具（*dendōkōgu*; portable electric tool, electric hand tool, portable electric power tool）電気（電動モータ）を動力として作動する工具。モータと工具の他に，案内板，カバーや安全ガードなどからなる。通常工具の送りは本体を手持ちで材料にあて，手動で行い，機構部を介してモータと連結した工具の回転や往復運動により，材料の切断，穴あけ，型削り，鉋掛け，研削やねじ締めなどができる。商用電源などからコードを通じて電力を供給するものと，充電式電池を用いることでコードが不要な充電電動工具に分けられる。電動工具に対して圧縮空気を動力とする空圧工具や油圧を動力とする油圧工具がある。木工用の空圧工具としてはタッカ，釘打機やサンダがある。関案内板，タッカ，サンダ。

電動ドリル（*dendō*—; portable electric drill）同ドリル（電動工具），関電動工具。

電動鋸（*dendō-noko*; portable electric saws）切断や溝切り用に鋸刃を装着して用いる電動工具。各種電動丸鋸，ジグソー，セーバーソーがある。関電動工具，ジグソー，セーバソー，電動丸鋸。

電動丸鋸（*dendō-marunoko*; portable electric circular saw）電動鋸の一種。外側振子式ガード付丸鋸，内側振子式ガード付丸鋸，けん引式ガード付丸鋸がある。携帯電気丸鋸。関電動鋸，外側振子式ガード付丸鋸，内側振子式ガード付丸鋸，けん引式ガード付丸鋸，電動工具。

天然乾燥（*tennen-kansō*; air drying, natural drying）風，太陽熱などの自然に得られるエネルギーを利用して，木材を屋外に桟積みして乾燥する方法のこと。この乾燥法の利点は，1) 場所さえあれば設備費がほとんどかからない，2) 繊維飽和点まで比較的早く乾燥する，3) 人工乾燥の前処理にすれば乾燥むらが軽減できる。4) 高含水率材，乾燥の困難な材料では人工乾燥に生じやすい欠点が少なくなる，等であるが，反面，1) その土地・季節の天候条件に支配され長い乾燥時間を要する，2) 長期間乾燥してもそのときの気乾含水率以下に下げることができない，3) 乾燥中にかびや腐朽菌の被害を受けやすいなどの欠点がある。現在構造用材の多くが天然乾燥されているほか，家具および室内造作用材などは人工乾燥の予備乾燥として天然乾燥することが多い。関太陽熱利用乾燥装置，天然乾燥材．

天然乾燥材（*tennen-kansō-zai*; air-dried wood）大気中で長期間に乾燥した製材．関天然乾燥．

天然研削材（*tennen-kensaku-zai*; natural abrasives）天然鉱物から得られる研削材（砥粒）。エメリー，ガーネット，けい石，コランダムなどがある．関人造研削材，エメリー，ガーネット．

天然スレート（*tennen—*; slate）玄昌石（硬質黒色粘板岩）を薄く剥離加工したもので，屋根葺き材や壁材，床材などとして用いられる．

天然木化粧（*tennen-moku-keshō*; natural wood decoration）基材の表面に天然木のひき板または単板を用いた化粧加工のこと．

天然木化粧合板（*tennem-moku-keshōgōhan*; natural wood decorative plywood）木材質特有の美観を表すことを主たる目的して表面または表裏面に単板をはり合わせた合板．関特殊合板．

テンパードボード（tempered board）耐水性，強度の向上のため，オイルテンパリングすなわち素板に乾性油を加えて熱処理を施したハードボード．関ハードファイバーボード．

と　*to*

斗（*to*）伝統木造の柱の上部に設置し，屋根など上部構造の荷重を支えるための構造である組物（斗栱（ときょう））の一部材．概ね立方体の木材の上部を溝状に切り欠いてここで上部の桁材などを受け，下部の柱や肘木などに荷重を伝える．下部は曲線状に削り込んである．

砥石（*toishi*; bonded abrasive products）人造研削材を無機質結合剤または有機質結合剤で結合させた研削工具．この中には，回転させて使用する"研削砥石（Grinding wheels）"並びに回転させないで使用する"ホーニング砥石および超仕上げ砥石（Stones）"および"手と（研）ぎ砥石（Sticks）"がある．砥石ともいう．同結合研削材砥石．

砥石周速度（*toishi-shūsokudo*; peripheral wheel speed）研削砥石の外周における速度．関研削砥石．

戸板（*to-ita*）雨戸に用いられる板．

同一等級構成集成材（*dōitsutōkyū-kōsei-shūseizai*; homogeneous-grade glulam）構成するラミナの品質および樹種が同一の構造用集成材であって，ラミナの積層数が2枚または3枚のものにあっては，はり等高い曲げ性能を必要とする部分に用いられる場合に，曲げ応力を受ける方向が積層面に平行になるよう用いられるもの．関異等級構成集成材．

投影［平］面（*tōei-[hei] men*; projection plane）対象物の画像を得るために，対象物が投影される平面．

投影検査器（*tōei-kensa-ki*; measuring projector, profile projector）物体を定められた倍率で光学的に拡大投影し，投影画面上でその形状，寸法などを測定する器械．投影器ともいう．

投影図（*tōei-zu*; projection view）投影法によって描いた図．

投影線（*tōei-sen*; projection line）投影中心からの視点と対象物上の点とを通って表示される直線．投影平面でのその交点は，対象物のその点の投影を示す．関投影中心．

投影中心（*tōei-chūshin*; projection center）すべての投影線が始まる点。

投影法（*tōei-hō*; projection method）三次元の対象物を二次元画像に変換するために用いる規則。投影中心法，または投影平面法を前提としている。

等価音圧レベル（*tōka-on'atsu* —; equivalent continuous sound pressure level）測定時間（T）内における変動騒音の平均2乗音圧に等しい平均2乗音圧を与える連続定常音の音圧レベル。騒音レベルが時間とともに不規則かつ大幅に変化している場合（非定常音，変動騒音）に，ある時間内で変動する騒音レベルのエネルギーに着目して時間平均値を算出したもの。

等角投影（*tōkaku-tōei*; isometric axonometry）どの投影線も三つの座標軸と同じ角度を保ちながら，単一の投影面上に対象物を正投影すること。投影面は，座標軸と同じ角度で交わるので，三つの軸上の尺度はすべて同じである。関 二等角投影，不等角投影。

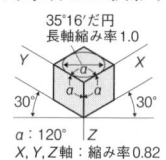

35°16′だ円
長軸縮み率1.0
a：120°
X, Y, Z軸：縮み率0.82

等価サウンドレベル（*tōka* —; equivalent continuous sound level）ある指定された時間区間に与えられた標準の周波数重み付け音圧の二乗時間平均値の基準音圧（20μPa）の二乗に対する比の対数をデシベルで表したもの。

等価雑音パワー（*tōka-zatsuon* —; noise equivalent power）測定器などの出力信号に含まれる雑音の大きさ（パワー）を，それに相当する入力信号の大きさ（パワー）で表したもの。等価雑音入力，雑音等価入力，NEPとも表記する。入力信号として検出できる最小値に相当し，検出器の性能などを表すのに用いられる。同 NEP。

等価騒音レベル（*tōka-sōon* —; equivalent continuous noise level）時間とともに変動する騒音（非定常音）について，一定期間の平均的な騒音の程度を表す指標の一つで，ある時間内で変動する騒音レベルのエネルギーを同時間内の定常騒音のエネルギーに置き換えてレベル表示したもの。

道管（*dōkan*; vessel）広葉樹の木部において，細胞が軸方向に連接して水分通導機能を果たす長さ不定の管状の組織。道管を構成する個々の細胞を道管要素といい，道管要素同士の接合壁面には穿孔という穴があいている。また，隣接する道管要素同士の間に有縁壁孔をもつ。

道管要素（*dōkan-yōso*; vessel member, vessel element）道管を構成する細胞。関 道管。

等級【製材の—】（*tōkyū*; lumber grade）製材品の品質による区分。製材のJASでは，造作用製材は無節，上小節，小節，並の4段階，目視等級区分構造用製材は1級，2級，3級の3段階，機械等級区分構造用製材はE50〜E150の6段階，下地用製材は1級，2級の2段階，広葉樹製材は特等，1等，2等の3段階にそれぞれ区分されている。また，流通段階では，主に外観によって特等，特1等，1等，1等並，2等の5階級に分けられていることがある。関 製材品の等級，製材の品等，製材品の品質等級。

等級【素材の—】（*tōkyū*; grade of solid wood）素材の品質の区分。素材の等級は節，曲がり，腐れなどの欠点の程度に応じて決められ，JASでは小の素材では1〜2等，中の素材では1〜3等，大の素材では1〜4等に区分している。

等級区分機（*tōkyū-kubun-ki*）木材のヤング係数を測定し，等級区分するために用いる装置。同 グレーディングマシン。

動剛性（*dō-gōsei*; dynamic stiffness, dynamic rigidity）動的な力，または動的なモーメントと，それによる動的な変位，変形との関係で表される剛性。

動作経済の原則（*dōsa-keizai-no-gensoku*; principles of motion economy）作業者が作業を行うとき，最も合理的に作業を行うために適用される経験則のことで，①身体の使用に関する原則，②作業場の配置に関する原則，③設備・工具の設計に関する原則に大別される。

動作研究（*dōsa-kenkyū*; motion study）作業者が行う全ての動作を調査，分析し，最適な作業方法を求めるための手法の体系。サーブリッ

グ分析，両手動作分析，フィルム分析，ビデオ分析などがある。

胴差（*dō-sashi*）木質構造において，2階以上の床の位置で床梁を受け，通し柱に差して相互につなぎ，また下階の管柱の頂部，上階の柱の下部を受ける横架材。

胴さん（*dō-san*; girthwise batten）包装用の木箱の側，底，ふたに回して補強する胴回りの桟。参木箱。

同時圧縮装置（*dōji-attei-sōchi*; simultaneous closing device）多段ホットプレスにおいて，各熱盤を同時に閉鎖させる装置。

同軸度（*dōjiku-do*; coaxiality）共通の軸を持つように配置された二つの円筒の軸（軸線）が一致していない程度の度合い。関同心度。

同時切削刃数（*dōji-sessaku-hasū*）フライスなどの多刃工具で，切屑の生成に同時に関与している刃の数。

透視投影（*tōshi-tōei*; perspective projection, central projection）投影面からある距離にある視点と対象物の各点とを結んだ投影線が投影面をよぎる投影。一般には一つの投影面で表わす。これによって描いた図を透視投影図という。関一点透視投影，二点透視投影，三点透視投影。

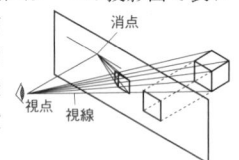

灯心潤滑（*tōshin-junkatsu*; wick lubrication）灯心によって摺動面に潤滑剤を供給する潤滑方式。

同心度（*dōshin-do*; concentricity）工作機械において，指定された位置における同軸度。二つの線，または二つの軸において，指定された位置におけるその距離が許容値を超えないとき，同心であると見なす。関同軸度。

胴透き鋸（*dōsuki-noko*）同胴付き鋸。

胴体【ドリルの—】（*dōtai*; body）同ボデー。

胴体の逃げ【ドリルの—】（*dōtai-no-nige*; back taper）同バックテーパ。

胴付（*dōzuki, dōtsuki*; tenon shoulder）ほぞの基部にある平面部。

胴付き鉋（*dōzuki-ganna*）同木口鉋。

胴突き鋸（*dōzuki-noko*）同胴付き鋸。

胴付き鋸（*dōzuki-noko*）ほぞの胴付挽きや組み手挽きなどの精密な横挽きに用いる鋸。鋸身は薄く，背金が付けてある。鋸歯は小さい横挽き歯であり，挽き肌はきれいである。胴突き鋸とも表記し，背金鋸，胴透き鋸とも言う。

胴付面（*dōzukimen*）同胴付。

動的精度（*dōteki-seido*; running accuracy）構成要素の運動，または姿勢の正確さ，および運動状態の変化の度合い。

動的精度試験（*dōteki-seido-shiken*; running accuracy test）工作機械に作用する力および速度が変動する状態において機械が示す特性（動特性）の一つである，機械を構成する要素の運動または姿勢の正確さおよび運転状態の変動を測定する試験。

動的測定力（*dōteki-sokutei-ryoku*; dynamic measuring force）触針式表面粗さ測定機において，対象面を触針先端で連続的に測定するとき，触針先端の加速度によって生じる力。

動的釣合度（*dōte-kitsuriaido*; dynamic balance）工作機械における，高速回転部分などの運動が，理想回転運動から狂っている程度の度合い。

動特性（*dō-tokusei*; dynamic characteristics）機械系に作用する力や速度，計測の対象となる測定量などが時間的に変化するときの，機械系や測定器の応答の特性。

胴長押（*dōnageshi*）腰の部分に設けられた長押。「腰長押」ともいう。

籐巻き（*tōmaki*）鋸身の込みを柄に固定後に柄頭の先端部あるいは全体に巻き付けた籐。

凍裂（*tōretsu*; frost cracks）厳寒時に樹幹中の水分が凍結することによって樹幹に生じる縦裂。腐れなどの原因となり，重大な欠点となる。水食い材との関係が推定されている。霜割れ，霜裂とも呼ぶ。関霜腫れ。

登録外国認定機関【JASの—】（*tōroku-gaikoku-nintei-kikan*; Registered Overseas Certifying Body, ROCB）国外にある登録認定機関。

登録認定機関【JASの—】（*tōroku-nintei-kikan*; Registered Certifying Body, RCB）農林物資の規格化および品質表示の適正化に関する法

律(昭和25年5月11日法律第175号)に基づいて，農林水産大臣の登録を受けた，製品にJASマークを自ら貼付することができる事業者を認定する機関.

胴割り(*dōwari*) 同樹心割り.

通し穴(*tooshiana*; through hole) 工作物に加工した穴で，工作物を貫通しているもの.

通し柱(*tooshi-bashira*) 木質構造において，複数階を貫く柱で，建て方の際に定木的な役割をもつ.

通しボルト(*tooshi —*) 木質構造の丸太組構法において，壁を構成する丸太の下端から上端まで貫いて入っている軸ボルト.

トーションバー(torsion bar spring) ねじりを利用する棒状のばね.

トーチ(torch, blowpipe) ガス炎などを利用して加熱や溶接などを行うときに，必要なガス流を供給する管.

トーネット法(*— hō*; Thonet's method) 曲げ加工の際に，加熱材の引張り側に帯鉄を沿わせ，これに引張り荷重を分担させることにより，中立軸を引張り側に移行させ，引張り側のひずみを小さく圧縮側のひずみを大きくして曲げる方法. 関回転式曲げ加工具，曲げ加工.

研ぎ上げ兼用鉋刃研削盤(*togiage-ken'yō-kannaba-kensaku-ban*; knife grinder and sharpener) 鉋刃研削盤に研ぎ上げ用の砥石軸を設けた複合研削盤.

研ぎ角【丸鋸の—】(*togikaku*) 同あさりの研ぎ角，先端傾き角.

とくさ(木賊)板(*tokusa-ita*) 社寺や御所などの屋根や庇を葺くのに用いる板. 柿板よりも厚く，栩板より薄いもので，厚さ5mm前後の板. 木賊板で葺くこと，またはその屋根を木賊葺きという. 関こけら(柿)板，とち板.

特殊加工化粧(*tokushu-kakō-keshō*; specially process) 天然木化粧以外の化粧加工をいう.

特殊加工化粧合板(*tokushu-kakō-keshō-gōhan*; specially processed plywood) 表面または表裏面にオーバーレイ，プリント，塗装等の加工を施した合板(ただし，コンクリート型枠用合板または天然木化粧合板以外のもの). 関特殊合板.

特殊合板(*tokushu-gōhan*; specialty plywood) 表面にオーバーレイ，プリント，塗装などの加工を施した合板. 現行JAS(合板)では，天然木化粧合板と特殊加工化粧合板を合わせたものに相当する. 関天然木化粧合板，特殊加工化粧合板.

特性X線(*tokusei-X-sen*; characteristic X-rays) ターゲット元素固有の線スペクトルを持つX線.

ドクタナイフ(doctor knife) 塗布ロールまたは塗布面に接着剤を均一に塗布し，かつその厚さを制御するための塗布機の機構. 同ドクタバー，ドクタブレード. 関ドクタロール.

ドクタバー(doctor bar) 同ドクタナイフ.

ドクタブレード(doctor blade) 同ドクタナイフ.

ドクタロール(doctor roll) 塗布ロール上に供給された接着剤の量を調節するためのロール. 関ドクタナイフ.

特定対称異等級構成【集成材の—】(*tokutei-taishō-itōkyū-kōsei*; specifed symmetrical composition) 異等級構成集成材のラミナの品質の構成が中心軸に対して対称であり，かつ，曲げ性能を優先したラミナ構成であること.

独立柔組織(*dokuritsu-jūsoshiki*; apotracheal parenchyma) 典型的には道管と接触していない軸方向柔組織. ターミナル柔組織，イニシアル柔組織，散在柔組織，独立帯状柔組織が含まれる. 関軸方向柔組織.

特類【合板の—】(*tokurui*; Type special) JAS(合板)では，接着の耐水性能によって，合板を特類，1類，2類に分けている. 特類は屋外または常時湿潤状態となる場所において使用することを主な目的とした耐水性の高い合板で，構造用合板においてのみ適応される区分である. 関1類【合板の—】，2類【合板の—】.

床柱(*toko-bashira*) 床の間と床脇や押入との間に立てる化粧柱. 書院造りでは紫檀，黒檀，鉄刀木などの面取りした角柱，数奇屋造りなどでは絞り丸太，磨き丸太などの銘木や面皮柱などが用いられることがある.

吐出圧力（*toshutsu-atsuryoku*; discharge pressure）ノズルなどから噴射される直前の液体の圧力．関ウォータジェット加工．

度数率【災害の—】（*dosū-ritsu*; accident frequency rate）100万延実労働時間当たりの労働災害による死傷者数（休業1日以上の総数で，通勤災害によるものは除く）で，災害の発生頻度を表す．

塗装乾燥機（*tosō-kansō-ki*; coating dryer）塗料が塗布された工作物をコンベアなどによって自動送りし，加熱乾燥する機械．関UV塗装乾燥機．

塗装機【械】（*tosō-ki [kai]*; coating machine）自動送りされる工作物を塗装する機械．同塗装装置．

塗装装置（*tosō-sōchi*; coating machine）同塗装機［械］．

塗装密度（*tosō-mitsudo*; abrasive grain surface density）研磨布紙で研磨材（砥粒）が基材面を被覆する密度．その被覆密度が100％の密塗装（クローズドコート）と，50～70％程度の疎塗装（オープンコート）との2種類がある．同砥粒密度．関クローズドコート，オープンコート．

土台（*dodai*）木質構造において，建物の最下部に位置し，柱脚部の移動を拘束し，また柱からの荷重を基礎に伝える横架材．

とち【栩】板（*tochi-ita*）社殿，能舞台などの屋根を葺くのに用いる厚さ約1～3cmの板材．

突出谷部深さ（*tosshutsu-tanibu-fukasa*; reduced valley depth, *Rvk*）輪郭曲線方式による表面性状の評価において，プラトー構造表面を評価するための粗さ曲線のコア部の下にある突出谷部の平均深さ．参3層構造表面モデル．

突出山部高さ（*tosshutsu-yamabu-takasa*; reduced peak height, *Rpk*）輪郭曲線方式による表面性状の評価において，プラトー構造表面の特性を評価するための粗さ曲線のコア部の上にある突出山部の平均高さ．参3層構造表面モデル．

突発型AE（*toppatsu-gata-AE*; burst emission）材料内におきる個々のAE事象に関連する離散信号の定性的表現．AE信号の定性的な見かけの様相を表現する場合に用いる．関連続型AE．

トップビーム（top beam, bridge）工作機械において，二つのコラムを上部で連結している梁．同ブリッジ．関コラム．

塗布量（*tofu-ryō*; spread）被着材の単位面積当たりに塗布される接着剤量．

塗布ロール（*tofu—*; spread roll, spreading roll）グルースプレッダの単板や板材などの接着面に一定量の接着剤を塗布するロール．関グルースプレッダ．

止まり穴（*tomari-ana*; blind hole）工作物に加工した穴で，途中で行き止まりになっているもの．

留め接着機（*tome-setchaku-ki*; miter joint machine）2枚の留め加工（直角に接合するために端部を材軸に対して45°の面に仕上げる加工）された工作物の被接着面に接着剤を塗布し，自動加圧，接着する機械．

留め挽き（*tome-biki*; miter sawing）2本の部材を直角に接合するために，部材の端面に長さ方向に対して45°の傾斜を付ける挽き方．

巴挽き（*tomoe-biki*; round sawing）回し挽きの一種で，丸太を回しながら4材面の挽材を行う木取り方法．関回し挽き，参製材木取り．

トモグラム（tomogram）画像再構成によって得られる被検体の一つの断面上の放射線吸収の度合いを示す画像．同断面画像．

ドライサイロ（dry silo）同乾燥小片供給装置．

ドライングセット（drying set）乾燥による収縮が外力の影響を受け，本来の自由な収縮とは異なる収縮量を示し，そのまま寸法が固定すること．同一の材であっても，高温・低湿条件ほど材面からの蒸発速度が大きく，外層部と内層部との含水率差が大きくなるので，外層の引張応力が大きくなり，木口や材面の割れが生じやすくなる．外層部が引張応力を受け，十分に収縮できないまま乾燥が進行するとき，木材の外層部はある寸法に固定される．このようにして固定された寸法と，外力を受けずに充分に収縮した場合の寸法との差とも定義されている．関高温低湿処理，表面硬化．

ドライビングロール（driving roll）ベルトサンダを構成するロールの種類で，研磨ベルトを回転走行させるための駆動伝達ロール。

ドライヤ（dryer）[同]単板乾燥機械。

ドライヤアンローダ（unloader for veneer dryer）[同]単板乾燥機アンローダ。

虎斑（torafu; silver grain）大きな断面を持つ放射組織が柾目面に現わす模様。銀杢またはシルバーグレインも同様のもので，とくにミズナラで見られるものをさす。

ドラム形磁気選別機（—gata-jiki-sembetsu-ki; drum type magnetic separator）回転するドラムに電磁石を組み込み，コンベア上を流れる木片に混入している金属片を吸引除去する機械。

ドラム研削（—kensaku; drum grinding, drum sanding）ドラムサンダや木工ドラムサンダを用いて工作物の表面を研削する加工法。[関]ドラムサンダ，木工ドラムサンダ。

ドラムサンダ（drum sander）回転するドラム外周面に巻き付けた研磨布紙によって，テーブル上で自動送りされる工作物（パーティクルボード，合板など）の表面を研削仕上げするサンダ。[関]サンダ，木工ドラムサンダ。

ドラムチッパ（drum chipper）回転するシリンダ外周面に取り付けられたナイフに対して，原料木材を送り込み，打撃と切削を同時に行い，小木片を製造する機械。[関]チッパ。

ドラムバーカ（drum barker）低速で回転するドラムの中に小径の原木を多数投入して，原木とドラム内壁および原木相互間の摩擦や衝撃によって剥皮する機械。ドラム内壁の突起や原木に水を散布する湿式方式は剥皮効果を高める。[関]バーカ。

ドラムフレーカ（drum flaker）シリンダ外周面に取り付けられたナイフに対して，長尺の原料木材を繊維に平行に押し付け，平面に近い削片を製造する機械。

トランスデューサ（transducer）入力量に対して一定の関係がある信号を出力する変換器。変換器と同じ意味に用いることもある。

取り代（torishiro; stock amount）①工作物の加工前の表面（被削面）から仕上面までの削り取られる総量。②1回の切込みによって削り取られる量。[関]切込深さ，切込量。

取付角【旋削の—】（toritsuke-kaku; setting angle）旋削において，バイトのシャンク軸と被削材の回転軸とのなす角度。[関]切込角，旋削。

取付溝（toritsuke-mizo）丸胴に鉋刃を固定するために設けられた溝。

ドリフト（drift）一定の環境条件の下で，測定量以外の影響によって生じる，計測器の特性の緩やかで継続的なずれ。

ドリフトピン［接合］（—［-setsugō］［setsugō］, drift pin [joint]）木構造部材を金物を使って接合する際に，木材を貫通する鋼製の棒（ドリフトピン）を用いる接合法。ドリフトピンは，本来は鋼板にあけた穴の位置を調整するために用いられる紡錘形の工具である。

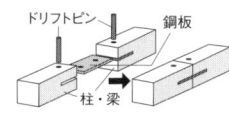

トリマ（trimmer）角材または板材を主としてチェーンによって横送りして丸鋸で横挽きし，製品の長さ決めをする製材用丸鋸盤。丸鋸軸が単軸のものと多軸のものがある。[関]単軸トリマ，多軸トリマ，丸鋸盤。

トリマ（電動工具）（trimmer）材料の縁を切り込んで仕上げることができるように回転カッタおよびベースを取り付けた電動工具。[関]電動工具。

トリミングソー（trimming saw）位置調整が可能な多数の丸鋸と，横切りのための水平に移動する丸鋸からなり，工作物の縦と横の切断加工をする木工用丸鋸盤。合板やパーティクルボードなどの切断に用いられる。[関]丸鋸盤。

砥粒（toryū; abrasive grain）研削砥石や研磨布紙などの研削工具を構成する研削・研磨材の

粒子。主として工作物を研ぐ，削る，磨くなどのために使用する高硬度の粉粒状物質の総称。⦅関⦆研削材，研磨材。

砥粒の自生作用（*toryū-no-jisei-sayō*; self-sharpening of abrasive grain）研削・研磨加工中に砥粒切れ刃に加わる抵抗が増すと，砥粒の一部が自ら微細破砕あるいは脱落を起こして，自然に新しい砥粒切れ刃が発生する現象。⦅同⦆自生発刃，切れ刃自生，⦅関⦆正規発刃。

砥粒の磨滅（*toryū-no-mametsu*; attrition wear）砥粒切れ刃が研削時間の経過に伴い，すり減り摩耗を起こして切れ刃が平坦化すること。⦅関⦆砥粒。

砥粒密度（*toryū-mitsudo*; abrasive grain surface density）⦅同⦆塗装密度。

砥粒率（*toryū-ritsu*; grain volume percentage）研削砥石の容積中に占める砥粒容積の割合で，普通百分率で示す。

ドリル（drills）主として工作物の穴あけ作業に用いる工具。先端に切れ刃を持ち，ボデーに切屑を排出するための溝を持つ。⦅関⦆木工ドリル。

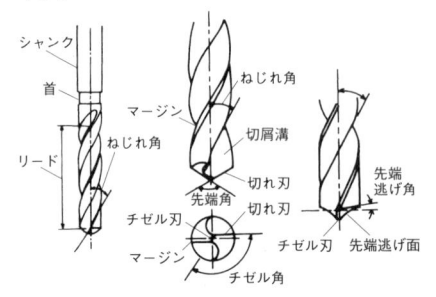

ドリル（電動工具）（portable electric drills）木材などに穴をあける電動工具。携帯電気ドリル。⦅関⦆電動工具。

ドリルチャック（drill chuck）ボール盤の主軸に穴あけ工具の柄部を保持するために主軸先端に取り付けられたチャック。

ドリルドライバ（drill driver）ねじ締めおよび穴あけ兼用の電動工具。機構部分にクラッチが内蔵されており，ねじ締めの場合には指定トルクに達するとで空回りするようになっている。穴あけのためにドリルとして使用する場合にはクラッチは直結する。⦅関⦆電動工具，電気スクリュドライバ，インパクトドライバ，ドリル(電動工具)。

トルースタイト（troostite）マルテンサイトを焼戻ししたときに生じる組織で，微細なフェライトとセメンタイトで構成される。

トルク（torque）穿孔加工における切削力の主分力。接線方向力。回転またはねじりの軸からある距離だけ離れた点に接線方向の力が作用するとき，この距離と力との積。ねじりモーメント（twisting moment）ということもある。単位はN·m（kgf·m, kgw·m）。⦅関⦆スラスト。

トロコイド（trochoid）円が定直線上を転がるときの円に固定された点の軌跡。回転削りおよび丸鋸切削で座標軸を工作物に固定すると，刃先の軌跡はトロコイドで近似され，隣接した二つの曲線にはさまれた部分が切屑となる。

トロポロン（tropolones）7員環を形成する2-ヒドロキシ-2,4,6-シクロヘプタトリエン-1-オン誘導体をトロポロン類といい，ヒノキ科心材に多く分布する。

トロンメルドライヤ（trommel dryer）⦅同⦆ロータリドライヤ。

鈍化（*donka*; blunt, blunting）切削工具が摩耗して切れ味が低下した状態。⦅関⦆目つぶれ，摩耗。

な　na

内作（*naisaku*; internally production）自社内で部品を加工または組立てることで，内製ともいう。

内樹皮（*nai-juhi*; inner bark）樹皮の樹心側の部分。いちばん内側の周皮を境としてその内側にあり，分裂機能を有し，生きている組織。関樹皮。

内層特殊構成集成材（*naisō-tokushukōsei-shūseizai*; inner lumber）幅方向の辺の長さが6 cmを超えるラミナブロックをその積層方向が集成材の積層方向と直交するよう内層に積層した対称異等級構成集成材または同一等級構成集成材。関ラミナブロック。

内層用挽板（*naisōyō-hikiita*; inner lumber）異等級構成集成材の積層方向の両外側からその方向の辺長の4分の1以上離れた部分に用いる挽板。関中間層用挽板，外層用挽板，最外層用挽板。

内層用ラミナ（*naisōyō*—; inner lamina）異等級構成集成材の積層方向の両外側からその方向の辺長の4分の1以上離れた部分に用いるラミナ。関中間層用ラミナ，外層用ラミナ，最外層用ラミナ。

ナイフアングル（knife angle）①刃物角（刃身角）。②ロータリ単板切削において刃物逃げ面と水平面とのなす角度。

ナイフエッジ式帯鋸緊張装置（— *shiki-obinoko-kinchō-sōchi*; band saw strain system with knife edges）帯鋸盤上部鋸車軸の前後軸受けを支えるロッドの下端部（ナイフエッジ）をナイフエッジ受軸，レバーおよび分銅を用いて突き上げ，帯鋸に引張り力を作用させるてこ式の帯鋸緊張装置。レバー式帯鋸緊張装置とも言う。関帯鋸緊張装置。

ナイフ型剥皮機（— *gata-hakuhi-ki*; knife type barker）ナイフの切削作用によって原木を剥皮する機械の総称。

ナイフグラインダ（knife grinder）同ベニヤナイフ研削盤。

内部送風機式乾燥装置（*naibu-sōfū-ki-shiki-kansō-sōchi*; internal-fan type kiln）送風機を室内に設け室内空気を強制的に循環し，室内温度の均一化を図った乾燥装置。送風効率が高く，十分な桟積み内風速を得やすいので，熱源の種類を問わず，本格的な乾燥室ではほとんどこの方式を採用している。送風機の設置位置は様々あるが，側部に置くものは均一な風速が得難く，また下部は立地条件によって制約を受けるので，上部に置く場合が多い。同インターナルファン式乾燥装置，関外部送風機式乾燥装置。

ナイフマーク（knife mark）回転切削時における工具の軌跡によって工作物表面に形成される波状の切削痕。同条痕，関ツースマーク。

内部割れ（*naibu-ware*; internal check, honey-comb）乾燥後に木材を横切りしたときに見られる内部の割れを内部割れという。この割れは主として材の中心部の細胞の落ち込みにより生じるので，細胞の落ち込みの少ない材では少ない。また，針葉樹製材の高温乾燥において表面割れ抑制のための高温低湿処理時間が長くなると，乾燥末期に内部割れ発生が多くなることが知られている。関表面割れ，干割れ。

内面研削用研削砥石（*naimen-kensaku-yō-kensaku-toishi*; grinding wheels for internal cylindrical grinding）回転する加工物の内面や工作物の穴の内面を研削する用の砥石。

長網式抄造機（*nagaami-shiki-shōzō-ki*; fourdrinier type former）走行する長網上にパルプ液を流し込み，減圧部，プレス部を経て，ウェットファイバマットを連続して造る機械。

中板（*naka-ita*; crossband）関合板，コア単板，表面単板。

中ぐり（*nakaguri*; boring）バイトを使用して穴を広げる切削。工作物が回転する場合と，バイトが回転する場合がある。関バイト。

長さ【素材の—】（*nagasa*; length of solid wood）素材のJAS規格において，素材の長さは両木口を結ぶ最短直線とし，長さの測定にあたっては，樹皮を除いて行うものと規定されている。

長台鉋（*naga-dai-ganna*; jointing plane）鉋台の

長さがかなり長い（400〜450 mm）平鉋。一枚鉋と二枚鉋がある。長い鉋台を利用して，正確な直線部を必要とする板材の木端面の仕上げ削りなどに用いる。

長手の逃げ【ドリルの—】（naga-te-no-nige）同 胴体の逃げ，バックテーパ。

長手挽き（naga-te-biki）木材の繊維方向と切削方向が平行となる挽き方。関 縦挽き，横挽き。

長鋸（naga-noko, straight saw, frame saw）ほぼ短冊形をした細長い鋼板の長辺の一辺に歯を刻んだ鋸。枠鋸盤に装着される長鋸を枠鋸（frame saw），竪鋸盤に装着される長鋸をおさ鋸と呼んでいる。関 おさ鋸盤，立鋸盤，竪鋸盤。

中丸太（naka-maruta; medium log）丸太の最小径が14 cm以上，30 cm未満のもの。

流れ型（nagare-gata; flow type, continuous flow type）木材切削における切削型の一形態。切削角が比較的小さくて，切込量が小さい場合，切屑が大きな変形を受けることなく母材から分離され，すくい面上を連続的に切屑が流出するような切削。関 切削型，Type 0，参 切削型。

流れ図（nagare-zu; flowchart, flow diagram）処理またはプログラムの設計または文書化のために，処理過程または問題の各段階の解法を図形表現したもので，適切な注釈が付けられた幾何図形を使用し，データおよび制御の流れを線で結んで示した図。

流れ節（nagare-bushi; spike knot）材面に枝の縦断面が現れた節。

なぐり（撲り）鉋（naguri-ganna）材面をなぐり面に加工するのに用いる鉋。角を丸くした際鉋に相当する。右勝手と左勝手がある。なぐり面鉋とも言う。

なぐり（撲り）面鉋（nagurimen-ganna）同 なぐり鉋。

鉈（nata）木材あるいは竹の打ち削りと打ち割りに用いる工具。削り用として片刃，割り用として両刃が用いられる。

ナット付ディスク形研削砥石（—tsuki—gata-kensaku-toishi; disc wheels with inserted nuts）フランジに取り付けるためのナットを埋め込んだディスク型研削砥石。立軸平面研削または対向二軸平面研削に使用する。

ナット付リング形研削砥石（—tsuki—gata-kensaku-toishi; cylinder wheels with inserted nuts）フランジに取り付けるためのナットを埋め込んだリング型研削砥石。立軸平面研削または対向二軸平面研削に使用する。

7号両へこみ形砥石（nanagō-ryō-hekomigata-toishi）研削砥石中央部の穴が両面がともにへこんだ形状の砥石。 ＊矢印：使用面

斜めカッタ（naname—）刃先を傾斜させたほぞ取りカッタの一種。

斜めバイト（naname-baito）同 斜め刃のみ。

斜め刃のみ（鑿）（naname-ha-nomi; skew chisel）旋削加工に用いる手加工用柄付きのみの一つ。刃先は直線の斜め刃で，仕上げ加工に用いる。同 斜めバイト，関 旋削。

斜め挽き（naname-biki; slant sawing, bevel sawing, taper ripping）板材や角材を鋸身の直角面に対して角度を付けて挽いたり，長さ方向で鋸身と傾斜を付けて挽くこと。みかん割り，長押取りなど，挽き面に柾目が現れるように挽く場合に採用されることが多い。関 挽材，製材，木取り。

生材（nama-zai; green wood）生活樹体中の木部または伐倒後間もない木材。一度も乾燥したことのない木材であり，立木でも枯死木は生材とは呼ばないが，水中に貯木して含水率の低下を妨げた場合には，時が経過しても生材状態であるという。関 乾燥材。

生材小片供給装置（namazai-shōhen-kyōkyū-sōchi; wet particle conveyor silo）生材小片を貯蔵し，連続して定量供給する装置。同 ウェットサイロ。

生材比重（namazai-hijū; specific gravity at green condition）生材状態の比重。比重とは，木材や木質材料の単位体積当たりの重量 g/cm^3，kg/m^3，厳密には木材と等体積の水（4℃）の質量に対する木材の質量の比。また，比重に4℃の水の密度 $0.999973 g/cm^3$ を乗じたものが木材の密度であり，これは実用上比

重に等しい．$r_g=W_g/V_g$　r_g:生材時の比重 [g/cm³]，W_g:生材時の重量 [g]，V_g: 生材時の容積 [cm³]．⦿生材密度．

生材密度（*namazai-mitsudo*; green density, density at green condition）生材状態の密度．密度とは，木材や木質材料の単位体積当たりの重量 g/cm³，kg/m³．⦿生材比重．

並【製材の—】（*nami*; medium-quality sawn lumber）化粧性を重視した役物に対する一般的な製材品の総称．関役物【製材の—】．

波釘（*nami-kugi*; corrugated fastener）板の接合に用いる，波形をした長方形の鋼片で，片側の先端をとがらせたもの．

波反り（*nami-zori*; warping both widthwise and lengthwise）①ベイスギ材などで落ち込みが激しい状態の時，材の表面が波状に変形している狂い．②単板を乾燥した際に波状に変形する狂い．

倣い加工（*narai-kakō*; contour）模型などにならって工具を送り，それと同じ形状に加工する方法．

倣い鉋盤（*narai-kanna-ban*; copying planer）成形研削した刃物を用い，工作物に凹凸を削り出すためのならい装置を備えた鉋盤．三次元曲面を削り出すことができる．関鉋盤．

倣い削り（*narai-kezuri*; copying）⦿倣い加工，関旋削，倣い旋盤．

倣い旋盤（*narai-semban*; copying lathe, profiling lathe）モデルまたは型をトレーサによってならわせ，刃物にトレーサと同じ動きをさせることによって，モデルと同じ形状に工作物を加工する木工旋盤．関木工倣い旋盤，自動倣い旋盤．

倣いほぞ(枘)取り盤（*narai-hozotoriban*）自動送りする主軸とならい装置を備え，型にならって主として建築用材のほぞおよびほぞ穴を加工するほぞ取り盤．関ほぞ取り盤．

順目切削（*naraime-sessaku*; cutting with grain）切削方向を含み，切削面に垂直な面において繊維傾斜角が鋭角な場合の切削．逆目ぼれの発生もなく，切削抵抗の変動も小さく，平滑な切削面が形成される．関逆目切削，繊維傾斜角，参逆目切削．

縄目【フローリングの—】（*nawa-me*; spiral grain）成長層ごとに，または数層ごとに細胞走向のねじれが逆方向に現れるもので，らせん木理と交錯木理の混交によって起こる．ブナやカバ，熱帯産の樹種に生じることが多く，逆目の原因となる．

軟X線（*nan-X-sen*; soft X-rays）長波長の成分を多く含むX線の俗称．

南京鉋（*nankin-ganna*; spoke plane, spoke shave）板材の側面の曲面削りに用いる一枚鉋．鉋台の両側を握って削る．

南京鋸（*nankin-noko*）H形の木枠の片側に鋸身を取り付け，緊張ねじで反対側を締めて鋸身を緊張させる手鋸．中国や西欧で古くから使用されてきた鋸．

軟鋼（*nan-kō*; mild steel）炭素の量が約0.08～0.30％の軟らかい炭素鋼．炭素量の低いものから極軟鋼，軟鋼，半軟鋼に分類される．

軟材（*nan-zai*; softwood）⦿針葉樹材．

軟質繊維板（*nanshitsu-sen'iban*; soft board, insulation fiberboard）⦿インシュレーションファイバーボード，関繊維板．

難燃性【合板の—】（*nannen-sei*）炎に触れても燃えにくく，また着火した場合でも炎を上げて燃焼を続けにくい性質．

南洋材（*nan'yō-zai*; timber imported from Southeast Asia）外国から輸入される木材の中で，東南アジアからのもの．

に　*ni*

ニー（knee）工作機械において，テーブルやサドルなどを載せ，コラムの案内面に沿って上下に移動する台。関サドル。

二液型接着剤（*nieki-gata-setchaku-zai*; two-component adhesive, two-part adhesive）二つの成分（主剤と硬化剤または架橋剤）に分かれていて，使用直前に混合され，硬化する接着剤。関接着剤，一液型接着剤。

2ゲージ法（*ni—hō*; half bridge technique, two arm technique）ゲージブリッジの2辺がひずみゲージで構成される測定法。

逃げ角（*nige-kaku*; clearance angle, angle of relief）切削方向に対して切削加工面と逃げ面とのなす角度。関あさりの逃げ角，すくい角，逃げ面，参切削角。

逃げ面（*nige-men*; flank, back, tool back, back of tool, back of knife, clearance surface）切削仕上面との不必要な接触を避けるために逃がす刃物の面。関すくい面，参切削角。

逃げ面摩擦抵抗（*nigemen-masatsu-teikō*; friction resistance on back）切削抵抗の1成分。切削面と逃げ面との摩擦によって発生する抵抗。関切削抵抗。

逃げ面摩耗（*nigemen-mamō*; back wear, flank wear）工具の逃げ面が切削仕上面を擦過することにより，逃げ面側に生じる摩耗。関摩耗【工具の—】，逃げ面，境界摩耗。

ニコルプリズム（Nicol prism）入射自然光を直線偏光にする偏光プリズムの一種。ニコルともいう。

2軸剪断破砕機（*nijiku-sendan-hasai-ki*; paddle type shredder）お互いに内向きに回転している2軸のカッタ輪によって原材料を内側に引き込み，カッタの外周エッジのせん断力によって連続的に破砕する機械。関破砕機。

二次元切削（*nijigen-sessaku*; orthogonal cutting, two dimensional cutting）切削方向に対して切れ刃が直角で，切れ刃に垂直な断面における工作物の変形状態が切れ刃上の各点ではほぼ一様で，切れ刃に直交する平面に切屑が流出される切削方式。関三次元切削，傾斜切削。

二次師部，二次篩部（*niji-shibu*; secondary phloem）形成層で形成された師部細胞。樹皮の部分に相当する。

二次接着（*niji-setchaku*; secondary adhesion）製造後の単板積層材や集成材などの木質材料を被着材として接着加工する際に行われる接着。

二次壁（*niji-heki*; secondary wall）一次壁の内側に形成される細胞壁。仮道管や木部繊維ではミクロフィブリル傾角を異にする三つの層に分けることができる。

二次壁外層（*nijiheki-gaisō*; outer layer of secondary wall, S_1）仮道管や木部繊維の二次壁を構成する最も外側の層。S_1層とも呼ぶ。ミクロフィブリルが細胞軸に対して横巻きを呈する。同S_1層。

二次壁中層（*nijiheki-chūsō*; middle layer of secondary wall, S_2）仮道管や木部繊維の二次壁を構成する，中央の最も厚い層。S_2層とも呼ぶ。ミクロフィブリルが細胞軸に平行に近く配列している。同S_2層。

二次壁内層（*nijiheki-naisō*; inner layer of secondary wall, S_3）仮道管や木部繊維の二次壁を構成する最も内側の層。S_3層とも呼ぶ。ミクロフィブリルが細胞軸に対して横巻きを呈する。同S_3層。

二次木部（*niji-mokubu*; secondary xylem）形成層によって形成された木部。樹木の一生を通じて蓄積され，この部分が木材として利用される。

二乗平均値（*nijō-heikin-chi*; square mean value）もとの値を2乗した上で相加平均したもの。

二乗平均の平方根（*nijō-heikin-no-heihōkon*; root-mean-square）もとの値を2乗した上で相加平均し平方根をとったもの。

二乗平均平方根粗さ（*nijō-heikin-heihōkon-arasa*; root mean square deviation of roughness profile, Rq）輪郭曲線方式による表面性状の評価において，輪郭曲線が粗さ曲線の場合の二乗平均平方根高さ。

二乗平均平方根うねり（*nijō-heikin-heihōkon-*

uneri; root mean square deviation of waviness profile, Wq) 輪郭曲線方式による表面性状の評価において，輪郭曲線がうねり曲線の場合の二乗平均平方根高さ．

二乗平均平方根傾斜（*nijō-heikin-heihōkon-keisha*; root mean square slope of profile; $P\Delta q$, $R\Delta q$, $W\Delta q$） 輪郭曲線方式による表面性状の評価において，輪郭曲線$Z(x)$の基準長さにおける局部傾斜dZ/dxの二乗平均平方根．

二乗平均平方根高さ（*nijō-heikin-heihōkon-takasa*; root mean square deviation of profile; Pq, Rq, Wq） 輪郭曲線方式による表面性状の評価において，輪郭曲線$Z(x)$の基準長さにおける二乗平均平方根．輪郭曲線が粗さ曲線の場合には二乗平均平方根粗さ，うねり曲線の場合には二乗平均平方根うねりと呼ぶ．

$$Pq;\ Rq;\ Wq = \sqrt{\frac{1}{l}\int_0^l |Z^2(x)|\,dx}$$

ここで，lはPq，RqまたはWqを求めるときのそれぞれの基準長さ．関二乗平均平方根粗さ，二乗平均平方根うねり．

二段あさり歯丸鋸（*nidan-asari-ba-marunoko*; duo-kerf saw） 隣接する鋸歯のあさり幅に2段階の差を付け，鋸歯の前面切削と側面切削を別々の歯で行わせる丸鋸．関丸鋸．

二丁仕込み面取り鉋（*nichō-jikomi-mentori-ganna*） 二枚の鉋身によって複雑な形状の面取りを行う鉋．鉋台は追い掛け彫りされ，二枚の鉋身は前後に仕込まれている．

ニック（nick, chip breaker） 金属加工用のフライスで，切屑を分割するために切れ刃に設けた溝．チップブレーカともいう．

ニッケル鋼帯鋸（——*kō-obinoko*; band saw blade made of nickel steel） 帯鋸の靭性を高めるためにニッケルを含有させ，炭素の含有量を少なくした合金工具鋼でできている帯鋸．JIS G 4404ではニッケルを含有した切削工具鋼をSKS5あるいはSKS51の記号で表し，ニッケル含有量の多いSKS51は一般にハイニッケルと呼ばれることが多い．関帯鋸，合金工具鋼．

日光細工（*nikkōzaiku*） 栃木県の日光地方に伝わる細工技術．1215年に荒小神社が建立された頃，曲物米櫃や膳，重箱などを参詣者に売られていたのが細工技術の始まりとされる．寛永年間（1624〜1644年）に造営された日光東照宮本殿と拝殿の正門にあたる唐門の門柱には唐木の寄せ木細工で造られた昇龍と降龍が飾られている．東照宮建立時に諸国から工匠が集められ，竣工後も永住し日光彫の基礎を築いた．元禄時代（1688〜1704年）には産業奨励のために日光近郊に漆樹が植えられ，本格的な漆器生産が始まった．日光彫は，浮かし彫り，透かし彫り，丸彫りほか多くの技術が用いられ，それらの木彫に朱漆を塗りその上に透漆を塗って研ぎ磨く紅葉塗，日光春慶などが知られている．

二点透視投影（*niten-tōshi-tōei*; two-point perspective） 投影面が鉛直で対象物の垂直面が投影面に対し傾斜しており，水平の面が投影面に対し直角な透視投影．関透視投影，一点透視投影，三点透視投影．

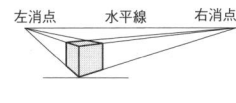

二等角投影（*nitōkaku-tōei*; dimetric projection） 二つの座標軸上の尺度が同一で，第三の軸の尺度が異なるように対象物を単一の投影面上に平行投影した表現．関等角投影，不等角投影，平行投影．

二徳鉋（*nitoku-ganna*） 際鉋と脇鉋の両方に使用できるように鉋台を段欠きした鉋．右勝手と左勝手がある．

二番径【ドリルの——】（*niban-kei*）同二番取り直径．

二番取り【ドリルの——】（*niban-dori*; relieving） ドリルのランド上に二番取り面を加工すること．

二番取り直径【ドリルの——】（*niban-dori-chokkei*; clearance diameter, body clearance diameter） ドリルの陸部のうち，マージンだけを残して半径方向にわずかに二番取りされた部分（二番取り面）の直径．同二番径【ドリルの——】，関二番取り．

二番取り長さ【ドリルの——】（*niban-dori-nagasa*; body clearance length） ドリルの軸に平行方向に測った二番取り面の長さ．

二番取り深さ【ドリルの—】(*niban-dori-fukasa*; depth of body clearance) ドリルの外周から二番取り面までの深さ。関二番取り面。

二番取り面【ドリルの—】(*niban-dori-men*; body clearance) 切削中にドリルの外周と工作物との摩擦を避けるためにすきまを付けた面。

二番長さ【ドリルの—】(*niban-nagasa*; length of body clearance) 同二番取り長さ。

1/2オクターブ (*ni-bunno-ichi*—; one-half octave, half octave) 中心周波数をfとすると，nオクターブバンドの周波数の領域が，$2^{(-n/2)}f \sim 2^{(n/2)}f$ となるから，$n=1/2$ を代入した $2^{(-1/4)}f \sim 2^{(1/4)}f$ の帯域のこと。

二方差しパレット (*nihōsashi*—; two-way pallet) 物品を載せる面を持ち，フォークリフトのフォークが二方向から差し込めるようになっている低い脚付の運搬台。

二方柾 (*nihō-masa*) 対面する2材面が柾目面である角材。関四方柾。

日本工業規格 (*nihon-kōgyō-kikaku*; Japanese Industrial Standards, JIS) 工業標準化法(昭和24年6月1日法律第185号)に基づき，鉱工業用品について各主務大臣が日本工業標準調査会に諮って定めた規格。それぞれの規格は，アルファベット1文字の部門記号と4桁(5桁以上の場合もある)の数字を組み合わせた規格番号をもつ。2013年現在のところ表に示す19の部門がある。

部門記号	部門
A	土木及び建築
B	一般機械
C	電子機器及び電気機械
D	自動車
E	鉄道
F	船舶
G	鉄鋼
H	非鉄金属
K	化学
L	繊維
M	鉱山
P	パルプ及び紙
Q	管理システム
R	窯業
S	日用品
T	医療安全用具
W	航空
X	情報処理
Z	その他

日本農林規格 (*nihon-nōrin-kikaku*; Japananese Agricultural Standard, JAS) 農林物資の規格化および品質表示の適正化に関する法律(昭和25年5月11日法律第175号)に基づき，農林物資について農林水産大臣がその種類を指定し，そのものについて定めた規格。林産物は，製材，枠組壁工法構造用製材，集成材，枠組壁工法構造用縦継ぎ材，単板積層材，構造用パネル，合板，フローリング，素材について規格が定められている。

二本むこうまちのみ(向待ち鑿) (*nihon-mukō-machi-nomi*) 向待ちのみのうち，二枚ほぞのほぞ穴を同時に間隔を正しくほる時に使用するのみ。二又むこうまちのみとも言う。

二枚鉋 (*nimai-ganna*) 鉋台に鉋身と裏金を仕込む鉋。裏金を効かせることにより逆目を止める。合わせ鉋とも言う。関二枚刃。

二枚刃 (*nimai-ba*) 二枚鉋の鉋台に挿入される鉋身と裏金。関二枚鉋，鉋身，裏金。

2面鉋ギャングリッパ (*nimen-kanna*—; gang rip saw with double surface planer) 回転する上下2本の平行な横鉋胴およびそれらに平行な丸鋸軸に多数の丸鋸を取り付けて，自動送材によって工作物の上下面切削および縦挽き加工を同時に行う木工機械。関2面鉋盤，ギャングリッパ。

2面仕上鉋盤 (*nimen-shiage-kanna-ban*; double surface planing machine) 上下，または左右のテーブルに固定された鉋刃，あるいは鉋台，および送材装置から構成され，工作物を自動送りし，工作物の上下面，または左面，右面を仕上げ削りする鉋盤。関鉋盤。

2面釣合わせ (*nimen-tsuriawase*; two-plane dynamic balancing) 鉋胴，フライスなどの剛性ロータで，質量分布を調整して残留動不釣合

いをある限度内に入れるようにする釣合わせ。関1面釣合わせ。

乳跡（*nyūseki*; latex trace）プライやジェルトンなど乳液を含む樹木の乾燥材において，放射方向に貫通する裂け目状の通路。

ニューラルネットワーク（neural network）生体の神経の情報処理過程をモデル化し，自己組織化，学習，記憶などを行う人工神経回路網。必要とされる機能を，提示されるサンプルに基づき自動形成することができる。

尿素樹脂接着剤（*nyōso-jushi-setchaku-zai*; urea-formaldehyde resin adhesive, urea resin adhesive）同ユリア樹脂接着剤。

2類【合板の—】（*nirui*; Type II）JAS（合板）では，接着の程度（接着の耐水性）によって，特類，1類，2類に分けられている。接着の程度は耐水性に関係し，2類は時々湿潤状態となる場所において使用することを主な目的としている。関特類【合板の—】，1類【合板の—】。

ぬ *nu*

ヌープ硬さ（—*katasa*; Knoop hardness）くぼみ対角線の長短比が1：7.11の菱形のくぼみを生じるダイヤモンド圧子による押込み硬さ。ヌープ圧子は二つのたいりょう角が172.5°と130°の四角錐ダイヤモンド圧子で，くぼみの長い方の対角線長さから求めたくぼみの投影面積で試験荷重を除した値で，押込み硬さを表す。ビッカース硬さに比べくぼみ深さが浅いが，日本では微小硬さ試験機にもビッカースの方が多く用いられている。試験方法はJIS Z 2251で規定されている。関ビッカース硬さ，ロックウェル硬さ。

ぬか目（糠目）[材]（*nuka-me* [*-zai*]）環孔材で年輪場幅が狭く，一年輪内のほとんどが孔圏道管の部分だけに見える材。低密度でもろい。ミズナラやセンなどの老齢木にしばしば認められる。

貫（*nuki*）木質構造の軸組において，柱同士をつなぐ横木。

抜型（*nuki-gata*; trimming die）板紙や段ボールなどから，紙器などの展開図を打ち抜くために使用する木製の型。

抜け節（*nuke-bushi*; loose knot, encased knot）抜けやすい死節，あるいは抜けて節穴となっている節。抜け落ちた状態は穴状になっているので，JASでは「あな」としている。

布石（*nuno-ishi*）木質構造の基礎部分の一部。土台下に長手方向に連続して据えられた細長い切石。布石下は地盤に応じた地業を行う。

布基礎（*nuno-kiso*）建築物における直接基礎の一つ。木造やコンクリート壁構造など小規模建築に用いられる基礎で，一般に逆T字型の連続したフーチング基礎。

布挽き（*nuno-biki*）同だら挽き。

ぬれ（濡れ）（*nure*; wetting）固体面に液体が広がる現象。ぬれ（濡れ）が良い場合は両者の間の接触角が小さく，固体面に液体が広がる。関接触角。

ね　ne

ネイルプレート（nail plate）　鋼板に多数の釘状の突起を設けた建築用接合金物。突起は打ち抜きおよび折り曲げによって設ける。

ネーパ（neper）　ベルと同様に対数スケールの単位であるが，ベルが10を底とした常用対数に基づくのに対し，ネーパは自然対数に基づいている。ネーパによる比率の値 N_p は $N_p = \ln(x_1/x_2) = \ln x_1 - x_2$ で定義される。ここで，x_1 と x_2 は対象とする値であり，ln は自然対数である。

ねじ（螺子）錐（neji-giri）　穴をあける錐。らせん錐とも言う。

ねじ切りバイト（nejikiri-baito; turning tool for thread）　ねじ切りに使用するバイトの総称。関バイト。

ねじ溝（neji-mizo; groove）　二つの隣り合ったフランク間のくぼみの空間部分。参ねじ山。

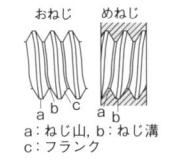

ねじ山（neji-yama; ridge）　二つの隣り合ったフランク間の実体部分。

a：ねじ山，b：ねじ溝
c：フランク

ねじり振動（nejiri-shindō; torsional vibration）　回転に伴って発生する，回転軸の2点間での相対的な角変位の変動で，支持点をつなぐ軸のねじられる方向への振動のこと。

ねじりばね（nejiri-bane; torsion spring）　主としてねじりモーメントを受けるばねの総称。ねじりコイルばね，トーションバーなどがある。

ねじれ【材の—】（nejire; twist (of lumber)）　製材品に生じる狂いの一種。製材品がねじれていること。関参狂い。

ねじれ角（nejire-kaku; helix angle）　ドリルやねじれ刃フライスなどで，切れ刃線接線と切れ刃が回転によって作る円筒外周面上の母線とのなす角度。参ドリル。

ねじれ鉋胴（nejire-kannadō; cutter head for helical blade）　ねじれ刃を取り付けるための鉋胴。同ヘリカル鉋胴。

ねじれ錐（nejire-giri）　同木工ドリル。

ねじれ刃【フライスの—】（nejire-ha; helical tooth, helical flute）　フライスの回転軸に対してねじれた切れ刃。ヘリカル刃ともいう。関直刃【フライスの—】。

ねじれ刃フライス（nejire-ha-furaisu; helical (milling) cutter）　軸線に対してねじれた切れ刃（ねじれ刃）を外局面に持つフライス。関フライス。

ねじれ溝（nejire-mizo）　同切屑溝。

ねずみがかり（鼠鋸賀利）（nezumi-gagari）　ほぞ挽き用の小型の片刃縦挽き鋸。

ねずみ（鼠）錐（nezumi-giri）　同ねずみ歯錐。

ねずみ（鼠）歯錐（nezumi-ba-giri）　穂先が三つ又形，中央部は四つ目錐で，左右に罫引き刃が付けてある手揉み錐。円筒状の穴あけを行う。ねずみ錐とも言う。

根太（neda）　木質構造において，床板を支える横架材。一般には大引，または床梁上でそれらの直交して架け渡される。

根太受金物（neda-uke-kanamono）　木質構造のツーバイフォー工法において，床根太，垂木，天井根太等の支持点において，それらを受ける支持点が得られない場合に用いる受け金物の総称。

根太張（neda-bari）　種々の根太構造の総称。

熱化学処理（netsu-kagaku-shori; thermo-chemical treatment）　媒体との交換によって母材の化学組成に変化が生じるように適切な媒体中で行われる熱処理。関熱処理。

熱拡散率（netsu-kakusan-ritsu; thermal diffusivity）　熱伝導率を比熱と密度で除した値で，木材の一端を加熱したとき，他端の温度上昇速度の大小を示した値。$\alpha = \lambda/CR$　α：熱拡散率 $[m^2/h]$，C：比熱 $[kcal/kg°C]$，R：密度 $[kg/m^3]$，λ：熱伝導率 $[kcal/mh°C]$。関温度伝導率。

熱画像（netsu-gazō; thermogram）　対象物の表面から生じる赤外線放射エネルギーを見掛けの温度分布としてコントラストまたはカラーパターンに当てはめた温度画像。

熱可塑性樹脂（netsu-kaso-sei-jushi; thermoplastic resin）　所定温度以上への加熱による軟化

および冷却による硬化の履歴を繰り返すことのできる性質である熱可塑性の特性を有する樹脂。熱可塑性樹脂接着剤を指すこともある。
関熱硬化性樹脂

熱貫流（*netsu-kanryū*; heat transmission）温度 θ_h, θ_l ($\theta_h > \theta_l$) の2流体が平面個体の両側にそれぞれ接して，一次元の熱流が高温側より平面個体を通過して低温流体へ定常的に生ずるときの熱流現象。熱通過ともいう。

熱貫流率（*netsu-kanryū-ritsu*; coefficient of heat transmission）熱が材料を通じて温度の高い空間から低い空間へ伝わるときの，伝わりやすさを表す数値。熱貫流率が小さいほど熱を伝えにくく，断熱性能が高い。層状の材料構成の壁体を通って熱が移動するときの熱貫流率 K は $1/K = 1/\alpha + b_1/\lambda_1 + b_2/\lambda_2 + ... + b_n/\lambda_n + 1/\alpha_2$　K: 熱貫流率 [kcal/m²h℃]，b: 各層の厚さ [m]，α: 熱伝達率 [kcal/m²h℃]，λ: 熱伝導率 [kcal/mh℃]。

熱気乾燥装置（*nekki-kansō-sōchi*; heated room dryer, hot-air dryer）蒸気加熱管，電気加熱機などで加熱された空気または燃焼ガスを循環させて，木材を乾燥させる装置。熱気加熱式乾燥装置とも呼ぶ。

熱硬化性樹脂（*netsu-kōka-sei-jushi*; thermosetting resin）加熱，光や放射線の照射，触媒の添加などの作用によって，実質上不可逆的に不融性かつ不溶性の状態へ硬化する樹脂。熱硬化性樹脂接着剤（加熱硬化型接着剤）を指すこともある。関熱可塑性樹脂

熱座屈【丸鋸の—】（*netsu-zakutsu*; thermoelastic buckling）挽材により丸鋸の外周部に熱が発生し，内側に対し温度差が生じると，外周部が内側よりも大きく熱膨張するが，熱膨張が過度になり丸鋸の外周部に波状のうねりが生じる現象。また，工作物の変形などによって，丸鋸の中心部分との摩擦で加熱されると皿状の熱座屈がみられる。熱座屈が生じた丸鋸では正常な鋸挽きはできなくなる。外周部に設けたスリットは熱膨張分を拘束せずに，また腰入れは外周部の熱膨張に余裕を持たせて，熱座屈を抑制している。関丸鋸，スリット，腰入れ。

熱処理（*netsu-shori*; heat treatment）材料に必要な性質を付与するために行う加熱と冷却を様々に組合わせた操作。

熱線風速計（*netsu-sen-fūsoku-kei*; anemometer）電流を流して発熱させた極めて細い線から気流に放熱する熱伝達量は流体の速度に依存した熱伝達率で決まることを利用した風速計。乾燥室内に桟積みを入れて送風した時の材間風速を計測する装置。

熱弾性法（*netsu-dansei-hō*; thermoelastic method）弾性体の熱弾性効果を利用して，赤外線サーモグラフィーによって主応力和分布を測定する方法。

熱電温度計（*netsuden-ondokei*; thermoelectric thermometer）熱電効果の一つであるゼーベック効果を利用した温度計。一般に熱電対を利用した温度計を指す。

熱伝達率（*netsu-dentatsu-ritsu*; heat transfer coefficient）熱伝達のしやすさを表す値。熱伝達による伝達量 Q は，対流と放射による電熱を Q_c, Q_r とおくと，$Q = Q_c + Q_r = \alpha_c(\theta_h - \theta_l) + \alpha_r(\theta_h - \theta_l) \equiv \alpha(\theta_h - \theta_l)$, α_c, α_h: 対流または放射による熱伝達係数，α: 総括熱伝達係数，θ_h, θ_l: 高温側または低温側物質の温度。Q_r が無視できる場合あるいは α_c に α_r を含めて，α_c 熱伝達率（熱伝達係数）と呼び，単位は kcal/hm²℃ が使われる。熱伝達係数は流体の種類，その運動形式に強く影響されるほか，固体表面の性質・形状に依存して，その値は大幅に変動する。

熱電対（*netsudentsui*; thermocouple）異なる材料の2本の金属線の両端を接合し，二つの接合点を異なる温度にすると，一定の方向に電流が流れ，起電力が生じる現象（ゼーベック効果）を利用した温度センサ。接合する金属によって測定範囲，測定精度などが異なり，クロメル－アルメル(−200〜1,000℃)，銅－コンスタンタン(−200〜300℃)，白金ロジウム合金－白金(−200〜1,400℃)などがよく使われている。熱電対による温度測定では，一方の接合点（基準接点）を既知の一定温度（例えば0℃）に保つ必要がある。

熱伝導（*netsu-dendō*; conduction of heat, heat

conduction）熱が個体内を高温部から低温部へ移動する現象．固体内の温度勾配が一定である定常熱伝導では，等温面内の面積 d_S を横切って，高温側より低温側へ d_t 時間に流れる熱量 $d_Q=-\lambda \cdot d\theta/dx \cdot d_S \cdot d_t$ となり，θ：温度，x．d_S に垂直な座標，λ：熱伝導率は単位温度勾配下で，移動熱量の大きさを表す物質定数．〔関〕熱伝導率．

熱伝導率（*netsu-dendōritsu*; thermal conductivity）単位温度勾配下で移動熱量の大きさを表す物質定数 [W/mK]．

熱板（*netsu-ban*; hot plate）ホットプレスの加熱圧締を行なう金属板．〔関〕ホットプレス．

熱板乾燥機（*netsuban-kansō-ki*; hot plate dryer）単板を熱板の間に差し入れ，圧締・解除を繰り返して乾燥する機械．

熱反応析出・拡散法（*netsu-hannō-sekishutsu-kakusan-hō*; thermo-reactive deposition and diffusion）鉄鋼製品を，炭化物生成金属粉末または合金粉末を添加した溶融塩中に浸漬し，製品表面に鉄鋼中の炭素を利用して炭化物，窒化物，炭窒化物などの被膜を形成させる処理．

熱放射（*netsu-hōsha*; thermal radiation）温度の高い物体はその温度に応じたスペクトルの光を放っている．これを熱放射（熱輻射）という．人間の目は波長が約 400 〜 800 nm の光しか見えないので，物体が高温になるとはじめて熱放射が見える．

粘性（*nen-sei*; viscosity）物体に応力を作用すると，ひずみが時間とともに連続的に増加し，応力を除去してもひずみが回復しない変形を粘性流動といい，このような材料の性質をいう．

粘性減衰係数（*nensei-gensui-keisū*; coefficient of viscous damping）材料に外力が作用した時に分子間の摩擦など（空気の粘性抵抗，材料の内部粘性）によって熱エネルギーとして消費される（物体が速度を持つ事に抵抗する減衰力）ことにより振動が減衰する場合の減衰力の大きさを表す係数．

年千人率（*nen-sennin-ritsu*; annual accident rate per 1000 workers）労働者 1,000 人あたり 1 年間に発生する死傷者数（休業 4 日以上の総数）で，次の式で算出する．

$$\frac{1 年間の死傷者数}{1 年間の平均労働者数} \times 1000$$

粘弾性（*nendan-sei*; viscoelasticity）固体の弾性と液体の粘性を合わせ持つような材料の力学的性質をいう．

年輪（*nenrin*; annual ring, tree ring）材および樹皮において，横断面で見た場合の 1 年の成長層．〔関〕成長輪．

年輪接触角（*nenrin-sesshoku-kaku*; contact angle of annual ring, orientation of annual rings）縦切削の場合に，切削方向または材の送り方向に垂直となる木口面において，切削面と交わる年輪の接線と切削面とのなす角度．〔参〕繊維傾斜角．

年輪幅（*nenrin-haba*; width of annual ring）1 年間に形成された成長輪（年輪）の放射方向の幅．

の no

ノイジネス（noisiness）騒音の心理的尺度。騒音のやかましさを表す。"音のうるささ"参照。

ノーズバー（nose bar）単板切削において、単板品質の向上（裏割れの抑制，単板厚さの規制など）を図るために使用される。切れ刃付近の被削材に圧力を与える（切削後に単板のタイトサイドになる側から）棒状のもので，切れ刃線に平行にセットされる。被削材に圧力を与える部分の断面形状が鼻のような形をしたものをノーズバーという。この鼻の先端の形状によってシャープバー，ラウンドバー，ダブルフェイスバーなどに分けられる。同様の目的で用いられるバーには，その形状や特徴からローラバー（roller bar），リジッドバー（rigid bar），フィクスドバー（fixed bar），フローティングバー（floating bar），セクショナルバー（sectional bar）と呼ばれるものがある。関プレッシャバー，参ベニヤレース。

ノーズバーの垂直絞り（—no-suichoku-shibori; vertical nose bar compression）同刃口垂直方向絞り。

ノーズバーの水平絞り（—no-suihei-shibori; horizontal nose bar compression）同刃口水平方向絞り。

ノーズ半径【旋削の—】（—hankei; nose radius）横切れ刃と前切れ刃とが交わった角（ノーズ）に丸みを付けた場合の曲率半径。コーナ半径ともいう。関前切れ刃角，同コーナ半径，参前切れ刃角。

ノーマン製材機（nōman-seizai-ki; full-automated sawing system）丸太の計測，木取りの決定，挽材など大割工程の製材作業をコンピュータ制御で無人で行う製材機械。関大割機械。

軒桁（noki-geta）木質構造において，軒の部分にあって一般に小屋梁に直角に取り合う横架材。

ノギス（vernier caliper）外側用および内側用の測定面のあるジョウを一端にもつ本尺を基準に，それらの測定面と平行な測定面のあるジョウをもつスライダが滑り，各測定面の距離を本尺目盛およびバーニヤ目盛（副尺）によって読み取ることができる測定器。ノギスの語源はドイツ語のNonius（発明者であるポルトガルの数学者Pedro Nunesのラテン名）に由来。スライダの移動量を回転指針（ダイヤル指針）で表示するもの（dial caliper）や，ディジタル表示するもの（digital caliper）がある。

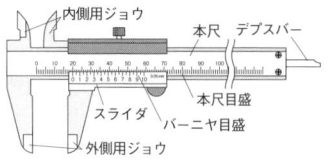

鋸厚（noko-atsu; thickness of saw blade）鋸身の厚さ。B.W.G.（バーミンガム・ワイヤ・ゲージ）あるいはミリメートル[mm]単位で表される。関バーミンガム・ワイヤ・ゲージ。

鋸機械（noko-kikai; sawing machine）帯鋸盤や丸鋸盤などの鋸挽きによって工作物を切削する機械の総称。関おさ鋸盤，帯鋸盤，丸鋸盤。

鋸（nokogiri）同手鋸。

鋸鋏（nokogiri-basami）鋸歯の目立てを行う時に鋸身を固定する治具。

鋸屑（noko-kuzu; saw dust）同おが屑。

鋸屑製造機（nokokuzu-seizōki）端材や丸太等の原料から鋸屑を製造する機械。丸鋸式やカッター式がある。おが粉製造機ともいう。関おが屑。

鋸屑の生成機構（nokokuzu-no-seisei-kikō; mechanism of generating saw dust）鋸屑が作られる仕組み。切削現象と関係づけて説明される。

鋸屑の膨容比（nokokuzu-no-bōyōhi; bulking factor of sawdust）鋸屑になる前の材積に対する鋸屑の堆積材積の比，すなわち，挽き道の材積に対する鋸屑の容積膨張率のこと。一般的に2から4程度である。関膨容比。

鋸屑搬出装置（nokokuzu-hanshutsu-sōchi; saw dust transporter and collector）切削によって生ずる鋸屑や木片を送風によって搬出し，サイクロンなどによって集積する装置。

鋸仕上機械（*noko-shiage-kikai*; saw doctoring machine, saw doctoring equipment, saw maintenance equipment）帯鋸，丸鋸，おさ鋸などを加工して，挽材に使用できる状態に仕上げる機械。

鋸仕上ハンマ（*noko-shiage—*）鋸の目立てに使用するハンマ。関目打ちハンマ，円頭ハンマ，十字ハンマ。

鋸軸（*noko-jiku*; shaft, arbor）帯鋸盤の鋸車および丸鋸盤の丸鋸の回転軸。関鋸車。

鋸軸移動横切丸鋸盤（*nokojiku-idō-yokogiri-marunoko-ban*; traveling cut-off saw）回転する丸鋸軸を水平または垂直方向に移動させて，工作物を切断する木工用丸鋸盤。関クロスカットソー，ツイン丸鋸盤。

鋸車（*noko-sha, noko-guruma*; band saw wheel）帯鋸盤において，帯鋸を掛けて回転させるための車輪。関帯鋸盤。

鋸車仰伏装置（*nokosha-gyōfuku-sōchi*; wheel tilter, tilting device of wheel）帯鋸と鋸車面との接触状態を安定させるために，上部鋸車を傾斜させる装置。傾斜角を変えることにより，鋸車からの帯鋸の出入りを調節する。関帯鋸盤。

鋸車の軸間距離（*nokosha-no-jikukan-kyori*; distance between saw wheels）帯鋸盤の二つの鋸車の車軸間の距離。関帯鋸盤。

鋸速度（*noko-sokudo*; saw speed）鋸の速度。帯鋸では走行速度，丸鋸では歯端の周速をさす。

鋸歯（*noko-ba*; saw tooth）帯鋸，丸鋸，手鋸などにおいて鋸身を歯状に刻んだ部分。直接切削に関与する。

鋸歯形打抜き機（*nokoha-gata-uchinuki-ki*; saw tooth puncher）鋸歯形を手動または動力により打ち抜くプレス機器。ダイス鋼または高速度鋼からなる雌雄一対の歯形を噛み合わせて歯抜きする。関目立て，ポンチ，歯抜き。

鋸歯線図（*nokoba-sen-zu*; diagram of saw tooth）鋸を側面から見たときの鋸歯の線図。

鋸歯走行刃口（*nokoba-sōkō-haguchi*; saw blade opening）走行丸鋸盤の刃口。走行する鋸の移動距離に合わせた長い隙間に形成されている。関刃口【丸鋸盤の—】，走行丸鋸盤。

鋸歯側面研磨機（*nokoba-sokumen-kemma-ki*; saw tooth side dresser）同帯鋸歯側面研削盤。

鋸歯ねじ（*nokoba-neji*; buttress thread）軸方向の力が一方向だけに働く場合に用いられる，ねじ山の断面が非対称のねじ。

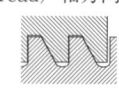

鋸歯の切削長（*nokoba-no-sessaku-chō*; cutting path of a tooth）1枚の鋸歯が切削した切削距離。関切削長。

鋸歯の摩耗量（*nokoba-no-mamō-ryō*; amount of wear of saw tooth）挽材により鋸歯の歯先が摩耗した量。あさり幅の減少量，あさりの切尖の丸み，摩耗による歯端の後退量および丸みで表される。関あさり。

鋸歯目打機（*nokoba-meuchi-ki*; saw-tooth setting equipment, saw tooth setting machine, saw tooth setting anvil）手動あるいは動力により鋸歯に打撃を与えて，振分けあさりを出す機械。帯鋸，丸鋸およびおさ鋸用がある。目振り機ともいう。

鋸挽き（*noko-biki*; sawing）同挽材。

鋸身（*noko-mi*; saw blade）鋸の歯部以外の主要部分。

鋸溝（*noko-mizo*）ギャングリッパのキャタピラピースに刻んだ丸鋸の先端が走行するための溝。関ギャングリッパ。

鋸身調整（*nokomi-chōsei*）鋸がその機能を十分発揮するように，水平仕上げや腰入れなどを施し，鋸身の状態を良好にすること。関水平仕上げ【帯鋸の—】，腰入れ。

野地板（*noji-ita*）木質構造において，屋根の仕上げ材や防水の下葺き材を取付けるための下地材で，垂木の上にはる。

のし挽き（*noshi-biki*）丸太の曲がりの方向と直角に鋸を入れる挽材方法で，挽材された板がのした餅の形に似ているのでのし挽きという。関さや挽き。

伸ばし腰入れ（*nobashi-koshiire*）同ロールテンション。

ノボラック型接着剤（——-gata-setchaku-zai; no-bolak resin adhesive）フェノールとホルムアルデヒドとを酸性触媒下で反応させて得られる付加縮合反応物を主体とする熱硬化性樹脂接着剤。関フェノール樹脂系接着剤，レゾール型接着剤。

のみ（鑿）（nomi; chisel）木材に穴をほる工具。穂，首，口金，柄，冠から構成される。冠を持つ叩きのみ（追入れのみ，向待ちまちのみなど）と，持たない仕上げのみ（薄のみ，突きのみなど）に大別される。旋削に用いる手加工用の柄付きバイトをのみと呼ぶ場合もある。

のみ角【ドリルの——】（nomi-kaku）同チゼル角。

のみ（鑿）彫り（nomi-hori; mortising）のみを用いて行うほぞ穴あけ，溝付き，彫刻などの加工。ほぞ穴あけは，手加工では叩きのみで行うが，さらに薄のみを用いて内壁を仕上げることもある。機械加工では，角のみとビットを組み合わせた角のみ盤で行う。

は ha

バーカ（barking machine, debarking machine, barker, debarker）原木の樹皮を衝撃や切削工具によって除去する機械。同皮剥き機，剥皮機。関リングバーカ，ドラムバーカ，チェーンバーカ，ハンマ式剥皮機，ヘッドバーカ。

バーコードリーダ（barcode reader）商品，包装物，カード，タグなどの上に印刷（印字）された，一次元または二次元の所定のコードパターンを光学的に走査し，ディジタルデータとして読み取る装置。

刃厚（ha-atsu; tooth width, kerf width）超硬丸鋸の超硬チップの厚さ，すなわちあさり幅。関あさり幅。

歯厚マイクロメータ（ha-atsu——; tooth thickness micrometer）インボリュート歯車のまたぎ歯厚（連続する数枚の歯または歯溝を隔てた外側の両歯面に接する平行二平面の距離），つばなどが付いた部品の寸法測定などに用いる，ディスク形の測定面を備えた外側マイクロメータ。

パーティクル（particle）種々の形状を持った木片（小片，削片）の総称。形状によって主として次のように分けられる。フレークは薄い単板状の小片で刃先線を繊維に平行方向にして切削して作られ，繊維方向や大きさが厳密に規制されているもの。シェービングも切削によって作られるが，大きさや繊維方向の規制がないもの。スプリンターは細長い形状であるが塊状から針状のものまで含み，切削や破砕などによって作られる。ストリングパーティクルは木毛状のもので直線状切削片ともいう。ファイバーは繊維状のもので乾式摩砕によって作られる。関チップ。

パーティクル切削（——-sessaku; flaking, shaving）フレーカなどによってパーティクルボードの原料となる木材小片を製造すること。関フレイキング，フレーカ，シェービング。

パーティクルボード（particleboards）木材など

の小片（チップ，フレーク，ウェファー，ストランドなど）を主な原料として，接着剤を用いて成形熱圧したボードで，表裏面の状態，曲げ強さ，接着剤，ホルムアルデヒド放散量および難燃性によって区分される．関パーティクル．

パーティクルボード仕上機械（——*shiage-kikai*; particleboard finishing machine）パーティクルボードを所定の寸法に切断する機械および表面を研削して仕上げる機械．

パーティクルボード用バッチ式ホットプレス（——*yō*—*shiki*—; batch type hot press for particleboard）小片マットを熱板の間に挿入し，可動定盤を油圧などによって作動させて加熱圧縮する機械．多段のものと1段のものとがある．

パーティクルボード用ホットプレス（——*yō*——; hot press for particleboard）小片マットを加熱圧縮する機械．

ハードファイバーボード（hard fiberboard）繊維板の種類の一つ．フォーミングした繊維を強く熱圧して製造する密度 0.80g/cm³ 以上の繊維板．穴あけ，曲げ，打ち抜き加工などの二次加工性に優れる特性から，建築，家具，自動車内装用をはじめ幅広い用途に使用されている．同ハードボード，関繊維板．

ハードボード（hardboard）同ハードファイバーボード，関繊維板．

バーニヤ目盛（——*memori*; vernier scale）ノギスなどの本尺目盛をさらに細分して読むための目盛で，本尺目盛の($n-1$)目盛をnまたは$n/2$等分して得られる目盛．副尺ともいう．バーニヤは，フランスの数学者 Pierre Vernier に由来する．

バーの接触角（——*no-sesshoku-kaku*; compression angle of nose bar）単板切削において，ノーズバーの前方の面（被削材を押しならすようにして接触する面）と切削面とがなす角度．関ノーズバー．

バーの逃げ角（——*no-nigekaku*; clearance angle of nose bar）単板切削において，ノーズバーの切屑側の面と切削面とがなす角度．関ノーズバー．

ハーフオクターブ（one-half octave, half octave）1/2 オクターブに同じ．

ハーフラウンド単板（——*tampan*; half-round sliced veneer）化粧単板を製造する機械．機械の機構はベニヤレースとほぼ同じであるが，ハーフラウンドベニヤレースの場合には，フリッチに木取られた材はスティログ（スピンドルに取り付けられたフリッチを固定する台）あるいはチャックに取付けられて回転し，断続的な切削が行われる．同ハーフロータリレース，関ステーログ．

ハーフラウンドベニヤレース（half round veneer lathe）化粧単板を製造する機械．機械の機構はベニヤレースとほぼ同じであるが，ハーフラウンドベニヤレースの場合には，フリッチに木取られた材はスティログ（スピンドルに取り付けられたフリッチを固定する台）あるいはチャックに取付けられて回転し，断続的な切削が行われる．同ハーフロータリレース，関ステーログ．

ハーフロータリ単板（——*tampan*; half-rotary (cut) veneer, semi-rotary cut veneer）同ハーフラウンド単板，関ステーログ．

ハーフロータリレース（half-rotary lathe）同ハーフラウンドベニヤレース，関ステーログ．

バーミンガム・ワイヤ・ゲージ（Birmingham wire gage (BWG)）円板に溝と丸穴が一体となって付けられており，丸穴の部分で針金の太さを，溝の部分で板の厚さを測定するための計器．ゲージ番号が1から36までで示してあり，番号が大きくなるほど穴径や溝幅が小さくなる．帯鋸の鋸厚を示す指標の一つ．関鋸厚．

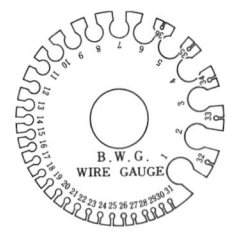

パーライト（pearlite）オーステナイトの共析分解によって形成されるフェライトとセメンタイトの層状集合体．

バイアス角（——*kaku*; bias angle, inclination angle, cutting edge inclination angle) 切削面内において，切削方向に直角な線と切れ刃線とがなす角度。同横すくい角，関三次元切削，参三次元切削。

バイアスカット（bias cut）関三次元切削。

バイオリン杢（—moku; fiddle back figure, fiddle back mottle）カエデに見られる縮杢の一種。バイオリンの甲板などに重用される。関縮杢。

配向性ストランドボード（haikō-sei—; oriented strandboard）同OSB。

配向性パーティクルボード（haikō-sei—; oriented particleboard）フレーク（削片）をエレメントとして，フレークの繊維方向を一方向に揃えてフォーミングし，熱圧・成形したボード。

配向性ファイバーボード（haikō-sei—; oriented fiberboard）エレメントとしてのファイバーの繊維方向を一方向に揃えてフォーミングし，熱圧・成形したボード。関繊維板。

廃材（haizai; wood waste, waste wood, wood refuse, wood residue, slashings）鋸屑，背板，端材，プレーナ屑などの木材の加工工程で排出される廃残物。

倍尺（baishaku; enlargement scale, enlarged scale）対象物の大きさ（長さ）よりも大きい大きさ（長さ）に図形を描く場合の尺度。関尺度，現尺，縮尺。

排出抵抗（haishutsu-teikō; resistance to chip remove）すでに分離された切り屑が排除されるときに刃物に与える抵抗。関変形抵抗。

ハイス（high speed tool steel）同高速度［工具］鋼。

バイス（stock vice）材料をつかむもの。

羽板（haita）直射日光や雨を遮り，空気を流通させるため，窓の間を透かして斜めに取り付けた幅の狭い薄板。船の舵板の意味にも用いられる。

バイト（baito; turning tool, turning chisel）木工旋盤の刃物台に固定して使用する旋盤用工具。加工目的により先端形状を異にし，平バイト，斜めバイト，外丸バイト，剣バイト，中ぐりバイトなどがある。同旋盤用バイト，関旋削。

ハイトゲージ（vernier height gauge）スクライバなどを取り付けるジョウをもつスライダが，ベースに直立する柱を滑り，スクライバの測定面とベース基準面の距離を本尺の目盛およびバーニヤ目盛（副尺）によって読み取ることができる測定器。距離を回転指針（ダイヤル指針）で表示するもの（dial height gauge）や，ディジタル表示するもの（digital height gauge）がある。

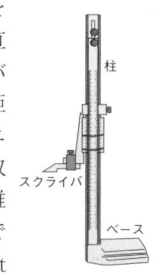

ハイニッケル（hi nickel）ニッケル鋼帯鋸のうち，比較的ニッケル含有量の多いJIS G 4404のSKS51で作られた帯鋸。関ニッケル鋼帯鋸。

背分力（hai-bunryoku）同垂直分力。

ハイポイドギヤ（hypoid gear）軸が平行でなく，交差もしない状態でかみ合う，二つの円錐状の歯車（ハイポイドギア対）の片方の歯車。自動車の駆動軸など用いられる。軸が交差する場合はかさ歯車対という。

背面図（haimen-zu; rear view, back elevation）対象物の背面とした方向からの投影図。関立面図，正面図，平面図，側面図，下面図。

パイロット【ドリルの—】（pilot）ドリル先端に切れ刃を先導するために設けた円筒部。

ハウジング【軸受の—】（(bearing) housing）軸受を取り付けるための内面をもった，軸受の取付部品。

刃裏（ha-ura）鉋身，裏金，のみ，小刀の裏面の刃先と周りの平らな部分。

刃押さえ（ha-osae）鉋胴（丸胴）に鉋刃を取り付ける際，鉋刃が遠心力で飛び出さないようにするため，断面を楔形とした金具。この金具で裏刃を介して鉋刃を固定する。

刃表（ha-omote; face of knife）平鉋刃において，研削砥石で研削された面。関刃裏，参鉋刃。

刃角，歯角（ha-kaku）刃先の角度。刃物角と刃

先角のいずれの意味でも用いられる．[関]刃先角，刃物角．

歯数（ha-kazu; number of saw teeth）1枚の鋸に刻まれている歯の数．

刃数（ha-kazu; number of tooth, number of flute）フライスにおける刃の数．

歯形（ha-gata; tooth style, tooth pattern）鋸を鋸身に垂直な方向，すなわち側面から見たときの鋸歯の形状．

歯形研削盤（hagata-kensaku-ban）[同]帯鋸歯研削盤．

刃形直角定規（hagata-chokkaku-jōgi; both knife type square）長辺の外側および内側使用面が刃形になった直角定規．高精度な直角の基準を与える．

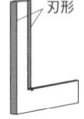

歯形の基本形（hagata-no-kihonkei; basic tooth style）鋸の歯形を決定する際に基となる歯形．[関]歯形要素．

歯形要素（hagata-yōso; tooth element）鋸歯の形状を決定する基本的な指標．歯端，歯距，歯底，歯高，歯喉，歯背，歯角，歯室がある．

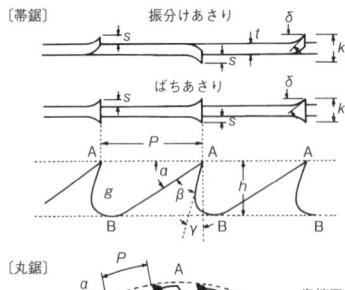

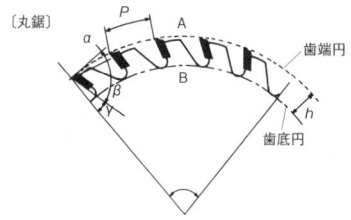

〔帯鋸〕 振分けあさり
ばちあさり
〔丸鋸〕 歯端円 歯底円

A：歯端，B：歯底，P：歯距（ピッチ），h：歯高，g：歯室，k：挽道幅（あさり幅），s：あさりの出，A-A：歯端線，B-B：歯底線，α：歯背角，β：歯端角，γ：歯喉角，δ：あさりの逃げ角

刃金部（hagane-bu; cutting part, cutting tooth, cutting portion）切削に直接あずかる工具の金属部分．切れ刃，すくい面および逃げ面からなる．

羽柄材（hagara-zai）板類や小角の総称．原木から主要な材を製材した残りの材で製材されたもの．

羽柄材加工機（hagara-zai-kakō-ki）垂木，貫（ぬき）などの小断面の製材品を羽柄材と総称するが，これらを主に加工するプレカット機械．

葉枯らし（ha-garashi; transpirational drying）伐倒した樹木を枝葉をつけたまま林内に一定期間放置し，葉からの水分蒸散によって樹幹部の乾燥を促進し，材色の向上を図ることを目的とした林業技術．

剥がれ（hagare; peeling）付着不良ともいい，木材素地またはすでに塗られた塗膜面に対して塗料が付着力を失いはがれること．

はぎ（接ぎ，矧ぎ）【合板の—】（hagi; open joint）板を幅方向に接合すること．JAS（合板）では，合板板面の品質指標のひとつに，「はぎ目の透き」があり，単板接合部の開きを指す．[関]縦継ぎ【単板の—】．

はぎ合せ（接ぎ合せ，矧ぎ合せ）（hagi-awase; edge joint, side-to-side grain joint）板などの側面（木端面）同士を接合して，幅広の材料を得る方法．

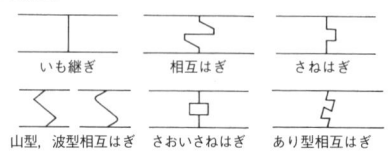

いも継ぎ　相互はぎ　さねはぎ
山型，波型相互はぎ　さおいさねはぎ　あり型相互はぎ

はぎ口（接ぎ口，矧ぎ口）（hagi-kuchi）はぎ合わせをする接合面のこと．

白色アルミナ研削材（hakushoku—kensaku-zai; white fused alumina abrasives）アルミナ質人造研削材の一種で，精製したアルミナを溶融し，凝固させた塊を粉砕整粒したもの．コランダム結晶から成り，全体として白色を帯びている．記号WAで表示する．

白色X線（hakushoku-X-sen; white X-rays）連続スペクトルを持つX線．

白色光（hakushoku-kō; white light）通常連続スペクトルから成る肉眼で白色に見える放射．

白色雑音（hakushoku-zatsuon; white noise）単

位周波数当たりに一定のエネルギーを持つ広帯域ノイズ。フーリエ変換を行い，パワースペクトルにすると，全ての周波数で同じ強度となる。

白線帯（hakusen-tai）同移行材。

刃口（ha-guchi）鉋身を鉋台に仕込んだ時に鉋身刃先がのぞく鉋台下端の口空き部。

刃口【丸鋸盤の—】（ha-guchi; saw blade opening）丸鋸盤の定盤裏側から表側に鋸歯を突出させるための隙間。関丸鋸盤，鋸歯，鋸歯走行刃口。

刃口金（haguchi-gane）仕上鉋盤などにおける口金。

刃口間隔（haguchi-kankaku; pressure bar opening, nose bar opening, nose bar distance）ベニヤレース，スライサ，鉋などで，刃物の刃先とノーズバー先端（鉋においては屑返しの先端）との距離。同刃口距離，関刃口開き，刃口絞り，参絞り。

刃口距離（haguchi-kyori; nose bar distance, nose bar opening）刃口絞り手鉋の鉋身を鉋台に仕込んだ時，鉋身の刃先から鉋台下端と木端返しの交線までの距離。この距離が狭いほど逆目ぼれが発生しにくく，木材をきれいに削ることができる。同刃口間隔，関刃口開き。

刃口絞り（haguchi-shibori; nose bar compression）ノーズバー先端と刃先との距離をL，切込量をdとした場合に次式によって求めた値。$(1-L)/d \times 100(\%)$ 関刃口開き，刃口間隔，刃口距離。

刃口垂直[方向]間隔（haguchi-suichoku [-hōkō] -kankaku; vertical nose bar distance）刃物の刃先とノーズバー先端との垂直方向の距離。関刃口間隔，参絞り。

刃口垂直方向絞り（haguchi-suichoku-hōkō-shibori; vertical nose bar compression）ノーズバー先端と刃先との垂直方向の距離をv，切込量をdとした場合に次式によって求めた値。$(1-v)/d \times 100(\%)$ 同ノーズバーの垂直絞り，関刃口垂直方向開き。

刃口垂直方向開き（haguchi-suichoku-hōkō-hiraki; vertical nose bar opening）ノーズバー先端と刃先との垂直方向の距離をv，切込量

をdとした場合に次式によって求めた値。$(v/d) \times 100(\%)$ 関刃口垂直方向絞り。

刃口水平[方向]間隔（haguchi-suihei [-hōkō] -kankaku; horizontal nose bar distance）刃物の刃先とノーズバー先端との水平距離。関刃口間隔，参絞り。

刃口水平方向絞り（haguchi-suihei-hōkō-shibori; horizontal nose bar compression）ノーズバー先端と刃先との水平方向の距離をh，切込量をdとした場合に次式によって求めた値。$(1-h)/d \times 100(\%)$ 同ノーズバーの水平絞り，関刃口水平方向開き。

刃口水平方向開き（haguchi-suihei-hōkō-hiraki; horizontal nose bar opening）ノーズバー先端と刃先との水平方向の距離をh，切込量をdとした場合に次式によって求めた値。$(h/d) \times 100(\%)$ 関刃口水平方向絞り，刃口水平[方向]間隔。

刃口調整（haguchi-chōsei; adjustment of nose bar opening）鉋台のナイフとノーズバーの位置関係を調整すること。鉋台にナイフを取り付けてナイフ切れ刃線にバー先端を合わせたのち，ナイフ刃裏（すくい面）より一定角度でバーを引き上げ（後退させ），刃口間隔（または水平間隔と垂直間隔）を所定の厚さの単板を切削するのに適した値に調整すること。関刃口間隔。

刃口開き（haguchi-hiraki; nose bar opening）ノーズバー先端と刃先との距離をL，切込量をdとした場合に次式によって求めた値。$(L/d) \times 100(\%)$。関刃口絞り，刃口間隔。

白熱電球（hakunetsudenkyū; incandescent (electric) lamp）電流を流すことによって，ガラス球内のフィラメントを加熱し，その熱放射によって発光する光源。

剥皮機（hakuhi-ki; barking machine, debarking machine, barker, debarker）同バーカ。

箔ひずみ（歪）ゲージ（haku-hizumi—; foil strain gauge）ゲージ受感部に，箔状の金属抵抗体を用いたひずみゲージ。

白杢（haku-moku）スギ材の表面で白色の強い辺材に現れる木理を生かした杢。

剥離（hakuri; flaking）①切削によって刃部に生

じた鱗片状の損失。②コーティング工具の場合，切削によって生じた薄膜のはがれ。

剥離接着強さ（*hakuri-setchaku-tsuyosa*; peel strength）接着面の一端に剥離応力を加え，接着接合部が破壊されたときの強さ。関接着強さ。

歯車（*ha-guruma*, toothed gear）歯を順次かみ合わせることによって運動を他に伝え，また他から受け取るように設計された歯を設けた部品。

歯車対（*haguruma-tsui*; gear pair）相対位置が変わらない軸の周りを回転できる二つの歯車からなり，歯が順次接触することによって，その一方の歯車が他方を回転させる機構。

歯車列（*haguruma-retsu*; gears(train of)）歯車対を組み合わせたもの。

羽子板ボルト（*hagoita* ——）木質構造において，仕口部分が外力を受けたときに抜け落ちないように，二つの材を連結する羽子板の形をしたボルト。小屋梁と軒桁，軒桁と柱，胴差しと床梁，通し柱と胴差しなどの接合に用いられる。

箱形筋かい（筋交い）金物（*hakogata-sujikai-hamono*）プレート状の建築金物で，筋交い材と柱および横架材とを結合する。箱型筋交いプレートともいう。

箱形のみ（*hakogata-nomi*）同角のみ。

箱根細工（*hakone-zaiku*）神奈川県の小田原・箱根地方に伝わる寄木，木象嵌，組木，箱物，挽物などの緻密な手工芸技能・技術を駆使した木製細工，またはそれらによって製作された細工物。

刃こぼれ跡（*ha-kobore-ato*）工具刃先の欠け（刃こぼれ）によって，送材方向に発生する条痕。

端材（*hazai*; listing）製材品の幅や長さを決めたり，節，腐れなどを除去するときに発生する切り落とした部分。背板や合・単板屑など製品製造時に発生する木材片をすべて含める場合もある。

破砕機（*hasai-ki*; crushing machine, shredder）木材などの原材料を破砕する機械。破砕方式には1軸方式，2軸方式，ハンマー方式などがあり，ハンマー方式は建築解体木材などを破砕する際に使用される。関クラッシャ，2軸剪断破砕機。

刃先（*ha-saki*; knife edge, cutting edge）工具切れ刃断面の先端。関刃先線，切れ刃線，切れ刃。

刃先円（*hasaki-en*; cutting circle）フライスや丸鋸などの回転切削工具を回転したときの切れ刃先端の軌跡。丸鋸では歯端円とも呼ぶ。参刃先。

刃先回転角（*hasaki-kaiten-kaku*; rotation angle of cutting edge, tool rotation angle）フライスや丸鋸などの回転切削工具で，特定の刃の刃先の位置を表すための工具の回転角。主軸中心の鉛直線からの回転角で表す。

歯先角（*hasaki-kaku*）同歯端角。

刃先角（*hasaki-kaku*; sharpness angle, lip angle, wedge angle）切れ刃断面ですくい面と逃げ面とのなす角度。縁取り研削を行った場合には刃物角と差が生じ，第1すくい面と第1逃げ面とのなす角度になる。すなわち切れ刃最先端の角度をさす。関すくい面，逃げ面，第1すくい面，第1逃げ面。

歯先硬化（*hasaki-kōka*; hardning of saw tooth）切れ味や耐摩耗性を向上させるために，鋸歯の歯先に鋸身より高硬度の合金を付けること。ステライト溶着，超硬合金のチップのろう付けやコーティングなどがある。関ステライト溶着，超硬チップ。

刃先後退量（*hasaki-kōtai-ryō*; amount of edge retraction）工具の摩耗量の評価法の一つ。すくい面と逃げ面の交線である仮想初期刃先から摩耗の進行によって後退した実際の

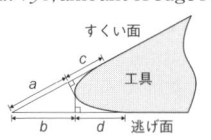

刃先後退量 *a*：すくい面後退量
b：逃げ面後退量
摩耗帯幅 *c*：すくい面摩耗帯幅
d：逃げ面摩耗帯幅

刃先までの距離で表す。一般には，実際の刃先からすくい面に下ろした垂線から求められるすくい面刃先後退量と逃げ面に下ろした垂線から求められる逃げ面刃先後退量とで表す。

刃先線（*hasaki-sen*; cutting edge, knife edge）刃先を連ねた線。すくい面と逃げ面との交線。

[同]切れ刃線，[関]切れ刃．

刃先摩耗（hasaki-mamō; tool wear）工具で被削材を切削すると，両者の相互作用により工具の刃先は摩耗する．摩耗の原因として，(1)力学的作用，(2)熱的作用，(3)化学的作用が考えられる．刃先後退量や摩耗帯幅によって摩耗の程度を評価することができる．[関]鈍化，刃先後退量，摩耗帯幅．

刃先丸み（hasaki-marumi; dullness of tool edge, cutting edge roundness）切れ刃の丸み．すくい面から逃げ面につながる角の部分の丸み．あらかじめ付ける丸みと，切削に伴って生じる丸みとがある．前者を「切れ刃のころし」ともいう．

端根太（hashineda）木質構造のツーバイフォー工法において，床組みを構成する部材の一つ．床根太端部に直角に配置され，ころび止めを添え，外壁壁枠組みと同面に納まる．床根太，側根太と一体となる，床枠組みとなる．

波状木理（hajō-mokuri; wavy grain, curly grain）一般に，板目面において繊維が波状に走向している木理．柾目面では，波杢（波状杢）や縮れ杢，バイオリン杢などが現れる．

柱（hashira）建築物において，梁や桁を支え，上部荷重を下方へ伝える垂直に立つ部材．横架材と組み合わさることで軸組を構成する．

はすば（斜歯）歯車（hasu-ba-haguruma; helical gear）歯すじがつるまき線である円筒歯車．[参]やまば（山歯）歯車．

破損（hason; fracture, breakage）切削によって刃部，チップの全体に及ぶ破壊．通常，破損が生じると切削不能となる．

肌目（hadame; texture）材面を見た場合，構成要素の相対的な大きさ，あるいは性質をいう．肌目は精，中庸，粗または肌目は均斉，不均斉などで表現される．

ばち（撥）あさり（bachi-asari; swage set）歯先をばち形に左右に張り出させたあさり．[同]ばち形あさり，ばち出しあさり，ばち目，[関]さり，振分けあさり，[参]歯冠要素，あさり角．

ばち（撥）形あさり（bachi-gata-asari; swage set）[同]ばちあさり．

ばち（撥）形あさり機（bachi-gata-asari-ki;

ばっく（bakku） 193

swage）[同]スエージ．

ばち（撥）形あさり整形機（bachi-gata-asari-seikei-ki; swage setting equipment）動力により帯鋸の歯先を圧延してばち形あさり出しと整形とを行う機械．[関]ばち形あさり，あさり出し．

ばち（撥）形整形機（bachi-gata-seikei-ki; shaper）ばち形あさり機によってあさり出しされた帯鋸などのあさり形状を手動で整える器具．ツースゲージおよび一対のシャーピングジョーによって形成される型に鋸歯先をはさみ，鋸歯側面を押しつぶしてあさりの整形を行う．[同]シェーパ．

ばち（撥）出し（bachi-dashi）[同]スエージ加工．

ばち（撥）出しあさり（bachidashi-asari）[同]ばちあさり．

ばち目（撥目）（bachi-me）[同]ばちあさり．

バック（back）鋸身の歯を刻んである縁と反対側の縁．背．[参]鋸身．

バックゲージ（back gage）帯鋸またはおさ鋸の背盛り（バック）量を検査するゲージ．ゲージ両端および中央に設けた凸部分をバックにあてがい，所定の背盛り量（通常，バックが形成する円弧の一定弦長に対する矢高で表す）に対する過不足を検査するのに用いる．[関]テンションゲージ，バック．

バックテーパ【ドリルの—】（back taper）先端部から刃部の後方に向かって外径を細くするテーパ．ドリルのシャンクの方向に設けられた逃げであり，ドリルの直径は先端からシャンクの方向にわずかに減少している．胴体の逃げ，長手の逃げとも言う．

バック逃げ角（—nigekaku; back clearance angle）s-v面(Ps)に対する逃げ面の傾きを表す角で，p-v面(Pp)がs-v面(Ps)および逃げ面と交わって得られるそれぞれの交線が挟む角．(図中$αp$)．[参]アプローチ角．

バック刃物角（—hamono-kaku; back wedge angle）すくい面と逃げ面とのなす角で，p-v面(Pp)がすくい面および逃げ面と交わって得られるそれぞれの交線の挟む角．[参]アプローチ角（図中$βp$）．

バックベベル（back bevel） 工具の逃げ面につけたマイクロベベルのこと。[関]マイクロベベル。

バックラッシ（backlash） 工作機械において，互いにはまり合って運動する機械要素の間に，運動方向に設けた隙間。不用意に生じた有害な隙間を含むことがある。

バックレーキ（back rake） 基準面(Pr)に対するすくい面の傾きを表す角で，p-v面(Pp)が基準面(Pr)およびすくい面と交わって得られるそれぞれの交線が挟む角。[参]アプローチ角（図中γp）。

バックワードスケジューリング（backward scheduling） 完成予定日（納期）を基準として，工程順序とは逆方向に予定を組んでいく方法。[関]フォワードスケジューリング。

バッチ（batch）[同]ロット。

バッチ式抄造機（——shiki-shōzō-ki; batch type former）[同]ためすき機。

バッチ式プレス（——shiki——; batch type hot press）[同]ファイバボード用バッチ式ホットプレス。

パッチマシン（veneer patching machine）[同]パッチングマシン。

パッチングマシン（veneer patching machine） 単板に現れる節などの欠点を除去し，同一形状の健全な単板で埋め合わせるために使用される単板補修用の機械。[同]パッチマシン。

パッド潤滑（——junkatsu; pad lubrication） 毛細管特性をもつ湿り気のある材料のパッドを接触させ，液状潤滑剤を摺動面に供給する潤滑方式。

バットジョイント（butt joint）[同]いも継ぎ。

発泡型接着剤（happō-gata-setchaku-zai; cellular adhesive, foamed adhesive, foaming adhesive） 見掛けの比重を下げ，同量での塗布面積を増大させるためや，シールまたは充填機能を付与するために，ガスや発泡剤を配合した接着剤。

はな入れ（hana-ire） 帯鋸による挽材で，工作物を挽き始めること。このときに急激で過度な負荷が鋸にかからないように，工作物の送りを加減する。

はな落ち，端落ち，鼻落ち（hana-ochi; wane） 製材品で一端の欠除した部分。[同]かつおぶし。

はな切り（hana-kiri） 工作物の先端を長さ方向と直角に切り離すこと。

鼻栓（hana-sen） 木質構造において，打抜きほぞ差しを固定させるために打ち込む栓。

はな曲り（hanamagari） 帯鋸による挽材において工作物の先端付近に生じる挽曲がり。本機と送材車のレールの角度不良，片あさり，操作不良などによって生じる。[関]曲り。

鼻曲がり鋸（hana-magari-noko）[同]穴挽き鋸。

鼻丸鋸（hana-maru-noko）[同]穴挽き鋸。

歯抜き（ha-nuki; tooth punching） 帯鋸用の帯鋼に基本的な歯形を形成すること。機械で自動的にあるいは手動で歯形を打抜く。[関]目立て，鋸歯形打抜き機，ポンチ。

ばね（bane; spring） 物体の弾性または変形によって蓄積されたエネルギーを利用することを主目的とする機械要素。

跳ね返り【材の—】（hanekaeri; throwback） 回転する切削工具などにより，端材などがほぼ工作物の送入側に向かって跳ね飛ばされる現象。[関]逆走，安全装置，反発。

跳ね返り防止爪（hanekaeri-bōshi-zume; anti-throwback fingers） リッパやギャングリッパで，端材，木片等の跳ね返りを受け止める役割をもつ爪。

羽根錐（hane-giri; Forstner bit） 板面の穴あけに用いる手加工用木工錐。先端部にけづめ，切れ刃およびねじ形の中心錐を1個ずつ有するが，胴体には切屑溝が刻まれていない。板錐とも言う。[関]木工錐。

ばね鋼（bane-kō; spring steels） 炭素系，シリコンマンガン系，マンガンクロム系，クロムバナジム系などの鋼で，主として熱間で重ね板ばね，コイルばねなどに成形し，ばね性を付与する熱処理を施して用いられる。

ばね座金（bane-zagane; spring lock washer） ばね作用を利用して，緩み止めをさせる座金の総称。

ばね定数（bane-teisū; spring constant, rate of spring, spring rate） ばねなどの弾性体に単位

変形量(たわみまたはたわみ角)を与えるのに必要な力またはモーメント.

ハネムーン型接着剤（——gata-setchaku-zai; honeymoon type adhesive）主剤とプライマーを別々の接着面に塗布し，両面をはり合わせた時に硬化反応が起こる，あるいは促進されることにより，短時間の内に接着が完了するような特徴を有する接着剤.

羽虫鉋（hanemushi-ganna）同外丸反り台鉋.

パネル（panel）建築に使用する鏡板, 壁板, 構造用合板などの大形の板の総称.

パネル【官能評価の—】（panel）官能試験に参加する評価者の集団.

パネルソー（panel saw, running saw）動力により丸鋸軸を上下に往復運動させる装置と鉛直からやや後方に傾いて立つ工作台からなり, 丸鋸軸を移動させて工作台上に置いた板状の工作物を切断する木工用丸鋸盤. 関走行丸鋸盤.

パネル用コールドプレス（——yō——; cold press for panel）板状材料を製造する時に, 常温で圧縮接着するために使用する機械装置. 関パネル用ホットプレス.

パネル用ホットプレス（——yō——; hot press for panel）板状材料を製造する時に, 加熱しながら圧縮接着するために使用する機械装置. 関パネル用コールドプレス.

歯の高さ（ha-no-takasa; tooth height）同歯高.

幅【そま角の—】（haba; width of hewn lumber）素材のJAS規格において, そま角の幅は最小横断面の辺の欠を補った方形の長辺とし, 幅の測定にあたっては樹皮を除いて行うものと規定されている. そま角の材種はこの幅により大, 中, 小に区分される.

幅決め切削（habakime-sessaku; cutting to width）木材の基準面を丸鋸盤の縦定規に当てて, 目的の幅に縦挽きすること.

幅反り【材の—】（habazori; cup, cupping）狂いの一つで, 板材を乾燥した時に幅方向に木表側を上にして凹状に反る現象のこと. 収縮異方性によって生じる. 関反り, 狂い.

幅はぎ（接ぎ, 矧ぎ）（habahagi）同はぎ合せ.

幅はぎ（接ぎ, 矧ぎ）未評価ラミナ（habahagi-mihyōka——）構造用集成材に用いるラミナのうち, 矩形であって, 幅方向の接着に使用する接着剤が, 各使用環境A, B, Cごとの使用可能な接着剤以外の接着剤を使用したもの(図1), または幅方向に接着剤を使用せずに合わせたもの(図2).

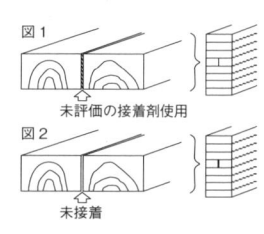

図1　未評価の接着剤使用

図2　未接着

刃部（ha-bu; cutting part）刃物は切削に関係する部分を付け刃として台金部にろう接することが一般的で, この付け刃の部分のこと. 木工用の刃部の材種には炭素工具鋼, 合金工具鋼, 高速度工具鋼および超硬合金などがある. 関台金部.

葉巻きバイト（hamaki-baito; pipe bite）ならい旋削で用いる仕上げ加工用のパイプ形固定バイト. 同カップバイト, コップ形バイト. 関倣い旋盤.

刃身角（hami-kaku）同刃物角.

はめあい（嵌め合い）（hameai; fit, fitting）部材同士を各種の継手を使用して接合する場合, そのかみ合いの程度の差. 木材加工におけるはめ合いには, (1)すきまばめ(分解, 組立てが自由にできるよう少しすきまがあるもの), (2)とまりばめ(はめはずしに適当なしまりがあるもの), (3)しまりばめ(はめはずしが固く, げんのうを使わないとはめはずしができないもの)の三つの程度がある. 嵌合(かんごう)という場合もある.

刃物角（hamono-kaku; wedge angle, tool angle, knife angle, grinding angle, wedge angle, angle of ground bevel）刃物断面ですくい面と逃げ面とのなす角度. 縁取り研削を行った場合(あるいはマイクロベベルを付けた場合)は, 第2すくい面と第2逃げ面とのなす角度. 同刃身角. 関すくい面, 逃げ面, 刃先角, 第2すくい面, 第2逃げ面. 参切削角.

刃物鋼（hamono-kō; cutlery steel）木材や食材などの切断を目的とした刃物の刃先に使用される鋼. 昔の刃金が現代的に再定義されたものであり, 微細均一な金属組織となるように

成分や製造条件が決められている。炭素鋼系とステンレス鋼系が代表例である。⒦炭素鋼。

刃物台（*hamono-dai*; tool rest） 旋盤やろくろを用いて加工する場合に，刃物を載せて安定させたり固定するための台。⒦木工普通旋盤，旋回台，タレット。

刃物取付け角【単板切削における—】（*hamono-toritsuke-kaku*） ①切削面内において，フリッチの繊維方向と刃物切れ刃線とのなす角度。②刃物逃げ面と水平面（ベニヤレースによる切削または縦形スライサによる切削の場合）または鉛直面（横スライサによる切削の場合）のなす角度。⒦木理斜交角，逃げ角。

刃やすり（*ha-yasuri*） ⒟目立てやすり。

腹【振動の—】（*hara*; antinode）「節」と「節」の間にあって，素材が最も大きな振幅を繰り返す場所を表現する用語。「振動の腹」は，その物体が最も大きく振動する所である。

腹押し丸鋸盤（*hara-oshi-marunoko-ban*） ⒟テーブル丸鋸盤，⒦丸鋸盤。

ばらつき（*baratsuki*; dispersion） 測定値の大きさがそろっていないこと。また，ふぞろいの程度。ばらつきの大きさは，標準偏差で表すことが多い。

茨目（*bara-me*） 工作物の繊維方向を考慮せずに挽材するための手鋸の歯形。縦挽き用の歯形にその裏刃（下刃）と上刃に側刃が付いている。⒦上目【鋸歯の—】，江戸目，組目。

裏刃 上刃 歯

パラメータ励振（—*reishin*; parametric excitation） 運動方程式の係数が時間とともに変動することにより発生する振動のこと。$m(t)(d^2x/dt^2)+c(t)(dx/dt)+k(t)x=0$ で表す。たとえば，ブランコを漕ぐとき（立ち漕ぎ）には，身体を前後に揺するのではなく，膝を曲げ伸ばしして重心を上下させて漕ぐ。この時の運動方程式は，$mr^2(d^2\theta/dr^2)+2m\cdot rr(d\theta/dr)+mgr\theta=0$ となるが，第1項は慣性力，第2項はコリオリ力，第3項は重力による復元力項である。

ばら（茨）目鋸（*barame-noko*） 木取りや横挽きに用いる手鋸。歯形は横挽き歯で上目のないばらめ目歯である。縦挽きと横挽きの兼用であるが，斜め挽きにも適する。⒟穴挽き鋸。

パララックス（parallax） 目標を基準方向から見た場合と他方向から見た場合との目標の位置の相違。視差ともいう。

バリ（burr） 切削面の端縁に発生する大きな毛羽立ち。

梁（*hari*; top joist） 木質構造において，一般に二つ以上の支点によって水平もしくは斜めに支えられ，上方からの荷重を受けるための横木の総称。

梁受金物（*hariuke-kanamono*） 木質構造のツーバイフォー工法において，床梁や屋根梁の支持点において，それらを受ける支持点が得られない場合に用いる受け金物の総称。

貼木細工（*hariki-zaiku*） 木工品や家具の装飾などのために経木などの薄板や板材を貼り付けて覆う細工。

パルスレーザ（pulsed laser） 持続時間が0.25s以下の単パルス，またはこの単パルスからなるパルス列の形でエネルギーを放出するレーザ。

パルプ（pulp） 木材などの植物体中のセルロース繊維間の結合を機械などにより物理的に破壊したり，化学的に溶解するなどして，ばらばらにしてとり出した繊維の集合体。

パルプセメント板（—*ban*; pulp cement flat sheet） セメント，パルプ，無機質混合剤などを主原料として抄造成形した板状材料。主として建築の内装に使用される。

パレット（pallet） ①マシニングセンタにおいて，工作物を取り付けて，所定の位置に工作物を供給する台のこと。⒦マシニングセンタ。②物品を荷役，輸送，保管するために単位数量に取りまとめて載せる面をもつ台。木製，金属製（鋼製，アルミ製），プラスチック製，紙製（ファイバボード製，段ボール製）などのものがあり，形により平パレット，ボックスパレット，サイロパレット，タンクパレット，ロールパレット，ポストパレットなどに分類される。

パワースペクトル（power spectrum） 信号が周

波数ごとに含んでいるエネルギーを，グラフに表わしたもので，音の場合には，ある音に，どのような周波数の純音が，それぞれどのくらいの強さで存在するかをグラフ化したものをいう。

パワースペクトル密度（—— *mitsudo*; power spectral density）信号のパワーを一定の周波数帯域毎に分割し，各帯域毎のパワーを周波数の関数として表したもの。

刃渡り（*ha-watari*）鋸身の剣歯からあご歯までの長さ。刃渡りが手鋸の呼称寸法。

盤（*ban*; flitch）単板や板・小割り材などに再加工するための半製品。板子とも呼ばれる。[同]フリッチ，板子。

半円錐（*han'en-giri*）[同]壺錐。

半環孔材（*han-kankō-zai*; semi-ring-porous wood）広葉樹材の道管配列の型についての分類で，早材が偶発的な大きい道管の帯または多数の小道管の帯が観察される材。クルミ類，ローズウッド，ナーラなどに見られる。[関]環孔材，散孔材，放射孔材。

半径方向（*hankei-hōkō*; radial direction）[同]放射方向。

半径方向切込深さ（*hankei-hōkō-kirikomi-fukasa*; radial depth of cut）正面フライスやエンドミルによる加工における，半径方向の切込深さ。[関]軸方向切込深さ。

*a：軸方向切込み深さ
b：半径方向切込み深さ

半径方向すくい角（*hankei-hōkō-sukuikaku*; radial rake angle）フライスやドリルにおいて，主軸に対して直角な断面上でのすくい角。[同]ラジアルレーキ，外周すくい角，[関]すくい角。

半径面（*hankei-men*; radial section）[同]放射断面。

晩材（*banzai*; late wood）早材に対する語で，成長輪の中で密度が高く細胞が小径で，成長期の後半に形成された部分。形成された季節で区分する考え方では年輪の明らかな木材については夏材ともいわれる。古くは秋材ともいわれたが，現在は不適当とされている。

晩材率（*banzai-ritsu*; proportion of late wood,

percentage of late wood）年輪幅に対する晩材幅の割合の百分率表示。[関]晩材。

反射対物レンズ【顕微鏡の—】（*hansha-taibutsu——*; reflecting objective）反射系または反射屈折系の対物レンズ。

搬送装置（*hansō-sōchi*; conveying equipment）丸太などの原材料や切削加工された中間製品や最終製品をローラコンベヤ，ベルトコンベヤ，ころコンベヤなどによって搬送する機械。[関]ころ組式搬送装置。

はんだ付（半田付）（*handa-zuke*; soldering）融点が450℃未満のはんだ（軟ろうともいう）の溶融下で行う接合。

バンド[音圧]レベル（——[*-on'atsu*]——; band sound pressure level）ある特定された周波数帯域の音圧レベル(帯域音圧レベル)。

半導体ひずみ(歪)ゲージ（*handōtai-hizumi——*; semiconductor strain gauge）ゲージ受感部に，ゲルマニウム，けい素などの半導体を用いたひずみゲージ。

バンド乾燥機（——*kansō-ki*; band dryer）バンドドライヤのこと。パーティクルボード用小片を接着条件に好適な含水率(通常3～5％程度)に乾燥させる装置。水平に動く小片を堆積した金網コンベヤに垂直に熱風を通すもの。[同]バンドドライヤ。

バンドソー[同]帯鋸盤。

バンドドライヤ（band dryer）[同]バンド乾燥機。

ハンドドリル[同]ハンドル錐。

バンド幅（——*haba*; bandwidth）周波数の範囲(帯域幅)のこと。

ハンドブロック式ベルトサンダ（——*shiki*——; hand stroke belt sander）[同]ハンドブロック操作式ベルトサンダ，[関]ベルトサンダ。

ハンドブロック操作式ベルトサンダ（——*sōsa-shiki*——; hand stroke belt sander）エンドレス研磨布紙を2個以上のプーリに掛けて回転走行させ，パッドのハンドブロック(台木の下面にフェルトやスポンジを下地として張り，その表面をレザーで包んだ物)を手持ちで操作し，ベルトの裏面を押さえながら工作物を研削するサンダ。ストロークベルトサンダの一種。[同]ハンドブロック式ベルトサンダ，[関]

ストロークサンダ。

ハンドボーラ（hand borer）同ハンドドリル。

ハンドル錐（—giri）穴をあける工具で、チャックに錐を取り付け、把手を上方から押さえながらハンドルを回す。手回し錐、ハンドドリル、ブレスドリルとも言う。

反応型接着剤（hannō-gata-setchaku-zai; reactive adhesive）化学反応によって硬化する接着剤。

万能工具研削盤（bannō-kōgu-kensaku-ban）同木工工具研削盤、万能刃物研削盤。

万能刃物研削盤（bannō-hamono-kensaku-ban）同木工工具研削盤、万能工具研削盤。

万能木工機（bannō-mokkō-ki; combined woodworking machine）手押し鉋盤、自動1面鉋盤、丸鋸盤、および木工ボール盤などの装置を三つ以上組み合わせた木工機械。

反発【材の—】（hampatsu; kickback）逆走、跳ね返りの総称。関安全装置、跳ね返り、逆走。

反発防止装置（hampatsu-bōshi-sōchi; anti-kickback device, non-kickback device）工作物の反発を防ぐための装置。ギャングリッパの反発防止爪など。

反発防止爪（hampatsu-bōshi-zume; anti-kickback fingers, non-kickback fingers）リッパやギャングリッパで、逆走しようとする工作物表面に食い込んで逆走を防止する役割をもつ爪。

ハンマ式剥皮機（—shiki-hakuhi-ki; hammer barker）原木を回転させながら送材して、ハンマで樹皮を打砕き剥皮する機械。厚い樹皮の剥皮に効果的であるが、軟材の場合には木質部を損傷するおそれがある。関バーカ。

ハンマミル（hammer mill）同クラッシャ。

ひ　*hi*

ピアノ線（—sen; piano wires）ピアノ線材を用い、通常、パテンチング後、伸線などの冷間加工をして、仕上げられる鋼線。

BN釘（BN-kugi; BN nail）細め鉄丸釘のこと。鉄丸釘よりやや細めで、せん断強度に劣る。2×4（ツーバイフォー）工法（枠組壁工法）の建築物に使われていたが、現在では太め鉄丸釘（CN釘）が用いられている。

B形【平鉋刃の—】（B-gata）木工用回転鉋胴に使用される厚さ6.4mm以下の平鉋刃で、取付け穴がないもの。材質、寸法などがJISで規定されている。関A形【平鉋刃の—】。

ピーク音圧（—on'atsu; peak sound pressure）ある時間内で最大の絶対瞬時音圧のこと。

ピークサウンドレベル（peak sound level）ある指定された時間内で、標準の周波数重み付け音圧レベルの最大瞬時値。周波数重み付け特性の指定がない場合には、A周波数重み付け特性が指定されているものとする。

PCD（polycrystalline diamond）同焼結ダイヤモンド。

Bスコープ表示（B-sukōpu-hyōji; B-scan display, B-scan presentation）同断面表示。

BWG（Birmingham Wire Gage）同バーミンガム・ワイヤ・ゲージ。

PTS法（PTS-hō; predetermined time standard system）人間の作業をそれを構成する基本動作まで分解し、その基本動作の性質と条件に応じて、あらかじめ決められた基本となる時間値からその作業時間を求める方法。基本動作、動作距離および動作時間に影響を及ぼす変数を考慮して作業時間を求めるWF（work factor）法と基本動作、動作距離および条件に応じて作業時間を求めるMTM（method time measurement）法などがある。

ヒートテンション（heat tensioning）帯鋸の幅方向の歯先に近い部分を硬度に影響を与えない範囲の450℃前後で加熱し、鋸身に内部応力を発生させる腰入れ方法。加熱部分には、加熱されない周囲の部分に拘束された状態で

永久変形を起こした分だけ縮みが生じ，結果として加熱部分に引張応力を発生させるもので，「縮み腰入れ」ともいう。同加熱腰入れ，関腰入れ。

p-p値（*p-p-chi*; peak-to-peak value）信号のある時間間隔における最大瞬時値（変位，速度，加速度または電圧）と最少瞬間値との差をいう。（正弦波交流の最大値と最小値との差。）

PV歯（*PV-ha*; PV tooth）同鉤歯。

P壁（*P-heki*; primary wall）同一次壁。

ピーリング（peeling, rotary peeling）ベニヤレースによって単板を切削すること。関単板切削，スライス。

ヒール（heel）①鋸歯の歯背が2段になっている場合に，歯端に続く第1段の歯背の部分。②溝がある工具において，逃げ面と溝とのつなぎとなる部分。関歯形，歯背。

火打金物（*hiuchi-kanamono*）鋼製の火打材。

光切断法（*hikari-setsudan-hō*; light-section method, optical cutting method）表面の形状，粗さなどを光学的に測定する方法で，次の二つがある。①被験物の面に対し，約45°の角度で細いスリット像を投影し，その像を正反射方向から観察する方法。②細いスリット状の光線束で被験物表面を切断するように照射，表面に生じる切断線の形状を側方から観察する方法。関表面粗さ，触針法。

光造形装置（stereo lithography machine）光照射によって硬化，凝固または溶融する材料に所定の強度分布の光照射を行い，これを多層に繰り返すことで三次元造形を実現する装置。

光ファイバ（*hikari*—; optical fiber）ガラスなどの透明物質で作られ，光のエネルギーまたはその変化が直径数μm～100μm程度の部分を伝搬するファイバ。屈折率がファイバの半径方向に不連続的に変化して，全反射によって光を伝達するステップインデックス光ファイバ，屈折率が連続的に変化して屈折によって光を伝達するグレーデッドインデックス光ファイバなどがある。これを束にして画像を伝送するものをイメージガイド，単に光のエネルギーを伝達するものをライトガイドとい

う。同オプチカルファイバ。

引きかき（引掻き）【合板の―】（*hikikaki-kōdo*; scractch, hardness）合板の表面性能を評価するための1指標で，合板表面にダイヤ針を一定加重で押しつけて引っかき，その際にできる傷の深さで評価する。関表面性能【合板の―】。

挽角（*hikikaku*; squared）製材品の一種。かつての製材のJASでは，厚さおよび幅が7.5cm以上のものをさす。同挽角類。

挽角類（*hikikaku-rui*; squared）製材品の材種区分のひとつ。かつての製材のJASでは，厚さおよび幅が7.5cm以上のものをさし，断面形状によって正角と平角に分けられる。関挽割類，板類。

挽切鋸（*hikikiri-noko*）同横挽鋸。

挽材（*hiki-zai*; sawing）鋸により工作物の木材繊維を切断・分離して鋸屑として工作物中から排出すること。すなわち，鋸により切削すること。関製材。

挽材消費電力（*hikizai-shōhi-denryoku*; power consumption in sawing）挽材で消費する電力。関正味挽材［所要］動力。

挽材所要動力（*hikizai-shoyō-dōryoku*; power required in sawing, power consumption in sawing）挽材に必要な動力。関挽材消費電力。

挽材精度【帯鋸盤の―】（*hikizai-seido*; sawing accuracy）製材品の仕上がり状態での寸法のばらつき，または設定寸法との差。もしくは，挽面の平面性。

挽材能率（*hikizai-nōritsu*; sawing efficiency）一定時間に挽材できた量。挽材時間当たりの挽材面積で表す。

挽材能率比（*hikizai-nōritsu-hi*; ratio of sawing efficiency, sawing efficiency ratio）基準となる挽材条件における挽材能率と比較したい挽材条件における挽材能率の比。関挽材能率。

引出線（*hikidashi-sen*; leader line）記述・記号などを示すために引き出す線。

引戸（*hiki-do*）鴨居と敷居との間，またはレール上を移動させて左右に開閉する方式の戸の総称。片方に引く片引戸，両方に引き分ける両引戸，壁体に引き込む引込戸，敷居上の2

本以上の溝やレールにより重ね合わせる動きを行える引き違い戸，床上に段差がないバリアフリーなどの目的の上吊り式引き戸などがある。

引抜き抵抗（*hikinuki-teikō*; withdrawal resistance）釘や木ネジなどを木材から引き抜く時の抵抗で，釘や木ネジの打ち込み（ねじ込み）長さ当たりの最大荷重として求められる。

引抜け（*hikinuke*）伐木の際に素材の木口面の一部が引き抜けたものをいう。

挽肌（*hiki-hada*; sawn surface quality）挽材における切断面の精粗，凸凹の状態。材面に現れる毛羽だち，目ぼれ，縞模様（tooth mark）などに左右される。

挽肌のプロフィール（*hikihada-no—*; profile of sawn surface）材の送り方向に平行で，挽面に直角な平面で挽肌を切ったときに現れる凹凸の形状。

挽幅（*hiki-haba*; height of sawing, depth of sawing）挽材における切断面の高さ（深さ）。分断型の挽材では，工作物の厚さに相当する。

挽曲り（*hiki-magari*; kerf bent, snake）本来直線とならなければならない挽道が直線にならないこと。挽曲りは機械設備の不良，鋸の変形，鋸歯の摩耗などから生じる。

挽曲げ法（*hiki-mage-hō*; kerf bend method）板にたくさんの挽き目を入れ，挽き目を内側にして板を曲げる曲げ加工の一方法。

挽き回し鋸（*hikimawashi-noko*）［同］回し挽き鋸。

挽道（*hiki-michi*; kerf）挽材中に鋸歯の切削作用により生ずる溝状の切り跡。鋸断時の鋸の走行線。［関］挽道幅。

挽道幅（*hikimichi-haba*; kerf width）鋸歯の切削作用によって生じる挽き溝の幅で，鋸のあさりの幅にほぼ対応する。［関］挽道，あさり幅。

挽物（*hikimono*）［同］ろくろ，［関］ろくろ細工，ろくろ加工，挽物工作。

挽物工作（*hikimono-kōsaku*）［同］ろくろ細工，［関］ろくろ，挽物。

比強度（*hi-kyōdo*; specific strength）単位密度当たりの強度をいう。材料の同一質量に対する強度の比較に用いられる。

挽割（*hikiwari*; scantling, small squared lumber）製材品の一種。かつての製材のJASでは，厚さ7.5cm未満で幅が厚さの4倍未満の製材をさす。［関］挽割類。

挽割り鋸（*hikiwari-noko*）［関］大がかり。

挽割類（*hikiwari-rui*; scantling, small squared lumber）製材品の材種区分のひとつ。かつての製材のJASでは，厚さが7.5cm未満で幅が厚さの4倍未満のものをさし，断面形状によって正割と平割に分けられる。［関］挽角類，板類。

比研削抵抗（*hi-kensaku-teikō*; specific grinding resistance）切り屑の単位断面積当たりの研削抵抗。一般にこの抵抗値が小さいものほど研削が容易であり，この値は被研削性を示す一つの指標となる。［関］研削抵抗。

飛行機鉋（*hikōki-ganna*）障子などの組子を数本同時にまとめて削る鉋。

被削材（*hisaku-zai*; work material, workpiece material, work-piece, material cut）切削のしやすさと削られやすさの難易の程度が評価される材料。

被削性（*hisaku-sei*; machinability）切削のしやすさと削られやすさの程度。切削工具の種類，形状，材質はもちろん切削方式や切削条件および木材の材質などによって評価の仕方が異なってくるが，一般的に切削抵抗または切削動力，工具寿命，切削面性状，加工精度によって評価される。［関］切削性。

被削性試験（*hisaku-sei-shiken*; test of machinability）被削性を判断するために行う試験。試験項目には切削抵抗，切削面の性状，切屑の変形や形状，加工精度，工具切れ刃の耐摩耗性，切削温度などがある。［関］被削性，切れ味。

被削面（*hisaku-men*; work surface）切削加工する前の工作物の表面。

飛散（*hisan*; scattering）回転する切削工具などにより，切屑，木片，端材などが不特定の方向に飛ばされる現象。

比視感度（*hi-shi-kando*; spectral luminous efficiency）規定された測光条件での明るさ感覚

が，波長λの放射による場合と波長λ$_m$の放射による場合とで同じになるとき，波長λ$_m$の放射束と波長λの放射束との比を最大値が1になるように基準化したもの．分光視感効率ともいう．[同]分光視感効率．

肘木（*hijiki*）木質構造において，上方の荷重を全体もしくは腕の一部で支える横木で，多くの種類がある．

被写界深度（*hishakai-shindo*; depth of field）焦点を合わせた被写体面の前後で，写真画像として鮮明に撮影することができる範囲．

ビジュアルグレーディング（visual stress grading）[同]目視等級区分．

比重（*hijū*; specific gravity）ある物体の質量とそれと同体積の水の質量との質量比．無次元．以前は木材については，JISで密度の代わりに比重を用いていた．[関]密度．

微小硬さ試験（*bishō-katasa-shiken*; microhardness test）JISでは，試験荷重が9.807～490.3 N（1～50 kgf）の範囲をビッカース硬さ試験，9.807 N（1 kgf）以下の試験を微小硬さ試験という．[関]ビッカース硬さ．

微小焦点X線管（*bishō-shōten-X-sen-kan*; microfocus tube）焦点寸法が100μm未満のX線管．拡大撮影法に用いられる．

ピストンホン（piston phone）JIS C 1515に規定された，マイクロホンの感度を校正するための機器．小さな寸法の閉空洞内に既知の音圧を発生させるための，既知の周波数と既知の振幅で往復運動する剛なピストンをもつ装置．一般のピストンホンでは，周波数が250Hz，114dBあるいは124dBの音圧レベルを発生させることができ，温度や湿度の変化による音圧レベル変化はほとんどなく，安定性が高い．

ピスフレック（pith fleck）ある種のガやハチなどの幼虫によって形成層付近が食害され，正常材に囲まれたその跡が傷害組織で埋められたもの．シラカンバ，ハンノキ，カエデ類，サクラ類などの散孔材に多く出現する．

ひずみ（歪）（*hizumi*; strain）物体に外力が作用した時に生じる寸法やねじれ量の変化の相対値．

ひずみ（歪）ゲージ法（*hizumi — hō*; strain gauge method）物体が変形すると，接着または埋設したセンサの電気抵抗または静電容量が変化する現象を利用して，ひずみまたは応力を測定する方法．

比切削エネルギー（*hi-sessaku —*; specific cutting energy）切削に要した仕事量を工作物から除去された部分の体積で除した値．

比切削抵抗（*hi-sessaku-teikō*; specific cutting resistance）切削抵抗を切削断面積（切削幅×切込量）で除した値．[関]切削抵抗．

比切削力（*hi-sessaku-ryoku*; specific cutting force）単位切削断面積当たりの切削力．[関]切削力．

非対称構成【集成材の—】（*hitaishō-kōsei*; asymmetrical composition）異等級構成集成材のラミナの品質の構成が中心軸に対して対称でないこと．[関]対称構成【集成材の—】．

ピタゴラス音階（*— onkai*; Pythagorean scale）純正5度（周波数比2:3を意味する）を積み重ねることだけを利用した音律である．この音程12個分の積み重ねは，オクターブ（周波数比1:2）7個分の積み重ねと僅差（$(3/2)^{12} \cong (2/1)^7$）となる．

左ねじれドリル（*hidari-nejire —*; left hand helix twist drill）溝が左ねじのドリル．

ビッカース硬さ（*— katasa*, Vickers hardness）対面角136°のダイヤモンド四角錐圧子を用い，試験片にピラミッド形のくぼみをつけたときの試験荷重を，くぼみの対角線の長さから求めた表面積で除した値で押込み硬さを表す．原理的には試験荷重の大きさに制限はないため広い範囲の試験荷重で用いられている．試験方法はJIS Z 2244で規定されている．[関]ヌープ硬さ，ロックウェル硬さ．

ピックアップ（pickup, pick-up）機械的運動（特定の方向の加速度，速度，変位など）を，測定または記録できる量に変換する装置．変換のための主要要素のみを指す場合と，増幅回路などを含めて呼ぶ場合がある．

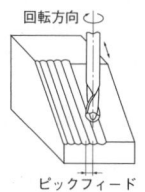

ピックフィード（pick feed）エ

ンドミルによる倣い削り，輪郭削りなどで，切削送り運動に直角な間欠的な切込運動．

ピッチ（pitch）歯端線または歯円線に沿って測定した隣接する鋸歯の歯端の間隔．

ピッチ【ねじの—】（pitch）ねじの軸線を含む断面において，互いに隣り合うねじ山の相対応する2点を軸線に平行に測った距離．

ピッチ【音の—】（sound pitch）聴覚にかかわる音の属性の一つで，低から高に至る音の尺度．知覚される音の高さ，もしくは音の物理的な高さ（基本周波数[Hz]）のこと．

ピッチ【鋸歯の—】（pitch）関歯距．

ビット（bit）板面の穴あけ用と木口面の穴あけ用に大別できる．前者は切れ刃が繊維を横切りできるように切れ刃回転半径よりやや大きめのけづめがあり，穴の中心位置を正確に決めて切れ刃の誘導を行う案内ぎりが付けられている．後者にはけづめはない．関木工錐．

a：案内ぎり
b：けづめ
c：先端角

引張あて材（hippari-ate-zai; tension wood）広葉樹の枝あるいは傾斜・曲がりのある幹の上側（引張側）にできるあて材．解剖学的には，木化せずセルロースに富んだゼラチン層を二次壁最内部にもつゼラチン繊維の存在が特徴．周囲の組織より一般に淡色で，切削仕上面に毛羽立ちが生じやすい．関あて[材]．

引張応力度（hippari-ōryoku-do; allowable tensile stress）木材の繊維に平行方向の許容応力度の一つで，引張の基準値によって定められている．

引張強度（hippari-kyōdo; tensile strength）木材が引張り負荷を受けたときの強度．木材の繊維方向と平行に荷重が作用した場合の縦引張強度と繊維方向に垂直に荷重が作用した場合の横引張強度がある．

引張強度性能（hippari-kyōdo-seinō; tensile strength performance）枠組壁工法用製材のJASにおいて引張り強度性能を表示するものに対して規定された引張強度性能．

引張試験（hippari-shiken; tension test）試験体の両端をチャックで掴んで引張荷重を加える木材試験法で，荷重方向と繊維方向が平行な縦引張試験と荷重方向と繊維方向が垂直な横引張試験がある．

引張接着強さ（hippari-setchaku-tsuyosa; tensile strength）接着面に引張応力を加え，接着接合部が破壊したときの強さ．関接着強さ．

引張剪断接着強さ（hippari-sendan-setchaku-tsuyosa; tensile shear strength）引張荷重によって接着面に剪断応力を加え，接着接合部が破壊したときの強さ．関接着強さ．

引張強さ（hippari-tsuyosa; tensile strength）同引張強度．

引張ばね（hippari-bane; extension spring, tension spring）主として引張荷重を受けるばね．狭義には，引張コイルばね．

引張ボルト（hippari—; tension bolt）建築部材のボルト接合において，主として引張力の伝達を目的として使われるボルト．

非点収差（hiten-shūsa; astigmatism）光学系の軸外物点から出た光線束による軸外像点が一点に集まらず，かつ光軸を含む一つの平面での像点とその平面に垂直な平面での像点が一致しない収差．

比動的弾性率（hi-dōteki-dansei-ritsu; specific dynamic modulus）単位密度当たりの動的弾性率をいう．材料の同一質量に対する動的弾性率の比較に用いられる．

1刃当たりの送り量（hitoha-atari-no-okuri-ryō; feed per knife）主に回転切削で，連続する二つの切れ刃先の軌跡の送り方向の距離．

一人生産方式（hitori-seisan-hōshiki; single-operator production system）一人の作業者が通常静止した状態の品物に対して生産作業を行う方式．複数の作業者が協働して作業を行う場合もある．関ライン生産方式．

ビトリファイド研削砥石（—kensaku-toishi; vitrified grinding wheels）同ビトリファイド砥石．

ビトリファイド砥石（—toishi; vitrified wheel）長石，可溶性粘土，陶石などを結合剤とした砥石．

ひねり金物（hineri-kanamono）木質構造用の金物のうち，幅20 mm，長さ90〜150 mm程度の帯板を真ん中で90°ねじった金物．

非破壊検査（*hihakai-kensa*; nondestructive inspection）非破壊試験の結果から，規格などによる基準に従って合否を判定する方法。同NDI。

非破壊試験（*hihakai-shiken*; nondestructive testing）素材や製品を破壊せずに，きずの有無およびその存在位置・大きさ・形状・分布状態などを調べる試験。同NDT。

非破壊評価（*hihakai-hyōka*; nondestructive evaluation）非破壊評価。非破壊試験で得られた指示を，試験体の性質または使用性能の面から総合的に解析・評価すること。同NDE。

びびり（*bibiri*; chatter）切削中の工具あるいは被削材に発生する激しい振動。

びびりマーク（*bibiri*—; chatter mark）切削時に工具あるいは工作物が振動することにより切削仕上面に現れる凹凸。

ひぶくら(樋布倉)鉋（*hibukura-ganna*）脇鉋の一種。あり溝，幅の狭い溝の側面（脇）や入隅を削る鉋。幅の狭い鉋台の側面に仕込んだ剣小刀状の鉋身で削る。鉋台の下端は陸が見られない程幅が狭くなっている。右勝手と左勝手がある。関脇鉋。

微粉（*bifun*; abrasive powder）研磨布紙用研磨材の粒度のうちP240〜P2500，また，研削砥石用研磨材の粒度のうちF230〜F1200までの砥粒の総称。関砥粒，粗粒。

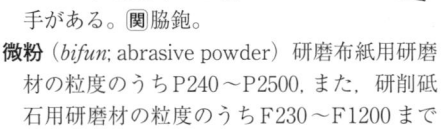

微分干渉顕微鏡（*bibun-kanshō-kembikyō*; differential interference contrast microscope）干渉を利用して，物体表面の微細な傾斜を持つ部分および物体内部の位相差の変化を明るさまたは色の差に変えて観察する顕微鏡。

比ヤング率（*hi—ritsu*; specific Young's modulus）単位密度当たりのヤング率をいう。材料の同一質量に対するヤング率の比較に用いられる。

評価者（*hyōkasha*; assessor）官能試験に参加する人。事前に識別試験などで選抜を行い，当該の試験に適正な評価者であると判明している場合は，選ばれた評価者という。関専門評価者。

評価長さ（*hyōka-nagasa*; evaluation length）輪郭曲線方式による表面性状の評価において，輪郭曲線パラメータを求めるために用いる輪郭曲線のX軸方向の長さ。一つ以上の基準長さを含み，粗さパラメータの場合は基準長さの5倍を標準とする。

表示記号【含水率の―】（*hyōji-kigō*）製材のJASにおける乾燥材の含水率の品質基準区分の表示方法。含水率の平均値がそれぞれの基準の数値以下であるとき，造作用製材では仕上げ材はSD15, SD18，未仕上げ材はD15, D18，構造用製材では仕上げ材はSD15, SD20，未仕上げ材はD15, D20, D25，下地用製材では仕上げ材はSD15, SD20，未仕上げ材はD15, D20，広葉樹製材ではD10, D13と表示する。

標準光源（*hyōjun-kōgen*; standard sources）特定の分光分布，光度，光束などをもち，測光，測色の標準として用いられる光源。

標準作業（*hyōjun-sagyō*; standard operation）製品または部品の製造工程全体を対象にした，作業条件，作業順序，作業方法，管理方法，使用材料，使用設備，作業容量などに関する基準となる規定。

標準時間（*hyōjun-jikan*; structure of standard time）その仕事に適正を持つ習熟した作業者が，所定の作業条件下で，必要な余裕時間を持ち正常な作業ペースにより仕事を遂行するために必要とされる時間。主体作業時間と準備段取作業時間からなる。

標準尺（*hyōjun-shaku*; standard scale）長さの測定器の校正などに用いられる精密な物差し。通常ガラス製で，等間隔の目盛が刻まれている。JISでは全長50〜1,000 mmの，0級，1級，2級の標準尺について規定している。

標準状態（*hyōjun-jōtai*; standard condition, normal state of testing for wood）木材の試験方法の通則(JIS)において標準状態の試験が規定されており，標準温湿度状態(温度20±2℃，湿度65±5%)の室内で調整し，含水率が12±1.5%の試験体について行うとされている。

標準寸法【合板の―】（*hyōjun-sumpō*; standard

dimensions) JAS(合板)では，合板の種類ごとに標準の寸法(厚さ，幅，長さ)が示されている．

標準偏差（*hyōjun-hensa*; standard deviation）分散の正の平方根．不偏分散の正の平方根を試料標準偏差または実験標準偏差ともいう．

表色（*hyōshoku*; specification of color）色を，その心理的特性または心理物理的特性によって主として定量的に，場合によっては定性的に表示すること．一般に，心理物理特性は三色表色系の色刺激値によって，心理的特性はカラーオーダシステム（系統的に知覚色を配列した標準色見本がある色の体系）によって表す．

標本化（*hyōhon-ka*; sampling）アナログ信号から，あらかじめ設定した時刻ごとに瞬時の値を取り出す操作．通常は一定時間間隔ごとに行う．関AD変換．

表面粗さ（*hyōmen-arasa*; surface roughness）工業製品の表面における比較的短い間隔の凹凸を評価するパラメータ（最大高さ，十点平均粗さ，中心線平均粗さなど）の総称としてJIS B0601で規定されていた用語．輪郭曲線方式による表面性状の評価を導入した2001年の改正で，同様の概念は粗さパラメータとして規定された．表面粗さを表すパラメータと粗さパラメータは，名称が同じでも定義が若干異なる．関粗さパラメータ，輪郭曲線方式，表面性状．

表面エコー（*hyōmen*—; surface echo）探触子に対して媒体の最初の境界面からのエコー．同Sエコー．

表面硬化（*hyōmen-kōka*; case hardening）強い乾燥応力によってセットが形成された状態のこと．乾燥初期に高温低湿にしたり，乾燥途中で乾燥を急いで湿度を降下しすぎると表層部に強いテンションセットが形成され，乾燥終了時に板を長さ方向に挽き割ったり，板の厚さを片側だけ余計削ったりすると反りが生じる．関ドライングセット．

表面処理工具（*hyōmen-shori-kōgu*; surface treated tool）刃部の材料の表面に，窒化，酸化，窒化酸化処理などの表面処理を施した工具．関コーティング工具．

表面性状（*hyōmen-seijō*; surface texture）表面の微細な幾何学的特性で，加工によって生じる凹凸，きず，筋目などの総称．表面の凹凸形状を表わす「粗さ」および「うねり」もこれに含まれる．これらの特性は表面性状パラメータを用いて評価される．関粗さ，うねり，表面性状パラメータ．

表面性状パラメータ（*hyōmen-seijō*—; surface texture parameter）輪郭曲線方式による表面性状の評価において，輪郭曲線から計算されるパラメータ．輪郭曲線が「断面曲線」「粗さ曲線」「うねり曲線」の場合，それぞれ「断面曲線パラメータ」「粗さパラメータ」「うねりパラメータ」という．

表面性能【合板の―】（*hyōmen-seinō*; surface quality of plywood）JAS(合板)では，特殊加工化粧合板を対象として，温度変化に対する耐候性，耐水性，耐熱性，耐摩耗性，引きかき硬度，耐衝撃性，退色性，耐汚染性，耐薬品性についての基準が，Fタイプ，FWタイプ，Wタイプ，SWタイプごとに決められている．関特殊加工化粧合板．

表面単板（*hyōmen-tampan*; face (veneer)）合板を構成する単板で，最外側に位置する両側の単板．表面単板の一方を表板（フェイス）とすれば，他方は裏板（バック）となる．関板面の品質．

表面熱処理（*hyōmen-netsushori*; surface heat treatment）金属製品の表面に，所要の性質を付与する目的で行う熱処理．関熱処理．

表面の品質【合板の―】（*hyōmen-no-hinshitsu*; quality of the face）JAS(合板)では，合板面の品質を節や割れ等の欠点の程度（A〜Dのグレード等）で表すが，これによって評価した表面の品質．関裏面の品質【合板の―】，板面の品質．

表面割れ（*hyōmen-ware*; surface check）木材を乾燥するときに表面に発生する割れのこと．木材が乾燥するときは材は表面から含水率が降下し，表層部が先に乾燥して収縮を始める．このとき，内層はまだ含水率が高く収縮が起こらないため表層は引っ張られて自由に縮め

ず表面割れが発生しやすい。関内部割れ，干割れ．

表面割れに対する抵抗性試験（*hyōmen-ware-ni-taisuru-teikō-sei-shiken*; surface checking resistance test）集成材の日本農林規格に定められている試験の一つ．試験片は，各試料集成材から木口断面寸法はそのままとした長さ 150 mm のものを 2 個ずつ作製する．次に，試験片の木口面にゴム系接着剤を用いてアルミ箔を張り付け，60±3℃の恒温乾燥機中で 24 時間乾燥する．その後，試験片の表面に割れを生じず，または生じても軽微であることが，適合条件となる．

秤量法（*hyōryō-hō*）捕集測定方法によって浮遊粉じん濃度を測定するときの濃度測定方法の一つ．ろ過材または衝突板に捕集した粉じん質量を捕集前後の秤量差から求め，吸引量で除して質量濃度を求める．関捕集測定方法．

平角（*hirakaku*; flat square）製材の一種．厚さおよび幅が 7.5 cm 以上の角類のうちで，断面が長方形のもの．関挽角，正角．

平形水準器（*hira-gata-suijun-ki*; precision flat level）角形の棒状の構造体に気泡管を組み込み，その底面を測定面とする精密水準器．

平形直角定規（*hira-gata-chokkaku-jōgi*; flat-type square）長辺と短辺の厚さが等しく，断面が長方形の直角定規．主に工作時の検査に用いられ，JIS では 1 級と 2 級を規定している．

平形砥石（*hira-gata-toishi*）同 1 号平形砥石．

平鉋（*hira-ganna*）木材を平面に削るのに用いる鉋．鉋台に鉋身のみを仕込む一枚鉋，鉋身と裏金を仕込む二枚鉋がある．削り目的によって荒仕工鉋，中仕工鉋，上仕工鉋がある．

平鉋刃（*hira-kannaba*; flat blade, knife for hand planer）切れ刃線が真直な板状の刃物．薄刃と厚刃がある．高速度工具鋼，超硬合金などの材質の刃部を台金部にろう接して作る．薄刃は刃物全体を刃部材質とする場合が多い．関鉋刃．

開き角（*hiraki-kaku*）同あさりの開き角．

開き破壊（*hiraki-hakai*; split along grain）木口切削において，切込量や切削角が比較的大きい場合あるいはこれらが比較的小さくても刃先が鋭利でない場合に，刃先下方の被削材が横引張りによって繊維方向に沿って割り開かれたように生じる破壊．関木口切削．

平削り（*hira-kezuri*; planing, linear cutting）刃物と工作物との相対的な動きが直線的であるような切削機構．

平削加工（*hirakezuri-kakō*; planing）回転鉋盤によって材料の厚さ規制および表面仕上げをする加工，あるいは仕上げ鉋盤のような平鉋刃による直線削りによって表面仕上げを行う加工．

平削り鉋盤（*hirakezuri-kanna-ban*; surfacer, planer, leveling machine）同仕上鉋盤．

平剣バイト（*hira-ken-baito*; straight turning tool with square corner）主切れ刃がシャンクの軸にほぼ直角な剣バイト．関バイト．

平鋼（*hira-kō*; steel flats）四面とも圧延されて，長方形(部分的に凹凸のあるものも含む)の断面に仕上げられた鋼材．通常，幅が，厚さの 2 倍以上で，500 mm 程度までの鋼材．

平座金（*hira-zagane*; plain washer）平板状の座金．外形は丸，片面取りした丸，四角などがあり，四角形のものは角座金と呼ぶ．

平定規（*hira-jōgi*; scale, anvil）テーブル帯鋸盤において，挽材寸法を決める定規．手押しによる挽材の場合は面の平らな平定規が用いられる．関定規，テーブル帯鋸盤．

平突きのみ（鑿）（*hira-tsuki-nomi*; paring chisel）ほぞやほぞ穴などの平面仕上げに用いる突きのみ．

平刃（*hira-ba*）超硬丸鋸の刃形の配列の一つ．ばちあさりに似た歯喉面が台形をした同一寸法・形状の超硬チップを配列する．参組刃．

平歯車（*hira-haguruma*; spur gear）歯が回転軸に平行で，円筒の表面にあるように配置された歯車．

平刃のみ（鑿）（*hiraba-nomi*; square nose chisel）平刃状ののみ．平板状の鋼の一端に平刃を付

け，他端に柄を付けて作る．旋削加工で被削材の外周面を円筒状に荒削りするのに用いられる．㊷のみ．

平パレット（*hira*—; flat pallet）二方差しパレット，四方差しパレット，単面形パレットなどのように，上部構造物のないフォークなどの差込口をもつパレット．

平フライス（*hira-furaisu*; plain milling cutter, cylindrical cutter）外周面に切れ刃をもち，平面を仕上げるフライス．周刃フライスとほとんど同義．㊷正面フライス，㊺回転削り，周刃フライス．

平フライス削り（*hira-furaisu-kezuri*; slab milling）平フライスを用いた加工．

平柾（*hiramasa*）平面方向柾目材．㊷柾目，平面．

ひら面，平面（*hiramen*）部材の幅が広い方の材面．㊷木端面，こば面．

平割（*hirawari*; flat scantling, small squared lumber）挽割類のうち横断面が長方形のもの．㊷挽割類，正割．

平割材（*hirawari-zai*; flat scantling, small squared lumber scantling）㊂平割．

非連成モード（*hirensei*—; uncoupled modes）一方の振動モードから他の振動モードにエネルギーが移動することがなく，他のモードと同時に，互いに独立に系に存在することのできる振動モードのこと．

疲労安全率【帯鋸の—】（*hirō-anzen-ritsu*）使用中の帯鋸に生じる最大応力に対する帯鋸の疲れ限度の比．最大応力には緊張力による応力以外に切削抵抗，腰入れ，背盛り，切削熱による応力，繰り返し曲げによる力，回転による遠心力，歯底部の応力集中などが加わる．安全率は2.4から2.8の間にある．

疲労試験（*hirō-shiken*; fatigue test）疲れ試験のこと．

疲労破壊（*hirō-hakai*; fatigue fracture）材料が繰返し荷重を受けて発生した割れが進展して破壊に至る現象．

広のみ(鑿)（*hiro-nomi*）厚のみと同種で，穂幅が厚のみよりも広いものを言う．

干割れ（*hiware*; check, crack）木材が乾燥することによって発生する割れを意味するが，特に細かな割れを示すことが多い．㊷表面割れ，内部割れ．

ピンクノイズ（pink noise）周波数の逆数に比例する音圧レベル分布を持つ広帯域ノイズ．（周波数について）オクターブ当たり−3dBまたはディケード(1桁)当たり−10dBの割合で低下するスペクトルを持つ．

品質管理（*hinshitsu-kanri*; quality control, QC）満足する品質の製品を安定して作り出すために行われる管理手法．

品質マネジメントシステム規格（*hinshitsu— kikaku*; quality management system, QMS）品質に関して組織を指揮し，管理するためのマネジメントシステムの規格．ISOの9000ファミリーがその代表．

ふ　*fu*

ファイバ乾燥機械（——*kansō-kikai*; fiber dryer）乾式繊維板を製造するためのファイバを連続的に乾燥する機械。

ファイバ製造機械（——*seizō-kikai*; fiber manufacturing machine）繊維板用ファイバを製造する機械。

ファイバボード（fiberboard）同繊維板。

ファイバボード仕上機械（——*shiage-kikai*; fiberboard finishing machine）ファイバボードを所定の寸法に切断する機械および表面を研削して仕上げる機械。関繊維板。

ファイバボード用バッチ式ホットプレス（——*yō*——*shiki*——; batch type hot press for fiberboard）ファイバマットを熱板の間に挿入し、可動定盤を油圧などによって作動させて加熱圧縮する機械。多段プレスが一般的である。同バッチ式プレス，関繊維板。

ファイバボード用ホットプレス（——*yō*——; hot press for fiberboard）ファイバマットを加熱圧縮する機械。

ファイバマット乾燥機（——*kansō-ki*; fiber mat dryer）ウェットファイバマットをローラで自動送りし、熱風で乾燥する機械。インシュレーションファイバーボード製造に使用され、一般に多段式が多い。

ファジィ制御（——*seigyo*; fuzzy control）ファジィ推論演算を行って操作量を決定する制御方式。ファジィ集合を利用して制御モデルや制御系を構成した制御。

フィードバック（feedback）制御系の出力側の信号を入力側に戻し、制御系の出力に影響を及ぼすこと。

フィードバック制御（——*seigyo*; feedback control）フィードバックによって制御量を目標値と比較し、それらを一致させるように操作量を生成する制御。閉ループ制御ともいう。関フィードバック。

フィードフォワード制御（——*seigyo*; feedforward control）目標値，外乱などの情報に基づいて、操作量を決定する制御。

VOC（volatile organic compounds）同揮発性有機化合物。

Vカット法（*V*——*hō*; V-cut process）(1)化粧版の基板の裏面からV溝を化粧シートの寸前まで切削し、その部分に接着剤を塗布して接着する接合方法。(2)コンクリート構造物などに発生したクラックに添ってV字形の溝を作る方法のことであり、その部分をシールするかまたは樹脂を注入して補修する。

Vカットマシン（V-cut machine）同V溝成形機。

フィクスドバー（fixed bar）単板切削において単板の厚さ規制および裏割れの抑制などを目的として付けられるバーのうち、ナイフ刃先との関係でその先端位置が固定されているもの。関ノーズバー。

フィブリル傾角（——*keikaku*; fibril angle）同ミクロフィブリル傾角。

Vブロック（V block, vee block）上面にV字形の溝を付けた、鋳鉄製または鋼製の台。丸棒の端面の罫書きなどに使う。薬研台（やげんだい）とも呼ぶ。

Vベルト（V-belt）動力伝達用に用いられる、断面がV字形をしたエンドレスになったベルト。外周にV字形の溝をもつプーリと組み合わせて用いられる。負荷によってベルトに張力が掛かかると、ベルトがプーリの溝に楔のように食い込むことによって強い摩擦力が生じるため、細いベルトでも比較的大きな動力を伝えることができる。複数組のベルトとプーリを用いることも多い。

V溝成形機（*V-mizo-seikei-ki*; V-cut shaper）複数の丸鋸あるいはカッタにより、工作物にV形の溝を成形加工する木工フライス盤。

フィルタ振動法（——*shindō-hō*）捕集測定方法によって浮遊粉じん濃度を測定するときの濃度測定方法の一つ。固有の周波数で振動しているフィルタ上へ粒子を捕集し、振動数の減推量から浮遊粉じんの質量濃度を測定する。関捕集測定方法。

フィンガカッタ（finger cutter）フィンガジョ

イントのための接合面を成形加工するカッタ．複数のブレードを重ね合わせたものと，複数の歯が一体になったものがある．

フィンガジョインタ（finger jointer）木材などを縦継ぎするために，カッタで工作物の木口面をフィンガ状に切削加工する機械．関フィンガジョイント．

フィンガジョイント（finger joint, fingerjoint）木材の継手の一種で，木材の端部を専用のカッタ（フィンガカッタ）を用いて断面が掌状になるように加工し，接着剤を塗布して圧着する方法．当初はフィンガの長さが50 mm程度のもの（Nジョイント）であったが，現在では長さが12 mm程度以下のもの（ミニフィンガジョイント）が用いられることが多い．関縦継ぎ，参継手．

プーラ（puller）工作物をアンローダゲージの定位置まで引き出す装置．

風力分級フォーミングマシン（fūryoku-bunkyū—; air shift spreading machine）落下する小片に横気流を与え，小片形状を分級しながら連続的にたい積させる機械．

フールプルーフ（foolproof）人為的に不適切な行為または過失などが起こっても，機械部品，装置，システムなどが災害や致命的な障害を起こさないようにすること．また，それを実現するための設計上の考え方．

フェイスベベル（face bevel）超硬丸鋸の鋸歯のすくい面に付けたマイクロベベル．関マイクロベベル，すくい面，超硬丸鋸．

フェールセーフ（fail-safe）機械部品，装置，システムなどが故障したときに，あらかじめ定められた一つの安全な状態を取るようにすること．また，それを実現するための装置や設計上の考え方．

フェノール樹脂系接着剤（——jushikei-setchakuzai; phenole-formaldehyde resin adhesive, phenolic resin adhesive, phenol resin adhesive）フェノールとホルムアルデヒドとの付加縮合反応物を主体とする熱硬化性樹脂接着剤．関ノボラック型接着剤，レゾール型接着剤．

フェライト（ferrite）1種以上の元素を含むα鉄またはδ鉄固溶体．

フォーミングマシン（spreading machine）移動する当て板上で小片を所定のマットの幅および厚さに，連続的にマット状にたい積させる機械．

フォワードスケジューリング（forward scheduling）着手予定日（着手可能日）を基準として，工程順序に沿って予定を組んでいく方法．関バックワードスケジューリング．

フォン（phon）「音の大きさ（ラウドネス）のレベル」の単位．

深穴あけ（fukaana-ake; deep hole drilling, deep hole boring）長さと直径の比が4倍以上の穴をあけること．

深穴加工（fukaana-kakō）同深穴あけ．

付加粗さ（fuka-arasa; additional (surface) roughness）切削仕上面において幾何学的粗さに付加される粗さ．工具切れ刃の形状不整，機械や工具の振動，切削機構に関係する現象，工作物の組織構造などが原因で現れる．関仕上面粗さ，幾何学的粗さ，組織粗さ．

負荷運転試験（fuka-unten-shiken; load running test）工作機械を負荷状態で運転し，その運転状態と所要電力を調べる試験．ここでの運転状態とは，速度，行程の数，および長さ，ならびにそれらの変動，振動，騒音，潤滑，気密，油密などの状態をいう．

負荷運転特性（fuka-unten-tokusei; load performance）加工負荷を加えた状態で工作機械を運転しているときに示す機械の特性．

付加価値（fuka-kachi; value added）製品またはサービスの価値の中で，自己の企業活動の結果として新たに付与された価値．

負荷曲線（fuka-kyokusen; material ratio curve, Abbott Firestone curve）輪郭曲線方式による表面性状の評価において，切断レベル c の関数として表された輪郭曲線の負荷長さ率の曲線．評価長さにおける高さ $Z(x)$ の確率と解釈することができる．同アボットの負荷曲線．

負荷長さ（fuka-nagasa; material length of profile）輪郭曲線方式による表面性状の評価において，ある切断レベルにおける輪郭曲線要

素の実質部分の長さ.

負荷長さ率（*fuka-nagasa-ritsu*; material ratio of profile）輪郭曲線方式による表面性状の評価において，切断レベル c における，評価長さ ln に対する輪郭曲線要素の負荷長さ $Ml(c)$ の比．$Pmr(c)$, $Rmr(c)$, $Wmr(c)=Ml(c)/ln$

深溝玉軸受（*fuka-mizo-tama-jikūke*; deep groove ball bearing）内輪・外輪の溝の断面が，玉の直径よりわずかに大きい半径の円弧をなし，玉の円周の約1/3に相当するラジアル玉軸受．最も普通の玉軸受で，軸に垂直なラジアル荷重のほかに，軸方向のアキシアル荷重もある程度負荷することができる．参転がり軸受．

不感時間（*fukan-jikan*; dead time）データ取得中に，計測器または装置が新たなデータを受け入れ得ない時間．

腐朽（*fukyū*; decay, rot）木材の細胞壁実質が菌類により分解され，組織構造が崩壊して強度低下などの劣化を生ずること．

歩切れ，分切れ（*bugire*）製品の実寸法が表示寸法より小さい状態のこと．

副切込角（*fuku-kirikomi-kaku*; minor cutting edge angle）副切れ刃の切込角．

副切れ刃（*fuku-kireha*; minor cutting edge）切れ刃のうち主切れ刃を除く部分．副切れ刃が複数ある場合には，コーナに近い方から順に第一副切れ刃，第二副切れ刃などという．

複屈折（*fuku-kussetsu*; double refraction, birefringence）結晶その他の異方性物質に入射する光が，互いに垂直な振動方向を持つ二つの光波に分かれる現象．

複合型制振鋼板（*fukugō-gata-seishin-kōhan*; hybrid damping steel sheet）鋼板と鋼板の間に粘弾性樹脂を挟み込んだ制振鋼板のことで，極めて優れた制振特性を有する．金属と樹脂の複合材であるため機械的強度が低く，曲げ加工や溶接に制約がある．

複合型切削（*fukugō-gata-sessaku*; combined type cutting）横切削における流れ型や折れ型の複合にみられるように，切屑の生成における二つの型が複合した切削あるいは切削型．関切削型．参切削型．

複合管孔（*fukugō-kankō*; pore multiple）管孔の複合状態を表わす用語の一つで，2個以上の管孔が集まったもの．密集し，かつ相互の接触面が平らになっているため，あたかも1個の管孔が分割したように見える．管孔が放射方向に連続し，相互の接触面が接線方向に平たくなっている放射複合管孔が普通の型．

複合機械（*fukugō-kikai*; multiple function processing machine）数種類の加工機能を有し，工作物を自動送りして複合加工する木工機械システムの総称．

複合細胞間層（*fukugō-saibōkan-sō*; compound middle lamella）細胞壁は一次壁と二次壁から構成され，隣接する細胞の二つの一次壁とその間の細胞間層を合わせた複合層に対する便宜的な用語．

複合自動ローラ送りテーブル帯鋸盤（*fukugō-jidō—okuri—obinoko-ban*; composite auto-roller table band resaw）2個以上の送りローラおよびその駆動装置よって，テーブル上または下受けローラで工作物を送って，縦挽き切断するテーブル帯鋸盤．関自動ローラ送りテーブル帯鋸盤．

複合フローリング（*fukugō—*）ひき板を基材とし，厚さ方向の構成層が一つのフローリングを単層フローリングという．複合フローリングとは，その単層フローリング以外のフローリングで，複合1種から3種まである．複合1種フローリングはベニヤコア合板のみを基材としたもの，複合2種フローリングはひき板，集成材，単板積層材またはランバーコア合板を基材としたもの，複合3種フローリングは1種および2種以外の複合フローリングである．

複合放射組織（*fukugō-hōsha-soshiki*; compound ray）放射組織の分布による分類で，ナラ類などに見られる極端に幅の広い放射組織．集合放射組織の中の各放射組織が完全癒合まで進んでいる状態であるが，木部繊維そのほかの要素によって分割されたり，混入したりしたものがある．

複軸彫刻盤（*fukujiku-chōkokuban*; multi-spindle carving machine）同木工彫刻盤．

複軸面取り盤（*fukujiku-mentori-ban*; double spindle shaper）異なる回転方向を持つ2本の昇降できる垂直主軸とテーブルからなり，主として工作物の側面成形切削する木工フライス盤．

輻射道管材（*fukusha-dōkan-zai*）関放射孔材．

副逃げ面（*fuku-nigemen*; minor frank）副切れ刃につながる逃げ面．副逃げ面が複数の面からなるときは，副切れ刃に近い方から順に第一副逃げ面，第二逃げ面などと呼ぶ．

膨れ【合板・単板積層材の―】（*fukure*; blister）単板の接着していない部分が合板の表面に多少ふくれて見えるもの．関板面の品質．

複列軸受（*fukuretsu-jikuke*; double row (rolling) bearing）2列の転動体をもつ転がり軸受．関転がり軸受，単列軸受．

不減衰固有振動数（*fugensui-koyū-shindōsū*; undamped natural frequency）1自由度系モデルでは振動の振幅が最大になる現象，そして多自由度系では振動の振幅が極大になる現象を共振（resonance）と呼び，このときの振動数を固有振動数というが，減衰がない系における固有振動数がこれに当たる．

節（*fushi*; knot）肥大成長によって樹幹の木部内に取り込まれた枝条の基部が材面に現れたもの．JIS Z 0107 木箱用語では木節という．また，JASにおいては材面にあらわれないかくれ節も含めて「木材の中に含まれた枝条の部分」と定義している．

節【振動の―】（*fushi*; node）定在波の振幅がゼロとなる点，線または面．

節径比（*fushi-kei-hi*; knot diameter ratio）材面の幅に対する節の径の百分率．

腐食防食試験（*fushoku-bōshoku-shiken*; corrosion test）液体や気体中での鉄鋼の腐食の起こりやすさおよび防食処理の効果を調べる試験．

腐食摩耗（*fushoku-mamō*; corrosive wear）工具材料と被削材成分などとの間の化学的反応や電気化学的反応によって，工具材料の一部が溶解したり脱落したりすることによる工具の摩耗．関摩耗【工具の―】．

ふすま【襖】（*fusuma*）主として和室に使用される引き戸．木製の組子に両面から紙や布を貼り，引き手と縁を取り付けた建具の一種．古くは障子という言葉が広い意味で用いられていたため，襖を襖障子という場合がある．

伏図（*fuse-zu*; plan, framing plan）建築物の部材の大きさや構成，仕上げなどを建物の上側から見た様子を平面的に描いた図面．

歩出し（*budashi*; setwork）工作物の鋸断位置を設定すること．送材車を使用した挽材の場合，ヘッドブロックを所定の距離だけ前進させて工作物の鋸断位置を設定する．関ヘッドブロック，歩出し装置．

不確かさ（*futashikasa*; uncertainty）測定値のばらつきを特徴付けるパラメータ．標準偏差，95％信頼区間などで表される．

歩出し操作【帯鋸盤の―】（*budashi-sōsa*）所定の寸法に製材するために，送材車に載荷した工作物を所定の寸法だけ鋸方向に移動させる操作，またはツイン帯鋸盤では帯鋸盤を所定の寸法に見合った距離だけ移動させる操作．関歩出し装置【送材車の―】．

歩出し装置【送材車の―】（*budashi-sōchi*; setworks, set working device）送材車を構成する主要な装置で，工作物がかすがいで固定されている送材車上のヘッドストックを任意の寸法だけ移動させる装置．

二又むこうまちのみ（向待ち鑿）（*futamata-mukōmachi-nomi*）同二本むこうまちのみ．

縁形（*fuchi-gata*; grinding wheel profiles）結合研削材砥石の研削使用面の形状．

縁取り研削（*fuchitori-kensaku*; jointing, honing）鉋胴の回転軸に平行に移動できる研削砥石を用い，回転している鉋刃の刃先をわずかに削って切削円の直径を揃えるための研削．

縁取り幅（*fuchitori-haba*; width of heel grinding）縁取り研削によってできた刃先平坦部分（ランド）の幅．

縁貼り機（*fuchi-hari-ki*; edge bander, edge banding machine）工作物か縁材のどちらか，または両方に接着剤を塗布し，工作物の側面に縁材を加圧接着する機械．同エッジバンダ．

普通合板（*futsū-gōhan*; plywood for general

use）JAS（合板）では，普通合板とは，合板のうち，コンクリート型枠用合板，構造用合板，天然木化粧合板，特殊加工化粧合板以外のものを指す。慣用的には，大まかに合板を普通合板と特殊合板に分けることもある。

普通旋盤（*futsū-semban*; ordinary wood lathe, wood turning lathe）関木工普通旋盤，関木工旋盤。

普通木片セメント板（*futsū-mokumō——ban*; cement-bonded particleboard）比較的大型のパーティクルと350 kg/m³以上のセメントを混練し，圧力を加えて成板したもの。かさ比重は0.5以上～0.8未満のもの。関硬質木片セメント板。

ぶつ切り面取り鉋（*butsukiri-mentori-ganna*）関自由定規付き面取り鉋。

ブッシュ（bush, bushing）普通には軸受などのはめ輪のことをいうが，金型では本体とは別に製作した後，その金型内にはめ込む薄肉の金属製円筒状の部品をいう。ガイドピンブッシュ，スプルーブッシュなどがある。

物理蒸着（*butsuri-jōchaku*; physical vapor deposition, PVD）物質の表面に薄膜を形成する蒸着法の一つで，気相中で物質の表面に物理的手法により目的とする物質の薄膜を堆積する方法。切削工具の表面処理に，窒化チタン（TiN），窒化クロム（CrN）や炭化チタン（TiC）などの薄膜が用いられる。関化学蒸着。

物理量（*butsuri-ryō*; physical quantity）物理学における一定の理論体系の下で次元が確定し，定められた単位の倍数として表すことができる量。

不等角投影（*futōkaku-tōei*; trimetric projection）製図のための投影法の一つで，三つの座標軸上の尺度がすべて異なるように，対象物を単一の投影面上に平行投影した表現。

ぶどう（葡萄）杢（*budō-moku*）ぶどうの房のように小さな輪があつまった模様を描く杢。クスノキ，ヤチダモ，トチノキ等に現れる場合がある。

ふところ（懐）（*futokoro*）上部鋸車を保持するフレームと切削側帯鋸の直線部分との空間。関帯鋸盤。

歩留り，歩止り（*budomari*; yield, recovery）生産において，産出された製品または半製品の量の，投入された主原材料の量に対する比率。収得率または収率ともいう。製材においては一般に「歩止り」が使われ，形量歩止りと価値歩止りに分けられる。関形量歩止り，形量歩留り，価値歩止り，価値歩留り。

太め鉄丸釘（*futome-tetsu-marukugi*）同CN釘。

船底鉋（*funazoko-ganna*）同反り台鉋。

部分圧縮クリープ試験（*bubun-asshuku——shiken*; partial compression creep test）木材のクリープ試験（JIS）の一つで，試験体の一部に一定の横圧縮荷重を加えて行う。

部分圧縮試験（*bubun-asshuku-shiken*; partial compression test）横断面が正方形の試験体の一部に横圧縮荷重を加える木材試験法。

部分圧縮強さ（*bubun-asshuku-tsuyosa*; partial compression strength）木材の一部に横圧縮荷重を加えたときの，いわゆるめり込みに対する強度。JISでは加圧鋼板の辺長の5％部分圧縮強さとして求められる。

部分圧縮比例限度（*bubun-asshuku-hirei-gendo*; proportional limit in partial compression）木材の一部に横圧縮荷重を加えたときの比例限度。JISでは荷重面積当たりの比例限度荷重として求められる。

歩減り（*buberi*）製品の寸法が付加加工などによって減少する場合の寸法減少量。「乾燥による歩減りが10 mm，モルダ掛けによる歩減りが5 mm」というように使われる。関歩増し。

歩増し（*bumashi*）仕上げ寸法に対して余裕を持った寸法に加工する場合のその寸法の余裕分のこと。挽材では，乾燥による収縮，狂い，寸法仕上げによる削り代などを考慮して決定する。関粗挽き寸法。

浮遊測定方法（*fuyū-sokutei-hōhō*）空気中に浮遊する粉じんを浮遊状態のまま，その濃度を測定する方法。関散乱光法，粒子計数法，吸光光度法，凝縮核粒子計数法。

浮遊粉塵濃度（*fuyū-funjin-nōdo*）環境空気中に浮遊する粉塵（ダスト，ヒューム，ミスト

などの粒子状物質）の濃度で，個数濃度，質量濃度，または相対濃度で表わす．関個数濃度，質量濃度，相対濃度．

フライス（*furaisu*; milling cutter）外周面，端面または側面に切れ刃をもち，回転切削する工具．ミリングカッタともいう．鉋胴，木工カッタ，ルータビットなどが含まれる．関フライス削り，エンドミリングカッタ．

プライ数（—*sū*; number of ply）合板を構成する単板の枚数をいい，通常は3,5,…等の奇数枚構成である．関合板．

フライスカッタ（*furaisu*—; milling cutter）同フライス．

フライス削り（*furaisu-kezuri*; milling）回転する円筒面または端面に切れ刃を持った工具をフライスという．このフライスを使って主に平面を削る作業．材の送り方向と切削方向が同じ場合を下向き切削，逆の場合を上向き切削という．木材加工では一般には上向き切削が多く採用されている．関フライス，周刃フライス，正面フライス．

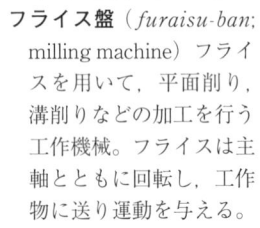

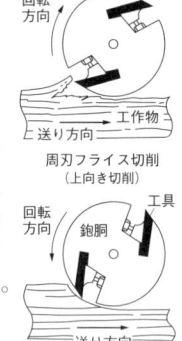

フライス盤（*furaisu-ban*; milling machine）フライスを用いて，平面削り，溝削りなどの加工を行う工作機械．フライスは主軸とともに回転し，工作物に送り運動を与える．

ブラシサンダ（brush sander）回転研磨工具の一種で，フィラメントと呼ばれる金属線や非金属線（動・植物繊維，化学繊維）の材質からなる研磨ブラシにより工作物を研削するサンダ．その柔軟性を利用して複雑な形状の工作物の研削に用いられる．

プラズマ熱処理（—*netsu-shori*; plasma heat treatment）減圧したガス雰囲気中で，陰極とした金属製品と陽極との間に生じるグロー放電によるプラズマを用いた熱処理の総称．関熱処理．

フラックス（flux）溶接またはろう接の際に，母材や溶接金属の酸化物などを除去し，母材表面を保護し，溶接金属の精錬を行う目的で用いる粉体やペースト状のもの．

フラッシュドライヤ（flush tube dryer）小片をパイプで熱風によって送り，乾燥する機械．

プラットフォーム方式（—*hōshiki*）木質構造のツーバイフォー工法において，1,2階を積み上げ方式で建てる建て方．

プラテン研削方式（—*kensaku-hōshiki*; platen grinding method, platen type grinding）研磨ベルトのバックアップにプラテンと呼ぶ平板（押板）を用いて，このプラテン上を走行する研磨ベルトに工作物を押し付けて研削する加工法．主として工作物の平坦部を仕上げる目的で使用するベルト研削の一方式．同押板研削方式，関研削，参ベルト研削．

プラテンパレット（platen pallet）平板状のパレット．

プラトー構造表面（*puratō-kōzō-hyōmen*; surfaces having stratified functional properties）輪郭曲線方式による表面性状の評価において，粗い輪郭曲線の高い部分を微細仕上げによって除去してできる不規則波形部分（プラトー部分）の下側に深い谷を含む不規則波形部分（谷部分）を持つ表面．内燃機関のシリンダライナが典型例とされる．

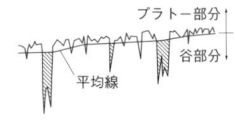

プランクの放射則（—*no-hōsha-soku*; Planck's law）波長および温度の関数として，黒体の放射輝度の分光密度を与える法則．

$$L_{e\lambda}(\lambda, T) = \frac{\partial L_e(\lambda, T)}{\partial \lambda} = \frac{c_1}{\pi} \lambda^{-5} \left[\exp\left(\frac{c_2}{\lambda T}\right) - 1 \right]^{-1}$$

ここで，L_e:黒体の放射輝度[W·m^{-2}·sr^{-1}]，λ:波長[m]，T:黒体の絶対温度[K] c_1:放射第一定数（$=2\pi hc^2=(3.741832\pm0.000020)\times10^{-16}$ [W·m^{-2}]），c_2:放射第二定数（$=hc/k=(1.438786\pm0.000045)\times10^{-2}$[m·K]），$h$:プランク定数，$c$:真空中における光の速さ，$k$:

ボルツマン定数。関放射輝度。

フランジ【丸鋸盤の―】(flange) 丸鋸盤の主軸に鋸を取り付けるために使用される円形の金属製締付け板。フランジの径が大きいほど丸鋸の座屈強度は増大するが，最大挽き幅は小さくなる。同まんじゅう，関丸鋸盤。

フランジ一体形フラップホイール(—*ittai-gata*—; flap wheels with incorporated flanges) 回転軸孔を具備したフランジが結合された形態のリング状の研磨フラップホイール。

フランジ形研磨フラップホイール(—*gata-kemma*—; flap wheels with flanges) 研磨布のフラップ片を放射状に軸対称に接着・固定し，フランジの軸孔を介して回転軸に装着する研磨工具。

フランジ分離形フラップホイール(—*bunri-gata*—; flap wheels with separate flanges) 回転軸に装着する場合，フランジを用いる形態のリング状の研磨フラップホイール。

プランマブロック(plummer block) 軸受中心軸に平行な支持面に取り付けるためのボルト穴付の取付座をもち，ハウジングとラジアル軸受から構成されている軸受箱。ピローブロックとも呼ばれる。二つ割形と一体形がある。

振り(*furi*; swing) 一般的な旋盤，直立ボール盤などにおいて，取り付けることができる工作物の最大直径。

振上げ丸鋸盤(*furiage-marunoko-ban*; swing sawing machine, pendulum cross cut sawing machine) 同振子式丸鋸盤。

フリーベルト研削方式(—*kensaku-hōshiki*; free belt grinding method, free belt sanding method) ベルト研削の一方式で，プーリ間を回転走行する研磨ベルトのバックアップのないフレキシブルな部分に工作物を押し付けて研削する加工法。主に工作物のサイズが小型で，曲面の多い形状の研削に用いられる。同自由ベルト研削方式，関研削，参ベルト研削。

ブリキ，ぶりき(*buriki*; tin plate) 冷間圧延によって製造したぶりき原板にすずめっきを施し

た鋼板または鋼帯。

振子式丸鋸盤(*furiko-shiki-marunoko-ban*; pendulum cross cut sawing machine, swing sawing machine) 回転する丸鋸軸が振子運動を行って横挽き加工をする製材用丸鋸盤。同吊下げ式丸鋸盤。

プリセット装置【ツイン帯鋸盤の―】(—*sōchi*) ツイン帯鋸盤の送材車に載荷する前に，あらかじめ丸太の計測や姿勢制御を行うための装置。挽材を行いながら次の丸太の計測を行うことができるので作業能率が向上する。

ブリッジ(bridge, top beam) 同トップビーム。

ブリッジボックス(bridge box) ゲージブリッジを構成するための器具。

フリッチ(flitch) 挽材加工などによって作られる矩形断面を持つ厚い板材の総称。多少丸身があってもよい。スライスド単板を得るためには目的とする木目や色調が得られるように木取られる。関スライサ。

ブリネル硬さ(—*katasa*; Brinell hardness) ブリネル硬さ試験において，用いた試験荷重(N)を永久くぼみの表面積(mm^2)で除した値。鋼球圧子を用いたときは硬さ記号HBSを，超硬合金球圧子を用いたときは硬さ記号HBWを用いる。

振り歯(*furi-ba*) 同あさり。

振分けあさり(*furiwake-asari*; spring set) 鋸歯を左右に交互に折り曲げ，あるいはふくらませて成形したあさり。同組あさり，組目，関ばちあさり，参歯形要素。

振分け試験法(*furiwake-shiken-hō*; sorting test) 官能試験において，2種類の試料をそれぞれ数個ずつ同時に評価者に呈示し，同質の2グループに分ける試験方法。

ふるい(篩)分け機(*furuiwake-ki*; screening machine) 木質材料の原料となるチップやパーティクル中の微細片と粗大片を分離したり，サイズを揃えたりする分級機能を持つ機械。

プルーフローディング(proof loading) 縦継ぎラミナなどの強度確認のために行う保証荷重検査のことで，この検査機械をプルーフローダという。

ブルドックジベル　円環状の建築金物。円環の表裏面に突起が設けてあり結合したい部材の間に挿入して部材どうしを打ち付けることで結合する。

振れ（*fure*; run-out）　回転する機械部品や工具の外周面または端面（側面）が，回転軸に対して垂直または平行方向に出入りする大きさ。

フレイキング（flaking）　パーティクルボードの原料となる小寸法のフレーク（削片）を製造すること。フレークは厚さが薄く大きさを比較的厳密に規制されているので，フレーカと呼ばれる機械を用いた切削によって作られ，繊維の破壊が最小限に押さえられる。関フレーカ，フレーク。

ブレイクソー（hogging saw blade）　板材などを丸鋸で切断すると生じる端材を粉砕するために，丸鋸に重ね装着した別の鋸あるいは鋸状の歯を持つ回転工具。丸鋸により板材切断しながら端材を粉砕すると集塵機で吸引処理でき，端材が鋸盤の周辺に蓄積しない。関丸鋸。

フレーカ（flaker）　小径丸太や製材端材を原料としてフレーク状の木材小片を切削加工する機械。その切削方式によりディスクフレーカ，ドラムフレーカ，ナイフリングフレーカなどがある。関フレーク。

フレーク（flake）　パーティクルボードなどの木質材料の製造に用いられる木材小片の一つで，長さと厚さを正確に規制して切削された長さ10〜30 mmの長方形状の小片。

フレークボード（flakeboard）　フレーク状のパーティクルをエレメントとして熱圧・成形したボード。関フレーク。

ブレード（blade, insert blade）　ボデーに機械的に保持されて刃部を構成する比較的長めのチップまたは台金部にチップを固着したもの。

プレーナ（planer）　工作物を手動，または自動で主として直線送りをさせ，回転する刃物により平削り，溝切り，または面取りなどの加工する機械の総称。同回転鉋盤。

プレーナソー（planer saw blade）同勾配研磨丸鋸，マイタソー。

フレーム（body）　工作機械の基本的な骨組みとなる枠状の構造物。

フレームソー（frame saw）　①支柱をはさんだ2本の棒の端に鋸身を保持し，反対側の棒の端間をより糸で鋸身を緊張させる構造の手鋸。②長鋸を鋸枠に取り付け緊張させ，鋸枠を上下に動かし，加工物を縦挽きする機械。同立鋸盤，竪鋸盤，おさ鋸盤。

プレカット（precut）　木造軸組工法に用いられる横架材や柱材には，接合部が設けられており，この接合部を構成する継手，仕口の加工を回転工具などであらかじめ加工する方式。

プレカット機械（—*kikai*; precut machine）　プレカットで使用する工作機械。同プレカットマシン。

プレカットシステム（precut system）　プレカットを行う加工システム。手動タイプからCAD・CAMによる全自動タイプのものが開発されている。

プレカットマシン　同プレカット機械。

ブレスドリル　同ハンドル錐。

プレスマーク【合板・単板積層材の—】（press mark）　合板の接着時に表面にゴミ等が付着したままプレスで圧縮したために生じる板面のへこみ。関板面の品質。

プレッシャバー【ベニヤレースの—】（pressure bar）　単板切削において，ノーズバーを保持するメタルキャスティングのことであるが，ノーズバーと同義に使用されることもある。関ノーズバー，参ベニヤレース，絞り。

プレッシャバー【鉋盤の—】（pressure bar）　工作物が踊らないように鉋胴の直後で工作物を押さえる装置。

プレッシャロール（pressure roll）　ベルトサンダを構成するロールの種類で，コンタクトロールの下部または上部にあるフィードロール。

振止め装置【帯鋸盤の—】（*furedome-sōchi*）同せり装置。

ブレンダ（blender）　木質材料を造る際に，木材小片に接着剤を均一に添加するための機械装置。

フローコータ（flow coater, curtain coater）　ベルトコンベアなどによって送られる工作物の表

面に，注流装置によって一定量の接着剤糊液や塗料を薄い膜状に注下させて塗布する機械。⑮カーテンコータ，関スプレーコータ，木工フローコータ．

フローティングバー（floating bar）油圧などにより刃先付近の被削材に圧力を加える方式のバー。関ノーズバー．

プローブ（probe, pick-up）触針式表面粗さ測定機を構成する要素の一つ。ピックアップともいう。被測定面に接触する触針，触針の変位をトランスデューサに伝える変位伝動要素，トランスデューサから構成される．

フローリング（flooring）主として板その他の木質材料からなる床板類の総称であって，表面加工その他所要の加工を施したもの．

フローリングブロック（flooring block）挽板（縦継ぎしたものを含む）を2枚以上並べて接合したものを基材とした単層フローリングで，直張の用に供することを目的として使用される。関単層フローリング，フローリングボード．

フローリングボード（flooring board）1枚のひき板（縦接合したものを含む）を基材とした単層フローリングで，根太張または直張の用に供することを目的として使用される。関単層フローリング，フローリングブロック．

不陸緩和（furoku-kanwa）床などを仕上げる時に，なるべく水平で凹凸が出来ないようにすること．

プログラム制御（——seigyo; program control）あらかじめ定められた変化をする目標値に追従させる制御．

プロセス制御（——seigyo; process control）単一または一連の物理的変化，もしくは化学的変化を基本に実行される工業的操作の集合（プロセス）について，プロセスの操業状態に影響する諸変量を，所定の目標に合致するように意図的に行う操作。プロセスには物質やエネルギーの輸送，一時貯蔵，情報伝達なども含まれる．

ブロック図（——zu; block diagram）システムの主要な部分または機能を図記号によって表現し，それらの関係を線で結んで示した図．

ブロック剪断強さ（——sendan-tsuyosa）ブロックせん断試験法によって求められる木材および接着層のせん断強度．

ブロックボード（blockboard）ランバーコア合板のうち，心板に用いる挽き板の幅が7～25mmのものをいう。関ランバコア合板．

プロフィールサンダ（profile sander）研磨布紙などによって工作物の曲面を研削するサンダで，慣用名を曲面サンダともいう。ベルト研削による曲面研削で最も広範囲に使用され，かつ高性能なサンダである．

プロフィルラミネータ（profile wrapping machine）自動送りされた工作物に，接着剤を塗布した表面材を多数のロールによって，工作物の形状に合わせて加圧接着する機械．

分解能（bunkainō; resolution, resolving power）①resolution: 測定器において，出力に識別可能な変化を生じさせることができる入力の最小値。指示計器では，識別可能な指示間の最小の差異。ディジタル指示計器では，最小の有効数字が1だけ変わるときの指示変化をいう。②resolving power: i. 分光器において，接近した2本のスペクトル線を分離する能力。ii. 顕微鏡，望遠鏡，目などで，2点間または2線間を見分ける能力．

分光光度計（bunkō-kōdo-kei; spectrophotometer）相対分光分布，分光反射率，分光透過率などを波長の関数として測定する器械。紫外・可視分光光度計，赤外分光光度計，蛍光分光光度計などがある．

分光視感効率（bunkō-shikan-kōritsu; spectral luminous efficiency）同比視感度．

分光分布（bunkō-bumpu; spectral distribution）波長λを中心とする微小波長幅内に含まれる放射量X（放射束，放射輝度，放射照度など）の単位波長幅当たりの割合。分光組成ともいう．

粉砕加工（funsai-kakō; crushing）廃木材などの廃棄物を再利用するために，粉砕によって単体分離させる加工。関粉砕機．

粉砕機（funsai-ki; crusher, mill）粉砕加工を行う機械。その機構から衝撃式，切断・せん断式，圧縮式の3種類に大別される。一般に，

木材では衝撃式，切断・せん断式粉砕機が用いられる．[関]粉砕加工．

分散（*bunsan*; variance）　測定値の試料（$x_1, x_2,...,x_n$）について次の式で表される値で，不偏分散とも呼ばれる．測定値のばらつきの程度を示す．

$$\frac{1}{n-1}\sum_{i=1}^{n}(x_i-\bar{x})^2 \quad \bar{x}:試料平均$$

噴射距離（*funsha-kyori*）　噴射装置によって接着剤や塗料を材料に吹き付けるときの，ノズル先端から材料までの距離．

粉塵（*funjin*; dust）　[同]ダスト．

粉末接着剤（*fummatsu-setchaku-zai*; powdered adhesive）　初期付加縮合反応物を噴霧乾燥して粉末状とした接着剤．

粉末冶金（*fummatsu-yakin*; powder metallurgy）　原料に金属または非金属の粉末を用い，これを添加物と混合，成形して最後に焼結する製法の総称で，プレス成型法と金属粉末射出成型法（Metal Injection Molding, MIM）に大きく二分される．粉末冶金技術の特徴としては，(1)複雑な形ができ，高精度部品が大量生産できる，(2)複合材料が作れる，(3)多孔質材料が作れる，(4)高い経済性と優れた環境性があげられる．[関]粉末冶金材料，焼結合金，焼結材料．

粉末冶金材料（*fummatsu-yakin-zairyō*; PM(P/M) material, powder metallurgical material）　粉末冶金に用いられる金属の粉末．鉄に炭素，銅，ニッケル，リン，モリブデン，マンガンなどを組み合わせた鉄系，青銅や黄銅などの銅系，ステンレス系などが目的に応じて作り分けられる．非金属のセラミックスの粉末を混合すると耐摩耗性の高い材料を作ることができる．[関]粉末冶金，焼結材料．

分野壁孔（*bun'ya-hekikō*; cross-field pitting）　針葉樹材の放射断面において，放射柔細胞と軸方向仮道管とが接して形づくられる矩形の分野にできる半縁壁孔対．その形態は属によって異なる．

分離抵抗（*bunri-teikō*; cutting resistance to separate chip）　切削抵抗の1成分で，被削材から切屑を分離することに対する抵抗．切削幅に比例し，切込量には無関係である．切削抵抗の成分としては，分離抵抗以外に変形抵抗や摩擦抵抗などがある．[関]切削抵抗，変形抵抗，摩擦抵抗，押込み抵抗．

分粒（*bunryū*）　粉じんを粗大粒子と微小粒子とに分離すること．粗大粒子とは，目的によって粒径10μm以上，7μm以上，5μm以上，または2μm以上などをいう．これら未満のものを微小粒子という．

へ he

平均 [値]（*heikin* [-*chi*]; mean(value)）測定値を全部加えてその個数で割った値。測定値の算術平均。

平均切込量（*heikin-kirikomi-ryō*; average thickness of undeformed chip）回転削りおよび丸鋸切削における切込量は刃が工作物に切り込んでから抜け出すまで刻々と変化するが，その平均値。一般に，切削弧（切れ刃上の1点が工作物中で描く曲線）の中央位置における切込量で表される。 関 切込量。

平均切削抵抗（*heikin-sessaku-teikō*; average cutting resistance）切削抵抗は，切削の型あるいは切屑の型に関連した特有の波形で変化し変動するが，これらの平均値。 関 切削抵抗。

平均線（*heikin-sen*; mean line）輪郭曲線方式による表面性状の評価において，輪郭曲線の X 軸となる曲線。粗さ曲線のための平均線は高域用フィルタで遮断される長波長成分を表す曲線，うねり曲線のための平均線は低域用フィルタで遮断される長波長成分を表す曲線，断面曲線のための平均線は最小二乗法によって断面曲線に当てはめた呼び形状を表す曲線となる。

平均高さ【輪郭曲線要素の─】（*heikin-takasa*; mean height of profile elements; *Pc*, *Rc*, *Wc*）輪郭曲線方式における表面性状の評価において，基準長さにおける輪郭曲線要素の高さ Zt の平均値。

$$Pc;\ Rc;\ Wc = \frac{1}{m}\sum_{i=1}^{m} Zt_i$$

参 輪郭曲線要素。

平均長さ【輪郭曲線要素の─】（*heikin-nagasa*; mean width of profile elements; *PSm*, *RSm*, *WSm*）輪郭曲線方式における表面性状の評価において，基準長さにおける輪郭曲線要素の長さ Xs の平均。

$$PSm;\ RSm;\ WSm = \frac{1}{m}\sum_{i=1}^{m} Xs_i$$

参 輪郭曲線要素。

平均年輪幅（*heikin-nenrin-haba*; average width of annuarl ring）横断面において，年輪にほぼ垂直方向同一直線上で年輪幅の完全なものを対象に，測定区間の長さを測定区間内の年輪数で除して求める。両横断面上において測定するが，場合によっては，一面でだけ測定してもよい。測定方法がJIS木材の試験方法で規定されており，また，JAS（製材，枠組，集成材および縦継材）においては平均年輪幅に関する項目が規定されている。

平均律音階（*heikinritsu-onkai*; equal temperament scale, tempered scale）オクターブを12等分した音律で，隣り合う音の周波数の比が2の12乗根（1.0594631）になるように音程をとったもの。

平行上すくい角（*heikō-ue-sukuikaku*; parallel rake angle） 同 平行すくい角。

平衡含水率（*heikō-gansui-ritsu*; equilibrium moisture content）木材の含水率が外周の空気の温湿度条件に平衡した含水率状態をいう。略してEMCと書く。また同一の湿度条件の中でも一度乾燥した材が吸湿して平衡する含水率と，生材から乾燥して平衡する含水率とでは1～3％の違いがあり吸湿過程の方が低い含水率を示す。 関 気乾[状態]。

平行すくい角（*heikō-sukuikaku*; parallel rake angle）前切れ刃のすくい角を横切れ刃に平行で，バイトの底面に垂直な断面上に現れるすくい面と底面に平行な平面とのなす角度で表したもの。

平行度（*heikō-do*; parallelism）互いに平行でなければならない機械部分の平行からの狂いの大きさで表す。

平行度【運動の─】（*heikō-do*; parallelism of motion）工作機械において，運動部品の運動と互いに平行でなければならない機械部分の面，線，または他の運動部品の運動との平行からの狂いの大きさ。

平衡度（*heikō-do*; unbalance）研削砥石各部の質量分布が不規則なために生じる砥石車の不つりあいの程度。

平行投影（*heikō-tōei*; parallel projection）投影中心が無限遠に置かれ，すべての投影線を平行

にする投影の方法。関投影線。

平行挽き（*heikō-biki*; parallel sawing, longitudinal sawing, ripping）同長手挽き。

米材（*beizai*; timber imported from Canada and USA）外国から輸入される木材の中で，北米（アメリカ，カナダ）からのもの。

平面形体（*heimen-keitai*; plane feature）機能上平面であるように指定した形体。

平面研削（*heimen-kensaku*; surface grinding）工作物の平面を研削する加工法。関研削，曲面研削。

平面図（*heimen-zu*; plan）対象物の上面とした方向からの投影図，または水平断面図。上面図（top view）という場合がある。関立面図，正面図，側面図，下面図，背面図。

平面度（*heimen-do*; flatness）平面形体を幾何学的平行二平面で挟んだとき，平行二平面の間隔が最小となる場合の，二平面の間隔で表し，平面度__mmまたは平面度__μmと表示する。

平面波（*heimen-ha*; plane wave）波面がいたるところで平行な平面になっている波動。あるいは波面がどこでも伝搬方向に垂直で，互いに平行な平面である波のこと。

平面表示（*heimen-hyōji*; C-scan display, C-scan presentation）走査した探触子の位置に関連して，表示範囲の振幅またはビーム路程表示範囲内のエコーの存在をプロットすることによって作られた試験体の二次元平面表示法。同Cスコープ表示。

閉ループ制御（*hei—seigyo*; closed loop control）同フィードバック制御。

ベース（base）工作機械を固定する台。工作機械の最下部にあって，床面に据え付けられる。

β線吸収法（*β-sen-kyūshū-hō*）捕集測定方法によって浮遊粉じん濃度を測定するときの濃度測定方法の一つ。ろ過材に捕集した粉じんによるβ線の吸収量の増加から質量濃度を求める。関捕集測定方法。

ヘールバイト（*hēru-baito*; spring-necked turning tool）食込みとびびりを避けるために，ばねの動きをするように首を曲げたバイトの総称。関バイト。

へぎ板（折ぎ板，剥ぎ板）（*hegi-ita*）杉または桧の材を薄く剥いだ板。「こけら板」，「小羽板」，「そぎ板」ともいう。木造建築の屋根を葺く板の一つ。

壁孔（*hekikō*; pit）細胞相互の水分や養分の通導のため二次壁が欠如して壁にあいた孔隙およびその孔隙を外側で閉じる壁（膜）の総称。

壁孔縁（*hekikō-en*; pit border）有縁壁孔で二次壁がドーム状に覆いかぶさった部分。

壁孔対（*hekikō-tsui*; pit-pair）隣接する二つの細胞の間で相対応する二つの壁孔。単壁孔同士が対になった単壁孔対，有縁壁孔同士が対になった有縁壁孔対，単壁孔と有縁壁孔が対になった半縁壁孔対がある。

壁孔閉鎖（*hekikō-heisa*; pit aspiration）トールスが片方に片寄って孔口を閉じた状態になっている有縁壁孔対。閉塞壁孔対ともいう。心材化や乾燥の際に生じ，有縁壁孔対の流動経路が塞がれるので，浸透性や透過性が低下する。

壁孔壁（*hekikōheki*; pit membrane）壁孔を細胞の外側で仕切っている膜状の構造。関壁孔。

ヘッド（head）工作機械において，上部の案内支持部分を上下に移動させる台。関往復台，ヘッド制御ペダル。

ヘッド昇降ハンドル（—*shōkō*—; head vertical adjustment）ラジアル丸鋸盤の丸鋸の上下位置を調整するために，丸鋸が取り付けられている加工ヘッドの高さを調整するハンドル。関ラジアル丸鋸盤。

ヘッド昇降フットペダル（—*shōkō*—; head downfeed pedal (mechanical)）ルータにおいて，主軸頭を機械的に上下させるための足踏式ペダル。

ヘッドストック（head stock）送材車のヘッドブロックのベース上の移動台のこと。工作物に接する面はベースに対して垂直である。歩出し操作では複数のヘッドストックが同時に同寸法だけ移動するが，工作物の形状によって，それをかすがいで固定するために，テーパーセット装置によりヘッドストック個々を移動できる。関歩出し操作【帯鋸盤の―】，

ヘッドブロック。

ヘッド制御ペダル（——seigyo——; head control pedal(pneumatic)）ヘッドの移動を制御するためのペダル。関ヘッド。

ヘッドバーカ（head barker, lathe type barker, cutterhead barker）回転する工具（カッタヘッド）を原木の外周に押し付け、原木を回して樹皮を取り除く機械。カッタヘッドが固定式のものと可動式のものがある。背板などを手で送って剥皮する簡易型のものをカットバーカと呼ぶ。同カッタヘッド式剥皮機。

ヘッドブロック（head block）送材車において、原木を載せて保持し、かつ歩出しができる原木搭載台のこと。ヘッドブロックベースとヘッドストックよりなる。関送材車。

ベニヤ（veneer）同単板。関単板切削。

ベニヤエッジグルア（edge gluer）同単板横はぎ機。関ベニヤコンポーザ。

ベニヤクリッパ（veneer clipper）同クリッパ。

ベニヤコンポーザ（veneer composer）幅の狭い単板をテープあるいは接着剤を含浸させた糸等によりはぎ合わせ、所定の幅の単板にする機械。多くは有効単板幅に裁断する有寸クリッパを内蔵している。関はぎ【合板の——】、ベニヤジョインタ、単板接合機、ベニヤテーピングマシン、ベニヤスプライサ、単板横はぎ機。

ベニヤジョインタ（veneer jointer）幅の狭い単板をはぎ合わせるために、多数の単板を重ね合わせて押さえ、その端縁を切断する機械。同ギロチン、関ベニヤコンポーザ。

ベニヤスタッカ（veneer stacker）選別された単板を所定の位置に堆積する機械。サクションスタッカともいう。同サクションスタッカ、関スタッカ。

ベニヤスプライサ（veneer splicer）2枚の単板接合面に接着剤を塗布し、繊維方向に自動送りして熱圧接着する機械。同テープレスプライサ、関ベニヤコンポーザ。

ベニヤ切削（——sessaku; veneer cutting, veneer peeling, veneer slicing）同単板切削、関ベニヤレース、スライサ。

ベニヤセッタ（veneer assembly equipment）同単板仕組装置。

ベニヤテーピングマシン（veneer taping machine）2枚の単板の接合面を突き合わせて、テープによって連続的に接合する機械。同テーピングマシン、関ベニヤコンポーザ。

ベニヤドライヤ（veneer dryer）同単板乾燥機械。

ベニヤナイフ（veneer lathe knife）合板用単板を切削するときのナイフ。刃物角は18〜23°程度が一般的である。刃先角はこれよりやや大きくすることが多い。関ベニヤレース。

ベニヤナイフ研削盤（——kensaku-ban; veneer knife grinders, verneer knife grinding machine）刃物取付け台に刃物を固定し、刃先の全長にわたり回転する砥石を往復運動させて研削仕上げする機械。主としてベニヤレース用、スライサ用およびクリッパ用の刃物の研削に使用する。関研削盤。

ベニヤレース（veneer lathe）丸太から単板（ベニヤ）を切削する機械。単板は主として合板製造に用いられる。切削は、丸太（原木）の両端（木口面）の中心を左右のスピンドルで締め付けて支えるとともに回転させながら、刃物およびバーを取り付けてある鉋台を、原木の回転中心軸に向かって前進させることによって行う。単板の厚さは、丸太が1回転する間に鉋台が前進する距離（設定単板厚さ）によって決まる。同ロータリレース、関スピンドル【ベニヤレースの——】、鉋台【ベニヤレースの——】、外周駆動。

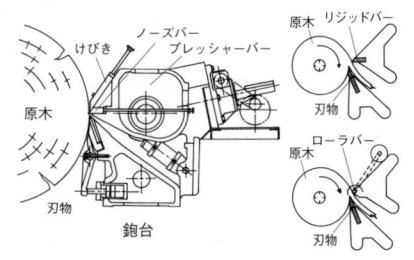

ベニヤレーススピンドル（spindle of veneer lathe）同スピンドル【ベニヤレースの——】、関ベニヤレース。

ベニヤレースナイフ（veneer lathe knife）同ベニヤナイフ、関ベニヤレース。

へび(蛇)下り (*hebi-sagari*; frost rib) 同霜腫れ。

ベベル角 (―*kaku*; top bevel angle) 同先端傾き角。

ヘミセルロース (hemicellulose) 木材中のセルロース以外の多糖類の総称。ペクチン質やデンプンは含まれない。主要構成成分の一つで木材の20～35％を占める。関セルロース。

べら板 (*bera-ita*; thin board) 修正挽きなどの際に切り落とされる薄板。

ヘリカル鉋胴 (―*kannadō*; helical cutter head) 同ねじれ鉋胴。

ヘリカル刃 (―*ba*) 同ねじれ刃。

ベルト研削 (―*kensaku*; belt grinding, belt sanding) 研磨ベルトをドライビングロール(駆動輪)とアイドルロール(従動輪)間の外周上を高速で走行させ、これに工作物の形状に適した接触方式で研削する加工法。その方式には、研磨ベルトと工作物の接触状態により、①コンタクトホイール方式、②プラテン方式、③フリーベルト方式の3種類がある。関研削、ベルトサンダ。

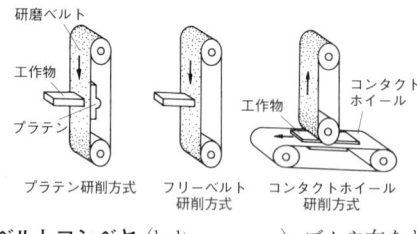

ベルトコンベヤ (belt conveyor) ゴムや布などのベルトで素材や製材品を縦または横送りする搬送装置。同ベルト式搬送装置。

ベルトサンダ (belt sander) エンドレス研磨布紙を2個以上のプーリに掛けて回転走行させ、工作物を研磨ベルトの水平面で研削するサンダ。関サンダ、ベルト研削、エッジベルトサンダ、オートマチックベルトサンダ、参ベルト研削。

ベルトサンダ(電動工具) (belt sander) 平帯状で輪形の研削ベルトを循環させ材料の表面を研削するサンダ。関サンダ。

ベルト式搬送装置 (―*shiki-hansō-sōchi*; belt conveyor) 同ベルトコンベヤ。

ベルトディスク結合サンダ (―*ketsugō*―; belt and disk sander) ベルトサンダとディスクサンダとを組み合わせた研削機械。関サンダ。

変角光沢計 (*henkaku-kōtaku-kei*; variable glossmeter) 物体表面に対する光の入射角、観測角を変えて、物体表面からの光の空間方向分布を測定する装置。

変換器 (*henkan-ki*; transducer, converter) 信号または量を、それに対応する他の種類の信号もしくは量、または同じ種類の信号もしくは量に変えるための器具または物質。関トランスデューサ。

変形抵抗 (*henkei-teikō*; cutting resistance to deform workpiece and chip) 切削抵抗の1成分で、母材の変形および分離後の切屑の変形に対する抵抗。関切削抵抗。

偏光 (*henkō*; polarized light) 光波(電気ベクトル)の振動方向が規則的な光。直線偏光、円偏光、楕円偏光がある。関直線偏光、円偏光、楕円偏光。

偏光顕微鏡 (*henkō-kembikyō*; polarized-light microscope, polarizing microscope) 偏光を利用して物質の性質を調べるために、偏光子、検光子などをもつ顕微鏡。

偏光子 (*henkōshi*; polarizer) 自然光を偏光に変えるための光学素子。

辺材 (*henzai*; sapwood) 樹幹の外側の層で、生立時に生きた細胞があり、貯蔵物質をもっている。特別な着色がなく、一般に含水率は高い。心材に対する語。商業上では白太と呼ばれることがある。

変色 (*henshoku*; discoloration) 木材成分の化学変化や変色菌、腐朽菌などによって木材の色が変化すること。前者には、鉄汚染(鉄イオンとタンニンやフェノール成分の反応による黒色化)、酸汚染(接着剤の酸性硬化剤や酸性塗料などによる淡赤色化)、アルカリ汚染(強アルカリ性接着剤やモルタル、セメント等のアルカリが木材のタンニン、リグニンと反応して変色する)、光による変色(紫外線による黄変、可視光による白色化)などがある。

変色菌 (*henshoku-kin*; staining fungi) 抜倒後未乾燥状態での製材やその貯蔵材に辺材変色を起こす主に子のう菌 *Ceratocystis* 属の菌類と、

乾燥後使用されている木材に青変を起こす主に不完全菌の二つの菌類グループのことである。これらの菌類の生育が木材表面のみの場合は表面汚染菌といい，木材組織内部にまで生育が及んでいる場合を変色菌と呼ぶ。

偏心（*henshin*; eccentricity）肥大成長のかたよりからおこる樹心（髄）の偏在。丸太の木口面で見ると髄の位置が偏っていて同心円状の成長をしていない。

ベンチソー（bench saw）可搬型の丸鋸機の一つ。小さなテーブルの下に電動丸鋸機を備え，テーブルの中央付近から鋸歯がテーブル上に突出している。テーブル丸鋸盤の小型版といえる。関テーブル丸鋸盤，マイタベンチソー。

ベンディング防止装置（——*bōshi-sōchi*）ロータリー単板切削時に，原木の径が小さくなると切削抵抗やスピンドルによる圧力で原木は曲がりやすくなるが，これを防ぐための装置。関ベニヤレース，外周駆動。

変動係数（*hendō-keisū*; coefficient of variation）標準偏差を平均値で割った値。ばらつきを相対的に表すもの。

ほ　*ho*

穂（*ho*）鉋身の頭。のみと錐の刃物。

ボアタイプ工具（——*kōgu*; bore type tool, arbor type tool）アーバまたは直接工作機械に取り付ける穴（ボア）をもつ工具。アーバタイプ工具ともいう。穴には，プレイン穴，ドライブ穴付き穴，キー溝付き穴，端面キー溝付き穴，締付け用ボルト穴付き穴，ねじ付き穴，テーパ穴などがある。

ボアタイプフライス（bore type milling cutter, arbor type milling cutter）アーバを使用するか，直接機械に取り付けるための穴（ボア）があるフライスの総称。面取りカッタなどが相当する。

ホイールサンダ（wheel polishing sander）筒状の研磨ブラシまたは研磨不織布ホイール（ナイロンやポリエステル繊維などに研磨材を接着剤で塗布した回転研磨工具）を回転させ，自動送りされる工作物の表面を研削するサンダ。

防炎性【合板の——】（*bōen-sei*）防炎処理を施した合板について，燃焼試験を行い，残炎時間（2分間加熱後，バーナーの炎を消してから試験片が炎をあげて燃える状態がやむまでの時間），残じん時間（2分間加熱後，バーナーの炎を消してから試験片が炎を上げずに燃える状態がやむまでの時間），炭化面積（燃焼試験開始時から残炎時間および残じん時間が経過するまでの間において炭化した試験片の面積）によって評価する。

防音材［料］（*bōon-zai*［*ryō*］; acoustic insulating material, soundproof material）騒音の発生や伝搬を防止するために用いられる吸音性や遮音性のある材料の総称。

防音保護具（*bōon-hogogu*; hearing protector, ear protector, ear defender）聴覚器を騒音から保護するために，外耳道内，耳介内もしくは耳を覆って，または頭の大部分を覆って取り付けられる装置。聴覚保護具，イヤプロテクタ，イヤディフェンダともいう。

棒形内側マイクロメータ（*bōgata-uchigawa*——;

inside micrometer）胴体の一方に球形測定面の調整アンビルを固定し，他方の軸方向に移動するスピンドルに，固定測定面に背面する球形測定面のアンビルをもち，スピンドルの動き量に対応した目盛をもつスリーブとシンブルを備え，両測定面間の距離を読み取ることによって内側寸法を測ることができる測定器。測定値をディジタル表示するものもある。

防火戸（*bōka-do*）　木材に難燃剤を加圧注入・塗布して，難燃処理を施した防火木材を材料とする戸。改正建築基準法施行（平成12年）で特定防火設備または防火設備の名称で規定。

方形シャンクバイト（*hōkei — baito*; square shank turning tool）　シャンクの軸に垂直な断面が方形になっているバイト。関バイト。

方形丸鋸（*hōkei-marunoko*; squared circular saw blade）　方形板の角部に鋸歯を形成した形状の丸鋸。高含水率材や多樹脂材を挽くのに向くといわれる。関丸鋸。

棒鋼（*bōkō*; steel bars）　棒状に圧延または鍛造され，所定の長さに切断された鋼材。断面の形状は円形，正方形，六角形，長方形などがある。

鉋削（*hōsaku*; planing）　素材または製材に鉋をかけること。これに対して鋸でひいたままで鉋をかけないことを粗びきという。

放射エネルギー（*hōsha—*; radiant energy）　放射の形で放出される，伝わる，または受け取られるエネルギー。放射束 Φ_e の，ある与えられた時間 Δt にわたる時間積分として表される。単位は，ジュール [J]（=W·s）。
$$Q_e = \int_{\Delta t} \Phi_e \cdot dt$$
関放射束。

放射温度計（*hōsha-ondo-kei*; radiation thermometer）　物体からの特定波長帯域の放射を測定して，その温度を求める器械。

放射仮道管（*hōsha-kadōkan*; ray tracheid）　針葉樹材の放射組織の一部を構成する仮道管。有縁壁孔を持ち，一般に放射組織の上下両端にある。存在する樹種は限られている。関射組織。

放射輝度（*hōsha-kido*; radiance）　放射が伝わる経路上の断面（発生面，到達面を含む）の単位面積当たり，かつ，経路方向の単位立体角当たりの放射束。単位はワット毎平方メートル毎ステラジアン [W·m^{-2}·sr^{-1}]。関放射束。

放射強度（*hōsha-kyōdo*; radiant intensity）　放射源からある方向へ向かう放射の単位立体角当たりの放射束。単位はワット毎ステラジアン [W·sr^{-1}]。関放射束。

放射孔材（*hōsha-kō-zai*; radial-porous wood, radial arrangement, pore chain, pore in chain）　広葉樹材の道管の配列について，孤立管孔が放射方向に斜めに配列している材。シイ類やカシ類で見られる。古くは輻孔材と呼ばれていた。関環孔材，散孔材，半環孔材。

放射柔細胞（*hōsha-jūsaibō*; ray parenchyma cell）　針葉樹材および広葉樹材の放射組織の一部または全部を構成する細胞。単壁孔を有する。関放射組織。

放射柔組織（*hōsha-jūsoshiki*; ray parenchyma）　放射組織始原細胞を起源とする柔細胞群。関軸方向柔組織。

放射照度（*hōsha-shōdo*; irradiance）　放射を受ける面の単位面積当たりに入射する放射束。単位はワット毎平方メートル [W·m^{-2}]。関放射束。

放射線透過試験（*hōsha-sen-tōkashiken*; radiography）　恒久的な結像基板上に透過写真を作ること。

放射束（*hōsha-soku*; radiant flux, radiant power）　放射として放出される，伝達される，または受け取られるパワーで，単位時間当たりの放射エネルギー。単位はワット [W]（=J·s^{-1}）。同放射パワー。

放射組織（*hōsha-soshiki*; ray）　形成層によって形成され，木部および師部の中を放射方向に伸びたリボン状の細胞群のこと。古くは髄線ともいわれたが現在は不適当とされている。

放射断面（*hōsha-dammen*; radial section, quarter sawn grain, edge grain）　幹や枝の髄を通り，幹軸に平行でかつ年輪界に対して直交した放射方向の縦断面。半径断面，柾目面とも

いう．その材面に現れる紋様を柾目といい，平行に近い直線となる．

放射パワー（hōsha—; radiant flux, radiant power）圓放射束．

放射壁（hōsha-heki; radial wall, radial axial wall）細胞壁の位置関係に関する用語で，とくに切片の場合に，細胞の長軸方向にかかわらず放射断面と平行な壁をさす．圓接線壁．

放射方向（hōsha-hōkō; radial direction）横断面で髄を通り年輪界と直交する方向．圓軸方向，接線方向．

放射率（hōsha-ritsu; emissivity）放射体の放射発散度(放射を発する面がその単位面積当りに放射する放射束[W·m^{-2}])と，それと同じ温度の黒体の放射発散度との比．圓放射束．

棒状カッタ（bōjō—）圓ルータビット．

防振合金（bōshin-gōkin; high-damping alloy）振動を減衰する機能をもつ金属材料のこと(制振合金ともいう)．

防振材[料]（bōshin-zai [ryō]; vibration insulator）固体伝搬音の発生源である振動を反射(遮断)する目的で使われる材料．

飽水状態（hōsui-jōtai; water saturated condition, green condition）細胞壁および内腔が完全に水分で充満された状態のこと．

紡績用木管（bōseki-yō-mokkan）圓木管．

防虫【合板・フローリングなどの—】（bōchū）合板やフローリングなどをホウ素化合物，ホキシム，フェニトロチオン，ビフェントリン，またはシフェノトリンで処理すること．

方杖（hōzue）木質構造において，柱とそれに取り合う横架材の入隅に入れる斜材．軸組を固め，木造でもラーメン構造に近い効果を期待できる．また，洋小屋トラスでは斜めに入れた斜め材のことをいう．

棒刀錐（bōtō-giri）圓ボールト錐．

防腐剤（bōfuzai; wood preservatives）木材の生物的劣化現象のうち，担子菌などによる腐朽を阻止するために用いる薬剤．

方法研究（hōhō-kenkyū; method study）作業または製造方法を分析して，標準化，総合化によって作業方法または製造工程を設計・改善

するための手法体系．

膨容比（bōyō-hi; bulking factor）加工する前のむく材状態の材積に対する加工後の見かけの材積の比．鋸屑，チップ，樹皮などについて使われる．

包絡うねり曲線（hōraku-uneri-kyokusen; upper envelope line of the primary profile）輪郭曲線方式による表面性状の評価において，粗さモチーフを構成する個々のモチーフの山頂を直線で連ねた曲線．この曲線からうねりモチーフを求める．圓モチーフ，うねりモチーフ．

飽和蒸気圧（hōwa-jōki-atsu; saturated vapor pressure）飽和状態の水蒸気分圧のこと．

ポータブルサンダ（portable sander）持ち運びが可能で，手作業により工作物を研削する小型のサンダの総称．電動型とエア駆動型，往復振動型と楕円振動型，回転(ディスク)型などがある．圓サンダ．

ボート錐（—giri）圓ボールト錐．

ホーニング【刃先の—】（honing）仕上げ表面をさらに平滑にするため，ホーンで研ぎ上げること．ほかに微粉粒を懸濁させた液体を表面に噴流衝突させる方法もある．

ホーニング仕上げ（—shiage; honing）ホーンを用いて工作面を仕上げること．

ホーニング砥石（—toishi; stones for honing）円筒内面，球面，平面およびその他の形状面をホーニング加工するのに用いる，棒状，リング状およびカップ型の砥石．

ボーリングだぼ(太枘)打ち機（—dabo-uchi-ki; boring and dowel driving machine）左右対称に錐軸，接着剤噴霧装置，だぼ供給打込み装置を配置し，工作物を所定位置に移送しつつ，工作物の端部に穴あけだぼ打ち加工する機械．

ボーリングマシン（boring machine）工作物に穴あけ加工を行う工作機械の総称．

ボールエンドミル（ball end mill, ball nosed end mill）球状の底刃をもったエンドミル．

ホールダウン金物（—kanamono）木質構造において，建物が水平力を受けた場合に耐力壁を構成する柱にかかる大きな引抜力に抗す

ために，基礎または土台と柱，管柱では胴差しを挟んで柱と柱，柱と桁へ取付ける金物．

ボルト錐（——*giri*）ボルトを通すための大径の深穴加工用手回し工具．木工錐のシャンクに対しT字形に木製の柄を取り付け，柄を回転させて穴をあける．ボート錐，棒刀錐とも言う．

ボールねじ（——*neji*; ball screw）ねじ軸とナットがボール（鋼球）を介して作動する機械部品．通常のねじに比べて駆動トルクが小さく，バックラッシ（ねじ軸方向の要素間のすきま）をきわめて小さくできるため，高速送り，精密送りなどに用いられる．

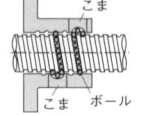

ボール盤（*bōru-ban*; drilling machine）主としてドリルを使用して工作物に穴あけ加工を行う工作機械．ドリルは主軸とともに回転し，軸方向に送られる．

補強金物（*hokyō-kanamono*）木造建築物の継手や仕口部にあって，それらの接合部の補強や材の脱落防止のために用いられる金物．その金物自体は，接合部の応力を長期にわたって負担しないもの．

補強材（*hokyō-zai*; reinforcement）研削砥石の破壊回転強度および衝撃強度を増加するために用いる材料．ガラス繊維などがある．

北洋材（*hokuyō-zai*; timber imported from Far Eastern Russia）外国から輸入される木材の中で，ロシア極東地域からのもの．

穂先（*ho-saki*）のみの穂の刃先．錐の穂の先．

捕集測定方法（*hoshū-sokutei-hōhō*）空気中に浮遊する粉じんを捕集して，その濃度を測定する方法．

保証荷重試験機（*hoshō-kajū-shiken-ki*; proof loader）所定の荷重を負荷して，工作物が設定した強度を持っているかどうかを検査する装置．

ポストパレット（post pallet）上部構造物として支柱をもつパレットをいい，つなぎけたをもつものもある．

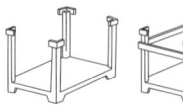

ほぞ（枘）（*hozo*; tenon）ほぞ差しのため，木材の端部を加工して設けた突起部．

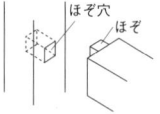

ほぞ（枘）穴（*hozo-ana*; mortise）木材や金物をほぞ継ぎする際に，他の部材のほぞを納めるように部材に加工した穴．関 ほぞ継ぎ，参 ほぞ．

ほぞ（枘）差し（*hozo-sashi*; tenon joint, mortise and tenon joint）木材の端部を加工して突起部（ほぞ）を設け，これを相手方の木材にあけた同形の穴（はぞ穴）に差し込むことによって両者を接合する方法．同 ほぞ継ぎ．

ほぞ（枘）継ぎ（*hozo-tsugi*）同 ほぞ差し．

ほぞ（枘）取りカッタ（*hozo-tori*——; tenon cutter）柱材などの端部にほぞを加工するためのカッタ．我が国では外周切れ刃で断面が四角形のほぞを加工するものが多いが，円筒状の工具の内側にある切れ刃で断面が円形のほぞを加工するものもある．

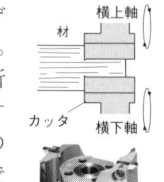

ほぞ（枘）取り盤（*hozo-tori-ban*; tenoning machine）回転する主軸に鉋胴，木工フライス，丸鋸などを取り付け，主としてほぞなどを加工する木工機械．関 横軸ほぞ取り盤．

ほぞのみ（枘鑿）（*hozo-nomi*）同 むこうまちのみ．

ほぞ（枘）挽き鋸（*hozo-biki-noko*）ほぞ挽きを主目的とする手鋸で，歯形は縦挽き歯と横挽き歯を兼ねたねずみ歯．胴付き鋸と同様に背金が付けられている．

細め鉄丸釘（*hosome-tetsu-maru-kugi*）同 BN釘．

保存処理（*hozon-shori*; wood preseravation process）製材品に耐久性を付与するために，材内に薬剤を浸透させたり塗布したりする処理．

保存処理装置（*hozon-shori-sōchi*; wood preservation apparatus）木材中に保存処理用の薬剤を注入するための装置．

牡丹杢（*botan-moku*）牡丹の花のような模様の杢．ケヤキ，ヤチダモ，クワ，ケンポナシ等に現れる場合がある．

ボックスパレット（box pallet）上部構造物として、網目や格子状などを含む少なくとも3面の垂直側板をもつパレット。その構造では、固定式、取外し式、折りたたみ式、側面開閉式があり、ふた付きのものもある。

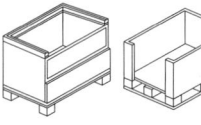

ホッグマシン（hog machine）同ドラムチッパ。

没食子酸（*bosshokushi-san, mosshokushi-san*; gallic acid）加水分解型タンニンを構成するポリフェノールの生合成にかかわる物質。関タンニン。

ホットプレス（hot press）接着剤を塗布した単板や板材などを熱板の間に挿入し、可動盤を油圧などによって作動させて加熱圧締する機械。縦形および横形がある。

ホットメルト接着剤（——*setchaku-zai*; hot melt adhesive）熱可塑性樹脂を主体とした固体状のものを加熱溶融した状態で被着材へ塗布し、冷却すると固化して接着が完了する放冷凝固型の接着剤。関エチレン・酢酸ビニル共重合樹脂系接着剤。

ポットライフ（pot life）同可使時間。

ボデー（body）①ドリルの基幹。先端部に切れ刃を形成し、胴体部に切屑を排出するための切屑溝が刻まれている。②工具の基幹部、それ自身が切れ刃を形成するか、またはブレードもしくはチップを保持する部分を含めた全体。関ドリル。

ボデーボーリングマシン（body boring machine）慣用語：木工多頭ボール盤。

ホブ盤（——*ban*; gear hobbing machine）ホブを使用して創成歯切りする歯切り盤。ホブサドルに接線送り機構を備え、主としてウォーム歯車を歯切りするものをウォーム歯車ホブ盤という。

ポリウレタン樹脂系接着剤（——*jushikei-setchaku-zai*; polyurethane adhesive）常温での反応性に富むイソシアネート基を二つ以上持つ化合物からなる接着剤。2個以上のイソシアネート基を有する化合物の単独物である一液型、およびこれとポリオールなどの活性水素を含む化合物との混合物とがある。同ウレタン樹脂系接着剤。

ポリ酢酸ビニルエマルジョン接着剤（——*sakusan*——*setchaku-zai*; poly(vinyl acetate) emulsion adhesive）酢酸ビニルを、ポリビニルアルコールなどの乳化剤および過硫酸ベンゾイルや過硫酸カリウムなどの触媒とともに、水系で撹拌しながら60～70℃下で1～3時間重合させて得られるエマルジョン型の熱可塑性樹脂接着剤。水分の揮散によって固化する溶剤散逸型の接着剤。同酢酸ビニル樹脂エマルジョン接着剤。関エマルジョン型接着剤。

ポリッシャ（polishers）表面を磨くための工具。

ボルト接合（——*setsugō*; bolt connection）部材同士を、部材にあけた穴にボルトを通し、ナットで止め付けて接合すること。

ホルムアルデヒド放散量【合板・集成材などの——】（——*hōsan-ryō*; formaldehyde emission）ホルムアルデヒド系接着剤を用いた合板等から放散するホルムアルデヒドが健康上の問題となることから、JAS（合板）では、製品を放散量の少ない順（F☆☆☆☆～F☆）にランク付けしている。関VOC。

ホログラフィ（holography）物体から出る光波と、それと干渉性がある光波との干渉パターンを記録し、それを照明して波面を再生する技術。干渉パターンを写真感光材料などに記録したものをホログラム（hologram）と呼ぶ。

ホログラフィ干渉法（——*kanshō-hō*; holographic interferometry）ホログラムの再生像を用いて得られる干渉縞を利用して、物体の変位、変形などを測定する方法。

ボロナイジング（boronizing）金属製品の耐摩耗性などを向上させるために、高温でホウ素を表面に拡散させる処理。

ボロメータ（bolometer）放射を吸収した部分の温度上昇による電気抵抗の変化を利用する熱形放射検出器。

ホワイトノイズ（white noise）周波数に依存しないパワースペクトル密度をもつ雑音。同白色雑音。

本体テーブル（*hontai*——; machine table）加工

を行う際に，直接あるいは各種の取り付け装置を使って工作物を固定する台．㊀テーブル．

本体長さ【ドリルの—】（*hontai-nagasa*）ドリルの軸に平行に測定した切れ刃の肩から首部の切れ刃側の端までの距離．㊀ドリル．

本叩き（*hon-tataki*）㊂厚のみ．

ポンチ（punch, saw tooth puncher）①無歯の丸鋸，帯鋸に歯形を打ち抜くこと，もしくは鋸歯形打抜き機のこと．歯抜き機はダイス鋼または高速度鋼からなる雌雄一対の歯形を，手動もしくは動力によって噛み合わせて歯抜きする機構になっている．②金属の工作物に目印を打つための器具．㊀鋸歯形打抜き機．

本柾（*hommasa*; edge grain）丸太の樹心を通るように鋸を入れた場合に得られる柾目材．木口における年輪が板面とほぼ直角になる．㊀柾目挽き，柾目木取り．

本柾取り（*hommasa-dori*; quarter sawing）本柾目材を採材するために，丸太の樹心を通るように鋸を入れる木取り方法．㊀柾目挽き，柾目木取り．

ま　*ma*

マーケットイン（market-in）生産者が市場の要求に合致した製品を規格，製造，販売する活動．㊀デザインイン．

マージン【ドリルの—】（margin）ドリルのランド上の二番取りをしていない円筒面部分．

マージン幅【ドリルの—】（— *haba*; width of margin, width of land）ドリルの軸直角断面上のマージンの幅．

舞錐（*mai-giri*）心棒の先端のチャックに取り付けた錐によって穴をあける工具．心棒のチャック上方に位置する腕木の両端の穴と心棒の上端の穴に紐を通し，腕木を上下させて紐の巻きほどきによって心棒を回転させて穴をあける．ろくろ錐，手ろくろとも言う．

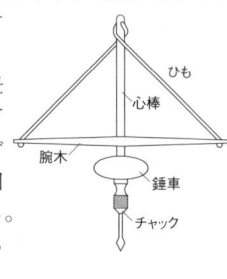

マイクロチッピング（microchipping）切削によって切れ刃に生じたごく小さな欠け．

マイクロ波加熱法（— *kanetsu-hō*; microwave process）周波数 300 MHz～300 GHz のマイクロ波を照射して加熱する方法．㊀高周波加熱法．

マイクロフォーカス放射線透過試験（— *hōsha-sen-tōka-shiken*; microfocus radiography）100 μm 未満の極めて小さい有効焦点寸法を持つ X 線管を使用した放射線透過試験．

マイクロベベル（microbevel）刃先角を刃物角（刃身角）より大きくするために，すくい面あるいは逃げ面に付けたある角度を持つ傾斜のこと．なお，このマイクロベベルの切れ刃線に直角な方向の長さをランド幅という．㊀ランド幅，㊂しのぎの深さ．

マイクロホン（microphone）音響振動から電気信号を得る電気音響変換器．

マイクロメータ（micrometer calliper）目量 0.01 mm または最小表示量 0.001 mm で，ねじのピッチ 0.5 mm または 1 mm のスピンド

ルをもち，寸法または移動量を精密に測定する器具．外側マイクロメータ，棒形内側マイクロメータ，歯厚マイクロメータ，デプスマイクロメータ，マイクロメータヘッドなどの種類がある．

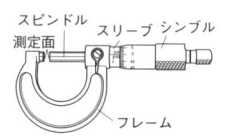

マイクロメータヘッド（micrometer head）　軸線方向に移動するスピンドルの送り量を，スリーブおよびシンブルの目盛によって読み取ることができる測定器で，取付部を備え付けたもの．測定値をディジタル表示するものもある．参 マイクロメータ．

マイタソー（miter saw, miter saw blade）　①miter saw: 棒材などを留め挽き（45度切り）のような角度挽きができる可般型の丸鋸機械．② miter saw blade: 留め挽き用の丸鋸．マイタソーを丸鋸の意に用いる場合は勾配研磨丸鋸と同義で用いられるのが一般的．同 勾配研磨丸鋸，関 留め挽き．

マイタベンチソー（miter-bench saw）　マイタソーとベンチソーの二つの丸鋸機を一つにした可般型の丸鋸機．電動丸鋸の上下に上テーブルと下テーブルとがある．上テーブルに丸鋸が固定され，一体的に上下揺動可能であり，下テーブルに置いた棒材の留め挽きが出来るマイタソーとなる．上テーブルを下げた状態はベンチソーとなり，上テーブルを利用した鋸挽きが出来る．同 卓上丸鋸盤．

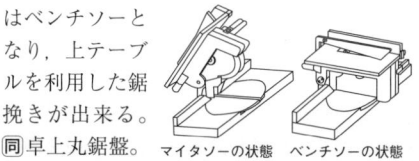

前切れ刃（mae-kireha; end cutting edge）　旋削においてバイト先端と工作物との接触を少なくし，摩擦による抵抗および発熱を小さくするために，工作物よりわずかな角度（作用前切れ刃角，逃げ角）開いたバイト面．関 旋削，参 前切れ刃角．

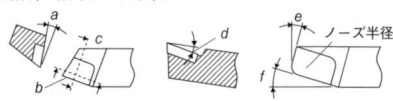

a: 横すくい角, b: 横切れ刃, c: 横切れ刃角, d: 横逃げ角
e: 横切れ刃角, f: 前切れ刃角

前切れ刃角【旋削の—】（mae-kireha-kaku; end cutting edge angle）　前切れ刃を含み，シャンク底面に垂直な平面と，シャンク軸に垂直でシャンク底面に垂直な平面とのなす角度．

前定規（mae-jōgi）　面取り盤などで，工作物の送り込み側にある定規．

前逃げ角【旋削の—】（mae-nigekaku; end clearance angle, end relief angle）　前切れ刃に接し，底面に垂直な平面と逃げ面とのなす角度．関 前切れ刃．

前挽大鋸（mae-biki-oga）　同 前挽き鋸．

前挽き鋸（mae-biki-noko）　原木から角材や板材を挽く縦挽き鋸．木挽き鋸とも言う．

曲り（magari; crook）　製品の形状の狂いのうち，材の長さ方向に湾曲したもの．

曲り【製材の—】（magari; sweep, warp）　製材品の狂いの一種．側面が材長方向にわん曲した縦反り（crook）をさすことが多い．長さ方向の同一側面の材端を結ぶ直線からの側面的なズレをいう．製材のJASでは，狭い材面の側面で材長方向に湾曲した最大矢高の弦の長さに対する割合とされる．関 狂い，はな曲り．

曲り【鉋刃の—】（magari）　回転鉋用の鉋刃の品質を示す指標の一つで，JISでは鉋刃の長さ方向，厚さ方向，軸方向の曲りの許容値を規定している．

曲りバイト（magari-baito; bent turning tool, cranked turning tool）　シャンクの軸に対して左・右いずれかに曲げられた刃部をもつバイトの総称．関 バイト．

曲り刃のみ（鑿）（magari-ha-nomi; boring bit）　鋼の一端を半円筒状に曲げ，円筒外周面に切れ刃を付け，他端に柄を付けたのみ．旋削加工において，中ぐり加工や曲面加工の仕上げに用いられる．関 のみ．

曲り挽き（magari-biki; curve sawing, shape sawing）　挽道が曲線となるような挽材方法．製材では丸太の曲りを円弧に近似してその曲率で挽材するカーブソーイングと丸太の曲が

りなりに挽材するシェープソーイングがある。

巻揚げ式搬入装置（*makiage-shiki-hannyū-sōchi*; winch）　丸太を水中貯木場からウインチで直接工場へ巻揚げる搬入装置。関ウインチ。

巻込節（*makikomi-bushi*）　枝が枯れ落ちたり枝打ち後に残った枝の基部を樹幹の木部が完全に包み込んだ節。

巻玉ストック棚（*makitama—tana*; reeled veneer tray）　単板巻取り機械で巻き取った単板を集積する棚。関単板巻取り機械。

まぐさ（*magusa*）　木質構造の軸組にあって，出入り口や窓などの開口部の上部で柱間に渡し，小壁を支える横架材。

まぐさ受け（*magusa-uke*）　木質構造のツーバイフォー工法において，まぐさを受ける垂直部材。

マグネシア研削砥石（*—kensaku-toishi*; magnesia grinding wheels）　マグネシアオキシクロライドを結合剤とした砥石。

マグ溶接（*—yōsetsu*; MAG (metal active gas) welding）　酸化性のシールドガスを用い，溶接ワイヤーを電極とするアーク溶接の総称。関アーク溶接。

枕木（*makuragi*）　鉄道のレールの下に直交して敷き並べる木材。鉄材や鉄筋コンクリート材なども用いる。レールを固定して軌間を一定に保ち，鉄道車両の荷重を道床に分散させる働きをする。最近では，交換のため不要になったものが，ガーデニングのエクステリア材として花壇，公園の階段や柵などに再利用されている。

曲げ応力度（*mage-ōryokudo*; allowable bending stress）　木材の繊維に平行方向の許容応力度の一つで，曲げの基準値によって定められている。

曲げ応力等級（*mage-ōryoku-tōkyū*; bending stress grading）　等級区分機によって，枠組壁工法構造用製材の曲げヤング係数を測定し，最大曲げ応力を求め，格付する場合の等級をいう。

曲げ加工（*mage-kakō*; wood bending）　一般的に，木材に軟化処理（蒸煮，煮沸）を施した後，直ちに曲げて，そのままの状態で乾燥させる（ドライング・セット）加工法。一般的に，曲げではトーネット法が用いられる。関トーネット法。

曲げ木（*mageki*; bent wood）　木材素材を曲げることにより変形させた部材。家具，運動具，楽器，器具などの木工製品や，車両，船舶，建築材などに用いられる。関曲げ物。

曲げ強度（*mage-kyōdo*; bending strength, flexural strength）　木材の曲げ破壊試験におけるスパン中央の集中荷重とたわみの関係から曲げ強度（σ_b）は次式で算出される。$\sigma_b = P_m L / 4Z$　ここに，P_m: 最大荷重，L: スパン，Z: 断面係数。

曲げ強度性能（*mage-kyōdo-seinō*; bending strength performance）　機械による曲げ応力等級区分を行う枠組壁工法構造用製材JASにおいて規定された曲げ強度性能。

曲げクリープ試験（*mage—shiken*; creep test in bending, bending creep test, flexural creep test）　木材のクリープ試験（JIS）の一つで，4点荷重方式によって一定の曲げ荷重を加えて行う。

曲げ剛性【合板の—】（*mage-gōsei*; bending stiffness）　一般には曲がりにくさを示す指標を指すが，JAS（合板）では，コンクリート型枠用合板を対象とした曲げヤング係数の基準値として示されている。関曲げ性能。

曲げ試験（*mage-shiken*; bending test）　単純はりを用い，その長手方向が繊維方向と平行で荷重方向が垂直な場合について行う試験法で，木材はりの両端を支持して荷重を中央部に負荷する中央集中荷重方式と，支持点から等距離の対称2点に負荷する4点荷重方式が一般的に行われる。JISでは前者を規定している。

曲げ性能【合板・集成材などの—】（*mage-seinō*; bending quality）　曲げ変形に対する性能を曲げ性能といい，耐荷重性能は曲げ強さ，耐変形性能は曲げヤング係数を指標として表す。JAS（合板）では，構造用合板の2級には曲げヤング係数，1級には曲げ強さと曲げヤング係数の両者の評価が義務づけられている。関

面内剪断【合板の—】，面外剪断【合板の—】．

曲げ接着強さ（*mage-setchaku-tsuyosa*; flexural strength）接着面に曲げ応力を加え，接着接合部が破断したときの強さ．関接着強さ．

曲げたわみ（撓み）（*mage(tawami)*; deflection in bending）木材の曲げ試験におけるスパン中央のたわみ．

曲げ弾性率（*mage-dansei-ritsu*; modulus of elasticity in bending）同曲げヤング係数．

曲げ強さ（*mage-tsuyosa*; bending strength, flexural strength）同曲げ強度．

曲げ破壊係数（*mage-hakai-keisū*; modulus of rupture in bending）はりの弾性理論を曲げ破壊に至るまで適用して，破壊（最大）荷重から計算されるはりの最外層の応力をいい，曲げ強度の指標として用いられる．同MOR．

曲げ比例限度（*mage-hirei-gendo*; proportional limit in bending）木材の曲げ試験におけるスパン中央の集中荷重とたわみの関係から曲げ比例限度（σ_{bp}）は次式で算出される．$\sigma_{bp}=P_p L/4Z$ ここに，P_p: 比例限度荷重，L: スパン，Z: 断面係数．

曲げ物（*magemono*; bent goods）曲げ木を用いて製作した木工製品の総称．関曲げ木．

曲げヤング係数（*mage—keisū*; modulus of elasticity in bending）木材の曲げ試験におけるスパン中央の集中荷重とたわみの関係は比例限度以下では直線となり，この関係から曲げヤング係数（E_b）は次式で算出される．$E_b=\Delta_P L^3/48I\Delta_y$ ここに，Δ_P: 比例域における上限荷重と下限荷重との差，L: スパン，I: 断面二次モーメント，Δ_y: Δ_Pに対応するスパン中央のたわみ．

まさかり（鉞）（*masakari*）大形の斧（おの）．たづきとも言う．

摩擦角（*masatsu-kaku*）摩擦係数の逆正接．

摩擦車（*masatsuguruma*; friction pully）送材車走行装置の回転ドラム方式の主要部品で，ペーパープーリから摩擦によって回転ドラムに動力を伝え，送材車の前進，後退および速度調整を行う．関送材車走行装置．

摩擦係数（*masatsu-keisū*; coefficient of friction）摩擦力と荷重に対する法線力の比．

摩擦抵抗（*masatsu-teikō*; frictional resistance）切削抵抗を構成する成分の一つで，切屑とすくい面との摩擦によって発生する抵抗．関切削抵抗．

摩擦溶接（*masatsu-yōsetsu*; friction welding）結合させる部材を加圧下で摩擦することで発生する熱により行う溶接．

摩擦力【切屑とすくい面の—】（*masatsu ryoku*; frictional force on tool face）切屑とすくい面との摩擦によって発生するすくい面に平行な力．

柾目[面]（*masame [-men]*; edge grain, quartersawn）樹幹の髄を含む縦断面に現れる木理．半径断面あるいは放射断面とも呼ばれる．実用上は，髄を含む縦断面からの傾きが45°以内であれば柾目とみなす．関板目，参板目．

柾目木取り（*masame-kidori*）同柾目挽き．

柾目突き（*masame-tsuki*; edge(straight) grain slicing(slice/cutting/cut)）表面に柾目面が現れる単板を切削すること．あるいは切削されたもの．柾目突き．関板目突き．

柾目挽き（*masame-biki*; quarter sawing）丸太からできるだけ多くの柾目材を採材する木取り方法．同柾目木取り，参製材木取り．

マシニングセンタ（machining center）主に回転工具を備え，この工具の自動交換機能を装備し，工作物の取付け替えなしに，多種類の加工を行う数値制御工作機械．関ＡＴＣ，APC．

McKenzie方式（*—hōshiki*; McKenzie's notation）木材の切削方向を，切れ刃上の1点で切れ刃と繊維方向および工具の運動方向と繊維方向がなす二つの角度で表示する方式．関0-90切削，90-0切削，90-90切削．

マット秤量機（*—hyōryō-ki*; mat weighing unit）熱圧前のコンベア上で小片マットを1枚ごとにひょう（秤）量する機械．

マテリアルハンドリングシステム（material handling system）材料・部品などの工程内または工程間での搬送，加工物・工具などの工作機械への取付け・取外し，材料・部品などの並び替え，姿勢変化，位置決めなどの作業

を自動的に行うシステム。

窓枠しゃくり（決り）鉋（*madowaku-shakuri-ganna*）　上下窓の窓枠の戸が滑る溝を決る二枚鉋。

マネジメントシステム規格（——*kikaku*; management system standard）　組織が方針および目標を定めて，その目標を達成するためのシステムに関する規格。環境マネジメントシステム（ISO14001），品質マネジメントシステム（ISO9001）などがある。

間柱（*ma-bashira*）　木質構造において，柱と柱の間に入れる柱材より見付け断面の小さな柱相当の材。450 mm内外の間隔で入れ，大壁の場合，柱の二つ割材か三つ割り材を用いる。

豆鉋（*mame-ganna*）　小鉋よりもさらに小さい鉋。鉋身の刃幅は24 mm以下である。

摩滅（*ma'metsu*）　切削によって生じた漸近的な工具材料のすり減り損耗。

摩耗【工具の——】（*mamō*; wear）　切削の継続に伴って工具刃先が後退したり，工作物との接触部が減少する現象。その原因として力学的作用による切れ刃の損耗，切削熱などの作用による工具の劣化，あるいは木材中の成分や塩分などの腐食反応による工具材料の溶解や脱落などがある。関鈍化。

摩耗試験（*mamō-shiken*; abrasion test）　フローリングや特殊加工化粧合板などの耐摩耗性を検査する方法で，JIS Z 2101には，研磨紙法と鋼ブラシ摩擦法が規定されている。

摩耗帯幅（*mamōtaihaba*; wear land width）　摩耗量の評価法の一つ。摩耗の進行によって後退した実際の刃先からすくい面に下ろした垂線と摩耗による光輝帯から求められるすくい面摩耗帯幅と，逃げ面に下ろした垂線から求められる逃げ面摩耗帯幅とで表す。関刃先後退量，参刃先後退量。

円網式抄造機（*maruami-shiki-shōzō-ki*; cylinder type former）　水平回転軸をもつ円筒形の円網装置内部の減圧装置によって，円網の回転とともにパルプを網上で脱水抄造し，さらに円網頂部のローラで圧縮脱水して，ウェットファイバマットを連続して成形する機械。

丸カッタ（*maru*——; round cutter）　円筒コップ状の単一鋼材の一部分を扇状に切り抜いて，円筒外周囲に切れ刃を形成した刃物。鉋胴の周面の凹部に4〜6個はめ込み，ボルトで締め付けて取り付けられる。面取り盤や自動鉋盤の竪軸にセットして面取り加工や，はぎ合せ加工に使用される。すくい面を研磨し直すことにより常に面型を一定に保ちうる利点がある。かつて一時的に用いられたがその後あまり普及していない。

丸鉋胴（*marukannadō*）　同丸胴。

丸コーナ（*maru*——; rounded corner）　丸みを付けたコーナ。関コーナ，ノーズ半径【旋削の——】，コーナ半径。

丸こまバイト（*maru-koma-baito*; button tool）　直接またはシャンクを介してホルダに機械的に取り付けて使用する円すい形のバイト。関バイト。

丸皿木ねじ（*maru-sara-mokuneji*; oval head wood screw）　頭部が丸みを帯びた皿木ねじ。参木ねじ。

丸太（*maruta*; log）　造材において所定の長さに玉切りされた木材。

丸太組構法（*marutagumi-kōhō*）　木質構造において，木材を水平に積み上げて壁体をつくる構造。

丸太の材積（*maruta-no-zaiseki*; log volume）　丸太の体積。丸太の長さ，直径，断面積などから近似的に求められる。

マルチサイザ（multiple sizer）　同マルチプルサイザ。

マルチプルエジャ（multiple edger）　1本または2本以上の主軸に3枚以上の丸鋸を取り付け，工作物をテーブル上で動力送して縦挽きする丸鋸盤。同ギャングエジャ。

マルチプルサイザ（multiple sizer）　水平な1本の丸鋸軸に取り付けた多数の丸鋸により，工作物を同時に切断加工する木工鋸盤。1枚の丸鋸を取り付けた軸が多数配置されている構造のものもある。

マルチプルソー（multiple saw）　同マルチプルサイザ。

丸突きのみ（鑿）（*maru-tsuki-nomi*）　穴の側面仕

上げに用いる突きのみ。

マルテンサイト（martensite）元のオーステナイトと同じ化学組成をもつ体心正方晶または体心立方晶の準安定固溶体。

マルテンパ（martempering, marquenching）鉄鋼製品の焼入れによる変形の発生や焼割れを防ぎ，適切な金属組織を得るために，マルテンサイト生成温度域の上部またはそれよりやや高い温度に保持した冷却剤中に焼入れして，各部が一様にその温度になるまで保持した後，徐冷する処理。関熱処理。

丸胴（maru-dō; cylindrical cutterhead）断面が円形の鉋胴。外周囲に取り付けた溝に2～4枚の刃を固定する。直刃用とねじれ刃（ヘリカル刃）用とがある。関鉋胴。

丸胴一体形（marudō-ittai-gata）主軸とカッタヘッドが一体となった丸胴。参鉋胴。

丸胴組立形（marudō-kumitate-gata）円筒外周面の一部を構成する刃押さえとカッタヘッド本体の間に鉋刃固定するようにした丸胴。参鉋胴。

丸胴分離形（marudō-bunri-gata）主軸に機械的に固定される丸胴。参鉋胴。

丸ねじ（maru-neji; round thread）台形ねじの山の頂および谷底に大きい丸みを付けたねじ。

丸鋸（maru-noko; circular saw blade）機械鋸の一種であり，中心部に軸穴を持つ円形鋼板の周辺部に歯を刻み，水平仕上げ，腰入れ，歯先研磨をして歯付けしたもの。木材の横挽きおよび縦挽きを行うには，それぞれに適した歯型と歯数を有する丸鋸（横挽き用丸鋸および縦挽き用丸鋸）を用いる。関超硬丸鋸，木工用丸鋸。

丸鋸[主]軸（marunoko-[shu]jiku; main shaft of circular sawing machine, arbor of circular saw）丸鋸を取り付け，これに回転運動を与える軸。この主軸には丸鋸，フランジ，軸受け，鋸軸回転用プーリまたは電動機軸が配列されている。関丸鋸盤。

丸鋸金敷（marunoko-kanashiki; circular saw anvil）丸鋸腰入れ用金敷の慣用語。同丸鋸腰入れ用金敷。

丸鋸傾斜角（marunoko-keishakaku; oblique angle of circular saw blade）丸鋸盤による傾斜挽きで，丸鋸面とテーブル面の法線とのなす角度。関テーブル傾斜丸鋸盤。

丸鋸腰入れ用金敷（marunoko-koshiireyō-kanashiki; circular saw anvil）丸鋸をハンマで腰入れする場合に使用する中高の金敷。構造は，軟鋼で本体を作り，表面に5～6mmぐらいの鋼を鍛造して焼き入れるか，または鋳鋼で作って表面硬化させて作る。金敷の同義語として，金床，鉄床，鉄敷，鉄砧，ハンマー台，アンビルがある。関腰入れ，同丸鋸金敷。

丸鋸の熱座屈（marunoko-no-netsuzakutsu; thermoelastic buckling of circular saw）丸鋸は挽材によって歯縁付近に切削熱を生じ，鋸身の半径方向に沿って温度分布が不均一になる。このため鋸身には不均一な熱応力が発生し，鋸身が不均一に伸縮して波打つようになる現象。

丸鋸歯研削盤（marunoko-ba-kensaku-ban; circular saw blade sharpener）回転する砥石により，丸鋸の歯形を整形仕上げする研削盤。

丸鋸盤（marunoko-ban; circular saw, circular sawing machine）丸鋸によって工作物を縦挽きあるいは横挽き加工する機械。工作物は手動または自動で送られる。用途として製材用と木工用があり，丸鋸が自走するもの，主軸に1枚の丸鋸が付けられるもの，複数の丸鋸が付けられるものなどがある。

丸鋸目立機（marunoko-metate-ki）丸鋸歯研削盤の慣用語。同丸鋸歯研削盤。

丸のみ（鑿）（maru-nomi）穂先と切れ刃の横断面が円弧状の曲線になっているのみ。厚丸のみと薄丸のみ（壺のみ）の二種がある。

丸バイト（maru-baito; tool bit with round shank）丸シャンクの完成バイト。関バイト。

丸刃のみ（鑿）（maru-ba-nomi; round nose chisel）刃先線が円弧状ののみ。平板状の鋼の一端に円弧状の切れ刃を付けて，他端に柄を付けて作る。木工旋盤で荒削りするのに用いられる。関のみ。

丸ハンマ（maru—; round head hammer）打撃

面が円形をしているハンマで，柄は頭の中央に付けられている．主に帯鋸の水平仕上げなどを行う際に部分的な凹凸，伸び縮み，ねじれなどの狂いを矯正するために使用する．関十字ハンマ，円頭ハンマ．

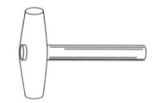

丸挽き（maru-biki）同だら挽き．

丸節（maru-bushi; round knot）枝の横断面が材面に現れている節で，ほぼ円状のもの．やや斜めなら楕円節という．

丸棒サンダ（maru-bō—; round stick sander）立ベルトサンダと傾斜したベルトサンダあるいは傾斜ベルトの代わりに調整ホイールを用いたサンダを組み合わせ，その間に丸棒を入れて研削仕上げをするサンダ．関サンダ．

丸身（maru-mi; wane）製材品において，鋸の挽面が十分にかからずに樹幹の肌目が丸く残っている部分．

丸木ねじ（maru-mokuneji; round head wood screw）頭部が半球状となった木ねじ．参木ねじ．

回し取り（mawashi-dori）同回し挽き．

回し挽き（mawashi-biki; round sawing）丸太を回して順次樹心の方に挽材を行っていく木取り方法で，外周部に欠点のない良質丸太から高品質な製材品を採材する場合に多く用いられる．関巴挽き，参製材木取り．

回し挽き鋸（mawashibiki-noko）曲線状の挽抜きに用いる片刃茨目歯の鋸．引いて使用する．挽き回し鋸とも言う．

まんじゅう（manjū; flange）同フランジ【丸鋸盤の一】．

マンセル表色系（—hyōshoku-kei; Munsell color system）マンセル（A.H. Munsell）の考案による色票集に基づき，1943年に米国光学会の測色委員会で尺度を修正した表色系．マンセルヒュー（色相），マンセルバリュー（明度），マンセルクロマ（彩度）によって表面色を表す．関色相，明度，彩度．

み mi

見え掛かり（miegakari）建築の部材で，目に見える部分のことを指す．

磨き棒鋼（migaki-bō-kō; cold finished steel bars）鋼材を冷間引抜き，研削，切削またはこれらの組合わせによって仕上げた棒鋼．関棒鋼．

磨き丸太（migaki-maruta）スギやヒノキの樹皮を剥ぎ，砂などをつけ水磨きして仕上げた丸太．床柱などに用いる．京都府の北山杉，奈良県の吉野杉によるものが有名．

みかん割り（蜜柑割）（mikan-wari）本柾目の板を多く採材するために，樹心を通る面で挽材を繰り返す木取り方法．みかんの横断面に似た形に製材する．関柾目木取り．

ミキサ（mixer, glue mixer）同グルーミキサ．

右ねじれドリル（migi-nejire—; right hand helix twist drill）溝が右ねじのドリル．

ミグ溶接（—yōsetsu; MIG (metal inert gas) welding）溶接ワイヤーを電極とするイナートガスアーク溶接．関イナートガスアーク溶接．

ミクロトーム（microtome）台座にミクロトーム刃を取り付け，これを前後に滑らせて，一定の切込量で木材切片を作製する滑走式ミクロトームと，刃物を固定し，試料を往復運動させて切片を作製する回転式ミクロトームがある．主に，顕微鏡観察用試料の作製に用いる．

ミクロフィブリル（microfibril）同セルロースミクロフィブリル．

ミクロフィブリル傾角（—keikaku; microfibril angle）細胞壁を構成するセルロースミクロフィブリルの細胞長軸に対する角度．

見込生産（mikomi-seisan; make to stock）生産者が市場の需要を見越して企画・設計した製品を生産し，不特定な顧客を対象として市場に出荷する形態．関受注生産．

未仕上材（mishiage-zai; unfinished lumber）乾燥後，寸法仕上げをしていない製材のこと．

ミシン鋸（mishin-noko; jig saw）同糸鋸盤．

水食(喰)材（mizukui-zai; wetwood）死節の付

近や，傷害部近くの心材部に含水率の高い部分が存在する材のこと。この含水率の高い部分は，乾燥終了時に未乾燥部分として材内に残り問題となることがある。水喰材はトドマツにおいてよく見られる。関ウォータポケット。

水焼入れ（*mizu-yakiire*; water quenching）金属製品を所定の高温状態から水中で冷却する処理。関熱処理。

未成熟材（*miseijuku-zai*; juvenile wood）未成熟期の形成層によって形成された髄に近い側の木部。一般には針葉樹材に対して用いられる。関成熟材。

ミセル傾角（—*keikaku*）同ミクロフィブリル傾角。

溝（*mizo*; flute）隣り合った切れ刃とヒールとの間のへこんだ部分。切屑が排出されるときの通路になる。＝切屑溝。

溝【ドリルの—】（*mizo*; flute）ドリルの隣合った切れ刃とヒールとの間のへこんだ部分。切屑が排出されるときの通路になる。同切屑溝。

溝形鋼（*mizo-gata-kō*; channels）断面形状が溝型の形鋼。関形鋼。

溝鉋（*mizo-ganna*）溝を削る鉋の総称。同しゃくり鉋，作里鉋，底じゃくり鉋，底取り鉋。

溝切り（*mizo-kiri*; grooving）工作物に溝を切削して作る加工。溝突きともいう。繊維に平行方向に溝切りすることを縦溝切り，繊維に直角方向に溝切りすることを横溝切りと呼ぶ。機械加工では溝突きカッタが，手加工では溝鉋が用いられる。

溝削り（*mizo-kezuri*; slot milling, key-slot milling）フライスカッタやルータなどを用いて回転削りによって溝を加工する方法。キー溝の加工を，キー溝削りという。

溝削り機（*mizo-kezuri-ki*; grooving machine）主として，合板などの表面に溝切り加工をする機械。関溝切り。

溝削りバイト（*mizo-kezuri-baito*; turning tool for grooving, turning tool for recessing）溝削りに使用するバイトの総称。関バイト。

溝長【ドリルの—】（*mizo-chō*; flute length）ド

リルの軸に平行方向に測った溝の長さ。

溝突カッタ（*mizo-tsuki*—; groove cutter, grooving cutter）外周面に切れ刃をもち，工作物に溝を加工するためのカッタ。木工用として，繊維に平行方向の溝（縦溝）と直交方向の溝（横溝）を加工するもの，木質材料表面に装飾用の溝を加工するものなどがある。

溝付け加工（*mizo-tsuke-kakō*）同溝切り。

溝長さ【ドリルの—】（*mizo-nagasa*; flute length）関溝長。

溝幅【ドリルの—】（*mizo-haba*; flute width）ドリルの軸直角断面上の溝をまたぐ幅。

溝フライス（*mizo-furaisu*; slotting milling cutter, slotting cutter）外周面に切れ刃をもち，溝を加工するのに用いられるフライス。溝突カッタなど。

見付け材面（*mitsuke-zaimen*）目視できる部材の表面のこと。見付け材面の品質の基準は，表面の節や腐れ，キズ等の欠点の程度によって定められ，造作用集成材の品質等級には，1等と2等の2種類，化粧貼り構造用集成柱には1種類ある。

密度（*mitsudo*; density）単位体積あたりの質量，g/cm^3，kg/m^3で表わす。木材の場合，空隙も含む体積を用いるので見かけの密度ともいう。測定時の含水率によって，生材密度，気乾密度，全乾密度がある。関比重。

密塗装（*mitsu-tosō*; closed coat）同クローズドコート。

三つ又錐（*mitsumata-giri*）ねずみ歯錐を大きくした形の大きな丸穴をあける手揉み錐。中心錐は三つ目錐で，左右の錐は小刀の形状である。三足錐とも言う。

三つ目錐（*mitsume-giri*）穂が丸く，穂先が三角錐形の手揉み錐。木ねじの下穴あけに適する。

三つ目手錐（*mitsumete-giri*）関手錐。

ミディアムデンシティファイバーボード（medium density fiberboard）繊維板の種類の一つ。JIS規格では，乾式法によって製造された密度$0.35g/cm^3$以上$0.80g/cm^3$未満の繊維板。曲げ強さ，接着剤，ホルムアルデヒド放出量，難燃性により区分されている。同

MDF，中比重繊維板，中質繊維板．関繊維板．

みね(峰)【刃物の—】（*mine(hamono-no)*; back) 刀や包丁などの刃物の背の部分．

みね(峰)部（*mine-bu*) 刀や包丁などの刃物の背の全体．

耳（*mimi*）鉋身とのみの刃先の両角．

みみず（*mimizu*; cross bar) ラワン材などでしばしば見られ，虫によって形成層が被害を受けて出来た傷跡で，接線断面の大きく出るロータリー単板などで，あたかもみみずがはったような模様となるのでこの呼び名がある．

耳すり(摺り)（*mimi-suri*; edging) 板の製材工程のうち，幅を決めるために側面を縦挽きして耳(丸太の外周囲に残っている丸身)などを挽き落すこと．専用の縦挽き丸鋸盤が用いられる場合がある．関耳すり(摺り)盤．

耳すり(摺り)機（*mimisuri-ki*; edger) 同耳すり盤．

耳すり(摺り)材（*mimisuri-zai*; edged board) 側面の丸身部分を挽き落とし，幅決めをした板．関耳付材．

耳すり(摺り)盤（*mimisuri-ban*; edger) 耳付材を縦挽きして耳(丸太の外周囲に残っている丸身)などを挽き落とすのに用いられる丸鋸盤の総称．片耳すりにはシングルエジャ，両耳すりにはダブルエジャといういずれも専用の丸鋸盤がある．関エジャ，シングルエジャ，ダブルエジャ．

耳立ち（*mimidachi*) 携帯電気鉋で切削するとき，削り面と削り面との間にはっきりと生じる段差のこと．鉋境ともいう．

耳付材（*mimitsuki-zai*; unedged board, sawn lumber with edge) 板の側面に丸太の表面が残っている材．製材のJASでは，造作用製材，下地用製材および広葉樹製材のうち，耳すりをしていない板類と定義されている．関目すり材．

宮島細工（*miyajima-saiku*) 広島県宮島における伝統技術で，ろくろ細工，刳物細工と彫刻などにより製作する技術，またはその技術によってつくられた盆，杓子などの製品．

ミリングカッタ（milling cutter) 同フライス．

む　*mu*

向い挽き（*mukai-biki*; counter sawing) 丸鋸による挽材において，鋸歯の回転方向と工作物の送り方向が逆方向となる挽き方．同上向き切削，関追挽き．

迎え角（*mukae-kaku*) バイアス角の補角．関バイアス角．

向きバイト（*muki-baito*; bent turning tool with square corner for chamfer) 約90°の刃先角と約45°のアプローチ角とをもつ曲がりバイト．関バイト．

無響室（*mukyō-shitsu*; anechoic chamber) 壁，床，天井を吸音材で構成し，発生する音響の周波数帯域を効率的に吸収できる部屋．基本的に自由音場の条件を作る．

むく(無垢)工具（*muku-kōgu*; solid tool) 刃先とボデーまたはシャンクとを一体の工具材料で作った工具．ソリッド工具ともいう．関ソリッドタイプ．

むく(無垢)ドリル（*muku—*; solid drill) ボデーとシャンクを一体の工具材料で作ったドリル．

むく(無垢)バイト（*muku-baito*; solid turning tool) 刃部とシャンクまたはボデーとが一体の材料からなるバイト．関バイト．

むく(無垢)フライス（*muku-furaisu*; solid milling cutter) 刃部とボデーまたはシャンクが同一材料で作られているフライス．ソリッドカッタともいう．

無欠点裁面【製材の—】（*muketten-saimen*; clear part, defect free part, clear cutting) 国産広葉樹の板類の品質評価に適用される板の無欠点部分．裁面は方形で，その大きさや採取の方法は製材のJASで決められている．

無欠点率（*muketten-ritsu*; percentage of defect free pieces) ある樹種の材質的変動を平均的に含んだ多数の供試材をサンプリングし，これを同一条件で切削したときに，欠点が全くない切削仕上面を持つ供試材の全体に占める割合(百分率)．

向押し鋸（*mukō-oshi-noko*) 同突き回し鋸．

向突き鋸（*mukō-zuki-noko*）同突き回し鋸．

むこうまちのみ（向待ち鑿）（*mukō-machi-nomi*; mortise chisel）叩きのみの一種．穂の長さは長く，幅は狭く，厚さは幅よりも大きい．深い穴あけや溝作りに使用する．ほぞのみとも言う．

無彩色スケール（*musaishoku*——; gray scale）同グレースケール．

虫穴（*mushi-ana*）昆虫が木材中に産卵する際に穿孔した穴．または，幼虫の際に木材を食害してできた穴．もしくは，成虫となり脱出する際に木材内部から穿孔してできた穴．

虫食い（*mushi-kui*）同虫穴．

無次元量（*mujigen-ryō*; dimensionless quantity）次元の表現で，すべての基本量の次元の指数が零となる量．

むしれ型（*mushire-gata*; plunk type, tear type）木口切削において，木材繊維が刃先に押し曲げられるように変形しながら，切削面の開き破壊や母材内部の木材繊維の曲げ破壊が起こり，切屑がむしり取られる切削．切削角や切込量が大きいときや，刃先が鋭利でないときに起こる．McKenzieが提案した分類のType IIに相当する．関切削型，参切削型．

無騒音鉋胴（*musōon-kannadō*; noise reducing cutterhead）回転中の騒音を減少させるために，鉋刃保持部の表面が滑らかになるように設計された鉋胴．あるいは，スパイラル状に鉋刃を取付けて切削時の衝撃打撃音の軽減を図った丸胴形の鉋胴．関鉋胴．

棟木（*munagi*）木質構造において，棟を支える小屋組みの最頂部にある軒桁に平行な横木で垂木を受ける材．

棟束（*munazuka*）木質構造において，小屋梁や敷梁にのり，棟木を支える小屋束．

棟持柱（*munamochi-bashira*）木質構造において，棟木を直接支える柱の総称．

無負荷運転試験（*mufuka-unten-shiken*; no-load running test）工作機械を所定の無負荷状態で運転し，その運転状態と所要電力を調べる試験．ここでの運転状態とは，速度，行程の数，および長さ，ならびにそれらの変動，振動，騒音，潤滑，気密，油密などの状態をいう．

無負荷運転特性（*mufuka-unten-tokusei*; no-load performance）無負荷の状態で工作機械を運転しているときに示す機械の特性．

無節（*mubushi*; clear, knot-free）材面上に節が全く現れていないこと．製材のJASにおける造作用製材の等級区分では，節がないことに加え，割れや曲がり等のその他の欠点もきわめて軽微であること，と規定されている．関造作用製材．

むら取り鉋盤（*muratori-kanna-ban*; leveling planer）回転する鉋胴とむら取り用自動送材装置を備え，工作物のむらを取り，基準面を作る鉋盤．同自動むら取り鉋盤，関鉋盤．

むら取り直角2面鉋盤（*muratori-chokkaku-ni-men-kanna-ban*; leveling and thicknessing planer with right angle）回転する立および横鉋胴とむら取り送り装置を備え，工作物の下面と側面を同時に切削し，直角基準面を作る鉋盤．

むら取り2面鉋盤（*muratori-nimen-kanna-ban*; leveling and thicknessing planer）回転する2本の鉋胴とむら取り用送り装置を備え，工作物の基準面となるような平らな面に，1面を加工してからその裏面の厚さ決め加工をする鉋盤．回転する2本の鉋胴とむら取り用送り装置を備えている．鉋刃の研磨装置の付いたものもある．

むら取り4面鉋盤（*muratori-yomen-kanna-ban*; leveling, thicknessing and molding planer）むら取り2面鉋盤にさらに2本の立鉋胴を備え，工作物の基準面作りを含め4面を同時に加工できる鉋盤．鉋刃の研磨装置の付いたものもある．

め　me

明度（*meido*; lightness）同様に照明されている白または透過率が高い面の明るさと比較して，相対的に判断される対象面の明るさ．

銘木（*meiboku*; fancy wood, precious wood）木理，形状，色彩などが特殊なために高価に扱われている木材．

銘木類（*meiboku-rui*; fancy wood, precious wood）素材のJAS規格において，材質または形状が極めてまれであるもの，材質が極めて優れているもの，鑑賞価値が極めて優れているもの，およびこれらの部分を含むものと規定されている．

目打ち台（*meuchi-dai*; saw tooth setting anvil）丸鋸や帯鋸の振分けあさりを出すときに用いる金敷．丸鋸用と帯鋸用があり，いずれも振分けの角度分だけ傾斜させた面を持つ．［関］振分けあさり，目打ちハンマ．

目打ちハンマ（*meuchi—*; set hammer）丸鋸や帯鋸の振分けあさりを打ち出すときに用いるハンマ．［関］振分けあさり，目打ち台．

メートルねじ（*—neji*; metric thread）直径およびピッチをmmで表したねじ．ねじ山の角度が60°の三角ねじ．フランス，ドイツなどで一般用ねじとして発達したもので，ISOが国際規格として取りあげた．

メカニカルグレーディングマシン（mechanical grading machine）［同］グレーディングマシン．

女木（*megi*）腰掛あり継ぎ，腰掛かま継ぎなどで，凹部の加工をした下側の部材．

目切れ（*megire*; cross grain, slope grain）製材品の長さ方向において，曲げ強度に影響するほど繊維走行が傾斜しているもの．

目釘（*mekugi*）刃物が柄から抜け出ないように柄の横から差し込む楔状の釘．鉈の込みを柄に挿入して固定する時などに用いる．

目こぼれ（*mekobore*; shedding, breaking）接着剤による砥粒（研削材）の基材への支持力が過小すぎると，研削砥石や研磨布紙による加工中に，砥粒切れ刃の自生作用を行う前に，砥粒が接着層から原形のまま，あるいは大きく割れて脱落し，研削能力の低下をきたす状態．［関］研削砥石，研磨布紙．

雌ざね（実）（*mezane*; groove, grooved edge）板材の側面同士の接合における本さねはぎの雌側（凹面側）．［関］さねはぎ，雄ざね，［参］さねはぎ．

目すり角【鋸歯の—】（*mesuri-kaku*）［同］あさりの研ぎ角．

目違い（*metagai, mechigai*; raised grain）切れ味の悪化した刃物で切削した際，加工面に現れる欠点の一つで，早材と晩材の材質の差による木目の凹凸．特に針葉樹材の木裏面を順目方向に切削したときに発生しやすい．

目立て（*me-tate*; saw filing, saw sharpening）鋸を調整すること．広義には腰入れ作業および鋸歯の仕上げ作業（歯先の高さ調整，あさり出し，鋸歯研削など）をさす．狭義には鋸歯の研削だけをさす．

目立て機（*metate-ki*）回転する砥石車によって，鋸の歯形を整形仕上げする研削盤．鋸の種類により，「帯鋸歯研削盤」，「おさ鋸歯研削盤」，「丸鋸歯研削盤」がある．［関］帯鋸歯研削盤，おさ鋸歯研削盤，丸鋸歯研削盤．

目立て定盤（*metate-jōban*）［同］腰入れ定盤．

目立てやすり（*metate-yasuri*）鋸歯の研磨に用いる鋼製のやすり．胴の形は扁平で断面は菱形をしており，四つの面からできている．刃やすりとも言う．

メタルソー（metal slitting saw blade）金属加工用フライスのひとつ．外周面に切り刃を持ち金属材料の切断および溝加工に用いられる丸鋸．狭義に全鋼製の丸鋸を指すことがある．これに対し歯部材として超硬合金などから成るチップを鋸身にろう付けし歯先としたものは超硬メタルソー，コールドソーあるいはチップソーなどと呼ばれる．［関］丸鋸，コールドソー，チップソー．

メタルプレートコネクタ　建築用結合金物の総称．

目違い【継手の—】（*me-chigai*）継手や仕口において，一方の材に凸形の突起を設け，他方の材にそれに合う凹形の溝を設けたもの．材

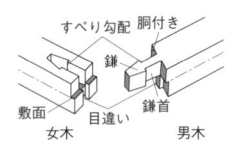

目違い大かま継ぎ(鎌継ぎ)(*mechigai-ōkama-tsugi*) 継手の一種で，一方の部材に蛇の鎌首形の突起を材の上面から下面まで加工し，もう一方の部材にこれをはめ込むための凹形の溝を加工し，さらに接合面(胴付)に目違いを設けたもの。

めち取り盤(*mechitori-ban*; indent molder) 厚板やフローリングボード(床板)などの木口を，縦継ぎ手用の凹形(めざね)に加工するための専用のほぞ取り盤。関おち取り盤，エンドマッチャ。

目つぶれ(*me-tsubure*; dulling, glazing) 接着剤による砥粒(研磨材)の基材への支持力が過大すぎると，研削砥石や研磨布紙による研削加工中に，砥粒切れ刃の自生作用が起こらず，切れ刃先端が摩滅して平坦となり切れ刃の切れ味が低下する状態。

目詰まり(*me-zumari*; loading) 研削砥石や研磨布紙による研削加工中に，生成される切り屑が砥粒切れ刃周辺に固着して，やがて砥粒と砥粒の間隙(チップポケット)につまり，正常な研削が行われなくなり，研削能力が低下する状態。

目止め(*me-dome*; filling, wood filling) 木理の美化や色彩の均一化，上塗り塗料の余分な吸収の防止，あるいは塗膜の長寿命化を行うために，木材表面のくぼみを目止め剤(材)によって充填すること。関目止め剤。

目止め機(*medome-ki*; filling machine, wood filling machine) 目止めを行う際に用いる機械。関目止め。

目止め剤(*medomezai*; filler, wood filler) 目止めを行うための塗装補助材料。関目止め。

目直し(*me-naoshi*) 同目立て。

目離れ(*me-banare*; loosened grain) 切れ味の悪化した刃物で切削した際，加工面に現れる欠点の一つで，早材部分が早晩き材の境界面ではがれかかった状態。早材と晩材の比重の差が大きい材に過大な切削力が作用したときに発生しやすい。

目振り(*me-buri*) 同あさり。

目振機(*mefuri-ki*; saw setter, saw-tooth setting equipment) 鋸歯をはさんで折り曲げるようにして，振分けあさりを出す器具。または，動力により鋸歯に衝撃を与えて振分けあさりを出す機械(鋸歯目打ち機)。関振分けあさり。

目ぼれ(*mebore*) 繊維束が掘り取られて形成される切削仕上げ面の小さなくぼみ。

目回り(*me-mawari*; shake) 樹幹の成長輪に沿った割れ。胴打ちや生立時に強風を受けたりしたときに生じやすい。輪裂，環裂ともいう。関もめ。

目盛定め(*memori-sadame*; gauging) 基準によって，測定器の目盛を新しく定めること。

メラミン樹脂オーバーレイ合板(*—jushi—gōhan*) メラミン樹脂含浸紙などを合板の表面に熱圧した二次加工品。関特殊加工化粧合板。

メラミン樹脂接着剤(*—jushi-setchaku-zai*; melamine-formaldehyde resin adhesive, melamine resin adhesive) メラミンとホルムアルデヒドとの付加縮合反応物を主体とする熱硬化性樹脂接着剤。

メラミン・ユリア共縮合樹脂接着剤(*—urea-kyōshukugō-jushi-setchaku-zai*; melamine-urea-formaldehyde resin adhesive, melamine-urea resin adhesive) メラミンおよびユリアのホルムアルデヒドとの共縮合反応物を主体とする熱硬化性樹脂接着剤。

目量(*meryō*; scale interval) 隣接する目盛線の間隔に対応する測定量の大きさ。一目の読みともいう。

目割れ(*me-ware*) 同裏割れ。

面粗さ(*men-arasa*) 同仕上面粗さ，加工面粗さ。

面外剪断【合板の—】(*mengai-sendan*; planar shear, rolling shear) 合板において表板と裏板をずらすような方向に力を加える剪断をいい，心板の繊維が転がるように破壊(ローリングシアー破壊)が起きる。関面内剪断【合板の—】。

面皮柱（*menkawa-bashira*） 角に丸味または皮を残した柱．茶室などの数寄屋建築に用いられ，歴史的に古い町屋に多い．

面鉋（*men-ganna*）圓面取り鉋．

面だれ（*men-dare*） 切削および研削加工の際に仕上げ面に現れる欠点の一つで，過切削（過研削）のために加工面の端面部分に丸みができてだれたようになったもの．

面取り（*men-tori*; chamfering） 工作物を長さ方向にデザインに応じた面型に削る加工法．家具，建具など各種の木工部品の装飾のために行われる．一般には木工面取り盤による加工をさす．関面取り盤．

面取りカッタ（*mentori*—; shaping cutter） 面取り加工に使用されるカッタで，削る面型に応じた刃形とカッタヘッドによりいろいろな形のものがある．面取り盤，自動鉋盤などに用いられる．関ウイングカッタ．

面取り鉋（*mentori-ganna*） 板材や角材の面取りを行う小型の鉋．面鉋とも言う．面の種類は多く，角面坊主面，几帳面，瓢箪面，銀杏面，匙面，胡麻柄面，紐面などがある．

面取りコーナ（*mentori*—; chamfered corner） 直線状に面取りしたコーナ．

面取り南京鉋（*men-tori-nankin-ganna*） 南京鉋の鉋台の下端に三角状の定規を取り付け，刃先と下端を面形にした面取り鉋．

面取り盤（*mentori-ban*; spindle molding machines, spindle shaper） カッタヘッドを取り付けて回転する垂直主軸と工作物を送材するテーブルとからなる面取り加工用の木工フライス盤．主として工作物の側面を削る．関シェーパ．

面内剪断【合板の—】（*mennai-sendan*; panel shear, shear through the thickness） パネル（合板）の辺に沿って剪断力をかけるパネルシアーテストとねじりを加えるプレートシアーテストがある．関面外剪断【合板の—】．

面内剪断剛性（*mennai-sendan-gōsei*） 面内剪断に対する耐変形性能．関曲げ性能．

面内剪断強さ【合板の—】（*mennai-sendan-tsuyosa*; panel shear strength） 面内剪断力を与えたときの破壊強さで，JAS（合板）では，構造用合板に対する基準値が示されている．関面内剪断【合板の—】．

も　mo

モアレ（moire）二つの規則的な模様の重なりによって生じるあらい模様。

モアレ干渉法（——*kanshō-hō*; moire interferometry）間隔が狭い回折格子を試料格子とし，2方向から入射した平行光の干渉縞を基準格子として用いるモアレ法。

モアレトポグラフィ（moire topography）2枚の格子によるモアレ縞を使って，物体形状に応じた等高線を求める方法。格子照射型，格子投影型などがある。

モアレ法（——*hō*; moire method）2枚の格子（格子像を含む）を重ねたときに生じるモアレ縞を利用して，物体の形状，変位，またはひずみを求める方法。

モータ（motor）動力発生機の総称。特に電動機をいう。

モード解析（——*kaiseki*; modal analysis）構造物を適当な方法で加振して得た測定データから，伝達関数を解析的な形で決定し，さらに振動モードを求める手法のこと。

模擬実験（*mogi-jikken*; simulation）物理的または抽象的なシステムの選択された動作特性を表現するために，データ処理システムを用いること。

杢（*moku*; figure）材面に現れた木材構成要素の形や配列の不規則性に基づく装飾的な模様のこと。通直でない木理やこぶなどにより木理が異常になった場合工芸的な価値を持った模様を形成するようになる。また，とくに異常でなくても工芸的な意味を持つ場合にも杢と呼ばれる。市場では種々の名をつけて銘木として取り扱うことが多いが，その呼称は学術的に統一されているわけではない。

木材加工機械（*mokuzai-kakō-kikai*; woodworking machinery）木材を加工する機械。JIS（日本工業規格）では製材機械，合板機械，木工機械に大きく分類している。

木材加工用機械作業主任者（*mokuzai-kakō-yō-kikai-sagyō-shuninsha*; operations chief of woodworking machine）労働安全衛生法で定められた作業主任者の一つで，木材加工機械（丸鋸盤，帯鋸盤，鉋盤，面取り盤およびルータに限るものとし，携帯用のものを除く）を5台以上（当該機械のうちに自動送材車付帯鋸盤が含まれている場合は3台以上）有する事業場において選任することが事業者に義務付けられている。木材加工用機械作業主任者技能講習を修了した者から選任され，(1)木材加工機械を取り扱う作業の直接指揮，(2)木材加工機械とその安全装置の点検，(3)木材加工機械とその安全装置に異常を認めたときの必要な措置の実施，(4)作業中の治具，工具等の使用状況の監視を職務とする。

木材乾燥機械（*mokuzai-kansō-kikai*; wood dryer）帯鋸盤，丸鋸盤などで加工された工作物を乾燥する装置。

木材チップ（*mokuzai*——; wood chip）木材を機械的に繊維方向の長さが15〜25 mm，厚さが4 mmほどの小片にしたもの。パルプ，パーティクルボード，ファイバーボードなどの原料になる。

目視試験（*mokushi-shiken*; visual test）試験体の表面性状（形状，色，粗さ，きずの有無など）を，直接または間接に肉眼で調べる試験。

木質系セメント板（*mokushitsu-kei*——*ban*; cement bonded wood-wool and flake boards）主原料として木片，木毛などの木質原料とセメントスラリー（セメントと水，硬化剤をミキサでよく混ぜ合わせたもの）を混練し，圧縮成形した板状材料。関木毛セメント板，木片セメント板。

木質材料（*mokushitsu-zairyō*; wood based materials）木質素材を一度細分化し，これを接着剤やセメントなどの結合剤で改めて接着して再構成した材料の総称。

木質パネル構法（*mokushitsu*——*kōhō*）木質構造における木質プレハブ構法の一つ。合板と枠材を接着により一体化した木質接着パネルが工場生産され，施工現場では接着接合と機械的接合の併用によってそれらのパネルを組み立てる。同木造パネル構法。

木質プレハブ構法（*mokushitsu*——*u-kōhō*）木質構造において，床組みや壁組みなどの構造耐

力要素を予め工場で一括生産し，施工現場で組み立てる方式による木造建築構法の総称．

木質ボード類（*mokushitsu—rui*; wood-based panels） 木質原料を小片または繊維にまで細分化し，これに接着剤やセメントなどの結合剤を添加して板状に成形した製品の総称．

木質ユニット構法（*mokushitsu—kōhō*） 木質構造における木質プレハブ構法の一つ．1 部屋分またはその一部を工場で構造ユニット化し，それらを施工現場で連結する．

目視等級区分（*mokushi-tōkyū-kubun*; visual stress grading） 人の目視による強度等級区分をいう．

目視等級区分構造用製材（*mokushi-tōkyū-kubun-kōzō-yō-seizai*） 構造用製材のうち，節，丸身等材の欠点を目視により測定し，等級区分するもの．関 構造用製材，機械等級区分構造用製材

目視等級区分製材（*mokushi-tōkyū-kubun-seizai*） 節，丸身等材の欠点を目視により測定し，等級区分する製材．

木繊維（*moku-sen'i*; wood fiber）同 木部繊維．

木象嵌（*moku-zōgan*） 木材などの表層に図案を彫り，その窪みに木色や木理の異なる木材を嵌め込んで文様を表す技術．嵌木細工ともいう．

木造軸組工法（*mokuzō-jikugumi-kōhō*） 土台，柱，梁，桁や筋交いなどで壁を構成する木造の構造．

木造船用テーブル式帯鋸盤（*mokuzōsen-yō—shiki-obinoko-ban*; ship band sawing machine）同 シップバンドソー．

木造パネル構法（*mokuzō—kōhō*; wood panel construction） 主として構造用合板で構成されたパネルを構造耐力部材として用いる木造建築構法．同 木質パネル構法．

木造枠組壁構法（*mokuzō-wakugumikabe-kōhō*; wood frame construction）同 枠組壁工法．

木彫（*mokuchō*; wood carving） 木材に切削加工を施して，人物，動物などの像や抽象的な模様を彫刻すること．用途に応じていろいろな樹種が用いられるが，材質的に彫刻に適している樹種としては，ホオノキ，サクラ，ケヤキ，トチ，カツラ，カヤ，イチイなどがあげられる．

木ねじ（*mokuneji*; wood screw） 木材にねじ込むのに適した先端とねじ山をもつねじ．頭部の形状には，丸，皿，丸皿などがある．締付手段の形として，すりわり付，十字穴付などがある．

丸木ねじ
皿木ねじ
丸皿木ねじ

木部（*mokubu*; xylem） 幹および根の強度保持や水分通導のための組織．髄の周囲に最初に形成される一次木部と，形成層の分裂活動によって一次木部の外側に形成される二次木部に分けられる．

木部繊維（*mokubu-sen'i*; wood fiber） 広葉樹材において道管と柔細胞以外の軸方向に配列する繊維状の細胞の便宜上の総称．繊維状仮道管と真正木繊維が主なもの．

木部破断（*mokubu-hadan*; wood failure） 木材の接着強さ試験における木材の破壊．関 接着強さ，木部破断率．

木部破断率（*mokubu-hadan-ritsu*; wood failure ratio） 木材破壊の生じた全面積に対する木部破断部分の面積の割合．木破率ともいう．関 接着強さ，木部破断．

木粉（*mokufun*; wood flour） 木工機械によって排出される切屑の中で粉状のもの．研削加工では，特に多くの木粉を排出するので強力な集塵装置が必要である．また，粉の大きさを揃えるように粉砕した木粉は，木工用パテや鋳造用の砂中に混ぜたりして利用される．関 ダスト．

木片セメント板（*mokuhen—ban*; cement bonded wood-flake board） 幅 20 mm 以下，厚さ 2 mm 以下で長さが 60 mm 以下の木片とセメントを混合し，圧縮成形した板状製品．関 木毛セメント板．

木目（*mokume*） 一般に，木材の縦断面で肉眼的に認めることができる繊維走向の条線または年輪の線．横断面で見える年輪について用いる場合もある．

木毛（*mokumō*; wood wool） マツ類，トウヒ類などの木材を木毛機により，幅 3～4 mm，厚さ 0.3～0.5 mm，長さ 300～500 mm 程度

に繊維方向に細長く切削したひも状のもの．木毛セメント板の原料や割れ物の梱包のためのクッションなどに使用される．

木毛セメント板（*mokumō—ban*; cement bonded wood-wool board, cemented excelsior board）主としてアカマツを用いた木毛に，セメント，硬化促進剤，適量の水を加えて混合し，圧縮成形して硬化させた板状製品．関 木片セメント板．

木理（*mokuri*; grain）肉眼で材面（あるいは材の中）を見たときの木材の構成細胞（とくに軸方向）の配列や走向の状態を木理という．とくに立木の樹幹における細胞の配列や走向の状態を表すが，製材品の稜線に対する木理の状態について現わすときもある．まれに，材面上で年輪幅の広・狭，および均斉・不均斉の関係にも用いられる．

木理斜交角（*mokuri-shakō-kaku*）同 繊維斜交角．

木理の不整（*mokuri-no-fusei*）木理が，なわ目，目切れ，繊維の不ぞろい（交錯木理を含む）である場合．JASで材面の性質を表わす場合にのみ用いられている．

モザイクパーケット（mosaic parquet）挽板の小片（最長辺が22.5 cm以下のものに限る．）を2個以上並べて紙等を使用して組み合わせたものを基材とした単層フローリングで，直張の用に供することを目的として使用されるもの．

モチーフ（motif）輪郭曲線方式による表面性状の評価において，断面曲線の2個の局部山（必ずしも隣り合うとは限らない）に挟まれた曲線部分．粗さモチーフとうねりモチーフがあり，これらからモチーフパラメータを求める．モチーフパラメータは，接触2表面の潤滑，転がり，摩擦，接着など，単独表面の耐腐食，めっき，塗装などの特性に関係するとされている．

木化（*mokka*; lignification）新生木部細胞の成熟過程において，細胞壁および細胞間層へリグニンが沈着すること．

木管（*mokkan*）紡績機械で糸を巻き取るのに用いる管．また，木でつくった管，木管楽器の

略語として広く用いられる．

木管仕上旋盤（*mokkan-shiage-semban*; wood multi-cut lathe）同 木工多刃旋盤，関 木工旋盤．

木工穴あけ旋盤（*mokkō-anaake-semban*; wood boring lathe）木管などのように工作物の長さ方向に深い丸穴をあけるための木工旋盤．工作物は両端両をチャッキングカップと呼ばれる椀状のホルダーで挟まれて回転し，回転している工作物の中心線方向にさじ状の刃物を挿入することによりその内側をくり抜くように切削される．同 穴あけ旋盤，関 木工旋盤．

木工帯鋸歯研削盤（*mokkō-obinoko-ba-kensaku-ban*; band saw sharpener for woodworking）木工用帯鋸の鋸歯を研削する機械．回転する砥石の下に各歯を自動的に送り込みながら砥石を昇降させて歯形の整形および仕上げを行う．関 帯鋸歯研削盤．

木工帯鋸歯丸鋸歯兼用研削盤（*mokkō-obinoko-ba-marunoko-ba-ken'yō-kensaku-ban*; band and circular saw sharpener）木工帯鋸歯と丸鋸歯の両方に対応できる研削盤．

木工帯鋸盤（*mokkō-obinoko-ban*; band scroll saws）上下に配置した鋸車で帯鋸を走行させ，テーブル上で工作物を手動で挽き回す方式の木工用小型帯鋸盤．帯鋸の幅は比較的狭く，テーブルは傾斜できるものがある．関 帯鋸盤，木工鋸盤．

木工カッタ旋盤（*mokkō—semban*; wood shaping lathe）工作物を任意の形の回転体に切削する木工旋盤．工作物は両端を主軸台と心押し台に挟み込まれて回転し，やはり回転している刃物に近付けるように前後に移動させて加工される．同 カッタ旋盤，関 木工旋盤．

木工簡易旋盤（*mokkō-kan'i-semban*; wood lathe）工作物の両端を主軸台と心押し台で挟み込みながら回転させ，バイトを手で持ちながら刃物受け台に沿わせて移動させながら工作物を旋削する簡単な木工旋盤．関 木工旋盤．

木工簡易丸鋸盤（*mokkō-kan'i-marunoko-ban*; circular saw, circular saw bench）回転する丸

鋸がテーブルから出ている簡単な構造の丸鋸盤。工作物を縦挽定規や横挽定規に沿わせ、テーブル上で手送りしながら切断する。関丸鋸盤。

木工乾燥機械(*mokkō-kansō-kikai*; wood dryer) 主として塗装された工作物を自動送りしつつ乾燥する機械。

木工機械用回転鉋胴(*mokkō-kikai-yō-kaiten-kannadō*; cutter blocks for wood planing) 同鉋胴。

木工機械用平鉋刃(*mokkō-kikai-yō-hira-kannaba*; planer knives for woodworking machines) 平削り加工のための木工機械用の切れ刃線が真直な板状の刃物。関平鉋刃、鉋刃。

木工錐(*mokkō-kiri*; gimlet, drill, auger, screw auger) 手揉み錐、羽根錐、オーガビット(らせん錐)、木工ドリルなど木材の穴あけ加工に用いる工具の総称。関ビット。

木工グルースプレッダ(*mokkō*—; glue spreader for woodworking) 同グルースプレッダ。

木工工具研削盤(*mokkō-kōgu-kensaku-ban*; woodworking tool grinder) 回転する砥石などにより、木工用刃物を研削する機械。関万能工具研削盤、万能刃物研削盤。

木工工具仕上機械(*mokkō-kōgu-shiage-kikai*; tool maintenance equipment for woodworking) 木工用刃物を研削・研磨する仕上用機械のこと。

木工コールドプレス(*mokkō*—; cold press for woodworking) 同コールドプレス。

木工自動丸棒削り盤(*mokkō-jidō-marubō-kezuri-ban*; round bar making machine) 一対のV溝状案内または回状コーラによって角材を送り込みながら、回転する中空鉋胴の内側に取り付けた刃物で丸棒を削り出す木工旋盤。工作物が回転しない点が普通の旋盤と異なる。関木工旋盤。

木工正面旋盤(*mokkō-shōmen-semban*; wood face lathe) 主軸に付けた大型の面板(鏡板)に工作物(長さに比べて直径の大きいもの)を保持し、主軸を回転させながら刃物を主に面板に平行方向に送ることにより旋削する木工旋盤。盆などの加工に用いられる。同正面旋盤。関木工旋盤。

木工成形プレス(*mokkō-seikei*—; molding (moulding) press for woodworking) 同成形プレス。

木工接着機械(*mokkō-setchaku-kikai*; gluing machine for woodworking) 同接着機械。

木工穿孔盤(*mokkō-senkō-ban*; wood borer) 工作物に穴あけ加工をする木工機械。

木工旋盤(*mokkō-semban*; wood lathe machine) 広義には、細長い丸棒や太く短い丸板状などの丸い外周面を持つ木製品を加工する木工機械。工作物を主軸に保持して回転させ、木工用バイトなどの刃物を工作物に当て、軸方向や軸と直交方向に移動させながら旋削する。多刃式のもの、刃物自体も回転するもの、多刃複合回転式のもの、刃物が自動的に送られるもの、模型に倣うものなどがある。狭義には、木工普通旋盤をさす。

木工卓上旋盤(*mokkō-takujō-semban*; bench wood lathe) 小型の木工旋盤。関木工旋盤。

木工卓上ボール盤(*mokkō-takujō-bōru-ban*; bench wood borer) 小型の木工ボール盤。

木工多軸ボール盤(*mokkō-tajiku-bōru-ban*; multi-spindle wood borer) 同時に2個以上の丸穴あけができる縦形の木工穿孔盤。間隔を調整できる2本以上の垂直主軸を備える。関木工ボール盤。

木工立フライス盤(*mokkō-tate-furaisu-ban*; vertical wood milling machine) 同木工縦フライス盤。

木工縦フライス盤(*mokkō-tate-furaisu-ban*; vertical wood milling machine) 垂直な主軸、コラム、ニー、前後・左右・上下に可動のテーブルなどからなり、工作物をテーブルに取り付けて加工する木工フライス盤。

木工多頭ボール盤(*mokkō-tatō-bōru-ban*; multi-head wood borer) 2個以上の主軸頭を取り付けた丸穴用木工穿孔盤。関木工ボール盤。

木工多刃旋盤(*mokkō-taba-semban*; wood multi-cut lathe) 数個の刃物台に多数の刃物を取り付け，同時に切削して複雑な旋削加工面を効率良く加工できる木工旋盤。関木工旋盤。

木工ダブルサイザ（*mokkō*—; double sizer） 間隔を調整できる2枚の丸鋸によって，自動送りされた工作物を所定の幅に切断加工する木工鋸盤。関木工鋸盤。

木工単板ローラプレス（*mokkō-tampan*—; veneer roller press for woodworking） 集成材，合板などの基材に接着剤を塗布し，化粧単板を自動的に貼り合わせ，ローラによる加圧と加熱によって接着する機械。

木工超硬工具研削盤（*mokkō-chōkō-kōgu-kensaku-ban*; carbide tool grinder） 主として，ダイヤモンドホイールにより木工用の超硬工具を研削する研削盤。関木工工具研削盤。

木工彫刻盤（*mokkō-chōkoku-ban*; carving machine） 多数の主軸およびならい装置を備え，同時にならい彫刻をする木工フライス盤。主軸が1本のものもある。関木工フライス盤。

木工ドラムサンダ（*mokkō*—; wood drum sander） 回転するドラムの外周面に研磨布紙を取り付け，テーブル上で自動送りされる工作物の表面を研削仕上げをする木工用サンダ。ドラムが1本ものと2本以上のものとがある。慣用名でドラムサンダという。関ドラムサンダ。

木工ドリル（*mokkō*—; twist drill） 木材の機械穴あけ加工に用いる錐。繊維方向と直角な面の穴あけ加工では，金属加工用と同形のドリルが用いられるが，その先端角は100°程度のものが適している。繊維方向と平行な面の穴あけ加工では，左右対称位置に2個のけづめと先細型の中心錐を有するオーガビットに類似したねじれ錐が用いられる。参ドリル。

木工倣い旋盤（*mokkō-narai-semban*; wood copying lathe, wood profiling lathe） 1組の主軸と心押し軸の間に製品と同じ形状のモデルを，他の組の軸間に材料を取り付け，モデルと材料に低速で同じ回転運動を与え，このモデルをトレーサが軽く接触しながらなぞり，高速で回転する刃物（葉巻きバイト）がこのトレーサと同じ動きをしながら材料を加工する木工旋盤。主に棒状の製品の加工に用い，断面が不正円であったり軸心が曲がっていても加工できる。関木工旋盤，自動倣い旋盤。

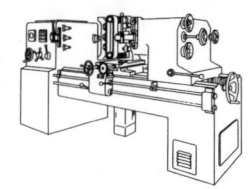

木工鋸盤（*mokkō-nokoban*; sawing machine for woodworking） 木工帯鋸盤や昇降丸鋸盤など小型で汎用的な鋸機械の総称。

木工バンドソー（*mokkō*—; band scroll saw） 同木工帯鋸盤。

木工万能工具研削盤（*mokkō-bannō-kōgu-kensaku-ban*; universal tool grinder for woodworking） 砥石台，工作物取付台の旋回および上下移動などができる構造で木工工具の研削に使用する研削盤。卓上型のものもある。

木工万能フライス盤（*mokkō-bannō-furaisu-ban*; universal wood milling machine） 主軸を垂直および水平にすることができる木工フライス盤。関木工フライス盤。

木工普通旋盤（*mokkō-futsū-semban*; ordinary wood lathe, wood turning lathe） 棒状で断面が円形かつ軸心が直線であるような木製品を加工するための旋盤。工作物をベッドの一端に設けた主軸（活心）と心押し軸（死心）との間に取り付けて回転させ，これを刃物台（刃物固定台，刃物受け台）上の刃物を軸方向に送りながら加工する。関木工旋盤。

木工フライス盤（*mokkō-furaisu-ban*; wood milling machine） 回転する主軸に木工フライスカッタまたは鉋胴を取り付け，主として成型切削する木工機械。

木工フローコータ（*mokkō*—; flow coater for woodworking） 同フローコータ。

木工ボール盤（*mokkō-bōru-ban*; wood borer, wood drilling machine） 工作物に丸穴をあける木工機械。コラム，主軸頭，テーブルなどから構成される。垂直な主軸に取り付けた木工用ドリルやビットによりテーブル上の工作物に丸穴

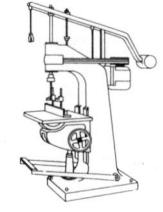

をあける．関木工穿孔盤．

木工ホットプレス（*mokkō—*; hot press for woodworking）同ホットプレス．

木工マルチプルサイザ（*mokkō—*; multiple sizer）位置調整が可能な多数の丸鋸によって，工作物を同時に複数箇所で切断加工する木工用丸鋸盤．

木工丸鋸歯研削盤（*mokkō-marunoko-ba-kensaku-ban*; circular saw sharpener for woodworking）木工用丸鋸の鋸歯を研削する機械．手動のものもある．関手動丸鋸歯研削盤，自動丸鋸歯研削盤，木工帯鋸歯研削盤．

木工用帯鋸（*mokkō-yō-obinoko*; bandsaw blades for woodworking）主として家具などの木製品の加工に使用される小型帯鋸盤用の幅の狭い帯鋸．関帯鋸．

木工用縦溝カッタ（*mokkō-yō-tatemizo—*; groove cutter for woodworking machines）木材の繊維方向の溝を加工するカッタ．JISでは外径120～200 mmのものについて既定している．

木工用バイト（*mokkō-yō-baito*; chisel, single point tool）平バイト，斜めバイト（斜剣バイト），剣バイト（剣先バイト），丸バイト，丸のみバイト，突切りバイト，中ぐりバイト，カップバイトなどがあり，旋削の種類によって適切なものが選ばれる．関バイト．

木工用丸鋸（*mokkō-yō-marunoko*; circular saw blades for woodworking machines）木工用の丸鋸盤や電動工具に使用される丸鋸の総称．木工用の丸鋸盤などの丸鋸機械をさす場合もある．関丸鋸，チップソー，木工用丸鋸盤，電動工具．

木工用丸鋸盤（*mokkō-yō-marunoko-ban*）家具や建具などの製作等木工に使用される丸鋸盤．

木工横多軸ボール盤（*mokkō-yoko-tajiku-bōru-ban*; horizontal multi-spindle wood borer）間隔が調整できる2本以上の水平主軸を備え，同時に2個以上の水平穴あけができる横形の木工穿孔盤．関木工ボール盤，木工穿孔盤．

木工横フライス盤（*mokkō-yoko-furaisu-ban*; horizontal wood milling machine）主軸が水平な木工フライス盤．関木工フライス盤．

木工横ボール盤（*mokkō-yoko-bōru-ban*; horizontal wood borer）主軸が水平な木工ボール盤．関木工ボール盤，木工穿孔盤．

木工ラジアルボール盤（*mokkō-bōru-ban*; radial wood borer）直立したコラムを中心に旋回するアームの上を主軸頭が水平に移動できる木工穿孔盤．コラム，アーム，主軸頭，ベースなどからなる．関木工穿孔盤．

木工レーザ加工機械（*mokkō—kakō-kikai*; laser processing machine for woodworking）木材の加工に用いられるレーザ発振器と加工ヘッドなどで構成される加工機械．レーザには，ビームの木材への吸収率が高い炭酸ガスレーザが用いられる．関炭酸ガスレーザ．

木工ローラコータ（*mokkō—*; roller coater for woodworking）同ローラコータ．

木工ワイドベルトサンダ（*mokkō—*; wood wide belt sander）回転する2本以上のドラムプーリに，掛けられた1枚のエンドレス研磨布紙により，自動送りされる工作物の表面を研削仕上げする木工用サンダ．関ワイドベルトサンダ．

基市じゃくり（決り）鉋（*motoichi-jiyakuri-gan-na*）鴨居・敷居などの溝底の荒決り鉋．溝の位置を調整するために鉋台の側面に定規が付けられている．

元口（*motokuchi*; butt end）丸太の根元のほうの横断面．末口に対する語．関末口，参板目．

素歯（*moto-ha*）同三角歯．

本身（*motomi*）鋸身のうち首に近い部分．

モノレール式搬入装置（*—shiki-hannyū-sōchi*; monorail type hoist）電動ホイストで丸太を吊り上げ，モノレールによって工場内に搬入する装置．関搬送装置．

揉み柄（*momi-e*）錐の柄．

揉み錐（*momi-giri*）同手揉み錐．

もめ（*mome*; compression failure）風圧や雪圧などによる樹幹の曲げあるいは軸方向の成長応力などによって生じた立木の木部の圧縮破壊した部分．細胞壁にはスリッププレーンと呼ばれる破壊線を生じる．

もりのみ（銛鑿）(*mori-nomi*) 刃先が魚を捕る銛のような形をした，のみ穴の切り屑を掻き出すのみ。掻出しのみ，屑出しのみとも言う。関底さらえのみ。

モリブデン系高速度工具鋼材（——*kei-kōsokudo-kōgu-kōzai*） 高い靱性をもたせて刃こぼれが起きにくくするために，モリブデンを比較的多量に添加した高速度工具鋼。モリブデンは鋼の焼入れ性の向上，つまり硬化層を深くする元素で，高温に加熱されたとき，結晶粒の粗大化を防ぎ，高温引っ張り強さを増大させる。関高速度［工具］鋼。

モルダ（molder） 回転する複数の横軸，立軸および送り装置からなり，主テーブルを固定し，軸の左右上下移動ができ，各軸に鉋胴または成形カッタを取り付け，工作物の２面以上を主として形削り加工する鉋盤。関面取り盤。

や　*ya*

焼入れ（*yaki-ire*; quenching）金属製品を所定の高温状態から急冷する処理。関熱処理。

焼入性（*yakiire-sei*; hardenability）鉄鋼を焼入硬化させた場合の焼きの入りやすさ，すなわち，焼きの入る深さと硬さの分布を支配する性質。焼入性試験方法などで評価される。関熱処理。

焼入焼戻し（*yakiire-yakimodoshi*; quenching and tempering）鉄鋼製品を適切な温度に加熱後，適切な冷却剤で急冷（焼入れ）し，焼入れによる脆性を改善し，または硬さを調節し，もしくは靱性を増すために，適切な温度に加熱した後，冷却（焼戻し）する一連の処理。関熱処理。

焼継ぎ台（*yaki-tsugi-dai*; band saw welding clamp）同帯鋸接合台。

焼なまし（鈍し）（*yaki-namashi*; annealing）適切な温度に加熱および均熱した後，室温に戻ったときに平衡な組織状態になるような条件で冷却することからなる熱処理。残留応力の除去，硬さの低減，延性や被削性の向上，冷間加工性の改善などが発現する。関熱処理。

焼ならし（準し）（*yaki-narashi*; normalizing）鉄鋼製品の前加工の影響を除き，結晶粒を微細化し，機械的性質を改善するために，適切な温度に加熱した後，空気中で冷却する熱処理。関熱処理。

焼戻し（*yaki-modoshi*; tempering）焼入れで生じた組織を変態または析出させて，安定な組織に近づけ，所定の性質および状態を得るために，適切な温度に加熱し，冷却する処理。関熱処理。

焼割れ（*yaki-ware*; quenching crack）焼入れ応力によって生じた割れ。関熱処理。

役物【製材の—】（*yakumono*; sawn lumber for decorative use）造作用の鴨居，敷居などに使用される高級な製材品の総称で，材面の化粧性（美観性）が重要視される。製材のJASにおける役物基準は，無節，上小節，小節に区分されている。関無節，上小節，小節。

焼け（yake; machine burn）刃物または送りロールと工作物間の摩擦熱によって生じる切削仕上面の変色または焦げ。特に，回転切削では鉋焼けと呼ぶことがある。関鉋焼け。

雇いさねはぎ（実接ぎ，実矧ぎ）（yatoi-sanehagi; spline joint）板材の側面（こば）同士の接合法の一つ。双方の接合面に凹形の溝を作り，そこに硬木の小幅の薄板（やといさねいた）をはめ込んで接合する。関さねはぎ，参さねはぎ。

やにすじ（yani-suji; pitch streak, resin duct, resin streak）木部に樹脂が集積することで現れた条線あるいは樹脂の集積部分，または傷害樹脂動が多数配列して条線となった部分。正常樹脂道を持たない針葉樹材に現れる。

やにつぼ（yani-tsubo; pitch pockets, resin pocket）木部にレンズ状の横断面をもった顕著な細胞間隙が一年輪内にあり，そこに樹脂が集積したもの。ほとんどは正常な樹脂道を持つ針葉樹に見られる。

山【輪郭曲線の—】（yama; profile peak）輪郭曲線方式による表面性状の評価において，輪郭曲線を平均線によって切断したときの隣り合う二つの交点に挟まれた曲線部分のうち，平均線より上側の部分。関輪郭曲線，谷【輪郭曲線の—】，参輪郭曲線要素。

山形鋼（yama-gata-kō; angles）断面形状が山形の形鋼。関形鋼。

山高さ（yama-takasa; profile peak height, Zp）輪郭曲線方式による表面性状の評価において，輪郭曲線の平均線から山頂までの高さ。関輪郭曲線，谷深さ。

やまば(山歯)歯車（yama-ba-haguruma; double helical gear）ねじれの方向が異なる二つのはすば歯車を組み合わせた円筒歯車で，両者の間に中溝のあるものとないものがある。

やり(槍)がんな（yari-ganna）ちょうなで荒削りした材面を仕上げるために用いる工具。刃物は柳葉状で長い柄が付けられている。現在の台鉋が出現する以前に使用されていた木材を削る工具。

ヤング係数（—keisū; Young's modulus）同ヤング率，弾性係数，弾性率。

ヤング率（—ritsu; Young's modulus）物体に外力を加えた時の応力とひずみの関係は比例限度以下では直線となり，この比例定数を弾性率(係数)というが，この内縦弾性率(係数)をヤング率(係数)と呼ぶ。同ヤング係数，弾性率，弾性係数。

ゆ　*yu*

有縁壁孔（*yūen-hekikō*; bordered pit）典型的には壁孔壁（壁孔膜）が二次壁によってドーム状に覆われた壁孔。仮道管や道管要素に存在する。

遊休時間（*yūkyū-jikan*; idle time）動作可能な状態にある作業者または機械が所与の機能もしくは作業を停止している時間。

遊合（*yūgō*）木材のはめあいの一種で，すきまばめのこと。関はめあい。

有効あさり（*yūkō-asari*; effective set）挽材面の挽肌を形成するあさり。

有効切込量（*yūkō-kirikomi-ryō*）同有効削り代。

有効削り代（*yūkō-kezuri-shiro*; stock removal）切削もしくは研削することにより実際に除去された工作物の厚さまたは深さ。あるいは除去された工作物の重量や体積で表される。同有効取り代。

有効数字（*yūkō-sūji*; significant figure）測定結果などを表す数字のうち，位取りを示すだけの0を除いた，意味がある数字。

有効すくい角【鋸歯の—】（*yūkō-sukuikaku*; effective rake angle）丸鋸の回転軸に垂直に切断した鋸歯の切断面におけるすくい角。丸鋸の歯は歯面に傾きを有するために，それに応じて有効すくい角が変る。三次元切削における速度すくい角に相当する。関すくい角，歯喉角。

有効切削幅（*yūkō-sessaku-haba*; maximum planing width）鉋盤，モルダなどで実際に切削することができる工作物の最大幅。それらの機械の大きさを表示するときにも使われる。

有効断面係数比【合板の—】（*yūkō-dammen-keisūhi*; ratio of effective section modulus）合板を構成する単板は繊維方向と繊維直角方向では強度性能が大きく異なり，繊維直角方向のヤング係数と強度は遙かに小さいため，曲げスパンと繊維方向が一致する単板のみが曲げ応力を負担する（有効である）と見なすことができる（平行層理論）。この理論により単板の強度性能から合板の強度性能を算出する際に持ちいる数値で，全断面から算出される見かけの断面係数に対する繊維方向が曲げスパン方向と一致する単板から算出される断面係数の比。

有効取り代（*yūkō-torishiro*; stock removal）同有効削り代。

有効刃（*yūkō-ha*; effective knife）複数の刃をもつ鉋胴などで加工するときに，工作物仕上面の幾何学的形状(ナイフマークのピッチや高さなど)の形成に直接関与する刃。関ナイフマーク。

有効刃数（*yūkō-hasū*; number of effective knives）有効刃の数。同一の工具でも切削条件によって異なる。関有効刃。

遊星歯車装置（*yūsei-haguruma-sōchi*; planetary gear(train), epicyclic gear(train)）1個以上の内歯車，内歯車とかみ合う1個以上の遊星歯車，遊星歯車を支持して共通軸の周りを回転する1個以上の遊星枠，および1個以上の太陽歯車からなる，入力軸と出力軸を共通にした歯車装置。自動車や自転車の減速機構に用いられる。

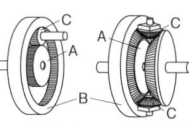

A：太陽歯車，B：内輪歯車
C：遊星歯車

誘導放出（*yūdō-hōshutsu*; stimulated emission）その遷移に合致する周波数を持って入射する光子（電磁波）が引き金となって生じる励起順位からより低い順位への量子遷移による光子（電磁波）の放出。入射した光子と放出された光子の位相と波長は等しい。関レーザ。

UV塗装乾燥機（*UV-tosō-kansō-ki*; UV coating dryer）紫外線(UV)硬化塗料が塗布された工作物をコンベアなどで自動送りし，乾燥機内に設置されたUVランプからUVを照射することによって乾燥する機械。関塗装乾燥機。

床衝撃音レベル（*yuka-shōgekion—*; floor impact sound level）集合住宅などで，上階での歩行や飛び跳ね，あるいは椅子や家具の移動による床への衝撃がその下の階へ騒音として放射される音の大きさを音圧レベルで表したもの。

床梁（*yukabari*）木質構造において，床組みを

支える横架材。

ユティリティ（utility）枠組壁工法構造用製材のJASにおける、乙種枠組材の品質区分3段階のうち1番下の等級。北米のディメンションランバーの規格における一般用枠組材（Light Framing）のUtility（UTIL）とほぼ同等である。関コンストラクション，スタンダード。

ユニバーサル多軸ボール盤（——tajiku-bōru-ban）穴あけ工具を自動送りするエアーシリンダを自由な位置に取り付けることができる太柄穴あけ用のボール盤。

ユニバーサルヘッド（universal head）横中ぐり盤を構成する部品の一種で、工作物の端面を旋削したり、旋削による穴加工を行うための装置。ユニバーサルヘッドで行う面削りや旋削による穴加工は、主軸に対して任意の方向に行うことができる。

ユニバーサルヘッドNCルータ（universal head type numerical control router）テーブルおよび主軸の移動ならびに主軸の旋回および傾斜を5軸の数値制御によって行い、自動または手動で選択した工具によって工作物を加工するNCルータ。同5軸NCルータ。

ユニファイねじ（——neji; unified thread）アメリカ、イギリス、カナダの3国が軍事上の必要から協定してできたねじで、ねじ山の角度が60°のインチねじ。ユニファイ並目ねじと、それよりもピッチが細かいユニファイ細目ねじがある。

弓反り【材の——】（yumisori; bow）板目面が弓なりに曲がる縦方向の反りで、不均等な乾燥や厚材を鉋削りしたときなどに現れやすい。関反り、狂い。

油浴潤滑（yuyoku-junkatsu; dip-feed lubrication）摺動面の一部を永久的または周期的に液体潤滑剤のバスの中に浸す潤滑方式。オイルバス潤滑ともいう。

ユリア樹脂接着剤（——jushi-setchaku-zai; urea-formaldehyde resin adhesive, urea resin adhesive）尿素（ユリア）とホルムアルデヒドとの付加縮合反応物を主体とする熱硬化性樹脂接着剤。同尿素樹脂接着剤。

よ　yo

溶加材（yōka-zai; filler metal）溶接中に付加され継ぎ手となる金属。

溶剤型接着剤（yōzaigata-setchaku-zai; solvent adhesive）有機溶剤を溶媒とした接着剤。関水性接着剤。

容積密度（yōseki-mitsudo; basic density）生材体積[cm^3]に対する全乾重量[g]の比。$R=W_0/V_g$　同容積密度数。

容積密度数（yōseki-mitsudo-sū; bulk density, conventional density）古くから樹木の重量成長を求めるときなどに用いた単位で、生材体積[m^3]に対する全乾重量[kg]の比。容積密度と容積密度数との違いは明確に区別されていないが、通常容積密度数の単位はkg/m^3、容積密度はg/cm^3とされている。$R=W_0/V_g$　同容積密度。

溶接工具（yōsetsu-kōgu; welded tool）ボデーとシャンクを溶接した工具。

溶接台（yōsetsu-dai; welding bench）溶接作業に使う台。同帯鋸接合台。

要素作業（yōso-sagyō; work element）単位作業を構成する要素で、目的により区分される一連の動作または作業。関単位作業。

揺動アーム（yōdō——; swinging arm）テーブル移動丸鋸盤において、移動テーブルを支えるアーム。移動テーブルと連動して揺動する。関テーブル移動丸鋸盤。

揺動切削（yōdō-sessaku; vibration cutting, vibratory cutting）切削工具、または工作物を切削方向に、あるいはこれと直角方向に振動を与え切削する方法。適当な周波数や振動を与えることにより、切削抵抗の減少や仕上げ面粗さの改善などの効果がある。同振動切削。

揺動ふるい(篩)分級機（yōdō-furui-bunkyū-ki; circular and gyratory screen）大小2種類のメッシュの円形のふるいを揺動させて、小片の仕分をする機械。

溶融アルミナ系砥粒（yōyū——kei-toryū; fused alumina grain）ボーキサイトやバイヤ法アルミナなどのアルミナ質原料を高温度で溶融精

製して造った結晶質アルミナからなる人造砥粒。同アランダム，アルミナ質人造研削材。

ヨー（yaw）一般的に，面に沿って運動する物体の揺動のうち，運動面に垂直な直線の周りの揺動。かた揺れともいう。

横圧縮クリープ試験（yoko-asshuku——shiken; compression creep test perpendicular to grain）木材のクリープ試験（JIS）の一つで，試験体の繊維方向と垂直に圧縮荷重を加えて行う。

横圧縮試験（yoko-asshuku-shiken; compression test perpendicular to grain）横断面が正方形の直六面体の試験体を鋼製平板の間に挟んで圧縮荷重を加える木材試験法で，荷重方向と繊維方向が垂直な場合。

横圧縮比例限度（yoko-asshuku-hirei-gendo; proportional limit in compression perpendicular to grain）繊維方向と垂直に圧縮荷重を加えた時の比例限度。JISでは試験体の断面積当たりの比例限度荷重として求められる。

横圧縮ヤング係数（yoko-asshuku——keisū; Young's modulus in compression perpendicular to grain）繊維方向と垂直に圧縮荷重を加えた時の応力とひずみの関係は比例限度以下では直線となり，この比例係数を横圧縮ヤング係数と呼ぶ。

横形帯鋸盤（yoko-gata-obinoko-ban; horizontal band saw）フレームに水平に取り付けられた左右2個の鋸車に，エンドレスの帯鋸を掛けて緊張させ，一方の鋸車によって駆動し，工作物を送材装置で送って，縦挽き切断する帯鋸盤。関帯鋸盤。

横形クランク式スライサ（yoko-gata——shiki——）クランク方式で刃物またはフリッチを運動させるタイプのスライサ。関横形スライサ。

横形スライサ（yoko-gata——; horizontal (veneer) slicer）刃物あるいはフリッチが水平方向に運動してスライスド単板を製造する機械。関スライサ，スライスド単板，縦形スライサ。

横鉋胴（yoko-kannadō）鉋盤，モルダなどの横軸に装着された鉋胴。関モルダ，立鉋胴。

よこだ（yokoda）249

横切機械（yokogiri-kikai）同クロスカットソー。

横切盤（yokokiri-ban）同クロスカットソー。

横切れ刃（yoko-kireha; side cutting edge）旋削用バイトにおいてバイトの送り方向を切削する切れ刃。最も広く工作物に接触し切屑を切削する。参旋削，前切れ刃角。

横切れ刃角【旋削の—】（yoko-kireha-kaku; side cutting edge angle）横切れ刃を含みシャンク底面に垂直な平面と，シャンクの直状部分のシャンク軸を含みシャンク底面に垂直な平面とのなす角度。参旋削，前切れ刃角。

横軸平面研削用研削砥石（yokojiku-heimen-kensaku-yō-kensaku-toishi; grinding wheels for surface grinding/peripheral grinding）対向する二つの研削砥石の間を通過する加工物の平行な二面の研削に使用する砥石。砥石の正面を使用する。

横軸ほぞ(枘)取り盤（yokojiku-hozotori-ban; tenoner）回転する2本の水平主軸および移動テーブルからなり，鉋刃などによって加工するほぞ取り盤。丸鋸軸を備えたものもある。関ほぞ取り盤。

横すくい角（yoko-sukuikaku; side rake angle）同バイアス角。

横すくい角【鋸歯の—】（yoko-sukuikaku; side rake angle）すくい面の横方向(軸方向)に対する傾き角度。鋸歯の側面に鋭利な切れ刃が形成される。関すくい角，先端逃げ角，先端傾き角，参側面逃げ角。

横すくい角【旋削の—】（yoko-sukuikaku; top bevel angle）同切込角，参前切れ刃角。

横切削（yoko-sessaku; cutting perpendicular to grain）繊維方向に対し，切削面はほぼ平行で切削方向がほぼ直交する切削。特に，切削面における繊維方向と刃物切れ刃線のなす角度が0°，同じく繊維方向と切削方向のなす角度が90°の場合を「0-90切削」の記号で表す場合がある。同0-90切削，関縦切削，木口切削，McKenzie方式，参切削方向。

横倒れ座屈（yoko-daore-zakutsu; divergence buckling）帯鋸による切断加工時において送材速度が過度である場合におきる座屈で，帯

鋸の前端縁(歯が並んでいる側)が送材抵抗に屈して送材方向に対し横方向に倒れる現象。挽き曲がりを生じる。[関]帯鋸，座屈強度【鋸歯の―】．

横突き（*yoko-tsuki*; veneer slicing perpendicular to grain) 横切削によって，フリッチから突板(化粧単板)を切削すること。[関]縦突き。

横逃げ角【鋸歯の―】（*yoko-nigekaku*; side clearance angle, side relief angle) [同]側面逃げ角。

横逃げ角【旋削の―】（*yoko-nigekaku*; side clearance angle, side relief angle) 横切れ刃に接し，底面に垂直な平面と逃げ面とのなす角度。[関]横切れ刃，[参]前切れ刃角。

横はぎ(接ぎ，矧ぎ)プレス（*yoko-hagi*―; horizontal patching press) 板材の表面または側面を平面上に並べて，板材の片側から圧力を加えて集成材を造る機械。加圧と同時に加熱するものもある。

横バンドソー（*yoko*―）[同]横形帯鋸盤。

横挽き（*yoko-biki*; cross cutting, cross cut sawing) 木材の繊維方向に対して切削運動および送り運動の方向が直角な挽き方。[関]縦挽き，長手挽き。

横挽定規（*yokobiki-jōgi*; crosscut fence) 走行丸鋸盤の横挽き用の定規。[関]走行丸鋸盤。

横挽テーブル（*yokobiki*―; crosscutting table) 走行丸鋸盤において横挽きする場合に工作物を保持するためのテーブル。

横挽鋸（*yokobiki-noko*; crosscut saw) 工作物を横挽きするための鋸。[同]クロスカットソー，[関]横挽き。

横引張クリープ試験（*yoko-hippari*―*shiken*; tension creep test perpendicular to grain) 木材のクリープ試験(JIS)の一つで，試験体の繊維方向と垂直に引張荷重を加えて行う。

横引張試験（*yoko-hippari-shiken*; tension test perpendicular to grain) 試験体の両端をチャックで掴んで引張荷重を加える木材試験法で，荷重方向と繊維方向が垂直な場合。

横引張強さ（*yoko-hippari-tsuyosa*; tensile strength perpendicular to grain) 木材が繊維方向と垂直に引張荷重を受けたときの強度。

横引張比例限度（*yoko-hippari-hirei-gendo*; proportional limit in tension perpendicular to grain) 繊維方向と垂直に引張荷重を加えた時の比例限度。JISでは試験体の断面積当たりの比例限度荷重として求められる。

横引張ヤング係数（*yoko-hippari*―*keisū*; Young's modulus in tension perpendicular to grain) 繊維方向と垂直に引張荷重を加えた時の応力とひずみの関係は比例限度以下では直線となり，この比例係数を横引張ヤング係数と呼ぶ。

横振れ（*yokofure*; side run-out) 回転工具をフランジで挟んで回転軸に固定し，回転時の回転工具の外周付近での厚み方向の振れの程度をいう。丸鋸であれば鋸身の外周付近の側面にダイヤルゲージを当て，ゆっくり回転させながらゲージの最大値と最小値を測りその差をいう。横振れが小さいと切断面がきれいに仕上がる。[関]外周振れ。

横分力（*yoko-bunryoku*; lateral cutting force) 切削面内で切削方向に対して垂直方向に作用する切削力(あるいは切削抵抗)の分力。[関]切削力，切削抵抗，[参]切削抵抗。

横曲り（*yokomagari*) 帯鋸の幅方向の曲がりの程度。帯鋸の6m離れた任意の2か所について，6mの両端を結んだ直線を基準とする帯鋸幅方向の最大の隔たりをいう(JIS B 4803木工用帯のこ)。[関]帯鋸。

横丸鉋胴（*yoko-marukannadō*) 鉋盤，モルダなどの横軸に装着された丸鉋胴。

横溝突カッタ（*yoko-mizo-tsuki*―) 木材の繊維方向に直角な溝を作るためのカッタ。

横割れ（*yoko-ware*; cross check, cross break) 合板の板面の品質基準のひとつで，繊維に直角方向(切断する方向)に入る割れ。熱帯産材の樹心近くに生じる脆心が原因となる。[関]脆心。

寄木細工（*yosegi-zaiku*; wooden mosaic, marquetry parquet) 材色や木理の異なった木片をいろいろな幾何学的模様に組み合わせる技術，または作品。その種類には種寄木，線寄木，乱れ寄木などがある。

四つ目錐（*yotsume-giri*) 穂が四角錐形の手揉

み錐．釘の下穴あけに適する．四方錐，四面錐とも言う．

四つ目手錐（*yotsume-tegiri*）関手錐．

呼び【ねじの—】（*yobi*; nominal designation of thread）ねじの形式，直径およびピッチを表す呼び記号．例えば，"M10"は外径が10 mmの並目メートルねじ，"M8×1"は外径が8 mmでピッチが1 mmのメートル細目ねじ，"3/8-16UNC"は外径が3/8インチで25.4 mmについて山数が16のユニファイ並目ねじを表す．

呼び記号【切削用超硬質工具材料の—】（*yobi-kigō*）切削用超硬質工具材料の用途による呼び記号をJIS B 4053で規定している．超硬質工具材料とは，超硬合金（HW, HT, HF, HC），セラミックス（CA, CM, CN, CC），ダイヤモンド（DP），窒化ほう素（BN）である．なお，（　）内の記号は各々の材料番号を示す．関使用分類記号【切削用超硬質工具材料の—】．

呼び寸法【機械の—】（*yobi-sumpō*; nominal dimension, nominal size）JIS（日本工業規格）あるいは社内規格などに基づいて，機械各部位の形状寸法や加工精度などを説明するために付記される寸法公差や製作誤差を無視した機械の大きさを代表的に表す寸法．

呼び値（*yobi-chi*; nominal value）特定の設計仕様または図面において指定された特性値．

予備プレス（*yobi—*; prepress）主として繊維板の製造時において，（1）湿式法で熱圧前に機械的にウェットマットを脱水させる圧縮操作，（2）乾式法でファイバマットの厚さを予め薄くするための圧縮操作．関繊維板．

余裕時間（*yoyū-jikan*; allowances）外乱によって作業が乱されても，見込み通り作業が行えるように加える時間．関正味時間．

よろい板（鎧板）（*yoroi-ita*）同羽板．

4ゲージ法（*yon—hō*; four arm technique）ゲージブリッジの4辺がひずみゲージで構成される測定法．

らじあ（*rajia*）　251

ら　*ra*

ライフサイクルアセスメント（life cycle assessment）製品システムの資源調達から製造，使用，廃棄に至るまでのライフサイクルにおいて，投入した資源量やエネルギー量，環境に与えた負荷量を求め，環境への影響を総合的に評価する手法．

ライフサイクルコスティング（life cycle costing）製品のライフサイクルの各段階で発生するコストを把握し，当該製品の全コストを評価する管理会計の手法．コストには大別して内部コストと外部コストがあるが，ここで言うコストとは前者のこと．

ライブローラ（live roller）搬送用のコンベアに含まれるローラの一種．ベルト駆動のタイプや，ローラに内蔵されたモータで駆動するタイプがある．

ライン生産方式（—*seisan-hōshiki*; line production）生産ライン上の各作業ステーションに作業を割り付けておき，品物をライン上を移動させることにより加工を進めていく方式．流れ作業ともいう．関一人生産方式．

ラウドネス（loudness）音の大きさに同じ．

ラウドネスレベル（loudness level）音の大きさのレベルに同じ．

ラグスクリュー（lag screw, coach screw）六角ボルトの先が木ねじ状になっている接合金具．コーチねじ，ラグねじともいう．ホールダウン金物（柱が土台や梁から抜けるのを防ぐための金物）による部材の接合などに用いられる．

ラジアルアームソー（radial arm saws）同ラジアル丸鋸盤．

ラジアルころ軸受（—*koro-jikuke*; radial roller bearing）転動体としてころを用いたラジアル軸受．関転がり軸受．

ラジアル軸受（—*jikuke*; radial(rolling) bearing）主として軸に垂直な荷重（ラジアル荷重）を支える転がり軸受．関スラスト軸受．

ラジアルソー（radial saw）同ラジアル丸鋸盤．

ラジアル玉軸受（—*tama-jikuke*; radial ball

bearing）転動体として球体（玉）を用いたラジアル軸受。関転がり軸受。

ラジアル丸鋸盤（——*marunoko-ban*; radial saw）水平方向に旋回できるアームに吊された傾斜自在な丸鋸軸とテーブルとで構成され，工作物に切断，溝加工，ルータ加工などをする木工用丸鋸盤。関丸鋸盤。

ラジアルレーキ（radial rake angle）同外周すくい角。

ラス板（——*ita*; lath）漆喰やモルタルを塗るための下地材。小幅板。関小幅板。

らせん（螺旋）錐（*rasen-giri*; auger bit）同オーガビット，ねじ錐。

らせん（螺旋）木理（*rasen-mokuri*; spiral grain）樹幹の繊維走向が樹軸に対して傾いてらせん状（S旋回またはZ旋回）に走り，樹幹にねじれた外観を出現させる木理。旋回木理，ねじれ木理ともいう。造林木のカラマツなどに見られる。

ラック（rack）一つの面に一連の同じ形状の歯を等間隔にもつ平らな板またはまっすぐな棒。一般に，直径が無限に大きい外歯車の一部分とみなす。小歯車（ピニオン）と組み合わせた歯車対はラック・アンド・ピニオン（ラック・ピニオン）と呼ばれることがある。　　　平ラック　はすばラック

ラック送り木工旋盤（——*okuri-mokkō-semban*; rack feed wood lathe）刃物を固定した刃物固定台をラックギヤによって送りながら加工する木工旋盤。関木工旋盤。

ラップグラインダ（lap grinder for band saw）同帯鋸継目研削盤。

ラップ仕上げ（——*shiage*; lapping）ラップ剤およびラップを用いて面を仕上げること。

ラップジョイント（lap joint）木材加工や金属加工で，部材同士を重ね合わせて接合すること。単板積層材（LVL）で単板を繊維方向に接合する際などに用いられる。

ラップ盤（——*ban*; lapping machine）各種の工作物に細かい砥粒を使用してラップ仕上げを施す工作機械。砥粒はラップの表面に押し込むか，ラップ液と混合してラップと工作物との間に介在させて，ラップと工作物とをしゅう動させる。ラップと砥粒の代わりに，砥石を使用するものもある。

ラテックス型接着剤（——*gata-setchaku-zai*; latex adhesive）天然ゴムまたは合成ゴムを水に乳化分散させた接着剤。関エマルジョン型接着剤。

ラミナ（lamina）集成材の構成層をなすひき板（ひき板または小角材を幅方向に合わせ，または接着したものおよび長さ方向に接合接着して調整したものを含む。）またはその層をいう。

ラミナの品質（——*no-hinshitsu*; quality standards of lamina）ラミナの強度性能，節，繊維走向，腐れ，割れ等の基準によって規定された品質のこと。集成材JASではこの品質の基準は目視区分によるものと等級区分機によるものがある。

ラミナブロック（lamina block）幅はぎがなく同一等級であり，かつ，同一樹種のラミナを複数枚積層接着したものであって，内層特殊構成集成材の構成要素として用いるもの。関内層特殊構成集成材。

ラム（ram）プレス機の可動定盤を油圧などによって作動させる装置。関コールドプレス，ホットプレス，成形プレス。

ラムソン型帯鋸盤（——*gata-obinoko-ban*; Ramson band saw）イギリス製の帯鋸盤で明治末期から大正初期にかけて輸入された。上部鋸車支持部の形状から我が国ではI型と呼ばれる。関アリスチャルマー型帯鋸盤，イエーツ型帯鋸盤，イーガン型帯鋸盤。

ランダムオービットサンダ（randum orbit sander）手作業により工作物を研削する，回転運動が軌道運動と結合しているディスクタイプの電動サンダ。

ランド（land）すくい面上もしくは逃げ面上に切れ刃に沿って設けた幅の狭い帯状の面。逃げ面にランドを設けた場合は，切れ刃の食込みを防いで良好な仕上げ面を得ることができ

る。すくい面にランドを設けた場合は，逆目ぼれを防ぐ効果がある。また，ホーニングによっても逃げ面にランドが生じる。**参**しのぎの深さ。

ランド幅（——*haba*; land width）　軸直角断面上のランドの幅。**関**ランド。

ランニングソー（running saw）**同**走行丸鋸盤。

ランバコア合板（——*gōhan*; lumber-core plywood）　幅の狭い材を幅方向に接合（幅はぎ）し，これを心板（コア）にして，そえ心板および表板・裏板として単板を積層して製造した合板。**関**ブロックボード。

ランベルトの［余弦］法則（—— *no* [-*yogen*]-*hōsoku*; Lambert's (cosine) law）　ある面要素について，その面の上側の半球内のすべての方向に対する放射輝度または輝度が等しいときに成り立つ，次式で表される関係。

$$I(\theta) = I_n \cos\theta$$

ここで，$I(\theta)$ は，面要素の法線から角度 θ の方向の放射強度または光度，I_n は，面要素の法線方向の放射強度または光度である。この法則の成り立つ面を，均等拡散面（ランベルト面）という。**関**放射輝度，放射強度，光度。

欄間挽き鋸（*ramma-biki-noko*）　欄間の透かし彫りなど，細かい部分を挽くのに用いる小型の回し挽き鋸。

乱流（*ranryū*; disturbed flow, turbulent flow）　渦を伴う，不規則な混乱した流れの状態をいう。乱流現象を数値シミュレーションで直接解くためには，乱れの最小渦スケールを捕らえるだけの解像度をもつメッシュを使用する必要があるが，レイノルズ数の(9/4)乗のオーダのメッシュ数が必要になる。工学上の問題を解析する場合には通常，乱流モデルと呼ばれる数学モデルを使用する。

り　*ri*

リーディングエッジ【ドリルの——】（leading edge of land）ドリルの溝とマージンとで形成される交線。

リード（lead）　ノーズバーと刃先との切削方向の開き。**関**単板切削，刃口間隔。

リード【ドリルの——】（lead）　ドリルのリーディングエッジに沿って軸の回りを一周するとき，軸方向の進む距離。

リード角（——*kaku*）　鋸歯の横すくい角。

リードタイム（lead time）　①素材が準備されてから完成品になるまでの時間。②発注してから納入されるまでの時間で，調達時間ともいう。

リーリング・アンリーリング（veneer reeling and unreeling machine）**同**単板巻取り巻戻し機械。

力率計（*rikiritsu-kei*; power factor meter）　交流における皮相電力（電圧の実効値と電流の実効値の積）に対する有効電力（負荷で実際に消費される電力）の割合（力率）を測定するための計器。

リグニン（lignin）　木材細胞壁を構成する成分の一つで，フェニルプロパン単位の重合体。木材の20〜30％を占める。**関**セルロース，ヘミセルロース。

リサイクル（recycle, recycling）　使用済みの製品，包装材料，容器などを何らかの方法または形態で使用または利用すること。そのままの形態で別用途に使用する「再使用」，別途に利用する再利用，適宜加工，処理して利用する再生利用がある。

リストレイント（restraint）　刃先通過直後の単板を拘束，圧縮すること。二次圧縮ともいう。**関**単板切削。

履帯送り送材装置（*ritai-okuri-sōzai-sōchi*; creeping slatbed feeding device for band saw machine）　履帯（キャタピラ）によって工作物を帯鋸盤に送り込む装置。**関**送材装置。

履帯送りテーブル帯鋸盤（*ritai-okuri*——*obin-oko-ban*; table band resaw with creeping slatbed）工作物をテーブル上の履帯（キャタピラ）装置で送り，縦挽き切断するテーブル帯鋸盤。関テーブル帯鋸盤。

履帯送りテーブルツイン丸鋸盤（*ritai-okuri—marunoko-ban*; creeping slatbed type twin circular saw machine）工作物を履帯（キャタピラ）装置によって送り，縦挽きするツイン丸鋸盤。関ツイン丸鋸盤。

履帯送り横形帯鋸盤（*ritai-okuri-yoko-gata-obi-noko-ban*; horizontal band resaw with creeping slatbed）工作物をテーブル上の履帯（キャタピラ）装置で送り，縦挽き切断する横形帯鋸盤。関横形帯鋸盤。

リッパ（rip saw）自動送り用のキャタピラもしくはロールなどを備え，工作物を縦挽きする丸鋸盤。通常，工作物は主軸の下部で加工される。関丸鋸盤。

リップソー（rip saw）同縦挽鋸。

リップルマーク（ripple mark）肉眼やルーペで観察できる接線面で見られるこまかい水平の縞。放射組織あるいは軸方向要素，またはそれら両者が規則正しく並んだために現れる層階状配列に起因する。トチノキやシナノキ，また熱帯産材の一部に見られる。

立方晶窒化ほう素（硼素）（*rippō-shō-chikka-hōso*; cubic boron nitride, CBN）窒化ほう素の分子構造の一つで，窒素とほう素からなる固形の化合物。天然には存在しないセラミックスである。熱膨張率は低く，電気絶縁体としては最高の熱伝導率をもつ。ダイヤモンドに次ぐ硬さを持つ物質で，ダイヤモンドに比べて熱に強く鉄との反応性が低いという性質をもつため，その粒子を超高圧下で焼結したものは，硬質材料の切削に留まらず鋼や鋳鉄の超高速切削という分野で用いられる。同CBN。

立方晶窒化ほう素（硼素）焼結体（*rippō-shō-chikka-hōso-shōketsutai*; cubic boron nitride sinter）立方晶窒化ほう素（CBN）粒子をコバルトや特殊セラミックスを結合材として，超高温高圧下で焼結させることによって得られる工具材料。ダイヤモンドに次ぐ硬度を持ち，優れた耐熱性と耐摩耗性を示す。同CBN。

立方晶窒化ほう素。

立面図（*ritsumen-zu*; elevation）鉛直面への投影図。関正面図，平面図，側面図，下面図，背面図。

リニア軸受（—*jikuke*; linear（motion）（rolling）bearing）転動体を挟む二つの軌道が相対直線運動する転がり軸受。保持器付き転動体が軌道体とは独立しているものや，内部で転動体を循環させながら移動する転動体ユニットをもつものなど様々な形式がある。直線運動だけでなく，回転運動の機能を持った形式もある。関転がり軸受。

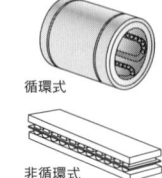

リノリウム（linoleum）亜麻仁油を酸化してリノキシンとし，これにコルク粒や樹脂などを混ぜて加熱して麻布などに塗布し固化させたシートのこと。

リフトオフ装置（—*sōchi*; lift-off device）鉋（電動工具）を平面上に置いたとき，カッタの切れ刃がその平面と接触しないようにする装置。関鉋（電動工具）。

リボン杢（—*moku*; ribbon figure, stripe figure）交錯木理を持つ材の柾目面に現れるリボンのような縞模様。ラワン類やアフリカンマホガニーなどに見られる。

裏面の品質【合板の—】（*rimen-no-hinshitsu*; quality of the back）JAS（合板）では，合板の板面の品質を節や割れ等の欠点の程度で表すが（A〜Dのグレード等），これによって評価した合板裏面の品質。関表面の品質【合板の—】。

略かま【鎌】（*ryaku-kama*）木造の継手の一種。相欠きにあごをつけ鎌状の形をしたもの。

粒径【粉塵の—】（*ryū-kei*）幾何的または物理的性質に基づいて定められる粒子の大きさ。物理的性質によるものには，空気力学径，ストークス径，光学的相当径などがある。単位は [μm] で表す。

粒子計数法（*ryūshi-keisū-hō*）浮遊粉じん濃度を測定する浮遊測定方法の一つ。極めて清浄な環境の測定に用いる。この方法では，空気

を細く乱れがない流れにしてレーザなどの強いビームと交差させ，浮遊粉じんの1個1個の散乱光を検出し，散乱光の発生回数から個数を，また散乱光の強さから粒径を測定し，単位体積の空気に含まれる粒子数と粒径分布を求める．関浮遊測定方法．

リユース（reuse）使用済み製品の使用可能部分を原型のまま新しい製品の製造に再使用すること．

流体［膜］潤滑（*ryūtai [-maku] -junkatsu*; fluid-film lubrication）流体（気体または液体）を相対的に動く二つの摩擦面間に介在させることによって，両面を分離する潤滑方式．流体膜に両面の相対運動および流体の粘性によって圧力を発生させる動圧流体潤滑と，摩擦面間に高圧の流体を外部から供給することによって，相対運動または静止状態にある二つの物体を分離する静圧流体潤滑がある．関固体［膜］潤滑，液体［膜］潤滑，気体［膜］潤滑．

流体軸受（*ryūtai-jikūke*; fluid bearing）流体潤滑の条件下で動作する滑り軸受．関流体［膜］潤滑，滑り軸受．

粒度（*ryūdo*; grain size, grit, grading of abrasive grain）研削・研磨材（砥粒）の粒子の大小とその分布を表す数字で，粗粒と微分に区分される．数値の小さいほど砥粒径が大きくなる．その表示法は，粒度を示す数字の前に研磨布紙用研磨材ではPを，また，研削砥石用研磨材ではFを付けて示す．関研削材，砥粒．

量子化（*ryōshi-ka*, quantization）標本化した信号の値を，ある単位量を基本とする離散的な値に変換する操作．離散値として0〜255（2進数8ビット），0〜1023（10ビット），0〜4095（12ビット），0〜65535（16ビット）などが採用されることが多い．関AD変換．

両筋かい（筋交い）（*ryō-sujikai*）木質構造の筋かいで，柱間にX状に2本の筋かいを入れたもの．

両端ほぞ（枘）取り盤（*ryōtan-hozotoriban*; double end tenoner）間隔を調整できる左右のほぞ取り装置．ベッドおよび左右一対の送り機構からなり，工作物の両端を同時に加工するほぞ取り盤．数値制御方式のものもある．関ほぞ取り盤．

両頭鋸（*ryōtō-noko*）関両刃鋸．

両刀鋸（*ryōto-noko*）関両刃鋸．

両歯帯鋸（*ryō-ba-obinoko*; double edge band saw (blade), double cutting band saw）両縁に歯を刻んだ帯鋸．工作物を往復挽きさせて作業能率を高めるために使用されることが多い．また，工作物への鋸屑の付着を減らすために使われることもある．この場合，帯鋸の背側の歯には一般にあさりを付けない．関帯鋸．

両刃鋸（*ryō-ba-noko*; ryoba, double tooth saw）片側の縁に縦挽き用の歯を，その反対側の縁に横挽き用の歯を刻んである手鋸．

両面形パレット（*ryōmen-gata—*; double-deck pallet）デッキボードが両面にあるパレット．

両面塗布（*ryōmen-tofu*; double spread）両方の被着材の接着する両面に接着剤を塗布すること．関片面塗布．

緑色炭化けい素（珪素）研削材（*ryokushoku-tanka-keiso-kensaku-zai*; green silicon carbide abrasive）炭化けい素質人造研削材の一種で，主としてけい石，けい砂から成る酸化けい素質原料とコークスとを反応させた塊を粉砕整粒したもの．α形炭化けい素結晶から成り，黒色炭化けい素研削材より高純度で全体として緑色を帯びている．記号GCで表示する．

理論粗さ（*riron-arasa*; theoretical surface roughness）同幾何学的粗さ．

臨界応力拡大係数（*rinkai-ōryoku-kakudai-keisū*; critical value of stress intensity factor, fracture toughness）破壊力学において亀裂まわりの応力状態を表す指標を応力拡大係数といい，亀裂の進展はこの値が材料定数を超えるかどうかで決まる．この材料定数を臨界応力拡大係数といい，破壊靱性とも呼ぶ．

臨界回転数（*rinkai-kaitensū*; critical rotaion speed）工作機械の固有振動数に相当する工具の回転数．この回転数で加工すると工具が共鳴し，異常振動（共振）を起こす．

臨界減衰係数（*rinkai-gensui-keisū*; critical damping coefficient）減衰振動において，減

衰係数 ζ が1の場合をいい，振動しなくなる限界を表す．なお，減衰係数 ζ=0 では発振，0＜ζ＜1 では減衰振動（振動しながら減衰），ζ＞1 では振動なしの減衰（オーバーダンピング）をする．

臨界切削角（*rinkai-sessaku-kaku*; critical cutting angle） 平削りにおいて，背分力が零となる切削角．刃物に対する背分力は，切削角が小さいときには刃先が切削面から逃げるように作用し，切削角が大きいときにはその逆方向に作用する．

臨界切削速度（*rinkai-sessaku-sokudo*; critical cutting speed） 振動切削において，切削速度が工作物の送り速度に等しい場合の速度．切削速度の送り速度に対する比が大きいほど，切削抵抗の軽減や加工面粗さの減少といった振動切削の効果が期待できる．関振動切削．

臨界粘性減衰（*rinkai-nensei-gensui*; critical viscous damping） 減衰抵抗の作用する系の，ある振動モードに対する自由振動において，過渡運動が振動的となるか非振動的となるかの境界の粘性減衰の大きさをいう．

輪郭曲線（*rinkaku-kyokusen*; profile） 触針法などで測定した表面の凹凸形状を表わす曲線およびそれを輪郭曲線フィルタで処理した曲線の総称．測定断面曲線，断面曲線，粗さ曲線，うねり曲線などがある．輪郭曲線で表面性状パラメータを定義する場合，平均線に一致する触針の移動方向を X 軸，X 軸に直角で実表面上の軸を Y 軸，物体側から周囲の空間側への方向を Z 軸とする直交座標系が用いられる．関輪郭曲線方式，輪郭曲線フィルタ，測定断面曲線，断面曲線，粗さ曲線，うねり曲線．

輪郭曲線フィルタ（*rinkaku-kyokusen—*; profile filter） 輪郭曲線方式による表面性状の評価において，輪郭曲線を長波長成分と短波長成分とに分離するのに用いられる位相補償フィルタ．粗さ成分とそれより短い波長成分の境界，粗さ成分とうねり成分の境界，うねり成分とそれより長い波長成分の境界をそれぞれ定義するフィルタがある．これらの境界波長はカットオフ値と呼ばれる．

輪郭曲線方式（*rinkaku-kyokusen-hōshiki*; profile method） 表面性状の評価において，触針法などで測定した二次元の輪郭曲線に基づいて表面性状を評価する方式．これまでの一般的な方式であるが，三次元評価と区別するために用いられる．関表面性状，触針式表面粗さ測定機．

輪郭曲線要素（*rinkaku-kyokusen-yōso*; profile element） 輪郭曲線方式による表面性状の評価において，輪郭曲線の山とそれに隣り合う谷からなる曲線部分．

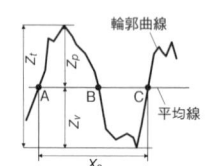

A-B間：山，B-C間：谷
A-C間：輪郭曲線要素
Z_p：山高さ，Z_v：谷深さ
Z_t：高さ，X_s：長さ

輪郭削り（*rinkaku-kezuri*; profile milling, contour milling） 工作物の輪郭を所定の形状に加工するフライス削り．曲面削りともいう．

輪郭度【線の—】（*rinkaku-do*; profile of a line） 理論的に正確な寸法によって定められた幾何学的輪郭線上に中心をもつ同一の直径の幾何学的円の二つの包絡線で，その線の輪郭を挟んだときの，二包絡線の間隔（円の直径）で表し，線の輪郭度__mm，または線の輪郭度__μm と表示する．

輪郭度【面の—】（*rinkaku-do*; profile of a surface） 理論的に正確な寸法によって定められる幾何学的輪郭面上に中心をもつ同一の直径の幾何学的に正しい球（幾何学的球）の二つの包絡面で，その面の輪郭を挟んだときの，二包絡面の間隔（球の直径）で表し，面の輪郭度__mm，または面の輪郭度__μm と表示する．

リング形砥石（*—gata-toishi*; cemented or clamped cylinder wheels） フランジに接着または機械的に取り付けて，立軸平面研削または対向二軸平面研削に使用する研削砥石．

リング潤滑（*—junkatsu*; ring lubrication） 回転軸上のリングが潤滑剤に浸り，これを摺動面に供給する潤滑方式．リングは回転軸に固定される場合と固定されない場合がある．

リングバーカ（ring barker） リングの中心方向に取り付けた数個のスクレーパ状の切れ刃が動力送りされる原木の外周に一定の圧力で接

触し，リング全体の回転によって樹皮を剥ぎ取る方式の剥皮機械。関バーカ。

リンク引出式横挽丸鋸盤（——*hikidashi-shiki-yokobiki-marunoko-ban*）リンクに支えられた丸鋸軸を手動で移動させて，横挽きする製材用丸鋸盤。関丸鋸盤。

リングフレーカ（knife ring flaker）内部の回転翼の遠心力によってはね飛ばされた小木片を，外側で逆回転しているナイフ輪によって切削し，削片を製造する機械。関フレーカ。

輪裂（*rinretsu*）同目回り。

る　*ru*

累積研削量（*ruiseki-kensaku-ryō*; accumulate stock removal）一定の研削時間あるいは研削距離に至るまでの研削量を加え合わせた総量。

ルーズサイド【単板の—】（loose side of veneer）同単板裏，関単板表，タイトサイド。

ルータ（router）高速回転する垂直主軸，コラム，昇降できるテーブルなどからなり，主としてテーブルの中心に取り付けられたセンタピンを案内とし，型板などを利用して工作物に手動送りで彫刻，面取り，切抜きなどの加工を行う木工フライス盤。主軸も昇降するものがある。関ビット。

ルータ（電動工具）（router）材料の溝切りや材料の縁の型削りができるように回転カッタおよびベースを取り付けた電動工具。関電動工具。

ルータ加工（——*kakō*; routing）ルータによる切削加工。工作物に面取り，あり取り，彫刻，切抜き，座ぐり，穴あけなどができる。関ルータ。

ルータビット（router bit）ルータの主軸に取り付け，面取り，くり抜き，穴あけ，座ぐり，あり取りなどの加工をするための切削工具。エンドミルの一種。関ルータ，ビット。

ルーバ（louver boards）羽板（はいた）と呼ばれる細長い板を，枠組みに隙間をあけて平行に組んだもの。

ルーペ（*rūpe*; magnifier）物体の拡大された虚像を見る焦点距離の短い収束レンズ。拡大鏡ともいう。ドイツ語のLupeが語源。

ルーメン（lumen）国際単位系における光束の単位。光度1cdの均一な点光源から単位立体角1sr中に放出される光束。単位記号には[lm]を用いる。関カンデラ，光束。

ルールベース制御（——*seigyo*; rule-based control）制御対象の実際的な運転知識・経験などを，コンピュータで処理できるルール形式で表現し，コンピュータでこれらのルール群を用いた推論を行うことで操作量を決定する

制御方式。代表的なものとして，「もし(IF)…ならば，(THEN)…である」というルール表現を用いた，IF‐THENルールベース制御がある。

ルクス（lux） 国際単位系における照度の単位。面積 $1m^2$ の面に $1lm$ の光束が一様に照射されることによって生じる照度。単位記号には [lx] を用いる。関照度，ルーメン。

ルミネセンス（luminescence） 物質中の原子，分子またはイオンの粒子が，熱放射以外の放射で，放射，電気などのエネルギーを吸収して励起状態となった後に，吸収したエネルギーを放射の形で放出する現象。蛍光，りん光などがある。

れ　re

レイアウト（layout） 合理的に運搬，処理，移動ができるような建物，設備，装置などの配置またはそのようにそれらを配置すること。

レイアップ装置（——sōchi, lay-up equipment） 単板への接着剤塗布，重ね合わせ，堆積などの作業を自動的に行う装置。

冷間圧延鋼板（reikan-atsuen-kōhan; cold rolled sheet） 熱間圧延鋼板をさらに冷間圧延し，厚さを $0.15～3.2 mm$ に仕上げた鋼板。一般用（SPCC），絞り用（SPCD），深絞り用（SPCE）の3種が規定されている。

冷水浸せき剥離試験（reisui-shinseki-hakuri-shiken; cold water immersion delamination test） 単板積層材の試験方法の一つ。試験片を室温（10℃～25℃）の水中に24時間浸せきした後，恒温乾燥器（70±3℃）に入れて乾燥し，剥離した部分を評価する試験。関温水浸せき剥離試験。

レイノルズ数（——sū; Reynolds number） 流体の慣性力と粘性力の比で表される，流体の流れの状態を表す無次元数で，$R_e = \rho Vd/\mu = Vd/\upsilon$ で与えられる。ここで，ρ は流体の密度，μ は流体の粘度，V は管内の流体の流速，d は管の直径，υ は流体の動粘度である。臨界レイノルズ数 R_{ec}（流れ場によって異なるが）よりも小さければ層流，大きければ乱流となる。

レーザ（laser; light amplification by stimulated emission of radiation） 制御された誘導放出の過程で，電磁波を生成，または増幅する装置。現在，$0.1 nm～1 mm$ までのレーザ発振に成功している。関誘導放出。

レーザアブレーション（laser ablation） 高パワー密度のレーザビームの工作物への照射により，その表面が瞬時に除去される現象。関レーザ加工。

レーザインサイジング（laser incising） 高出力の CO_2 レーザで木材に深さ $100 mm$ 程度までのピンホールを多数開ける技術で，その穴を通して，気体や液体を木材内部から外部へ，

あるいは外部から内部へ移動させることによって，木材乾燥の促進，防腐・防虫処理のための薬液注入を行う．

レーザ加工（——*kakō*; laser processing）　レーザを用いて工作物を加熱，溶融または除去する加工方法．関 レーザ．

レーザ加工機（——*kakō-ki*; laser processing machine）　レーザによって工作物を加工する工作機械．関 レーザ．

レーザ顕微鏡（——*kembikyō*; laser microscope）　光源にレーザを使った顕微鏡．対物レンズによって試料面上に作られたレーザスポットを走査し，透過光，反射光，蛍光などを検出して画像を作る方式が一般的である．

レーザ熱処理（——*netsu-shori*; laser heat treatment）　レーザで加熱する熱処理の総称．関 熱処理．

レーザビーム（laser beam）　レーザから得られる波長と位相の揃った光束．関 レーザ．

レーザビーム切断（——*setsudan*; laser beam cutting）　レーザビームの熱を利用して行う切断．レーザ切断とも言う．

レーザビーム溶接（——*yōsetsu*; laser beam welding, laser welding）　レーザビームの熱を利用して行う溶接．レーザ溶接とも言う．

レースチャージャ（lathe charger）　ベニヤレースで単板切削を行う際，原木を前処理工程から受け取り，ベニヤレースに供給する装置．原木搬入装置，原木心だし装置，原木供給装置からなる．心だし装置は，単板の歩止りを高めるために原木両木口面における最適チャック圧入位置を決める．関 心出し．

レース直結スタッキング装置（——*chokketsu——sōchi*; automatic stacker）　ベニヤレースの後に直結したクリッパによって単板を一定長さに切断し，仕分けと堆積を自動的に行う装置．関 クリッパ．

レール（rail）　鉄道その他の軌道などに用いられる鋼材．通常，長さ1m当たりの質量で表示および呼称を行う．

レジノイドオフセット研削砥石（——*kensaku-toishi*; depressed center wheels with fabric reinforced）　ガラス繊維などで補強した中央部をへこませた形のレジノイド研削砥石．

レジノイド研削砥石（——*kensaku-toishi*; resinoid grinding wheels）　熱硬化性合成樹脂または熱可塑性樹脂を結合剤とした砥石．

レジノイド切断砥石（——*setsudan-toishi*; resinoid cutting-off wheels）　厚さの薄い切断用のレジノイド研削砥石．

レゾール型接着剤（——*gata-setchaku-zai*; resol rein adhesive, resol type phenolic resin adhesive）　フェノールとホルムアルデヒドとをアルカリ性触媒下で反応させて得られる付加縮合反応物を主体とする熱硬化性樹脂接着剤．関 フェノール樹脂系接着剤，ノボラック型接着剤．

レゾルシノール樹脂接着剤（——*jushi-setchaku-zai*; resorcinol-formaldehyde resin adhesive, resorcinol resin adhesive）　レゾルシノールとホルムアルデヒドとの付加縮合物を主体とする熱硬化性樹脂接着剤．

レプリカ法（——*hō*; replica method）　追従性のよい有機材料皮膜を試験部の表面に貼付し，表面の凹凸を忠実に皮膜状に再現し，これをそのまま観察する方法．

レベル（level）　音圧や振動などの大きさを，直接に物理単位を用いた数量で表す代わりに，それぞれ定義した変換によって扱いやすい数値にして表したもの．

連合翼状柔組織（*rengō-yokujō-jūsoshiki*; confluent parenchyma）　横断面で見るとき，不規則な接線状または斜めの帯を形成する相互に連合した翼状柔組織（側方に翼状の広がりを持つ随伴柔組織）．関 軸方向柔組織．

レンズ（lens）　二つの面をもつ透明な媒質またはその組合せで作られ，光線の入射表面，射出表面，または媒質中における屈折作用を利用して，物点からの光線束を収束または発散させる作用をもつもの．ただし，屈折率が一様な媒質では二つの面が平面のものを除く．

連成モード（*rensei*——; coupled mode）　二つ以上の振動子が何かの機構で相互に作用をおよぼしながら行う振動様式のこと．図B

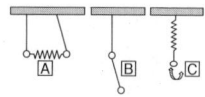

のような一つの振り子にさらに他の振り子をつるした二重振り子の運動や，図Cのようなおもりの上下振動にねじれ振動が加わった運動もその例である．

連続型AE（*renzokugata-AE*; continuous emission）　次々と急速に起きるAE事象によって生じる持続性信号レベルの定性的表現．関突発型AE．

連続乾燥機（*renzoku-kansō-ki*; continuous dryer）　単板をネット（金網），ワイヤなどによって連続的に送り，乾燥する装置．同連続式ドライヤ．

連続切れ刃間隔【研磨布紙の―】（*renzoku-kireha-kankaku*; successive cutting point spacing, distance of cutting edge）　研磨布紙の作業面に研削方向の一直線を引いたとき，その直線上に並ぶ砥粒切れ刃の間隔で，通常これらの平均値で表わす．関研磨布紙．

連続式ドライヤ（*renzokushiki—*, continuous dryer）同連続乾燥機．

連続煮沸試験【合板の―】（*renzoku-shafutsu-shiken*; hot and cold water immersion test）　JAS（合板）では，接着耐水性能評価試験のひとつで，試験片を沸騰水中に浸漬した後，室温水中でさまして接着力試験を行う．関煮沸繰返し試験【合板の―】，接着の程度．

連続蒸煮高圧解繊装置（*renzoku-jōsha-kōatsu-kaisen-sōchi*; continuous pressurized disk refiner）　蒸煮装置と加圧形リファイナとを一体化したシステムで，ファイバを連続的に製造する装置．シングルディスクタイプ（PSDR）とダブルディスクタイプ（PDDR）とがある．

連続蒸煮装置（*renzoku-jōsha-sōchi*; continuous digester）　ロータリバルブを介して供給されたチップをスクリューで送りながら，高圧蒸気によって連続的に蒸煮，軟化する装置．

連続生産（*renzoku-seisan*; continuous production）　一定期間続けて同じ製品を生産する生産形態．関個別生産，ロット生産．

連続切削（*renzoku-sessaku*; continuous cutting）　切削が連続的に行われる切削形式．多くの旋削加工が連続切削で，連続的に切りくずが生成される．

連続波レーザ（*renzokuha—*; continuous-wave laser）　連続してレーザ光を出力するレーザ．連続の目安は0.25秒以上．関レーザ．

連続プレス（*renzoku—*; continuous press）　工作物を連続的に送り，圧縮を行う機械．

連続ラミナ製造装置（*renzoku—seizō-sōchi*; aggregated wood manufacturing equipment）　継手加工機械，接着剤塗布機械，縦継プレスなどを搬送装置によってライン化し，工作物を自動送りしてラミナを連続製造する機械．

連断型（*rendan-gata-sessaku*; continuous cutting）同剪断型，Type II．

ろ　ro

老化（*rōka*; aging）風雨，紫外線，荷重などの作用を排除して常温の大気中に置いた木材に起こる材質の低下をいい，木材成分の緩慢な熱分解による。

ろう(鑞)接（*rō-setsu*; brazing and soldering）ろうまたははんだの溶融下で行う接合の総称。関 ろう付。

ろう(鑞)付（*rō-zuke*; brazing）融点が450℃以上のろう材の溶融下で行う接合。関 ろう接。

ろう(鑞)付工具（*rōzuke-kōgu*; brazed tool）刃部の材料をボデーまたはシャンクにろう付けした工具。関 付刃工具。

ろう(鑞)付フライス（*rōzuke-furaisu*; blazed milling cutter, tipped milling cutter）刃部の材料をボデーにろう付したフライス。付け刃フライスともいう。

労働安全衛生規則（*rōdō-anzen-eisei-kisoku*; Ordinance on Industrial Safety and Health）労働安全衛生法および労働安全衛生法施行令の規定に基づき，並びに同法を実施するために定められた労働省令（昭和47年9月30日労働省令第32号）。

労働安全衛生法（*rōdō-anzen-eisei-hō*; Industrial Safety and Health Law）労働災害防止のための危害防止基準の確立，責任体制の明確化，自主的活動の促進などを通じて，労働災害の防止に関する総合的・計画的な対策を推進することにより，職場における労働者の安全と健康を確保するとともに，快適な職場環境の形成を促進することを目的として制定された法律（昭和47年6月8日法律第57号）。安衛法または労安衛法と略されることがある。

労働安全衛生法施行令（*rōdō-anzen-eisei-hō-shikōrei*; Enforcement Order of the Industrial Safety and Health Act）労働安全衛生法の規定に基づき制定された政令（昭和47年8月19日政令第318号）。

労働災害（*rōdō-saigai*; occupational accident）労働者が就業中の業務に起因して負傷したり，疾病にかかったり，死亡すること。労災と略すことも多い。労働者災害補償保険法（昭和22年4月7日法律第50号）では，業務上の災害（業務災害）に加えて，通勤による災害（通勤災害）も保険給付の対象としている。

労働災害率（*rōdō-saigai-ritsu*; occupational accident rate）労働災害に関する度数率，強度率，年千人率などの総称。

ローダアンローダ（automatic loader and unloader）多段ホットプレスの各段に応じた棚を持ち，仕組んだ単板等を同時にホットプレスに差し入れる装置（ローダ），圧締後に取り出す装置（アンローダ）。関 ホットプレス。

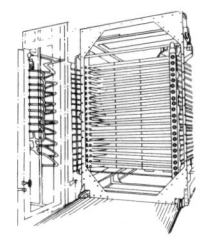

ローダケージ（loader cage）ローダアンローダで挿入される単板や板材などを貯留する設備。関 ローダアンローダ。

ロータリクリッパ（rotary clippers）水平回転体に取り付けられた刃物によって，単板を自動的に切断する機械。クリッパの一種。関 クリッパ。

ロータリ単板（—— *tampan*; rotary (cut) veneer）ベニヤレースを用いて製造された単板。関 スライスド単板，ソーン単板，ベニヤレース。

ロータリドライヤ（rotary dryer）回転する横形円筒内壁の翼によって供給された小片が，落下運動によって熱風にさらされ，乾燥される機械。

ロータリレース（rotary lathe）同 ベニヤレース。

ローテーションドライヤ（rotational dryer）横形円筒内部で回転するコイル状の蒸気パイプに小片を接触加熱すると同時に，コイル外周の翼によって小片をかき上げ前進させて乾燥する機械。

ロープ式搬送装置（—— *shiki-hansō-sōchi*; rope type conveyor）ロープで素材や製品品を主に横送りする搬送装置。

ローラ送り式丸鋸盤（—— *okuri-shiki-maru-*

noko-ban; circular sawing machine with roller type feeder）ダブルサイザなどのように工作物をローラで送り込み加工する丸鋸盤の総称。関ダブルサイザ。

ローラ送り装置【帯鋸盤の―】（—*okuri-sōchi*; feed roller）テーブル帯鋸盤などで動力により回転するローラによって工作物を押さえながら送る装置。縦形ローラと横形ローラがある。関テーブル帯鋸盤。

ローラ帯鋸盤（—*obinoko-ban*）同自動ローラ送りテーブル帯鋸盤，複合自動ローラ送りテーブル帯鋸盤。

ローラ掛け【帯鋸の―】（—*gake*）同ロール掛け【帯鋸の―】。

ローラ乾燥機（—*kansō-ki*; roller dryer）単板を一対のローラの間に挟んで連続的に送り，乾燥する機械。同ローラドライヤ。

ローラコータ（roller coater）回転する一組以上のローラによって，工作物の表面に一定量の接着剤糊液や塗料を塗布する機械。

ローラ式剥皮機（—*shiki-hakuhi-ki*; roller baker）丸太の両端をチャックで保持回転しながら，油圧で加力するローラによって樹皮を破壊して皮を剥ぐ剥皮機。関バーカ。

ローラ式搬送装置（—*shiki-hansō-sōchi*; roller conveyor）工作物を手動ローラ（デッドローラ）もしくは動力ローラ（ライブローラ）で縦送りする搬送装置。関搬送装置。

ローラ式搬入装置（—*shiki-hannyū-sōchi*; concave roller conveyor）ローラで丸太を縦送りして工場内に丸太を搬入する装置。通常，ローラにはつづみ型ローラを使用する。関搬送装置。

ローラドライヤ（roller dryer）同ローラ乾燥機。

ローラバー（roller bar, roller nosebar）ベニヤレースにおけるプレッシャーバーの先端形状（他に，シャープ，ラウンドなど）の一つ。ローラが自由回転するものと強制回転されるものがある。関ベニヤレース，ノーズバー，プレッシャーバー，参ベニヤレース。

ローラバンドソー　同自動ローラ送りテーブル帯鋸盤。

ローラプレス（roller press）紙，布，単板などを一対のローラによって連続的に合板や板材などの表面に積層接着する機械。

ローリングシア（rolling shear）せん断変形において繊維が転がるような方向に力が作用する場合をいう。これによる破壊は裏割れのある単板から構成される合板やLVLの接着力試験で発生しやすい。

ローリングシアー破壊【合板の―】（—*hakai*; rolling shear rupture of plywood）同面外剪断【合板の―】，関面内剪断【合板の―】。

ロール（roll）研磨布紙や研磨フィルムなどの研磨工具で，その形状が帯状の製品の呼称。

ロール跡（*rōru-ato*）材を送るローラが何らかの原因で材料表面の同じ場所を擦り続けることによって生じたくぼみ。

ロール掛け【帯鋸の―】（*rōru-gake*; roller stretching）一対のロールにより帯鋸を長さ方向に圧延して成型仕上げすること。ロール掛けは，帯鋸の水平仕上げ，腰入れ，背盛りをするために行われる。関目立て，水平仕上げ【帯鋸の―】，腰入れ，背盛り，帯鋸ロール機。

ロール機（*rōru-ki*; stretcher）同帯鋸ロール機。

ロールテンション（roll tensioning）帯鋸の長手方向にわたってロール掛けし，鋸身に内部応力を発生させる腰入れ方法。伸ばした中央部が伸ばさない両端部に拘束されることにより，中央部に圧縮応力を，両端部に引張応力を発生させるもので「伸ばし腰入れ」ともいう。同伸ばし腰入れ，関ロール掛け，ヒートテンション。

ロールパレット（roll pallet, wheeled pallet）車輪付きのパレット。

ろ過（濾過）式（*roka-shiki*）浮遊粉じん濃度を測定するために粉じんを捕集する方法の一つ。試料空気をろ過材を通して吸引し，ろ過材上に粉じんを捕集する方式。関捕集測定方法。

ログキッカ（log kicker）原木転動装置の一つで，送材車に乗せるために原木を移動させる装置。

6号ストレートカップ形砥石（*rokugō—gata-*

toishi）断面がコの字型の形状をした研削砥石。

＊矢印：使用面

ログターナ（log turner）送材車に装備されている原木転動装置の一つで，原木を油圧または空気圧でヘッドブロックから浮上させてチェーンにより廻す装置。関原木転動装置。

ログバーカ（log barker）単板製造機械において，刃物またはカッタによって原木の樹皮，異物を取り除き表面を整形する機械。

ログハウス 木質構造において，丸太で壁躯体や柱梁を造る建物の総称。

陸梁（*rokubari*）木質構造において，洋小屋組の最も下にある梁。和小屋での小屋梁にあたる。

ログホール（log haul）同インクライン式搬入装置。

陸屋根（*roku-yane*）建築物の屋根形式の一種。屋根の勾配が水勾配程度でほとんど平らな屋根。防水技術が発達した現在でも，木造においては雨仕舞いに問題が多い。

ろくろ(轆轤)（*rokuro*; rokuro lathe）回転する軸に材料を取り付け，これに刃物を押し当てて旋削する機械。または，ろくろや木工旋盤で切削された木製品の総称で，テーブルの脚，こけし，椀，丸盆などがある。関木工旋盤。

ログローダ（log loader）数本のアームを空気圧，油圧などにより作動させ，原木を送材車に搭載する装置。関原木転動装置。

ろくろ加工（*rokuro-kakō*）加工材を回転させながらバイトをあて，加工材の周面に種々の形状の加工を行う切削方法の一つ。関木工旋盤。

ろくろ(轆轤)錐（*rokuro-giri*）同舞錐。

ろくろ細工（*rokuro-zaiku*; turnery）ろくろや木工旋盤によって加工すること。あるいは加工された製品。同挽物工作，関ろくろ，木工旋盤。

ろ(鑢)歯（*ro-shi*）鋸歯を目立てやすりで研磨して切れ刃を鋭利にすること。

ロジスティックス（logistics）原材料の調達から最終製品の消費者への供給に至る物の流れの管理活動。

六角穴付ボルト（*rokkaku-ana-tsuki*—; hexagon socket head cap screw）六角穴付き頭のボルト。

六角ナット（*rokkaku*—; hexagon nut）外形が六角形をしたナットの総称。

六角ボルト（*rokkaku*—; hexagon head bolt）頭部が六角形のボルトの総称。

ロッキングカッタ（locking cutter）板材の直角継手の一つである，あられ組継ぎを加工するコーナロッキングマシンの主軸に取り付けるカッタ。関コーナロッキングマシン。

ロックウェル硬さ（—*katasa*; Rockwell hardness）ヌープ，ビッカースなどの押込み硬さは，くぼみの面積の測定に手数がかかるため，ロックウェル硬さ試験は押込み深さを測ることで硬さ試験の迅速化を図ったものである。深さの零点として初試験荷重を負荷した点を基準とし，さらに試験荷重を負荷してから再び初試験荷重に戻す。その前後2回の初試験荷重におけるくぼみ深さの差を測定して硬さ値を算出する。圧子や試験荷重によっていろいろなスケールがあり，工業的に最も普及している硬さ試験方法である。試験方法はJISのZ 2245で規定されている。関ヌープ硬さ，ビッカース硬さ，ロックウェルスーパーフィシャル硬さ。

ロックウェルスーパーフィシャル硬さ（—*katasa*; Rockwell superficial hardness）窒化鋼・浸炭鋼の薄い表面硬化層や軟鋼・黄銅・青銅の薄板等の軟らかい材料の硬さを，比較的小さい試験荷重で測定したロックウェル硬さ。JISでは，初試験荷重が98.07N(10kgf)のときにロックウェル硬さ，29.42N(3kgf)のときにロックウェルスーパーフィシャル硬さという。関ロックウェル硬さ。

ロット（lot）何らかの目的のもとに，ひとまとまりにされた有形物のグループ。目的によって，命令ロット，発注ロット，購買ロット，製造ロット，運搬ロット，検査ロットなどという。同バッチ。

ロッド（rod）断面が円または長方形である直線状の冷間引抜き製品。

ロット生産（—*seisan*; lot production）品種ごとの生産量をまとめて複数の製品を交互に生

産する生産形態で，断続生産ともいう。関個別生産，連続生産。

ロバスト制御（——*seigyo*; robust control） 制御対象の特性に多少の変動があっても，制御系全体が不安定にならず，制御性能の劣化が少ないという強健性を考慮して設計された制御。関自動制御。

ロボット工学（——*kōgaku*; robotics） ロボットを設計，構築および利用することに関する技術。同ロボティクス。

ロボット塗装機（——*tosō-ki*; robotic spray coater） 一組以上のスプレーガンをロボット装置に装備し，数値制御などによって自動走行させ，工作物の表面に一定量の塗料を塗布する機械。関塗装機［械］。

ロボティクス（robotics）同ロボット工学。

わ *wa*

ワイドベルトサンダ（wide belt sander） 回転する2本以上のドラムプーリに，その全長にわたって掛けられた1枚のエンドレス研磨布紙によって，自動送りされる広い加工面を有する工作物（合板，パーティクルボード，ファイバボードなど）の表面を研削仕上げするサンダ。関サンダ，木工ワイドベルトサンダ。

ワイヤ放電加工（——*hōden-kakō*; wire electric discharge machining） 線状の工具電極を用いた放電加工。

脇鉋（*waki-ganna*） 溝の側面を削る鉋。幅の狭い鉋台の側面に仕込んだ剡小刀状の鉋身で削る。鉋台の下端に幅の狭い陸がある。右勝手と左勝手がある。脇取り鉋とも言う。関ひぶくら鉋。

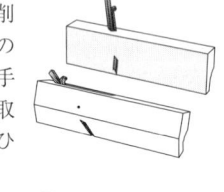

脇取り鉋（*wakitori-ganna*）同脇鉋。

枠組壁工法（*wakugumi-kabe-kōhō*） 木質構造において，断面が幅2インチ，高さ4インチの木材を主に壁に，幅が同寸で高さが6, 8, 10, または12インチの部材を床，小屋組等に使う工法。同ツーバイフォー工法，ツーバイフォー構法。

枠組壁工法構造用製材（*wakugumi-kabe-kōhō-kōzō-yō-seizai*; structual lumber for wood frame construction） 枠組壁工法建築物の構造耐力上主要な部分に使用する材面に調整を施した針葉樹の製材のこと。

枠組壁工法構造用縦継ぎ材（finger-jointed structural lumber for wood frame construction） 挽き板をフィンガージョイントによって長さ方向に接着した針葉樹材で，枠組壁工法建築物の構造耐力上主要な部分に使用するもの。

枠組接着機（*wakugumi-setchaku-ki*; frame assembling machine） 接着剤が塗布された工作部材を，自動加圧接着して，枠，箱を組み立てる機械。

枠組箱（*wakugumi-bako*; framed box, sheathed crate）包装用の木箱の一種で，支柱，梁，かまち(框)，筋かいなどの枠組部材を用いて組み立てたもの。一般に，内容品重量500kg以下の包装に用いる。

枠鋸盤（*wakunoko-ban*; frame saw, gang saw）[同] おさ鋸盤，立鋸盤，竪鋸盤，フレームソー。

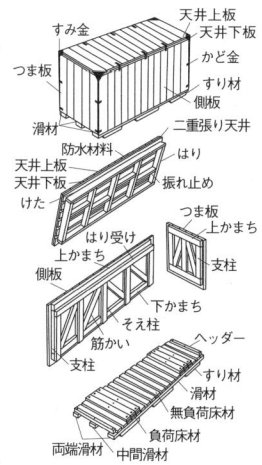

枠挽き（*waku-biki*; cant sawing）一定幅の板を多く採材する場合に用いられる木取り方法。耳摺り作業を減らすことができる。[参] 製材木取り。

ワットメータ法（—*hō*; wattmeter method）工作機械の主軸を駆動する電動機の消費電力から，切削抵抗の主分力を求める方法。主分力の平均値が簡便に求められるが，消費電力が電動機の効率に依存するため注意が必要である。

輪ばね（*wa-bane*; ring spring）円すい面を持った内輪と外輪を交互に組み合わせ重ねたばね。従来のバネは曲げかねじりの応力を利用するのと違い，圧縮荷重をかけると円すい面ですべりが生じ，内輪は圧縮され外輪は拡張されるので，他のバネより材料単位体積あたりに蓄えられるエネルギーは非常に大きい。

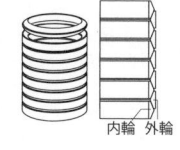

割楔（*wari-kusabi*）木質構造のほぞ組みにおいて，ほぞが緩んだり抜けたりしないように，打抜いたほぞの小口から打ち込む楔。直角に取り合う二つの材同士の差し口の固定に用いられる。

割材（*wari-zai*; scantling, split timber, billet timber）①scantling: [同]挽割類。②split timber, billet timber: 丸太をみかん割りした材。[関]みかん割り。

割刃（*wari-ba*; spreader, riving knife）丸鋸盤で切断した工作物に鋸歯が食い込んで反発することを予防するために，工作物を送り込む側の反対側で鋸と同一平面上に設置された鋼製の板。厚さは鋸身の厚さより大きく，鋸のあさり幅より小さくする。労働安全衛生規則で，木材加工用丸鋸盤(横切用丸鋸盤のように反発による危険がないものは除く)に割刃を含む反発予防装置を設置することが事業者に義務付けられている。

湾曲集成材（*wankyoku-shūseizai*; curved laminated wood）ラミナを曲げながら積層接着することで湾曲した形状を有する集成材。建築用のアーチ材などに使用される。

ワンマン式送り装置（—*shiki-okuri-sōchi*）[同] 軽便自動送材車。

ワンマン式送材車（—*shiki-sōzai-sha*; light duty auto-feed carriage, one-man carriage）[同] 軽便自動送材車。

英語索引

〈 〉内の数字は掲載頁

数字

0-90 cutting／0-90 切削〈133〉
90-0 cutting／90-0 切削〈56〉
90-90 cutting／90-90 切削〈56〉

A

Abbott Firestone curve／アボットの負荷曲線〈11〉，負荷曲線〈208〉
ABC analysis／ABC分析〈24〉
aberration／収差〈104〉
abrasion／アブレシブ摩耗〈11〉
abrasion test／摩耗試験〈230〉
abrasive／研磨材〈70〉
abrasive belts／研磨ベルト〈71〉
abrasive cloths／研磨布〈71〉
abrasive disk／研磨ディスク〈70〉
abrasive grain／砥粒〈173〉
abrasive grain surface density／塗装密度〈172〉，砥粒密度〈174〉
abrasive machining／研削〈68〉
abrasive paper／研磨紙〈70〉，サンドペーパ〈91〉
abrasive powder／微粉〈203〉
abrasive processing／研磨布紙加工〈71〉
abrasives／研削材〈68〉
abrasive sheets／シート〈93〉
abrasive wear／アブレシブ摩耗〈11〉，研削摩耗〈69〉
abrasive wheel／研削砥石〈69〉
abrassive water jet machining／アブレシブウォータジェット〈11〉
absorbed energy in impact bending／衝撃曲げ吸収エネルギー〈110〉
absorption test／吸収量試験〈56〉
acceleration pick-up／加速度ピックアップ〈43〉
accelerometer／加速度計〈43〉
accident frequency rate／度数率【災害の―】〈172〉
accident severity rate／強度率【災害の―】〈57〉
accumulate stock removal／累積研削量〈257〉
accumulating press／積層プレス〈128〉
accuracy／精度〈127〉

accuracy of dimension／寸法精度〈124〉
accuracy of form／形状精度〈65〉
accuracy of position／位置精度〈16〉
A class finger-jointed lumber／甲種縦継ぎ材〈74〉
A class framing lumber／甲種枠組材〈74〉
A class structural lumber／甲種構造材〈74〉
acoustic emission／アコースティック・エミッション〈8〉，AE〈23〉
acoustic emission event／AE事象〈23〉
acoustic impedance／音響インピーダンス〈37〉
acoustic insulating material／防音材［料］〈221〉
acoustic intensity／音響インテンシティ〈36〉
acoustic power／音源の音響出力，音源の音響パワー〈37〉
acoustoelastic method／音弾性法〈37〉
acousto-ultrasonics／AU〈24〉，音響・超音波法〈36〉
active gauge／アクティブゲージ〈8〉
adaptive control／適応制御〈165〉
additional (surface) roughness／付加粗さ〈208〉
adhesion／凝着〈57〉，接着〈131〉
adhesion durability test／接着耐久性試験〈131〉
adhesion failure／界面破壊〈40〉，接着破壊〈131〉
adhesion permanence test／接着耐久性試験〈131〉
adhesive／接着剤，接着剤【研磨布紙の―】〈131〉
adhesive failure／界面破壊〈40〉，接着破壊〈131〉
adhesive wear／凝着摩耗〈57〉
adjustable fence／定寸定規〈163〉
adjustment of nose bar opening／刃口調整〈191〉
adsorption water／吸着水〈56〉
adze／ちょうな（手斧）〈158〉
AE count／持続時間【AE信号の―】〈97〉
AE event energy／立上り時間【AE信号の―】〈146〉
aerodynamics／空気力学〈60〉
AE sensor／AE変換子〈23〉
AE signal／AE信号〈23〉
AE waveguide／AEウェーブガイド〈23〉
aggregated wood manufacturing equipment／連続ラミナ製造装置〈260〉
aggregate ray／集合放射組織〈104〉
aggregating machine／集成機械〈105〉
aging／老化〈261〉
air bearing／気体軸受〈54〉
air-dried／気乾［状態］〈52〉

air-dried wood／天然乾燥材〈168〉
air-dry density／気乾比重，気乾密度〈52〉
air drying／天然乾燥〈168〉
air-dry lumber／気乾材〈52〉
air-dry moisture content／気乾含水率〈52〉
air felting machine／エアフェルタ〈23〉
air shift spreading machine／風力分級フォーミングマシン〈208〉
air sifter／気流分級機〈59〉
Allis Chalmers band saw／アリスチャルマー型帯鋸盤〈12〉
allowable bending stress／曲げ応力度〈228〉
allowable load performance of nail／釘耐力性能〈60〉
allowable stress／許容応力度〈58〉
allowable tensile stress／引張応力度〈202〉
allowances／余裕時間〈251〉
alloy steel／合金鋼〈72〉
alloy steels for machine structural use／機械構造用合金鋼鋼材〈51〉
alloy tool steels／合金工具鋼〈72〉
alloy tool steel tool／合金工具鋼工具〈72〉
a-olefin-maleic anhydride copolymer resin adhesive／a-オレフィン無水マレイン酸共重合樹脂接着剤〈12〉
alumina abrasives／アルミナ質研削材〈13〉
alundum／アランダム〈12〉
amount of back／背盛り量〈132〉
amount of cut material／切削量〈130〉
amount of edge retraction／刃先後退量〈192〉
amount of set／あさりの出〈8〉
amount of wear of saw tooth／鋸歯の摩耗量〈186〉
analog control／アナログ制御〈11〉
analog instrument／アナログ計器〈11〉
analog signal／アナログ信号〈11〉
analog-to-digital conversion／AD 変換〈23〉
analyzer／検光子〈68〉
anatomical (surface) roughness／組織粗さ〈140〉
anchor bolt／アンカーボルト〈13〉
anechoic chamber／無響室〈234〉
anemo meter／熱線風速計〈183〉
angle of attack／すくい角〈120〉
angle of ground bevel／刃物角〈195〉
angle of relief／逃げ角〈178〉
angle of repose／安息角〈13〉
angles／山形鋼〈246〉
angular contact ball bearing／アンギュラ玉軸受〈13〉
angular contact (rolling) bearing／アンギュラコンタクト軸受〈13〉

angular contact thrust ball bearing／スラストアンギュラ玉軸受〈123〉
angularity／傾斜度〈64〉
anisotropy／異方性〈17〉
annealing／焼なまし(鈍し)〈245〉
annual accident rate per 1000 workers／年千人率〈184〉
annual ring／年輪〈184〉
anti-kickback device／反発防止装置〈198〉
anti-kickback fingers／反発防止爪〈198〉
antinode／腹【振動の—】〈196〉
anti-throwback fingers／跳ね返り防止爪〈194〉
anvil／アンビル〈14〉，平定規〈205〉
aperture diaphragm／開口絞り〈38〉
aperture stop／開口絞り〈38〉
apotracheal parenchyma／独立柔組織〈171〉
appearance sorting machine／外観選別機〈38〉
applicator／アプリケータ〈11〉
approach angle／アプローチ角〈11〉
aqua jet machining／アクアジェット加工〈8〉
arbor／鋸軸〈186〉
arbor of circular saw／丸鋸[主]軸〈231〉
arbor type milling cutter／ボアタイプフライス〈221〉
arbor type tool／ボアタイプ工具〈221〉
arc cutting／アーク切断〈7〉
arc welding／アーク溶接〈7〉
argon arc welding／イナートガスアーク溶接〈17〉
arithmetical mean deviation of filtered rolling circle waviness profile／転がり円算術平均うねり〈83〉
arithmetical mean deviation of profile／算術平均高さ〈91〉
arithmetical mean deviation of roughness profile／算術平均粗さ〈91〉
arithmetical mean deviation of waviness profile／算術平均うねり〈91〉
arm／アーム〈7〉
artificial abrasive／人造研削材〈115〉
artificial emery abrasives／人造エメリー研削材〈115〉
artificial intelligence／人工知能〈114〉
A-scan display／A スコープ表示〈23〉，基本表示〈55〉
A-scan presentation／A スコープ表示〈23〉，基本表示〈55〉
assembly／堆積〈144〉
assembly time／堆積時間〈144〉
assessor／評価者〈203〉
astigmatism／非点収差〈202〉

asymmetrical composition／非対称構成【集成材の―】〈201〉
attrition wear／砥粒の磨滅〈174〉
audible sound／可聴音〈43〉
audio frequency／可聴周波数〈43〉
audiometer／オージオメータ〈29〉
auger／木工錐〈242〉
auger bit／オーガビット〈29〉, らせん（螺旋）錐〈252〉
austempering／オーステンパ〈30〉
austenite／オーステナイト〈29〉
autocollimator／オートコリメータ〈30〉
auto-feed carriage／自動送材車〈100〉
auto-feed knife grinder／自動鉋刃研削盤〈99〉
automatic assembling system／自動組立システム〈100〉
automatic belt sander／オートサンダ, オートマチックベルトサンダ〈30〉
automatic circular saw blade sharpener／自動丸鋸歯研削盤〈101〉
automatic control／自動制御〈100〉
automatic edger／オートエジャ〈30〉
automatic feeder for veneer dryer／オートフィーダ〈30〉, 単板乾燥機フィーダ〈152〉
automatic inspection and measuring system／自動検査計測システム〈100〉
automatic loader and unloader／ローダアンローダ〈261〉
automatic pallet changer／APC〈23〉, 自動パレット交換装置〈101〉
automatic processing system／自動加工システム〈99〉
automatic stacker／レース直結スタッキング装置〈259〉
automatic stroke belt sander／自動ストロークベルトサンダ〈100〉
automatic swage setting machine／自動ばち（撥）形あさり整形機〈101〉
automatic tool changer／ATC〈23〉, 自動工具交換装置〈100〉
automatic warehouse system／自動倉庫システム〈100〉
automation／オートメーション〈30〉, 自動化〈99〉
auto-roller feeding device for band saw machine／自動ローラ送材装置〈102〉
auto-roller table band resaw／自動ローラ送りテーブル帯鋸盤〈101〉
auxiliary strut／そえ柱〈139〉
average cutting resistance／平均切削抵抗〈217〉
average thickness of undeformed chip／平均切込量〈217〉
average width of annuarl ring／平均年輪幅〈217〉
A-weighted and time-weighted sound level／A特性時間重み付きサウンドレベル〈23〉
A-weighted sound level／A特性音圧レベル〈23〉
axial depth of cut／軸方向切込深さ〈96〉
axial parenchyma／軸方向柔組織〈96〉
axial parenchyma cell／軸方向柔細胞〈96〉
axial rake angle／アキシャルレーキ〈8〉, 軸方向すくい角〈96〉
axial resin canals／垂直樹脂道〈118〉
axial runout／側面振れ〈140〉
axonometric representation／軸測投影〈95〉

B

baby scantling／小割〈84〉
back／しのぎ（凌ぎ）〈102〉, 背盛り〈132〉, 第2逃げ面〈142〉, 逃げ面〈178〉, バック〈193〉, みね（峰）【刃物の―】〈234〉
back angle／歯背角〈102〉
back bevel／第1逃げ面〈141〉, バックベベル〈194〉
back clearance angle／バック逃げ角〈193〉
back crowning／背盛り〈132〉
back elevation／背面図〈189〉
back gage／バックゲージ〈193〉
background noise／暗騒音〈13〉
backing／基材【フローリングの―】, 基材【研磨布紙の―】〈53〉
backlash／バックラッシ〈194〉
back of edge／第1逃げ面〈141〉
back of knife／逃げ面〈178〉
back of tool／逃げ面〈178〉
back rake／バックレーキ〈194〉
back taper／胴体の逃げ【ドリルの―】〈170〉, バックテーパ【ドリルの―】〈193〉
back veneer／裏板【合板の―】, 裏単板〈21〉
backward scheduling／バックワードスケジューリング〈194〉
backward traveling wave／後進波〈74〉
back wear／逃げ面摩耗〈178〉
back wedge angle／バック刃物角〈193〉
balance quality／釣合良さ, 釣合良さ【鉋胴の―】〈162〉
ball bearing／玉軸受〈149〉
ball end mill／ボールエンドミル〈223〉
ball nosed end mill／ボールエンドミル〈223〉
ball screw／ボールねじ〈224〉
bamboo／竹材〈155〉
bamboo brush for marking／墨差〈123〉

bamboo nail／竹釘〈145〉
band and circular saw sharpener／木工帯鋸歯丸鋸歯兼用研削盤〈241〉
band dryer／バンド乾燥機，バンドドライヤ〈197〉
banded parenchyma／帯状柔組織〈34〉
band mill／帯鋸盤〈35〉
band-pass filter／帯域通過フィルタ〈142〉
band-rejection filter／帯域阻止フィルタ〈142〉
band resaw with rollers／自動ローラ帯鋸盤〈101〉
band saw／帯鋸〈34〉
band saw blade／帯鋸〈34〉
band saw blade made of nickel steel／ニッケル鋼帯鋸〈179〉
bandsaw blades for woodworking／木工用帯鋸〈244〉
band saw brazing clamp／帯鋸接合台，帯鋸接合用クランプ〈34〉,接合台〈128〉
band saw clamp／帯鋸クランプ台〈34〉
band saw for sawmilling／製材用帯鋸〈126〉
band saw for sawmill machinery／製材用帯鋸〈126〉
band sawing machine with carriage／送材車付帯鋸盤〈138〉
band sawing machine with rollers or roller table／自動ローラ帯鋸盤〈101〉
band saw life／帯鋸寿命〈34〉
band saw machine／帯鋸盤〈35〉
band saw machine with auto-feed carriage／自動送材車付帯鋸盤〈100〉
band saw sharpener／帯鋸歯研削盤〈35〉
band saw sharpener for woodworking／木工帯鋸歯研削盤〈241〉
band saw shear／帯鋸切断機〈34〉
band saw strain／帯鋸緊張力〈34〉
band saw straining device／帯鋸緊張装置〈34〉
band saw strain system／帯鋸緊張装置〈34〉
band saw strain system with knife edges／ナイフエッジ式帯鋸緊張装置〈175〉
band saw stretcher／帯鋸ロール機〈35〉
bandsaw welding clamp／焼継ぎ台〈245〉
band saw wheel／鋸車〈186〉
band scroll saw／木工バンドソー〈243〉
band scroll saws／木工帯鋸〈241〉
band sound pressure level／帯域音圧レベル〈142〉,バンド［音圧］レベル〈197〉
bandwidth／バンド幅〈197〉
barcode reader／バーコードリーダ〈187〉
bark／樹皮〈108〉
barker／皮剥き機〈47〉,バーカ〈187〉,剥皮機〈191〉
barking machine／皮剥き機〈47〉,バーカ〈187〉,剥皮機〈191〉
bark pocket／入り皮〈18〉
bark side／木表〈51〉
base／ベース〈218〉
base line／歯底線〈99〉
base quantity／基本量〈55〉
base unit／基本単位〈54〉
basic density／容積密度〈248〉
basic surface／基準面〈53〉
basic tooth style／歯形の基本形〈190〉
basis weight／坪量〈162〉
batch／バッチ〈194〉
batch type former／バッチ式抄造機〈194〉
batch type hot press／バッチ式プレス〈194〉
batch type hot press for fiberboard／ファイバボード用バッチ式ホットプレス〈207〉
batch type hot press for particleboard／パーティクルボード用バッチ式ホットプレス〈188〉
B class finger-jointed lumber／乙種縦継ぎ材〈33〉
B class framing lumber／乙種枠組材〈33〉
B class structural lumber／乙種構造材〈33〉
bearer／桁〈66〉
bearing／軸受〈95〉
beats／うなり〈21〉
bed plate／台金部〈142〉
Belleville spring／皿ばね〈90〉
belt and disk sander／ベルトディスク結合サンダ〈220〉
belt conveyor／ベルトコンベヤ，ベルト式搬送装置〈220〉
belt grinding／ベルト研削〈220〉
belt sander／ベルトサンダ，ベルトサンダ（電動工具）〈220〉
belt sanding／ベルト研削〈220〉
bench／工作台〈73〉
bench grinders／卓上グラインダ〈145〉
bench grinding device／卓上研削装置〈145〉
bench saw／ベンチソー〈221〉
bench wood borer／木工卓上ボール盤〈242〉
bench wood lathe／木工卓上旋盤〈242〉
bending creep test／曲げクリープ試験〈228〉
bending quality／曲げ性能【合板・集成材などの―】〈228〉
bending stiffness／曲げ剛性【合板の―】〈228〉
bending strength／曲げ強度〈228〉,曲げ強さ〈229〉
bending strength performance／曲げ強度性能〈228〉
bending stress grading／曲げ応力等級〈228〉
bending test／曲げ試験〈228〉
bent goods／曲げ物〈229〉

bent turning tool／曲りバイト〈227〉
bent turning tool with square corner for chamfer／向きバイト〈234〉
bent wood／曲げ木〈228〉
bevel angle of set／あさりの研ぎ角〈8〉
bevel edge chisel／追入れのみ(鑿)〈28〉
bevel gear／かさ(傘)歯車〈42〉
bevel sawing／斜め挽き〈176〉
bias／かたより(偏り)〈43〉
bias angle／バイアス角〈188〉
bias cut／傾斜切削〈64〉，バイアスカット〈189〉
billet timber／割材〈265〉
biodegradation／生物劣化〈127〉
biodeterioration／生物劣化〈127〉
bird's eye figure／鳥眼杢〈157〉
birefringence／複屈折〈209〉
Birmingham wire gage(BWG)／バーミンガム・ワイヤ・ゲージ〈188〉
Birmingham Wire Gage／BWG〈198〉
bit／ビット〈202〉
black body／黒体〈79〉
black-heart／黒心[材]〈63〉
black silicon carbide abrasives／黒色炭化けい素(珪素)研削材〈79〉
blade／ブレード〈214〉
blazed milling cutter／ろう(鑞)付フライス〈261〉
blender／ブレンダ〈214〉
blind hole／止まり穴〈172〉
blister／膨れ【合板・単板積層材の—】〈210〉
blister figure／泡杢〈13〉
blockboard／ブロックボード〈215〉
block diagram／ブロック図〈215〉
blowpipe／トーチ〈171〉
blunt／鈍化〈174〉
blunting／鈍化〈174〉
BN nail／BN釘〈198〉
BN tool／窒化ほう素(硼素)工具〈155〉
board／板〈15〉
boards／板類〈15〉
body／台金部〈142〉，フレーム〈214〉，ボデー〈225〉
body boring machine／ボデーボーリングマシン〈225〉
body clearance／二番取り面【ドリルの—】〈180〉
body clearance diameter／二番取り直径【ドリルの—】〈179〉
body clearance length／二番取り長さ【ドリルの—】〈179〉
boiling water soak delamination test／煮沸剥離試験〈103〉
bolometer／ボロメータ〈225〉

bolt connection／ボルト接合〈225〉
bonded abrasive products／結合研磨材砥石〈67〉，砥石〈168〉
bonds／結合剤〈67〉
bond strength／接着強さ〈131〉，接着力〈132〉
bordered pit／有縁壁孔〈247〉
bore type milling cutter／ボアタイプフライス〈221〉
bore type tool／ボアタイプ工具〈221〉
boring／穿孔〈134〉，中ぐり〈175〉
boring and dowel driving machine／ボーリングだぼ(太柄)打ち機〈223〉
boring bit／曲り刃のみ(鑿)〈227〉
boring machine／ボーリングマシン〈223〉
boring tool／穴加工工具，穴ぐりバイト〈10〉
boronizing／ボロナイジング〈225〉
boron nitride tool／窒化ほう素(硼素)工具〈155〉
both knife type square／刃形直角規〈190〉
bottleneck／隘路〈8〉
bottom view／下面図〈46〉
boundary layer／境界層〈56〉
boundary wear／境界摩耗〈56〉
bound water／結合水〈67〉
bow／縦反り【材の—】〈147〉，弓反り【材の—】〈248〉
bow plane／反り台鉋〈141〉
box joint／あられ組継ぎ〈12〉，石畳[組]継ぎ〈15〉，組継ぎ〈62〉
box pallet／ボックスパレット〈225〉
braking devise／制動装置〈鋸車の—〉〈127〉
branch volume／枝条材積〈97〉
brass wood screw／黄銅木ねじ〈29〉
brazed tool／ろう(鑞)付工具〈261〉
brazing／ろう(鑞)付〈261〉
brazing and soldering／ろう(鑞)接〈261〉
breakage／破損〈193〉
breakdown／大割〈30〉
breaking／目こぼれ〈236〉
bridge／トップビーム〈172〉，ブリッジ〈213〉
bridge box／ブリッジボックス〈213〉
Brinell hardness／ブリネル硬さ〈213〉
brittle coating method／応力塗料膜法〈29〉
brittle fracture／脆性破壊〈126〉
brittle fracture test／脆性破壊試験〈126〉
brittle heart／脆心〈126〉
brittle lacquer coating method／応力塗料膜法〈29〉
broadleaf tree／濶葉樹〈44〉，広葉樹〈78〉
broad ray／広放射組織〈78〉
brown fused alumina abrasives／褐色アルミナ研削材〈43〉
brush sander／ブラシサンダ〈212〉

B-scan display／断面表示〈154〉，Bスコープ表示〈198〉
B-scan presentation／断面表示〈154〉，Bスコープ表示〈198〉
buckling strength of band saw／帯鋸座屈強度〈34〉
buckling strength of sawtooth／座屈強度【鋸歯の―】〈89〉
built-up edge／構成刃先〈75〉
built-up turning tool／組立バイト〈61〉
bulk density／容積密度数〈248〉
bulking factor／膨容比〈223〉
bulking factor of sawdust／鋸屑の膨容比〈185〉
burr／バリ〈196〉
burst emission／突発型AE〈172〉
bush／ブッシュ〈211〉
bushing／ブッシュ〈211〉
butt end／元口〈244〉
butt joint／いも継ぎ〈17〉，突合せ接合〈161〉，バットジョイント〈194〉
button tool／丸こまバイト〈230〉
buttress thread／鋸歯ねじ〈186〉

C

calender press／カレンダプレス〈46〉
calibration／校正〈75〉
cambium／形成層〈65〉
candela／カンデラ〈49〉
canopy／樹冠〈106〉
cant sawing／枠挽き〈265〉
capacitor microphone／コンデンサマイクロホン〈84〉
CAPP／コンピュータ支援工程計画システム〈84〉
carbide tipped circular saw blade sharpener／超硬丸鋸歯研削盤〈158〉
carbide tipped saw blade／チップソー〈156〉
carbide tipped saw blade sharpener／チップソー研削盤〈156〉
carbide tipped tool grinder／超硬合金刃物研削盤〈158〉
carbide tool／超硬［合金］工具〈157〉
carbide tool grinder／木工超硬工具研削盤〈243〉
carbon dioxide laser／CO_2レーザ〈93〉，炭酸ガスレーザ〈150〉
carbonitriding／浸炭窒化〈115〉
carbon steel／炭素鋼〈151〉
carbon steels for machine structural use／機械構造用炭素鋼材〈51〉
carbon tool steel／炭素工具鋼〈151〉
carbon tool steel tool／炭素工具鋼工具〈151〉
carborundum／カーボランダム〈38〉
carburizing／浸炭〈115〉
carburizing steel tool／浸炭刃物〈115〉
carpenter's steel square／矩尺，曲尺〈45〉
carriage／往復台〈29〉，キャリジ〈55〉，送材車〈137〉
carriage type twin band saw machine／台車式ツイン帯鋸盤〈143〉
carriage type twin circular saw machine／台車式ツイン丸鋸盤〈143〉
carving machine／木工彫刻盤〈243〉
cascade control／カスケード制御〈42〉
case hardening／表面硬化〈204〉
casein adhesive／カゼイン接着剤〈42〉
casein glue／カゼイン接着剤〈42〉
casting／鋳物〈17〉
casting alloy／鋳造合金〈157〉
cathodic protection method／カソード防食法〈42〉
cell collapse／落込み〈33〉
cellular adhesive／発泡型接着剤〈194〉
cellulose／セルロース〈132〉
cellulose microfibril／セルロースミクロフィブリル〈132〉
cell wall／細胞壁〈87〉
cementation steel tool／浸炭刃物〈115〉
cement-bonded particleboard／普通木片セメント板〈211〉
cement bonded wood-flake board／木片セメント板〈240〉
cement bonded wood-wool and flake boards／木質系セメント板〈239〉
cement bonded wood-wool board／木毛セメント板〈241〉
cemented carbide／超硬合金〈158〉
cemented carbide tool／超硬［合金］工具〈157〉
cemented excelsior board／木毛セメント板〈241〉
cemented or clamped cylinder wheels／リング形砥石〈256〉
cemented or clamped disc wheels／ディスク形砥石〈163〉
cementite／セメンタイト〈132〉
center bit／センタビット〈134〉
center drill／センタ穴ドリル〈134〉，中心錐〈156〉
centering／心出し〈115〉
center line／中心線〈157〉
center line of spindle／スピンドル中心線【ベニヤレースの―】〈122〉
central projection／透視投影〈170〉
ceramics／セラミックス〈132〉
ceramic tool／セラミック工具〈132〉
cermet／サーメット〈85〉

cermet tool／サーメット工具〈85〉
chain barker／チェーン式剥皮機，チェーンバーカ〈154〉
chain conveyor／チェーンコンベヤ，チェーン式搬送装置〈154〉
chain cutter／チェーンカッタ〈154〉
chain infeed deck／チェーンライブデッキ〈154〉
chain live deck／チェーンライブデッキ〈154〉
chain mortiser／鎖のみ(鑿)盤〈61〉，チェーン穿孔盤，チェーンのみ(鑿)盤〈154〉
chain saw／チェーンソー〈154〉
chamfered corner／面取りコーナ〈238〉
chamfering／面取り〈238〉
channels／溝形鋼〈233〉
characteristic X-rays／特性X線〈171〉
charge-coupled device／CCD撮像素子〈93〉
Charpy impact test／シャルピー衝撃試験〈104〉
chatter／びびり〈203〉
chatter mark／びびりマーク〈203〉
check／干割れ〈206〉
check on tight side of veneer／表割れ〈36〉
chemical resistance of plywood／耐薬品性【合板の—】〈144〉
chemical vapor deposition／化学蒸着〈40〉，CVD〈93〉
chip／切屑〈58〉，チップ〈155〉
chip angle／すくい角〈120〉
chip breaker／当て刃〈10〉，材押え装置〈85〉，チップブレーカ〈156〉，ニック〈179〉
chip former／チップフォーマ〈156〉
chip mark／チップマーク〈156〉
chipped grain／逆目ぼれ〈88〉
chipper／チッパ〈155〉
chipper canter／チッパキャンタ〈155〉
chipping／チッピング〈155〉，チップ切削〈156〉
chipping headrig／チッパキャンタ〈155〉
chip pocket／チップポケット〈156〉
chip screen／チップスクリーン〈155〉
chip screening machine／チップ選別機〈156〉
chip space／チップポケット〈156〉
chip thickness／切屑厚さ〈58〉
chip thickness ratio／切削比〈130〉
chip washer／チップ水洗機〈155〉
chisel／のみ(鑿)〈187〉，木工用バイト〈244〉
chisel edge／チゼル【ドリルの—】，チゼルエッジ【ドリルの—】〈155〉
chisel edge angle／チゼル角【ドリルの—】〈155〉
chisel edge corner／チゼルエッジコーナ【ドリルの—】〈155〉
chroma／クロマ〈64〉，彩度〈87〉

chromaluminizing／クロムアルミナイジング〈64〉
chromatic aberration／色収差〈18〉
chromaticity／色度〈95〉
chromizing／クロマイジング〈64〉
chuck／チャック〈156〉
CIE1931 standard colorimetric system／CIE1931標準表色系〈93〉
circle of teeth top／歯端円〈98〉
circular and gyratory screen／揺動ふるい(篩)分級機〈248〉
circular features／円形形体〈27〉
circularity／真円度〈114〉
circularly polarized light／円偏光〈28〉
circular runout／円周振れ〈27〉
circular saw／丸鋸盤〈231〉，木工簡易丸鋸盤〈241〉
circular saw anvil／丸鋸金敷，丸鋸腰入れ用金敷〈231〉
circular saw bench／昇降盤，昇降丸鋸盤〈110〉，テーブル丸鋸盤〈164〉，木工簡易丸鋸盤〈241〉
circular saw blade／丸鋸〈231〉
circular saw blades for woodworking machines／木工用丸鋸〈244〉
circular saw blade sharpener／丸鋸歯研削盤〈231〉
circular saw blade sharper／手動式丸鋸研磨機〈108〉
circular saw blade with cemented carbide tips／超硬丸鋸〈158〉
circular sawing machine／丸鋸盤〈231〉
circular sawing machines／テーブル丸鋸盤〈164〉
circular sawing machine with automatic feeder／自動送り丸鋸盤〈99〉
circular sawing machine with carriage／送材車付丸鋸盤〈138〉
circular sawing machine with caterpillar type feeder／キャタピラ送り式丸鋸盤〈55〉
circular sawing machine with roller type feeder／ローラ送り式丸鋸盤〈262〉
circular sawing machine with table／昇降丸鋸盤〈110〉
circular saw sharpener for woodworking／木工丸鋸歯研削盤〈244〉
circular saw with sliding table for cross cutting／テーブル移動横切り丸鋸盤〈164〉
circular saw with sliding table for ripping／テーブル移動丸鋸盤〈164〉
circular saw with tilting arbor／軸傾斜丸鋸盤〈95〉
circular saw with tilting table／テーブル傾斜丸鋸盤〈164〉
clamped milling cutter／クランプフライス〈62〉
clamped tool／クランプ工具〈62〉

clamped turning tool／クランプバイト〈62〉
clear／無節〈235〉
clearance angle／歯背角〈102〉，逃げ角〈178〉
clearance angle of nose bar／バーの逃げ角〈188〉
clearance diameter／二番取り直径【ドリルの—】〈179〉
clearance surface／逃げ面〈178〉
clear cutting／無欠点裁面【製材の—】〈234〉
clear part／無欠点裁面【製材の—】〈234〉
cleavage resistance／割裂抵抗〈44〉
cleavage test／割裂試験〈44〉
cleavage type／折れ型〈36〉
climb cutting／下向き切削【丸鋸の—】〈98〉
climb milling／下向き削り，下向き切削〈98〉
climb sawing／下向き切削【丸鋸の—】〈98〉
closed coat／クローズドコート〈63〉，密塗装〈233〉
closed loop control／閉ループ制御〈218〉
closure plate／かど(角)金〈44〉
CN nail／CN釘〈93〉
CO2 laser／CO2レーザ〈93〉
coach screw／ラグスクリュー〈251〉
coarse grain／粗粒〈141〉
coarse reduction machine／粗砕機〈140〉
coated abrasive／研磨布紙〈71〉
coated abrasive machining／研磨布紙加工〈71〉
coated abrasives-flap discs／研磨フラップディスク〈71〉
coated tool／コーティング工具〈78〉
coating dryer／塗装乾燥機〈172〉
coating machine／塗装機[械]，塗装装置〈172〉
coaxiality／同軸度〈170〉
coefficient of correlation／相関係数〈137〉
coefficient of friction／摩擦係数〈229〉
coefficient of heat transmission／熱貫流率〈183〉
coefficient of variation／変動係数〈221〉
coefficient of viscous damping／粘性減衰係数〈184〉
cohesion failure／凝集破壊〈57〉
cohesive failure／凝集破壊〈57〉
coil(ed) spring／コイルばね〈71〉
cold circular saw／コールドソー〈79〉
cold circular saw blade／コールドソー〈79〉
cold finished steel bars／磨き棒鋼〈232〉
cold press／コールドプレス〈79〉
cold press for panel／パネル用コールドプレス〈195〉
cold press for woodworking／木工コールドプレス〈242〉
cold rolled sheet／冷間圧延鋼板〈258〉
cold setting adhesive／常温硬化型接着剤〈109〉
cold shortness／低温脆性〈162〉
cold water immersion delamination test／冷水浸せき剥離試験〈258〉
cold water soak delamination test／浸せき剥離試験〈115〉
collapse／落込み〈33〉
collar／カラー〈46〉
collet／コレット〈82〉
collet chuck／コレットチャック〈82〉
collimator／コリメータ〈82〉
color／色〈18〉，色彩〈95〉
(perceived) color／色〈18〉，色彩〈95〉
(psychophysical) color／色〈18〉，色彩〈95〉
color chart／カラーチャート〈46〉，色標〈95〉
color fading property／退色性【合板の—】〈143〉
colorimetry／測色〈139〉
color solid／色立体〈18〉
color space／色空間〈18〉
color stimulus／色刺激〈18〉
color temperature／色温度〈18〉
column／コラム〈82〉
combination of species／樹種群〈107〉
combination saw blade／組austh丸鋸〈62〉
combination tooth／組刃〈62〉
combined type cutting／複合型切削〈209〉
combined woodworking machine／万能木工機〈198〉
comb joint／あられ組継ぎ〈12〉，石畳[組]継ぎ〈15〉
common tooth／三角歯〈90〉
compass and carpenter's steel square／規矩〈52〉
composite auto-roller table band resaw／複合自動ローラ送りテーブル帯鋸盤〈209〉
compound middle lamella／複合細胞間層〈209〉
compound ray／複合放射組織〈209〉
compression／コンプレッション【ノーズバーの—】〈85〉
compression angle of nose bar／バーの接触角〈188〉
compression creep test parallel to grain／縦圧縮クリープ試験〈146〉
compression creep test perpendicular to grain／横圧縮クリープ試験〈249〉
compression failure／もめ〈244〉
compression spring／圧縮ばね〈9〉
compression test／圧縮試験〈9〉
compression test parallel to grain／縦圧縮試験〈146〉
compression test perpendicular to grain／横圧縮試験〈249〉
compression type crusher(mill)／圧縮式粉砕機〈9〉
compression wood／圧縮あて材〈9〉
compressive failure／圧縮破壊〈9〉
compressive shear strength／圧縮剪断接着強さ〈9〉
compressive strength／圧縮強度〈9〉

compressive strength parallel to grain／縦圧縮強さ〈146〉
compressive type／縮み型〈155〉
computed radiography／コンピューティッド・ラジオグラフィ〈85〉，CR〈92〉
computer-aided／計算機支援〈64〉
computer aided design／CAD〈55〉
computer-aided design and manufacturing／CAD/CAM〈55〉
computer aided engineering／コンピュータ支援解析システム〈84〉，CAE〈93〉
computer aided integrated manufacturing system／コンピュータ統合生産システム〈85〉
computer aided manufacturing／CAM〈55〉
computer aided process planning system／コンピュータ支援工程計画システム〈84〉，CAPP〈93〉
computer integrated manufacturing／CIM〈93〉
computerized numerical control／CNC〈93〉
computerized tomography／コンピュータ断層撮影〈85〉，CT〈93〉
concave circular saw blade／皿鋸〈90〉
concave roller conveyor／ローラ式搬入装置〈262〉
concavity／すかし角〈119〉
concentricity／同心度〈170〉
concrete form plywood／コンクリート型枠用合板〈84〉
concurrent engineering／コンカレントエンジニアリング〈84〉
conditioning／コンディショニング〈84〉，調湿処理〈158〉
conduction of heat／熱伝導〈183〉
confidence interval／信頼区間〈116〉
confidence limit／信頼限界〈117〉
confluent parenchyma／連合翼状柔組織〈259〉
conifer／針葉樹〈116〉
coniferous tree／針葉樹〈116〉
coniferous wood／針葉樹材〈116〉
connection／仕口〈95〉，接合〈128〉
connection conveying equipment／ころ組式搬送装置，ころコンベヤ〈83〉
connection conveyor／ころ組式搬送装置，ころコンベヤ〈83〉
connection processor for construction material／仕口加工盤〈95〉
constant-bandwidth filter／定帯減幅フィルタ〈163〉
constructed turning tool／組立バイト〈61〉
construction／コンストラクション〈84〉
construction material processing machine／建築用構造材加工機〈70〉
contact angle／接触角〈130〉

contact angle of annual ring／年輪接触角〈184〉
contact preventive device／接触予防装置〈130〉
contact roll／コンタクトロール〈84〉
contact wheel／コンタクトホイール〈84〉
contact wheel grinding method／コンタクトホイール研削方式〈84〉，接触輪研削方式〈130〉
contact wheel sanding method／コンタクトホイール研削方式〈84〉，接触輪研削方式〈130〉
continuous cutting／連続切削，連断型〈260〉
continuous digester／連続蒸煮装置〈260〉
continuous dryer／連続乾燥機，連続式ドライヤ〈260〉
continuous emission／連続型 AE〈260〉
continuous flow type／流れ型〈176〉
continuous improvement／改善〈39〉
continuous press／連続プレス〈260〉
continuous pressurized disk refiner／連続蒸煮高圧解繊装置〈260〉
continuous production／連続生産〈260〉
continuous-wave laser／連続波レーザ〈260〉
contour／倣い加工〈177〉
contour grinding／曲面研削〈57〉
contour milling／輪郭削り〈256〉
contraction scale／縮尺〈107〉
conventional density／容積密度数〈248〉
conventional kiln／蒸気加熱式乾燥装置〈109〉
conventional milling／上向き削り〈22〉
converter／変換器〈220〉
convex rule／コンベックスルール〈85〉
conveyer system／コンベヤシステム〈85〉
conveying equipment／搬送装置〈197〉
conveying system directly connected with veneer dryer／乾燥機直結コンベヤ〈48〉
copying／倣い削り〈177〉
copying lathe／倣い旋盤〈177〉
copying planer／倣い鉋盤〈177〉
copying router／自動倣いルータ〈101〉
copying shaper／回転倣い面取り盤〈40〉
core／コア〈71〉
core laminar／芯材〈114〉
core overlap／心重なり〈114〉
core roughness depth／コア部のレベル差〈71〉
core veneer／コア単板〈71〉
core voids／心離れ〈116〉
cork／コルク〈82〉
corner／コーナ〈78〉
corner angle／外周切れ刃角〈38〉
corner locking／組継ぎ〈62〉
corner locking cutter／コーナロッキングカッタ〈78〉

corner locking machine／コーナロッキングマシン〈78〉
corner protector／すみ金〈123〉
corner radius／コーナ半径〈78〉
correlation coefficient／相関係数〈137〉
corrosion test／腐食防食試験〈210〉
corrosive wear／腐食摩耗〈210〉
corrugated fastener／波釘〈177〉
corrugate type／縮み型〈155〉
counter boring／座ぐり（座削り）〈89〉
counter sawing／上向き切削〈22〉，向い挽き〈234〉
count rate／AE計数率〈23〉
coupled mode／連成モード〈259〉
coupling processing machine／継手加工機械〈161〉
coupling processor for construction material／継手仕口加工盤〈161〉
cover(on a feeding roller of a band saw)／覆い【帯鋸盤の送りローラの—】〈29〉
cover(on teeth or a band wheel of a band saw)／覆い【帯鋸盤の歯および鋸車の—】〈29〉
cover glass／カバーガラス〈45〉
crack／亀裂〈59〉，クラック〈62〉，干割れ〈206〉
cracking／亀裂〈59〉，クラック〈62〉
cramp／かすがい（鎹）〈42〉
cramp iron／かすがい（鎹）〈42〉
cranked paring chisel／こてのみ（鏝鑿）〈81〉
cranked turning tool／曲りバイト〈227〉
crate／すかし箱〈119〉
crater(wear)／クレータ摩耗〈63〉
crater／あばた〈11〉
creep／クリープ〈62〉
creep fracture／クリープ破壊〈62〉
creeping slatbed feeding device for band saw machine／履帯送り送材装置〈253〉
creeping slatbed type twin circular saw machine／履帯送りテーブルツイン丸鋸盤〈254〉
creep test／クリープ試験〈62〉
creep test in bending／曲げクリープ試験〈228〉
criteria of stable machining／加工限界〈41〉
critical cutting angle／臨界切削角〈256〉
critical cutting speed／臨界切削速度〈256〉
critical damping coefficient／臨界減衰係数〈255〉
critical rotaion speed／臨界回転数〈255〉
critical speed／危険速度〈52〉
critical value of stress intensity factor／臨界応力拡大係数〈255〉
critical viscous damping／臨界粘性減衰〈256〉
crook／縦反り【材の—】〈147〉，曲り〈227〉
crossband(veneer)／添心板〈139〉
crossband／中板〈175〉

crossband veneer／クロスバンド〈64〉
cross bar／みみず〈234〉
cross bed／クロスベッド〈64〉
cross belt type magnetic separator／クロスベルト形磁気選別機〈64〉
cross break／横割れ〈250〉
cross check／横割れ〈250〉
crosscut fence／横挽定規〈250〉
cross cut saw／クロスカットソー〈63〉
crosscut saw／横挽鋸〈250〉
cross cut sawing／横挽き〈250〉
cross cutting／玉切り〈149〉，横挽き〈250〉
crosscutting table／横挽テーブル〈250〉
crosser／桟木〈90〉
cross face hammer／十字ハンマ〈104〉
cross-field pitting／分野壁孔〈216〉
cross grain／交走木理〈75〉，目切れ〈236〉
cross hairs／クロスヘアー〈64〉
cross lines／クロスヘアー〈64〉
crosspiece piling equipment／桟積機〈91〉
cross rail／クロスレール〈64〉
cross recessed head wood screw／十字穴付木ねじ〈104〉
cross section／木口［面］〈79〉
cross sectional cutting／木口切削〈79〉
cross slide／クロススライド〈64〉
crown／樹冠〈106〉
crown-formed wood／樹冠材〈107〉
crusher／クラッシャ〈62〉，粉砕機〈215〉
crushing／粉砕加工〈215〉
crushing machine／クラッシャ〈62〉，破砕機〈192〉
crystals／結晶〈67〉
C-scan display／Cスコープ表示〈93〉，平面表示〈218〉
C-scan presentation／Cスコープ表示〈93〉，平面表示〈218〉
CT number／CT値〈93〉
cubic boron nitride／CBN〈93〉，立方晶窒化ほう素（硼素）〈254〉
cubic boron nitride sinter／立方晶窒化ほう素（硼素）焼結体〈254〉
cup／幅反り【材の—】〈195〉
cupping／幅反り【材の—】〈195〉
cure／硬化〈72〉
curing／硬化〈72〉
curly figure／縮杢〈155〉
curly grain／波状木理〈193〉
curtain coater／カーテンコータ〈38〉，フローコータ〈214〉
curvature of field／像面湾曲〈138〉

curved laminated wood／湾曲集成材〈265〉
curved plywood／成形合板〈125〉
curve sawing／曲り挽き〈227〉
cushion start／クッションスタート〈61〉
cushion stop／クッションストップ〈61〉
cut／断面図〈154〉
cutlery steel／刃物鋼〈195〉
cut-off ratio／カットオフ比〈44〉
cut-off tool／切断工具〈131〉，突切りバイト〈161〉
cut-off wavelength／カットオフ値【輪郭曲線フィルタの—】〈44〉
cut surface／切削面〈130〉
cutter arbor／アーバ〈7〉
cutterblock／鉋胴〈49〉
cutter blocks for wood planing／木工機械用回転鉋胴〈242〉
cutter head／鉋胴〈49〉
cutterhead barker／カッタヘッド式剝皮機，カットバーカ〈44〉，ヘッドバーカ〈219〉
cutter head for helical blade／ねじれ鉋胴〈182〉
cutter mill／カッタミル〈44〉
cutting／切削〈129〉
cutting action of single grain／単一砥粒の切削作用〈150〉
cutting against grain／逆目切削〈88〉
cutting angle／仕込勾配〈96〉，切削角〈129〉
cutting circle／刃先円〈192〉
cutting direction／切削方向〈130〉
cutting edge／切れ刃〈59〉，刃先，刃先線〈192〉
cutting edge angle／切込角〈58〉
cutting edge inclination／切れ刃傾き角〈59〉
cutting edge inclination angle／バイアス角〈189〉
cutting edge profile／切れ刃線〈59〉
cutting edge roundness／刃先丸み〈193〉
cutting force／切削力〈130〉
cutting gage／罫引〈67〉
cutting length／切削長〈129〉
cutting noise／切削音〈129〉
cutting off wheels／切断砥石〈131〉
cutting of transverse surface／木口切削〈79〉
cutting parallel to grain／縦切削〈147〉
cutting part／刃金部〈190〉，刃部〈195〉
cutting path／切削長〈129〉
cutting path of a tooth／鋸歯の切削長〈186〉
cutting pattern／製材木取り〈125〉
cutting performance／切れ味【刃物の—】〈59〉
cutting perpendicular to grain／横切削〈249〉
cutting perpendicular to grain with cutting edge perpendicular to grain／木口切削〈79〉
cutting plane／切断面〈131〉

cutting portion／刃金部〈190〉
cutting power／切削仕事率〈129〉，切削動力〈130〉
cutting ratio／切削比〈130〉
cutting resistance／切削抵抗〈130〉
cutting resistance to deform workpiece and chip／変形抵抗〈220〉
cutting resistance to separate chip／分離抵抗〈216〉
cutting speed／切削速度〈129〉
cutting stress／切削応力〈129〉
cutting temperature／切削温度〈129〉
cutting time／切削時間〈129〉
cutting tool／切削工具〈129〉
cutting tooth／刃金部〈190〉
cutting to width／幅決め切削〈195〉
cutting type crusher(mill)／切断式粉砕機〈131〉
cutting with grain／順目切削〈177〉
cutting work／切削仕事〈129〉
C-weighted and time-weighted sound level／C特性時間重み付きサウンドレベル〈93〉
C-weighted sound pressure level／C特性音圧レベル〈93〉
cyanoacrylate adhesive／シアノアクリレート系接着剤〈92〉
cyclic boiling test／煮沸繰返し試験【合板の—】〈103〉
cyclic steaming test／スチーミング繰返し試験【合板の—】〈120〉
cycloidal gear／サイクロイド歯車〈86〉
cylinder gauge／シリンダゲージ〈113〉
cylinder refiner／シリンダリファイナ〈113〉
cylinder saw／筒鋸〈161〉
cylinder type former／円網式抄造機〈230〉
cylinder wheels with inserted nuts／ナット付リング形研削砥石〈176〉
cylindrical abrasive sleeves／円筒研磨スリーブ〈27〉
cylindrical cutter／平フライス〈206〉
cylindrical cutterhead／丸胴〈231〉
cylindrical features／円筒形体〈27〉
cylindrical gear／円筒歯車〈27〉
cylindrical grinding／円筒研削〈27〉
cylindrical lens／円柱レンズ〈27〉
cylindrical parallel shank／ストレートシャンク〈121〉
cylindrical parallel shank milling cutter／ストレートシャンクフライス〈121〉
cylindrical roller(radial)bearing／円筒ころ軸受〈27〉
cylindrical roller thrust bearing／スラスト円筒こ

ろ軸受〈123〉
cylindrical square／円筒スコヤ〈27〉
cylindricity／円筒度〈27〉

D

damaged layer／加工変質層〈42〉
damage-risk criteria／騒音の許容基準〈136〉
damping alloys／吸振合金〈56〉
damping coefficient／減衰係数〈69〉
damping materials／制振材［料］〈126〉
damping rate／減衰率〈69〉
damping ratio／減衰比〈69〉
data projector／データプロジェクタ〈163〉
datums and datum systems／データム〈163〉
dead knot／死節〈102〉
dead time／不感時間〈209〉
debarker／皮剥き機〈47〉，バーカ〈187〉，剥皮機〈191〉
debarking machine／皮剥き機〈47〉，バーカ〈187〉，剥皮機〈191〉
decarburization／脱炭〈146〉
decay／腐れ〈61〉，腐朽〈209〉
decayed knot／腐れ節〈61〉
decay resistance test／耐朽性試験〈142〉
decibel／デシベル〈165〉
deck／甲板〈78〉
deck board／デッキボード〈165〉
deckle box type former／ためすき（溜め抄き）機〈149〉
decorative thin board／化粧薄板〈66〉
decorative veneer／化粧［用］単板〈66〉
deep groove ball bearing／深溝玉軸受〈209〉
deep hole boring／深穴あけ〈208〉
deep hole drilling／深穴あけ〈208〉
defect／欠陥〈67〉
defect free part／無欠点裁面【製材の―】〈234〉
defibrating machine／蒸煮解繊装置〈111〉
defibrator／解繊機〈39〉
deflection in bending／曲げたわみ（撓み）〈229〉
degree of adhesion(bonding)／接着の程度【合板・集成材などの―】〈131〉
dehumidification dryer／除湿乾燥装置〈113〉
delamination／層間剥離〈137〉
density／密度〈233〉
density at green condition／生材密度〈177〉
depressed center wheels with fabric reinforced／レジノイドオフセット研削砥石〈259〉
depth gauge／デプスゲージ〈165〉
depth micrometer／デプスマイクロメータ〈166〉

depth of body clearance／二番取り深さ【ドリルの―】〈180〉
depth of cut／切込み，切込深さ，切込量，切込量【砥粒の―】〈58〉
depth of cut-off／切断深さ〈131〉
depth of cut per tooth／帯鋸の切込深さ〈35〉，切込深さ【帯鋸の―】〈58〉
depth of field／被写界深度〈201〉
depth of focus／焦点深度〈111〉
depth of lathe check／裏割れ深さ〈22〉
depth of ridge of knife／しのぎ（凌ぎ）の深さ〈102〉
depth of sawing／挽幅〈200〉
depth setting motion／切込運動〈58〉
derived quantity／組立量〈62〉
derived unit／組立単位〈61〉
descriptive test／記述的試験法〈53〉
design-in／デザインイン〈165〉
design to order one of a kind production／個別生産〈81〉
detector／検出器〈69〉
diagonal／筋かい（筋交い）〈120〉
diagonal grain／斜走木理〈103〉
diagram of saw tooth／鋸歯線図〈186〉
diamond compact／ダイヤモンド焼結体〈144〉
diamond tool／ダイヤモンド工具〈144〉
diamond wheel／ダイヤモンド砥石〈144〉
differential interference contrast microscope／微分干渉顕微鏡〈203〉
diffraction／回折〈39〉
diffuse-porous wood／散孔材〈90〉
diffuse sound field／拡散音場〈40〉
diffusion coating／拡散浸透処理〈40〉
digital control／ディジタル制御〈163〉
digital instrument／ディジタル計器〈163〉
digital signal／ディジタル信号〈163〉
digital still camera／ディジタルスチルカメラ〈163〉
digital-to-analog conversion／DA変換〈162〉
dimension(of a quantity)／次元【量の―】〈96〉
dimensionless quantity／無次元量〈235〉
dimension line／寸法線〈124〉
dimension lumber／ディメンションランバー〈163〉
dimension of one of the long sides／長辺【木口の―】〈159〉
dimension of one of the short sides／短辺【木口の―】〈153〉
dimetric projection／二等角投影〈179〉
dip-feed lubrication／油浴潤滑〈248〉
directional microphone／指向性マイクロホン〈96〉
disc cutter／ディスクカッタ〈163〉
discharge pressure／吐出圧力〈172〉

discoloration／変色〈220〉
disc spring(Belleville), coned disc spring／皿ばね〈90〉
disc wheels with inserted nuts／ナット付ディスク形研削砥石〈176〉
disk chipper／ディスクチッパ〈163〉
disk flaker／ディスクフレーカ〈163〉
disk planer／円板鉋盤，円盤鉋盤〈28〉
disk refiner／ディスクリファイナ〈163〉
disk sander／ディスクサンダ〈163〉
disk type scarf jointer／ディスク形スカーフジョインタ〈163〉
dispersion／ばらつき〈196〉
distance between saw wheels／鋸車の軸間距離〈186〉
distance of cutting edge／連続切れ刃間隔【研磨布紙の—】〈260〉
distillation boiler／貫流ボイラ〈51〉
distortion／狂い〈63〉，ディストーション〈163〉
disturbed flow／乱流〈253〉
divergence buckling／横倒れ座屈〈249〉
doctor bar／ドクタバー〈171〉
doctor blade／ドクタブレード〈171〉
doctor knife／ドクタナイフ〈171〉
doctor roll／ドクタロール〈171〉
doggig device／かすがい(鎹)装置〈42〉
dog head hammer／円頭ハンマ〈27〉
domestic wood／国産材〈79〉
double-deck pallet／両面形パレット〈255〉
double edge band saw(blade), double cutting band saw／両歯帯鋸〈255〉
double edge belt sander／ダブルエッジベルトサンダ〈148〉
double edger／ダブルエジャ〈148〉
double end tenoner／ダブルエンドテノーナ〈148〉，両端ほぞ(柄)取り盤〈255〉
double face bar／ダブルフェイスバー〈148〉
double helical gear／やまば(山歯)歯車〈246〉
double-pointed nail／合釘〈7〉
double refraction／複屈折〈209〉
double ring／重年輪〈106〉
double row(rolling) bearing／複列軸受〈210〉
double saw／ダブルソー〈148〉
double side planer／自動2面鉋盤〈99〉
double sizer／ダブルサイザ〈148〉，木工ダブルサイザ〈243〉
double spindle method／ダブルスピンドル方式〈148〉
double spindle shaper／複軸面取り盤〈210〉
double spread／両面塗布〈255〉

double surface fixed knife planer with right angle／直角2面仕上鉋盤〈159〉
double surface planer／自動2面鉋盤〈99〉
double surface planer with right angle／自動直角2面鉋盤〈101〉
double surface planing machine／2面仕上鉋盤〈180〉
double tooth saw／両刃鋸〈255〉
dovetail bit／ダブテールビット〈148〉
dovetail chisel／ありのみ(蟻鑿)〈12〉，しのぎのみ(鎬鑿)〈102〉
dovetail joint／あり組継ぎ〈12〉
dovetail jointer／あり(蟻)取り盤，ありはぎ(蟻接ぎ，蟻矧ぎ)盤〈12〉
dovetail machine／ダブテールマシン〈148〉
dovetail milling cutter／あり(蟻)溝フライス〈12〉
dowel／合釘〈7〉，ジベル〈102〉，だぼ(太柄)〈149〉
doweled butt joint／だぼ(太柄)継ぎ，だぼ(太柄)接ぎ〈149〉
dowel edge joint／だぼ(太柄)はぎ(接ぎ，矧ぎ)〈149〉
dowel gluing and driving machine／だぼ(太柄)打機〈149〉
dowel joint／だぼ(太柄)継ぎ，だぼ(太柄)接ぎ〈149〉
dowel making machine／だぼ(太柄)製造機〈149〉
dowel reinforced edge joint／だぼ(太柄)はぎ(接ぎ，矧ぎ)〈149〉
down cut grinding／下向き研削〈98〉
down milling／下向き削り，下向き切削〈98〉
down sawing／下向き切削【丸鋸の—】〈98〉
drift／ドリフト〈173〉
drift pin [joint]／ドリフトピン[接合]〈173〉
drill／木工錐〈242〉
drill chuck／ドリルチャック〈174〉
drill diameter／直径【ドリルの—】〈160〉
drill driver／ドリルドライバ〈174〉
drilling／穴あけ，孔あけ〈10〉，錐もみ〈59〉
drilling depth／穴あけ深さ〈10〉
drilling machine／ボール盤〈224〉
drilling performance／穿孔性能〈134〉
drilling tool／穴あけ工具〈10〉
drills／ドリル〈174〉
drip-feed lubrication／滴下潤滑〈165〉
driving power wheel／駆動鋸車〈61〉
driving roll／ドライビングロール〈173〉
drop-feed lubrication／滴下潤滑〈165〉
drum barker／ドラムバーカ〈173〉
drum chipper／ドラムチッパ〈173〉
drum flaker／ドラムフレーカ〈173〉
drum grinding／ドラム研削〈173〉

drum sander／ドラムサンダ〈173〉
drum sanding／ドラム研削〈173〉
drum type magnetic separator／ドラム形磁気選別機〈173〉
dry bending test／常態曲げ試験〈111〉
dry-bulb temperature／乾球温度〈47〉
dry delamination test／常態剥離試験〈111〉
dryer／ドライヤ〈173〉
dry felting machine／乾式成形機〈47〉
dry forming machine／乾式抄造機〈47〉
drying cost／乾燥コスト〈48〉
drying rate／乾燥速度〈49〉
drying schedule／乾燥スケジュール〈48〉
drying set／ドライングセット〈172〉
drying stress／乾燥応力〈48〉
dry kiln／乾燥装置〈49〉
dry lumber／乾燥材〈48〉
dry particle conveyor silo／乾燥小片供給装置〈48〉
dry silo／ドライサイロ〈172〉
ductile fracture／延性破壊〈27〉
dulling／目つぶれ〈237〉
dullness of tool edge／刃先丸み〈193〉
dummy gauge／ダミーゲージ〈149〉
duo-kerf saw／二段あさり歯丸鋸〈179〉
dust／ダスト〈145〉, 粉塵〈216〉
dust collector／集塵装置〈105〉
dynamic balance／動的釣合度〈170〉
dynamic characteristics／動特性〈170〉
dynamic measuring force／動的測定力〈170〉
dynamic rigidity／動剛性〈169〉
dynamic stiffness／動剛性〈169〉

E

ear defender／イヤディフェンダ, イヤプロテクタ〈17〉, 聴覚保護具〈157〉, 防音保護具〈221〉
early stage of tool wear／初期摩耗〈113〉
earlywood／早材〈137〉
ear protector／イヤディフェンダ, イヤプロテクタ〈17〉, 聴覚保護具〈157〉, 防音保護具〈221〉
eccentricity／偏心〈221〉
echo／エコー〈24〉
economical cutting speed／経済切削速度〈64〉
edge bander／エッジバンダ〈25〉, 縁貼り機〈210〉
edge banding machine／エッジバンダ〈25〉, 縁貼り機〈210〉
edge belt sander／エッジベルトサンダ〈25〉
edge board／エッジボード〈25〉
edged board／耳すり（摺り）材〈234〉
edge gluer／単板横はぎ（接ぎ, 矧ぎ）機〈153〉, ベニヤエッジグルア〈219〉
edge grain／放射断面〈222〉, 本柾〈226〉, 柾目［面］〈229〉
edge joint／いも継ぎ〈17〉, はぎ合せ（接ぎ合せ, 矧ぎ合せ）〈190〉
edge protector／かど（角）金〈44〉
edger／エジャ〈24〉, 耳すり（摺り）機, 耳すり（摺り）盤〈234〉
edge(straight) grain slicing(slice/cutting/cut)／柾目突き〈229〉
edging／耳すり（摺り）〈234〉
effective knife／有効刃〈247〉
effective rake angle／有効すくい角【鋸歯の一】〈247〉
effective set／有効あさり〈247〉
elastic bonded wheel／エラスティック砥石〈26〉
electrical micrometer／電気マイクロメータ〈166〉
electric hand tool／電動工具〈167〉
electric resistance strain gauge／電気抵抗ひずみ（歪）ゲージ〈166〉
electrochemical machining／電解加工〈166〉
electro-heat dry kiln／電気加熱式乾燥装置〈166〉
electron-beam heat treatment／電子ビーム熱処理〈166〉
electron beam machining／電子ビーム加工〈166〉
electron beam welding／電子ビーム溶接〈166〉
electro-negativity／電気陰性度〈166〉
electrostatic spray coater／静電塗装機〈127〉
element time of sawing work／製材作業の要素時間〈125〉
elevation／立面図〈254〉
elliptically polarized light／楕円偏光〈145〉
embossing／エンボス加工〈28〉
emery／エミリー〈26〉
emission event／AE事象〈23〉
emission signal／AE信号〈23〉
emissivity／放射率〈223〉
emulsion adhesive／エマルション型接着剤, エマルジョン型接着剤〈26〉
encased knot／抜け節〈181〉
end／つま（端）〈162〉
end check／木口割れ〈79〉
end clearance angle／前逃げ角【旋削の一】〈227〉
end cutting edge／底刃〈140〉, 前切れ刃〈227〉
end cutting edge angle／前切れ刃角【旋削の一】〈227〉
end cutting edge concavity angle／すかし角〈119〉
end grain／木口［面］〈79〉
end joint／縦継ぎ, 縦接ぎ, 縦継ぎ【単板の一】〈147〉, 継手〈161〉

end jointing method of band saw blade／帯鋸接合法〈34〉
endless abrasive belt／エンドレス研磨ベルト〈28〉
end matcher／エンドマッチャ〈28〉
end mill／エンドミル〈28〉
end milling／エンドミル削り〈28〉，正面削り〈112〉
end milling cutter／エンドミリングカッタ〈28〉
end pressure／エンドプレッシャ〈28〉
end relief angle／前逃げ角【旋削の―】〈227〉
end standard／端度器〈151〉
end-to-end grain joint／縦継ぎ，縦接ぎ〈147〉
energy dispersive X-ray analysis／EDXA〈14〉，エネルギー分散型X線分析〈25〉
Enforcement Order of the Industrial Safety and Health Act／労働安全衛生法施行令〈261〉
engage angle／エンゲージ角〈27〉
engineered wood／エンジニアードウッド〈27〉
engineering wood／エンジニアリングウッド〈27〉
enlarged scale／倍尺〈189〉
enlargement scale／倍尺〈189〉
environmental management／環境マネジメント〈47〉
environmental management system／EMS〈14〉，環境マネジメントシステム〈47〉
environmental quality standards for noise／騒音の環境基準〈136〉
epoxy resin adhesive／エポキシ樹脂系接着剤〈26〉
equalizing／イコーライジング〈14〉
equal-loudness contours／音の大きさの等感曲線〈33〉
equal temperament scale／平均律音階〈217〉
equilibrium moisture content／平衡含水率〈217〉
equivalent continuous noise level／等価騒音レベル〈169〉
equivalent continuous sound level／等価サウンドレベル〈169〉
equivalent continuous sound pressure level／等価音圧レベル〈169〉
error／誤差〈80〉
etalon／エタロン〈24〉
ethylene-vinyl acetate copolymer resin adhesive／エチレン・酢酸ビニル共重合樹脂系接着剤〈24〉
evaluation length／評価長さ〈203〉
event count rate／事象計数率〈97〉
exchange type tool／使い捨て工具〈161〉
expansion slot／スリット〈124〉
expert assessor／専門評価者〈136〉
expert system／エキスパートシステム〈24〉，専門家システム〈136〉
exposure condition／使用環境【集成材・単板積層材の―】〈109〉
extension spring／引張ばね〈202〉
external-fan type kiln／外部送風機式乾燥装置〈40〉
external gear／外歯車〈141〉
extractives／抽出成分〈156〉
eye bolt／アイボルト〈8〉
eyepiece／接眼レンズ〈128〉
eyepiece micrometer／接眼ミクロメータ〈128〉

F

face(veneer)／表面単板〈204〉
face／材面〈87〉，すくい面〈120〉，第2すくい面〈141〉
face angle／正面切れ刃角〈112〉
face bevel／フェイスベベル〈208〉
face mill／正面フライス〈112〉
face milling／正面削り〈112〉，正面フライス削り〈113〉
face milling cutter／正面フライス〈112〉，正面フライスカッタ〈113〉
face milling machine／正面フライス盤〈113〉
face of edge／第1すくい面〈141〉
face of knife／刃表〈189〉
face relief angle／正面逃げ角〈112〉
face veneer／表板【合板の―】，表単板〈35〉
face wear／すくい面摩耗〈120〉
fail-safe／フェールセーフ〈208〉
false annual ring／偽年輪〈54〉
false heartwood／偽心材〈53〉
false ring／偽年輪〈54〉
fancy coating／化粧加工【フローリングの―】〈66〉
fancy furnishing laminated wood／化粧貼り造作用集成材〈66〉
fancy furnishing structural laminated post／化粧貼り構造用集成柱〈66〉
fancy furnishing structural laminated wood／化粧貼り構造用集成材〈66〉
fancy veneer／突板〈161〉
fancy wood／銘木，銘木類〈236〉
fast Fourier transform／FFT〈25〉，高速フーリエ変換〈76〉
fatigue fracture／疲労破壊〈206〉
fatigue test／疲れ試験〈161〉，疲労試験〈206〉
features／形体〈65〉
feed／送り〈31〉
feedback／フィードバック〈207〉
feedback control／フィードバック制御〈207〉
feed chain／送りチェーン〈31〉
feed device／送り装置〈31〉

feed driving system／送り運動系〈31〉
feed force／送り分力，送り力〈31〉
feedforward control／フィードフォワード制御〈207〉
feeding equipment／送材装置〈138〉
feeding equipment for band saw machine／帯鋸盤用送材装置〈35〉
feed motion／送り運動〈31〉
feed motion angle／送り運動角〈31〉
feed per knife／1刃当たりの送り量〈202〉
feed per revolution／1回転当たりの送り量〈15〉，送り量〈31〉
feed per stroke／送り量〈31〉
feed rate／送り，送り速度〈31〉
feed roll／送りロール〈32〉
feed roller／送りローラ〈31〉，ローラ送り装置【帯鋸盤の—】〈262〉
feed screw／送りねじ〈31〉
feed speed／送り速度〈31〉，送材速度〈138〉
feeler gauge／すきまゲージ〈119〉
fence／当て定規〈10〉，定規〈109〉，縦挽定規，縦挽用定規〈147〉
ferrite／フェライト〈208〉
fiberboard／繊維板〈133〉，ファイバボード〈207〉
fiberboard finishing machine／ファイバボード仕上機械〈207〉
fiber dryer／ファイバ乾燥機械〈207〉
fiber manufacturing machine／ファイバ製造機械〈207〉
fiber mat dryer／ファイバマット乾燥機〈207〉
fiber orientation／繊維斜交角〈133〉
fiber orientation on cutting plane／繊維傾斜角〈133〉
fiber reinforced cement board／繊維強化セメント板〈133〉
fiber saturation point／繊維飽和点〈133〉
fibre-tracheid／繊維状仮道管〈133〉
fibril angle／フィブリル傾角〈207〉
fiddle back figure／バイオリン杢〈189〉
fiddle back mottle／バイオリン杢〈189〉
field diaphragm／視野絞り〈103〉
field stop／視野絞り〈103〉
figure／杢〈239〉
filler／充填剤〈106〉，目止め剤〈237〉
filler metal／溶加材〈248〉
filling／目止め〈237〉
filling machine／目止め機〈237〉
filtered rolling circle waviness profile／転がり円うねり曲線〈83〉
fine small knot／上小節〈110〉

finger cutter／フィンガカッタ〈207〉
finger joint／あられ組継ぎ〈12〉，石畳［組］継ぎ〈15〉，フィンガジョイント〈208〉
fingerjoint／フィンガジョイント〈208〉
finger-jointed structural lumber for wood frame construction／枠組壁工法構造用縦継ぎ材〈264〉
finger jointer／フィンガジョインタ〈208〉
finger joint press／縦継プレス〈147〉
finished lumber／仕上材〈92〉
finishing tool／仕上工具〈92〉
finish plane／上仕上鉋〈110〉
fire-wood／薪材〈115〉
firmer chisel／追入れのみ〈鑿〉〈28〉
first angle projection(method)／第一角法〈142〉
first face／第1すくい面〈141〉
first flank／第1逃げ面〈141〉
fit／はめあい(嵌め合い)〈195〉
fitting／はめあい(嵌め合い)〈195〉
fixed bar／フィクスドバー〈207〉
fixed knife planer／仕上鉋盤〈92〉
flake／フレーク〈214〉
flakeboard／フレークボード〈214〉
flaker／削片製造機〈89〉，フレーカ〈214〉
flaking／パーティクル切削〈187〉，剥離〈191〉，フレイキング〈214〉
flaming test／着炎性試験〈156〉
flange／フランジ【丸鋸盤の—】〈213〉，まんじゅう〈232〉
flank／しのぎ(凌ぎ)〈102〉，逃げ面〈178〉
flank wear／逃げ面摩耗〈178〉
flap wheels with flanges／フランジ形研磨フラップホイール〈213〉
flap wheels with incorporated flanges／フランジ一体形フラップホイール〈213〉
flap wheels with separate flanges／フランジ分離形フラップホイール〈213〉
flap wheels with shaft／軸付研磨フラップホイール〈95〉
flat blade／平鉋刃〈205〉
flat grain／板目［面］〈15〉，接線断面〈130〉
flat(slash) grain cutting(cut)／板目突き〈15〉
flat head wood screw／皿木ねじ〈90〉
flatness／平面度〈218〉
flat pallet／平パレット〈206〉
flat sawn grain／板目［面］〈15〉
flat scantling／平割，平割材〈206〉
flat square／平角〈205〉
flat-type square／平形直角定規〈205〉
flaws／きず【合板・集成材の—】〈53〉
flexural creep test／曲げクリープ試験〈228〉

flexural strength／曲げ強度〈228〉，曲げ接着強さ，曲げ強さ〈229〉
flexural vibration／たわみ(撓み)振動〈149〉
flitch／板子〈15〉，盤〈197〉，フリッチ〈213〉
floating bar／フローティングバー〈215〉
floor impact sound level／床衝撃音レベル〈247〉
flooring／フローリング〈215〉
flooring block／フローリングブロック〈215〉
flooring board／フローリングボード〈215〉
flowchart／流れ図〈176〉
flow coater／カーテンコータ〈38〉，フローコータ〈214〉
flow coater for woodworking／木工フローコータ〈243〉
flow diagram／流れ図〈176〉
flow layer／加工変質層〈42〉
flow type／流れ型〈176〉
fluid bearing／流体軸受〈255〉
fluid-film lubrication／流体［膜］潤滑〈255〉
flush tube dryer／フラッシュドライヤ〈212〉
flute／溝，溝【ドリルの一】〈233〉
flute length／溝長【ドリルの一】，溝長さ【ドリルの一】〈233〉
flute width／溝幅【ドリルの一】〈233〉
flux／フラックス〈212〉
flying back／逆走〈55〉
foamed adhesive／発泡型接着剤〈194〉
foaming adhesive／発泡型接着剤〈194〉
focal points／焦点〈111〉
foci／焦点〈111〉
foil strain gauge／箔ひずみ(歪)ゲージ〈191〉
follow-up control／追従制御〈160〉
foolproof／フールプルーフ〈208〉
force-feed lubrication／強制循環〈57〉
fore split／先割れ〈88〉
forge welding／鍛接〈150〉
formaldehyde emission／ホルムアルデヒド放散量【合板・集成材などの一】〈225〉
form deviation／形状偏差〈65〉
formed end mill／総形エンドミル〈137〉
formed plywood／成形合板〈125〉
formed tool／総形工具〈137〉
formed turning tool／総形バイト〈137〉
forming machine／成形機〈125〉
forming tool／総形工具〈137〉
form milling cutter／総形フライス〈137〉
form turning／総形削り〈137〉
Forstner bit／羽根錐〈194〉
forward scheduling／フォワードスケジューリング〈208〉

forward traveling wave／前進波〈134〉
foundation bolt／基礎ボルト〈53〉
four arm technique／4ゲージ法〈251〉
fourdrinier type former／長網式抄造機〈175〉
four side planing and molding machine／自動4面鉋盤〈99〉
four-way pallet／四方差しパレット〈102〉
fracture／欠損〈67〉，破損〈193〉
fracture toughness／臨界応力拡大係数〈255〉
frame assembling machine／枠組接着機〈264〉
framed box／枠組箱〈265〉
frame gang saw／おさ(筬)鋸盤〈32〉，立鋸盤，竪鋸盤〈147〉
frame saw／おさ(筬)鋸盤〈32〉，立鋸盤，竪鋸盤〈147〉，フレームソー〈214〉，枠鋸盤〈265〉
frame saw blade overhang／竪鋸の傾斜〈147〉
frame saw sharpening machine／竪鋸自動研磨機〈147〉
framing plan／伏図〈210〉
free belt grinding method／自由ベルト研削方式〈106〉，フリーベルト研削方式〈213〉
free belt sanding method／フリーベルト研削方式〈213〉
free oscillation／自由振動〈105〉
free sound field／自由音場〈104〉
free vibration／自由振動〈105〉
free water／自由水〈105〉
frequency analysis／周波数分析〈106〉
frequency response／周波数応答〈106〉
frequency-weighting characteristic／周波数重み付け特性〈106〉
fret／組子〈61〉
fret saw／糸鋸〈17〉
fret sawing machine／糸鋸盤〈17〉
frictional force on tool face／摩擦力【切屑とすくい面の一】〈229〉
frictional resistance／摩擦抵抗〈229〉
friction pully／摩擦車〈229〉
friction resistance on back／逃げ面摩擦抵抗〈178〉
friction welding／摩擦溶接〈229〉
front／すくい面〈120〉
front bevel／第1すくい面〈141〉
front elevation／正面図〈112〉
front view／正面図〈112〉
frost cracks／霜割れ〈103〉，凍裂〈170〉
frost rib／霜腫れ〈103〉，へび(蛇)下り〈220〉
frost ring／霜輪〈139〉
fuel gas welding／ガス溶接〈42〉
full-automated sawing system／ノーマン製材機〈185〉

full scale／現尺〈69〉
full size／現尺〈69〉
function test／機能試験〈54〉
fundamental frequency／基本振動数〈54〉
fundamental natural mode of vibration／基本固有振動モード〈54〉
fungal decay test／耐朽性試験〈142〉
furnishing laminated veneer lumber／造作用単板積層材〈138〉
furnishing laminated wood／造作用集成材〈138〉
fused alumina grain／溶融アルミナ系砥粒〈248〉
fused alumina zirconia abrasives／アルミナジルコニア研削材〈13〉
fuzzy control／ファジイ制御〈207〉
fuzzy grain／毛羽立ち〈67〉

G

gallic acid／没食子酸〈225〉
gallotannin／ガロタンニン〈46〉
gamma radiography／γ線透過試験，γ線ラジオグラフィー〈51〉
gang edger／ギャングエジャ〈55〉
gang rip saw／ギャングリッパ，ギャングリップソー〈55〉
gang rip saw with double surface planer／2面鉋ギャングリッパ〈180〉
gang saw／ギャングソー〈55〉，立鋸盤，竪鋸盤〈147〉，枠鋸盤〈265〉
gantry NC router／ガントリ NC ルータ〈49〉
gantry type numerical control router／ガントリ NC ルータ〈49〉
gap／ギャップ〈55〉，水平絞り率〈118〉
garnet／ガーネット〈38〉
gas bearing／気体軸受〈54〉
gas cutting／ガス切断〈42〉
gas-film lubrication／気体［膜］潤滑〈54〉
gas toxicity／ガス有害性【合板の一】〈42〉
gas welding／ガス溶接〈42〉
gate stacker／ゲートスタッカ〈66〉
gauge factor／ゲージ率〈65〉
gauge length／ゲージ長，ゲージ長さ〈65〉
gauge resistance／ゲージ抵抗〈65〉
gauging／目盛定め〈237〉
Gaussian distribution／ガウス分布〈40〉
gear／大歯車〈30〉
gear hobbing machine／ホブ盤〈225〉
gear pair／歯車対〈192〉
gears(train of)／歯車列〈192〉
gelatinous fiber／ゼラチン繊維〈132〉

gelatinous layer／ゼラチン層〈132〉
genetic algorithm／遺伝的アルゴリズム〈17〉
geometric accuracy／静的精度〈127〉
geometric accuracy of motion／運動精度〈22〉
geometrical deviations／幾何偏差〈52〉
gimlet／木工錐〈242〉
girthwise batten／胴さん〈170〉
glazing／目つぶれ〈237〉
gloss／光沢〈76〉
glossiness／光沢度〈77〉
glossmeter／光沢計〈77〉，光沢度計〈78〉
glue／接着剤〈131〉
glue applicator／接着剤塗布機械，接着剤塗布装置〈131〉
glue blender／グルーブレンダ〈63〉
glued laminated／積層接着〈128〉
glued laminated wood／集成材〈105〉
glue jointer／グルージョインタ〈63〉，木端取り盤，こば取り盤〈81〉
glue mixer／グルーミキサ〈63〉，ミキサ〈232〉
glue spreader／グルースプレッダ〈63〉
glue spreader for woodworking／木工グルースプレッダ〈242〉
gluing machine／接着機械〈131〉
gluing machine for woodworking／木工接着機械〈242〉
glulam／集成材〈105〉
goose-necked turning tool／腰折れバイト〈80〉
grade／結合度〈67〉
grade of hardness／結合度〈67〉
grade of solid wood／等級【素材の一】〈169〉
grading／格付〈41〉
grading machine／機械等級区分装置〈52〉，グレーディングマシン〈63〉
grading of abrasive grain／粒度〈255〉
grain／木理〈241〉
grain size／粒度〈255〉
grain volume percentage／砥粒率〈174〉
grammage／坪量〈162〉
gravity shift spreading machine／重力分級フォーミングマシン〈106〉
gray scale／グレースケール〈63〉，無彩色スケール〈235〉
green condition／飽水状態〈223〉
green density／生材密度〈177〉
green silicon carbide abrasive／緑色炭化けい素(珪素)研削材〈255〉
green wood／生材〈176〉
griding action／研削作用〈68〉
grinder／研削盤〈69〉，砕木機〈87〉

grinding／グラインディング〈62〉，研削〈68〉
grinding angle／刃物角〈195〉
grinding fluid coolant／研削液〈68〉
grinding force／研削力〈69〉
grinding heat／研削熱〈69〉
grinding machine／研削盤〈69〉
grinding machine of tools for plywood manufacturing machinery／合板工具研削機械〈78〉
grinding performance／研削性能〈69〉
grinding resistance／研削抵抗〈69〉
grinding speed／研削速度〈69〉
grinding streak／研削条痕〈68〉
grinding surface／研削仕上面〈68〉，研削面〈69〉
grinding wheel／研削砥石〈69〉
grinding wheel profiles／縁形〈210〉
grinding wheels for bench grinder／卓上グラインダ用研削砥石〈145〉
grinding wheels for centerless external cylindrical grinding／外面心無し研削用研削砥石〈40〉
grinding wheels for double-disc surface grinding/face grinding／対抗二軸平面研削用研削砥石〈143〉
grinding wheels for external cylindrical grinding between center／円筒研削用研削砥石〈27〉
grinding wheels for internal cylindrical grinding／内面研削用研削砥石〈175〉
grinding wheels for pedestal grinder／床上グラインダ用研削砥石〈111〉
grinding wheels for surface grinding/face grinding／立軸平面研削用研削砥石〈146〉
grinding wheels for surface grinding/peripheral grinding／横軸平面研削用研削砥石〈249〉
grinding wheels for tool and tool room grinding／工具研削用研削砥石〈72〉
grit／粗粒〈141〉，粒度〈255〉
groove／ねじ溝〈182〉，雌ざね（実）〈236〉
groove cutter／縦溝カッタ，縦溝突カッタ〈148〉，溝突カッタ〈233〉
groove cutter for woodworking machines／木工用縦溝カッタ〈244〉
grooved edge／雌ざね（実）〈236〉
grooving／溝切り〈233〉
grooving cutter／溝突カッタ〈233〉
grooving cutter for cross section／木口溝突カッタ〈79〉
grooving machine／グルーバ〈63〉，溝削り機〈233〉
grooving plane／しゃくり（決り）鉋〈103〉
growth ring／成長輪〈126〉
growth stress／成長応力〈126〉

guide／定規〈109〉
guide pin／ガイドピン〈40〉
guide plate／案内板〈13〉
guideway／案内面〈14〉
guillotine／ギロチン〈59〉
gullet／歯室〈97〉
gullet area／歯室面積〈97〉
gullet bottom／歯底〈99〉
gullet depth／歯高〈96〉
gypsum boards／せっこう(石膏)ボード〈128〉
gypsum-bonded fiberboard／せっこう(石膏)系木質ファイバーボード〈128〉
gypsum fiberboard／せっこう(石膏)ファイバーボード〈128〉

H

half bridge technique／2ゲージ法〈178〉
half lap／相欠き〈7〉
half octave／1/2オクターブ〈180〉，ハーフオクターブ〈188〉
half-rotary lathe／ハーフロータリレース〈188〉
half-rotary(cut) veneer／ハーフロータリ単板〈188〉
half-round sliced veneer／ハーフラウンド単板〈188〉
half round veneer lathe／ハーフラウンドベニヤレース〈188〉
hammer／金槌〈45〉
hammer barker／ハンマ式剥皮機〈198〉
hammer mill／ハンマミル〈198〉
hand borer／ハンドボーラ〈198〉
hand feed circular sawing machine for cross cutting／手送り式横挽丸鋸盤〈164〉
hand feed circular saw sharpener／手動丸鋸歯研削盤〈108〉
hand feed planer／手押鉋盤〈165〉
hand feed planer knife sharpener／手動鉋刃研削盤〈108〉
hand feed table band resaw／手押テーブル帯鋸盤〈165〉
hand finishing sticks／手砥ぎ砥石〈165〉
handle feed／手送り〈164〉
hand lubrication／手差し潤滑〈165〉
hand plane／手鉋〈165〉
hand saw／手鋸〈165〉
hand stroke belt sander／ストロークベルトサンダ〈122〉，ハンドブロック式ベルトサンダ，ハンドブロック操作式ベルトサンダ〈197〉
handy type wood bending device／手曲げ加工具〈166〉

hardboard／ハードボード〈188〉
hard cutting materials for machining by chip removal／切削用超硬質工具材料〈130〉
hardenability／焼入性〈245〉
hard fiberboard／硬質繊維板〈73〉，ハードファイバーボード〈188〉
hardmetal tool／超硬［合金］工具〈157〉
hardness／硬さ〈43〉，引っかき〔引掻き〕【合板の—】〈199〉
hardness test／硬さ試験〈43〉
hardning of saw tooth／歯先硬化〈192〉
hardwood／闊葉樹〈44〉，広葉樹，広葉樹材〈78〉
hardwood lumber／広葉樹製材〈78〉
hatchet／斧〈34〉
hazard class／性能区分【保存処理の—】〈127〉
head／ヘッド〈218〉
head barker／カットバーカ〈44〉，ヘッドバーカ〈219〉
head block／ヘッドブロック〈219〉
head control pedal(pneumatic)／ヘッド制御ペダル〈219〉
head downfeed pedal(mechanical)／ヘッド昇降フットペダル〈218〉
headrig／大割機械〈30〉
head stock／主軸台〈107〉，ヘッドストック〈218〉
head vertical adjustment／ヘッド昇降ハンドル〈218〉
hearing protector／イヤディフェンダ，イヤプロテクタ〈17〉，聴覚保護具〈157〉，防音保護具〈221〉
heart shakes／心割れ〈117〉
heartwood／赤身〈8〉，心材〈114〉
heartwood components／心材成分〈115〉
heat conduction／熱伝導〈183〉
heat curing adhesive／加熱硬化型接着剤〈45〉
heated room dryer／熱気乾燥装置〈183〉
heated section／加熱セクション〈45〉
heat of cutting／切削熱〈130〉
heat resistance of plywood／耐熱性【合板の—】〈144〉
heat setting adhesive／加熱硬化型接着剤〈45〉
heat softening method／加熱軟化法〈45〉
heat tensioning／加熱腰入れ〈45〉，ヒートテンション〈198〉
heat tensioning equipment for band saw blade／帯鋸加熱腰入れ機〈34〉
heat transfer coefficient／熱伝達率〈183〉
heat transmission／熱貫流〈183〉
heat treating chamber／オイルテンパ装置〈28〉
heat treatment／熱処理〈183〉
heavy cut tool／重切削工具〈105〉

heavy duty grinding／重研削〈104〉
heavy grinding／重研削〈104〉
heavy sections／大形形鋼〈29〉
heel／ヒール〈199〉
height of sawing／挽幅〈200〉
height of tooth／歯高〈96〉
helical (milling) cutter／ねじれ刃フライス〈182〉
helical cutter head／ヘリカル鉋胴〈220〉
helical flute／ねじれ刃【フライスの—】〈182〉
helical gear／はすば〔斜歯〕歯車〈193〉
helical spring／コイルばね〈71〉
helical tooth／ねじれ刃【フライスの—】〈182〉
helix angle／ねじれ角〈182〉
hemicellulose／ヘミセルロース〈220〉
heterogeneous-grade glulam／異等級構成集成材〈17〉
hewn lumber／そま角〔杣角〕〈141〉
hewn square／そま角〔杣角〕〈141〉
hexagon head bolt／六角ボルト〈263〉
hexagon nut／六角ナット〈263〉
hexagon socket head cap screw／六角穴付ボルト〈263〉
hidden outline／隠れ線〈41〉
hierarchical control／階層制御〈39〉
high and low temperature cyclic test／寒熱繰返し試験〈50〉
high-damping alloy／制振合金〈126〉，防振合金〈223〉
high-damping steel sheet／制振鋼板〈126〉
high-density cement bonded particle board／硬質木片セメント板〈74〉
high frequency bonding／高周波加熱接着〈74〉
high frequency dielectric dryer／高周波乾燥装置〈74〉
high frequency drying／高周波加熱乾燥〈74〉
high frequency(motor)head／高周波モータヘッド〈74〉
high frequency press／高周波プレス〈74〉
high frequency process／高周波加熱法〈74〉
high frequency vacuum drying／高周波真空乾燥〈74〉
high-pass filter／高域通過フィルタ〈71〉
high speed camera／高速度カメラ〈76〉
high speed(tool)steel tool／高速度［工具］鋼工具〈76〉
high speed tool steel／高速度［工具］鋼〈76〉，ハイス〈189〉
high-temperature and low-humidity treatment／高温低湿処理〈71〉
high-temperature kiln drying／高温乾燥法〈71〉

high tensile strength steels／高張力鋼〈77〉
hi nickel／ハイニッケル〈189〉
hogging saw blade／ブレイクソー〈214〉
hog machine／ホッグマシン〈225〉
hole depth／穴深さ〈11〉
hole diameter／穴径【丸鋸の一】〈10〉
hollow chisel／角のみ（鑿）〈41〉
hollow chisel and chain mortiser／結合角のみ（鑿）盤〈67〉
hollow chisel and mortising bit／角のみ（鑿）〈41〉
hollow chisel mortiser／角のみ（鑿）盤〈41〉
hollow ground saw blade／勾配研磨丸鋸〈77〉
holographic interferometry／ホログラフィ干渉法〈225〉
holography／ホログラフィ〈225〉
homogeneous-grade glulam／同一等級構成集成材〈168〉
honeycomb／内部割れ〈175〉
honeymoon type adhesive／ハネムーン型接着剤〈195〉
honing／縁取り研削〈210〉，ホーニング【刃先の一】，ホーニング仕上げ〈223〉
hook angle／歯喉角〈96〉，すくい角〈120〉
hooked nail／折釘〈36〉
hooked oblique joint／段付傾斜継ぎ〈151〉
hooked rip tooth／臼歯〈20〉
hooked scarf joint／段付傾斜継ぎ〈151〉
hook tooth／鉤歯〈40〉
hoop iron／帯金〈34〉
horizontal band resaw with auto-feed roller／自動ローラ送り横形帯鋸盤〈101〉
horizontal band resaw with creeping slatbed／履帯送り横形帯鋸盤〈254〉
horizontal band resaw with rollers／自動ローラ横形帯鋸盤〈102〉
horizontal band saw／横形帯鋸盤〈249〉
horizontal band sawing machine with carriage／送材車付横形帯鋸盤〈138〉
horizontal band saw machine with auto-feed carriage／自動送材車付横形帯鋸盤〈100〉
horizontal cutting force component／水平分力〈118〉
horizontal gap／水平絞り率〈118〉
horizontal multi-spindle wood borer／木工横多軸ボール盤〈244〉
horizontal nose bar compression／ノーズバーの水平絞り〈185〉，刃口水平方向絞り〈191〉
horizontal nose bar distance／刃口水平［方向］間隔〈191〉
horizontal nose bar opening／刃口水平方向開き〈191〉
horizontal patching press／横はぎ（接ぎ，矧ぎ）プレス〈250〉
horizontal pressure bar opening／水平絞り率〈118〉
horizontal shear performance／水平剪断性能〈118〉
horizontal shear strength／水平剪断強さ〈118〉
horizontal(veneer) slicer／横形スライサ〈249〉
horizontal wood borer／木工横ボール盤〈244〉
horizontal wood milling machine／木工横フライス盤〈244〉
hot-air dryer／熱気乾燥装置〈183〉
hot and cold water immersion test／温冷水浸せき試験【合板の一】〈37〉，連続煮沸試験【合板の一】〈260〉
hot melt adhesive／ホットメルト接着剤〈225〉
hot plate／熱板〈184〉
hot plate dryer／熱板乾燥機〈184〉
hot press／ホットプレス〈225〉
hot press for fiberboard／ファイバボード用ホットプレス〈207〉
hot press for laminated veneer lumber and laminated veneer board／単板積層板用ホットプレス〈152〉
hot press for panel／パネル用ホットプレス〈195〉
hot press for particleboard／パーティクルボード用ホットプレス〈188〉
hot press for woodworking／木工ホットプレス〈244〉
hot water immersion delamination test／温水浸せき剥離試験〈37〉
(bearing)housing／ハウジング【軸受の一】〈189〉
Housing Performance Indication System／住宅性能表示制度〈105〉
Housing Quality Assurance Act／住宅の品質確保の促進等に関する法律〈106〉
H sections／H形鋼〈23〉
hue／色相〈95〉
humidifier／増湿処理装置〈138〉
hybrid damping steel sheet／複合型制振鋼板〈209〉
hydraulic barker／ジェットバーカ〈94〉，水圧式剥皮機，水圧バーカ〈117〉
hydraulic jet machining／ウォータジェット加工〈20〉
hygroscopic isotherm／吸湿等温線〈55〉
hygroscopicity test／吸湿性試験〈55〉
hyperboloid of revolution of one sheet／単双曲回転面〈151〉
hypoid gear／ハイポイドギヤ〈189〉

I

I-beam／Iビーム〈8〉
idle roll／アイドルロール〈8〉
idle time／遊休時間〈247〉
ignition temperature／着火点〈156〉
illuminance／照度〈111〉
illuminance meter／照度計〈111〉
illuminant／イルミナント〈18〉
image processing／画像処理〈42〉
image scanner／イメージスキャナ〈17〉
immersion delamination test／浸せき剥離試験〈115〉
impact bending test／衝撃曲げ試験〈110〉
impact driver／インパクトドライバ〈19〉
impact resistance／耐衝撃性【合板の一】〈143〉
impact type crusher(mill)／衝撃式粉砕機〈109〉
imported wood／外材〈38〉
impregnation test／浸潤度試験〈115〉
impulse response／インパルス応答〈19〉
incandescent(electric) lamp／白熱電球〈191〉
inch thread／インチねじ〈19〉
incising／インサイジング〈18〉
inclination angle／バイアス角〈188〉
inclination angle of face／すくい面の傾角〈120〉
inclination angle of grain／繊維斜交角〈133〉
inclination angle of grain on cutting plane／繊維傾斜角〈133〉
incline／インクライン，インクライン式搬入装置〈18〉
inclined cutting／傾斜切削〈64〉
incline sawing／傾斜挽き〈64〉
included phloem／材内師部，材内篩部〈87〉
indentation force／押込み抵抗〈32〉
indent molder／めち取り盤〈237〉
indexable insert／スローアウェイチップ〈124〉
indicating micrometer／指示マイクロメータ〈97〉
individual features／単独形体〈151〉
induction hardening／高周波焼入れ〈74〉
induction heat treatment／高周波熱処理〈74〉
industrial engineering／インダストリアルエンジニアリング〈18〉，経営工学〈64〉
industrial quantity／工業量〈72〉
Industrial Safety and Health Law／労働安全衛生法〈261〉
inert gas shielded arc welding／イナートガスアーク溶接〈17〉
in-feed／送り込み〈31〉
infrared camera／赤外線カメラ〈128〉
infrared image／赤外線画像〈128〉
infrared radiant energy／赤外線放射エネルギー〈128〉
infrared radiation／赤外線，赤外放射〈128〉
infrared radiometer／赤外線放射計〈128〉
infrared thermography／赤外線サーモグラフィー〈128〉
infrasonic frequency／超低周波数〈158〉
infrasonic sound／超低周波音〈158〉
initial breakdown／初期摩耗〈113〉
initial parenchyma／イニシャル柔組織〈17〉
initnal steaming／初期蒸煮〈113〉
ink pod／墨壷〈123〉
inlay(ing), marquetry／象眼，象嵌〈137〉
inner bark／内樹皮〈175〉
inner lamina／内層用ラミナ〈175〉
inner layer of secondary wall／S_3層〈24〉，二次壁内層〈178〉
inner lumber／内層特殊構成集成材，内層用挽板〈175〉
in-process inventory／仕掛品〈94〉
in-process measurement／インプロセス測定〈19〉
insert blade／ブレード〈214〉
inserted milling cutter／植刃フライス〈19〉
inserted tool／植刃工具〈19〉
inserted tooth circular saw blade／植歯丸鋸〈20〉
inserted turning tool／差込バイト〈89〉
insert mounted tool／差込工具〈89〉
insert pusher／挿入用プッシャ〈138〉
insert tooth／挿し歯〈89〉
inside micrometer／棒形内側マイクロメータ〈222〉
insulation fiberboard／インシュレーションファイバーボード〈18〉，軟質繊維板〈177〉
intercellular canal／細胞間道〈87〉
intercellular canals of traumatic origin／傷害細胞間道〈109〉
intercellular layer／細胞間層〈87〉
intercellular space／細胞間隙〈87〉
interference／干渉〈47〉
interference microscope／干渉顕微鏡〈47〉
intergrown knot／生節〈14〉
interior cleat／内栈〈20〉
interlock／インターロック〈18〉
interlocked grain／交錯木理〈73〉
intermediate wood／移行材〈14〉
internal check／内部割れ〈175〉
internal-fan type kiln／インターナルファン式乾燥装置〈18〉，内部送風機式乾燥装置〈175〉
internal gear／内歯車〈21〉
internally production／内作〈175〉

International Commission on Illumination／CIE〈93〉
International Electrotechnical Commission／IEC〈7〉, 国際電気標準会議〈79〉
International Organization for Standardization／ISO〈7〉, 国際標準化機構〈79〉
international standard／国際規格〈79〉
International System of Units／国際単位系〈79〉
interrelated features／関連形体〈51〉
interrupted cutting／断続切削〈151〉
inventory control／在庫管理〈86〉
inventory management／在庫管理〈86〉
inverse manufacturing system／循環型生産システム〈108〉
involute cylindrical gear／インボリュート歯車〈19〉
iron wire nail／鉄丸釘〈165〉
irradiance／放射照度〈222〉
I sections／I形鋼〈7〉
isocyanate-polyurethane resin adhesive／イソシアネート・ポリウレタン樹脂系接着剤〈15〉
isometric axonometry／等角投影〈169〉
I-type precision square／I形直角定規〈7〉
Izod impact test／アイゾット衝撃試験〈7〉

J

J. A. Fay and Egan band saw／イーガン型帯鋸盤〈14〉
Japananese Agricultural Standard／日本農林規格〈180〉
Japanese Agricultural Standard／JAS〈103〉
Japanese Industrial Standards／JIS〈97〉, 日本工業規格〈180〉
JAS:core（veneer）／心板〈114〉
jet barker／ジェットバーカ〈94〉, 水圧式剥皮機, 水圧バーカ〈117〉
jet dryer／ジェットドライヤ〈94〉
jig／ジグ, 治具〈95〉
jig saw／糸鋸, 糸鋸盤〈17〉, ミシン鋸〈232〉
jig saws／ジグソー〈95〉
joining machine／接合機械〈128〉
joint／仕口〈95〉, 接合〈128〉, 継手〈161〉
jointer／ジョインタ, ジョインタ（電動工具）〈109〉, 手押鉋盤〈165〉
jointer knife／薄刃〈20〉
jointer's bench／工作台〈73〉
jointing／縁取り研削〈210〉
jointing plane／長台鉋〈175〉
joint processor for construction material／継手加工盤〈161〉

journal bearing／ジャーナル軸受〈103〉
just in time／JIT〈94〉, ジャストインタイム〈103〉
just intonation scale／純正律音階〈109〉
juvenile wood／未成熟材〈233〉

K

Kaiser effect／カイザー効果〈38〉
KAIZEN／改善〈39〉
KANBAN system／かんばん（看板）方式〈50〉
Karman vortex／カルマン渦〈46〉
kerf／挽道〈200〉
kerf bend method／挽曲げ法〈200〉
kerf bent／挽曲り〈200〉
kerf width／あさり幅〈9〉, 刃厚〈187〉, 挽道幅〈200〉
key-slot milling／溝削り〈233〉
kickback／キックバック〈54〉, 逆走〈55〉, 反発【材の—】〈198〉
kiln／乾燥装置〈49〉
kiln-dried lumber／KD材〈65〉
kiln dried wood／乾燥材〈48〉, 人工乾燥材〈114〉
kiln drying／人工乾燥〈114〉
kiln schedule／含水率スケジュール, 乾燥スケジュール〈48〉
knee／ニー〈178〉
knife angle／ナイフアングル〈175〉, 刃物角〈195〉
knife check／裏割れ〈22〉
knife edge／刃先, 刃先線〈192〉
knife for hand planer／平鉋刃〈205〉
knife grinder／ナイフグラインダ〈175〉
knife grinder and sharpener／結合鉋刃研削盤〈67〉, 研ぎ上げ兼用鉋刃研削盤〈171〉
knife lapping machine／鉋刃ラップ盤〈50〉
knife mark／ナイフマーク〈175〉
knife ring flaker／リングフレーカ〈257〉
knife stock／鉋台【鉋盤の—】〈49〉
knife type barker／ナイフ型剥皮機〈175〉
Knoop hardness／ヌープ硬さ〈181〉
knot／節〈210〉
knot diameter ratio／節径比〈210〉
knot-free／無節〈235〉
knowledge base／知識ベース〈155〉
Koehler illumination／ケーラー照明〈66〉
kurtosis／クルトシス〈63〉

L

lag screw／ラグスクリュー〈251〉
Lambert's（cosine）law／ランベルトの [余弦] 法則〈253〉

lamina／ラミナ〈252〉
lamina block／ラミナブロック〈252〉
laminar airflow／層流〈138〉
laminated veneer lumber／LVL〈26〉, 単板積層材〈152〉
laminated wood／LVL〈26〉
laminated wood bending method／積層曲木法〈128〉
laminate edge trimmer／集成材自動耳取り盤〈105〉
land／ランド〈252〉
land of face／第1すくい面〈141〉
land of flank／第1逃げ面〈141〉
land width／ランド幅〈253〉
lap grinder for band saw／帯鋸継目研削盤〈34〉, 帯鋸ラップ盤〈35〉, ラップグラインダ〈252〉
lap joint／ラップジョイント〈252〉
lapped edge joint／相じゃくり（決り）〈7〉
lapping／ラップ仕上げ〈252〉
lapping machine／ラップ盤〈252〉
large dimension structural glulam／構造用大断面集成材〈76〉, 大断面集成材〈144〉
large log／大丸太〈30〉
large solid wood／大の素材〈144〉
laser／レーザ〈258〉
laser ablation／レーザアブレーション〈258〉
laser beam／レーザビーム〈259〉
laser beam cutting／レーザビーム切断〈259〉
laser beam welding／レーザビーム溶接〈259〉
laser heat treatment／レーザ熱処理〈259〉
laser incising／レーザインサイジング〈258〉
laser microscope／レーザ顕微鏡〈259〉
laser processing／レーザ加工〈259〉
laser processing machine／レーザ加工機〈259〉
laser processing machine for woodworking／木工レーザ加工機械〈244〉
laser welding／レーザビーム溶接〈259〉
lateral cutting force／横分力〈250〉
late wood／晩材〈197〉
latex adhesive／ラテックス型接着剤〈252〉
latex trace／乳跡〈181〉
lath／ラス板〈252〉
lathe／旋盤〈135〉
lathe charger／レースチャージャ〈259〉
lathe check／裏割れ〈22〉, 切削割れ〈130〉
lathe type barker／カッタヘッド式剥皮機, カットバーカ〈44〉, ヘッドバーカ〈219〉
layout／レイアウト〈258〉
lay-up equipment for laminated veneer lumber and laminated veneer board／単板積層板用レイアップ装置〈152〉

lead／垂直絞り率〈118〉, リード, リード【ドリルの—】〈253〉
lead angle／アプローチ角〈11〉
lead board／エッジボード〈25〉
leader line／引出線〈199〉
leading edge of land／リーデイングエッジ【ドリルの—】〈253〉
lead time／リードタイム〈253〉
leaf spring／板ばね〈15〉
left hand helix twist drill／左ねじれドリル〈201〉
length／材長〈87〉
length of body clearance／二番長さ【ドリルの—】〈180〉
length of solid wood／長さ【素材の—】〈175〉
lengthwise slicer／縦突スライサ〈147〉
lens／レンズ〈259〉
level／レベル〈259〉
leveling(of bad saw blade)／水平仕上げ【帯鋸の—】〈118〉
leveling／むら取り4面鉋盤〈235〉
leveling and thicknessing planer／むら取り2面鉋盤〈235〉
leveling and thicknessing planer with right angle／むら取り直角2面鉋盤〈235〉
leveling machine／平削り鉋盤〈205〉
leveling of circular saw blade／水平仕上げ【丸鋸の—】〈118〉
leveling planer／自動むら取り鉋盤〈101〉, 手押鉋盤〈165〉, むら取り鉋盤〈235〉
libriform wood fiber／真正木繊維〈115〉
life cycle assessment／ライフサイクルアセスメント〈251〉
life cycle costing／ライフサイクルコスティング〈251〉
life time／寿命時間〈108〉
lift-off device／リフトオフ装置〈254〉
light／可視光［線］, 可視放射〈42〉
light cut tool／軽切削工具〈65〉
light duty auto-feed carriage／軽便自動送材車, 軽便台車〈65〉, ワンマン式送材車〈265〉
light-gauge sections／軽量形鋼〈65〉
lightness／明度〈236〉
light-section method／光切断法〈199〉
lignification／木化〈241〉
lignin／リグニン〈253〉
limiting aperture／開口絞り〈38〉
limiting values／公差の限界〈73〉
linear cutting／平削り〈205〉
linearly polarized light／直線偏光〈159〉
linear(motion)(rolling)bearing／リニア軸受〈254〉

linear sound source／線音源〈133〉
line feature／直線形体〈159〉
line of cutting plane／切断線〈131〉
line of teeth top／歯端線〈98〉
line production／ライン生産方式〈251〉
line sound source／線音源〈133〉
line tracing router／光電倣いルータ〈77〉
linoleum／リノリウム〈254〉
lip angle／刃先角〈192〉
lip relief angle／先端逃げ角【ドリルの—】〈135〉
lip relief flank／先端逃げ面【ドリルの—】〈135〉
liquid-film lubrication／液体［膜］潤滑〈24〉
listing／端材〈192〉
live knot／生節〈14〉
live roller／ライブロラ〈251〉
live sawing／だら挽き〈149〉
load-elongation diagram／荷重-伸び線図〈42〉
loader cage／ローダケージ〈261〉
load-extension diagram／荷重-伸び線図〈42〉
load for feed／送り荷重〈31〉
loading／木のせ，木乗せ，木載せ〈54〉，目詰まり〈237〉
loading equipment／積載装置〈128〉
load performance／負荷運転特性〈208〉
load running test／負荷運転試験〈208〉
local peak of profile／局部山【断面曲線の—】〈57〉
local slope／局部傾斜〈57〉
local valley of profile／局部谷【断面曲線の—】〈57〉
location deviation／位置偏差〈16〉
locking cutter／ロッキングカッタ〈263〉
log／丸太〈230〉
logarithmic decrement／対数減衰率〈144〉
log barker／ログバーカ〈263〉
[log] bucking／玉切り〈149〉
log conversion／製材〈125〉
log diameter／径【丸太の—】〈64〉
log haul／インクライン式搬入装置〈18〉，ログホール〈263〉
logistics／ロジスティックス〈263〉
log kicker／ログキッカ〈262〉
log loader／ログローダ〈263〉
log preparing machine／調木機械〈159〉
log sorting machine／選別機【原木の—】〈135〉
log turner／ログターナ〈263〉
log turning equipment／原木転動装置〈70〉
log volume／丸太の材積〈230〉
longitudinal direction／軸方向〈96〉
longitudinal sawing／平行挽き〈218〉
loose knot／抜け節〈181〉
loosened grain／目離れ〈237〉

loose side of veneer／単板裏〈152〉，ルーズサイド【単板の—】〈257〉
lot／ロット〈263〉
lot production／ロット生産〈263〉
loudness／音の大きさ〈33〉，ラウドネス〈251〉
loudness level／音の大きさのレベル〈33〉，ラウドネスレベル〈251〉
loudspeaker／スピーカ〈122〉
louver boards／ルーバ〈257〉
low-denslty particleboard／低比重パーティクルボード〈163〉
lower guard／下ガード〈97〉
lower kickback-proof stopper／下部づめ〈爪〉〈46〉
lower way／下部滑り台【ベニヤレースの—】〈45〉
low-frequency vibratory cutting／低周波振動切削〈163〉
low-pass filter／低域通過フィルタ〈162〉
low pressure melamine／低圧メラミン〈162〉
lumber／製材〈125〉，製材品〈126〉
lumber-core plywood／ランバコア合板〈253〉
lumber for fixtures／造作材，造作用製材〈138〉
lumber grade／製材の品等〈126〉，等級【製材の—】〈169〉
lumber-piling machine／桟積機〈91〉
lumen／ルーメン〈257〉
luminance／輝度〈54〉
luminance meter／輝度計〈54〉
luminescence／ルミネセンス〈258〉
luminous flux／光束〈76〉
luminous intensity／光度〈77〉
lux／ルクス〈258〉

M

machinability／切削性〈129〉，被削性〈200〉
machine accuracy／機械精度〈51〉
machine burn／鉋焼け〈50〉，焼け〈246〉
machined surface／仕上面〈92〉
machined surface roughness／加工面粗さ〈42〉，仕上面粗さ〈92〉
machine stress rated lamina／MSRラミナ〈26〉
machine stress rated lumber／MSR挽板〈26〉，機械等級区分製材〈52〉
Machine stress rated lumber／MSR製材〈26〉
machine stress rated structural lumber／機械等級区分構造用製材〈51〉
machine stress rating／MSR〈26〉
machine table／本体テーブル〈225〉
machine tool／工作機械〈73〉
machining／機械加工〈51〉

machining accuracy／加工精度〈41〉
machining center／マシニングセンタ〈229〉
machining defect／欠点【切削面の―】〈67〉
macro-streak-flaw／地きず〈95〉
magnesia grinding wheels／マグネシア研削砥石〈228〉
magnetostriction method／磁気ひずみ(歪)法〈95〉
magnifier／ルーペ〈257〉
MAG(metal active gas) welding／マグ溶接〈228〉
main activity／主体作業〈107〉
main cutting force／水平分力〈119〉
main driving system／主運動系〈106〉
main shaft／主軸〈107〉
main shaft of circular sawing machine／丸鋸［主］軸〈231〉
main spindle／主軸〈107〉
major cutting edge／主切れ刃〈107〉
major flank／主逃げ面〈108〉
make to order／受注生産〈107〉
make to stock／見込生産〈232〉
management system standard／MSS〈26〉，マネジメントシステム規格〈230〉
man-hour／工数〈75〉
manual control／手動制御〈108〉
manual feed／手送り〈164〉
margin／マージン【ドリルの―】〈226〉
market-in／マーケットイン〈226〉
marking／罫書き〈66〉，墨掛け，墨付け〈123〉
marking gage／罫引〈67〉
marking knife／白書〈113〉
marquenching／マルテンパ〈231〉
marquetry parquet／寄木細工〈250〉
martempering／マルテンパ〈231〉
martensite／マルテンサイト〈231〉
mass loss／質量減少率〈98〉
mass production／大量生産〈145〉
material cut／被削材〈200〉
material handling system／マテリアルハンドリングシステム〈229〉
material holding equipment／押え装置〈32〉
material length of profile／負荷長さ〈208〉
material ratio curve／アボットの負荷曲線〈11〉，負荷曲線〈208〉
material ratio of profile／負荷長さ率〈209〉
material removal rate／除去率〈113〉
mature wood／成熟材〈126〉
mat weighing unit／マット秤量機〈229〉
maximum height of profile／最大高さ〈86〉
maximum height of rolling circle waviness profile／転がり円最大高さうねり〈83〉

maximum height of roughness profile／最大高さ粗さ〈86〉
maximum height of waviness profile／最大高さうねり〈86〉
maximum operating speed／最高使用周速度〈86〉
maximum planing width／有効切削幅〈247〉
maximum profile peak height／最大山高さ〈87〉
maximum profile valley depth／最大谷深さ〈87〉
maximum undeformed chip thickness／最大切込量〈86〉
McKenzie's notation／McKenzie方式〈229〉
mean(value)／平均［値］〈217〉
mean height of profile elements／平均高さ【輪郭曲線要素の―】〈217〉
mean line／平均線〈217〉
mean width of profile elements／平均長さ【輪郭曲線要素の―】〈217〉
measured value／測定値〈139〉
measurement standard／測定標準〈139〉
measuring microscope／測定顕微鏡〈139〉
measuring projector／投影検査器〈168〉
mechanical dial gauge／ダイヤルゲージ〈144〉
mechanical grading machine／メカニカルグレーディングマシン〈236〉
mechanism of chip formation／切屑の生成機構〈58〉
mechanism of generating saw dust／鋸屑の生成機構〈185〉
medium density faiberboard／MDF〈26〉，中質繊維板〈156〉，中比重繊維板〈157〉
medium density fiberboard／ミディアムデンシティファイバーボード〈233〉
medium dimension structural glulam／中断面集成材〈157〉
medium log／中丸太〈176〉
medium-quality sawn lumber／並【製材の―】〈177〉
medium solid wood／中の素材〈157〉
melamine-formaldehyde resin adhesive／メラミン樹脂接着剤〈237〉
melamine resin adhesive／メラミン樹脂接着剤〈237〉
melamine-urea-formaldehyde resin adhesive／メラミン・ユリア共縮合樹脂接着剤〈237〉
melamine-urea resin adhesive／メラミン・ユリア共縮合樹脂接着剤〈237〉
metal detectors for chip／チップ金属検知器〈155〉
metallurgical microscope／金属顕微鏡〈59〉
metal resistance strain gauge／金属抵抗ひずみ(歪)ゲージ〈59〉
metal rule／金属製直尺〈59〉
metal slitting saw blade／メタルソー〈236〉

method of caustics／コースティックス法〈78〉, シャドー・スポット法〈103〉
method of paired comparisons／一対比較法〈16〉
method of speckle／スペックル法〈123〉
methods engineering／作業研究〈88〉
method study／方法研究〈223〉
metric thread／メートルねじ〈236〉
microbevel／マイクロベベル〈226〉
microchipping／マイクロチッピング〈226〉
microfibril／ミクロフィブリル〈232〉
microfibril angle／ミクロフィブリル傾角〈232〉
microfocus radiography／マイクロフォーカス放射線透過試験〈226〉
microfocus tube／微小焦点X線管〈201〉
micro-grained cemented carbide／超微粒子超硬合金〈158〉
micro-grained sintered carbide／超微粒子超硬合金〈158〉
microhardness test／微小硬さ試験〈201〉
microindicator／指針測微器〈97〉
micrometer calliper／外側マイクロメータ〈140〉, マイクロメータ〈226〉
micrometer head／マイクロメータヘッド〈227〉
micrometer microscope／測微顕微鏡〈139〉
microphone／マイクロホン〈226〉
microtome／ミクロトーム〈232〉
microwave process／マイクロ波加熱法〈226〉
middle lamina／中間層用ラミナ〈156〉
middle layer of secondary wall／S_2層〈24〉, 二次壁中層〈178〉
middle lumber／中間層用挽板〈156〉
MIG(metal inert gas) welding／ミグ溶接〈232〉
mild steel／軟鋼〈177〉
mill／粉砕機〈215〉
milling／回転削り〈39〉, フライス削り〈212〉
milling cutter／カッタ〈44〉, フライス, フライスカッタ〈212〉, ミリングカッタ〈234〉
milling head arbor／アーバ〈7〉
milling machine／フライス盤〈212〉
mill saw files／製材鋸やすり〈126〉
mill tooth／臼歯〈20〉
mineral streak／かなすじ(金条, 鉱条)〈45〉
minimum cost cutting speed／経済切削速度〈64〉
minor cutting edge／副切れ刃〈209〉
minor cutting edge angle／副切込角〈209〉
minor frank／副逃げ面〈210〉
miter-bench saw／マイタベンチソー〈227〉
miter joint machine／留め接着機〈172〉
miter saw／マイタソー〈227〉
miter saw blade／勾配研磨丸鋸〈77〉, マイタソー〈227〉
miter sawing／留め挽き〈172〉
mixer／ミキサ〈232〉
modal analysis／モード解析〈239〉
modulus of decay／減衰率〈69〉
modulus of elasticity／弾性係数, 弾性率〈150〉
Modulus of Elasticity／MOE〈26〉
modulus of elasticity in bending／曲げ弾性率, 曲げヤング係数〈229〉
modulus of rigidity／剛性率〈75〉
Modulus of Rupture／MOR〈26〉
modulus of rupture in bending／曲げ破壊係数〈229〉
modulus of shearing elasticity／剪断弾性係数〈135〉
moire／モアレ〈239〉
moire interferometry／モアレ干渉法〈239〉
moire method／モアレ法〈239〉
moire topography／モアレトポグラフィ〈239〉
moisture absorption test／吸湿性試験〈55〉
moisture content／含水率〈48〉, 吸湿量〈56〉
moisture content schedule／含水率スケジュール〈48〉
moisture meter／含水率計〈48〉
molder／鉋盤〈50〉, モルダ〈245〉
molder shaper／シェーパ〈94〉
molding／型削り, 形削り〈43〉, くり形(刳り形)〈62〉
molding cutter／成形カッタ〈125〉
molding knife／成形カッタ〈125〉
molding(moulding) press／成形プレス〈125〉
molding(moulding) press for woodworking／木工成形プレス〈242〉
moment of inertia／慣性モーメント〈48〉, 断面二次モーメント〈154〉
monochromatic radiation／単色光〈150〉
mono-crystalline fused alumina abrasives／解砕形アルミナ研削材〈38〉
monorail type hoist／モノレール式搬入装置〈244〉
mortise／ほぞ(枘)穴〈224〉
mortise and tenon joint／ほぞ(枘)差し〈224〉
mortise chisel／むこうまちのみ(向待ち鑿)〈235〉
mortising／のみ(鑿)彫り〈187〉
mortising gage／罫引〈67〉
mosaic parquet／モザイクパーケット〈241〉
motif／モチーフ〈241〉
motion and time study／作業研究〈88〉
motion study／動作研究〈169〉
motor／モータ〈239〉
moulded plywood／成形合板〈125〉
mounted wheels／軸付砥石〈95〉
MSR lamina／MSRラミナ〈26〉

multi-head hollow chisel mortiser／多頭角のみ(鑿)盤〈148〉
multi-head tenoner／多軸ほぞ(柄)取り盤〈145〉
multi-head wood borer／木工多頭ボール盤〈242〉
multiple annual ring／重年輪〈106〉
multiple edger／マルチプルエジャ〈230〉
multiple function processing machine／複合機械〈209〉
multiple saw／マルチプルソー〈230〉
multiple sizer／マルチサイザ，マルチプルサイザ〈230〉，木工マルチプルサイザ〈244〉
multiple spindle trimmer／多軸トリマ〈145〉
multi-point tool／多刃工具〈145〉
multi-purpose dowel hole boring machine／カットボーリングマシン〈44〉
multiseriate ray／多列放射組織〈149〉
multi-spindle carving machine／複軸彫刻盤〈209〉
multi-spindle wood borer／木工多軸ボール盤〈242〉
Munsell color system／マンセル表色系〈232〉
musical scale／音階〈36〉
mutual board joint／相互はぎ(接ぎ，矧ぎ)〈137〉
mutual edge joint／相互はぎ(接ぎ，矧ぎ)〈137〉
mutual error／相互差〈137〉

N

nailing machine／自動釘打機〈100〉
nail plate／ネイルプレート〈182〉
nail withdrawal test／釘引き抜き抵抗試験〈60〉
national standard／国家標準〈81〉
natural abrasives／天然研削材〈168〉
natural circulation kiln／自然対流式乾燥装置〈97〉
natural drying／天然乾燥〈168〉
natural light／自然光〈97〉
natural vibration mode／固有振動モード〈82〉
natural wood decoration／天然木化粧〈168〉
natural wood decorative plywood／天然木化粧合板〈168〉
NC boring machine／NCボーリングマシン〈25〉
NC router／NCルータ〈25〉
NC sander／NCサンダ〈25〉
neck／首【工具の—】〈61〉
needle-leaved tree／針葉樹〈116〉
needle roller(radial) bearing／針状ころ軸受〈115〉
needle roller thrust bearing／スラスト針状ころ軸受〈124〉
neper／ネーパ〈182〉
net cutting length／正味切削距離〈112〉
net cutting power／正味切削動力〈112〉，切削所要動力〈129〉

net cutting time／正味切削時間〈112〉
net grinding power／研削所要動力〈68〉，正味研削動力〈112〉
net power required in sawing／正味挽材[所要]動力〈112〉
net sanding power／研削所要動力〈68〉，正味研削動力〈112〉
net time／正味時間〈112〉
neural network／ニューラルネットワーク〈181〉
neutron radiography／中性子ラジオグラフィー〈157〉
nick／ニック〈179〉
Nicol prism／ニコルプリズム〈178〉
nitriding／窒化〈155〉
nitrocarburizing／炭窒化〈151〉
nobolak resin adhesive／ノボラック型接着剤〈187〉
node／節【振動の—】〈210〉
noise／雑音〈89〉，騒音〈136〉
noise equivalent power／NEP〈25〉，等価雑音パワー〈169〉
noise insulating material／遮音材料〈103〉
noise level／騒音レベル〈137〉
noise reducing cutterhead／無騒音鉋胴〈235〉
noise regulation law／騒音規制法〈136〉
noisiness／音のうるささ〈33〉，ノイジネス〈185〉
no-load performance／無負荷運転特性〈235〉
no-load running test／無負荷運転試験〈235〉
nominal designation of thread／呼び【ねじの—】〈251〉
nominal dimension／呼び寸法【機械の—】〈251〉
nominal size／呼び寸法【機械の—】〈251〉
nominal value／呼び値〈251〉
nominal width of cut／切取り幅〈59〉
nondestructive evaluation／NDE〈25〉，非破壊評価〈203〉
nondestructive inspection／NDI〈25〉，非破壊検査〈203〉
nondestructive testing／NDT〈25〉，非破壊試験〈203〉
non-kickback device／反発防止装置〈198〉
non-kickback fingers／反発防止爪〈198〉
non-pored wood／針葉樹材〈116〉
normal clearance／直角逃げ角〈159〉
normal clearance angle／直角逃げ角〈159〉
normal cutting force／垂直分力〈118〉
normal distribution／正規分布〈125〉
normalizing／焼ならし(準し)〈245〉
normal rake／直角すくい角〈159〉
normal sawing／上向き切削〈22〉
normal state of testing for wood／標準状態〈203〉

normal time／正味時間〈112〉
normal tool force／垂直分力〈118〉
normal wedge angle／直角刃物角〈159〉
nose／コーナ〈78〉
nose bar／ノーズバー〈185〉
nose bar compression／絞り〈102〉，刃口絞り〈191〉
nose bar distance／刃口間隔，刃口距離〈191〉
nose bar opening／刃口間隔，刃口距離，刃口開き〈191〉
nose bar pressure／固定バーの絞り［率］〈81〉，絞り〈102〉
nose radius／ノーズ半径【旋削の─】〈185〉
notch wear／境界摩耗〈56〉
number of effective knives／有効刃数〈247〉
number of flute／刃数〈190〉
number of ply／プライ数〈212〉
number of saw teeth／歯数〈190〉
number of tooth／刃数〈190〉
numerical aperture／開口数〈38〉
numerical control／NC〈25〉，数値制御〈119〉
numerical control router／NCルータ〈25〉，数値制御ルータ〈119〉
numerical control routing lathe／数値制御ルータレース〈119〉
numerical control routing machine／NCルータ〈25〉，数値制御ルータ〈119〉
numerical control sander／NCサンダ〈25〉
numerical control wood boring machine／NCボーリングマシン〈25〉

O

objective／対物レンズ〈144〉
oblique angle of circular saw blade／丸鋸傾斜角〈231〉
oblique cutting／傾斜切削〈64〉，三次元切削〈90〉
occupational accident／労働災害〈261〉
occupational accident rate／労働災害率〈261〉
octave／オクターブ〈31〉
octave band filter／オクターブ帯域幅フィルタ〈31〉
ocular／接眼レンズ〈128〉
offset system／オフセット装置〈35〉
offset turning tool／片刃バイト〈43〉
oil quenching／油焼入れ〈11〉
oil tempering chamber／オイルテンパ装置〈28〉
oligomer adhesive／オリゴマー型接着剤〈36〉
once-through lubrication／一方向潤滑〈16〉
one-component adhesive／一液型接着剤〈15〉
one-half octave／1/2オクターブ〈180〉，ハーフオクターブ〈188〉

one-man carriage／ワンマン式送材車〈265〉
one-part adhesive／一液型接着剤〈15〉
one-plane balancing／1面釣合わせ〈16〉
one-point perspective／一点透視投影〈16〉
one-third octave／1/3オクターブ〈91〉
one-third-octave band pass filter／1/3オクターブ帯域幅フィルタ〈92〉
on-off action／オンオフ動作〈36〉
on-off control／オンオフ制御〈36〉
open assembly time／開放堆積時間〈40〉
open coat／オープンコート〈30〉，疎塗装〈141〉
open crate／すかし箱〈119〉
opening angle of set／あさりの開き角〈9〉
open joint／はぎ（接ぎ，矧ぎ）【合板の─】〈190〉
open-loop control／開ループ制御〈40〉
open splits／開口した割れ【合板の─】〈38〉
open time／オープンタイム〈30〉
operations chief of woodworking machine／木材加工用機械作業主任者〈239〉
optical axis／光軸〈73〉
optical cutting method／光切断法〈199〉
optical fiber／オプチカルファイバ〈35〉，光ファイバ〈199〉
optical flat／オプチカルフラット〈35〉
optical sensor／光学センサ〈72〉
optimal control／最適制御〈87〉
optimizer／オプティマイザ〈35〉
optimum control／最適制御〈87〉
orbital sander／オービットサンダ〈30〉
Ordinance on Industrial Safety and Health／労働安全衛生規則〈261〉
ordinary wood lathe／普通旋盤〈211〉，木工普通旋盤〈243〉
orientational deviation／姿勢偏差〈97〉
orientation of annual rings／年輪接触角〈184〉
oriented fiberboard／配向性ファイバーボード〈189〉
oriented particleboard／配向性パーティクルボード〈189〉
oriented strandboard／OSB〈29〉，配向性ストランドボード〈189〉
orthogonal clearance angle／垂直逃げ角〈118〉
orthogonal cutting／二次元切削〈178〉
orthogonal rake／垂直すくい角〈118〉
orthogonal wedge angle／垂直刃物角〈118〉
oscillating sader／オービットサンダ〈30〉
Ostwald system／オストワルト表色系〈32〉
out-cutting／上向き切削〈22〉
outer bark／外樹皮〈39〉
outer corner／外周コーナ【ドリルの─】〈39〉
outer corner wear／コーナ摩耗〈78〉

outer lamina／外層用ラミナ〈39〉
outer layer of secondary wall／S₁層〈24〉, 二次壁外層〈178〉
outer lumber／外層用挽板〈39〉
outermost lamina／最外層用ラミナ〈86〉
outermost lumber／最外層用挽板〈86〉
output power of sound／音源の音響出力〈37〉
outside diameter of saw blade／外径【丸鋸の―】〈38〉
outside micrometer／外側マイクロメータ〈140〉
outsourcing／アウトソーシング〈8〉
oval head wood screw／丸皿木ねじ〈230〉
oven-dried wood／全乾材〈134〉
oven-dry／全乾［状態］〈133〉
oven-dry density／全乾比重, 全乾密度〈134〉
oven-dry method／全乾重量法〈134〉
overall length／全長【ドリルの―】〈135〉
over arm／オーバアーム〈30〉
over-head projector／OHP〈29〉, オーバヘッドプロジェクタ〈30〉
overlaying hot press／オーバレイ用ホットプレス〈30〉
over size／拡大代〈41〉
oversize／オーバサイズ【穴の―】〈30〉
oxy-acetylene welding／酸素－アセチレン溶接〈91〉
oxyfuel gas cutting／ガス切断〈42〉

P

paddle type shredder／2軸剪断破砕機〈178〉
pad lubrication／パッド潤滑〈194〉
pallet／パレット〈196〉
panel／パネル, パネル【官能評価の―】〈195〉
panel saw／走行丸鋸盤〈137〉, パネルソー〈195〉
panel shear／面内剪断【合板の―】〈238〉
panel shear strength／面内剪断強さ【合板の―】〈238〉
parallax／視差〈97〉, パララックス〈196〉
parallel cutting force／水平分力〈118〉
parallel fence／縦定規〈146〉
parallelism／平行度〈217〉
parallelism of motion／平行度【運動の―】〈217〉
parallel projection／平行投影〈217〉
parallel rake angle／平行上すくい角, 平行すくい角〈217〉
parallel sawing／平行挽き〈218〉
parallel shank／ストレートシャンク〈121〉
parallel shank milling cutter／ストレートシャンクフライス〈121〉
parallel tool force／水平分力〈118〉

parametric excitation／パラメータ励振〈196〉
paratracheal parenchyma／随伴柔組織〈118〉
parenchyma／柔組織〈105〉
parenchyma cell／柔細胞〈104〉
parenchyma strand／柔細胞ストランド〈104〉
parenchymatous cell／柔細胞〈104〉
paring chisel／突きのみ（鑿）〈161〉, 平突きのみ（鑿）〈205〉
partial compression creep test／部分圧縮クリープ試験〈211〉
partial compression strength／部分圧縮強さ〈211〉
partial compression test／部分圧縮試験〈211〉
particle／パーティクル〈187〉
particleboard finishing machine／パーティクルボード仕上機械〈188〉
particleboard manufacturing machine／成板機械〈127〉
particleboards／パーティクルボード〈187〉
particle classifier／小片分級機械〈112〉
particle dryer／小片乾燥機〈112〉
particle manufacturing machine／小片製造機〈112〉
parting tool／突切りバイト〈161〉
patch／埋め木〈21〉
peak sound level／ピークサウンドレベル〈198〉
peak sound pressure／ピーク音圧〈198〉
peak-to-peak value／p-p値〈199〉
pearlite／パーライト〈188〉
peeling／剥がれ〈190〉, ピーリング〈199〉
peel strength／剥離接着強さ〈192〉
pendulum cross cut sawing machine／振上げ丸鋸盤, 振子式丸鋸盤〈213〉
penetration test／浸潤度試験〈115〉
perceived noise level／知覚騒音レベル〈154〉
percentage of defect free pieces／無欠点率〈234〉
percentage of late wood／晩材率〈197〉
percentile sound level／時間率騒音レベル〈94〉
perforated band saw／穿孔帯鋸〈134〉
peripheral and end milling／端面削り〈153〉
peripheral cutter／周刃フライス〈106〉
peripheral cutting edge／外周切れ刃〈38〉, 外周刃〈39〉
peripheral milling／外周削り〈38〉
peripheral rake angle／外周すくい角〈39〉
peripheral wheel speed／研削速度〈69〉, 砥石周速度〈168〉
permissible noise level／騒音の許容基準〈136〉
perpendicularity／直角度〈159〉
perpendicularity of motion／直角度【運動の―】〈159〉
perspective projection／透視投影〈170〉

pol 297

phase contrast microscope／位相差顕微鏡〈15〉
phase correct(profile)filter／位相補償フィルタ〈15〉
phellem／コルク組織〈82〉
phenole-formaldehyde resin adhesive／フェノール樹脂系接着剤〈208〉
phenolic resin adhesive／フェノール樹脂系接着剤〈208〉
phenol resin adhesive／フェノール樹脂系接着剤〈208〉
phloem／師部，篩部〈102〉
phon／フォン〈208〉
photoconductive cell／光導電セル〈77〉
photoelasticity／光弾性，光弾性法〈77〉
photoelectric detector／光電検出器〈77〉
photoelement／光起電セル〈72〉
photomultiplier／光電子増倍管〈77〉
photoresistor／光導電セル〈77〉
photovoltaic cell／光起電セル〈72〉
physical quantity／物理量〈211〉
physical vapor deposition／物理蒸着〈211〉
piano wires／ピアノ線〈198〉
pick feed／ピックフィード〈201〉
pick-up／ピックアップ〈201〉，プローブ〈215〉
pickup／ピックアップ〈201〉
picture processing／画像処理〈42〉
piezoelectric element／圧電素子〈10〉
piling／桟積み〈91〉
pillar／支柱〈98〉
pilot／パイロット【ドリルの—】〈189〉
pinion／小歯車〈81〉
pink noise／ピンクノイズ〈206〉
pipe bite／葉巻きバイト〈195〉
pipe thread／管用ねじ〈61〉
piston phone／ピストンホン〈201〉
pit／壁孔〈218〉
pit aspiration／壁孔閉鎖〈218〉
pit border／壁孔縁〈218〉
pitch／ピッチ，ピッチ【ねじの—】，ピッチ【鋸歯の—】〈202〉
pitch angle／仕込角〈96〉
pitch pockets／やにつぼ〈246〉
pitch streak／やにすじ〈246〉
pitch way／下部滑り台【ベニヤレースの—】〈45〉
pith／髄，髄心〈117〉
pith fleck／ピスフレック〈201〉
pith side／木裏〈51〉
pit membrane／壁孔壁〈218〉
pit-pair／壁孔対〈218〉
pitting／チップマーク〈156〉

plain bearing／滑り軸受〈123〉
plain edge joint／いもはぎ(接ぎ，矧ぎ)〈17〉，突合せはぎ(接ぎ，矧ぎ)〈161〉
plain milling cutter／周刃フライス〈106〉，平フライス〈206〉
plain sawing／板目挽き〈15〉
plain washer／平座金〈205〉
plan／伏図〈210〉，平面図〈218〉
planar shear／面外剪断【合板の—】〈237〉
Planck's law／プランクの放射則〈212〉
plane feature／平面形体〈218〉
plane iron／鉋刃〈50〉
plane polarized light／直線偏光〈159〉
planer／回転鉋盤〈39〉，鉋盤〈50〉，手鉋〈165〉，平削り鉋盤〈205〉，プレーナ〈214〉
planer knife／鉋刃〈50〉
planer knife grinding machines／鉋刃研削盤〈50〉
planer knives for woodworking machines／木工機械用平鉋刃〈242〉
planer saw blade／鉋丸鋸〈50〉勾配研磨丸鋸〈77〉，プレーナソー〈214〉
plane sole／鉋台，鉋台【ベニヤレースの—】〈49〉
planetary gear(train)，epicyclic gear(train)／遊星歯車装置〈247〉
plane wave／平面波〈218〉
planing／平削り，平削加工〈205〉，鉋削〈222〉
planing and molding machine／回転鉋盤〈39〉，鉋盤〈50〉
planing edge of board／木端削り[加工]，こば削り[加工]〈81〉
planing machine／スーパサーフェサ〈119〉
plank／厚板〈9〉
plasma heat treatment／プラズマ熱処理〈212〉
plaster board／せっこう(石膏)ボード〈128〉
platen grinding method／プラテン研削方式〈212〉
platen pallet／プラテンパレット〈212〉
platen type grinding／プラテン研削方式〈212〉
platen type sanding／押板研削方式〈32〉
plummer block／プランマブロック〈213〉
plunk type／むしれ型〈235〉
plywood／合板〈78〉
plywood finishing machine／合板仕上機械〈78〉
plywood for general use／普通合板〈210〉
plywood for structual use／構造用合板〈75〉
PM(P/M)material／粉末冶金材料〈216〉
point／先端部【ドリルの—】〈135〉
point angle／先端角【ドリルの—】〈134〉
point sound source／点音源〈166〉
polarized light／偏光〈220〉
polarized-light microscope／偏光顕微鏡〈220〉

polarizer／偏光子〈220〉
polarizing microscope／偏光顕微鏡〈220〉
polishers／ポリッシャ〈225〉
polishing／研磨〈70〉
polycrystalline diamond／ダイヤモンド焼結体〈144〉，PCD〈198〉
poly(vinyl acetate) emulsion adhesive／酢酸ビニル樹脂エマルジョン接着剤〈89〉，ポリ酢酸ビニルエマルジョン接着剤〈225〉
polyurethane adhesive／ウレタン樹脂系接着剤〈22〉，ポリウレタン樹脂系接着剤〈225〉
pony type carriage／軽便自動送材車，軽便台車〈65〉
pore／管孔〈47〉
pore chain／放射孔材〈222〉
pore cluster／集団管孔〈106〉
pore in chain／放射孔材〈222〉
pore multiple／複合管孔〈209〉
pore zone／孔圏〈73〉
portable electric circular saw／電動丸鋸〈167〉
portable electric circular saws／携帯電気丸鋸〈65〉
portable electric drill／電動ドリル〈167〉
portable electric drills／携帯電気ドリル〈65〉，ドリル(電動工具)〈174〉
portable electric grinders／携帯電気グラインダ〈65〉
portable electric planer／電動鉋〈167〉
portable electric planers／携帯電気鉋〈65〉
portable electric power tool／電動工具〈167〉
portable electric saws／電動鋸〈167〉
portable electric tool／電動工具〈167〉
portable hollow chisel mortiser／可搬角のみ(鑿)盤〈45〉
portable sander／ポータブルサンダ〈223〉
portable table saw／卓上丸鋸盤〈145〉
position／位置度〈16〉
positioning／位置決め〈15〉
positioning accuracy／位置決め精度〈16〉
positioning pusher／位置決めおよび押出し用プッシャ〈16〉
post pallet／ポストパレット〈224〉
pot life／可使時間〈42〉，ポットライフ〈225〉
powdered adhesive／粉末接着剤〈216〉
powder metallurgical material／粉末冶金材料〈216〉
powder metallurgy／粉末冶金〈216〉
power consumption in sawing／挽材消費電力，挽材所要動力〈199〉
power factor meter／力率計〈253〉
power for feed／送り動力〈31〉

power required in sawing／挽材所要動力〈199〉
power spectral density／パワースペクトル密度〈197〉
power spectrum／パワースペクトル〈196〉
power spring／ぜんまい〈136〉
P-parameter／断面曲線パラメータ〈153〉
precious wood／銘木，銘木類〈236〉
precise reduction machine／精砕機〈125〉
precision／精密さ，精密度〈127〉
precision flat level／平形水準器〈205〉
precision level／精密水準器〈127〉
precision square level／角形水準器〈40〉
precision square with base／台付直角定規〈144〉
precision surface plate／精密定盤〈127〉
precut／プレカット〈214〉
precut machine／プレカット機械〈214〉
precut system／プレカットシステム〈214〉
pre-cut system by CAD/CAM／CAD/CAMプレカットシステム〈55〉
predetermined time standard system／PTS法〈198〉
prepress／予備プレス〈251〉
press／圧締〈10〉
press bonding machine／圧締接着装置〈10〉
pressing／圧締〈10〉
press machine／圧締装置〈10〉
press mark／プレスマーク【合板・単板積層材の―】〈214〉
pressure bar／押えバー〈32〉，材押え装置〈85〉，プレッシャバー【ベニヤレースの―】，プレッシャバー【鉋盤の―】〈214〉
pressure bar opening／刃口間隔〈191〉
pressure process／加圧処理〈38〉
pressure processing method／加圧注入法〈38〉
pressure roll／プレッシャロール〈214〉
pressure roller／押えローラ〈32〉
pressure welding／圧接〈9〉
primary clearance angle／第1逃げ角〈141〉
primary motion／主運動〈106〉
primary profile／断面曲線〈153〉
primary rake angle／第1すくい角〈141〉
primary sawing／大割〈30〉
primary wall／一次壁〈16〉，P壁〈199〉
principles of motion economy／動作経済の原則〈169〉
probe／探触子〈150〉，プローブ〈215〉
process／工程〈77〉
process analysis／工程分析〈77〉
process control／プロセス制御〈215〉
production control／生産統制〈126〉

production management／生産管理〈126〉
production scheduling／生産スケジューリング〈126〉
productivity／生産性〈126〉
profile／輪郭曲線〈256〉
profile element／輪郭曲線要素〈256〉
profile filter／輪郭曲線フィルタ〈256〉
profile grinding／曲面研削〈57〉
profile height amplitude curve／確率密度関数【輪郭曲線の—】〈41〉
profile jointer／木端取り盤，こば取り盤〈81〉
profile method／輪郭曲線方式〈256〉
profile milling／輪郭削り〈256〉
profile of a line／輪郭度【線の—】〈256〉
profile of a surface／輪郭度【面の—】〈256〉
profile of sawn surface／挽肌のプロフィール〈200〉
profile of tensioning／腰入れ曲線〈80〉
profile peak／山【輪郭曲線の—】〈246〉
profile peak height／山高さ〈246〉
profile projector／投影検査器〈168〉
profile sander／曲面サンダ〈57〉，プロフィールサンダ〈215〉
profile sanding／曲面研削〈57〉
profile section height difference／切断レベル差〈131〉
profile valley／谷【輪郭曲線の—】〈148〉
profile valley depth／谷深さ〈148〉
profile wrapping machine／プロフィルラミネータ〈215〉
profiling lathe／倣い旋盤〈177〉
program control／プログラム制御〈215〉
projection center／投影中心〈169〉
projection line／投影線〈168〉
projection lines／寸法補助線〈124〉
projection method／投影法〈169〉
projection molder／おち取り盤〈33〉
projection plane／投影［平］面〈168〉
projection view／投影図〈168〉
proof loader／保証荷重試験機〈224〉
proof loading／プルーフローディング〈213〉
proportional limit in bending／曲げ比例限度〈229〉
proportional limit in compression parallel to grain／縦圧縮比例限度〈146〉
proportional limit in compression perpendicular to grain／横圧縮比例限度〈249〉
proportional limit in partial compression／部分圧縮比例限度〈211〉
proportional limit in tension parallel to grain／縦引張比例限度〈147〉
proportional limit in tension perpendicular to grain／横引張比例限度〈250〉
proportion of late wood／晩材率〈197〉
psychophysical quantity／心理物理量〈117〉
puller／プーラ〈208〉
pulling test of nail／釘引き抜き試験〈60〉
pulp／パルプ〈196〉
pulp cement flat sheet／パルプセメント板〈196〉
pulsed laser／パルスレーザ〈196〉
punch／ポンチ〈226〉
pure sound／純音〈108〉
pure tone／純音〈108〉
PV tooth／PV歯〈199〉
Pythagorean scale／ピタゴラス音階〈201〉

Q

Q／Qファクタ〈56〉
Q factor／Qファクタ〈56〉
quad saw／クォードソー〈60〉
quality control／品質管理〈206〉
quality management system／QMS〈55〉，品質マネジメントシステム規格〈206〉
quality of end(end-to-end grain) joint／縦継部の品質【フローリングの—】〈147〉
quality of surface of board／板面の品質〈15〉
quality of the back／裏面の品質【合板の—】〈254〉
quality of the face／表面の品質【合板の—】〈204〉
quality standards of lamina／ラミナの品質〈252〉
quantization／量子化〈255〉
quarter sawing／本柾取り〈226〉，柾目挽き〈229〉
quartersawn／柾目［面］〈229〉
quarter sawn grain／放射断面〈222〉
quarter sawn grain for four side／四方柾〈102〉
quenching／焼入れ〈245〉
quenching and tempering／焼入焼戻し〈245〉
quenching crack／焼割れ〈245〉
Q-value／Q［値］〈55〉

R

rabate plane／際鉋〈59〉
rabbeted edge joint／相じゃくり（決り）〈7〉
rabbet plane／際鉋〈59〉
rack／ラック〈252〉
rack feed wood lathe／ラック送り木工旋盤〈252〉
radial arm saws／ラジアルアームソー〈251〉
radial arrangement／放射孔材〈222〉
radial axial wall／放射壁〈223〉
radial ball bearing／ラジアル玉軸受〈251〉
radial(rolling) bearing／ラジアル軸受〈251〉

radial clearance angle／側面向心角〈140〉
radial depth of cut／半径方向切込深さ〈197〉
radial direction／半径方向〈197〉，放射方向〈223〉
radial intercellular canal／水平細胞間道〈118〉
radial-porous wood／放射孔材〈222〉
radial rake angle／外周すくい角〈39〉，半径方向すくい角〈197〉，ラジアルレーキ〈252〉
radial relief angle／外周逃げ角〈39〉
radial resin canals／水平樹脂道〈118〉
radial roller bearing／ラジアルころ軸受〈251〉
radial runout／外周振れ〈39〉
radial saw／ラジアルソー〈251〉，ラジアル丸鋸盤〈252〉
radial section／半径面〈197〉，放射断面〈222〉
radial wall／放射壁〈223〉
radial wood borer／木工ラジアルボール盤〈244〉
radiance／放射輝度〈222〉
radiant energy／放射エネルギー〈222〉
radiant flux／放射束〈222〉，放射パワー〈223〉
radiant intensity／放射強度〈222〉
radiant power／放射束〈222〉，放射パワー〈223〉
radiation thermometer／放射温度計〈222〉
radio-frequency type moisture meter／高周波容量式含水率計〈74〉
radiography／放射線透過試験〈222〉
radius of curvature of chip curl／切屑カールの曲率半径〈58〉
radius of least curvature／最小曲率半径【湾曲部の—】〈86〉
rail／レール〈259〉
rail spike／犬釘〈17〉
rain shutter door／雨戸〈11〉
raised grain／目違い〈236〉
rake angle／歯喉角〈96〉，すくい角〈120〉
rake face／歯喉〈96〉，歯腹〈102〉，すくい面〈120〉
rake face line／歯腹線〈102〉
raker tooth／搔歯〈40〉
rake surface／すくい面〈120〉
ram／ラム〈252〉
Ramson band saw／ラムソン型帯鋸盤〈252〉
ram-stroking type cross cut saw／エア操作式横挽丸鋸盤〈23〉
random error／偶然誤差〈60〉
randum orbit sander／ランダムオービットサンダ〈252〉
ranking／順位法〈108〉
rated current／定格電流〈162〉
rated frequency／定格周波数〈162〉
rated input／定格入力〈162〉
rated operating time／定格動作時間〈162〉

rated voltage／定格電圧〈162〉
rate of depth of lathe check／裏割れ率〈22〉
rate of spring／ばね定数〈194〉
rate of stock removal／研削能率〈69〉
rating／格付法〈41〉
ratio of effective section modulus／有効断面係数比【合板の—】〈247〉
ratio of sawing efficiency／挽材能率比〈199〉
ratio of utilization／稼働率〈44〉
raw material preparing machine for particleboard／原料処理機械〈71〉
ray／髄線〈118〉，放射組織〈222〉
ray parenchyma／放射柔組織〈222〉
ray parenchyma cell／放射柔細胞〈222〉
ray tracheid／放射仮道管〈222〉
reaction wood／あて［材］〈10〉
reactive adhesive／反応型接着剤〈198〉
real surface／実表面〈98〉
real-time analysis／実時間解析〈98〉
rear view／背面図〈189〉
rebating planer／木端取り盤，こば取り盤〈81〉
reciprocating sander／往復サンダ〈29〉
reciprocating saw／往復動鋸〈29〉
recirculating lubrication／循環潤滑〈109〉
recovery／歩戻り，歩止り〈211〉
rectangular shank turning tool／長方形シャンクバイト〈159〉
recycle／リサイクル〈253〉
recycling／リサイクル〈253〉
reduced peak height／突出山部高さ〈172〉
reduced valley depth／突出谷部深さ〈172〉
reduction scale／縮尺〈107〉
reeled veneer tray／巻玉ストック棚〈228〉
reference sound pressure／基準音圧〈53〉
reference systems／基準方式〈53〉
reflecting objective／反射対物レンズ【顕微鏡の—】〈197〉
Registered Certifying Body／登録認定機関【JASの—】〈170〉
Registered Overseas Certifying Body／登録外国認定機関【JASの—】〈170〉
regression line／回帰線〈38〉
regular reflection／鏡面反射〈57〉，正反射〈127〉
reinforcement／補強材〈224〉
relative humidity／関係湿度〈47〉，相対湿度〈138〉
relative material ratio／相対負荷長さ率〈138〉
relief angle／歯背角〈102〉，先端逃げ角〈135〉
relieving／二番取り【ドリルの—】〈179〉
replica method／レプリカ法〈259〉
required electric power／所要電力〈113〉

required power for cutting／切削所要動力〈129〉
resawing／小割〈84〉
resaw machine／小割機械〈84〉
residual／残差〈90〉
residual strain／残留ひずみ〈92〉
residual stress／残留応力〈92〉
resin／樹脂〈107〉
resin canal／樹脂道〈107〉
resin cell／樹脂細胞〈107〉
resin duct／やにすじ〈246〉
resinoid cutting-off wheels／レジノイド切断砥石〈259〉
resinoid grinding wheels／レジノイド研削砥石〈259〉
resin pocket／やにつぼ〈246〉
resin removal method／脱脂処理〈146〉
resin streak／やにすじ〈246〉
resistance thermometer／測温抵抗体〈139〉，抵抗温度計〈162〉
resistance to chip remove／排出抵抗〈189〉
resistance welding／抵抗溶接〈163〉
resol rein adhesive／レゾール型接着剤〈259〉
resol type phenolic resin adhesive／レゾール型接着剤〈259〉
resolution／分解能〈215〉
resolving power／分解能〈215〉
resorcinol-formaldehyde resin adhesive／レゾルシノール樹脂接着剤〈259〉
resorcinol resin adhesive／レゾルシノール樹脂接着剤〈259〉
response time／応答時間〈28〉
restraint／リストレイント〈253〉
resultant cutting motion／合成切削運動〈75〉
resultant cutting speed／合成切削速度〈75〉
resultant cutting speed angle／合成切削速度角〈75〉
resultant force／合力〈78〉
retention by assay／吸収量試験〈56〉
reuse／リユース〈255〉
reverberant chamber／残響室〈90〉
reverberation time／残響時間〈90〉
Reynolds number／レイノルズ数〈258〉
ribbon figure／リボン杢〈254〉
ridge／ねじ山〈182〉
right hand helix twist drill／右ねじれドリル〈232〉
ring barker／リングバーカ〈256〉
ring lubrication／リング潤滑〈256〉
ring-porous wood／環孔材〈47〉
ring spring／輪ばね〈265〉
ripping／縦挽き〈147〉，平行挽き〈218〉

ripple mark／リップルマーク〈254〉
rip saw／縦挽鋸〈147〉，リッパ，リップソー〈254〉
ripsawing／縦挽き〈147〉
rise time／立上り時間〈146〉
riving knife／割刃〈265〉
RMS value／rms値，RMS値〈7〉，実効値〈98〉
robotics／ロボット工学，ロボティクス〈264〉
robotic spray coater／ロボット塗装機〈264〉
robust control／ロバスト制御〈264〉
ROCB／登録外国認定機関【JASの―】〈170〉
Rockwell hardness／ロックウェル硬さ〈263〉
Rockwell superficial hardness／ロックウェルスーパーフィシャル硬さ〈263〉
rod／ロッド〈263〉
rokuro lathe／ろくろ（轆轤）〈263〉
roll／ロール〈262〉
roller baker／ローラ式剥皮機〈262〉
roller bar／ローラバー〈262〉
roller bar compression／絞り量【ローラバーの―】〈103〉
roller bar pressure／絞り量【ローラバーの―】〈103〉
roller bearing／ころ軸受〈83〉
roller coater／ローラコータ〈262〉
roller coater for woodworking／木工ローラコータ〈244〉
roller conveyor／ローラ式搬送装置〈262〉
roller dryer／ローラ乾燥機，ローラドライヤ〈262〉
roller fence／ころ定規〈83〉
roller nosebar／ローラバー〈262〉
roller press／ローラプレス〈262〉
roller stretching／ロール掛け【帯鋸の―】〈262〉
roller table type twin circular saw machine／自動ローラ送りテーブルツイン丸鋸盤〈101〉
rolling bearing／転がり軸受〈83〉
rolling circle／転がり円〈83〉
rolling circle profile parameter／転がり円うねりパラメータ〈83〉
rolling circle traced profile／転がり円うねり測定曲線〈83〉
rolling circle waviness profile／転がり円うねり断面曲線〈83〉
rolling circle waviness total profile／転がり円うねり測定断面曲線〈83〉
rolling shear／面外剪断【合板の―】〈237〉，ローリングシア〈262〉
rolling shear rupture of plywood／ローリングシアー破壊【合板の―】〈262〉
roll pallet／ロールパレット〈262〉
roll tensioning／ロールテンション〈262〉
room temperature setting adhesive／常温硬化型接

着剤〈109〉
root line／歯底線〈99〉
root-mean-square／二乗平均の平方根〈178〉
root mean square deviation of profile／二乗平均平方根高さ〈179〉
root mean square deviation of roughness profile／二乗平均平方根粗さ〈178〉
root mean square deviation of waviness profile／二乗平均平方根うねり〈179〉
root mean square slope of profile／二乗平均平方根傾斜〈179〉
root-mean-square value／rms 値，RMS 値〈7〉，実効値〈98〉
rope type conveyor／ロープ式搬送装置〈261〉
rot／腐れ〈61〉, 腐朽〈209〉
rotary clippers／ロータリクリッパ〈261〉
rotary dryer／ロータリドライヤ〈261〉
rotary lathe／ロータリレース〈261〉
rotary peeling／ピーリング〈199〉
rotary type wood bending device／回転式曲げ加工具〈39〉
rotary(cut) veneer／ロータリ単板〈261〉
rotational dryer／ローテーションドライヤ〈261〉
rotational speed／回転速度〈39〉
rotation angle of cutting edge／刃先回転角〈192〉
rotten knot／腐れ節〈61〉
rough cut tool／荒削り工具〈11〉
roughness／粗さ〈11〉
roughness motif／粗さモチーフ〈11〉
roughness of center line average／中心線平均粗さ〈157〉
roughness of cutting edge profile／切れ刃線粗さ〈59〉
roughness profile／粗さ曲線〈11〉
rough sawn size／粗挽寸法〈12〉
round back tooth／鉤歯〈40〉
round bar making machine／自動丸棒削り盤〈101〉, 木工自動丸棒削り盤〈242〉
round cutter／丸カッタ〈230〉
rounded corner／丸コーナ〈230〉
round head hammer／丸ハンマ〈231〉
round head wood screw／丸木ねじ〈232〉
round knot／丸節〈232〉
round nose bent tool／先丸すみ(角)バイト〈88〉
round nose chisel／丸刃のみ(鑿)〈231〉
round rod molding machine／だぼ(太柄)製造機〈149〉
round sawing／巴挽き〈172〉，回し挽き〈232〉
round stick sander／丸棒サンダ〈232〉
round thread／丸ねじ〈231〉

router／ルータ，ルータ(電動工具)〈257〉
router bit／ルータビット〈257〉
routing／ルータ加工〈257〉
R-parameter／粗さパラメータ〈11〉
rubbed joint／いも継ぎ〈17〉
rubber adhesive／ゴム系接着剤〈82〉
rubber cutting-off wheels／ゴム切断砥石〈82〉
rubbing strip／すり(擦り)材〈124〉
ruby fused alumina abrasives／淡紅色アルミナ研削材〈150〉
rule-based control／ルールベース制御〈257〉
rule(guide) for ripsawing／縦挽定規〈147〉
rule(guide) for ripsawing／縦挽用定規〈147〉
ruler／定規〈109〉
running accuracy／動的精度〈170〉
running accuracy test／動的精度試験〈170〉
running devise of carriage／送材車走行装置〈137〉
running saw／走行丸鋸盤〈137〉, パネルソー〈195〉, ランニングソー〈253〉
running time／正味切削時間〈112〉
run-out／振れ〈214〉
run-out of spindle／主軸の振れ〈107〉
ryoba／両刃鋸〈255〉

S

S_1 layer／S_1 層〈24〉
S_2 layer／S_2 層〈24〉
S_3 layer／S_3 層〈24〉
saber saws／セーバソー〈127〉
saddle／サドル〈89〉
safety device／安全装置〈13〉
safety management／安全管理〈13〉
safety saw blade／安全丸鋸〈13〉
sampled-data control／サンプル値制御〈91〉
sampling／標本化〈204〉
sampling length／基準長さ〈53〉
sander／サンダ(電動工具)〈91〉
sanding／研削〈68〉, 研磨〈70〉, サンディング〈91〉
sanding action／研削作用〈68〉
sanding characteristic／研削性能〈69〉
sanding disk／研磨ディスク〈70〉
sanding force／研削力〈69〉
sanding load／研削荷重〈68〉
sanding machine／研削機械〈68〉, サンダ〈91〉
sanding power／研削動力〈69〉
sanding resistance／研削抵抗〈69〉
sanding surface／研削仕上面〈68〉, 研削面〈69〉
sand paper／サンドペーパ〈91〉
sandpaper method／研磨紙法〈70〉

sannding heat／研削熱〈69〉
sap／樹液〈106〉
sapwood／辺材〈220〉
sash bar／組子〈61〉
sash gang saw／おさ(筬)鋸盤〈32〉
saturated vapor pressure／飽和蒸気圧〈223〉
saw／手鋸〈165〉
saw blade／台金部〈142〉, 鋸身〈186〉
saw blade opening／鋸歯走行刃口〈186〉, 刃口【丸鋸盤の—】〈191〉
saw blade with cemented carbide tips／チップソー〈156〉
saw blade with cemented carbide tips sharpener／チップソー研削盤〈156〉
saw chain／ソーチェーン〈139〉
saw collars／カラー〈46〉
saw doctoring equipment／鋸仕上機械〈186〉
saw doctoring machine／鋸仕上機械〈186〉
saw dust／おが屑(大鋸屑)〈31〉, 鋸屑〈185〉
saw dust transporter and collector／鋸屑搬出装置〈185〉
saw filing／目立て〈236〉
saw guide／せり〈132〉
saw guide devise／せりガイド, せり装置〈132〉
sawing／鋸断〈57〉, 鋸挽き〈186〉, 挽材〈199〉
sawing accuracy／挽材精度【帯鋸盤の—】〈199〉
sawing against feed／上向き切削〈22〉
sawing efficiency／挽材能率〈199〉
sawing efficiency ratio／挽材能率比〈199〉
sawing machine／鋸機械〈185〉
sawing machine for woodworking／木工鋸盤〈243〉
sawing operation／製材作業〈125〉
sawing pattern／製材木取り〈125〉
sawing work／製材作業〈125〉
sawing work efficiency／製材作業能率〈125〉
saw leveling block／腰入れ定盤〈80〉
saw maintenance equipment／鋸仕上機械〈186〉
sawmilling／製材〈125〉
sawn lumber for decorative use／役物【製材の—】〈245〉
sawn lumber with edge／耳付材〈234〉
sawn surface quality／挽肌〈200〉
sawn veneer／ソーン単板〈139〉
saw set gage／あさり定規〈8〉
saw setter／あさり出し器〈8〉, 目振機〈237〉
saw setting／あさり出し〈8〉
saw setting device／あさり出し器〈8〉
saw sharpening／目立て〈236〉
saw speed／鋸速度〈186〉
saw tooth／鋸歯〈186〉

saw tooth puncher／鋸歯形打抜き機〈186〉, ポンチ〈226〉
saw tooth setting anvil／鋸歯目打機〈186〉, 目打ち台〈236〉
saw-tooth setting equipment／鋸歯目打機〈186〉, 目振器〈237〉
saw tooth setting machine／鋸歯目打機〈186〉
saw tooth side dresser／帯鋸歯側面研削盤〈35〉, 鋸歯側面研磨機〈186〉
saw-tooth tipping equipment／帯鋸歯溶着機〈35〉
saw with inner pendulum guard／内側振子式ガード付丸鋸〈20〉
saw with outer pendulum guard／外側振子式ガード付丸鋸〈140〉
saw with tow guard／けん引式ガード付丸鋸〈68〉
scale／尺度〈103〉, 平定規〈205〉
scale interval／目量〈237〉
scanning／スキャニング〈120〉
scantling／挽割, 挽割類〈200〉, 割材〈265〉
scarf joint／スカーフジョイント〈119〉
scarf jointer／スカーフジョインタ〈119〉
scarf joint press／スカーフジョイントプレス〈119〉
scarf machine／スカーフマシン〈119〉
scattering／飛散〈200〉
scoring／採点法〈87〉
scractch／引きかき(引掻き)【合板の—】〈199〉
scraping chisel／底じゃくり(決り)鉋〈140〉
scratcher／研削条痕〈68〉
scratch of abrasive／研削条痕〈68〉
screen／スクリーン〈120〉
screening machine／ふるい(篩)分け機〈213〉
screw auger／木工錐〈242〉
screwdrivers／電気スクリュドライバ〈166〉
screw point／中心錐〈156〉
search unit／探触子〈150〉
secondary adhesion／二次接着〈178〉
secondary back／第2逃げ面〈142〉
secondary clearance angle／第2逃げ角〈142〉
secondary face／第2すくい面〈141〉
secondary phloem／二次師部, 二次篩部〈178〉
secondary rake angle／第2すくい角〈141〉
secondary wall／二次壁〈178〉
secondary xylem／二次木部〈178〉
second face／第2すくい面〈142〉
second flank／第2逃げ面〈142〉
sectional area of cut／切削断面積〈129〉
sectional view／断面図〈154〉
sections／形鋼〈43〉
segmental circular saw blade／セグメントソー〈128〉

segment grinding wheels／セグメント研削砥石〈128〉
seismic system／サイズモ系〈86〉
self-aligning ball bearing／自動調心玉軸受〈100〉
self-aligning(rolling) bearing／自動調心軸受〈100〉
self-aligning roller bearing／自動調心ころ軸受〈100〉
self-aligning thrust roller bearing／スラスト自動調心ころ軸受〈123〉
self dressing／切れ刃自生〈59〉
self excited vibration／自励振動〈114〉
self-induced oscillation／自励振動〈114〉
self-sharpening／切れ刃自生〈59〉，自生作用【砥粒の—】，自生発刃〈97〉，正規発刃〈125〉
self-sharpening of abrasive grain／砥粒の自生作用〈174〉
self tapping screw／タッピンねじ〈146〉
self-temperature compensated strain gauge／自己温度補償ゲージ〈96〉
semiconductor strain gauge／半導体ひずみ(歪)ゲージ〈197〉
semi-ring-porous wood／半環孔材〈197〉
semi-rotary cut veneer／ハーフロータリ単板〈188〉
sensitivity／感度〈49〉
sensor／センサ〈134〉
sensory analysis／官能評価分析〈50〉
sensory evaluation／官能評価〈50〉
sensory test／官能試験〈50〉
sequential control／シーケンス制御〈93〉
servo mechanism／サーボ機構〈85〉
set／あさり(歯振)，あさりの出〈8〉
set depth of cut／設定削り代〈132〉
set depth of cut in grinding／設定研削量〈132〉
set hammer／目打ちハンマ〈236〉
set of sawtooth／あさり(歯振)〈8〉
setting／セッティング【鉋刃の—】〈132〉
setting angle／取付角【旋削の—】〈173〉
set-up／段取〈151〉
set-up operation／準備段取作業〈109〉
setwork／歩出し〈210〉
set working device／歩出し装置【送材車の—】〈210〉
setworks／歩出し装置【送材車の—】〈210〉
shadow spot method／コースティックス法〈78〉，シャドー・スポット法〈103〉
shaft／鋸軸〈186〉
shake／目回り〈237〉
shank／シャンク，シャンク【ドリルの—】〈104〉
shank length／柄長さ【ドリルの—】〈25〉
shank type milling cutter／シャンクタイプフライス〈104〉

shank type tool／シャンクタイプ工具〈104〉
shaper／シェーパ〈94〉，ばち(撥)形整形機〈193〉
shape sawing／曲り挽き〈227〉
shaping／型削り，形削り〈43〉
shaping cutter／面取りカッタ〈238〉
shaping tool／成形カッタ〈125〉
sharp bar／シャープバー〈103〉
sharpness／切れ味【刃物の—】〈59〉
sharpness angle／歯端角〈98〉，刃先角〈192〉
sharpness of cutting edge／切れ刃の鋭利さ〈59〉
shaving／シェービング〈94〉，パーティクル切削〈187〉
shear angle／剪断角〈134〉
shearing／剪断加工〈134〉
shearing glide／剪断滑り〈135〉
shearing slip／剪断滑り〈135〉
shear modulus／剪断弾性係数〈135〉
shear strength／剪断強さ【合板・集成材の—】，剪断強さ【木材の—】〈135〉
shear test／剪断試験〈135〉
shear test of nailed joint／釘接合剪断試験〈60〉
shear through the thickness／面内剪断【合板の—】〈238〉
shear type／剪断型〈134〉，縮み型〈155〉
shear type crusher(mill)／剪断式粉砕機〈135〉
sheathed crate／枠組箱〈265〉
sheathing board／シージングボード〈93〉
shedding／目こぼれ〈236〉
ship band sawing machine／シップバンドソー〈98〉，木造船用テーブル式帯鋸盤〈240〉
shiplap joint／相じゃくり(決り)〈7〉
shock response spectrum／衝撃応答スペクトル〈109〉
Shore hardness／ショア硬さ〈109〉
shot peening／ショットピーニング〈113〉
shoulder milling／端面削り〈153〉
shredder／シュレッダ〈108〉，破砕機〈192〉
shrinkage／収縮率〈104〉
shrinkage test／収縮率試験〈105〉
side／側〈46〉
side batten／側桟〈46〉
side board／斜面板〈104〉
side clearance angle／サイド逃げ角〈87〉，側面逃げ角〈140〉，横逃げ角【鋸歯の—】，横逃げ角【旋削の—】〈250〉
side clearance angle of set／あさりの逃げ角〈9〉
side cutting edge／側刃〈139〉，横切れ刃〈249〉
side cutting edge angle／アプローチ角〈11〉，横切れ刃角【旋削の—】〈249〉
side elevation／側面図〈140〉

side face／側面【フローリングボードの—】〈139〉
side guard(plate)／側方防護板〈139〉
side milling／側フライス削り〈47〉，側面加工【フローリングボードの—】〈140〉
side milling cutter／側フライス，側フライスカッタ〈47〉
side rake／サイドすくい角〈87〉
side rake angle／横すくい角，横すくい角【鋸歯の—】〈249〉
side relief angle／側面逃げ角〈140〉，横逃げ角【鋸歯の—】，横逃げ角【旋削の—】〈250〉
side run-out／横振れ〈250〉
side runout／側面振れ〈140〉
side-to-side frame joint／いも継ぎ〈17〉
side-to-side grain joint／はぎ合せ(接ぎ合せ，矧ぎ合せ)〈190〉
side view／側面図〈140〉
side wedge angle／サイド刃物角〈87〉
siding／サイディング〈87〉
signal-to-noise ratio／SN比，S/N〈24〉
significant figure／有効数字〈247〉
silica／シリカ〈113〉
silicon carbide abrasives／炭化けい素(珪素)質研削材〈150〉
siliconizing／シリコナイジング〈113〉
silo pallet／サイロパレット〈88〉
silver brazing filler metals／銀ろう(鑞)〈60〉
silver grain／銀杢〈59〉，虎斑〈173〉
simple pit／単壁孔〈153〉
simulation／シミュレーション〈103〉，模擬実験〈239〉
simultaneous closing device／同時圧締装置〈170〉
sine bar／サインバー〈88〉
single-decked pallet／単面形パレット〈153〉
single edger／シングルエジャ〈114〉
single layer flooring／単層フローリング〈151〉
single-operator production system／一人生産方式〈202〉
single point tool／単刃工具〈151〉，木工用バイト〈244〉
single row(rolling) bearing／単列軸受〈154〉
single spindle trimmer／単軸トリマ〈150〉
single spindle vertical molders／単軸立面取り盤〈150〉
single spread／片面塗布〈43〉
single surface fixed knife planer／1面仕上鉋盤〈16〉
single surface planer／自動1面鉋盤〈99〉
sintered alloy／焼結合金〈110〉
sintered carbide／超硬合金〈158〉

sintered diamond／焼結ダイヤモンド〈110〉
sintered high speed steel tool／焼結高速度鋼工具〈110〉
sintered material／焼結材料〈110〉
sintering／焼結〈110〉
size code／寸法形式〈124〉
sizing borer／サイジングボーラ〈86〉
skew-back tooth／鉤歯〈40〉
skew chisel／斜め刃のみ(鑿)〈176〉
skewness／スキューネス〈120〉
skid／滑材〈43〉，スキッド〈119〉
skid assembly／腰下盤〈80〉
skid base／腰下〈80〉
skidded wooden box／腰下付木箱〈80〉
skidded wooden crate／腰下付木箱〈80〉
slab／スラブ〈124〉，背板〈126〉
slab milling／平フライス削り〈206〉
slant sawing／斜め挽き〈176〉
slashings／廃材〈189〉
slat／小幅板〈81〉
slate／スレート〈124〉，天然スレート〈168〉
slice／スライス〈123〉
slice)／板目突き〈15〉
sliced veneer／スライスド単板〈123〉，突板〈161〉
slicer／スライサ〈123〉
slicing／板目突き〈15〉，スライス〈123〉
slicing along grain／縦突き〈147〉
slide／送り台〈31〉
slide glass／スライドガラス〈123〉
slideway／案内面〈14〉
sliver／スリバー〈124〉
slope grain／目切れ〈236〉
slope of grain／繊維走向〈133〉
slope ratio of scarf／スカーフ傾斜比〈119〉
slot milling／溝削り〈233〉
slotted head wood screw／すりわり付木ねじ〈124〉
slotting cutter／溝フライス〈233〉
slotting milling cutter／溝フライス〈233〉
small dimension structural glulam／小断面集成材〈111〉
small knot／小節〈81〉
small log／小丸太〈82〉
small scantling／小割〈84〉
small solid wood／小の素材〈111〉
small squared lumber／挽割，挽割類〈200〉，平割〈206〉
small squared lumber scantling／平割材〈206〉
smoke-dry heat treatment／燻煙熱処理〈64〉
smoke heating／燻煙熱処理〈64〉
snake／挽曲り〈200〉

snatching／過走〈42〉
snip／ガッタ，がった〈44〉，しゃくれ(決れ，抉れ)〈103〉，スナイプ〈122〉
soft board／軟質繊維板〈177〉
softwood／針葉樹材〈116〉，軟材〈177〉
soft X-rays／軟X線〈177〉
solar dry kiln／太陽熱利用乾燥装置〈145〉
soldering／はんだ付(半田付)〈197〉
solid cutter／ソリッドカッタ〈141〉
solid drill／むく(無垢)ドリル〈234〉
solid-film lubrication／固体［膜］潤滑〈80〉
solid milling cutter／カッタ〈44〉，むく(無垢)フライス〈234〉
solid tool／むく(無垢)工具〈234〉
solid turning tool／むく(無垢)バイト〈234〉
solid type／ソリッドタイプ〈141〉
solid wood／素材〈140〉
solitary pore／孤立管孔〈82〉
solvent adhesive／溶剤型接着剤〈248〉
sorting machine／選別機【製品の—】，選別機械〈136〉
sorting test／振分け試験法〈213〉
sound absorption／吸音〈55〉
sound area／健全部〈70〉
sound burl／生きこぶ(瘤)跡〈14〉
sound energy flux density／音響エネルギー束密度〈37〉
sound field／音場〈37〉
sound intensity／音の強さ〈33〉，音響インテンシティ〈36〉
sound intensity level／音の強さのレベル〈33〉，音響インテンシティレベル〈36〉
sound knot／生節〈14〉
sound level／サウンドレベル〈88〉
sound level meter／サウンドレベルメータ〈88〉，指示騒音計〈97〉，騒音計〈136〉
sound pitch／音の高さ〈33〉，ピッチ【音の—】〈202〉
sound power density／音響パワー密度〈37〉
sound power level／音響パワーレベル〈37〉
sound power of a source／音源の音響出力，音源の音響パワー〈37〉
sound pressure／音圧〈36〉
sound pressure level／音圧レベル〈36〉
soundproof material／防音材［料］〈221〉
sound speed／音の速さ〈34〉
sound transmission loss／音響透過損失〈37〉
sound velocity／音の速度〈33〉，音速〈37〉
source location／位置標定〈16〉
spacer／間座〈47〉
spare blade／替刃〈40〉

spare blade type／替刃式〈40〉
spatial frequency／空間周波数〈60〉
spear chisel／剣刃のみ(鑿)〈162〉
specially process／特殊加工化粧〈171〉
specially processed plywood／特殊加工化粧合板〈171〉
specialty plywood／特殊合板〈171〉
species group／樹種群〈107〉
specifed symmetrical composition／特定対称異等級構成【集成材の—】〈171〉
specification／仕様〈109〉
specification limit／仕様限界〈110〉
specification of color／表色〈204〉
specific cutting energy／比切削エネルギー〈201〉
specific cutting force／比切削力〈201〉
specific cutting resistance／比切削抵抗〈201〉
specific dynamic modulus／比動的弾性率〈202〉
specific gravity／比重〈201〉
specific gravity at green condition／生材比重〈176〉
specific gravity in oven-dry／全乾比重〈134〉
specific gravity of wood substance／真比重〈116〉
specific grinding resistance／比研削抵抗〈200〉
specific strength／比強度〈200〉
specific Young's modulus／比ヤング率〈203〉
spectral density／スペクトル密度〈122〉
spectral distribution／分光分布〈215〉
spectral luminous efficiency／比視感度〈200〉，分光視感効率〈215〉
spectrophotometer／分光光度計〈215〉
spectrum／スペクトル〈122〉
spectrum density／スペクトル密度〈122〉
spectrum density level／スペクトル密度レベル，スペクトルレベル〈122〉
spectrum level／スペクトルレベル〈122〉
specular glossiness／鏡面光沢度〈57〉
specular reflection／鏡面反射〈57〉，正反射〈127〉
spherical aberration／球面収差〈56〉
spherical wave／球面波〈56〉
spike knot／流れ節〈176〉
spindle／主軸〈107〉，スピンドル【ベニヤレースの—】〈122〉
spindle brake／主軸制動装置〈107〉
spindle chuck／スピンドルチャック〈122〉
spindle head／主軸台，主軸頭〈107〉
spindle lock device／主軸固定装置〈107〉
spindle molding machines／面取り盤〈238〉
spindle nose／主軸端〈107〉
spindle of veneer lathe／ベニヤレーススピンドル〈219〉
spindle sander／スピンドルサンダ〈122〉

spindle shaper／シェーパ〈94〉，単軸面取り盤〈150〉，面取り盤〈238〉
spindle shaper with template control／直線送り倣い面取り盤〈159〉
spindle speed／主軸速度〈107〉
spindle stock／主軸台〈107〉
spiral grain／旋回木理〈133〉，縄目【フローリングの―】〈177〉，らせん（螺旋）木理〈252〉
spiral spring／渦巻ばね〈20〉
splice／継手〈161〉
spline joint／雇いさねはぎ（実接ぎ，実矧ぎ）〈246〉
split／貫通割れ〈49〉
split along grain／開き破壊〈205〉
split test／割裂試験〈44〉
split timber／割材〈265〉
spoke plane／南京鉋〈177〉
spoke shave／南京鉋〈177〉
spontaneous emission／自然放出〈97〉
spot facing／座ぐり（座刳り）〈89〉
spot welding／スポット溶接〈123〉
spray coater／スプレー塗装機，スプレーコータ〈122〉
spread／塗布量〈172〉
spreader／スプレッダ〈122〉，割刃〈265〉
spreading machine／フォーミングマシン〈208〉
spreading roll／塗布ロール〈172〉
spread roll／塗布ロール〈172〉
spring／ばね〈194〉
springback／スプリングバック〈122〉
spring constant／ばね定数〈194〉
spring lock washer／ばね座金〈194〉
spring-necked turning tool／ヘールバイト〈218〉
spring rate／ばね定数〈194〉
spring set／振分けあさり〈213〉
spring setter／組あさり器〈61〉
spring steels／ばね鋼〈194〉
spring wood／春材〈109〉
Spruce-Pine-Fir／SPF〈24〉
spur gear／平歯車〈205〉
square／直角定規〈159〉
square cutterblock／角胴〈41〉
square cutterhead／角胴〈41〉
squared／挽角，挽角類〈199〉
squared circular saw blade／方形丸鋸〈222〉
squared lumber／正角〈109〉
square end mill／スクエアエンドミル〈120〉
square mean value／二乗平均値〈178〉
squareness／直角度〈159〉
square nose chisel／平刃のみ（鑿）〈205〉
square plate／直角定盤〈159〉

squares／正角〈109〉
square sawing／角挽き〈41〉
square shank turning tool／方形シャンクバイト〈222〉
square thread／角ねじ〈41〉
square timber／角材〈40〉
stacker／スタッカ〈120〉
stacking／桟積み〈91〉
stage micrometer／対物ミクロメータ〈144〉
stain／汚染〈33〉
staining fungi／変色菌〈220〉
stainless steel nail／ステンレス鋼釘〈121〉
stainless steels／ステンレス鋼〈121〉
stainless steel wood screw／ステンレス木ねじ〈121〉
stain proof property／耐汚染性【合板の―】〈142〉
stain resistance／耐汚染性【合板の―】〈142〉
standard／スタンダード〈120〉
standard color system／CIE 表色系〈93〉
standard condition／標準状態〈203〉
standard deviation／標準偏差〈204〉
standard dimensions／標準寸法【合板の―】〈203〉
standard operation／標準作業〈203〉
standard scale／標準尺〈203〉
standard sources／標準光源〈203〉
standard surface／基準面〈53〉
standing wave／定在波〈163〉
starved joint／欠膠〈67〉
starved wood／スターブドウッド〈120〉
static balance／静釣合い〈126〉
static characteristics／静特性〈127〉
static measuring force／静的測定力〈127〉
static rigidity／静剛性〈125〉
static stiffness／静剛性〈125〉
stay-log／ステーログ〈121〉
steam-heated kiln／蒸気加熱式乾燥装置〈109〉
steaming／蒸煮処理〈111〉
steaming method／蒸煮法〈111〉
steaming treatment test／スチーミング処理試験【合板の―】〈121〉
steam injection press／蒸気噴射プレス〈109〉
steam test／スチーミング処理試験【合板の―】〈121〉
steam treatment method／水蒸気処理法〈117〉
steel bars／棒鋼〈222〉
steel brush friction method／鋼ブラシ摩擦法〈78〉
steel flats／平鋼〈205〉
steel for structure／構造用鋼材〈75〉
steel sheet pilings／鋼矢板〈78〉
steel tape measure／鋼製巻尺〈75〉
steel wood screw／鋼木ねじ〈78〉

Stefan-Boltzmann's law／シュテファン-ボルツマンの法則〈108〉
stellite／ステライト〈121〉
stellite welding／ステライト溶着〈121〉
stem-formed wood／枝下材〈24〉
stem volume／幹材積〈47〉
step drill／段付ドリル〈151〉
stepped scarf joint／段付傾斜継ぎ〈151〉
step response／ステップ応答〈121〉
steradian／ステラジアン〈121〉
stereo lithography machine／光造形装置〈199〉
stereomicroscope／ステレオ顕微鏡〈121〉, 双眼実体顕微鏡〈137〉
sticker／桟木〈90〉
sticker marks／スティッカマーク〈121〉
sticker spacing／桟木間隔〈90〉
sticker stains／スティッカマーク〈121〉
sticker thickness／桟木厚〈90〉
stiffness test／剛性試験〈75〉
stimulated emission／誘導放出〈247〉
stock amount／取り代〈173〉
stock removal／研削量〈69〉, 有効削り代, 有効取り代〈247〉
stock vice／バイス〈189〉
stones for honing／ホーニング砥石〈223〉
stones for superfinishing／超仕上砥石〈158〉
stop watch method／ストップウォッチ法〈121〉
storing in water／水中貯木〈118〉
straight cup grinding wheel／カップ形砥石〈44〉
straightedge／直定規〈159〉
straight flute／直刃【フライスの—】〈159〉
straight fluted drill／直刃ドリル〈159〉
straight gage／ストレートゲージ〈121〉
straight grain／通直木理〈160〉
straightness／真直度〈115〉
straightness of straight line motion／真直度【運動の—】〈115〉
straight saw sharpener／おさ鋸歯研削盤〈32〉
straight shank／ストレートシャンク〈121〉
straight shank drill／ストレートシャンクドリル〈121〉
straight shank milling cutter／ストレートシャンクフライス〈121〉
straight tooth／直刃【フライスの—】〈159〉
straight turning／外丸削り〈141〉
straight turning tool／剣バイト〈70〉
straight turning tool with point corner／真剣バイト〈114〉
straight turning tool with rounded corner／先丸剣バイト〈88〉
straight turning tool with square corner／平剣バイト〈205〉
straight turning tool with unsymmetric cutting edge／斜剣バイト〈103〉
strain／ひずみ(歪)〈201〉
strain force／緊張力〈59〉
strain force of frame saw blade／竪鋸の緊張力〈147〉
strain gauge method／ひずみ(歪)ゲージ法〈201〉
strand／ストランド〈121〉
strand tracheid／ストランド仮道管〈121〉
strap anchor／ストラップアンカ〈121〉
streamline flow／層流〈138〉
stress／応力〈29〉
stress grading／応力等級区分〈29〉, 強度等級【集成材の—】〈57〉
stress grading machine／強度等級区分機〈57〉
stress-strain curve／S-S曲線〈24〉
stress-strain diagram／応力・ひずみ(歪)線図〈29〉
stretcher／ストレッチャ〈122〉, ロール機〈262〉
string cutting method／糸切り法〈17〉
string cutting value／糸切り値〈17〉
stringer／桁〈66〉
stringer board／桁板〈66〉
strip／小幅板〈81〉
stripe figure／リボン杢〈254〉
strip flooring／縁甲板〈27〉
stroboscope／ストロボスコープ〈122〉
strong axis direction／強軸方向〈57〉
Strouhal number／ストローハル数〈122〉
structual lumber for wood frame construction／枠組壁工法構造用製材〈264〉
structual plywood／構造用合板〈75〉
structural laminated veneer lumber／構造用LVL〈75〉, 構造用単板積層材〈76〉
structural laminated wood／構造用集成材〈75〉
structural panel／構造用パネル〈76〉
structural sawn lumber／構造用製材〈76〉
structure／組織【砥石の—】〈140〉
structure of standard time／標準時間〈203〉
stylus instrument／触針式表面粗さ測定機〈113〉
stylus method／触針法〈113〉
stylus tip／触針先端〈113〉
suberin／スベリン〈123〉
subland drill／段付ドリル〈151〉
substitute blade／替刃〈40〉
substitute blade type／替刃式〈40〉
successive cutting point spacing／連続切れ刃間隔【研磨布紙の—】〈260〉
suction stacker／サクションスタッカ〈89〉

summer wood／夏材〈42〉
SUMP examination／スンプ試験〈124〉
super-abrasives／超砥粒〈158〉
superheated steam treatment／過熱水蒸気処理〈45〉
super-micro hardness／超微小負荷硬さ〈158〉
supersonic wave／超音波〈157〉
super surfacer／超仕上鉋盤〈158〉
supply chain management／サプライチェーンマネジメント〈89〉
surface check／表面割れ〈204〉
surface checking resistance test／表面割れに対する抵抗性試験〈205〉
surface echo／Sエコー〈24〉，表面エコー〈204〉
surface grinding／平面研削〈218〉
surface heat treatment／表面熱処理〈204〉
surface plate／定盤〈111〉
surface profile／実表面の断面曲線〈98〉
surface quality of plywood／表面性能【合板の一】〈204〉
surfacer／自動1面鉋盤〈99〉，平削り鉋盤〈205〉
surface roughness／表面粗さ〈204〉
surfaces having stratified functional properties／プラトー構造表面〈212〉
surface texture／表面性状〈204〉
surface texture parameter／表面性状パラメータ〈204〉
surface treated tool／表面処理工具〈204〉
swage／スエージ〈119〉，ばち(撥)形あさり機〈193〉
swage set／いちょう(銀杏・公孫樹)歯〈16〉，ばち(撥)あさり，ばち(撥)形あさり〈193〉
swage setting equipment／オートセッタ〈30〉，自動ばち(撥)形あさり整形機〈101〉，ばち(撥)形あさり整形機〈193〉
swaging／スエージ加工〈119〉
swan-necked turning tool／腰折れバイト〈80〉
sweep／反り〈141〉，曲り【製材の一】〈227〉
swelling of water absorption／吸水膨張性【フローリングの一】〈56〉
swing／振り〈213〉
swinging arm／揺動アーム〈248〉
swing sawing machine／振上げ丸鋸盤，振子式丸鋸盤〈213〉
swivel base／旋回台〈133〉
swivel belt sander／自在ベルトサンダ〈97〉
swivel slide／旋回台〈133〉
symmetrical composition／対称構成【集成材の一】〈143〉
symmetry／対称度〈143〉
synthetic rubber adhesive／合成ゴム系接着剤〈75〉

systematic error／系統誤差〈65〉
Systeme International d' Unites(仏)／国際単位系〈79〉
system of units／単位系〈149〉

T

table／テーブル〈164〉
table band resaw／テーブル帯鋸盤，テーブルバンド，テーブルバンドソー〈164〉
table band resaw with creeping slatbed／履帯送りテーブル帯鋸盤〈253〉
table top feeding equipment／卓上送材装置〈145〉
table top universal knife grinder／卓上万能刃物研削盤〈145〉
table type twin band saw machine／テーブルツイン帯鋸盤〈164〉
tachometer／回転速度計〈39〉
tackers／タッカ〈146〉
tailstock／心押台〈114〉
tandem band saw machine／タンデム帯鋸盤〈151〉
tangential axial wall／接線壁〈131〉
tangential direction／接線方向〈131〉
tangential section／接線断面〈130〉
tangential wall／接線壁〈131〉
tank pallet／タンクパレット〈150〉
tannin／タンニン〈151〉
tapeless splicer／テープレススプライサ〈164〉
tapered roller(radial)bearing／円錐ころ軸受〈27〉
tapered roller thrust bearing／スラスト円錐ころ軸受〈123〉
taper ripping／斜め挽き〈176〉
taper sawing／側面定規挽き〈140〉
taper shank／テーパシャンク〈164〉
taper shank drill／テーパシャンクドリル〈164〉
taper shank milling cutter／テーパシャンクフライス〈164〉
taping machine／テーピングマシン〈164〉
tapping screw／タッピンねじ〈146〉
task／課業〈40〉
Taylor's formula／テーラの寿命方程式〈164〉
Taylor's tool life equation／テーラの寿命方程式〈164〉
tear type／むしれ型〈235〉
telecentric optical system／テレセントリック光学系〈166〉
temperature of tool／工具温度〈72〉
tempered board／テンパードボード〈168〉
tempered scale／平均律音階〈217〉
tempering／焼戻し〈245〉

tende／テンダ〈167〉
tenderizer／テンダライザ〈167〉
tenderizing／テンダライジング〈167〉
tenon／ほぞ(柄)〈224〉
tenon cutter／ほぞ(柄)取りカッタ〈224〉
tenoner／横軸ほぞ(柄)取り盤〈249〉
tenoner for construction material／建築材ほぞ(柄)取り盤〈70〉
tenoning machine／ほぞ(柄)取り盤〈224〉
tenon joint／ほぞ(柄)差し〈224〉
tenon shoulder／胴付〈170〉
ten point height／十点平均粗さ〈107〉
tensile shear strength／引張剪断接着強さ〈202〉
tensile strength／引張強度, 引張接着強さ, 引張強さ〈202〉
tensile strength parallel to grain／縦引張強さ〈147〉
tensile strength performance／引張強度性能〈202〉
tensile strength perpendicular to grain／横引張強さ〈250〉
tension／テンション〈167〉
tension bolt／引張ボルト〈202〉
tension creep test perpendicular to grain／横引張クリープ試験〈250〉
tension gage／テンションゲージ〈167〉
tensioning／腰入れ〈80〉
tension spring／引張ばね〈202〉
tension test／引張試験〈202〉
tension test parallel to grain／縦引張試験〈147〉
tension test perpendicular to grain／横引張試験〈250〉
tension wood／引張あて材〈202〉
terminal parenchyma／ターミナル柔組織〈141〉
term of uniform wear rate／切削永続期間〈129〉
test bar／テストバー〈165〉
test bar with center hole／センタ付テストバー〈134〉
test bar with taper shank／テーパシャンク付テストバー〈164〉
test indicator／テストインジケータ〈165〉
test of machinability／切削性試験〈129〉, 被削性試験〈200〉
texture／肌目〈193〉
T head nail／T字釘〈162〉
theoretical surface roughness／幾何学的粗さ〈52〉, 理論粗さ〈255〉
therblig／サーブリッグ〈85〉
thermal conductivity／熱伝導率〈184〉
thermal diffusivity／温度伝導率〈37〉, 熱拡散率〈182〉
thermal radiation／熱放射〈184〉

thermistor／サーミスタ〈85〉
thermo-chemical treatment／熱化学処理〈182〉
thermocouple／熱電対〈183〉
thermoelastic buckling／熱座屈【丸鋸の一】〈183〉
thermoelastic buckling of circular saw／丸鋸の熱座屈〈231〉
thermoelastic method／熱弾性法〈183〉
thermoelectric thermometer／熱電温度計〈183〉
thermogram／熱画像〈182〉
thermoplastic resin／熱可塑性樹脂〈182〉
thermo-reactive deposition and diffusion／熱反応析出・拡散法〈184〉
thermosetting resin／熱硬化性樹脂〈183〉
thick knife／厚刃〈10〉
thicknesser／自動1面鉋盤〈99〉
thicknessing and molding planer／むら取り4面鉋盤〈235〉
thicknessing planer／自動1面鉋盤〈99〉
thickness of hewn lumber／厚さ【そま角の一】〈9〉
thickness of saw blade／鋸厚〈185〉
thick slice／厚突き〈10〉
thick slicing／厚突き〈10〉
thin board／べら板〈220〉
thin knife／薄刃〈20〉
thin slicing／薄突き〈20〉
third angle projection(method)／第三角法〈143〉
third octave／1/3オクターブ〈91〉
third-octave band pass filter／1/3オクターブ帯域幅フィルタ〈92〉
Thonet's method／トーネット法〈171〉
three dimensional cutting／三次元切削〈90〉
three-layer surface model／3層構造表面モデル〈91〉
three-point perspective／三点透視投影〈91〉
three side planer／自動3面鉋盤〈99〉
three side planing and molding machine／自動3面鉋盤〈99〉
throat／歯室〈97〉
through hole／通し穴〈171〉
throughput／スループット〈124〉
throw-away milling cutter／スローアウェイフライス〈124〉
throw-away tip／スローアウェイチップ〈124〉
throw away tool／スローアウェイ工具〈124〉
throwback／逆走〈55〉, 跳ね返り【材の一】〈194〉
thrust／スラスト〈123〉
thrust ball bearing／スラスト玉軸受〈124〉
thrust bearing／スラスト軸受〈123〉
thrust force／垂直分力〈118〉
thrust roller bearing／スラストころ軸受〈123〉

tight side of veneer／タイトサイド【単板の—】〈144〉, 単板表〈152〉
TIG (tungsten inert gas) welding／ティグ溶接〈162〉
tilting device for wheel／傾斜装置【鋸車の—】〈64〉
tilting device of wheel／鋸車仰伏装置〈186〉
timber／製材〈125〉, 製材品〈126〉
timber imported from Canada and USA／米材〈218〉
timber imported from Europe／欧州材〈28〉
timber imported from Far Eastern Russia／北洋材〈224〉
timber imported from Southeast Asia／南洋材〈177〉
timber storing／貯木〈160〉
timber yard／貯木場〈160〉
time-average sound level／時間平均サウンドレベル〈94〉
time-average sound pressure level／時間平均音圧レベル〈94〉
time constant／時定数〈99〉
time schedule／時間スケジュール〈94〉
time study／作業時間分析〈88〉, 時間研究〈94〉
time study of sawing work／製材作業時間分析〈125〉
time-weighted sound level／時間重み付きサウンドレベル〈94〉
tin plate／ブリキ, ぶりき〈213〉
tip／歯端〈98〉, チップ〈155〉
tip of cemented carbide／超硬チップ〈158〉
tip of sintered carbide／超硬チップ〈158〉
tipped drill／付刃ドリル〈161〉
tipped milling cutter／ろう(鑞)付フライス〈261〉
tipped tool／付刃工具〈161〉
tipped turning tool／付刃バイト〈161〉
tolerance／公差〈73〉
tolerance limit／許容限界〈58〉
tolerance on thickness／厚さ精度〈9〉
tomogram／断面画像〈153〉, トモグラム〈172〉
tongue／雄ざね(実)〈32〉
tongue and groove joint／さねはぎ(実接ぎ, 実矧ぎ)〈89〉
tongued edge／雄ざね(実)〈32〉
tool angle／刃物角〈195〉
tool angles／工具系角〈72〉
tool back／逃げ面〈178〉
tool bit with round shank／丸バイト〈231〉
tool dynamometer／工具動力計〈73〉, 切削動力計〈130〉
tool face／すくい面〈120〉

tool grinding machine／工具研削盤〈72〉
tool holding device／工具保持装置〈73〉
tool in hand system／工具系基準方式〈72〉
tool-in-use system／作用系基準方式〈90〉
tool life／工具寿命〈72〉, 寿命【刃物の—】〈108〉
tool life equation／工具寿命方程式〈72〉
tool maintenance equipment for woodworking／木工工具仕上機械〈242〉
toolmaker's microscope／工具顕微鏡〈72〉
tool reference plane／基準面〈53〉
tool rest／刃物台〈196〉
tool rotation angle／刃先回転角〈192〉
tool slide／工具送り台〈72〉
tool steel／工具鋼〈72〉
tool wear／工具摩耗〈73〉, 刃先摩耗〈193〉
tool-work thermocouple／工具-被削材熱電対〈73〉
tooth angle／歯端角〈98〉
tooth back／歯背〈102〉
tooth back line／歯背線〈102〉
tooth bite／帯鋸の切込深さ〈35〉, 切込深さ【帯鋸の—】〈58〉
toothed gear／歯車〈192〉
tooth element／歯形要素〈190〉
tooth face／歯喉〈96〉
tooth front／歯喉〈96〉
tooth height／歯の高さ〈195〉
tooth mark／ツースマーク〈160〉
tooth pattern／歯形〈190〉
tooth pitch／歯距〈95〉
tooth point／あさりの切先〈8〉, 切先【鋸歯の—】〈54〉, 歯端〈98〉
tooth punching／歯抜き〈194〉
tooth root／歯底〈99〉
tooth style／歯形〈190〉
tooth thickness micrometer／歯厚マイクロメータ〈187〉
tooth width／あさり幅〈9〉, 刃厚〈187〉
top beam／トップビーム〈172〉, ブリッジ〈213〉
top bevel angle／先端傾き角〈134〉, ベベル角〈220〉, 横すくい角【旋削の—】〈249〉
top clearance angle／先端逃げ角〈135〉
top end／末口〈119〉
top flank／先端逃げ面〈135〉
top joist／梁〈196〉
top solid drill／先むく(無垢)ドリル〈88〉
torch／トーチ〈171〉
torn grain／逆目ぼれ〈88〉
torque／トルク〈174〉
torsional vibration／ねじり振動〈182〉
torsion bar spring／トーションバー〈171〉

torsion spring／ねじりばね〈182〉
total depth of waviness／全深さ【包絡うねり曲線の一】〈135〉
total feed length／切削材長〈129〉
total height of profile／最大断面高さ〈87〉
total knot diameter ratio／集中節径比〈106〉
total profile／測定断面曲線〈139〉
total runout／全振れ〈135〉
traced profile／測定曲線〈139〉
tracheid／仮道管〈44〉
tracking control／追従制御〈160〉
track spike／犬釘〈17〉
transducer／探触子〈150〉，トランスデューサ〈173〉，変換器〈220〉
transfer equipment／転送装置〈167〉
transfer function／伝達関数〈167〉
transient response／過渡応答〈44〉
transpirational drying／葉枯らし〈190〉
transport equipment／運搬装置〈22〉
transverse surface／横断面〈28〉
transverse test／抗折試験〈75〉
trapezoidal screw thread／台形ねじ〈143〉
trapezoidal shank turning tool／台形シャンクバイト〈143〉
traumatic intercellular canal／傷害細胞間道〈109〉
traveling cut-off saw／鋸軸移動横切丸鋸盤〈186〉
traveling table／移動テーブル〈17〉
traveling table fence／移動テーブル横定規〈17〉
tree ring／年輪〈184〉
triangular scale／三角スケール〈90〉
triangular screw thread／三角ねじ〈90〉
trimetric projection／不等角投影〈211〉
trimmer／トリマ，トリマ（電動工具）〈173〉
trimming die／抜型〈181〉
trimming saw／トリミングソー〈173〉
trochoid／トロコイド〈174〉
trommel dryer／トロンメルドライヤ〈174〉
troostite／トルースタイト〈174〉
tropolones／トロポロン〈174〉
trueness／正確さ〈125〉
true value／真の値〈116〉
T-slot milling cutter／T溝フライス〈162〉
tungsten carbide／タングステンカーバイド〈150〉
tungsten carbide alloy／炭化タングステン合金〈150〉
turbulent flow／乱流〈253〉
turnery／ろくろ細工〈263〉
turning／木返し〈52〉，旋削〈134〉，外丸削り〈141〉
turning chisel／バイト〈189〉
turning machine／旋盤〈135〉

turning sander／ターニングサンダ〈141〉
turning tool／旋盤用バイト〈135〉，バイト〈189〉
turning tool for grooving／溝削りバイト〈233〉
turning tool for recessing／溝削りバイト〈233〉
turning tool for thread／ねじ切りバイト〈182〉
turret／タレット〈149〉
twin band mill／ツイン帯鋸盤〈160〉
twin band saw machine／ツイン帯鋸盤〈160〉
twin circular saw machine／ツイン丸鋸盤〈160〉
twin rip saw／ツインリッパ〈160〉
twist(of lumber)／ねじれ【材の一】〈182〉
twist drill／木工ドリル〈243〉
twist face hammer／十字ハンマ〈104〉
two arm technique／2 ゲージ法〈178〉
two-by-four construction／ツーバイフォー構法〈161〉
two-component adhesive／二液型接着剤〈178〉
two dimensional cutting／二次元切削〈178〉
two-part adhesive／二液型接着剤〈178〉
two-plane dynamic balancing／2面釣合わせ〈180〉
two-point perspective／二点透視投影〈179〉
two-sided cant／太鼓材〈143〉
two side planer／自動2面鉋盤〈99〉
two-way pallet／二方差しパレット〈180〉
tylose／チロース〈160〉
tylosoid／チロソイド〈160〉
type F／Fタイプ【合板の一】〈25〉
type FW／FWタイプ【合板の一】〈26〉
Type Ⅰ／1類【合板の一】〈16〉
Type Ⅱ／2類【合板の一】〈181〉
type of chip formation／切削型〈129〉
Type special／特類【合板の一】〈171〉
type SW／SWタイプ【合板の一】〈24〉
type W／Wタイプ【合板の一】〈148〉

U

ultrahigh-pressure water jet machining／超高圧水ジェット加工〈157〉
ultra-micro hardness／超微小負荷硬さ〈158〉
ultrasonic machining／超音波加工〈157〉
ultrasonic sound／超音波音〈157〉
ultrasonic testing／超音波探傷試験〈157〉
ultrasonic vibratory cutting／超音波振動切削〈157〉
ultrasonic wave／超音波〈157〉
ultraviolet radiation／紫外線，紫外放射〈94〉
unbalance／平衡度〈217〉
uncertainty／不確かさ〈210〉
uncoupled modes／非連成モード〈206〉
undamped natural frequency／不減衰固有振動数

〈210〉
undeformed chip thickness／切込量，切取り厚さ〈58〉
under frame member／下かまち(框)〈97〉
under layer top sheathing／天井下板〈167〉
unedged board／耳付材〈234〉
uneven／段違い【フローリングの—】〈151〉
unfinished lumber／未仕上材〈232〉
unified thread／ユニファイねじ〈248〉
uniseriate ray／単列放射組織〈154〉
unit／単位〈149〉
unit of measuring size／単位寸法【素材の—】〈150〉
universal head／ユニバーサルヘッド〈248〉
universal head type numerical control router／ユニバーサルヘッドNCルータ〈248〉
universal tool grinder for woodworking／木工万能工具研削盤〈243〉
universal wood milling machine／木工万能フライス盤〈243〉
universal woodworking machine／組合せ木工機〈61〉
unloader cage／アンローダケージ〈14〉
unloader for veneer dryer／単板乾燥機アンローダ〈152〉，ドライアアンローダ〈173〉
unloading／木おろし，木下ろし，木降ろし〈51〉
unsound knot／腐れ節〈61〉
up cut grinding／上向き研削〈22〉
up cut sanding／上向き研削〈22〉
up cutting／上向き切削〈22〉
up milling／上向き削り，上向き切削〈22〉
upper envelope line of the primary profile／包絡うねり曲線〈223〉
upper frame member／上かまち(框)〈19〉
upper guard／上ガード〈19〉
upper kickback-proof stopper／上部づめ(爪)〈112〉
upper layer top sheathing／天井上板〈167〉
upper sliding of knife stock／上部滑り台【ベニヤレースの—】〈111〉
urea-formaldehyde resin adhesive／尿素樹脂接着剤〈181〉，ユリア樹脂接着剤〈248〉
urea resin adhesive／尿素樹脂接着剤〈181〉，ユリア樹脂接着剤〈248〉
utility／ユティリティ〈248〉
UV coating dryer／UV塗装乾燥機〈247〉

V

vacuum and pressure treatment test／減圧加圧試験【合板の—】〈67〉
vacuum dryer／減圧乾燥装置〈68〉
vacuum drying／減圧乾燥法〈68〉
vacuum dry kiln／真空乾燥装置〈114〉
vacuum/pressure delamination test／減圧加圧剥離試験〈67〉
value added／付加価値〈208〉
value recovery／価値歩止り〈43〉
value yield／価値歩止り〈43〉
vanishing point／消点〈111〉
variable glossmeter／変角光沢計〈220〉
variance／分散〈216〉
vasicentric parenchyma／周囲柔組織〈104〉
vasicentric tracheid／周囲仮道管〈104〉
V-belt／Vベルト〈207〉
V block／Vブロック〈207〉
V-cut machine／Vカットマシン〈207〉
V-cut process／Vカット法〈207〉
V-cut shaper／V溝成形機〈207〉
vee block／Vブロック〈207〉
velocity rake angle／速度すくい角〈139〉
veneer／単板〈151〉，ベニヤ〈219〉
veneer assembly equipment／単板仕組装置〈152〉，ベニヤセッタ〈219〉
veneer clipper／クリッパ〈62〉，単板切断機〈152〉，ベニヤクリッパ〈219〉
veneer composer／ベニヤコンポーザ〈219〉
veneer cutting／単板切削〈152〉，ベニヤ切削〈219〉
veneer cutting curve／単板切断曲線〈153〉
veneer dryer／単板乾燥機械〈152〉，ベニヤドライヤ〈219〉
veneer edge gluer／単板横はぎ(接ぎ，矧ぎ)機〈153〉
veneer edge gluing machine／単板横はぎ(接ぎ，矧ぎ)機〈153〉
veneer end gluing machine／単板縦継ぎ機〈153〉
veneer joining machine／単板接合機〈152〉
veneer jointer／ベニヤジョインタ〈219〉
veneer knife grinders／ベニヤナイフ研削盤〈219〉
veneer lathe／ベニヤレース〈219〉
veneer lathe knife／ベニヤナイフ，ベニヤレースナイフ〈219〉
veneer manufacturing machine／単板製造機械〈152〉
veneer patching machine／パッチマシン，パッチングマシン〈194〉
veneer peeling／単板切削〈152〉，ベニヤ切削〈219〉
veneer preparing machine／調板機械〈158〉
veneer reeling and unreeling machine／単板巻取り巻戻し機械〈153〉，リーリング・アンリーリング〈253〉
veneer reeling machine／単板巻取り機械〈153〉

veneer roller press for woodworking／木工単板ローラプレス〈243〉
veneer slicing／単板切削〈152〉，ベニヤ切削〈219〉
veneer slicing perpendicular to grain／横突き〈250〉
veneer splicer／ベニヤスプライサ〈219〉
veneer stacker／ベニヤスタッカ〈219〉
veneer taping machine／ベニヤテーピングマシン〈219〉
veneer thickness／単板歩出し厚さ〈153〉
veneer unreeling machine／単板巻戻し機械〈153〉
verneer knife grinding machine／ベニヤナイフ研削盤〈219〉
vernier caliper／ノギス〈185〉
vernier height gauge／ハイトゲージ〈189〉
vernier scale／バーニヤ目盛〈188〉
vertical belt sander／立ベルトサンダ〈148〉
vertical cutting force component／垂直分力〈118〉
vertical gap／垂直絞り率〈118〉
vertical head／主軸頭〈107〉
vertical joint／縦継ぎ【単板の—】〈147〉
vertical nose bar compression／ノーズバーの垂直絞り〈185〉，刃口垂直方向絞り〈191〉
vertical nose bar distance／刃口垂直［方向］間隔〈191〉
vertical nose bar opening／刃口垂直方向開き〈191〉
vertical pressure bar opening／垂直絞り率〈118〉
vertical side planer／自動木端削り鉋盤，自動こば削り鉋盤〈100〉
vertical slicer／縦形スライサ〈146〉
vertical spindle tenoner／立軸ほぞ(枘)取り盤，縦軸ほぞ(枘)取り盤〈146〉
vertical wood milling machine／木工立フライス盤，木工縦フライス盤〈242〉
vessel／道管〈169〉
vessel element／道管要素〈169〉
vessel member／道管要素〈169〉
vibration absorber／吸振材［料］〈56〉
vibration cutting／振動切削〈116〉，揺動切削〈248〉
vibration damping material／ダンピング材［料］〈153〉
vibration insulator／防振材［料］〈223〉
vibration level／振動レベル〈116〉
vibration meter／振動計〈116〉
vibration sandinng／振動研削〈116〉
vibration screen／振動ふるい(篩)分級機〈116〉
vibratory cutting／振動切削〈116〉，揺動切削〈248〉
vibratory sannding／振動研削〈116〉
vibroscope／振動計〈116〉
Vickers hardness／ビッカース硬さ〈201〉

viscoelasticity／粘弾性〈184〉
viscosity／粘性〈184〉
visible outline／外形線〈38〉
visible radiation／可視光［線］，可視放射〈42〉
visual stress grading／ビジュアルグレーディング〈201〉，目視等級区分〈240〉
visual test／目視試験〈239〉
vitrified grinding wheels／ビトリファイド研削砥石〈202〉
vitrified wheel／ビトリファイド砥石〈202〉
volatile organic compounds／揮発性有機化合物〈54〉，VOC〈207〉
volume estimate method／材積計算法【丸太の—】〈86〉
volume recovery／形量歩止り〈65〉
volume scaling method／材積計算法【丸太の—】〈86〉
volume yield／形量歩止り〈65〉

W

waferboard／ウェファボード〈20〉
wallet／木槌〈54〉
wane／かつおぶし〈43〉，はな落ち，端落ち，鼻落ち〈194〉，丸身〈232〉
warehousing management／倉庫管理〈137〉
warp／狂い〈63〉，反り〈141〉，曲り【製材の—】〈227〉
warping both widthwise and lengthwise／波反り〈177〉
washboard／ウォッシュボード〈20〉
washer／座金〈88〉
waste wood／廃材〈189〉
water absorption test／吸水量試験〈56〉
water-based adhesive／水性接着剤〈117〉
water-based plymer-isocyanate adhesive [for wood]／水性高分子‐イソシアネート系［木材］接着剤〈117〉
water-based vinyl urethane adhesive／水性ビニルウレタン系木材接着剤〈117〉
water borne adhesive／水性接着剤〈117〉
water content／吸水量〈56〉
water jet machining／ウォータジェット加工〈20〉
water pocket／ウォータポケット〈20〉
waterproof abrasive papers／耐水研磨紙〈143〉
waterproof coated abrasive／耐水研磨布紙〈143〉
water quenching／水焼入れ〈233〉
water resistance／耐水性【合板の—】〈144〉
water saturated condition／飽水状態〈223〉
wattmeter method／ワットメータ法〈265〉

waviness／うねり〈21〉
waviness motif／うねりモチーフ〈21〉
waviness profile／うねり曲線〈21〉
wavy grain／波状木理〈193〉
wavy-grain figure／縮杢〈155〉
weak axis direction／弱軸方向〈103〉
wear／摩耗【工具の—】〈230〉
wear land width／摩耗帯幅〈230〉
wearproof / abrasion resistance of plywood／耐摩耗性【合板の—】〈144〉
weatherproof／耐候性【合板の—】〈143〉
weather resistance／耐候性【合板の—】〈143〉
web／ウェブ【ドリルの—】〈20〉
web angle／ウェブ角【ドリルの—】〈20〉
web thickness／心厚【ドリルの—】〈114〉
wedge／楔〈61〉
wedge angle／刃先角〈192〉，刃物角，刃物角〈195〉
weighted mean／重み付き平均〈36〉
weighted sound pressure level／重み付け音圧レベル〈36〉
weighting function／重み関数【輪郭曲線フィルタの—】〈36〉
weight loss／質量減少率〈98〉
welded tool／溶接工具〈248〉
welding bench／溶接台〈248〉
wet-and-dry-bulb hygrometer／乾湿球湿度計〈47〉
wet-bending test／湿潤曲げ試験〈98〉
wet-bulb depression／乾湿球温度差〈47〉
wet forming machine／湿式抄造機〈98〉
wet heartwood／多湿心材〈145〉
wet particle conveyor silo／生材小片供給装置〈176〉
wet silo／ウェットサイロ〈19〉
wetting／ぬれ(濡れ)〈181〉
wetwood／水食(喰)材〈232〉
wheel／大歯車〈30〉
wheeled pallet／ロールパレット〈262〉
wheel polishing sander／ホイールサンダ〈221〉
wheel tilter／鋸車仰伏装置〈186〉
white fused alumina abrasives／白色アルミナ研削材〈190〉
white light／白色光〈190〉
white noise／白色雑音〈190〉，ホワイトノイズ〈225〉
white X-rays／白色Ｘ線〈190〉
Whitworth thread／ウィットねじ〈19〉
wicket dryer／ウィケット乾燥機，ウィケットドライヤ〈19〉
wick lubrication／灯心潤滑〈170〉
wide belt sander／ワイドベルトサンダ〈264〉
width of annual ring／年輪幅〈184〉
width of cut／切削幅〈130〉

width of heel grinding／縁取り幅〈210〉
width of hewn lumber／幅【そま角の—】〈195〉
width of land／マージン幅【ドリルの—】〈226〉
width of margin／マージン幅【ドリルの—】〈226〉
Wien's displacement law／ウィーンの変位則〈19〉
winch／ウインチ〈19〉，巻揚げ式搬入装置〈228〉
wing cutter／ウイングカッタ〈19〉
winkle／しわ(皺)【合板の—】〈114〉
wire electric discharge machining／ワイヤ放電加工〈264〉
wire [resistance] strain gauge／抵抗線ひずみ(歪)ゲージ〈163〉
withdrawal resistance／引抜き抵抗〈200〉
wood based materials／木質材料〈239〉
wood-based panels／木質ボード類〈240〉
wood bending／曲げ加工〈228〉
wood borer／木工穿孔盤〈242〉，木工ボール盤〈243〉
wood borer for construction material／建築材穿孔盤〈70〉
wood boring lathe／穴あけ旋盤〈10〉，木工穴あけ盤〈241〉
wood carving／木彫〈240〉
wood chip／木材チップ〈239〉
wood copying lathe／自動倣い旋盤〈101〉，木工倣い旋盤〈243〉
wood deck／ウッドデッキ〈21〉
wood drilling machine／木工ボール盤〈243〉
wood drum sander／木工ドラムサンダ〈243〉
wood dryer／木材乾燥機械〈239〉，木工乾燥機械〈242〉
wooden box／木箱〈54〉
wooden mosaic／寄木細工〈250〉
wooden nail／木釘〈52〉
wooden peg／木釘〈52〉
wood face lathe／木工正面旋盤〈242〉
wood failure／木部破断〈240〉
wood failure ratio／木部破断率〈240〉
wood fiber／木繊維，木部繊維〈240〉
wood filler／目止め剤〈237〉
wood filling／目止め〈237〉
wood filling machine／目止め機〈237〉
wood flour／木粉〈240〉
wood frame construction／木造枠組壁構法〈240〉
wood lathe／木工簡易旋盤〈241〉
wood lathe machine／木工旋盤〈242〉
wood milling machine／木工フライス盤〈243〉
wood multi-cut lathe／木管仕上旋盤〈241〉，木工多刃旋盤〈242〉
wood panel construction／木造パネル構法〈240〉
wood plastic combination／WPC〈148〉

wood plastic composite／WPC〈148〉
wood plug／埋め木〈21〉
wood preseravation process／保存処理〈224〉
wood preservation apparatus／保存処理装置〈224〉
wood preservatives／防腐剤〈223〉
wood profiling lathe／自動倣い旋盤〈101〉，木工倣い旋盤〈243〉
wood refuse／廃材〈189〉
wood residue／廃材〈189〉
wood residues／屑材〈61〉
wood screw／木ねじ〈240〉
wood shaping lathe／カッタ旋盤〈44〉，木工カッタ旋盤〈241〉
wood turning lathe／普通旋盤〈211〉，木工普通旋盤〈243〉
wood volume／材積〈86〉
wood waste／木屑〈52〉，廃材〈189〉
wood waste boiler／木屑ボイラ〈52〉
wood wide belt sander／木工ワイドベルトサンダ〈244〉
wood wool／木毛〈240〉
woodworking machinery／木材加工機械〈239〉
woodworking tool grinder／木工工具研削盤〈242〉
wooly grain／毛羽立ち〈67〉
work bench／工作台〈73〉
work element／要素作業〈248〉
work holder／工作物保持台〈73〉
work holding device／工作物保持装置〈73〉
working accuracy／工作精度〈73〉
working angles／作用系角〈90〉
working distance／作動距離【顕微鏡の―】〈89〉
working reference plane／基準面〈53〉
working time／可使時間〈42〉
work-in-process／仕掛品〈94〉
work management／作業管理〈88〉
work material／被削材〈200〉
work measurement／作業測定〈88〉
work piece／工作物〈73〉
work-piece／被削材〈200〉
workpiece material／被削材〈200〉
work study／作業研究〈88〉
work surface／被削面〈200〉
work table／工作物取付台〈73〉
work unit／単位作業〈150〉
worm／ウォーム〈20〉
worm wheel／ウォームホイール〈20〉
W-parameter／うねりパラメータ〈21〉

X

X-ray radiography／X線透過試験，X線ラジオグラフィー〈25〉
X-ray stress measuring method／X線応力測定法〈24〉
X-ray tube／X線管〈25〉
xylan／キシラン〈53〉
xylem／木部〈240〉
XYZ colorimetric system／XYZ表色系〈25〉

Y

Yates band saw／イエーツ型帯鋸盤〈14〉
yaw／ヨー〈249〉
yield／歩留り，歩止り〈211〉
Young's modulus／ヤング係数，ヤング率〈246〉
Young's modulus in compression parallel to grain／縦圧縮ヤング係数〈146〉
Young's modulus in compression perpendicular to grain／横圧縮ヤング係数〈249〉
Young's modulus in tension parallel to grain／縦引張ヤング係数〈148〉
Young's modulus in tension perpendicular to grain／横引張ヤング係数〈250〉

Z

zero emission／ゼロエミッション〈133〉
ZN nail／ZN釘〈132〉
zone line／帯線〈144〉
zoom lens／ズームレンズ〈119〉

関連規格，参考文献・出典

《関連規格》

日本工業規格（JIS：Japanese Industrial Standards）

A 0202:2008	断熱用語
A 5102:1995	天然スレート
A 5404:2007	木質系セメント板
A 5422:2008	窯業系サイディング
A 5423:2007	住宅屋根用化粧スレート
A 5426:1995	スレート・木毛セメント積層板〔廃止〕
A 5508:2009	くぎ
A 5905:2003	繊維板
A 5908:2003	パーティクルボード
A 6901:2009	せっこうボード製品
B 0021:1998	製品の幾何特性仕様（GPS）―幾何公差表示方式―形状，姿勢，位置及び振れの公差表示方式
B 0031:2003	製品の幾何特性仕様（GPS）―表面性状の図示方法
B 0101:1994	ねじ用語
B 0102:1999	歯車用語―幾何学的定義
B 0103:2012	ばね用語
B 0104:1991	転がり軸受用語
B 0105:2012	工作機械―名称に関する用語
B 0106:1996	工作機械―部品及び工作方法―用語
B 0107:1991	バイト用語
B 0114:1997	木材加工機械―用語
B 0153:2001	機械振動・衝撃用語
B 0170:1993	切削工具用語（基本）
B 0171:2005	ドリル用語
B 0172:1993	フライス用語
B 0181:1998	産業オートメーションシステム―機械の数値制御―用語
B 0182:1993	工作機械―試験及び検査用語
B 0185:2002	知能ロボット―用語
B 0601:2001	製品の幾何特性仕様（GPS）―表面性状:輪郭曲線方式―用語，定義及び表面性状パラメータ
B 0610:2001	製品の幾何特性仕様（GPS）―表面性状:輪郭曲線方式―転がり円うねりの定義及び表示
B 0612:2002	製品の幾何特性仕様（GPS）―円すいのテーパ比及びテーパ角度の基準値
B 0615:2002	製品の幾何特性仕様（GPS）―プリズムの角度及びこう配の基準値
B 0621:1984	幾何偏差の定義及び表示
B 0631:2000	製品の幾何特性仕様（GPS）―表面性状:輪郭曲線方式―モチーフパラメータ
B 0632:2001	製品の幾何特性仕様（GPS）―表面性状:輪郭曲線方式―位相補償フィルタの特性

B 0633:2001	製品の幾何特性仕様(GPS)―表面性状:輪郭曲線方式―表面性状評価の方式及び手順	
B 0641-1:2001	製品の幾何特性仕様(GPS)―製品及び測定装置の測定による検査―第1部:仕様に対する合否判定基準	
B 0651:2001	製品の幾何特性仕様(GPS)―表面性状:輪郭曲線方式―触針式表面粗さ測定機の特性	
B 0659-1:2002	製品の幾何特性仕様(GPS)―表面性状:輪郭曲線方式;測定標準―第1部:標準片	
B 0670:2002	製品の幾何特性仕様(GPS)―表面性状:輪郭曲線方式―触針式表面粗さ測定機の校正	
B 0671-1:2002	製品の幾何特性仕様(GPS)―表面性状:輪郭曲線方式;プラトー構造表面の特性評価―第1部:フィルタ処理及び測定条件	
B 0671-2:2002	製品の幾何特性仕様(GPS)―表面性状:輪郭曲線方式;プラトー構造表面の特性評価―第2部:線形表現の負荷曲線による高さの特性評価	
B 0671-3:2002	製品の幾何特性仕様(GPS)―表面性状:輪郭曲線方式;プラトー構造表面の特性評価―第3部:正規確率紙上の負荷曲線による高さの特性評価	
B 0672-1:2002	製品の幾何特性仕様(GPS)―形体―第1部:一般用語及び定義	
B 0672-2:2002	製品の幾何特性仕様(GPS)―形体―第2部:円筒及び円すいの測得中心線,測得中心面並びに測得形体の局部寸法	
B 0680:2007	製品の幾何特性仕様(GPS)―製品の幾何特性仕様及び検証に用いる標準温度	
B 1112:1995	十字穴付き木ねじ	
B 1135:1995	すりわり付き木ねじ	
B 3000:2010	FA―用語	
B 4053:1998	切削用超硬質工具材料の使用分類及び呼び記号の付け方	
B 4706:1966	製材のこやすり	
B 4634:1998	ドリルチャック	
B 4708:1997	ベニヤレースナイフ	
B 4709:1997	木工機械用平かんな刃	
B 4710:1997	木工用縦みぞカッタ	
B 4711:1991	木工機械用回転かんな胴	
B 4802:1998	木工用丸のこ	
B 4803:1998	木工用帯のこ	
B 4805:1989	超硬丸のこ	
B 6501:1975	木材加工機械の試験方法通則	
B 6502:1990	かんな盤の試験及び検査方法	
B 6507:1981	木材加工機械の安全通則	
B 6508-1:1999	木材加工機械―丸のこ盤―第1部:丸のこ盤の試験及び検査方法	
B 6508-2:1999	木材加工機械―丸のこ盤―第2部:ラジアル丸のこ盤の名称及び検査方法	
B 6508-3:1999	木材加工機械―丸のこ盤―第3部:走行丸のこ盤の名称及び検査方法	
B 6508-4:1999	木材加工機械―丸のこ盤―第4部:テーブル移動丸のこ盤の名称及び検査方法	
B 6508-5:1999	木材加工機械―丸のこ盤―第5部:ギャングリッパの名称及び検査方法	
B 6509:1990	帯のこ盤及び送材装置の試験及び検査方法	
B 6510:1989	面取り盤の試験及び検査方法	
B 6511:1999	木材加工機械―ルーター名称及び検査方法	
B 6512:1989	リッパの試験及び検査方法	
B 6513:1989	木工フライス盤の試験及び検査方法	

B 6514:1989	角のみ盤の試験及び検査方法
B 6515:1989	ほぞ取り盤の試験及び検査方法
B 6516:1989	かんな刃研削盤の試験及び検査方法
B 6517:1989	木工ボール盤の試験及び検査方法
B 6518:1990	モルダの試験及び検査方法
B 6519:1990	木工帯のこ盤の試験及び検査方法
B 6520:1994	仕上かんな盤―試験及び検査方法
B 6521:1978	木材加工機械の騒音測定方法
B 6542:1991	ベニヤレース―試験及び検査方法
B 6543:1991	ベニヤナイフ研削盤―試験及び検査方法
B 6545:1991	ドラムサンダ―試験及び検査方法
B 6546:1991	ワイドベルトサンダ―試験及び検査方法
B 6547:1991	ローラ乾燥機―試験及び検査方法
B 6548:1991	ホットプレス―試験及び検査方法
B 6549:1991	グルースプレッダ―試験及び検査方法
B 6550:1991	バンド乾燥機―試験及び検査方法
B 6555:1990	帯のこロール機の試験及び検査方法
B 6556:1990	帯のこ歯研削盤の試験及び検査方法
B 6571:1992	数値制御木工機械―操作表示記号
B 6572:1992	数値制御ルータ―試験及び検査方法
B 6595:1991	ロータリクリッパ―試験及び検査方法
B 6596:1991	ダブルサイザ―試験及び検査方法
B 6599:1991	スライサ―試験及び検査方法
B 6600:1978	リッパ及びギャングリッパの構造の安全基準
B 6601:1983	自動一面かんな盤の構造の安全基準
B 6602:1983	面取り盤の構造の安全基準
B 6603:1983	ルータの構造の安全基準
B 6605:1983	テーブル帯のこ盤の構造の安全基準
B 6606:1983	自動ローラ帯のこ盤の構造の安全基準
B 6607:1983	送材車付き帯のこ盤の構造の安全基準
B 6608:1983	ベニヤレースの構造の安全基準
B 6609:1983	ホットプレスの構造の安全基準
B 6905:1995	金属製品熱処理用語
B 7440-1:2003	製品の幾何特性仕様(GPS)―座標測定機(CMM)の受入検査及び定期検査―第1部:用語
B 7440-2:2003	製品の幾何特性仕様(GPS)―座標測定機(CMM)の受入検査及び定期検査―第2部:寸法測定
B 7440-3:2003	製品の幾何特性仕様(GPS)―座標測定機(CMM)の受入検査及び定期検査―第3部:ロータリテーブル付き座標測定機
B 7440-4:2003	製品の幾何特性仕様(GPS)―座標測定機(CMM)の受入検査及び定期検査―第4部:スキャニング測定
B 7440-5:2004	製品の幾何特性仕様(GPS)―座標測定機(CMM)の受入検査及び定期検査―第5部:マルチスタイラス測定
B 7440-6:2004	製品の幾何特性仕様(GPS)―座標測定機(CMM)の受入検査及び定期検査―第6部:ソフトウェア検査
B 7502:1994	マイクロメータ
B 7503:2011	ダイヤルゲージ

B 7506:2004	ブロックゲージ
B 7507:1993	ノギス
B 7510:1993	精密水準器
B 7512:2005	鋼製巻尺
B 7513:1992	精密定盤
B 7514:1977	直定規
B 7515:1982	シリンダゲージ
B 7516:2005	金属製直尺
B 7517:1993	ハイトゲージ
B 7518:1993	デプスゲージ
B 7519:1994	指針測微器
B 7520:1981	指示マイクロメータ
B 7522:2005	繊維製巻尺
B 7523:1977	サインバー
B 7524:2008	すきまゲージ
B 7526:1995	直角定規
B 7539:1971	円筒スコヤ
B 7540:1972	Vブロック
B 7541:2001	標準尺
B 7543:2005	三角スケール
B 7544:1994	デプスマイクロメータ
B 7545:1982	テストバー
C 1509-1:2005	電気音響—サウンドレベルメータ(騒音計)—第1部:仕様
C 1509-2:2005	電気音響—サウンドレベルメータ(騒音計)—第2部:型式評価試験
C 9029-1:2006	可搬形電動工具の安全性—第1部:一般要求事項
C 9029-2-1:2006	可搬形電動工具の安全性—第2-1部:丸のこ盤の個別要求事項
C 9029-2-2:2006	可搬形電動工具の安全性—第2-2部:ラジアルアームソーの個別要求事項
C 9029-2-3:2006	可搬形電動工具の安全性—第2-3部:かんな盤及び一面かんな盤の個別要求事項
C 9029-2-4:2006	可搬形電動工具の安全性—第2-4部:卓上グラインダの個別要求事項
C 9029-2-5:2006	可搬形電動工具の安全性—第2-5部:帯のこ盤の個別要求事項
C 9029-2-6:2006	可搬形電動工具の安全性—第2-6部:給水式ダイヤモンドドリルの個別要求事項
C 9029-2-7:2006	可搬形電動工具の安全性—第2-7部:給水式ダイヤモンドソーの個別要求事項
C 9029-2-8:2006	可搬形電動工具の安全性—第2-8部:単軸立面取り盤の個別要求事項
C 9029-2-9:2006	可搬形電動工具の安全性—第2-9部:マイタソーの個別要求事項
C 9029-2-10:2006	可搬形電動工具の安全性—第2-10部:切断機の個別要求事項
C 9029-2-11:2006	可搬形電動工具の安全性—第2-11部:マイタベンチソーの個別要求事項
C 9605:1988	携帯電気ドリル
C 9610:2006	携帯電気グラインダ
C 9625:1976	携帯電気かんな
C 9626:1992	携帯電気丸のこ
C 9745-1:2009	手持ち形電動工具の安全性—第1部:通則
C 9745-2-1:2009	手持ち形電動工具の安全性—第2-1部:ドリル及び振動ドリルの個別要求事項
C 9745-2-2:2009	手持ち形電動工具の安全性—第2-2部:電気スクリュドライバ及びインパクトレンチの個別要求事項
C 9745-2-3:2009	手持ち形電動工具の安全性—第2-3部:グラインダ,ポリッシャ及びディスクサンダの個別要求事項

C 9745-2-4:2009	手持ち形電動工具の安全性―第2-4部:ディスクタイプ以外のサンダ及びポリッシャの個別要求事項	
C 9745-2-5:2009	手持ち形電動工具の安全性―第2-5部:丸のこの個別要求事項	
C 9745-2-6:2009	手持ち形電動工具の安全性―第2-6部:ハンマの個別要求事項	
C 9745-2-11:2009	手持ち形電動工具の安全性―第2-11部:往復動のこぎり(ジグソー及びセーバーソー)の個別要求事項	
C 9745-2-13:2000	手持ち形電動工具の安全性―第2-13部:チェーンソーの個別要求事項	
C 9745-2-14:2009	手持ち形電動工具の安全性―第2-14部:かんなの個別要求事項	
C 9745-2-16:2000	手持ち形電動工具の安全性―第2-16部:タッカの個別要求事項	
C 9745-2-17:2009	手持ち形電動工具の安全性―第2-17部:ルータ及びトリマの個別要求事項	
G 0201:2000	鉄鋼用語(熱処理)	
G 0202:1987	鉄鋼用語(試験)	
G 0203:2000	鉄鋼用語(製品及び品質)	
G 0204:2000	鉄鋼用語(鋼製品の分類及び定義)	
G 4401:2009	炭素工具鋼鋼材	
G 4403:2006	高速度工具鋼鋼材	
G 4404:2006	合金工具鋼鋼材	
G 7701:2000	工具鋼(ISO仕様)	
H 7002:1989	制振材料用語	
P 0001:1998	紙・板紙及びパルプ用語	
R 6001:1998	研削といし用研磨材の粒度	
R 6004:2010	研磨材,結合研削材といし及び研磨布紙―用語及び記号	
R 6010:2000	研磨布紙用研磨材の粒度	
R 6111:2005	人造研削材	
R 6211-6:2003	結合研削材といし―寸法―第6部:工具研削用研削といし	
R 6251:2006	研磨布	
R 6252:2006	研磨紙	
R 6253:2006	耐水研磨紙	
R 6255:2006	研磨ディスク	
R 6256:2006	研磨ベルト	
R 6257:2006	円筒研磨スリーブ	
R 6258:2006	軸付研磨フラップホイール	
R 6259:2006	フランジ形研磨フラップホイール	
R 6261:2006	研磨フラップディスク	
Z 0106:1997	パレット用語	
Z 0107:1974	木箱用語	
Z 2101:2009	木材の試験方法	
Z 2243:2008	ブリネル硬さ試験―試験方法	
Z 2244:2009	ビッカース硬さ試験―試験方法	
Z 2245:2011	ロックウェル硬さ試験―試験方法	
Z 2246:2000	ショア硬さ試験―試験方法	
Z 2251:2009	ヌープ硬さ試験―試験方法	
Z 2255:2003	超微小負荷硬さ試験方法	
Z 2300:2009	非破壊試験用語	
Z 2500:2000	粉末や(冶)金用語	
Z 3001-1:2008	溶接用語―第1部:一般	
Z 3001-2:2008	溶接用語―第2部:溶接方法	

Z 3001-3 : 2008	溶接用語―第3部：ろう接
Z 3001-4 : 2008	溶接用語―第4部：融接不完全部
Z 3261 : 1998	銀ろう
Z 8103 : 2000	計測用語
Z 8105 : 2000	色に関する用語
Z 8106 : 2000	音響用語
Z 8113 : 1998	照明用語
Z 8114 : 1999	製図―製図用語
Z 8116 : 1994	自動制御用語――一般
Z 8120 : 2001	光学用語
Z 8141 : 2001	生産管理用語
Z 8144 : 2004	官能評価分析―用語
Z 8301 : 2011	規格票の様式及び作成方法
Z 8310 : 2010	製図総則
Z 8813 : 1994	浮遊粉じん濃度測定方法通則
X 0001 : 1994	情報処理用語―基本用語

日本農林規格（JAS：Japanese Agricultural Standard）

製材の日本農林規格	平成19年8月29日制定
枠組壁工法構造用製材の日本農林規格	平成22年7月9日改正
集成材の日本農林規格	平成24年6月21日改正
枠組壁工法構造用たて継ぎ材の日本農林規格	平成22年7月9日改正
単板積層材の日本農林規格	平成20年5月13日制定
構造用パネルの日本農林規格	平成20年6月10日改正
合板の日本農林規格（1）(2)	平成20年12月2日改正
フローリングの日本農林規格	平成20年6月10日改正
素材の日本農林規格	平成24年3月28日確認

ASTM（American Society for Testing and Materials）

D9-12	Standard Terminology Relating to Wood and Wood-Based Products
D1038-11	Standard Terminology Relating to Veneer and Plywood
D1554-10	Standard Terminology Relating to Wood-Base Fiber and Particle Panel Materials
D1666-11	Standard Test Methods for Conducting Machining Tests of Wood and Wood-Base Materials

ANSI（American National Standards Institute）

B11.10 : 2003	Approved American National Standard Safety Requirements for Metal Sawing Machines
O1.1 : 2009	Approved American National Standard Woodworking Machinery - Safety equirements

ISO（International Organization for Standardization）

2726 : 1995	Woodworking tools -- Metal-bodied bench planes, plane cutters and cap irons
2729 : 1995	Woodworking tools -- Chisels and gouges

2730: 1973　Woodworking tools -- Wooden bodied planes
2935: 1974　Circular saw blades for woodworking -- Dimensions
3295: 1975　Narrow bandsaw blades for woodworking -- Dimensions
7006: 1981　Woodworking machines -- Diameters of spindles for receiving circular sawblades
7007: 1983　Woodworking machines -- Table bandsawing machines -- Nomenclature and acceptance conditions
7008: 1983　Woodworking machines -- Single blade circular saw benches with or without travelling table -- Nomenclature and acceptance conditions
7009: 1983　Woodworking machines -- Single spindle moulding machines -- Nomenclature and acceptance conditions
7294: 1983　Saw teeth for woodworking saws -- Profile shape -- Terminology and designation
7568: 1986　Woodworking machines -- Thickness planing machines with rotary cutterblock for one-side dressing -- Nomenclature and acceptance conditions
7569: 1986　Woodworking machines -- Planing machines for two-, three- or four-side dressing -- Nomenclature and acceptance conditions
7570: 1986　Woodworking machines -- Surface planing and thicknessing machines -- Nomenclature and acceptance conditions
7571: 1986　Woodworking machines -- Surface planing machines with cutterblock for one-side dressing -- Nomenclature and acceptance conditions
7945: 1985　Woodworking machines -- Single spindle boring machines -- Nomenclature and acceptance conditions
7946: 1985　Woodworking machines -- Slot mortising machines -- Nomenclature and acceptance conditions
7947: 1985　Woodworking machines -- Two-, three- and four-side moulding machines -- Nomenclature and acceptance conditions
7948: 1987　Woodworking machines -- Routing machines -- Nomenclature and acceptance conditions
7949: 1985　Woodworking machines -- Veneer pack edge shears -- Nomenclature and acceptance conditions
7950: 1985　Woodworking machines -- Single chain mortising machines -- Nomenclature and acceptance conditions
7957: 1987　Woodworking machines -- Radial circular saws -- Nomenclature and acceptance conditions
7958: 1987　Woodworking machines -- Single blade stroke circular sawing machines for lengthwise cutting of solid woods and panels -- Nomenclature and acceptance conditions
7959: 1987　Woodworking machines -- Double edging precision circular sawing machines -- Nomenclature and acceptance conditions
7960: 1995　Airborne noise emitted by machine tools -- Operating conditions for woodworking machines
7983: 1988　Woodworking machines -- Single blade circular sawing machines with travelling table -- Nomenclature and acceptance conditions
7984: 1988　Woodworking machines -- Technical classification of woodworking machines and auxiliary machines for woodworking
7987: 1985　Woodworking machines -- Turning lathes -- Nomenclature and acceptance conditions
7988: 1988　Woodworking machines -- Double-end tenoning machines -- Nomenclature and acceptance conditions

9264: 1988　Woodworking machines -- Narrow belt sanding machines with sliding table or frame -- Nomenclature
9265: 1988　Woodworking machines -- Multi-spindle boring machines -- Nomenclature
9266: 1988　Woodworking machines -- Universal tool and cutter sharpeners -- Nomenclature
9267: 1988　Woodworking machines -- Bandsaw blade sharpening machines -- Nomenclature
9375: 1989　Woodworking machines -- Disc sanding machines with spindle in fixed position -- Nomenclature
9414: 1989　Woodworking machines -- Curtain coating machines -- Nomenclature
9415: 1989　Woodworking machines -- Wide belt sanding machines -- Nomenclature
9451: 1989　Woodworking machines -- Hand-loading veneering presses for flat surfaces -- Nomenclature
9452: 1989　Woodworking machines -- Crosswise veneer splicing machines -- Nomenclature
9535: 1989　Woodworking machines -- Machines for production of core stock from laths -- Nomenclature
9536: 1989　Woodworking machines -- Mortising machines with oscillating tool action -- Nomenclature
9537: 1989　Woodworking machines -- Single-end edge bonding machines -- Nomenclature
9558: 1989　Woodworking machines -- Veneer slicing machines -- Nomenclature
9566: 1989　Woodworking machines -- Single-end tenoning machines with several spindles -- Nomenclature
9567: 1989　Woodworking machines -- Horizontal shredding machines for wood wool production, quadruple effect -- Nomenclature
9615: 1989　Woodworking machines -- Vertical shredding machines for wood wool production, with hydraulic clamping -- Nomenclature
9616: 1989　Woodworking machines -- Circular sawing machines for building sites -- Nomenclature
9617: 1989　Woodworking machines -- Lifting tables and stages -- Nomenclature

(財)日本住宅・木材技術センター関連規格

優良木質建材等認証(AQ認証)
針葉樹製材含水率計認定
木造建築物用接合金物認定

超硬工具協会規格(CIS)

CIS002B	超硬合金用ロックウエルAカタサの協会基準片	1993 改
CIS003B	ロックウエルAカタサの協会基準片取扱規程	1993 改
CIS005C	超硬ヘッダダイ用チップ(ストレート形)	2002 改
CIS006B	超硬合金の有孔度分類標準	2007 改
CIS009B	超硬4角及び6角引抜ダイス用チップ	2002 改
CIS012B	超硬短冊形チップ	2002 改
CIS013B	超硬丸棒チップ	2002 改
CIS019D	耐摩耗・耐衝撃工具用超硬合金及び超微粒子超硬合金の材種選択基準	2005 改
CIS020B	管引ダイス用チップ	2002 改
CIS025B	超硬ガンドリル取り付け部及びパイプの寸法	2007 改
CIS026	超硬合金の曲げ強さ(抗折力)試験方法	2007 改

CIS027	超硬合金のロックウエルA硬さ試験方法	2007 改
CIS028	超硬合金の密度測定法	2007 改
CIS031	超硬合金の保磁力(抗磁力)測定方法	2007 改
CIS032	超硬合金のコバルト電位差滴定定量法	2007 改
CIS034	超硬ヘッダダイ用語	2007 改
CIS035	超硬バイト切削試験方法	1999 制
CIS036	超硬質合金工具材料チップ	1999 制
CIS037	超硬バイト	1999 制
CIS038	超硬引き抜きダイス	1999 制
CIS039	超硬センタ	1999 制
CIS040	鉱山工具用超硬チップ	1999 制

《参考文献・出典》

有馬孝禮ほか(編)(2001):『木質構造』(木材科学講座9), 海青社.
稲本　稔(著)(1986):『機械技術者のための生産管理』, 明現社.
岩波書店辞典編集部(編)(1985):『科学の事典』, 岩波書店.
枝松信之, 森　稔(著)(1963):『製材と木工』(実用木材加工全書 第1巻), 森北出版.
(株)エヌ・ティー・エス(編)(2008):『機械工学便覧：βデザイン編』.
狩野勝吉(著)(1992):『データでみる切削工具の最先端技術』, 工業調査会.
喜多山繁 ほか(著)(1991):『木材の加工』(木材の利用1), 文永堂出版.
建築慣用語研究会(編)(2006):『建築現場実用語辞典(改訂版)』, 井上書院.
建築用語辞典編集委員会(編)(1995):『建築用語辞典』, 技報堂出版.
厚生労働省(2012):「労働安全衛生規則(昭和四十七年九月三十日労働省令第三十二号)」.
小西　信(著)(1982):『木材の接着』, 日本木材加工技術協会.
雇用促進事業団職業訓練部(編)(1985):『製材機械整備：職業訓練実技教科書』, 雇用問題研究会.
実践教育訓練研究協会(編)(1999):『機械用語大辞典』, 日刊工業新聞社.
島地　謙ほか(共著)(1976):『木材の組織』, 森北出版.
森林総合研究所(監修)(2004):『木材工業ハンドブック』, 丸善.
鈴木正治ほか(編)(1999):『木質資源材料 改訂増補』(木材科学講座8), 海青社.
寺澤　眞ほか(著)(1998):『木材の高周波真空乾燥』, 海青社.
寺澤　眞(著)(2004):『木材乾燥のすべて 改訂増補版』, 海青社.
寺澤　眞, 筒本卓造(著)(1992):『木材の人工乾燥』, 日本木材加工技術協会.
日本機械学会(編)(2006):『機械工学便覧：α4編 流体工学』, 日本機械学会.
日本建築学会(編)(1993):『建築学用語辞典』, 岩波書店.
日本材料学会木質材料部門委員会(編)(1982):『木材工学辞典』, 工業出版.
日本材料学会木質材料部門委員会(編)(1992):『木材科学略語辞典』, 海青社.
日本木材加工技術協会(編)(1996):『木材の接着・接着剤』, 産業調査会.
日本木材加工技術協会(編)(2006):「木材乾燥講習会テキスト(平成18年度)」.
日本木材加工技術協会(編)(2011):「木材切削講習会テキスト」.
日本木材加工技術協会関西支部(編)(1995):『木材の基礎科学』, 海青社.
日本木材学会(編)(1972):「材質に関する組織用語集」, 木材学会誌 18(3).

日本木材学会（編）(1975)：「国際木材解剖用語集」，木材学会誌 21(9).
日本木材学会（編）(1989)：『木材科学実験書』，中外産業調査会.
日本木材学会（編）(2008)：「「木粉とプラスチックを混練，成形した複合材の名称，略称」に関して」，http://www.jwrs.org/board/WPC080421.pdf（2008年4月21日）.
日本流体力学会（編）(1998)：『流体力学ハンドブック 第2版』，丸善.
農林水産省（2009）：「農林物資の規格化及び品質表示の適正化に関する法律（昭和二十五年五月十一日法律第百七十五号）」
農商務省山林局（編）(1912)：『木材ノ工藝的利用』，大日本山林会.
原田　浩ほか（共著）(1985)：『木材の構造』（木材の科学1），文永堂出版.
番匠谷薫ほか（編）(2007)：『切削加工 第2版』（木材科学講座6），海青社.
福島和彦ほか（編）(2011)：『木質の形成 第2版』，海青社.
（株）不二越（編）(2005)：製品カタログ「フライス用サーメット NAX シリーズ」.
伏谷賢美ほか（共著）(1985)：『木材の物理』（木材の科学2），文永堂出版.
プラントル，L., ティチェンス，O.（著）(1944)：『航空流体力学』，理工学出版.
古野　毅，澤辺　攻（編）(2011)：『組織と材質 第2版』（木材科学講座2），海青社.
木材切削加工用語辞典編集委員会（編）(1993)：『木材切削加工用語辞典』，文永堂出版.
木材乾燥低コスト化技術研究組合（編）(2003)：「木材乾燥低コスト化技術研究成果報告書」.
木材・樹木用語研究会（編著）(2004)：『木材・樹木用語辞典』，井上書院.
守屋富次郎（著）(1972)：『空気力学序論』，培風館.
文部省学術奨励審議会学術用語分科審議会（編）(1954)：『学術用語集：土木工学編』，土木学会.
文部省学術奨励審議会学術用語分科審議会（編）(1955)：『学術用語集：建築学編』，日本建築学会.
林業Wikiプロジェクト（編）(2007)：『現代林業用語辞典』，日本林業調査会.
EUMABOIS（2005）： Common Instructions for Use, http://www.eumabois.com/content/view/68/64/（2013.2.28 確認）.
EUMABOIS（2008）： New Nomenclature: Products and services for the forestry and wood industries, http://www.eumabois.com/content/view/31/36/（2013.2.28 確認）.
Forest Products Laboratory (1999): *Wood Handbook — Wood as an Engineering Material*, General Technical Report 113, Madison, WI: U.S. Department of Agriculture, Forest Service, Forest Products Laboratory, 463p.
McKenzie, W. M. and Bolza, E. (1965): "Uniform Terminology for Important Wood Cutting Operations: In English, German, French and Spanish. Amended Proposal", Presented at meeting of IUFRO, section 41, October, 1965.

英文タイトル
Glossary of Wood and Wood Machining Terms

もくざいかこうようごじてん
木材加工用語辞典

発 行 日	2013 年 3 月 30 日 初版第 1 刷
定 価	カバーに表示してあります
編 集	日本木材学会 機械加工研究会
発 行 者	宮 内　久

海青社 Kaiseisha Press
〒520-0112　大津市日吉台 2 丁目 16-4
Tel. (077) 577-2677　Fax. (077) 577-2688
http://www.kaiseisha-press.ne.jp
郵便振替　01090-1-17991

© 2013 Research Group for Wood Machining, Japan Wood Research Society
● ISBN978-4-86099-229-3 C3561　● Printed in JAPAN
● 乱丁落丁はお取り替えいたします

本書のコピー、スキャン、デジタル化等の無断複製は著作権法上での例外を除き禁じられています。本書を代行業者等の第三者に依頼してスキャンやデジタル化することはたとえ個人や家庭内の利用でも著作権法違反です。

◆ 海青社の本・好評発売中 ◆

木力検定 ①木を学ぶ100問 ②もっと木を学ぶ100問
井上雅文・東原貴志 編著

木を使うことが環境を守る？木は呼吸するってどういうこと？鉄に比べて木は弱そう、大丈夫かなあ？本書はそのような素朴な疑問について、楽しく問題を解きながら木の正しい知識を学べる100問を厳選して掲載。

〔四六判・各巻定価1,000円〕

カラー版 日本有用樹木誌
伊東隆夫・佐野雄三・安部 久・内海泰弘・山口和穂

"適材適所"を見て、読んで、楽しめる樹木誌。古来より受け継がれるわが国の「木の文化」を語る上で欠かすことのできない約100種の樹木について、その生態と、特に材の性質や用途をカラー写真とともに紹介。オールカラー。

〔ISBN978-4-86099-248-4／A5判・238頁・定価3,500円〕

木材のクールな使い方 COOL WOOD JAPAN (和文)
日本木材青壮年団体連合会 編

日本木青連が贈る消費者の目線にたった住宅や建築物に関する木材利用の事例集。おしゃれで、趣があり、やすらぎを感じる「木づかい」の数々をカラーで紹介。木の見える感性豊かな暮らしを提案。オールカラー。

〔ISBN978-4-86099-281-1／A4判・99頁・定価2,500円〕

桐で創る低炭素社会
黒岩陽一郎 著

早生樹「桐」が、家具・工芸品としての用途だけでなく、防火扉や壁材といった住宅建材として利用されることにより、荒れ放題の日本の森林・林業が救われ、さらには低炭素社会の創生にも貢献すると確信する著者が、期待を込め熱く語る。

〔ISBN978-4-86099-235-4／B5判・100頁・定価2,500円〕

木材接着の科学
作野友康・高谷政広・梅村研二・藤井一郎 編

木材と接着剤の種類や特性から、木材接着のメカニズム、接着性能評価、LVL・合板といった木質材料の製造方法、施工方法、VOC放散基準などの環境・健康問題、廃材処理・再資源化まで、産官学の各界で活躍中の専門家が解説。

〔ISBN978-4-86099-206-4／A5判・211頁・定価2,520円〕

改訂版 木材の塗装
木材塗装研究会 編

日本を代表する木材塗装の研究会による、基礎から応用・実務までを解説した書。会では毎年6月に入門講座、11月にゼミナールを企画、開催している。改訂版では、政令や建築工事標準仕様書等の改定に関する部分について書き改めた。

〔ISBN978-4-86099-268-2／A5判・297頁・定価3,675円〕

木材乾燥のすべて 【改訂増補版】
寺澤 眞 著

「人工乾燥」は、今や木材加工工程の中で、欠くことのできない基礎技術である。本書は、図267、表243、写真62、315樹種の乾燥スケジュールという圧倒的ともいえる豊富な資料で「木材乾燥技術のすべて」を詳述する。増補19頁。

〔ISBN978-4-86099-210-1／A5判・737頁・定価9,990円〕

生物系のための 構造力学
竹村冨男 著

材料力学の初歩、トラス・ラーメン・半剛節骨組の構造解析、およびExcelによる計算機プログラミングを解説。本文中で用いた計算例の構造解析プログラム（マクロ）は、実行・改変できる形式で添付のCDに収録。

〔ISBN978-4-86099-243-9／B5判・315頁・定価4,200円〕

木材科学講座（全12巻）　□は既刊

巻	タイトル	版	価格・ISBN	巻	タイトル		価格・ISBN
1	概論		定価1,953円 ISBN978-4-906165-59-9	7	乾燥	（続刊）	
2	組織と材質	第2版	定価1,937円 ISBN978-4-86099-279-8	8	木質資源材料	改訂増補	定価1,995円 ISBN978-4-906165-80-3
3	物理	第2版	定価1,937円 ISBN978-4-906165-43-8	9	木質構造		定価2,400円 ISBN978-4-906165-71-1
4	化学		定価1,835円 ISBN978-4-906165-44-5	10	バイオマス	（続刊）	
5	環境	第2版	定価1,937円 ISBN978-4-906165-89-6	11	バイオテクノロジー		定価1,995円 ISBN978-4-906165-69-8
6	切削加工	第2版	定価1,932円 ISBN978-4-86099-228-6	12	保存・耐久性		定価1,953円 ISBN978-4-906165-67-4

＊表示価格は5％の消費税を含んでいます。